독자의 1초를 아껴주는 정성을 만나보세요!

세상이 아무리 바쁘게 돌아가더라도 책까지 아무렇게나 빨리 만들 수는 없습니다.
인스턴트 식품 같은 책보다 오래 익힌 술이나 장맛이 밴 책을 만들고 싶습니다.
땀 흘리며 일하는 당신을 위해 한 권 한 권 마음을 다해 만들겠습니다.
마지막 페이지에서 만날 새로운 당신을 위해 더 나은 길을 준비하겠습니다.

IT 엔지니어를 위한 네트워크 입문

Introduction to Networks for IT Engineers

초판 발행 · 2020년 10월 30일
초판 8쇄 발행 · 2024년 8월 30일

지은이 · 고재성, 이상훈
발행인 · 이종원
발행처 · (주)도서출판 길벗
출판사 등록일 · 1990년 12월 24일
주소 · 서울특별시 마포구 월드컵로 10길 56(서교동)
대표전화 · 02)332-0931 | **팩스** · 02)323-0586
홈페이지 · www.gilbut.co.kr | **이메일** · gilbut@gilbut.co.kr

기획 및 책임편집 · 이원휘(wh@gilbut.co.kr) | **디자인** · 박상희 | **제작** · 이준호, 손일순, 이진혁
영업마케팅 · 임태호, 전선하, 차명환, 박민영, 지운집, 박성용 | **영업관리** · 김명자 | **독자지원** · 윤정아

교정교열 · 박진영 | **전산편집** · 여동일 | **출력 · 인쇄** · 정민 | **제본** · 신정제본

ISBN 979-11-6521-318-3 93560 (길벗 도서번호 007046)

정가 36,000원

IT 엔지니어를 위한 네트워크 입문

INTRODUCTION TO NETWORKS FOR IT ENGINEERS

고재성, 이상훈 지음

고재성(ZIGI)

네트워크 최대 커뮤니티인 '네트워크 전문가 따라잡기(https://cafe.naver.com/neteg)'와 개인 기술 블로그(https://zigispace.net)를 운영하며 Microsoft MVP 활동을 통해 다양한 사람들과 IT기술을 함께 이야기하려고 노력하고 있습니다.

네트워크 전문가 따라잡기: https://cafe.naver.com/neteg

블로그: https://zigispace.net

이상훈(우진)

포티넷, 암웨이코리아, 인프니스 등을 거쳐 현재 아리스타네트웍스에서 근무 중입니다. 아키텍트, 보안, 네트워크 전문가이며 대내외적으로 다양한 세미나에 참여해 강의와 집필활동을 겸하고 있습니다. 보안, 네트워크, 서버 관련 지식뿐만 아니라 20여 년 동안 IT 분야에 종사하면서 터득한 다양한 경험과 노하우로 넓은 시각에서 다양한 기술을 바라보려고 합니다.

IT시장에는 급격한 변화가 있었습니다. 지난 10여 년 동안 이루어진 변화보다 최근 수 년 동안 이루어진 변화가 훨씬 컸습니다. 시장의 변화는 기존 IT시장의 개발자, 서버 엔지니어, 네트워크 엔지니어의 포지션에서 필요한 기술요소를 점점 확장했습니다.

이러한 변화는 기존에 없던 새로운 스터디 그룹도 만들어내기 시작했습니다. 네트워크 엔지니어가 모여 리눅스를 공부하고 서버 엔지니어가 가상화 스터디 그룹을 만들어 네트워크를 공부하고 개발자가 모여 클라우드 인프라를 공부하고 있습니다. 이러한 노력으로 각 영역에서 필요한 기술의 경계가 점점 허물어지고 결국 IT를 이루는 기본 요소들에 대한 이해가 IT 엔지니어에게 필수 덕목이 되었습니다. 하지만 여전히 다른 영역의 기술을 이해하거나 자신이 가진 기술을 타 영역으로 확장하는 것은 쉽지 않습니다. 또한, 상호기술에 대한 이해도가 높아지더라도 기술을 바라보는 시각차로 인해 이 경계가 쉽게 무너지지 않고 견고하다는 것을 더 느끼게 됩니다.

엔지니어가 기술을 대하는 자세 때문일 수도 있지만 같은 기술이라도 바라보는 관점이 달라 그 기술을 이해하고 설명하는 방법이 다른 상황을 자주 겪게 됩니다. 네트워크 인터페이스를 묶어 사용하는 본딩만 하더라도 네트워크 엔지니어와 서버 엔지니어의 경험이 다르다보니 이 기술을 묘사하고 정의하는 방법이 달라집니다.

같은 네트워크를 다루는 엔지니어더라도 주로 3계층을 다루는 라우터 엔지니어와 4계층과 애플리케이션 계층을 주로 다루는 세션 장비 엔지니어의 시각은 엄청나게 다릅니다. 또한, 같은 애플리케이션 계층을 다루더라도 네트워크 보안 엔지니어와 로드 밸런서 엔지니어의 시각도 다릅니다.

이렇게 다른 시각차를 모두 한 번에 없앨 수는 없겠지만 이 책을 통해 네트워크의 기본 개념과 관련 표준에 대한 이해를 바탕으로 그 기술이 생겨난 근본적인 이유와 그 기술을 바라보아야 하는 관점을 다루려고 노력했습니다. 이러한 시각차를 좁히는 데 조금이나마 도움이 되고 싶었습니다.

이 책의 목표는 인터넷에서 단발적인 정보만 얻을 수 있어 조각지식이 범람하는 시대에 네트워크 원리를 이해할 수 있는 기준점이 되는 것이었습니다. 위에서도 언급했듯이 현대 IT의 경계가 허물어지고 기존 T자형 엔지니어에서 발전해 U자형 기술을 가진 엔지니어를 원하는 시대가 되었습니다. 가능하면 기술이 만들어진 시대 상황과 근본 원리를 이해하려고 노력해야 하고 어느 한쪽 기준만으로 기술을 바라보지 말고 다양한 관점에서 기술을 이해하려고 노력해야 합니다.

이 책이 네트워크가 생소한 개발자와 서버 엔지니어에게 네트워크 기초를 쌓는 데 도움이 되고 네트워크 산업 내에서도 다른 입장의 기술들을 이해하는 데 도움이 되길 바랍니다.

고재성, 이상훈

고재성

집필 기간이 길어지면서 곧 끝난다는 하얀 거짓말을 믿어주며 많은 주말시간을 허락해준 사랑하는 아내와 아들에게 미안함과 고마움을 전합니다. 항상 무한 사랑을 주시는 부모님과 가족들, 그리고 항상 이쁜 사위로 봐주시는 장인어른, 장모님에게도 감사드립니다. 처음 책을 시작하게 도와주시고 늦어진 기간과 대량 편집으로 인해 고생하셨을 한동훈 차장님에게도 감사드립니다. 마지막으로 집필 기간 동안 저의 잔소리를 꾹 참고 들어주신 공저자, 상훈 형님에게도 고마움을 전합니다.

이상훈(우진)

첫 책이어서 정말 하나부터 열까지 다 알려주시느라 고생하시고 최종 교정에서도 너무 많은 수정이 발생해 당황하셨을 편집자, 한동훈 차장님께 무한한 감사를 드립니다.

4년 동안 책과 다양한 핑계로 남편과 아빠의 역할을 제대로 못했는데도 응원하며 지켜봐준 아내 윤하와 딸 성현, 자주 뵙지 못해도 항상 저를 믿고 응원해주신 어머니와 장인 장모님, 20년 넘게 멘토처럼 친구처럼 제 옆에서 도와주신 사이세이 최병호 형님과 암웨이코리아 손경철 부장님, 그리고 IT기술뿐만 아니라 다양한 시각에서 IT를 바라보아야 한다는 것을 알려주신 암웨이 진재경 이사님께도 감사의 말씀을 전합니다.

마지막으로 '라떼는 말이야' 기술로 계속 가고 있는 저에게 이정표를 제시해주고 지난 4년 동안 책 진도가 안 나가 스트레스 받았을 영감(고재성)에게 미안함과 고마움이 교차합니다.

1장 네트워크 시작하기 019

2장 네트워크 연결과 구성 요소 043

12장 로드 밸런서 471

1 장

네트워크 시작하기

복잡한 네트워크 전체를 한꺼번에 이해하기는 너무 힘들어서 보통 한쪽 방향에서 네트워크를 바라보고 설명합니다. 사용자나 애플리케이션 개발자용 교재는 상위 계층부터 하위 계층으로 설명하는 경향이 있고 네트워크 엔지니어용 교재는 하위 계층부터 상위 계층으로 설명하는 경향이 있습니다. 이 책은 네트워크를 중심으로 설명할 것이므로 다른 네트워크 교재와 유사한 순서로 설명하지만 더 다양한 관점을 가질 수 있도록 네트워크, 서버, 애플리케이션 입장을 모두 다룰 수 있도록 했습니다.

▼ 그림 1-1 이 책에서 다뤄질 네트워크 영역에 대한 관점

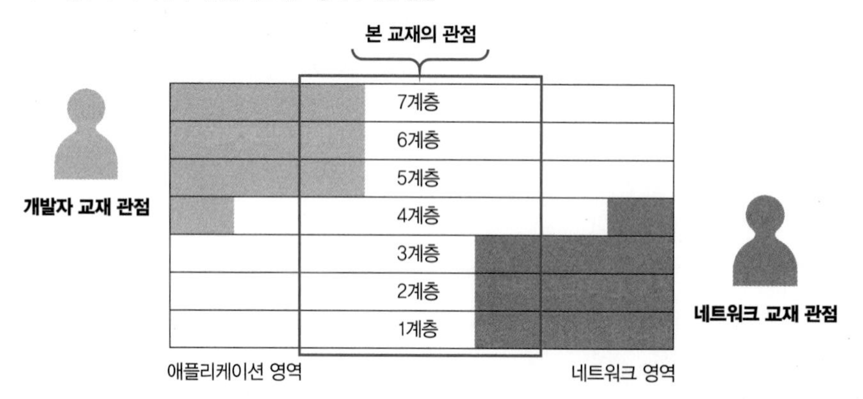

이번 장에서는 뒤에서 상세히 다룰 내용들을 전반적으로 폭넓게 이해할 수 있도록 물리적인 연결부터 네트워크 모든 것의 이론적 기반이 되는 OSI 7계층, 그리고 패킷이 실제로 전송되는 인캡슐레이션(Encapsulation, 캡슐화) 과정까지 간단히 알아보겠습니다.

1.1 네트워크 구성도 살펴보기

NETWORK

네트워크는 크게 서비스를 받는 입장과 서비스를 제공하는 입장으로 나뉩니다. 서비스를 받는 입장은 집에서 인터넷에 접속할 때, 회사에서 인터넷에 접속해 업무할 때를 생각할 수 있습니다. 서비스를 제공하는 입장은 클라우드나 데이터 센터, 회사 기계실에 서버를 놓고 고객들이나 회사 내부 직원을 위한 서비스를 제공하는 경우를 생각해볼 수 있습니다. 네트워크에 접속한 구성원 수, 필요한 네트워크의 속도에 따라 여러 가지 상황을 고려해야 합니다.

이번 장에서는 간단한 홈 네트워크 구성과 데이터 센터 네트워크 구성을 예제로 자주 사용되는 물

리적인 연결 기술과 구성 요소를 소개합니다. 이런 물리적인 연결 위에서 실제로 통신이 일어나는 과정과 한 단계 나아가 네트워크 장비를 통해 네트워크를 확장하는 방법을 간단히 다룹니다.

자세한 통신 과정과 네트워크 장비에 대해서는 뒷장에서 설명합니다.

참고

회사 네트워크는 규모에 따라 외부 서비스를 사용하기 위해 인터넷에 접속하는 네트워크와 외부 사용자에게 서비스를 제공하는 두 가지 네트워크가 섞인 경우가 있지만 서비스를 받는 입장(인터넷 접속)과 제공하는 입장에 따라 네트워크 구성이 나뉘는 것은 같습니다.

1.1.1 홈 네트워크

▼ 그림 1-2 간단한 홈 네트워크 구성도

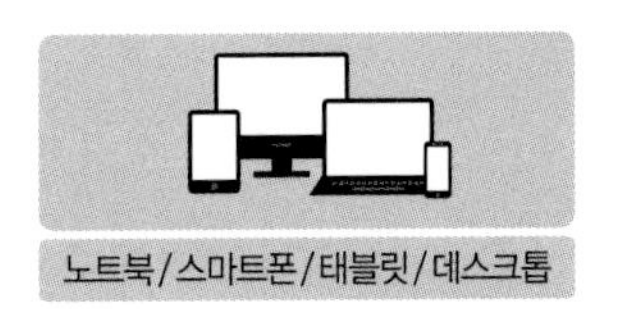

홈 네트워크 구성은 어떤 인터넷 회선(FTTH, 케이블 인터넷, VDSL)을 연결하더라도 같습니다. 최근 모바일 단말기(스마트폰, 태블릿)의 증가와 노트북 사용이 보편화되면서 대부분의 가정에서 공유기를 사용하고 있습니다. 공유기에는 인터넷 접속에 필요한 다양한 기술이 사용되지만 전문가가 아닌 일반 사용자도 손쉽게 홈 네트워크를 구성할 수 있습니다. 홈 네트워크를 구성하는 데는 모뎀, 공유기, 단말 간에 물리적 연결이 필요합니다. 무선 연결은 무선 랜 카드와 무선 신호를 보낼 수 있는 매체(공기)가 필요하고 유선 연결은 유선 랜 카드(이더넷 랜 카드: 일반적으로 보드에 내장됨), 랜 케이블(일반적으로 랜선이라고 부름)이 필요합니다.

▼ 그림 1-3 네트워크 구성에 필요한 주요 요소들: 단말, 네트워크 장비, 케이블

1.1.2 데이터 센터 네트워크

데이터 센터 네트워크는 안정적이고 빠른 대용량 서비스 제공을 목표로 구성합니다. 안정적인 서비스 제공을 위해 다양한 이중화 기술을 사용해야 하고 많은 서버와 서비스가 한 네트워크에 연결되어 있으므로 높은 통신량을 수용할 수 있어야 합니다. 이런 조건을 만족하기 위해 10G, 25G, 40G, 100G, 400G와 같은 고속 이더넷 기술이 사용됩니다.

이러한 데이터 센터 구성은 기존에는 3계층 구성이 일반적이었지만 가상화 기술과 높은 대역폭[1]을 요구하는 스케일 아웃(Scale-Out) 기반의 애플리케이션과 서비스가 등장하면서 2계층 구성인 스파인-리프(Spine-Leaf) 구조로 데이터 센터 네트워크가 변화되었습니다.

▼ 그림 1-4 과거 데이터 센터 네트워크 구성(왼쪽)과 현재 데이터 센터 네트워크 구성(오른쪽)의 변화

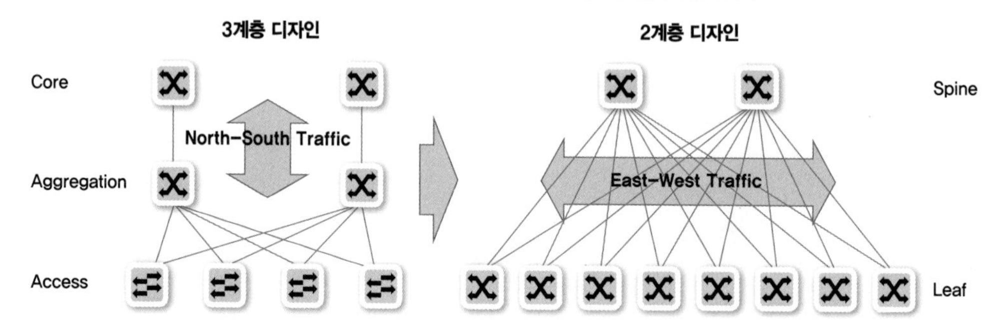

스파인-리프 구조는 서버 간 통신이 늘어나는 최근 트래픽 경향을 지원하기 위해 제안되었습니다. 최근에는 일반 서버에 10G Base-T 이더넷 포트가 기본적으로 제공되어 TOR(Top of Rack) 스위치와 연결되고 리프(Leaf) 스위치인 TOR 스위치는 스파인(Spine) 스위치와 40G, 100G로 연결되는 추세입니다. 더 높은 대역폭을 제공하기 위해 400G 네트워크도 표준화되어 더 높은 대역폭을 사용하는 데이터 센터에 사용되고 있습니다.

1 통신에서 이용 가능한 최대 전송속도. 주요 단위는 bps를 사용한다. bit per second의 줄임말로 초당 보낼 수 있는 비트 수를 나타내고 Kbps, Mbps, Gbps 형태로 1,000배수로 표기한다. Kbps는 1,000bps이고 Mbps는 Kbps의 1,000배, Gbps는 Mbps의 1,000배다.

▼ 그림 1-5 데이터 센터 네트워크 구성도, 스파인-리프 구조, 리프 스위치는 랙에 장착되어 해당 랙의 서버 통신을 책임진다.

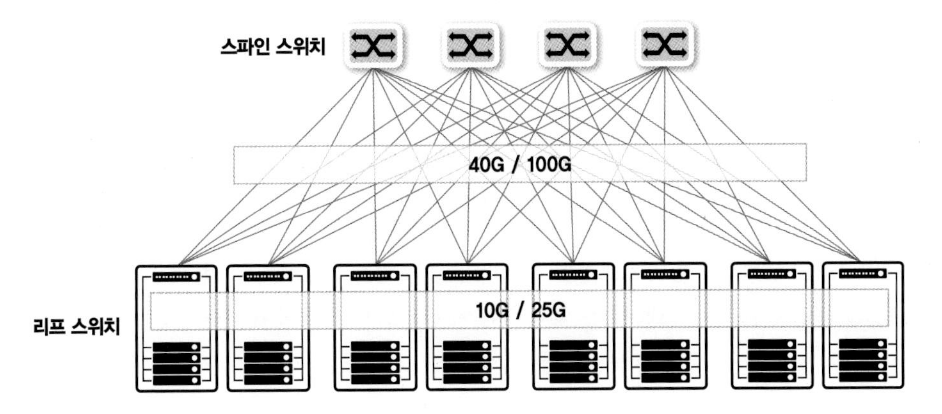

10G Base-T와 관련 내용은 2.3.2 케이블과 커넥터 절에서, 스파인-리프 구조와 TOR, 스파인 스위치, 리프 스위치 같은 용어와 데이터 센터의 디자인과 관련된 내용은 13장 네트워크 디자인에서 더 자세히 다룹니다.

1.2 프로토콜

NETWORK

규정이나 규약과 관련된 내용을 언급할 때 프로토콜이라는 용어를 사용합니다. 네트워크에서도 통신할 때의 규약을 프로토콜이라는 용어를 사용합니다. 프로토콜은 어떤 표준협회나 워킹그룹이 만들었는지 또는 어떤 회사에서 사용하느냐에 따라 특징이 많이 달라지고 다양한 프로토콜이 존재해왔습니다. 하지만 최근에는 복잡하고 산재되어 있던 여러 가지 프로토콜 기술이 이더넷-TCP/IP 기반 프로토콜들로 변경되고 있습니다.

- 물리적 측면: 데이터 전송 매체, 신호 규약, 회선 규격 등. 이더넷이 널리 쓰인다.
- 논리적 측면: 장치들끼리 통신하기 위한 프로토콜 규격. TCP/IP가 널리 쓰인다.

프로토콜이라는 것이 자연어로 불리는 일반 언어와 유사하게 사용되면 이해하기 쉬울 텐데 한정된 자원으로 통신을 수행해야 하다 보니 최대한 적은 데이터를 이용해 효율적인 프로토콜을 정의하고 사용해야 했습니다. 네트워크 서비스들이 처음 개발되었던 1900년대의 네트워크와 컴퓨팅 환경은 지금은 상상할 수조차 없을 만큼 열악해 자연어를 처리할 수 없었습니다. 적은 컴퓨팅 자원과 매우 느린 네트워크 속도를 이용해 최대한 효율적으로 통신하는 것이 목표이다 보니 대부분의 프로토콜이 문자 기반이 아닌 2진수 비트(bit) 기반으로 만들어졌습니다. 최소한의 비트로 내용을 전송하기 위해서는 매우 치밀하게 서로 간의 약속을 정의해야 했습니다. 몇 번째 전기 신호는 보내는 사람 주소, 몇 번째 전기 신호는 받는 사람 주소, 몇 번째 전기 신호는 상위 프로토콜 지시자 등과 같이 미리 까다롭게 약속하고 그 약속을 철저히 지켜야 통신을 수행할 수 있었습니다. 물론 애플리케이션 레벨의 프로토콜은 비트 기반이 아닌 문자 기반 프로토콜들이 많이 사용되고 있습니다. HTTP와 SMTP와 같은 프로토콜이 대표적입니다. 비트로 메시지를 전달하지 않고 문자 자체를 이용해 헤더와 헤더 값, 데이터를 표현하고 전송합니다. 다음은 HTTP 프로토콜의 헤더 부분인데 문자로 표현하므로 사람이 읽을 수도 있습니다.

HTTP 프로토콜 헤더: 문자로 정의되어 있어 헤더 정의가 자유롭고 확장이 가능하다.

```
GET /api HTTP/1.1
Accept: text/html, application/xhtml+xml, */*
Referer: http://zigispace.net/
Accept-Language: ko-KR
User-Agent: Mozilla/5.0 (Windows NT 6.1; WOW64; Trident/7.0; TCO_20181006113830;
rv:11.0) like Gecko
Accept-Encoding: gzip, deflate
Host: theplmingspace.tistory.com
DNT: 1
Connection: Keep-Alive
```

실제 텍스트(Text) 파일과 같은 데이터가 전달되기 때문에 효율성은 비트 기반 프로토콜보다 떨어지지만 다양한 확장이 가능합니다.

일반적으로 TCP/IP는 프로토콜이라고 부르지 않고 프로토콜 스택이라고 부릅니다. TCP와 IP는 별도 계층에서 동작하는 프로토콜이지만 함께 사용하고 있는데 이런 프로토콜 묶음을 프로토콜 스택이라고 부릅니다. 실제로 TCP/IP 프로토콜 스택에는 TCP와 IP뿐만 아니라 UDP, ICMP, ARP, HTTP, SMTP, FTP와 같은 매우 다양한 애플리케이션 레이어 프로토콜들이 있습니다.

TCP/IP 프로토콜 스택은 총 4개 부분으로 나뉩니다. 물리 부분인 이더넷 외에 데이터가 목적지를 찾아가도록 해주는 네트워크 계층, 잘린 패킷을 데이터 형태로 잘 조합하도록 도와주는 전송 계층과 애플리케이션 계층으로 구성됩니다. 여러 가지 프로토콜이 사용되지만 TCP/IP 프로토콜 스택이라고 불리는 이유는 1.3.2 TCP/IP 프로토콜 스택 절에서 자세히 다룹니다.

▼ 그림 1-6 TCP/IP 프로토콜 스택

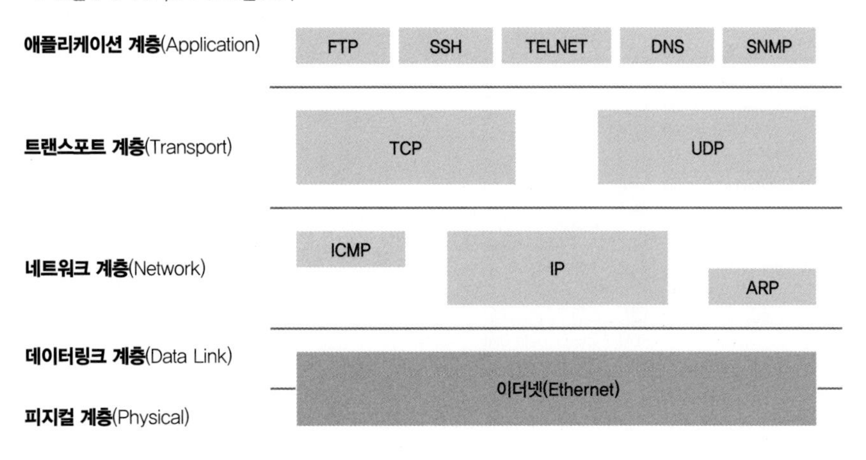

1.3 OSI 7계층과 TCP/IP

네트워크를 잘 이해하려면 OSI 7계층과 TCP/IP 스택을 필수로 공부해야 합니다. OSI 7계층과 TCP/IP 스택은 복잡한 네트워크를 단계별로 나누어 이해하기 쉽도록 도와줍니다. OSI 7계층과 현재 우리가 가장 많이 사용하는 프로토콜 스택인 TCP/IP를 연결지어 설명하겠습니다.

1.3.1 OSI 7계층

네트워크 엔지니어가 아니더라도 OSI 7계층에 대한 내용을 한 번쯤 들어보았을 것입니다. 데이터 통신론을 공부했거나 간단한 네트워크 책, 신문, 포털 기사를 보아도 OSI 7계층과 연관되지 않은 것이 없을 정도로 네트워크 데이터 통신을 설명할 때 반드시 있어야 하는 중요한 개념입니다. 과거에는 통신용 규약이 표준화되지 않았고 각 벤더에서 별도로 개발했기 때문에 호환되지 않는 시스템이나 애플리케이션이 많았고 통신이 불가능했습니다. 이를 하나의 규약으로 통합하려는 노력이 현재의 OSI 7계층으로 남아 있습니다. OSI 7계층이 네트워크 동작을 나누어 이해하고 개발하는 데 많은 도움이 되므로 네트워크의 주요 레퍼런스 모델로 활용되고 있지만 현재는 대부분의 프로토콜이 TCP/IP 프로토콜 스택 기반으로 되어 있습니다.

▼ 그림 1-7 OSI 레퍼런스 모델

계층	데이터(PDU)
애플리케이션 계층(Application)	Data
프레젠테이션 계층(Presentation)	Data
세션 계층(Session)	Data
트랜스포트 계층(Transport)	Segments
네트워크 계층(Network)	Packets
데이터 링크 계층(Data Link)	Frames
피지컬 계층(Physical)	Bits

*PDU: Protocol Data Unit

복잡한 데이터 전송 과정을 OSI 7계층으로 나누어 보면 이해하기 쉽습니다. 또한, 계층별로 표준화된 프로토콜 템플릿을 통해 네트워크 프로토콜을 전부 개발하는 대신 계층별로 프로토콜을 개발해 네트워크 구성 요소들을 모듈화할 수 있습니다. 모듈화된 요소는 기존에 개발된 프로토콜과 연동해 사용할 수 있습니다.

OSI 7계층은 다시 두 가지 계층으로 나눌 수 있습니다.

- 1~4계층: 데이터 플로 계층(Data Flow Layer) / 하위 계층(Lower Layer)
- 5~7계층: 애플리케이션 계층(Application Layer) / 상위 계층(Upper Layer)

▼ 그림 1-8 OSI 7계층은 데이터 플로 계층과 애플리케이션 계층으로 구분한다.

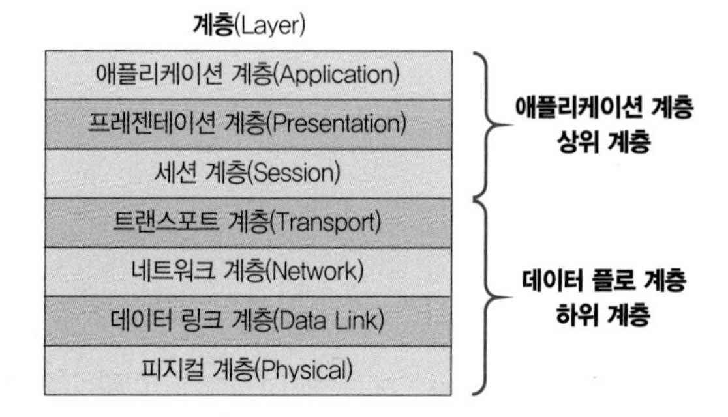

참고

실무 용어 알아두기

이 책에서는 OSI 7계층의 각 계층 이름을 영어 발음대로 표기했습니다. 7계층을 애플리케이션 계층, 6계층을 프레젠테이션 계층, 4계층을 트랜스포트 계층, 1계층을 피지컬 계층으로 그대로 표기합니다.

하지만 다른 책이나 기고 또는 실무에서는 용어를 해석해 사용하기도 하므로 일부 병기하거나 용어 부분에 추가로 설명했습니다. 예를 들어 6계층인 프레젠테이션 계층은 표현 계층으로, 4계층 트랜스포트 계층은 전송 계층, 1계층인 피지컬 계층은 물리 계층으로 병기하거나 별도 설명으로 실제로 사용되는 용어와 번역 도서에서 사용하는 용어를 설명했습니다.

용어를 과도하게 해석하면 실제 의미 파악이 어렵거나 영문 도서나 기사를 보는 데도 부적합해 가능하면 영어 용어를 직접 사용할 예정입니다.

▼ 표 1-1 이 책의 용어 표기법

계층	기본 용어	이 책의 표기법	타 도서 또는 실무	
7계층	Application Layer	애플리케이션 계층		L7
6계층	Presentation Layer	프레젠테이션 계층	표현 계층	L6
5계층	Session Layer	세션 계층		L5
4계층	Transport Layer	트랜스포트 계층	전송 계층	L4
3계층	Network Layer	네트워크 계층		L3
2계층	Data Link Layer	데이터 링크 계층		L2
1계층	Physical Layer	피지컬 계층	물리 계층	L1

1~4계층을 데이터 플로 계층(Data Flow Layer) 또는 하위 계층(Lower Layer)이라고 부르고 5~7계층을 애플리케이션 계층(Application Layer) 또는 상위 계층(Upper Layer)이라고 부릅니다. 이러한 계층 분류는 계층의 역할과 목표에 따른 것입니다. 데이터 플로 계층은 용어에서 의미하는 대로 데이터를 상대방에게 잘 전달하는 역할을 가지고 있습니다. 애플리케이션 개발자는 애플리케이션 계층 프로토콜을 개발할 때 하위 데이터 플로 계층을 고려하지 않고 데이터를 표현하는 데 초점을 맞춥니다. 반대로 애플리케이션 계층은 애플리케이션 개발자들이 고려해야 할 영역이므로 네트워크 엔지니어는 이 부분에 대해서는 일반적으로 심각하게 고려하지 않습니다. 이런 이유로 애플리케이션 개발자는 하향식(Top-Down) 형식으로 네트워크를 바라보고 네트워크 엔지니어는 상향식(Bottom-Up) 형식으로 네트워크를 인식합니다.

✔ 그림 1-9 개발자는 하향식, 네트워크 엔지니어는 상향식으로 네트워크를 바라본다.

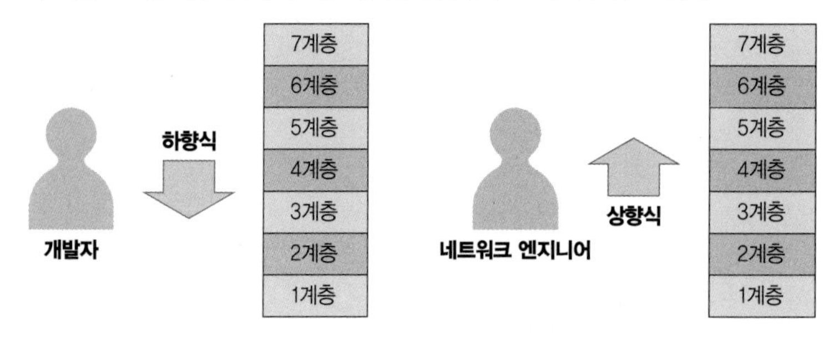

1.3.2 TCP/IP 프로토콜 스택

앞에서 말한 것처럼 현대 네트워크는 대부분 TCP/IP와 이더넷으로 이루어져 있습니다. 물론 일부 특수한 환경에서는 다른 프로토콜이 사용되기도 하지만 다양한 기술과 프로토콜 중 어느 것을 선택해야 할지 고민하던 과거와는 상황이 매우 다릅니다. TCP/IP와 이더넷이 개발된 것은 매우 오래전입니다. 몇 번의 큰 기술 발전을 거쳐 현재는 값싸고 성능이 우수한 TCP/IP와 이더넷이 되었습니다.

기술과 표준을 만들 때 만들어진 역사적 배경이나 만든 조직, 프로토콜이 만들어진 목표에 따라 성향이 많이 반영되는데 TCP/IP는 이론보다 실용성에 중점을 둔 프로토콜입니다.

✔ 그림 1-10 OSI 모델과 TCP/IP 모델

OSI 모델	TCP/IP 모델
애플리케이션 계층(Application)	애플리케이션 계층(Application)
프레젠테이션 계층(Presentation)	
세션 계층(Session)	
트랜스포트 계층(Transport)	트랜스포트 계층(Transport)
네트워크 계층(Network)	인터넷(Internet)
데이터 링크 계층(Data Link)	네트워크 액세스(Network Access)
피지컬 계층(Physical)	

OSI 레퍼런스 모델은 7계층으로 이루어진 반면, TCP/IP 모델은 4계층으로 구분합니다. OSI 7계층은 데이터 플로 계층과 애플리케이션 계층으로 구분할 수 있습니다. 이 두 계층의 구분은 데이터를 만드는 애플리케이션 부분과 이 데이터를 잘 전달하는 데 집중하는 하부 계층으로 구분하는 것이 목적이었습니다. 그러다 보니 자연스럽게 애플리케이션 개발자가 고려해야 할 부분과 서버 엔지니어나 네트워크 엔지니어가 고려해야 할 부분이 구분되었는데 TCP/IP 모델은 그 구분이 더

확연히 드러납니다. 상위 3개 계층을 하나의 애플리케이션 계층으로 묶고 1, 2계층 즉 물리 계층과 데이터 링크 계층을 하나의 네트워크 계층으로 구분합니다. 현실에 쉽게 반영하도록 간단히 구분하는 TCP/IP 프로토콜 스택의 성향이 이곳에서도 드러납니다.

1.4 OSI 7계층별 이해하기

앞에서 OSI 7계층과 TCP/IP 프로토콜 스택에 대한 개괄적인 내용을 알아보았습니다. 이번 장에서는 OSI 7계층을 각 계층별로 조금 더 자세히 알아보겠습니다. OSI 7계층은 참조형 모델이고 실제로 사용하는 프로토콜은 TCP/IP 프로토콜 스택으로 구현되어 있지만 조금 더 계층별로 자세히 다루기 위해 여기서는 OSI 7계층 기준으로 나누어 설명하겠습니다.

1.4.1 1계층(피지컬 계층)

1계층은 물리 계층으로 물리적 연결과 관련된 정보를 정의합니다. 주로 전기 신호를 전달하는 데 초점이 맞추어져 있습니다. 1계층의 주요 장비로는 허브(Hub), 리피터(Repeater), 케이블(Cable), 커넥터(Connector), 트랜시버(Tranceiver), 탭(TAP)이 있습니다. 허브, 리피터는 네트워크 통신을 중재하는 네트워크 장비입니다. 케이블과 커넥터는 케이블 본체를 구성하는 요소이고 트랜시버는 컴퓨터의 랜카드와 케이블을 연결하는 장비입니다. 탭은 네트워크 모니터링과 패킷 분석을 위해 전기 신호를 다른 장비로 복제해 줍니다.

1계층에서는 들어온 전기 신호를 그대로 잘 전달하는 것이 목적이므로 전기 신호가 1계층 장비에 들어오면 이 전기 신호를 재생성하여 내보냅니다. 1계층 장비는 주소의 개념이 없으므로 전기 신호가 들어온 포트를 제외하고 모든 포트에 같은 전기 신호를 전송합니다.

1.4.2 2계층(데이터 링크 계층)

2계층은 데이터 링크 계층으로 전기 신호를 모아 우리가 알아볼 수 있는 데이터 형태로 처리합니다. 1계층과는 다르게 전기 신호를 정확히 전달하기보다는 주소 정보를 정의하고 정확한 주소로 통신이 되도록 하는 데 초점이 맞추어져 있습니다. 1계층에서는 전기 신호를 잘 보내는 것이 목적이므로 출발지와 목적지를 구분할 수 없지만 2계층에서는 출발지와 도착지 주소를 확인하고 내게 보낸 것이 맞는지, 또는 내가 처리해야 하는지에 대해 검사한 후 데이터 처리를 수행합니다.

2계층에서는 주소 체계가 생기면서 여러 통신이 한꺼번에 이루어지는 것을 구분하기 위한 기능이 주로 정의됩니다. 전기 신호를 모아 데이터 형태로 처리하므로 데이터에 대한 에러를 탐지하거나 고치는 역할을 수행할 수 있습니다. 신뢰할 수 있는 현대의 물리 계층과 달리 과거에는 신뢰할 수 없는 미디어를 이용해 통신하는 경우도 많아 2계층에서 에러를 탐지하고 고치거나 재전송했지만 이더넷 기반 네트워크의 2계층에서는 에러를 탐지하는 역할만 수행합니다. 주소 체계가 생긴다는 의미는 한 명과 통신하는 것이 아니라 동시에 여러 명과 통신할 수 있다는 것이므로 무작정 데이터를 던지는 것이 아니라 받는 사람이 현재 데이터를 받을 수 있는지 확인하는 작업부터 해야 합니다. 이 역할을 플로 컨트롤(Flow Control)이라고 부릅니다.

▼ 그림 1-11 비교적 간단한 2계층의 플로 컨트롤

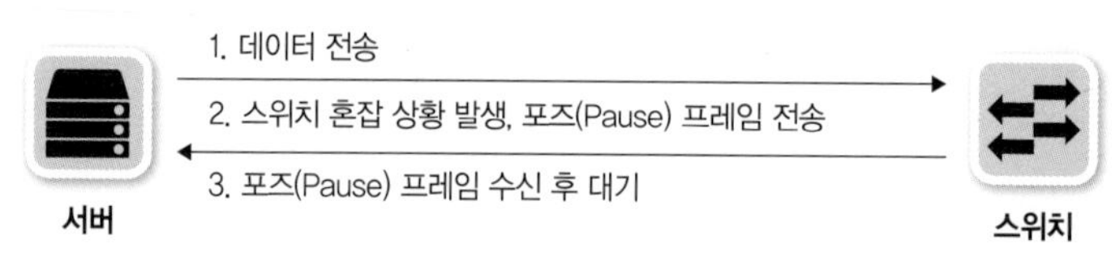

2계층에서 동작하는 네트워크 구성 요소는 네트워크 인터페이스 카드(실무 용어 알아두기 참조)와 스위치(Switch)입니다. 2계층의 가장 중요한 특징은 MAC 주소라는 주소 체계가 있다는 것입니다. 2계층에서 동작하는 네트워크 인터페이스 카드와 스위치 모두 MAC 주소를 이해할 수 있고 스위치는 MAC 주소를 보고 통신해야 할 포트를 지정해 내보내는 능력이 있습니다.

참고

실무 용어 알아두기: 네트워크 인터페이스 카드를 부르는 방법

네트워크 인터페이스 카드(Network Interface Card)를 부르는 용어는 매우 많습니다. 각 용어가 생긴 이유는 다양하지만 결국 PC나 서버에서 네트워크를 연결해주는 카드나 인터페이스를 지칭하는데 다음은 네트워크 인터페이스 카드를 지칭하는 다양한 예입니다.

1. 네트워크 인터페이스 카드 또는 네트워크 인터페이스 컨트롤러(Network Interface Controller)를 줄여서 "NIC"이라고 부릅니다.

2. 네트워크 카드(Network Card)라고 부릅니다.

3. 랜 카드(Lan Card)라고 부릅니다. 과거에 이더넷은 LAN(Local Area Network)에서만 사용되다 보니 네트워크 인터페이스 카드를 랜 카드라고 부르게 되었습니다.

4. 물리 네트워크 인터페이스(Physical Network Interface)라고 부릅니다. 물리적으로 컴퓨터의 내부와 외부를 연결해주는 중간 지점이라는 의미가 강합니다. 보통 이 용어를 사용할 경우, 네트워크 인터페이스 카드를 1계층 구성요소로 오해할 수 있습니다. 앞에서 설명한 것처럼 네트워크 인터페이스 카드는 2계층 구성요소입니다.

5. 이더넷 카드(Ethernet Card)라고 부릅니다. 대부분의 네트워크가 이더넷으로 이루어져 있어 일반적인 네트워크 연결 시 이더넷을 연결하는 네트워크 인터페이스 카드가 사용되었고 이더넷 카드라는 명칭을 사용하기도 합니다.

6. 네트워크 어댑터(Network Adapter)라고 부르기도 합니다.

▼ 그림 1-12 네트워크 인터페이스 카드 동작 방식

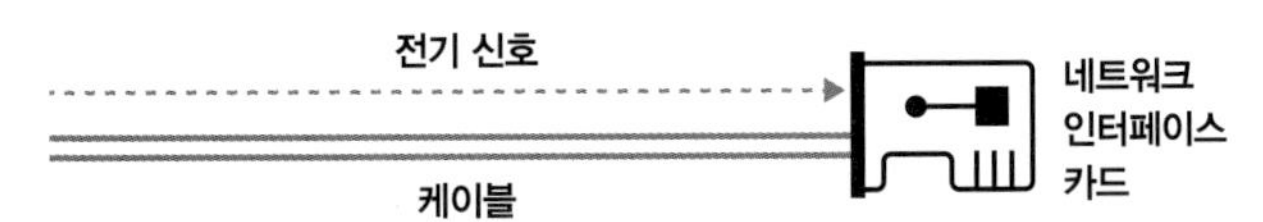

1. 전기 신호를 데이터 형태로 만든다.
2. 목적지 MAC 주소와 출발지 MAC 주소를 확인한다.
3. 네트워크 인터페이스 카드의 MAC 주소를 확인한다.
4. 목적지 MAC 주소와 네트워크 인터페이스 카드가 갖고 있는 MAC 주소가 맞으면 데이터를 처리하고 다르면 데이터를 폐기한다.

네트워크 인터페이스 카드에는 고유 MAC 주소가 있습니다. 입력되는 전기 신호를 데이터 형태로 만들고 데이터에서 도착지 MAC 주소를 확인한 후 자신에게 들어오는 전기 신호가 맞는지 확인합니다. 자신에게 들어오는 전기 신호가 아니면 버리고 자신에게 들어오는 전기 신호가 맞으면 이 데이터를 상위 계층에서 처리할 수 있도록 메모리에 적재합니다.

▼ 그림 1-13 스위치의 동작 방식

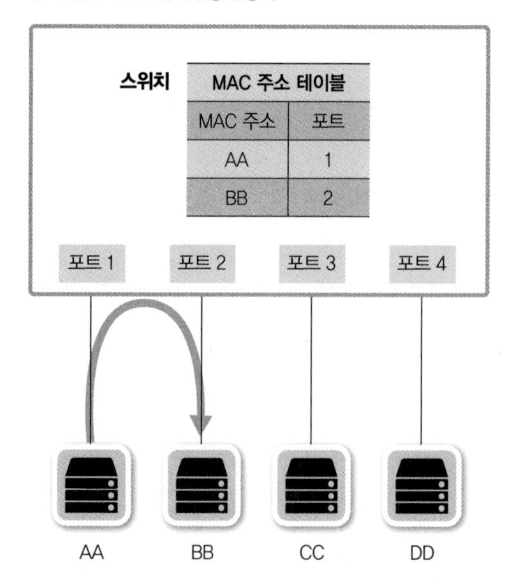

스위치는 단말(Terminal)이 어떤 MAC 주소인지, 연결된 포트는 어느 것인지 주소 습득(Address Learning) 과정에서 알 수 있습니다. 이 데이터를 기반으로 단말들이 통신할 때 포트를 적절히 필터링하고 정확한 포트로 포워딩해줍니다. 반면, 1계층에서 동작하는 허브는 한 포트에서 전기 신호가 들어오면 전체 포트로 전기 신호를 전달하다 보니 전체 네트워크에서 동시에 오직 하나의 장비만 데이터를 보낼 수 있습니다. 스위치의 적절한 필터링과 포워딩 기능으로 통신이 필요한 포트만 사용하고 네트워크 전체에 불필요한 처리가 감소하면서 이더넷 네트워크 효율성이 크게 향상되었고 이더넷 기반 네트워크가 급증하는 계기가 되었습니다.

1.4.3 3계층(네트워크 계층)

3계층에서는 IP 주소와 같은 논리적인 주소가 정의됩니다. 데이터 통신을 할 때는 두 가지 주소가 사용되는데 2계층의 물리적인 MAC 주소와 3계층의 논리적인 IP 주소입니다. MAC 주소와 달리 IP 주소는 사용자가 환경에 맞게 변경해 사용할 수 있고 네트워크 주소 부분과 호스트 주소 부분으로 나뉩니다. 3계층을 이해할 수 있는 장비나 단말은 네트워크 주소 정보를 이용해 자신이 속한 네트워크와 원격지 네트워크를 구분할 수 있고 원격지 네트워크를 가려면 어디로 가야 하는지 경로를 지정하는 능력이 있습니다.

▼ 그림 1-14 IP 주소 체계 – 네트워크 주소와 Host 주소로 구분되어 있다.

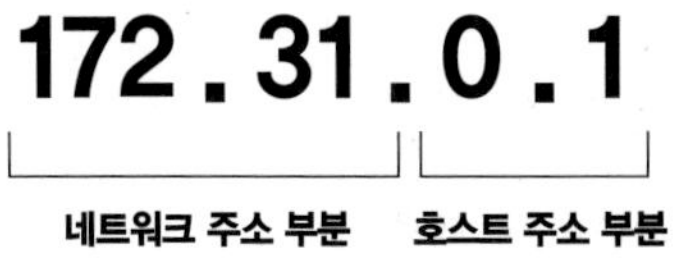

172 . 31 . 0 . 1

네트워크 주소 부분 **호스트 주소 부분**

IP 주소는 주소를 나누는 구분점이 3개이므로 어디가 네트워크 주소이고 어디가 호스트 주소인지 구분하기 어렵습니다. 이에 대한 상세한 내용은 3.3 IP 주소 절에서 다룰 예정입니다.

3계층에서 동작하는 장비는 라우터입니다. 라우터는 3계층에서 정의한 IP 주소를 이해할 수 있습니다. 라우터는 IP 주소를 사용해 최적의 경로를 찾아주고 해당 경로로 패킷을 전송하는 역할을 합니다.

▼ 그림 1-15 라우터 – IP 주소 체계를 이해하고 최적의 경로를 찾아 패킷을 포워딩한다.

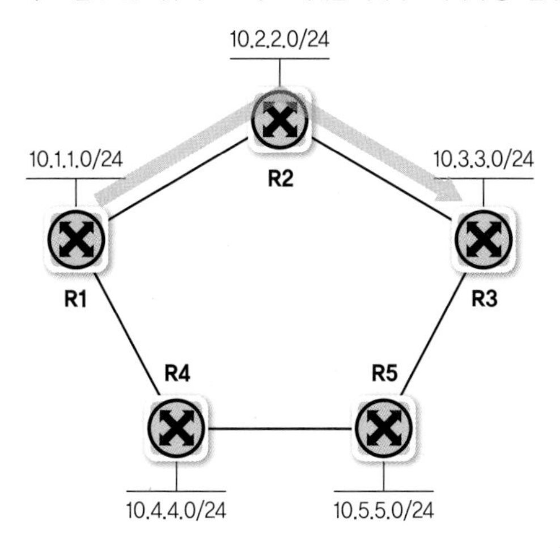

1.4.4 4계층(트랜스포트 계층)

4계층은 앞에서 보았던 1, 2, 3계층과 좀 다른 역할을 합니다. 앞에서 OSI 7계층을 다룰 때 OSI 7계층을 데이터 플로 계층과 상위 계층 두 가지로 나눈 이유를 설명했습니다. 하위 4개 계층은 데이터를 잘 쪼개 보내고 받는 역할을 중점적으로 고려하고 네트워크 애플리케이션에서 하위 4계층의 역할을 별도로 고민하지 않도록 도와줍니다. 애플리케이션에서는 데이터를 하위 4개 계층으로 내려보내기만 하면 이 데이터를 쪼개 정보를 붙여 목적지까지 잘 전달합니다. 하위 계층인 1, 2, 3계층은 신호와 데이터를 올바른 위치로 보내고 실제 신호를 잘 만들어 보내는 데 집중합니다.

하지만 4계층은 실제로 해당 데이터들이 정상적으로 잘 보내지도록 확인하는 역할을 합니다. 패킷 네트워크는 데이터를 분할해 패킷에 실어보내다 보니 중간에 패킷이 유실되거나 순서가 바뀌는 경우가 생길 수 있습니다. 이 문제를 해결하기 위해 패킷이 유실되거나 순서가 바뀌었을 때 바로잡아 주는 역할을 4계층에서 담당합니다. 4계층에서 패킷을 분할할 때 패킷 헤더에 보내는 순서와 받는 순서를 적어 통신하므로 패킷이 유실되면 재전송을 요청할 수 있고 순서가 뒤바뀌더라도 바로잡을 수 있습니다. 패킷에 보내는 순서를 명시한 것이 시퀀스 번호(Sequence Number)이고 받는 순서를 나타낸 것이 ACK 번호(Acknowledgement Number)입니다. 이뿐만 아니라 장치 내의 많은 애플리케이션을 구분할 수 있도록 포트 번호(Port Number)를 사용해 상위 애플리케이션을 구분합니다.

4계층에서 동작하는 장비로는 로드 밸런서와 방화벽이 있습니다. 이 장비들은 4계층에서 볼 수 있는 애플리케이션 구분자(포트 번호)와 시퀀스, ACK 번호 정보를 이용해 부하를 분산하거나 보안 정책을 수립해 패킷을 통과, 차단하는 기능을 수행합니다.

참고

실무 용어 알아두기: 시퀀스 번호와 ACK 번호

4계층에서 패킷의 순서와 응답 번호를 지칭하는 용어는 시퀀스 번호와 ACK 번호입니다. 이 용어를 줄여서 실무에서는 seq, ack number로 표기하거나 한글화해 순서 번호, 응답 번호로 사용하기도 합니다.

1.4.5 5계층(세션 계층)

5계층인 세션 계층(Session Layer)은 양 끝단의 응용 프로세스가 연결을 성립하도록 도와주고 연결이 안정적으로 유지되도록 관리하고 작업 완료 후에는 이 연결을 끊는 역할을 합니다. 흔히 우리가 부르는 "세션"을 관리하는 것이 주요 역할인 세션 계층은 TCP/IP 세션을 만들고 없애는 책임을 집니다. 또한, 에러로 중단된 통신에 대한 에러 복구와 재전송도 수행합니다.

1.4.6 6계층(프레젠테이션 계층)

6계층인 프레젠테이션 계층(Presentation Layer)은 표현 방식이 다른 애플리케이션이나 시스템 간의 통신을 돕기 위해 하나의 통일된 구문 형식으로 변환시키는 기능을 수행합니다. 일종의 번역기나 변환기 역할을 수행하는 계층이고 이런 기능은 사용자 시스템의 응용 계층에서 데이터의 형식상 차이를 다루는 부담을 덜어줍니다. MIME 인코딩이나 암호화, 압축, 코드 변환과 같은 동작이 이 계층에서 이루어집니다.

1.4.7 7계층(애플리케이션 계층)

OSI 7계층의 최상위 7계층인 애플리케이션 계층(Application Layer)은 애플리케이션 프로세스를 정의하고 애플리케이션 서비스를 수행합니다. 네트워크 소프트웨어의 UI 부분이나 사용자 입·출력 부분을 정의하는 것이 애플리케이션 계층의 역할입니다. 애플리케이션 계층의 프로토콜은 엄청나게 많은 종류가 있지만 대표적인 프로토콜로는 FTP, SMTP, HTTP, TELNET이 있습니다.

참고

계층별 주요 프로토콜 및 장비

계층	주요 프로토콜	장비
애플리케이션 계층	HTTP, SMP, SMTP, STUN, TFTP, TELNET	ADC, NGFW, WAF
프레젠테이션 계층	TLS, AFP, SSH	
세션 계층	L2TP, PPTP, NFS, RPC, RTCP, SIP, SSH	
트랜스포트 계층	TCP, UDP, SCTP, DCCP, AH, AEP	로드 밸런서, 방화벽
네트워크 계층	ARP, IPv4, IPv6, NAT, IPSec, VRRP, 라우팅 프로토콜	라우터, L3 스위치
데이터 링크 계층	IEEE 802.2, FDDI	스위치, 브릿지, 네트워크 카드
피지컬 계층	RS-232, RS-449, V.35, S 등의 케이블	케이블, 허브, 탭(TAP)

1.5 인캡슐레이션과 디캡슐레이션

NETWORK

상위 계층에서 하위 계층으로 데이터를 보내면 물리 계층에서 전기 신호 형태로 네트워크를 통해 신호를 보냅니다. 받는 쪽에서는 다시 하위 계층에서 상위 계층으로 데이터를 보냅니다. 이렇게 데이터를 보내는 과정을 인캡슐레이션(Encapsulation), 받는 과정을 디캡슐레이션(Decapsulation)이라고 부릅니다.

▼ 그림 1-16 인캡슐레이션과 디캡슐레이션

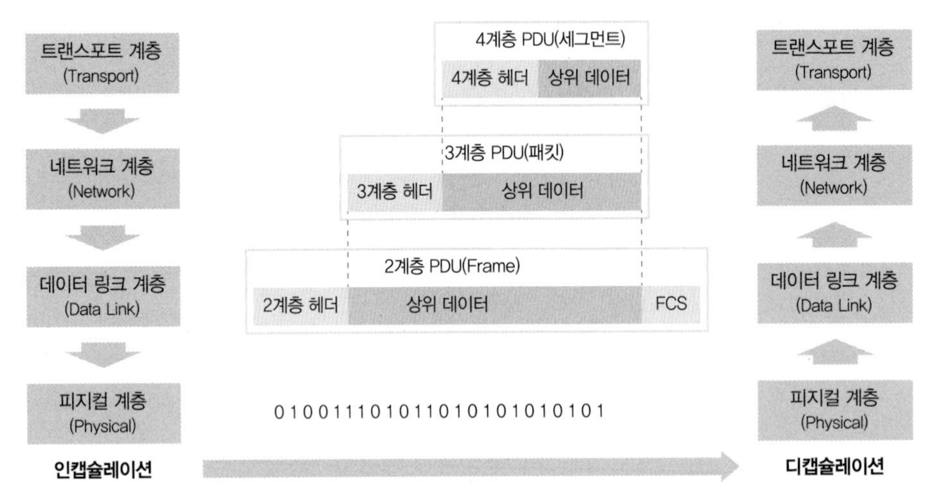

현대 네트워크는 대부분 패킷 기반 네트워크입니다. 패킷 네트워크는 데이터를 패킷이라는 작은 단위로 쪼개 보내는데 이런 기법으로 하나의 통신이 회선 전체를 점유하지 않고 동시에 여러 단말이 통신하도록 해줍니다. 데이터를 패킷으로 쪼개고 네트워크를 이용해 목적지로 보내고 받는 쪽에서는 패킷을 다시 큰 데이터 형태로 결합해 사용합니다.

애플리케이션에서 데이터를 데이터 플로 계층(1~4계층)으로 내려보내면서 패킷에 데이터를 넣을 수 있도록 분할하는데 이 과정을 인캡슐레이션이라고 부릅니다. 네트워크 상황을 고려해 적절한 크기로 데이터를 쪼개고 그림 1-16과 같이 4계층부터 네트워크 전송을 위한 정보를 헤더에 붙여 넣습니다. 헤더 정보는 4계층, 3계층, 2계층에서 각각 자신이 필요한 정보를 추가하는데 이 정보는 우리가 알아볼 수 있는 문자가 아닌 미리 정의된 비트 단위(0 또는 1)로 씁니다. 4계층에서 헤더를 추가하고 3계층으로 내려보내면 다시 3계층에서 필요한 헤더 정보를 추가하고 2계층으로 내려보냅니다. 2계층에서도 다시 2계층에서 필요한 헤더 정보를 추가한 후 전기 신호로 변환해 수신자에게 전송합니다. 데이터 한 개를 전송하는 작업은 생각보다 복잡해 데이터 플로 계층에서만 3개의 헤더 정보가 추가됩니다.

반대로 받는 쪽에서는 디캡슐레이션 과정을 수행합니다. 받은 전기 신호를 데이터 형태로 만들어 2계층으로 올려보냅니다. 2계층에서는 송신자가 작성한 2계층 헤더에 포함된 정보를 확인합니다. 만약 2계층에 적힌 정보 중 목적지가 자신이 아니라면 자신에게 온 패킷이 아니므로 버립니다. 앞의 OSI 7계층의 2계층에서 다루었던 것처럼 랜 카드가 이 역할을 담당합니다. 반대로 2계층에 적힌 정보의 목적지가 자신이 맞다면 3계층으로 이 정보를 보내줍니다. 데이터를 상위 계층으로 올려보낼 때 2계층의 헤더 정보는 더 이상 필요없으므로 벗겨내고 올려보내 줍니다. 이 데이터를 받은 3계층에서는 2계층이 동작했던 것처럼 상대방이 적은 3계층의 헤더 정보를 확인해 자신에게 온 것이 맞는지 확인하고 맞으면 3계층 헤더 정보를 제거하고 4계층으로 보냅니다. 이를 받은 4계층도 3계층과 같은 과정을 거쳐 데이터를 애플리케이션에 올려보내 줍니다.
이런 복잡한 작업은 2가지 정보 흐름으로 설명될 수 있습니다.

- 인캡슐레이션, 디캡슐레이션 과정을 통해 데이터가 전송되는 과정
- 각 계층 헤더를 이용해 송신자 계층과 수신자 계층 간의 논리적 통신 과정

실제로 데이터는 상위 계층(Upper Layer)에서 데이터 플로 계층으로, 즉 상위 계층에서 패킷 형태로 하나씩 인캡슐레이션되면서 내려오고 랜 카드에서 전기 형태로 변환되어 목적지로 전달됩니다. 이 전기 신호를 받은 목적지에서는 데이터 형태로 변환해 상위 계층으로 올려주고 이 패킷들을 조합해 데이터 형태로 만들게 됩니다. 결국 주고받는 데이터 흐름을 간단히 표현하면 상위 계층에서 하위 계층으로, 다시 하위 계층에서 상위 계층으로 전달되는 형태입니다.

각 계층에서 인캡슐레이션 과정에서 수행했던 것처럼 현재 계층에서 추가하는 헤더 정보는 받는 상대방이 확인해야 하는 정보입니다. 만약 4계층에서 헤더를 추가했다면 그 정보는 받는 쪽의 4계층에서 확인합니다. 중간에 적힌 헤더 정보는 받는 계층에서 참고하고 버립니다.

정리하면 실제 데이터는 상위 계층 → 하위 계층, 하위 계층 → 상위 계층으로 전달되고 헤더 정보는 각 계층끼리 전달됩니다.

▼ 그림 1-17 2, 3, 4계층 헤더 비교

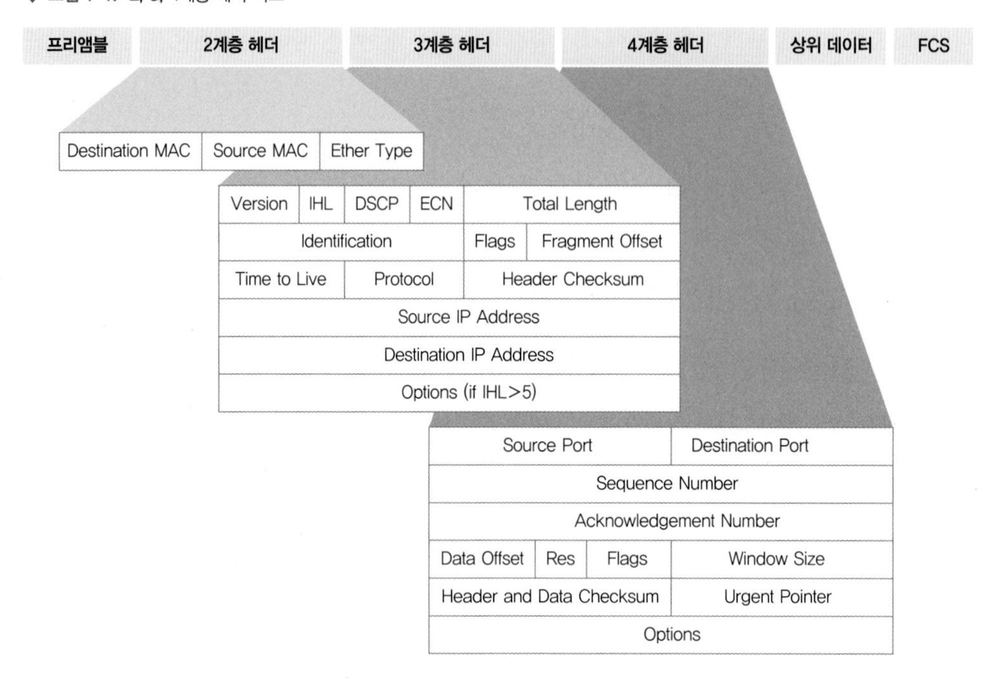

데이터를 인캡슐레이션하는 과정에서 헤더에 넣는 정보들이 꽤 많아 모두 이해하기는 힘듭니다. 또한, 프로토콜마다 특성이 달라 적어 넣는 정보가 다르므로 이 정보를 모두 이해하려면 많은 공부가 필요합니다. 하지만 이런 복잡한 정보들에도 규칙이 있으며 헤더에 두 가지 정보는 반드시 포함되어야 합니다.

1. 현재 계층에서 정의하는 정보
2. 상위 프로토콜 지시자

현재 계층에서 정의하는 정보는 앞에서 다루었던 OSI 7계층의 각 계층에서의 목적에 맞는 정보들이 포함됩니다. 4계층의 목적은 큰 데이터를 잘 분할하고 받는 쪽에서는 잘 조립하는 것입니다. 그러다 보니 잘 분할하고 잘 조립하도록 데이터에 순서를 정하고 받은 패킷의 순서가 맞는지, 빠진 패킷은 없는지 점검하는 역할이 중요하며 이 정보를 헤더에 적어 넣게 됩니다. TCP/IP의 4계층 프로토콜인 TCP에서는 시퀀스(Sequence), 애크(ACKnowledgement) 번호 필드로 이 데이터를 표현합니다. 3계층 헤더에는 3계층에서 정의하는 논리적인 주소인 출발지, 도착지 IP 주소를 헤더에 적어 넣습니다. 2계층은 MAC 주소를 정의하는데 3계층처럼 2계층도 출발지, 도착지 MAC 주소 정보를 헤더에 넣습니다.

그렇다면 2번 상위 프로토콜 지시자는 왜 필요할까요?

프로토콜 스택은 상위 계층으로 올라갈수록 종류가 많아집니다. 3계층 프로토콜인 IP는 4계층에서는 다시 TCP와 UDP로 나뉘고 그보다 더 상위 계층에서는 FTP, HTTP, SMTP, POP3 등 더 다양한 프로토콜로 다시 나뉩니다.

▼ 그림 1-18 TCP/IP 프로토콜 스택. 상위 계층으로 올라갈수록 프로토콜 종류가 많아진다.

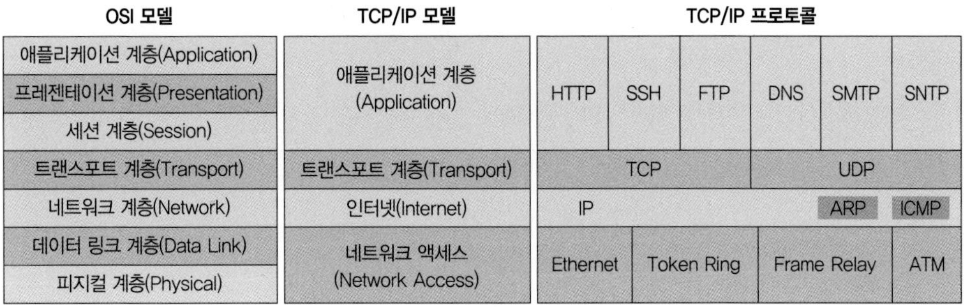

OSI 모델	TCP/IP 모델	TCP/IP 프로토콜
애플리케이션 계층(Application)	애플리케이션 계층 (Application)	HTTP, SSH, FTP, DNS, SMTP, SNTP
프레젠테이션 계층(Presentation)		
세션 계층(Session)		
트랜스포트 계층(Transport)	트랜스포트 계층(Transport)	TCP, UDP
네트워크 계층(Network)	인터넷(Internet)	IP, ARP, ICMP
데이터 링크 계층(Data Link)	네트워크 액세스 (Network Access)	Ethernet, Token Ring, Frame Relay, ATM
피지컬 계층(Physical)		

인캡슐레이션 과정에서는 상위 프로토콜이 많아도 문제가 없지만 디캡슐레이션하는 목적지 쪽에서는 헤더에 아무 정보가 없으면 어떤 상위 프로토콜로 올려보내 주어야 할지 결정할 수 없습니다. 예를 들어 3계층에서 목적지 IP 주소를 확인하고 4계층으로 데이터를 올려보낼 때 헤더에 상위 프로토콜 정보가 없다면 TCP로 보내야 할지, UDP로 보내야 할지 구분할 수 없습니다. 4계층에서 애플리케이션 계층으로 올려보낼 때도 똑같은 문제가 발생합니다. 이런 문제가 발생하지 않도록 인캡슐레이션하는 쪽에서는 헤더에 상위 프로토콜 지시자 정보를 포함해야 합니다.

▼ 표 1-2 잘 알려진 상위 프로토콜 지시자: 프로토콜 번호

프로토콜 번호	프로토콜
1	ICMP(Internet Control Message)
2	IGMP(Internet Group Management)
6	TCP(Transmission Control)
17	UDP(User Datagram)
50	ESP(Encap Security Payload)
51	AH(Authentication Header)
58	IPv6용 ICMP
133	FC(Fibre Channel)

▼ 표 1-3 잘 알려진 상위 프로토콜 지시자: 포트 번호

포트 번호	서비스
TCP 20, 21	FTP(File Transfer Protocol)
TCP 22	SSH(Secure Shell)
TCP 23	TELNET(Telnet Terminal)
TCP 25	SMTP(Simple Mail Transport Protocol)
UDP 49	TACACS
TCP 53/UDP 53	DNS(Domain Name Service)
UDP 67, 68	BOOTP(Bootstrap Protocol)
TCP 80/UDP 80	HTTP(HyperText Transfer Protocol)
UDP 123	NTP(Network Time Protocol)
UDP 161, 162	SNMP(Simple Network Management Protocol)
TCP 443	HTTPS
TCP 445/UDP 445	Microsoft-DS

▼ 표 1-4 잘 알려진 상위 프로토콜 지시자: 이더 타입

이더 타입(Ether Type)	프로토콜
0x0800	IPv4(Internet Protocol version 4)
0x0806	ARP(Address Resolution Protocol)
0x22F3	IETF TRILL Protocol
0x8035	RARP(Reverse ARP)
0x8100	VLAN-tagged frame(802.1Q)
Shortest Path Bridging(802.1aq)	AH(Authentication Header)
0x86DD	IPv6(Internet Protocol version 6)
0x88CC	LLDP(Link Layer Discovery Protocol)
0x8906	FCoE(Fibre Channel over Ethernet)
0x8915	RoCE(RDMA over Converged Ethernet)

각 계층마다 이 상위 프로토콜 지시자를 가지고 있지만 이름이 달라 4계층은 포트 번호(Port Number), 3계층은 프로토콜 번호(Protocol Number), 2계층은 이더 타입(Ether Type)이라고 부릅니다. 이 정보들에 대해 착각하기 쉬운 것은 포트 번호는 4계층 헤더에 적힌 정보이지만 애플리케이션 계층에서 프로토콜 종류를 나타내주는 정보라는 것입니다. 디캡슐레이션할 때 상위 프로토콜 지시자 정보를 이용해 어느 상위 계층 프토토콜로 보내야 할지 구분해야 하므로 동작하는 계층보다 한 계층 위의 정보가 적혀 있게 됩니다.

참고

MSS & MTU(데이터 크기 조절)

애플리케이션에서 데이터를 만들어 보낼 때 데이터 플로 계층에서 네트워크 상황에 맞게 데이터를 잘 쪼개 상대방에게 전달합니다. 네트워크에서 수용할 수 있는 크기를 역산정해 데이터가 4계층으로 내려올 때 적절한 크기로 쪼개질 수 있도록 유도하는데 이 값을 MSS(Maximum Segment Size)라고 부릅니다. 네트워크에서 한 번에 보낼 수 있는 데이터 크기를 MTU(Maximum Transmission Unit)라고 부르며 일반적인 이더넷에서 수용할 수 있는 크기는 1,500바이트입니다(Jumbo Frame 제외). MTU와 MSS는 모두 데이터 크기를 지칭하는 것이므로 MTU값은 2계층의 데이터 값, MSS는 4계층에서 가질 수 있는 최대 데이터 값입니다. 2계층에서는 2계층 헤더들의 크기를 제외한 데이터 크기를 MTU 크기라고 부릅니다. IP 헤더와 TCP 헤더의 표준 헤더 크기는 일반적으로 각각 20바이트(추가되는 옵션 헤더 제외)이므로 일반 이더넷인 경우, MSS 값을 1,460바이트로 사용합니다.

▼ 그림 1-19 MTU와 MSS의 차이

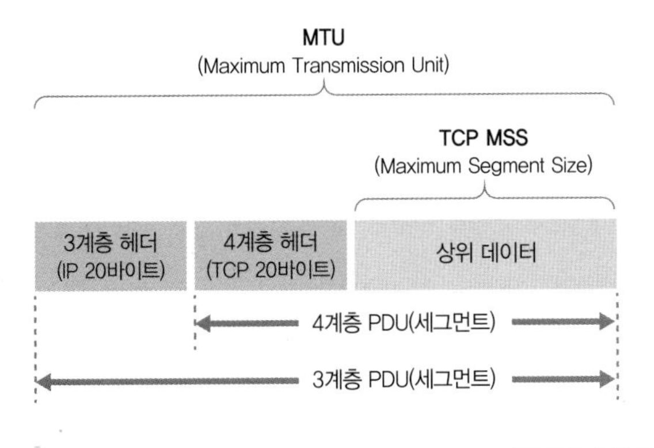

memo

2장

네트워크 연결과 구성 요소

인터넷이 대중화된 이후 대부분의 기술이 "이더넷 – TCP/IP" 기반이어서 기술이 점점 단순화되고 있지만 아직도 용도와 필요한 네트워크 속도에 따라 다양한 기술 요소들이 사용되고 있습니다.

이번 장에서는 네트워크 연결 방법을 구분하고 네트워크 연결에 필요한 회선과 구성 요소를 알아보겠습니다. 이번 장을 마치면 네트워크 연결에 필요한 다양한 요소를 이해하는 데 도움이 될 것입니다.

2.1 네트워크 연결 구분

네트워크는 규모와 관리 범위에 따라 LAN, MAN, WAN 3가지로 구분됩니다.

- **LAN**(Local Area Network)

  – 사용자 내부 네트워크

- **MAN**(Metro Area Network)

  – 한 도시 정도를 연결하고 관리하는 네트워크

- **WAN**(Wide Area Network)

  – 멀리 떨어진 LAN을 연결해주는 네트워크

예전에는 LAN, MAN, WAN에서 사용하는 기술이 모두 달라 사용하는 프로토콜이나 전송 기술에 따라 쉽게 구분할 수 있었습니다. 현재는 대부분의 기술이 이더넷으로 통합되면서 사용자가 전송 기술을 구분하는 것은 무의미해져 관리 범위 기준으로 LAN, MAN, WAN을 구분합니다.

그럼 LAN과 WAN에 대한 내용을 좀 더 자세히 알아보겠습니다.

참고

MAN

MAN은 용어가 의미하는 대로 수~수십 km 범위의 한 도시를 네트워크로 연결하는 개념입니다. 일반적으로 도시 단위의 네트워크를 구분할 때는 통신사가 이미 갖고 있는 인프라 기반으로 네트워크를 구축하면 WAN, 자체 인프라를 통해 네트워크를 구축하면 MAN으로 구분하기도 합니다.

이번 장에서도 LAN과 WAN에 대해서만 다룹니다.

그림 2-1 LAN, MAN, WAN의 구분

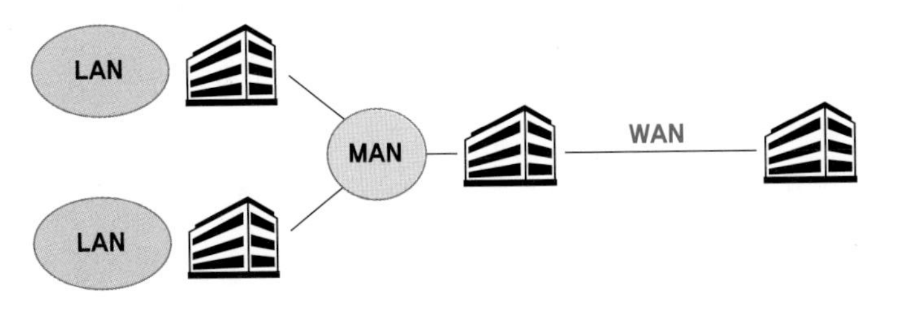

2.1.1 LAN

LAN은 Local Area Network의 약자로 홈 네트워크용과 사무실용 네트워크처럼 비교적 소규모의 네트워크를 말합니다. 먼 거리를 통신할 필요가 없어 스위치와 같이 비교적 간단한 장비로 연결된 네트워크를 LAN이라고 불러왔습니다. 소모 비용, 신뢰도, 구축 및 관리를 위해 다른 다양한 기술이 사용되지만 현재는 대부분 이더넷 기반 전송 기술을 사용합니다.

전송 기술에 대한 구분 외에 관리 범위에서의 LAN은 자신이 소유한 건물이나 대지에 직접 구축한 선로로 동작시키는 네트워크로 정의할 수 있습니다. 과거에는 대규모 공장이나 대학과 같은 광범위한 네트워크를 별도로 구분했지만 최근에는 이런 구분도 무의미해졌습니다.

그림 2-2 복잡하거나 대규모인 네트워크라도 직접 구축한 네트워크 범위라면 LAN이라고 부른다.

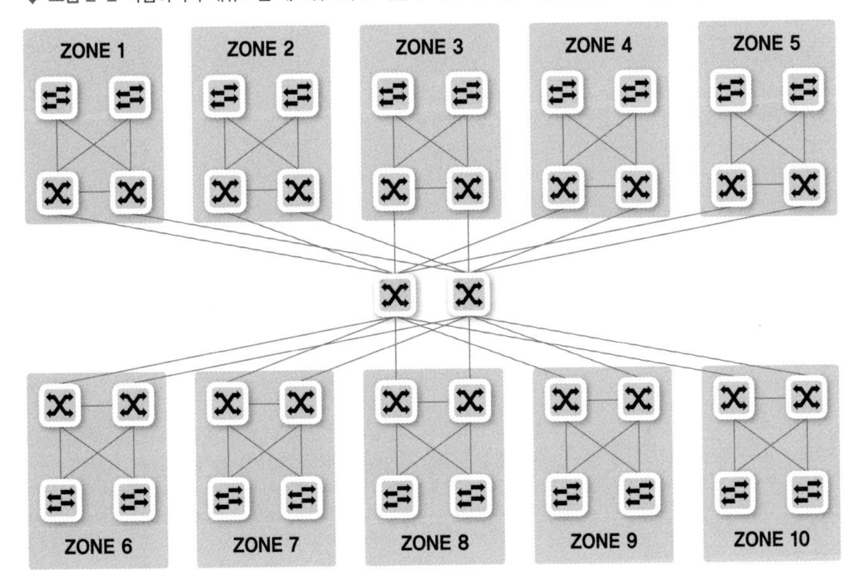

2.1.2 WAN

WAN은 Wide Area Network의 약자로 먼 거리에 있는 네트워크를 연결하기 위해 사용합니다. 멀리 떨어진 LAN을 서로 연결하거나 인터넷에 접속하기 위한 네트워크가 WAN에 해당합니다. WAN은 특별한 경우가 아니면 직접 구축할 수 없는 범위의 네트워크이므로 대부분 통신사업자(KT, LGU+, SKB)로부터 회선을 임대해 사용합니다. 자신이 소유한 땅이나 건물이 아닌 곳을 지나 원격지로 통신해야 할 때 사용하며 사용계약에 의해 비용이 부과됩니다.

▼ 그림 2-3 WAN은 원격지 연결을 위해 통신사업자로부터 빌려 쓰는 네트워크다.

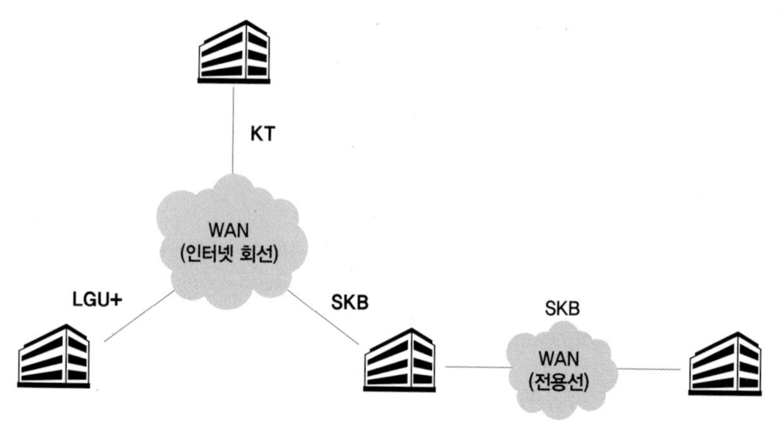

2.2 네트워크 회선

NETWORK

원격지 네트워크에 연결하기 위해서는 WAN을 사용해야 합니다. WAN에서 통신사업자와 사용자를 연결해주는 다양한 종류의 네트워크 회선과 기술이 사용되어 왔지만 현재는 LAN과 동일하게 이더넷이 주로 사용됩니다. 일반적인 이더넷 외에 특별한 용도로 음성 회선 기반의 저속 회선 기술이나 통신사업자 간의 고속 통신 또는 가입자를 구분하고 식별할 용도로 다양한 기술이 사용됩니다.

2.2.1 인터넷 회선

인터넷 접속을 위해 통신사업자와 연결하는 회선을 인터넷 회선이라고 부릅니다. 통신사업자와 케이블만 연결한다고 인터넷이 가능한 것이 아니라 통신사업자가 판매하는 인터넷과 연결된 회선을 사용해야만 인터넷 접속이 가능합니다. 일반적으로 동일한 회선 속도와 전송 기술을 사용했을 때 인터넷이 연결되지 않은 회선보다 인터넷을 연결한 회선의 비용이 비쌉니다.

일반가정에서 인터넷에 연결하기 위해 사용하는 기술은 뒤에서 다룰 인터넷 전용 회선과는 전송 기술이 약간 다릅니다. 가입자와 통신사업자 간에 직접 연결되는 구조가 아니라 전송 선로 공유 기술을 사용합니다. 예를 들어 아파트 광랜은 내부 선로가 직접 연결되는 구조여서 인터넷 전용 회선처럼 보이지만 아파트에서 통신사업자까지 연결한 회선을 아파트 가입자가 공유하는 구조입니다. 전송 선로를 공유하므로 일반 인터넷 회선의 속도는 전송 가능한 최대 속도이고 다음에 다룰 전용 회선과 달리 그 속도를 보장하지 않습니다(주변 사용량에 따라 속도가 느려질 수 있습니다).

일반 인터넷 회선의 종류는 다음과 같습니다.

- 광랜(이더넷): 기가 ~ 100Mbps
- FTTH: 기가 ~ 100Mbps
- 동축 케이블 인터넷: 수백 ~ 수십 Mbps
- xDSL(ADSL, VDSL 등): 수십 ~ 수 Mbps

위의 인터넷 접속 기술은 기존 전화선을 사용하거나 특정 구간부터 다른 사용자와 공유됩니다. 항상 모든 사람이 최대 속도로 인터넷을 접속하는 것은 아니므로 공유 구간은 사용자 최대 속도를 보장하지 않도록 구축하는 것이 일반적입니다.

2.2.2 전용 회선

가입자와 통신사업자 간에 대역폭을 보장해주는 서비스를 대부분 전용 회선이라고 부릅니다. 대역폭을 보장해주는 기술에는 여러 가지가 있지만 가입자와 통신사업자 간에는 전용 케이블로 연결되어 있고 통신사업자 내부에서 TDM(시분할 다중화: Time Division Multiplexing) 같은 기술로 마치 직접 연결한 것처럼 통신 품질을 보장해줍니다. 인터넷 전용 회선이 아닌 일반 전용 회선은 본사-지사 연결에 주로 사용됩니다.

▼ 그림 2-4 가입자-회선 사업자, 가입자-가입자 연결을 위해 전용 회선을 사용한다.

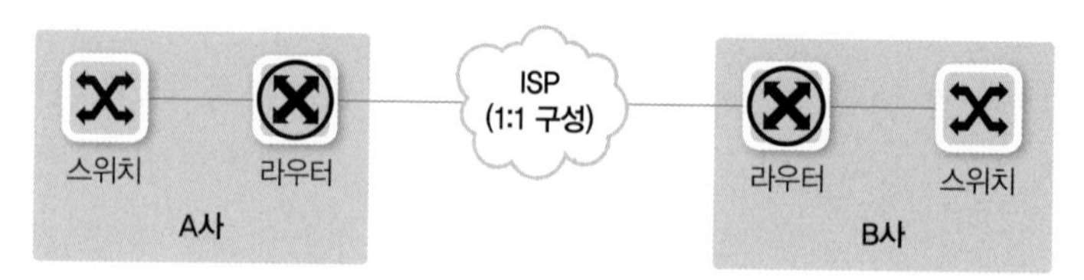

전용 회선을 가입자와 접속하는 전송 기술을 기반으로 구분한다면 다음과 같이 **음성 전송 기술 기반의 저속 회선과 메트로 이더넷이라는 고속 회선으로** 분류할 수 있습니다.

- **저속: 음성 전송 기술 기반**

  저속 음성 전송 기술은 64kbps 단위로 구분되어 사용됩니다. 작은 기본 단위를 묶어 회선 접속 속도를 높이는 방법으로 발전되어 온 기술로 오랫동안 사용되어 왔습니다. 보통 높은 속도가 필요하지 않을 때나 높은 신뢰성이 필요할 때 사용되어 왔지만 현재 이더넷 기반의 광 전송 기술이 신뢰할 정도의 수준으로 발전해 점점 사용 빈도가 줄고 있습니다. 하지만 아직도 결재 승인과 같은 전문(Clear Text) 전송을 위한 VAN(Value Added Network)사나 대외 연결에는 저속 회선을 사용하는 경우가 많습니다. 이 기술을 사용하려면 원격지 전송 기술로 변환할 수 있는 라우터가 필요합니다.

- **고속: 메트로 이더넷**

  고속 연결은 대부분 광케이블 기반의 이더넷을 사용합니다. 가입자와 통신사업자 간의 접속 기술은 이더넷을 사용하고 통신사업자 내부에서는 이런 개별 가입자를 묶어 통신할 수 있는 다른 고속 통신 기술을 사용합니다. 가입자와 통신사업자 내부에서의 통신 기법이 다른 것은 통신사업자는 여러 가입자를 구분하고 가입자 트래픽을 고속으로 전송하는 것이 중요하기 때문입니다. 또한, 다양한 가입자 접속 기술을 하나의 기술로 통합하기 위한(저속 통신 회선이나 이더넷, 음성을 하나의 회선에 실을 수 있도록) 기술이 사용됩니다.

참고

LLCF(Link Loss Carry Forward)

LLCF는 한쪽 링크가 다운되면 이를 감지해 반대쪽 링크도 다운시키는 기능입니다. 전용 회선을 이더넷으로 구성할 때 회선사에서 LLCF를 설정하지 않으면 전용 회선이 한 사이트에서 다운되더라도 반대쪽 사이트에서는 회선이 그대로 살아있는 것처럼 보이므로 반드시 회선 개통 후 회선사에서 LLCF 설정이 되어 있는지 확인해야 합니다.

저속 회선은 2계층 프로토콜 통신 상태를 확인하는 기능이 있으므로 라우터에서 상대방 링크가 끊길 경우, 감지할 수 있어 LLCF 설정이 별도로 필요없습니다.

▼ 그림 2-5 LLCP 설정이 필수인 이더넷 방식 전용선

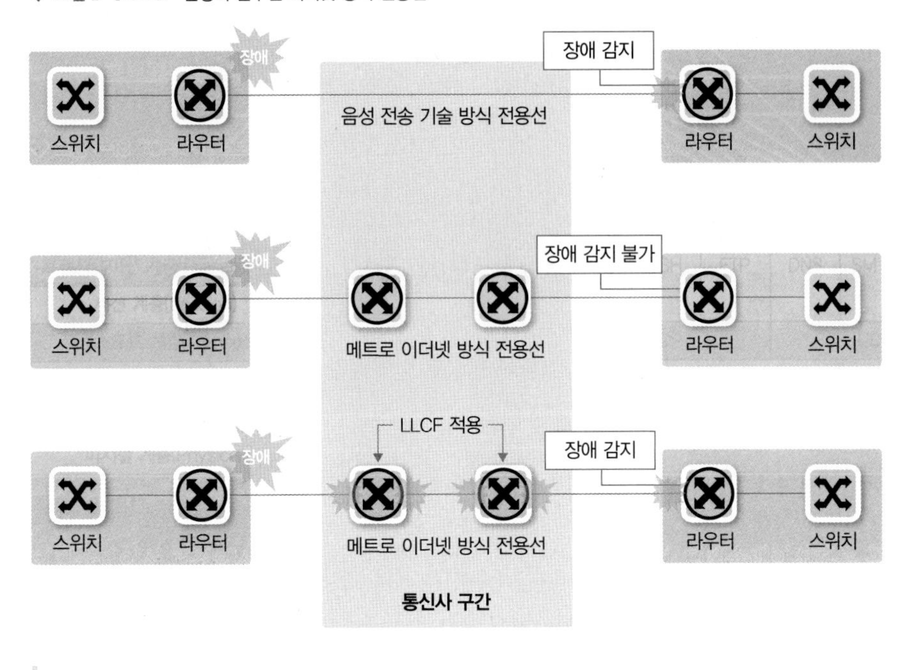

2.2.3 인터넷 전용 회선

인터넷 연결 회선에 대한 통신 대역폭을 보장해주는 상품을 인터넷 전용 회선이라고 합니다. 가입자가 통신사업자와 연결되고 이 연결이 다시 인터넷과 연결되는 구조입니다. 인터넷 전용 회선은 가입자가 일반가정에서 사용하는 접속 기술과 달리 다른 가입자와 경쟁하지 않고 통신사업자와 가입자 간의 연결 품질을 보장해줍니다.

▼ 그림 2-6 인터넷 연결을 위한 회선이 통신사업자와 가입자 간에 전용으로 연결되어 있다.

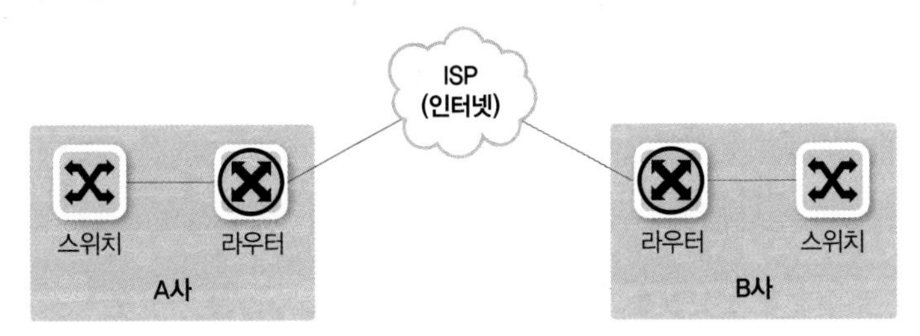

기존에는 인터넷 전용 회선과 일반가정 가입자들이 사용하는 네트워크 기술에 확연한 차이가 있었지만 최근 대부분 광 접속 기술을 사용하므로 구분하는 것이 쉽지 않습니다. 최근 인터넷 전용 회선 기술은 이더넷이 가장 많이 쓰입니다. 메트로 이더넷이라는 이 기술은 수~수십 km까지 전송할 수 있는 최근의 이더넷 기술을 바탕으로 하고 있습니다.

2.2.4 VPN

VPN은 Virtual Private Network의 약자로 물리적으로는 전용선이 아니지만 가상으로 직접 연결한 것 같은 효과가 나도록 만들어주는 네트워크 기술입니다. 다양한 VPN 기술이 있고 가입자 입장에서의 기술과 통신사업자 입장에서의 기술이 별도로 발전해왔습니다.

2.2.4.1 통신사업자 VPN

전용선은 연결 거리가 늘어날수록 비용이 증가합니다. 도시 내의 전용선 연결은 비싸지 않지만 타 도시나 해외 연결 전용선 비용은 매우 비쌉니다. 전용선은 사용 가능한 대역폭을 보장해주지만 가입자가 계약된 대역폭을 항상 100% 사용하는 것이 아니어서 낭비되는 비용이 클 수 있습니다. 이런 비용 낭비를 줄이고 먼 거리와 연결하더라도 비용을 줄이기 위해 통신사업자가 직접 가입자를 구분할 수 있는 VPN 기술을 사용해 비용을 낮추고 있습니다. 가장 대표적인 기술이 MPLS VPN 입니다.

▼ 그림 2-7 MPLS VPN. 여러 가입자가 하나의 MPLS 망에 접속되지만 가입자를 구분할 수 있는 기술을 적용해 전용선처럼 사용할 수 있다.

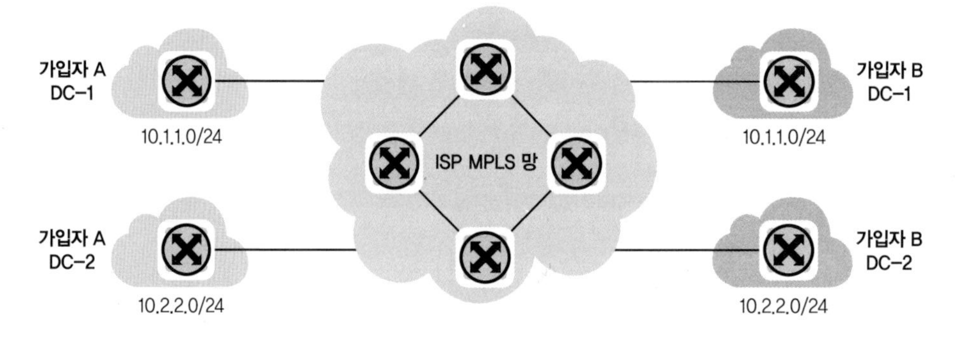

이 기술을 이용하면 여러 가입자가 하나의 망에 접속해 통신하므로 공용 회선을 함께 이용하게 되어 비용이 낮아집니다. 전용 회선 비용은 거리와 속도의 영향을 받지만 MPLS VPN 회선은 거

리보다 속도의 영향을 받으므로 거리가 멀어질수록 MPLS와 같은 공용망 기술 사용이 비용을 낮추는 데 도움이 됩니다. 도시 내부의 통신 외에 본사-지사 또는 지사-지사 간의 연결은 대부분 MPLS VPN 기술을 사용해 연결합니다. MPLS VPN 기술은 가입자 입장에서는 기술적으로 특별히 고려할 것이 없으므로 일반 전용선 연결과 동일한 접속 기술을 사용하게 됩니다.

2.2.4.2 가입자 VPN

일반 사용자가 VPN을 사용한다면 대부분 가입자 VPN 기술입니다. 일반 인터넷망을 이용해 사용자가 직접 가상 전용 네트워크를 구성할 수 있습니다. 지방이나 해외를 전용선으로 연결하면 비용이 매우 비싸고 앞에서 알아본 MPLS VPN 기술을 이용한 회선도 일반 인터넷 연결 비용보다 비쌉니다. 그래서 비용을 더 낮추기 위해 일반 인터넷 연결을 이용한 VPN을 사용합니다. 가입자 VPN 기술 관련 내용은 9.6 VPN 절에서 자세히 다룹니다.

▼ 그림 2-8 VPN을 통해 일반 인터넷 회선을 전용망처럼 구성해 사용한다.

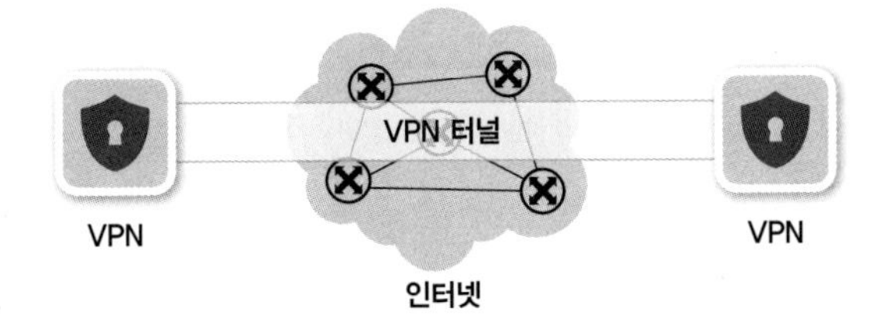

2.2.5 DWDM

DWDM(Dense Wavelength Division Multiplex: 파장 분할 다중화) 전송 기술은 먼 거리를 통신할 때 케이블 포설 비용이 매우 많이 들고 관리가 어려운 문제를 극복하기 위해 개발되었습니다. WDM 기술이 나오기 전에는 하나의 광케이블에 하나의 통신만 가능했습니다. 통신사업자는 많은 가입자를 구분하고 높은 대역폭의 통신을 제공해야 하므로 여러 개의 케이블을 포설해야 했고 이러한 물리적인 케이블을 포설하는 데 어려움이 있었습니다. WDM과 DWDM 기술은 하나의 광케이블에 다른 파장의 빛을 통해 여러 채널을 만드는 동시에 많은 데이터를 전송할 수 있습니다.

▼ 그림 2-9 DWDM 기술 개념. 하나의 케이블에 다른 파장의 빛으로 여러 채널의 통신을 실어 전달할 수 있다.

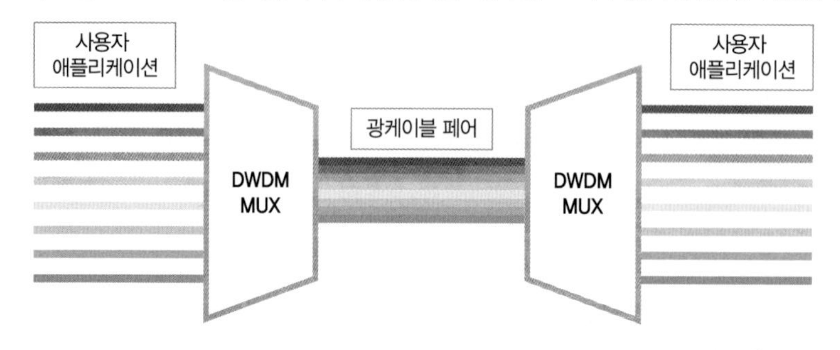

DWDM 전송 기술은 기존 WDM보다 더 많은 채널을 이용하는 기술입니다. 이 기술은 통신사업자 내부에서 먼 거리를 통신할 때 주로 사용되지만 최근 일반가정에서 사용하는 기가 인터넷에서도 사용되고 있습니다.

기가 인터넷은 FTTH(Fibre To The Home)가 사용되고 구축 방식에 따라 PTP, AON, PON 형태로 구분됩니다. PTP(Point-to-Point) 방식은 가입자와 통신사업자 간에 케이블을 직접 포설합니다. AON(Active Optical Network)은 광신호 분리장비에 전기가 필요한 스위치와 같은 장비가 사용되고 PON 기술은 전기 인입 없이 광신호를 분리해 가입자와 통신사업자 간의 케이블을 줄일 수 있습니다. 이 경우, 가입자들이 하나의 회선을 공유하므로 인터넷 속도가 느려질 수 있어 DWDM 기술을 접목합니다. 인터넷 사용자가 광회선을 공유하더라도 가입자마다 별도 채널을 이용해 구분하므로 인터넷 접속 속도를 유지할 수 있습니다.

NETWORK

2.3 네트워크 구성 요소

네트워크를 이해하기 위해 여러 가지 이론을 공부하는 것도 중요하지만 실제로 네트워크를 구성해보고 그에 필요한 요소들을 기반으로 네트워크가 무엇인지 알아가는 것이 더 중요합니다. 이번 장에서는 네트워크를 구축하고 사용하는 데 필요한 구성 요소들을 알아보겠습니다. 1.4 OSI 7계층별 이해하기 절에서 다루었던 이론과 네트워크 구성 요소들을 연결해 네트워크 장치의 동작 방식과 기능을 상세히 설명하겠습니다.

2.3.1 네트워크 인터페이스 카드(NIC)

흔히 랜 카드라고 부르는 부품의 정식 명칭은 네트워크 인터페이스 카드(Network Interface Card, NIC)입니다. 이외에도 네트워크 카드(Network Card), 네트워크 인터페이스 컨트롤러(Network Interface Controller, NIC)라고도 부릅니다. **네트워크 인터페이스 카드는 컴퓨터를 네트워크에 연결하기 위한 하드웨어 장치입니다.**

노트북과 데스크톱 PC에서는 네트워크 인터페이스 카드가 온보드 형태로 기본 장착되므로 별도의 네트워크 인터페이스 카드를 추가할 필요가 거의 없습니다. 서버도 온보드 형태로 네트워크 인터페이스 카드가 장착되지만 여러 네트워크에 동시에 연결되어야 하거나 더 높은 대역폭이 필요한 경우, 네트워크 인터페이스 카드를 추가로 장착합니다. 하지만 최근 서버 보드에 10GT 네트워크 인터페이스 카드가 기본 장착되는 추세이므로 서버에도 별도의 네트워크 카드를 장착하는 빈도가 점점 줄 것으로 예상됩니다.

▼ 그림 2-10 (a) PC 내장형 네트워크 인터페이스 카드, (b) 네트워크 인터페이스 카드, (c) 서버용 네트워크 인터페이스 카드(10G)

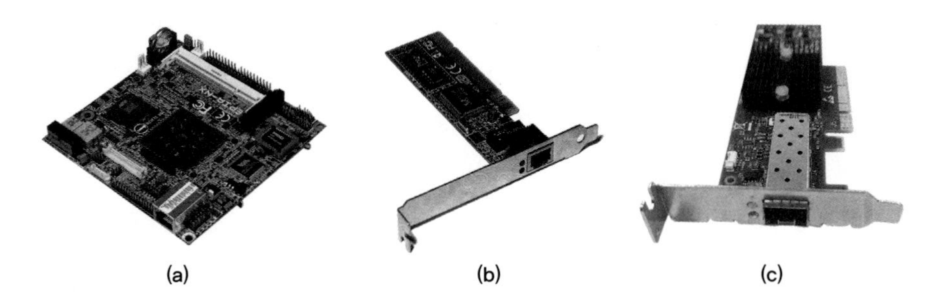

네트워크 인터페이스 카드의 주요 역할은 다음과 같습니다.

- **직렬화**(Serialization)

  네트워크 인터페이스 카드는 전기적 신호를 데이터 신호 형태로 또는 데이터 신호 형태를 전기적 신호 형태로 변환해줍니다. 네트워크 카드 외부 케이블에서는 전기 신호 형태로 데이터가 전송되는데 이런 상호 변환작업을 직렬화라고 합니다.

- **MAC 주소**

  네트워크 인터페이스 카드는 MAC 주소를 가지고 있습니다. 받은 패킷의 도착지 주소가 자신의 MAC 주소가 아니면 폐기하고 자신의 주소가 맞으면 시스템 내부에서 처리할 수 있도록 전달합니다.

- **흐름 제어**(Flow Control)

  패킷 기반 네트워크에서는 다양한 통신이 하나의 채널을 이용하므로 이미 통신 중인 데이터 처리 때문에 새로운 데이터를 받지 못할 수 있습니다. 이런 현상으로 인한 데이터 유실 방지를 위해 데이터를 받지 못할 때는 상대방에게 통신 중지를 요청할 수 있습니다. 이 작업을 흐름 제어라고 합니다.

참고

다양한 네트워크 카드

• 고대역폭, 이더넷 스위치 기능을 내장한 네트워크 인터페이스 카드

우리가 쉽게 접할 수 있는 네트워크 인터페이스 카드는 PC나 노트북에서 사용하는 1GbE 네트워크 인터페이스 카드입니다. 서버나 네트워크 장비는 높은 신뢰도와 대역폭을 위해 광케이블을 이용한 인터페이스 카드를 사용합니다.

네트워크 인터페이스 카드는 고성능, 다기능으로 점점 더 진화하고 있습니다. 단순히 높은 대역폭을 제공할 뿐만 아니라 높은 대역폭 처리로 인해 CPU에 부하가 걸리지 않도록 패킷 생성과 전송을 CPU 도움 없이 독자적으로 처리합니다. 일반적으로 10G 이상의 네트워크 인터페이스 카드는 다양한 패킷 생성과 수신을 자신이 혼자 처리합니다. 최근 서버 가상화의 영향으로 많은 서버가 한 대의 물리적인 서버에서 동작하고 하이퍼 컨버지드 인프라(Hyper Converged Infrastructure, HCI) 제품들이 속속 등장하면서 서비스용 일반통신뿐만 아니라 스토리지와의 통신을 추가로 고려해야 하고 그로 인해 서버와 네트워크에 더 높은 대역폭을 요구합니다. 서버에 10GbE 이상의 고성능 네트워크 인터페이스 카드가 기본으로 장착되며 25G, 50G, 40G, 100G 네트워크 인터페이스 카드를 추가로 장착할 수 있습니다.

일부 네트워크 인터페이스 카드는 L3 스위치 기능이 내장되어 있어 가상화 서버들끼리 연결하는 vSwitch를 가속하는 기능도 함께 제공합니다. 이런 다양한 기능이 제공되고 높은 대역폭을 처리하는 네트워크 인터페이스 카드들은 서버 가상화와 네트워크 장비를 가상화하는 NFV(Network Function Virtualization, 네트워크 기능 가상화)에 사용됩니다.

• Multifunction 네트워크 인터페이스 카드

네트워크 전송 기술로 이더넷만 사용되는 것은 아닙니다. 스토리지와 서버를 연결하는 스토리지 에어리어 네트워크(Storage Area Network, SAN) 구성용 Fibre Channel 표준이 있고 이더넷에서 스토리지 네트워크를 구성하기 위한 iSCSI 프로토콜도 있습니다. 또한, 슈퍼컴퓨터와 같이 여러 대의 서버를 묶어 고성능 클러스터링을 구현할 수 있는 HPC(High Performance Computing) 네트워크에는 인피니밴드 기술도 사용됩니다.

최근 이런 다양한 프로토콜이 이더넷 기반으로 변화하고 있지만 아직도 이런 다양한 프로토콜이 일부 네트워크에서 사용 중이며 이런 특수 네트워크를 지원하고 가속할 수 있는 네트워크 카드도 사용되고 있습니다.

▼ 그림 2-11 다양한 인터페이스 카드

HBA 카드 인피니밴드 카드

2.3.2 케이블과 커넥터

노트북이나 스마트폰, 태블릿에서 인터넷 연결을 위한 무선 사용 빈도가 점점 높아지고 있지만 회사 네트워크에 접속하거나 서버를 네트워크와 연결하는 것과 같이 신뢰도 높은 통신이 필요한 경우에는 아직도 유선이 사용되고 있습니다. 이런 연결을 위해 맨 먼저 고려할 네트워크 연결점은 케이블입니다. 이번 장에서는 실무에서 사용하는 다양한 케이블과 용어에 대해 알아보겠습니다.

▼ 그림 2-12 케이블의 종류, 케이블은 트위스티드 페어, 동축, 광케이블이 있다.

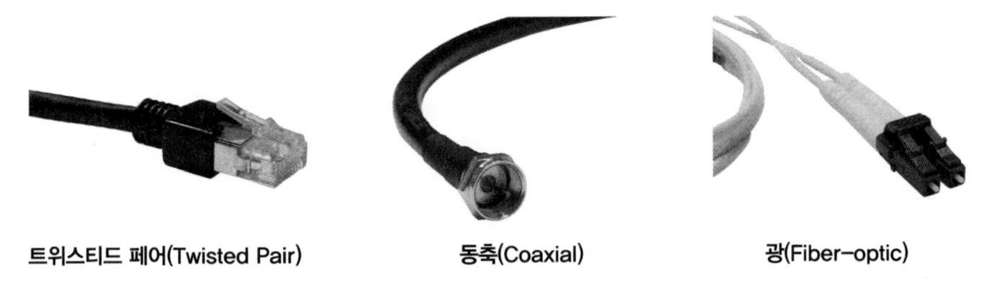

트위스티드 페어(Twisted Pair) 동축(Coaxial) 광(Fiber-optic)

케이블은 트위스티드 페어 케이블, 동축 케이블, 광케이블 3가지가 있습니다.

3가지 케이블 모두 케이블을 연결해야 하는 거리나 속도에 따라 다양한 케이블이 있고 용도에 맞게 사용됩니다. 이런 다양한 케이블을 모두 알 수는 없으므로 원하는 환경에 맞는 케이블을 올바로 선택하려면 케이블을 구성하는 기본 요소와 표준을 알아야 합니다.

2.3.2.1 이더넷 네트워크 표준

현재 가장 많이 사용되는 네트워크 기술은 이더넷 방식입니다. 따라서 이더넷 네트워크를 사용하기 위한 케이블과 커넥터를 중심으로 알아보겠습니다. 현재 대중화되어 있는 이더넷 표준은 기가비트 이더넷과 10기가비트 이더넷입니다. 일반 PC와 같은 종단은 기가비트 이더넷을, 데이터 센터의 서버와 같은 종단은 기가비트나 10기가비트 이더넷을 주로 사용하고 있습니다. 서버와 스위치 간 연결을 10기가비트 이더넷으로 구성할 경우, 스위치에서는 상위 스위치와의 연결을 위한 업링크 대역폭을 확보하기 위해 40기가비트나 100기가비트 이더넷을 사용합니다.

▼ 그림 2-13 다양한 이더넷 지원 속도

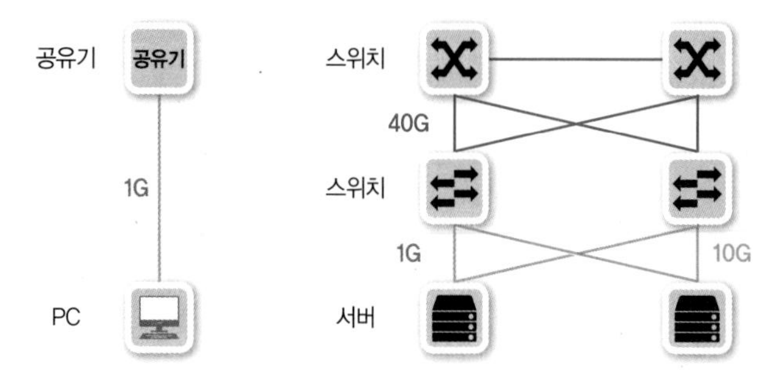

이더넷에서도 케이블의 종류, 인코더의 종류 등으로 세분화해 여러 가지 표준으로 나뉘지만 대중적으로 많이 사용하는 표준은 3가지입니다.

▼ 표 2-1 기가비트 이더넷 및 10기가비트 이더넷 표준, 케이블 종류

명칭	표준	속도	타입	거리	비고
1,000BASE-T	802.3ab	1G	트위스티드 페어	100m	
1,000BASE-SX	802.3z	1G	광	220~550m	
1,000BASE-LX	802.3z	1G	광	~5km	
1,000BASE-EX	-	1G	광	~40km	비표준
1,000BASE-ZX	-	1G	광	~70km	비표준
10GBASE-T	802.3an	10G	트위스티드 페어	55~100m	
10GBASE-SR	802.3ae	10G	광	26~400m	
10GBASE-LR	802.3ae	10G	광	~10km	
10GBASE-ER	802.3ae	10G	광	~40km	
10GBASE-ZR	-	10G	광	~80km	비표준

* 1,000BASE-T/10GBASE-T

  트위스티드 페어 케이블을 이용하는 기가 이더넷 표준입니다.

* 1,000BASE-SX/10GBASE-SR

  멀티모드 광케이블을 사용하고 비교적 짧은 거리를 보낼 수 있는 이더넷 표준입니다.

* 1,000BASE-LX/10GBASE-LR

  싱글모드 광케이블을 사용하고 비교적 긴 거리를 보낼 수 있는 이더넷 표준입니다.

멀티모드와 싱글모드의 차이점은 2.3.2.5 케이블 - 광케이블 절에서 자세히 설명할 예정입니다.

기가비트 이더넷 표준 중의 하나인 1,000BASE-T로 각 명칭의 의미를 설명해보겠습니다. 1,000BASE-T에서 앞 숫자 1,000은 속도를 나타냅니다. 앞 숫자가 1,000이면 1,000Mbps 속도로 통신할 수 있는 네트워크입니다. 중간 문자는 채널의 종류에 대한 것으로 Base는 단일채널 통신을 나타내고 Broad는 다채널 통신을 나타냅니다. 마지막 문자는 케이블 타입을 나타내는 것으로 T 문자는 트위스티드 페어(Twisted Pair) 케이블을 나타냅니다. 마지막 문자에 의해 케이블과 그에 맞춘 광신호, 트랜시버의 종류가 달라집니다.

▼ 그림 2-14 1,000BASE-T의 의미

앞에서 다룬 기가 이더넷뿐만 아니라 높은 성능을 제공하는 다양한 이더넷 표준이 많이 있습니다.

▼ 표 2-2 기가비트 이더넷 외에도 높은 대역폭을 제공하는 고속 이더넷 표준이 많이 있다.

표준	전송 속도	방향당 채널 수	스펙트럼 대역폭	케이블(100m)	케이블 스펙
10BASE-T	10 Mbit/s	1	10 MHz	Cat 3	16 MHz
100BASE-TX	100 Mbit/s	1	31.25 MHz	Cat 5	100
1,000BASE-T	1,000 Mbit/s	4	62.5 MHz	Cat 5e	100
2.5GBASE-T	2,500 Mbit/s	4	100 MHz	Cat 5e	100
5GBASE-T	5,000 Mbit/s	4	200 MHz	Cat 6	250
10GBASE-T	10,000 Mbit/s	4	400 MHz	Cat 6A	500
25GBASE-T	25,000 Mbit/s	4	1,000 MHz	Cat 8 (30m)	1,600/2,000
40GBASE-T	40,000 Mbit/s	4	1,600 MHz	Cat 8 (30m)	1,600/2,000

2.5G, 5G, 10G, 25G, 40G, 50G, 100G를 지원하는 이더넷 표준들이 범용적으로 사용되고 있고 트위스티드 페어 케이블을 사용하는 경우, 40G까지 사용할 수 있는 표준이 나와 있습니다. 최근 더 높은 대역폭을 위해 100G를 넘어선 200G, 400G까지 표준화가 완료되어 대형 데이터 센터 위주로 사용되고 있으며 현재 800G 표준화 작업이 진행되고 있습니다.

2.3.2.2 케이블, 커넥터 구조

케이블은 물리적으로 케이블 본체, 커넥터, 트랜시버와 같은 여러 요소로 나뉩니다. 케이블 본체는 트위스티드 페어, 동축, 광케이블로 나뉘고 케이블 본체의 종류에 따라 커넥터와 트랜시버의 종류도 함께 달라집니다.

▼ 그림 2-15 케이블은 트랜시버, 커넥터, 케이블 본체 부분으로 나눌 수 있다.

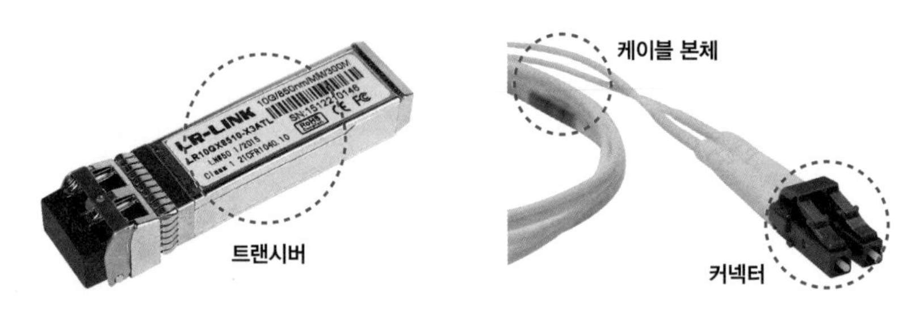

트랜시버, 커넥터, 케이블 본체 3개 부분이 모두 분리되어 있거나 하나로 합쳐진 케이블 형태도 있습니다. 트위스티드 페어 케이블의 경우, 커넥터와 케이블 본체가 하나로 구성되어 있고 별도의 트랜시버가 없는 경우가 많습니다. 반면, 광케이블은 다양한 속도와 거리를 지원해야 하므로 트랜시버, 커넥터와 케이블을 분리하는 경우가 많습니다.

2.3.2.3 케이블 - 트위스티드 페어 케이블

가장 흔히 사용하는 케이블은 트위스티드 페어(Twisted Pair: TP) 케이블입니다. 트위스티드 페어 케이블은 쉴드를 장착한 STP/FTP 케이블과 종류와 쉴드가 없는 UTP 케이블이 있습니다. 트위스티드 페어 케이블은 RJ-45 커넥터를 이용하고 케이블 본체와 함께 연결되어 분리할 수 없습니다. 이 케이블을 컴퓨터나 서버에 있는 랜포트에 끼우면 네트워크에 연결됩니다.

▼ 그림 2-16 가장 흔히 사용하는 트위스티드 페어 케이블(RJ-45 잭)

트위스티드 페어 케이블도 요구되는 속도와 통신 거리에 따라 다양한 스펙이 있고 환경에 따라 적절히 선택해야 합니다. 트위스티드 페어 케이블은 카테고리(Category) 단위로 케이블 등급을 나눕니다. 가장 많이 사용하는 케이블은 카테고리 5E 케이블입니다. 1G 속도를 지원하는 대중적인 케이블로 데스크톱, 노트북과 같은 일반 단말을 연결하는 데는 적합하지만 데이터 센터와 같이 높은 대역폭을 지원해야 할 때는 사용하기 어렵습니다. 이런 이유로 10G부터는 광케이블을 이용하는 경우가 많았는데 가상화가 대중화되고 IP 기반 스토리지들이 많이 사용되어 더 높은 대역폭을 요구하는 사례가 늘면서 일반 서버에도 10G가 기본적으로 쓰이기 시작했습니다. 10GBASE-T를 기본 탑재해 생산되는 서버들이 늘면서 10G 네트워크에도 트위스티드 페어 케이블이 사용되기 시작했습니다.

10GBASE-T는 카테고리 6, 6A, 7(비표준) 케이블이 사용되고 이 케이블들은 외부와 내부 간섭을 줄이기 위한 다양한 기술이 추가되었습니다.

▼ 표 2-3 케이블별 전송 속도와 규격 비교

	CAT5	CAT5E	CAT6	CAT6A	CAT7(비표준)	CAT8
전송 속도	100Mbps	1Gbps	1Gbps	10Gbps	10Gbps	25/40Gbps
대역폭	100MHz	100MHz	250MHz	500MHz	600MHz	1.6/2GHz
규격	100BASE-TX	1,000BASE-T	1,000BASE-TX	10GBASE-T	10GBASE-T	25/40GBASE-T
쉴드	UTP	UTP	STP/UTP	FTP/UTP	STP	SFTP
플러그	UTP/STP RJ-45	UTP/STP RJ-45	UTP/STP RJ-45	UTP/STP RJ-45	STP non RJ-45	RJ-45

트위스티드 페어 케이블은 그물 형태의 쉴드가 있는 STP(Shielded Twisted Pair)와 포일 형태의 쉴드가 있는 FTP(Foiled Twisted Pair), 쉴드가 없는 UTP(Unshielded Twisted Pair)로 구분됩니다. 또한, 쉴드가 트위스트된 페어마다 있는 경우와 전체 케이블을 보호하기 위한 쉴드가 있는 경우에 따라 S/FTP와 같은 케이블이 사용되기도 합니다. S/FTP의 각 페어에는 포일로 쉴드되어 있고 전체 케

이블을 보호하는 쉴드가 함께 있는 케이블입니다. 이것은 내부 간섭과 외부 간섭 모두 잘 막아줄 수 있습니다.

▼ 그림 2-17 트위스티드 페어 케이블의 구조. (a) UTP는 쉴드가 없는 케이블, (b) FTP는 포일이 있는 케이블, (c) S/FTP는 이중 차폐와 접지선, 외부 쉴드가 모두 있는 케이블이다. 카테고리 6, 7과 같은 고사양의 케이블은 간섭을 피하기 위해 쉴드가 있는 STP, FTP 형태를 사용한다.

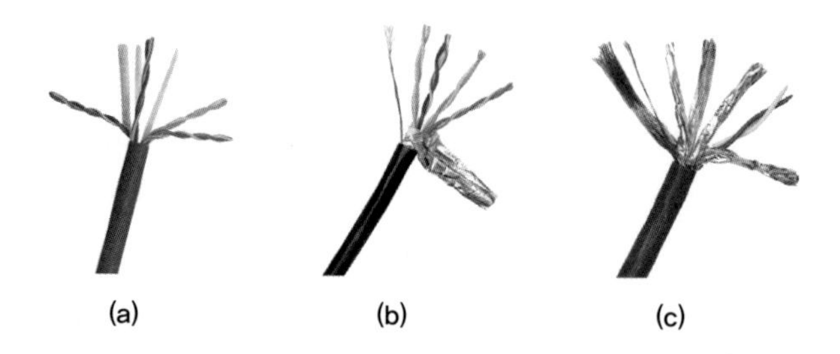

참고

스트레이트 케이블과 크로스 케이블

UTP는 커넥터와 케이블 본체가 방향이 고정된 상태로 함께 조립되어 뒤집거나 분리할 수 없습니다. 이런 고정 케이블을 쉽게 연결하기 위해 단말 장비인 PC, 서버와 네트워크 장비인 스위치는 회로 모양이 서로 다릅니다. 그래서 UTP 케이블 연결할 때 연결하는 장비나 단말의 회로 모양을 고려해야 합니다. 100BaseTx까지는 MDI(Medium Dependent Interface) 형태의 회로가 있는 서버, PC 네트워크 인터페이스 카드, 그와 반대 모양인 MDI-X(Medium Dependent Interface Crossover) 형태의 회로를 가진 네트워크 장비(스위치)가 고정되어 있어 케이블을 연결할 때 어떤 타입의 회로가 연결되는지 고려해야 했습니다. 하지만 1,000BaseT 이상을 지원하는 네트워크 인터페이스 카드는 대부분 자동으로 회로 모양을 감지해주는 Auto MDIX를 제공하므로 이 부분을 고려하지 않아도 됩니다.

광케이블은 UTP와 달리 커넥터를 뒤집을 수 있어 스트레이트와 크로스 구분이 없는 한 가지 케이블만 있습니다. 일반적으로 광케이블을 연결하려면 송신부와 수신부를 확인해 송신부-수신부, 수신부-송신부 형태로 적절히 연결해주어야 하는데 광케이블을 연결한 후 빨간 빛이 나오는 부분이 상대방 스위치의 송신 부분이므로 빛이 나오지 않는 수신부 포트와 연결하면 됩니다.

참고

주의 광케이블을 확인할 때

레이저가 나오는지 확인할 때 눈으로 직접 확인하면 시력에 문제가 발생할 수 있습니다. SX 타입의 멀티모드 레이저는 눈으로 보아도 시력에 큰 문제가 없는 약한 레이저이지만 가능하면 손으로 케이블을 가려 어둡게 한 후 레이저가 나오는지 확인하세요. LX 또는 그 이상 강한 레이저가 나오는 ZX, EX 등은 육안으로 확인이 불가능하며 눈으로 확인하면 심각한 문제가 발생할 수 있으니 주의하세요.

2.3.2.4 케이블 – 동축 케이블

동축 케이블은 케이블 TV와 연결할 때 사용하는 두꺼운 검정 케이블과 같은 종류입니다. 과거에는 LAN 구간에도 사용되었지만 다루기 힘들고 고가이므로 잘 사용되지 않고 케이블 TV나 인터넷 연결을 위해서만 사용되어 왔습니다. 하지만 최근 10G 이상의 고속 연결을 위해 트랜시버를 통합한 DAC(Direct Attach Copper Cable) 케이블을 많이 사용하는데 이 케이블은 동축 케이블 종류 중 하나입니다.

2.3.2.5 케이블 – 광케이블

광케이블은 일반적으로 다른 구리선(UTP, 동축)보다 신뢰도가 높고 더 먼 거리까지 통신할 수 있어 높은 대역폭을 요구하거나 먼 거리를 통신해야 하는 네트워크 장비 간의 통신에 주로 사용됩니다. 케이블은 저항 때문에 생기는 감쇄와 주위 자기장의 간섭으로부터 보호받아야 하는데 광신호를 기반으로 하는 광케이블은 이런 감쇄와 간섭으로부터 비교적 자유롭습니다.

광케이블은 싱글모드, 멀티모드 2가지로 나뉩니다. 싱글모드는 먼 거리 통신을 지원하기 위해 케이블 굵기가 매우 가늘고 신호를 보내는 광원으로 레이저를 사용합니다. 레이저는 다른 빛에 비해 먼 거리를 퍼지지 않고 직진하는 성질이 있습니다. 멀티모드는 싱글모드에 비해 비교적 굵은 케이블을 사용하며 광원으로 LED를 사용합니다. LED 광원은 레이저보다 쉽게 구현할 수 있어 멀티모드 케이블과 트랜시버 모두 가격이 싱글모드보다 저렴합니다.

▼ 표 2-4 싱글모드와 멀티모드의 특징

	멀티모드	싱글모드
코어 직경	50μm/62.5μm	8~10μm
클래딩 직경	125μm	125μm
광 전송로 모드	복수	하나
전송 손실	많다(비교적)	적다
전송 거리	550m	10~100km
케이블 취급	쉽다(비교적)	어렵다
비용	저가(비교적)	고가

넓은 광 전송로에 여러 가지 광원이 전송되므로 멀티모드라고 하고 하나의 레이저 신호로 가느다란 전송로를 통과하므로 싱글모드라고 부릅니다. 반사 각도가 작은 싱글모드가 훨씬 먼 거리로 전송할 수 있습니다.

싱글모드 케이블은 노란색, 멀티모드 케이블은 주황색(1G)과 하늘색(10G)을 띄므로 쉽게 구분할 수 있습니다.

2.3.2.6 커넥터

커넥터는 케이블의 끝부분으로 네트워크 장비나 네트워크 카드에 연결되는 부분입니다.

트위스티드 페어 케이블에서는 RJ-45 커넥터를 사용하지만 광케이블은 다양한 커넥터가 있습니다.

▼ 그림 2-18 커넥터와 네트워크 장비 연결, 케이블 변경에 따른 커넥터의 변화

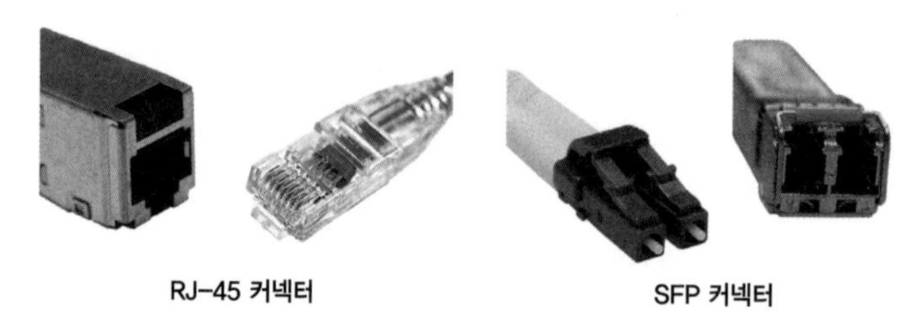

RJ-45 커넥터 SFP 커넥터

광케이블은 주로 LC 커넥터가 사용되고 SC 커넥터가 일부 사용됩니다. 서버에 광케이블을 사용하는 경우, 네트워크 연결 요청 시 커넥터 타입을 네트워크 담당자에게 알려주어야만 적합한 케이블을 사용할 수 있습니다.

▼ 그림 2-19 다양한 광케이블 커넥터

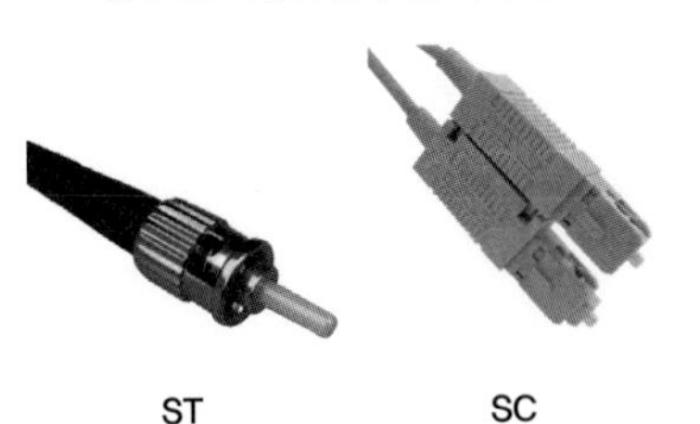

2.3.2.7 트랜시버

트랜시버는 다양한 외부 신호를 컴퓨터 내부의 전기 신호로 바꾸어줍니다. 트랜시버가 별도로 구분되지 않던 과거에는 다양한 이더넷 표준과 케이블을 만족하기 위해 네트워크 장비나 NIC를 별도로 구매해야 했습니다. 케이블이 변경되면 네트워크 장비와 네트워크 카드도 함께 변경해야 하는 문제를 해결하고 서로 다른 다양한 네트워크 표준을 혼용해 사용할 수 있도록 트랜시버를 사용합니다.

트랜시버 중 하나인 GBIC(지빅)은 초기 개발된 모듈 이름이고 이후 SPF나 SPF+ 같은 상위 표준이 나왔지만 일반적으로 트랜시버 전체를 GBIC으로 통칭해 부르기도 합니다. 더 정확히 구분해 설명하자면 GBIC은 GigaBit Interface Converter의 약자로 SC 타입의 커넥터를 연결할 수 있는 인터페이스이며 SFP는 Small Form-Factor Pluggable의 약자로 LC 타입의 커넥터를 연결할 수 있습니다.

트랜시버는 광케이블뿐만 아니라 트위스티드 페어 케이블도 수용할 수 있으며 이런 트랜시버를 GLC-TE라고 부릅니다.

▼ 그림 2-20 GLC-TE, TP GBIC으로도 불린다. 트위스티드 페어 케이블을 수용할 수 있다.

트랜시버는 지원 속도와 크기에 따라 다양한 종류가 있습니다.

▼ 표 2-5 다양한 트랜시버의 종류와 특징

광 타입	표준	데이터 전송 속도	파장 길이	광 타입	최대 거리	커넥터
SFP	SFP MSA	155Mbps 622mbps 1.25Gbps 2.125Gbp 2.5Gbps 3Gbps 4.25Gbps	850nm 1,310nm 1,550nm CWDM DWDM BIDI	OM1 OM2 OS1 OS2	160km	LC, SC, RJ-45
GBIC	GBIC MSA	155Mbps 622Mbps 1.25Gbps	850nm 1,310nm 1,550nm CWDM DWDM BIDI	OM1 OM2 OS1 OS2	120km	SC, RJ-45
SFP+	IEEE802.3ae SFF-8431 SFF-8432	6Gbps 8.5Gbps 10Gbps	850nm 1,310nm 1,550nm CWDM DWDM BIDI Tunable Copper	OM3 OM4 OS1 OS2	120km	LC
XFP	IEEE802.3ae XFP MSA	6Gbps 8.5Gbps 10Gbps	850nm 1,310nm 1,550nm CWDM DWDM BIDI Tunable Copper	OM3 OM4 OS1 OS2	120km	LC

트랜시버 없이 전용 인터페이스를 사용하면 길이나 속도마다 다른 네트워크 장비나 네트워크 인터페이스 카드를 별도로 구비해야 하지만 간단히 트랜시버만 변경하면 통신 길이와 속도를 조절할 수 있어 최근 생산되는 대부분의 네트워크 장비와 네트워크 인터페이스 카드는 트랜시버를 지원하고 있습니다.

▼ 그림 2-21 다양한 트랜시버의 종류와 형태

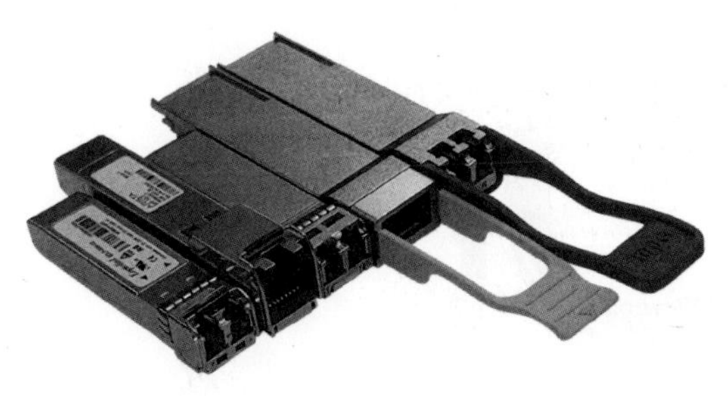

예를 들어 하나는 1km 이상 떨어진 곳과 연결해야 하고 다른 하나는 50m 떨어진 서버에 연결되어야 하고 나머지 하나는 일반 PC와 연결하고 싶다면 3개의 다른 케이블과 표준이 사용되어야 합니다. 먼 곳은 10G-LR 타입, 가까운 서버는 10G-SR 타입, 그리고 PC는 1GT 연결이 사용됩니다. 네트워크 장비나 네트워크 인터페이스 카드에 트랜시버가 내장된 고정형 인터페이스 타입이라면 네트워크 카드나 장비 전체를 변경해야 하지만 기존 장비에 트랜시버만 변경하면 다른 3개의 이더넷 연결을 수용할 수 있게 됩니다.

참고

다양한 케이블의 종류

DAC(Direct Attach Copper Cable) / AOC(Active Optical Cable)

일반적인 데이터 센터 고속 네트워크에서는 스위치-트랜시버-광케이블-트랜시버-네트워크 인터페이스 카드 형태로 스위치와 서버를 연결합니다. TP 케이블을 사용하는 이더넷에서는 스위치-케이블(커넥터 일체형)-네트워크 인터페이스 카드 형태로 바로 연결되지만 광케이블을 사용하는 이더넷 표준은 통신 거리마다 표준이 달라 케이블과 트랜시버를 변경할 수 있도록 설계되어 있습니다. 이런 복잡성과 비용을 줄이기 위해 트랜시버와 케이블이 하나로 연결된 DAC, AOC 케이블을 사용합니다. 두 케이블 모두 끝단에 광 모듈이 연결된 일체형 케이블이라는 점은 같지만 DAC의 케이블이 동축 케이블인 반면, AOC는 광케이블이라는 차이가 있습니다.

이런 일체형 케이블은 네트워크 장비 간 연결보다 스위치와 서버 간의 짧은 거리를 연결할 때 주로 사용됩니다.

▼ 그림 2-22 DAC 케이블과 AOC 케이블. 트랜시버와 케이블이 일체형으로 되어 있다.

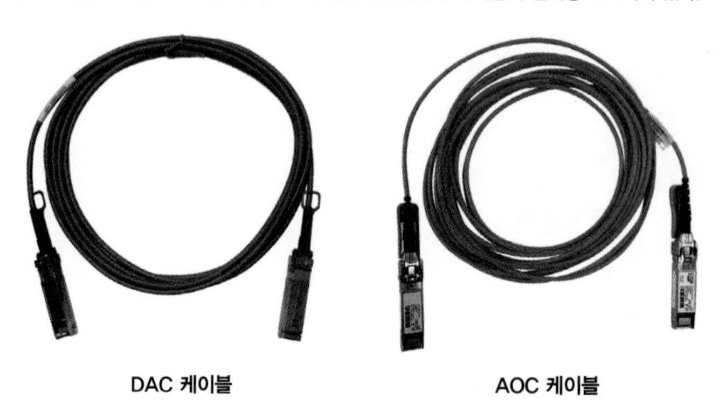

브레이크아웃(Break-Out) 케이블

팬아웃(Fan-Out) 케이블로도 불리는 브레이크아웃 케이블은 하나의 커넥터에서 여러 개의 케이블로 분할해줍니다. 보통 40G, 100G 연결을 여러 개의 10G, 25G 케이블로 분할하는 용도로 사용하는 케이블입니다. 40G 표준은 10G 4개의 회선 신호가, 100G 표준은 25G 4개의 회선 신호가 모여 만들어지므로 10G 4개와 25G 4개의 별도 케이블로 분할할 수 있습니다.

▼ 그림 2-23 브레이크아웃 케이블. 하나의 커넥터와 다수의 케이블로 분할해줄 수 있다.

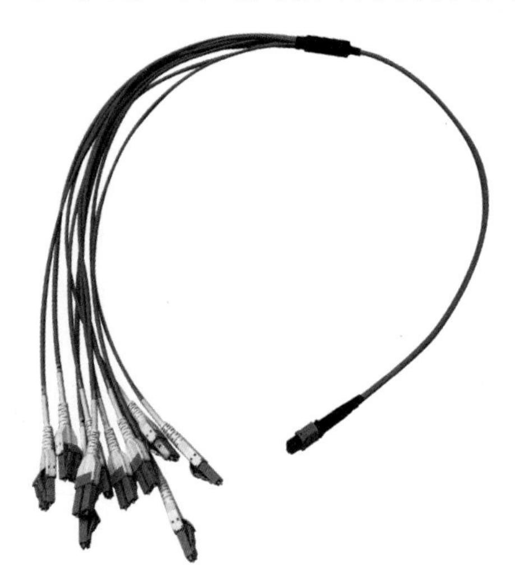

MPO(Multiple-Fiber Push-On/Pull-Off)

데이터 센터의 네트워크 연결 수가 늘어남에 따라 기존 광섬유 케이블을 사용하면 데이터 센터의 케이블 연결이 복잡해질 수 있습니다. 속도를 높이기 위해 하나의 선로를 사용하여 전송 속도를 높이는 방법 외에도 여러 개의 선로를 이용해 속도를 높이는 방법을 사용할 수 있는데 이런 방법을 사용하면 케이블 수가 급증하게 됩니다. 데이터센터와 같이 좁은 공간에 복잡한 케이블을 쉽게 수용하기 위해 고밀도 케이블과 커넥터를 사용합니다. 이런 케이블과 커넥터를 MPO 케이블이라고 부르고 단일 인터페이스에 8, 12, 24개 또는 그 이상의 광 섬유를 모아 연결합니다.

MPO 커넥터는 40GBASE-SR4, 100GBASE-SR4와 같은 표준에서 사용하는 MPO12와 100GBASE-SR10에서 사용하는 MPO-24 커텍터가 있습니다. MPO 커넥터를 사용하면 여러 개의 케이블을 하나의 커넥터로 연결해 처리할 수 있습니다. MPO12는 한 줄에 12개의 케이블이 하나의 커넥터로 패키징되어 있고 MPO24는 두 줄에 24개의 케이블이 하나의 커넥터로 연결됩니다.

MPO 케이블 양 끝단의 커넥터가 MPO 타입으로 이루어진 케이블을 MPO 트렁크(Trunk) 케이블이라고 부르며 앞에서 본 팬아웃 케이블처럼 한쪽은 MPO 타입의 커넥터이지만 반대쪽은 일반 LC 타입과 같이 여러 개로 나뉘는 케이블을 MPO 하네스(Harness) 케이블이라고 합니다.

▼ 그림 2-24 MPO 커넥터

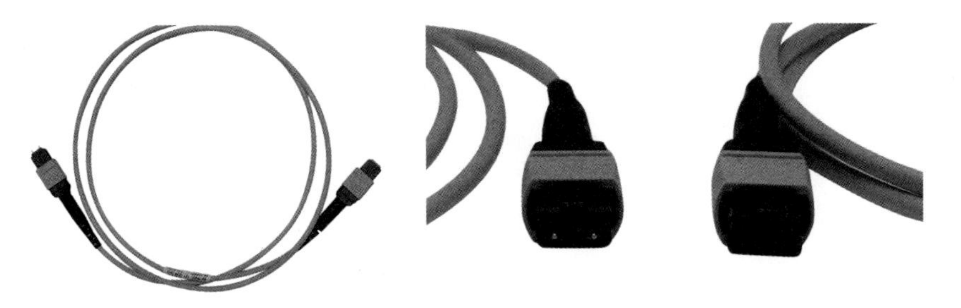

주의 MPO 케이블을 MTP 케이블이라고도 부르는데 MTP는 MPO 표준을 준수하는 미국 Conec의 등록상표다.

2.3.3 허브

허브는 케이블과 동일한 1계층에서 동작하는 장비입니다. 허브는 거리가 멀어질수록 줄어드는 전기 신호를 재생성해주고 HUB라는 용어 그대로 여러 대의 장비를 연결할 목적으로 사용됩니다. 허브는 단순히 들어온 신호를 모든 포트로 내보내 네트워크에 접속된 모든 단말이 경쟁하게 되므로 전체 네트워크 성능이 줄어드는 문제가 있고 패킷이 무한 순환해 네트워크 전체를 마비시키는 루프와 같은 다양한 장애의 원인이 되어 허브는 현재 거의 사용되지 않고 있습니다.

2.3.4 스위치

스위치(Switch)는 허브와 동일하게 여러 장비를 연결하고 통신을 중재하는 2계층 장비입니다. 허브와 스위치는 내부 동작 방식은 다르지만 여러 장비를 연결하고 케이블을 한곳으로 모아주는 역할은 같으므로 '허브'라는 용어를 공통적으로 사용합니다. 스위치는 허브의 역할과 통신을 중재하는 2가지 역할을 모두 포함하므로 스위칭 허브로도 불립니다.

허브는 단순히 전기 신호를 재생성해 출발지를 제외한 모든 포트에 전기 신호를 내보내지만 스위치는 허브와 달리 MAC 주소를 이해할 수 있어 목적지 MAC 주소의 위치를 파악하고 목적지가 연결된 포트로만 전기 신호를 보냅니다.

▼ 그림 2-25 허브와 스위치 통신의 차이점: 허브는 모든 포트로 전기 신호를 보내고 스위치는 목적지 주소를 인지해 정확한 목적지로만 전기 신호를 보낸다.

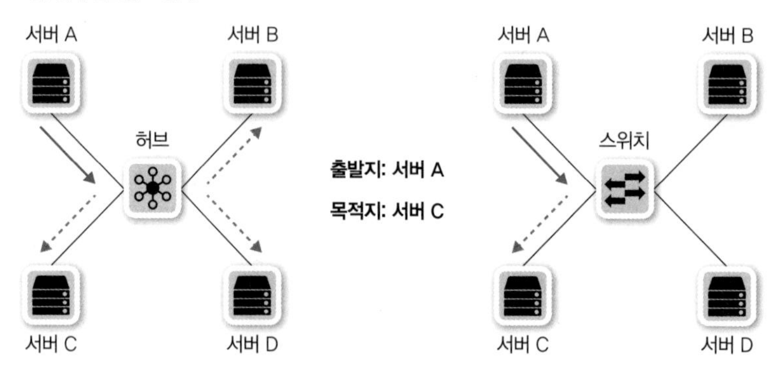

예를 들어 A에서 C로 통신해야 할 상황에서 허브는 A가 전기 신호를 보내면 출발지 포트를 제외한 HUB에 있는 모든 포트에 전기 신호를 흘리지만 스위치는 A에서 C로 통신을 시도할 경우, C로만 전기 신호를 보냅니다. B와 D는 이번 통신의 영향을 전혀 받지 않아 그 사이 다른 통신을 동시에 수행할 수 있게 됩니다. 허브는 무전기처럼 송수신을 동시에 할 수 없고 한쪽 방향으로만 동작하지만 스위치는 전화기처럼 송수신을 동시에 할 수 있습니다. 스위치의 발명과 대중화는 효율이 낮고 네트워크 응답 성능을 보장할 수 없었던 이더넷 네트워크가 성능 보장이 가능한 효율 높은 네트워크 기술로 발전할 수 있었던 계기가 되었습니다.

2.3.5 라우터

네트워크 크기가 점점 커지고 먼 지역에 위치한 네트워크와 통신해야 하는 요구사항이 늘어나면서 라우터가 필요해졌습니다. 라우터는 OSI 7계층 중 3계층에서 동작하면서 먼 거리로 통신할 수 있는 프로토콜로 변환합니다.

라우터는 원격지로 쓸데없는 패킷이 전송되지 않도록 브로드캐스트와 멀티캐스트를 컨트롤하고 불분명한 주소로 통신을 시도할 경우, 이를 버립니다. 정확한 방향으로 패킷이 전송되도록 경로를 지정하고 최적의 경로로 패킷을 포워딩합니다.

▼ 그림 2-26 라우터의 역할: 네트워크 주소 확인 후 경로 지정

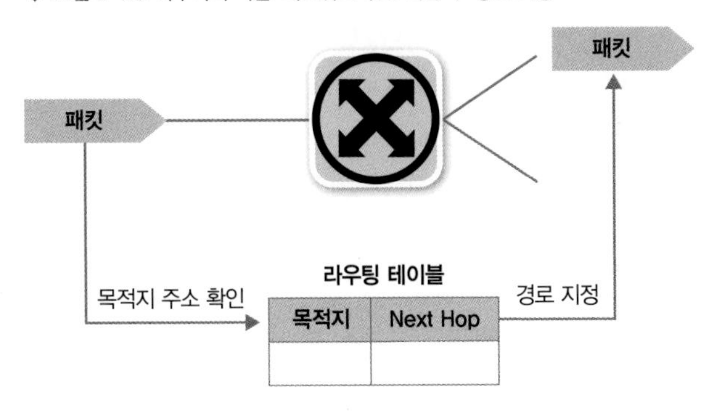

최근 일반 사용자가 라우터 장비를 접하기는 어렵지만 라우터와 유사한 역할을 하는 L3 스위치와 공유기는 쉽게 찾아볼 수 있습니다.

2.3.6 로드 밸런서

일반적으로 로드 밸런서는 OSI7 계층 중 4계층에서 동작합니다. 애플리케이션 계층에서 애플리케이션 프로토콜의 특징을 이해하고 동작하는 7계층 로드 밸런서를 별도로 ADC(Application Delivery Controller)라고 부릅니다. L4 스위치라고 부르는 네트워크 장비도 로드 밸런서의 한 종류로, 스위치처럼 여러 포트를 가지고 있으면서 로드 밸런서 역할을 하는 장비를 지칭합니다.

로드 밸런서는 4계층 포트 주소를 확인하는 동시에 IP 주소를 변경할 수 있습니다. 로드 밸런서가 가장 많이 사용되는 서비스는 웹입니다. 웹 서버를 증설하고 싶을 때 로드 밸런서를 웹 서버 앞에 두고 웹 서버를 여러 대로 늘려줍니다. 대표 IP는 로드 밸런서가 갖고 로드 밸런서가 각 웹 서버로 패킷의 목적지 IP 주소를 변경해 보내줍니다. 이런 원리를 이용해 여러 대의 웹 서버가 동시에 동작해 서비스 성능을 높여주는 동시에 일부 웹 서버에 문제가 발생하더라도 빠른 시간 안에 서비스가 복구되도록 도와줍니다.

이런 기능을 위해 로드 밸런서는 IP 변환 외에도 서비스 헬스 체크 기능이나 대용량 세션 처리 기능이 있습니다. 로드 밸런서에 대해서는 12 로드 밸런서 장에서 다시 다룹니다.

2.3.7 보안 장비(방화벽/IPS)

대부분 네트워크 장비는 정확한 정보 전달에 초점이 맞추어져 있지만 보안 장비는 네트워크 장비와 달리 정보를 잘 제어하고 공격을 방어하는 데 초점이 맞추어져 있습니다. 방어 목적과 보안 장비가 설치되는 위치에 맞추어 다양한 보안 장비가 사용됩니다. 일반적으로 가장 유명한 보안 장비는 방화벽입니다. 방화벽은 OSI7계층 중 4계층에서 동작해 방화벽을 통과하는 패킷의 3, 4계층 정보를 확인하고 패킷을 정책과 비교해 버리거나 포워딩합니다. 방화벽을 포함한 보안 장비는 9.3 방화벽 절에서 더 자세히 알아보겠습니다.

2.3.8 기타(모뎀/공유기 등)

거의 모든 가정이나 작은 회사에서 사용하는 공유기는 2계층 스위치, 3계층 라우터, 4계층 NAT와 간단한 방화벽 기능을 한곳에 모아놓은 장비입니다. 공유기 내부는 스위치 부분, 무선 부분과 라우터 부분 회로로 나뉩니다. 겉으로는 하나의 간단한 장비처럼 보이지만 내부적으로는 크게 스위치와 무선 AP, 라우터 부분으로 구분되는 복잡한 장비입니다.

모뎀은 짧은 거리를 통신하는 기술과 먼 거리를 통신할 수 있는 기술이 달라 이 기술들을 변환해주는 장비입니다.

공유기의 LAN 포트와 WAN 포트는 모두 일반 이더넷이어서 100m 이상 먼 거리로 데이터를 보내지 못하므로 먼 거리 통신이 가능한 기술로 변환해주는 모뎀이 별도로 필요합니다. 통신사업자 네트워크 종류와 쓰이는 기술에 따라 여러 종류의 모뎀이 사용됩니다. 기가 인터넷의 경우, 대부분 FTTH 모뎀을 사용하고 동축 케이블 인터넷은 케이블 모뎀, 전화선을 사용할 경우, ADSL, VDSL 모뎀을 사용합니다.

3장

네트워크 통신하기

이번 장에서는 네트워크 통신 과정에서 필요한 주소인 MAC 주소, IP 주소에 대해 다룹니다. 주소 체계를 이루는 서브넷, 게이트웨이와 같은 용어와 ARP와 같은 프로토콜의 기능과 역할에 대해 상세히 알아보겠습니다.

3.1 유니캐스트, 멀티캐스트, 브로드캐스트, 애니캐스트

NETWORK

네트워크에서 출발지에서 목적지로 데이터를 전송할 때 사용하는 통신 방식에는 유니캐스트(Unicast), 브로드캐스트(Broadcast), 멀티캐스트(Multicast), 애니캐스트(Anycast)가 있습니다.

각 통신 방식은 다음과 같습니다.

유니캐스트

- 1:1 통신
- 출발지와 목적지가 1:1로 통신

브로드캐스트

- 1:모든 통신
- 동일 네트워크에 존재하는 모든 호스트가 목적지

멀티캐스트

- 1:그룹(멀티캐스트 구독 호스트) 통신
- 하나의 출발지에서 다수의 특정 목적지로 데이터 전송

애니캐스트

- 1:1 통신(목적지는 동일 그룹 내의 1개 호스트)
- 다수의 동일 그룹 중 가장 가까운 호스트에서 응답
- IPv4에서는 일부 기능 구현, IPv6은 모두 구현 가능

그럼 각 통신 방식에 대해 더 자세히 알아보겠습니다.

유니캐스트는 출발지와 목적지가 명확히 하나로 정해져 있는 1:1 통신 방식입니다. 실제로 사용하는 대부분의 통신은 유니캐스트 방식을 사용합니다.

▼ 그림 3-1 1:1 통신 방식의 유니캐스트

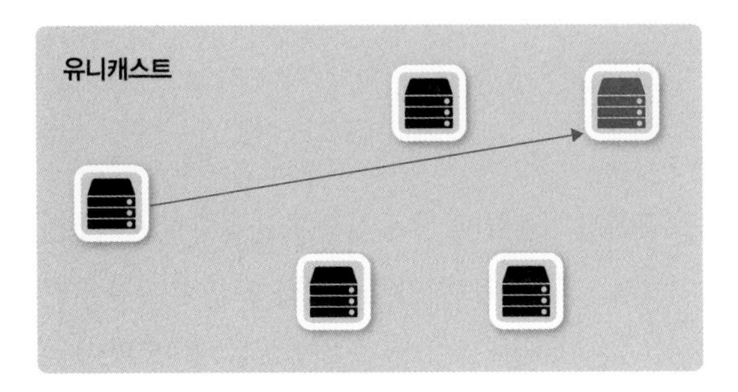

브로드캐스트는 목적지 주소가 모든으로 표기되어 있는 통신 방식입니다. 유니캐스트로 통신하기 전, 주로 상대방의 정확한 위치를 알기 위해 사용됩니다. 주소 체계에 따라 브로드캐스트를 다양하게 분류할 수 있지만 기본 동작은 로컬 네트워크 내에서 모든 호스트에 패킷을 전달해야 할 때 사용됩니다.

▼ 그림 3-2 1:모든 통신 방식의 브로드캐스트

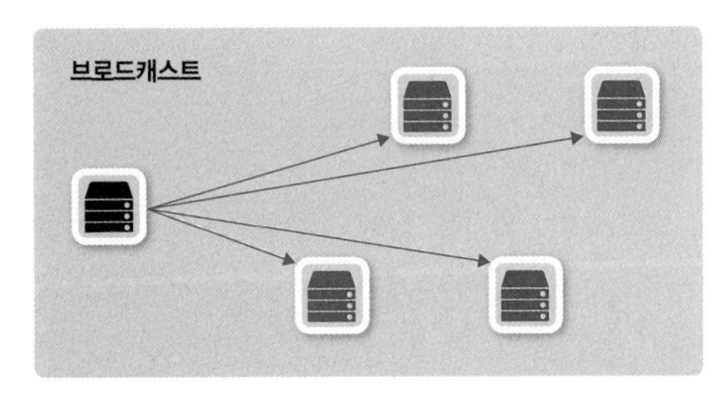

멀티캐스트는 멀티캐스트 그룹 주소를 이용해 해당 그룹에 속한 다수의 호스트로 패킷을 전송하기 위한 통신 방식입니다. IPTV와 같은 실시간 방송을 볼 때 이 멀티캐스트 통신 방식을 사용합니다. 사내 방송이나 증권 시세 전송과 같이 단방향으로 다수에게 동시에 같은 내용을 전달해야 할 때 사용됩니다.

▼ 그림 3-3 1:그룹 통신 방식의 멀티캐스트

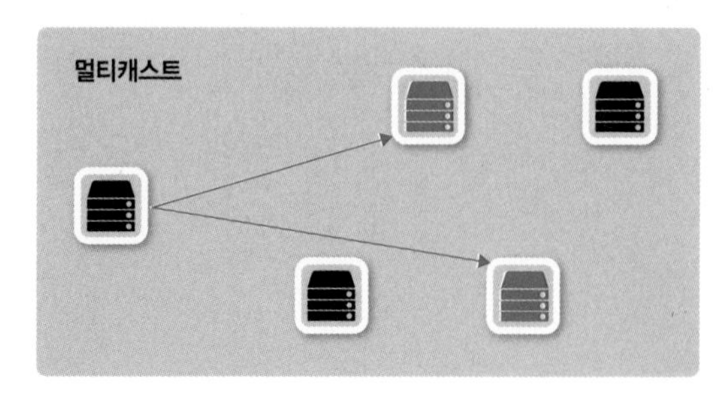

애니캐스트는 애니캐스트 주소가 같은 호스트들 중에서 가장 가깝거나 가장 효율적으로 서비스할 수 있는 호스트와 통신하는 방식입니다. 이런 애니캐스트 게이트웨이의 성질을 이용해서 가장 가까운 DNS 서버를 찾을 때 사용하거나 가장 가까운 게이트웨이를 찾는 애니캐스트 게이트웨이 기능에 사용하기도 합니다.

▼ 그림 3-4 1:1 통신 방식의 애니캐스트

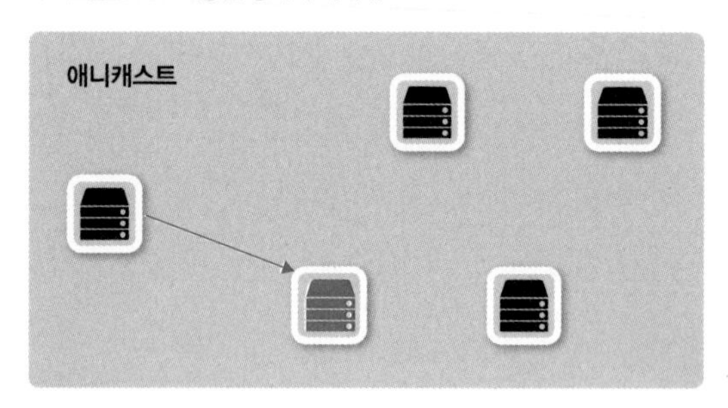

최종 통신은 1:1로 유니캐스트와 애니캐스트가 동일하지만 통신할 수 있는 후보자는 서로 다릅니다. 유니캐스트는 출발지와 목적지가 모두 한 대씩이지만 애니캐스트는 같은 목적지 주소를 가진 서버가 여러 대여서 통신 가능한 다수의 후보군이 있습니다.

현재 주로 사용되는 네트워크 주소 체계는 IPv4 기반입니다. 일부 모바일 네트워크와 대규모 데이터 센터 위주로 새로운 IPv6 기반 주소 체계가 사용되고 있습니다. IPv6에서는 브로드캐스트가 존재하지 않고 링크 로컬 멀티캐스트로 대체되어 사용됩니다.

4가지 통신 방식을 정리하면 다음과 같습니다.

▼ 표 3-1 통신 방식 정리

타입	통신 대상	범위	IPv4	IPv6	예제
유니캐스트	1:1	전체 네트워크	O	O	HTTP
브로드캐스트	1:모든	서브넷(로컬 네트워크)	O	X	ARP
멀티캐스트	1:그룹	정의된 구간	O	O	방송
애니캐스트	1:1	전체 네트워크	△	O	6 to 4 DNS

이런 통신 방식을 구분할 때 중요한 점은 실제 데이터를 전달하려는 출발지가 기준이 아니라 목적지 주소를 기준으로 구분한다는 것입니다.

참고

BUM 트래픽

트래픽 종류에 대한 내용을 다루다보면 BUM 트래픽이라는 용어를 쓰는 경우가 있습니다. BUM은 B(Broadcast), U(Unknown Unicast), M(Multicast)을 지칭합니다. B, U, M은 서로 다른 종류의 트래픽이지만 네트워크에서의 동작은 서로 비슷합니다.

언노운 유니캐스트(Unknown Unicast)는 유니캐스트여서 목적지 주소는 명확히 명시되어 있지만 네트워크에서의 동작은 브로드캐스트와 같을 때를 가리킵니다.

언노운 유니캐스트는 용어 그대로 유니캐스트이므로 목적지가 명확히 명시되어 있습니다. 하지만 스위치가 목적지에 대한 주소를 학습하지 못한 상황(스위치 입장에서 Unknown)이어서 패킷을 모든 포트로 플러딩(전송)하는데 이런 유니캐스트를 Unknown 유니캐스트라고 합니다. 플러딩에 대해서는 4.1.1 플러딩 절에서 자세히 설명합니다.

BUM 트래픽의 이해가 중요한 이유는 유니캐스트이지만 실제로 겉으로 보이는 동작 방식은 브로드캐스트에 가깝기 때문입니다. 물론 유니캐스트이므로 전달받는 모든 단말 NIC에서 도착지 주소를 확인하고 자신이 목적지가 아니므로 패킷을 버립니다. 하지만 네트워크 입장에서는 네트워크 자원을 쓸데없이 사용하므로 네트워크상에서 불필요한 BUM 트래픽이 많아지면 네트워크 성능이 저하될 수 있습니다.

이더넷 환경에서는 ARP 브로드캐스트를 먼저 보내고 이후 통신을 시작하므로 BUM 트래픽이 많이 발생하지 않습니다. ARP에 대한 상세한 내용은 3.5 ARP 절에서 다룹니다.

▼ 그림 3-5 BUM 트래픽 중 하나인 Unknown 유니캐스트

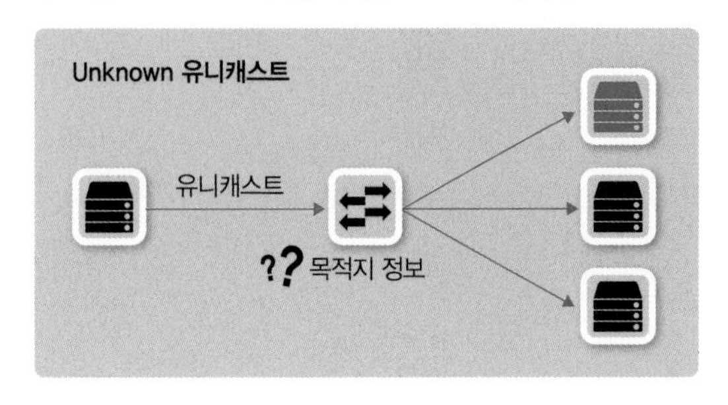

3.2 MAC 주소

NETWORK

MAC 주소는 Media Access Control의 줄임말로 2계층(데이터 링크 계층)에서 통신을 위해 네트워크 인터페이스에 할당된 고유 식별자입니다. MAC 주소는 이더넷과 와이파이를 포함한 대부분의 IEEE 802 네트워크 기술에서 2계층 주소로 사용됩니다. 네트워크에 접속하는 모든 장비는 MAC 주소라는 물리적인 주소가 있어야 하고 이 주소를 이용해 서로 통신하게 됩니다.

그럼 네트워크 통신의 가장 기본인 MAC 주소에 대해 자세히 알아보겠습니다.

3.2.1 MAC 주소 체계

MAC 주소는 변경할 수 없도록 하드웨어에 고정되어 출하되므로 네트워크 구성 요소마다 다른 주소를 가지고 있습니다. 모든 네트워크 장비 제조업체에서 장비가 출하될 때마다 MAC 주소를 할당하게 되는데 매번 이 주소의 할당 여부를 확인할 수 없으므로 한 제조업체에 하나 이상의 주소 풀을 주고 그 풀 안에서 각 제조업체가 자체적으로 MAC 주소를 할당합니다. 이렇게 네트워크 장비 제조업체에 주소 풀을 할당하는 것을 제조사 코드(Vendor Code)라고 부르며 이 주소는 국제기구인 IEEE가 관리합니다.

MAC 주소는 48비트의 16진수 12자리로 표현됩니다. 48비트의 MAC 주소는 다시 다음과 같이 앞의 24비트와 뒤의 24비트로 나누어 구분하는데 앞에서 언급한 '제조사 코드'가 MAC 주소 앞의 24비트인 'OUI' 값입니다. 뒤의 24비트의 값인 'UAA'는 각 제조사에서 자체적으로 할당하여 네

트워크에서 각 장비를 구분할 수 있게 해줍니다.

▼ 그림 3-6 MAC 주소 체계

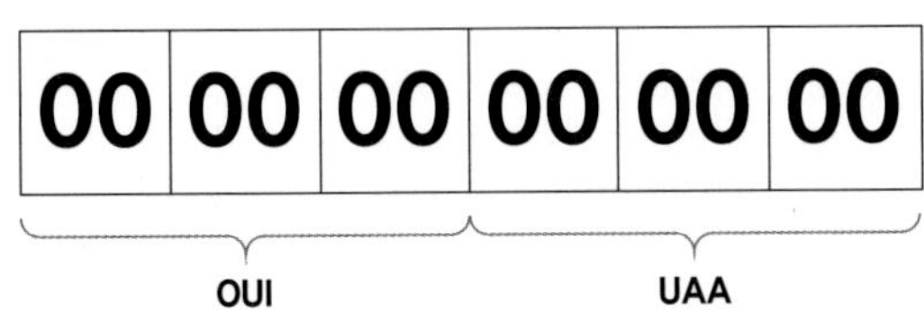

- OUI

  IEEE가 제조사에 할당하는 부분

- UAA

  각 제조사에서 네트워크 구성 요소에 할당하는 부분

이렇게 MAC 주소는 각 네트워크 장비 제조업체 코드와 제조업체가 자체적으로 할당한 값으로 구성됩니다. 네트워크 카드나 장비를 생산할 때 하드웨어적으로 정해져 나오므로 MAC 주소를 BIA(Burned-In Address)라고도 부릅니다.

참고

유일하지 않은 MAC 주소

흔히 MAC 주소는 유일한 값이라고 생각하지만 유일하지 않을 수도 있습니다. 네트워크 장비 제조업체는 자신의 제조업체 코드 내에서 뒤의 24비트의 UAA 값을 할당하는데 실수나 의도적으로 MAC 주소가 중복될 수도 있습니다.

MAC 주소는 동일 네트워크에서만 중복되지 않으면 동작하는 데 문제가 없습니다. 네트워크 통신을 할 때 네트워크가 달라 라우터의 도움을 받아야 할 경우, 라우터에서 다른 네트워크로 넘겨줄 때 출발지와 도착지의 MAC 주소가 변경되므로 네트워크를 넘어가면 기존 출발지와 도착지 MAC 주소를 유지하지 않습니다.

참고

MAC 주소 변경

MAC 주소는 BIA 상태로 NIC에 할당되어 있습니다. 일반적으로 ROM 형태로 고정되어 출하되므로 NIC에 고정된 MAC 주소를 변경하기는 어렵습니다. 하지만 결국 이 MAC 주소도 메모리에 적재되어 구동되므로 여러 가지 방법을 이용해 변경된 MAC 주소로 NIC을 동작시킬 수 있습니다. 보안상의 이유로 MAC 주소 변경을 막아놓은 운영체제도 있지만 손쉽게 명령어나 설정 파일 변경만으로도 MAC 주소를 변경할 수 있는 운영체제도 있습니다.

윈도의 경우, Driver 상세 정보에서 MAC 주소 변경을 제공하면 쉽게 변경이 가능합니다. 리눅스는 GNU MacChanger나 각 리눅스 배포판의 네트워크 설정 파일에 MAC 주소를 입력하면 주소 변경이 가능합니다.

3.2.2 MAC 주소 동작

NIC은 자신의 MAC 주소를 가지고 있고 전기 신호가 들어오면 2계층에서 데이터 형태(패킷)로 변환하여 내용을 구분한 후 도착지 MAC 주소를 확인합니다. 만약 도착지 MAC 주소가 자신이 갖고 있는 MAC 주소와 다르면 그 패킷을 폐기합니다. 패킷의 목적지 주소가 자기 자신이거나 브로드캐스트, 멀티캐스트와 같은 그룹 주소이면 처리해야 할 주소로 인지해 패킷 정보를 상위 계층으로 넘겨줍니다.

▼ 그림 3-7 NIC에서는 목적지 MAC 주소를 확인해 자신을 목적지로 한 패킷만 수용한다.

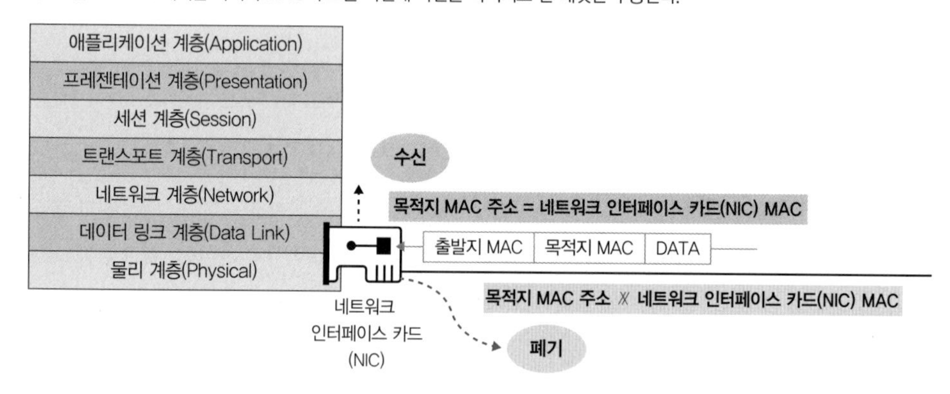

도착지 주소가 일치하지 않아 NIC에서 자체적으로 패킷을 폐기하는 경우와 달리 본인의 주소, 브로드캐스트 주소는 NIC 자체적으로 패킷을 처리하는 것이 아니라 OS나 애플리케이션에서 처리해야 하므로 시스템에 부하가 작용합니다. 4.3.1 루프란? 절에 나오는 브로드캐스트 스톰의 경우, 브로드캐스트가 회선을 모두 채우게 되는데 네트워크에 연결된 모든 단말이 브로드캐스트를 처리하느라 CPU 사용량이 증가합니다.

참고

무차별 모드(Promiscuous Mode)

기본 NIC 동작 방식은 3.2.2 MAC 주소 동작 절에서 알아본 것처럼 패킷이 자신의 MAC 주소와 일치하지 않는 도착지 주소를 가졌을 경우, 자체적으로 폐기됩니다. 네트워크 상태를 모니터링하거나 디버그, 분석 용도로 네트워크 전체 패킷을 수집해 분석해야 할 경우, NIC이 정상적으로 동작하면 다른 목적지를 가진 패킷을 분석할 수 없습니다.

다른 목적지를 가진 패킷을 분석하거나 수집해야 할 경우, 무차별 모드로 NIC을 구성합니다. 무차별 모드는 자신의 MAC 주소와 상관없는 패킷이 들어와도 이를 분석할 수 있도록 메모리에 올려 처리할 수 있게 합니다.

무차별 모드를 사용하는 가장 대표적인 애플리케이션은 네트워크 패킷 분석 애플리케이션인 와이어샤크(Wireshark)가 있습니다.

참고

MAC 주소를 여러 개 갖는 경우

MAC 주소는 단말에 종속되지 않고 NIC에 종속됩니다. 단말은 NIC를 여러 개 가질 수 있으므로 MAC 주소도 여러 개 가질 수 있습니다. 멀티레이어 스위치, 라우터와 같은 복잡한 네트워크 장비는 NIC가 여러 개이고 MAC 주소도 여러 개가 할당됩니다.

참고

MAC 주소로 제조업체 찾기

MAC 주소는 48비트 주소이고 24비트씩 나누어 제조업체 코드 OUI와 제조업체에서 할당한 UAA 주소로 나뉜다고 3.2.1 MAC 주소 체계 절에서 설명했습니다. MAC 주소에 제조업체를 나타내는 OUI 값이 있으므로 MAC 주소를 알면 해당 장비를 생산한 업체를 확인할 수 있습니다. 구글과 같은 검색 사이트에서 MAC 주소만 검색해도 되지만 MAC 주소를 관리하는 IEEE 홈페이지에서 더 정확한 최신 정보를 확인할 수도 있습니다.

- URL: https://regauth.standards.ieee.org/standards-ra-web/pub/view.html#registries
- 단축 URL: bit.ly/ieee_list

▼ 그림 3-8 MAC 주소를 관리하는 IEEE 사이트(bit.ly/ieee_list)에서 OUI를 검색할 수 있다.

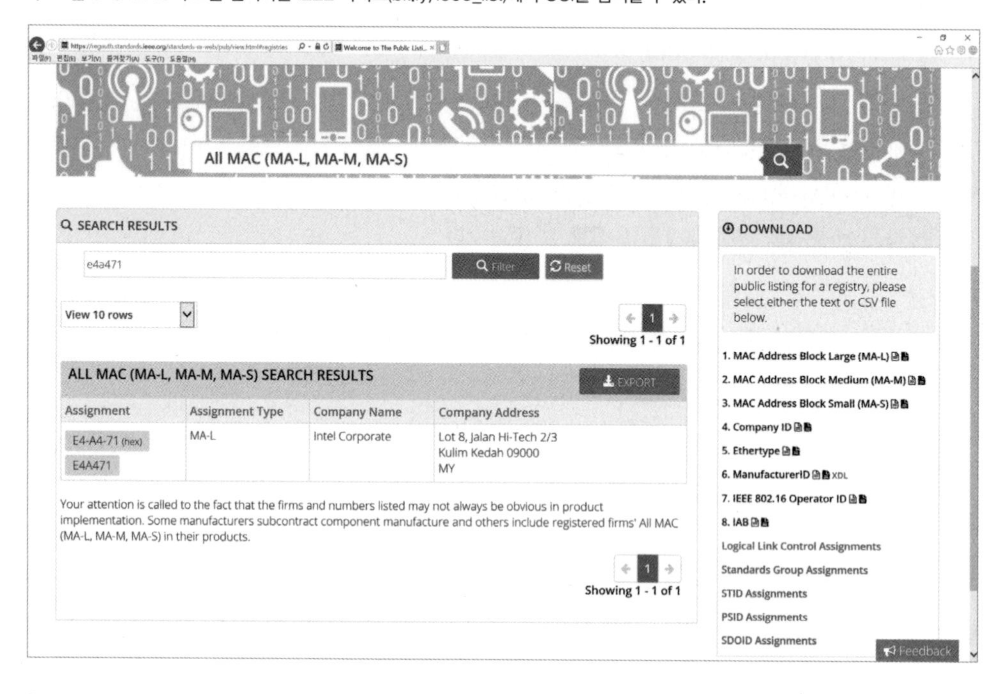

3.3 IP 주소

NETWORK

OSI 7계층에서 주소를 갖는 계층은 2계층과 3계층입니다. 2계층은 물리 주소인 MAC 주소를 사용하고 3계층은 논리 주소인 IP 주소를 사용합니다. 대부분의 네트워크가 TCP/IP로 동작하므로 IP 주소 체계를 이해하는 것이 네트워크 이해에 매우 중요합니다. 이번 장에서는 3계층 주소인 IP 주소에 대해 알아보겠습니다.

IP 주소를 포함한 다른 프로토콜 스택의 3계층 주소는 다음과 같은 특징이 있습니다.

1. 사용자가 변경 가능한 논리 주소입니다.
2. 주소에 레벨이 있습니다. 그룹을 의미하는 네트워크 주소와 호스트 주소로 나뉩니다.

3.3.1 IP 주소 체계

우리가 흔히 사용하는 IP 주소는 32비트인 IPv4 주소입니다. IP는 v4, v6 두 체계가 사용되며 IPv6 주소는 128비트입니다. IPv4 주소를 표기할 때는 4개의 옥텟(Octet)이라고 부르는 8비트 단위로 나누고 각 옥텟은 "."으로 구분합니다. 2계층의 MAC 주소가 16진수로 표기된 것과 달리 IP 주소는 10진수로 표기하므로 8비트 옥텟은 0~255의 값을 쓸 수 있습니다.

▼ 그림 3-9 IPv4 주소 체계

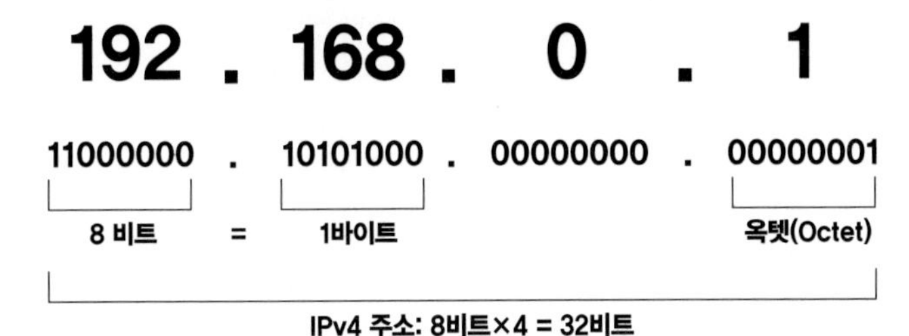

2계층 주소인 MAC 주소가 제조업체 코드인 OUI와 제조업체별 일련 번호인 UAA의 두 부분으로 나뉘는 것과 목적이 다르지만 3계층 주소인 IP 주소도 **네트워크 주소**와 **호스트 주소** 두 부분으로 나뉩니다.

- **네트워크 주소**

  호스트들을 모은 네트워크를 지칭하는 주소. 네트워크 주소가 동일한 네트워크를 로컬 네트워크라고 함.

- **호스트 주소**

  하나의 네트워크 내에 존재하는 호스트를 구분하기 위한 주소

MAC 주소는 24비트씩 절반으로 나뉘지만 IP 주소의 네트워크 주소와 호스트 주소는 이 둘을 구분하는 경계점이 고정되어 있지 않습니다. 이것이 다른 주소 체계와 IP 주소 체계를 구분하는 가장 큰 특징입니다. IP 주소 체계는 필요한 호스트 IP 개수에 따라 네트워크의 크기를 다르게 할당할 수 있는 클래스(Class) 개념을 도입했습니다. A 클래스는 가장 큰 주소를 갖는데 약 1,600만 개의 IP 주소를 가질 수 있습니다. B 클래스는 약 6만 5천 개, C 클래스는 약 250개의 IP 주소를 가질 수 있습니다. A 클래스는 첫 번째 옥텟에 네트워크 주소와 호스트 주소를 나누는 구분자가 있고 B 클래스는 두 번째 옥텟, C 클래스는 세 번째 옥텟에 구분자가 있습니다. 이 구분자를 서브넷 마스크라고 하며 뒤에서 설명됩니다.

▼ 그림 3-10 네트워크 주소와 호스트 주소를 나누는 구분자는 클래스(네트워크 크기)에 따라 변경된다.

A 클래스	**네트워크**	**호스트**	**호스트**	**호스트**
기본 서브넷	255	0	0	0
B 클래스	**네트워크**	**네트워크**	**호스트**	**호스트**
기본 서브넷	255	255	0	0
C 클래스	**네트워크**	**네트워크**	**네트워크**	**호스트**
기본 서브넷	255	255	255	0

D 클래스 **멀티캐스트(Multicast)**

E 클래스 **예약(Reserved for futures)**

네트워크 주소와 호스트 주소를 나누는 구분자가 고정되어 있다면 네트워크가 가질 수 있는 호스트 IP 숫자가 같기 때문에 모두 같은 크기의 네트워크가 되지만 구분자가 이동할 수 있어 네트워크의 크기가 달라질 수 있습니다. IP 주소가 도입한 클래스 개념은 다른 고정된 네트워크 주소 체계에 비해 주소를 절약할 수 있다는 장점이 있습니다. 네트워크의 크기가 모두 같은 경우, 큰 네트워크를 필요로 하는 조직은 네트워크를 여러 개 확보해야 하는 어려움이 있고 연속된 네트워크를 할당받기 어렵습니다. 작은 네트워크가 필요한 조직의 입장에서는 너무 많은 IP를 가져가므로 IP가 낭비됩니다.

A 클래스는 네트워크 주소를 표현하는 부분이 1개의 옥텟, 호스트 주소를 나타낼 수 있는 부분이 3개의 옥텟이기 때문에 2^8(256)개의 네트워크와 한 네트워크 당 2^{24}(16,777,216)개의 호스트 주소를 갖게 됩니다.

B 클래스는 네트워크 주소 부분이 2개의 옥텟, 호스트 주소가 2개의 옥텟이기 때문에 2^{16}(65,536) 개의 네트워크와 1개의 네트워크에 2^{16}(65,536)개의 IP를 가질 수 있습니다.

마지막으로 C 클래스는 세 번째 "."에 네트워크 주소와 호스트 주소를 나누는 구분자가 있고 2^{24}(16,777,216)개의 네트워크와 1개의 네트워크 당 2^8(256)개의 호스트를 가질 수 있습니다.

▼ 그림 3-11 클래스 구분법

A 클래스	0 네트워크	호스트	호스트	호스트

주소 범위: 1~127.0.0.0, 127.0.0.0(로컬 호스트)

B 클래스	10 네트워크	네트워크	호스트	호스트

주소 범위: 128~191.0.0.0

C 클래스	110 네트워크	네트워크	네트워크	호스트

주소 범위: 192~223.0.0.0

D 클래스	1110 멀티캐스트	멀티캐스트	멀티캐스트	멀티캐스트

주소 범위: 224~239.0.0.0

A, B, C 클래스는 맨 앞 옥텟의 주소만 보고 구분할 수 있는데 앞 옥텟의 주소가 0~127의 범위이면 이 주소는 A 클래스입니다. 첫 옥텟을 이진수로 표기했을 때 2진수 8자리 중 맨 앞 자리가 0인 주소가 A 클래스입니다. 좀 더 풀어서 설명하면 2진수로 첫 옥텟이 0 0000000~0 1111111인 주소가 A 클래스가 됩니다. 127만 예외로 자신을 의미하는 루프백(Loopback) 주소로 사용되므로 실제로 A 클래스로 사용할 수 있는 주소는 1.0.0.0~126.255.255.255까지입니다.

B 클래스는 첫 옥텟을 2진수로 표기했을 때 첫 번째 자리가 1이고 두 번째 자리가 0인 주소가 B 클래스입니다. 2진수로 첫 옥텟이 10 00000~10 111111인 수를 10진수로 표현하면 128부터 191까지이고 이 수를 갖는 IP는 B 클래스가 됩니다.

C 클래스는 첫 옥텟을 2진수로 표기했을 때 2진수 8자리 중 첫 번째, 두 번째 자리가 1이고 세 번째 자리가 0인 주소가 C 클래스입니다. 첫 옥텟이 110 00000~110 11111, 10진수로는 192~223까지 IP인 경우, C 클래스입니다.

클래스 기반의 네트워크 분할 기법은 과거에 사용했던 개념으로 현재는 위에서 설명한 것처럼 클래스 기반으로 네트워크를 분할하지 않습니다. 보다 네트워크 주소를 세밀하게 분할하고 할당하기 위해 필요한 네트워크의 크기에 맞추어 1비트 단위로 네트워크를 상세히 분할하는 방법을 사용합니다.

참고

네트워크에서 사용 가능한 호스트 개수 파악하기

네트워크 주소: 172.16.0.0

브로드캐스트 주소: 172.16.255.255

유효 IP 범위: 172.16.0.1~172.16.255.254

▼ 그림 3-12 B 클래스에서 유효 IP 범위 파악하기

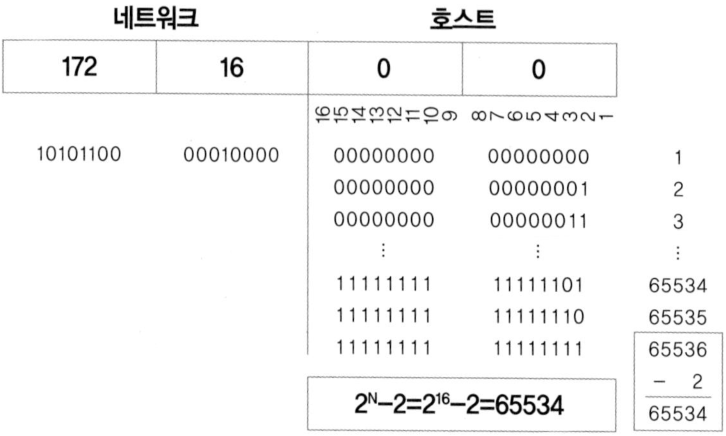

네트워크		호스트		
172	16	0	0	
		16 15 14 13 12 11 10 9	8 7 6 5 4 3 2 1	
10101100	00010000	00000000	00000000	1
		00000000	00000001	2
		00000000	00000011	3
		⋮	⋮	⋮
		11111111	11111101	65534
		11111111	11111110	65535
		11111111	11111111	65536

$$2^N-2=2^{16}-2=65534$$

65536
− 2
65534

IP 네트워크에서는 네트워크 크기가 변경되므로 하나의 네트워크에서 사용 가능한 호스트 개수와 사용 가능한 유효 IP 범위를 파악하는 것이 중요합니다. 클래스 단위로 네트워크가 분할되는 경우, 우리가 쉽게 인지할 수 있는 10진수 형태로 표현되어 이해하는 데 큰 무리가 없지만 뒷장에서 다룰 클래스리스(Classless) 네트워크인 경우, 유효 IP 범위 파악이 매우 중요해집니다.

일반적으로 표현할 수 있는 모든 수의 개수는 $진수^{자릿수}$ 형태로 계산할 수 있습니다. 예를 들어 우리가 사용하는 10진수 4자리가 나타낼 수 있는 총 수는 10^4개입니다. 0000부터 9999까지 총 10,000개의 숫자를 표현할 수 있습니다.

IP는 2진수로 나타내므로 $2^{자릿수}$ 형태로 표현할 수 있는 IP 숫자를 구할 수 있습니다. 한 옥텟이 2진수 8자리이므로 A 클래스는 2^{24}개, B 클래스는 2^{16}개, C 클래스는 2^8개의 IP를 표현할 수 있습니다. 하지만 IP 체계에서 맨 앞의 숫자를 네트워크 주소로, 맨 뒤의 숫자를 브로드캐스트 주소로 사용하므로 실제로 사용할 수 있는 IP는 A 클래스는 $2^{24}-2$, B 클래스는 $2^{16}-2$, C 클래스는 2^8-2가 됩니다.

3.3.2 클래스풀과 클래스리스

3.3.1 IP 주소 체계에서 설명한 클래스(Class) 기반의 IP 주소 체계를 클래스풀(Classful)이라고 부릅니다. IP 주소 체계를 처음 만들었을 때는 클래스 개념을 도입한 것이 확장성이 있고 주소 낭비가 적은 최적의 조건을 만들 수 있었던 좋은 선택이었습니다. 이 주소 체계에서는 네트워크 주소와 호스트 주소를 구분짓는 구분자(서브넷 마스크)가 필요없습니다. 맨 앞자리 숫자만 보면 자연스럽게 이 주소가 어느 클래스에 속해 있는지 구분할 수 있고 주소 구분자를 적용할 수 있었습니다.

3.3.2.1 클래스리스 네트워크의 등장

인터넷이 상용화되면서 인터넷에 연결되는 호스트 숫자가 폭발적으로 증가했습니다. 기존 클래스풀 기반의 주소 체계는 확장성과 효율성을 모두 잡는 좋은 주소 체계였지만 기하급수적으로 늘어나는 IP 주소 요구를 감당하기에는 너무 부족했습니다. 이론적으로 사용할 수 있는 IP 개수는 43억여 개이지만 실제로 사용할 수 있는 IP 숫자는 이보다 훨씬 적습니다. 현재 전 세계 인구가 하나의 IP만 갖더라도 IP 할당이 불가능한 크기이고 이 외에도 네트워크 주소를 계층화하고 분할하기 위해 낭비되는 IP가 매우 많았습니다. 하나의 네트워크에서 IP가 사용되지 않더라도 그 IP를 다른 네트워크에서 사용하지 못했습니다. IP 주소 부족과 낭비 문제를 해결하기 위해 3가지 보존, 전환전략을 만들어냈는데 그 중 첫 번째 단기 대책은 클래스리스, CIDR(Classless Inter-Domain Routing) 기반의 주소 체계였습니다. 두 번째 중기 대책은 NAT와 사설 IP 주소, 세 번째 장기 대책은 차세대 IP인 IPv6입니다.

IPv4의 가장 큰 문제는 주소 자체의 부족도 있지만 상위 클래스(A Class)를 할당받은 조직에서 이 주소들을 제대로 사용하지 못하면서 낭비하는 것이었습니다. 인터넷 초창기에 여러 회사에서 미래를 위해 IP를 많이 확보할 수 있는 A 클래스를 할당받았지만 실제로는 수천, 수만 개만 사용하는 곳이 대부분이었고 나머지 수천만 개의 IP는 사용되지 못했습니다. 클래스풀에서는 한 개의 클래스 네트워크가 한 조직에 할당되면 아무리 비어 있는 주소라도 IP를 분할해 다른 기관이 사용하도록 할 수 없습니다. 이 문제를 해결하기 위해 클래스 개념 자체를 버리는데 이를 클래스리스라고 부릅니다. 현재 우리가 사용하는 주소 체계는 클래스 개념을 적용하지 않는 클래스리스 기반 주소 체계입니다.

예전에는 전화번호의 국번만으로도 사업자나 지역을 확인할 수 있었지만 번호이동제도 이후 국번만으로는 지역이나 네트워크 공급자를 알기 어렵습니다. IP 체계도 번호이동 이전의 전화주소 체계처럼 앞 숫자를 보고 클래스를 확인한 후 어디까지가 네트워크 주소이고 어디까지가 호스트 주소인지 구분할 수 있었습니다. 클래스리스 네트워크에서는 별도로 네트워크와 호스트 주소를 나누는 구분자를 사용해야 하는데 이 구분자를 서브넷 마스크(Subnet Mask)라고 부릅니다.

▼ 그림 3-13 기본 서브넷 마스크

서브넷 마스크는 IP 주소와 네트워크 주소를 구분할 때 사용하는데 2진수 숫자 1은 네트워크 주소, 0은 호스트 주소로 표시합니다. 보통 우리가 편하게 받아들일 수 있는 10진수를 사용해 255.0.0.0 255.255.0.0 255.255.255.0와 같이 표현합니다. 2진수 11111111을 10진수로 표현하면 255가 되어 255는 네트워크 주소 부분, 0은 호스트 주소 부분으로 구분됩니다.

▼ 그림 3-14 2진수의 and 연산. IP 주소에서 네트워크 주소만 뽑아낼 때 사용한다.

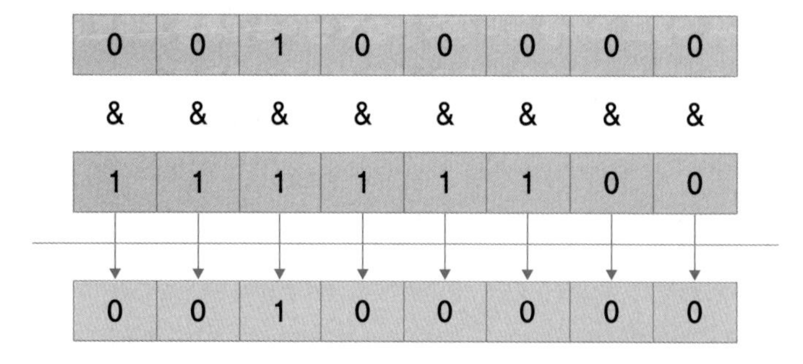

만약 103.9.32.146 주소에 255.255.255.0 서브넷 마스크를 사용하는 IP는 네트워크 주소가 103.9.32.0이고 호스트 주소는 0.0.0.146이 됩니다. 서브넷 마스크가 2진수 1인 부분(10진수 255인 부분)은 IP 숫자가 그대로 연산 결과가 되고 서브넷 마스크가 0인 부분은 모두 0으로 변경됩니다.

▼ 그림 3-15 네트워크 주소 구하기

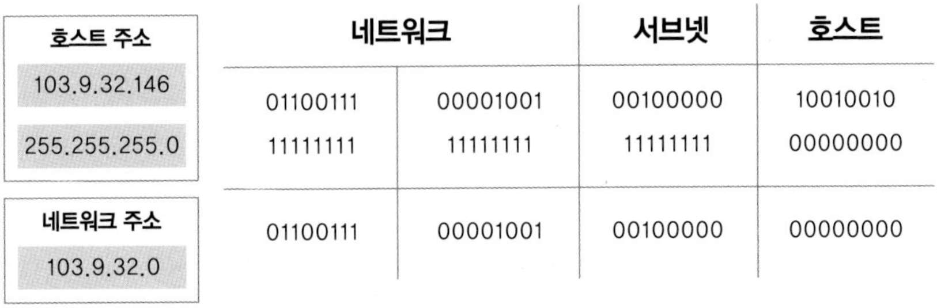

호스트 주소
103.9.32.146
255.255.255.0
네트워크 주소
103.9.32.0
네트워크
서브넷
호스트
01100111 00001001 00100000 10010010
11111111 11111111 11111111 00000000
01100111 00001001 00100000 00000000

클래스리스 기반의 IP 네트워크에서는 네트워크를 표현하는 데 반드시 서브넷 마스크가 필요하고 서버나 PC에 IP 주소를 부여할 때도 사용되어야 합니다.

▼ 그림 3-16 클래스리스한 네트워크 사용을 위해서는 IP 주소 설정 시 서브넷 마스크를 이용한다.

인터넷 프로토콜 버전 4(TCP/IPv4) 속성
일반
네트워크가 IP 자동 설정 기능을 지원하면 IP 설정이 자동으로 할당되도록 할 수 있습니다. 지원하지 않으면, 네트워크 관리자에게 적절한 IP 설정값을 문의해야 합니다.
자동으로 IP 주소 받기(O)
다음 IP 주소 사용(S):
IP 주소(I): 103 . 9 . 32 . 146
서브넷 마스크(U): 255 . 255 . 255 . 0
기본 게이트웨이(D): 103 . 9 . 32 . 1
자동으로 DNS 서버 주소 받기(B)
다음 DNS 서버 주소 사용(E):
기본 설정 DNS 서버(P): 8 . 8 . 8 . 8
보조 DNS 서버(A): 8 . 8 . 4 . 4
끝낼 때 설정 유효성 검사(L)
고급(V)...
확인
취소

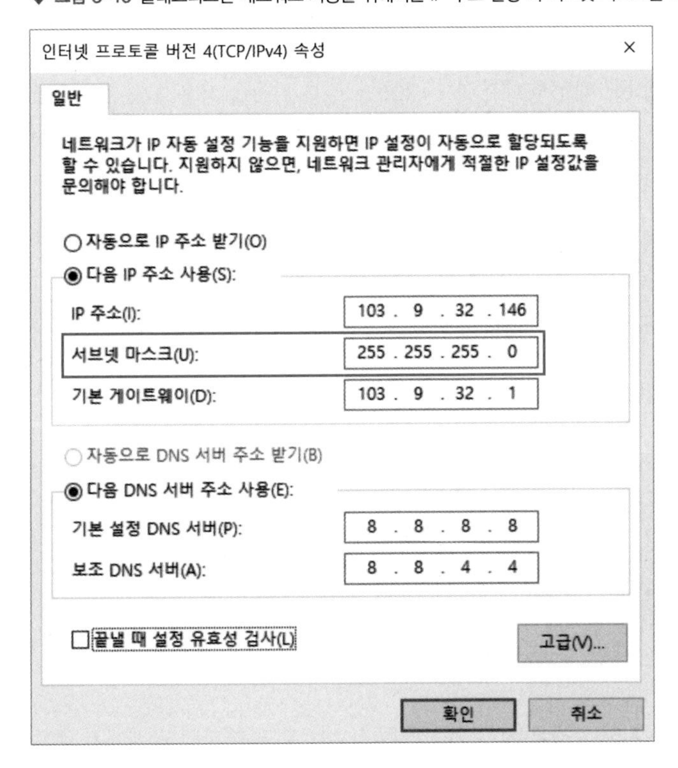

참고

서브넷 마스크 표현 방법

서브넷 마스크를 표현하는 방법은 비트 단위로 표현하는 방법과 10진수로 표현하는 방법을 사용

합니다. 일부 네트워크 장비는 8진수나 16진수로 나타내지만 표현하거나 이해하기 어려워 대부분 사용하지 않습니다.

비트 단위로 표현하는 방법은 서브넷 마스크에서 1 부분이 연속된 자릿수를 표현해주는 것입니다. A 클래스를 서브넷 마스크로 나타내면 첫 번째 옥텟이 1, 나머지 옥텟이 0이므로 /8로 표현합니다. B 클래스는 /16, C 클래스는 /24로 표기합니다.

10진수로 서브넷 마스크를 표현할 때 A 클래스는 255.0.0.0, B 클래스는 255.255.0.0, C 클래스는 255.255.255.0으로 씁니다.

3.3.3 서브네팅

원래 부여된 클래스의 기준을 무시하고 새로운 네트워크-호스트 구분 기준을 사용자가 정해 원래 클래스풀 단위의 네트워크보다 더 쪼개 사용하는 것을 서브네팅(Subnetting)이라고 합니다. 부여된 주소를 다시 잘라 사용해 서브네팅이라고 부르는데 현대 클래스리스 네트워크의 가장 큰 특징입니다. 옥텟 단위로 구분되는 서브네팅은 이해와 운영이 쉽지만 실제로는 옥텟 단위보다 더 잘게 네트워크를 쪼개 2진수의 1비트 단위로 네트워크를 분할하므로 서브네팅을 이해하기 어렵습니다. 특히 IP 네트워크를 처음 접하는 사람들은 네트워크 체계를 이해하는 데 가장 큰 장애물로 서브네팅을 꼽습니다.

▼ 그림 3-17 다양한 서브네팅. 옥텟 단위가 아닌 2진수 자리 단위로 서브네팅한다.

		네트워크				호스트
IP 주소	103.9.32.146	01100111	00001001	00100000	10	010010
서브넷	255.255.255.192	11111111	11111111	11111111	11	000000
네트워크 주소	103.9.32.128	01100111	00001001	00100000	10	000000

실무에서 서브네팅에 대해 고민해야 하는 경우는 두 가지입니다. 네트워크 디자인 단계에서 네트워크 설계자가 네트워크를 효율적으로 어떻게 분할할 것인지 계획하는 경우와 이미 분할된 네트워크에서 사용자가 자신의 네트워크와 원격지 네트워크를 구분해야 하는 경우입니다. 상황에 따라 고려해야 할 요소와 범위가 달라집니다.

- **네트워크 사용자 입장**

  네트워크에서 사용할 수 있는 IP 범위 파악

  기본 게이트웨이와 서브넷 마스크 설정이 제대로 되어 있는지 확인

- **네트워크 설계자 입장**

  네트워크 설계 시 네트워크 내에 필요한 단말을 고려한 네트워크 범위 설계

우선 네트워크 사용자 입장부터 다루어본 후 설계자 입장에 대해 알아보겠습니다.

3.3.3.1 네트워크 사용자의 서브네팅

네트워크 사용자는 이미 설계되어 있는 네트워크에서 사용할 수 있는 IP 주소 범위를 파악해야 합니다. 주어진 네트워크 범위 밖의 IP를 할당하거나 서브넷 마스크를 잘못 입력하면 로컬 네트워크의 특정 범위에 속해있는 단말과 통신에 문제가 생기거나 외부 네트워크 전체에 통신하지 못하는 상황이 발생합니다. 기존 클래스 단위처럼 옥텟 단위의 네트워크를 사용할 경우, 모든 수가 10진수 단위로 표현되므로 관리자나 사용자가 이해하기 쉽지만 대부분의 서브네팅은 비트 단위로 분할되므로 이런 환경에 속해 있을 경우, 어떤 IP 범위가 내가 속한 네트워크이고 어떤 IP 범위가 원격지 네트워크인지 판단하기 어렵습니다.

▼ 그림 3-18 복잡한 서브네팅 방법

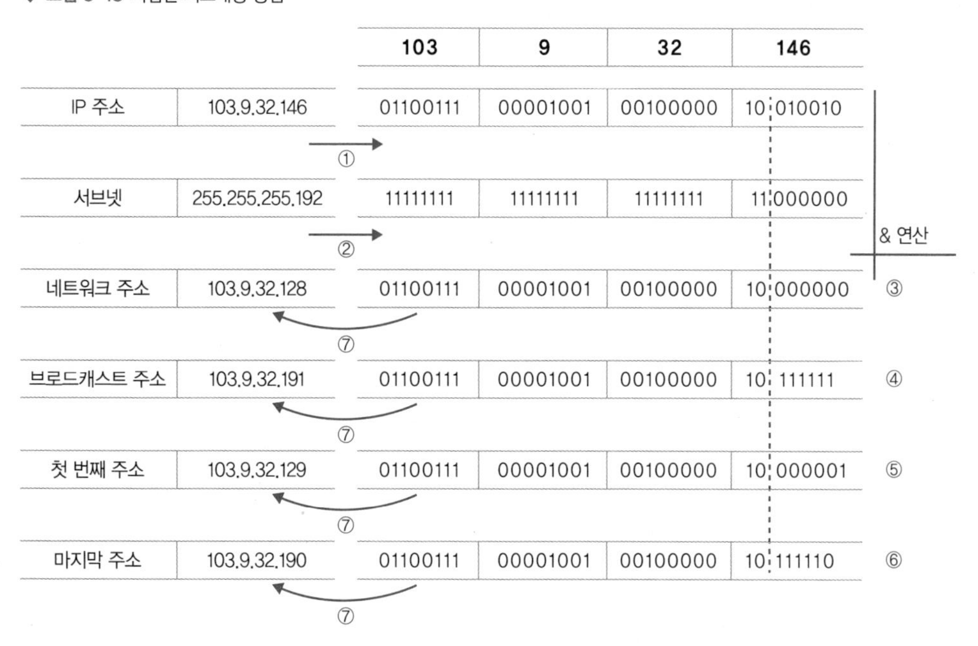

		103	9	32	146	
IP 주소	103.9.32.146	01100111	00001001	00100000	10:010010	
서브넷	255.255.255.192	11111111	11111111	11111111	11:000000	& 연산
네트워크 주소	103.9.32.128	01100111	00001001	00100000	10:000000	③
브로드캐스트 주소	103.9.32.191	01100111	00001001	00100000	10:111111	④
첫 번째 주소	103.9.32.129	01100111	00001001	00100000	10:000001	⑤
마지막 주소	103.9.32.190	01100111	00001001	00100000	10:111110	⑥

IP 주소 체계는 컴퓨터가 처리하므로 2진수로 되어 있습니다. 2진수에 익숙하거나 서브네팅이 옥텟 단위로 되어 있는 경우, 암산으로 내가 속한 네트워크 크기와 IP 범위를 쉽게 알아낼 수 있지만 그림 3-18처럼 1비트 단위로 서브네팅된 경우, 유효한 네트워크 범위를 알아내기 어렵습니다. 일반적으로 자신이 속한 네트워크의 유효 범위를 파악하는 방법은 다음과 같습니다.

1. 내 IP를 2진수로 표현한다.
2. 서브넷 마스크를 2진수로 표현한다.
3. 2진수 AND 연산으로 서브네팅된 네트워크 주소를 알아낸다.
4. 호스트 주소 부분을 2진수 1로 모두 변경해 브로드캐스트 주소를 알아낸다.
5. 유효 IP 범위를 파악한다. 서브네팅된 네트워크 주소+1은 유효 IP 중 가장 작은 IP이다.
6. 브로드캐스트 주소-1은 유효 IP 중 가장 큰 IP이다.
7. 2진수로 연산되어 있는 결괏값을 10진수로 변환한다.

항상 진수 표현을 다르게 계산해가면서 많은 과정을 거쳐 로컬 네트워크 범위를 알아내기는 어렵습니다. 좀 더 쉽게 서브네팅하고 자신이 속한 네트워크 범위를 파악하는 방법을 알아보겠습니다.

서브네팅에서는 기준이 되는 서브넷 마스크가 핵심입니다. 서브넷 마스크는 네트워크와 호스트 주소를 나누는 구분자이므로 항상 이 구분자를 중심으로 계산이 이루어져야 합니다.

▼ 그림 3-19 간단한 서브네팅 방법

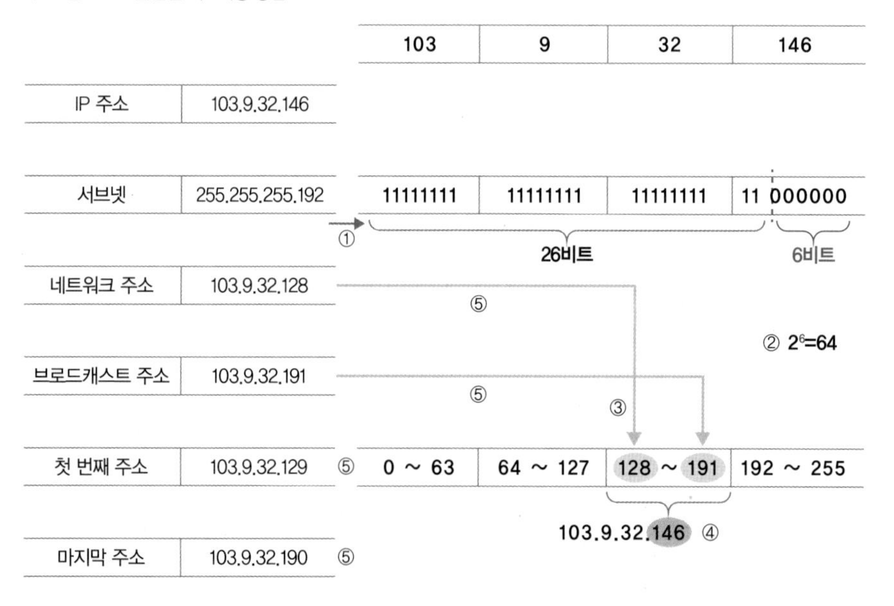

1. 서브넷 마스크를 2진수로 변환한다.
2. 현재의 서브넷이 가질 수 있는 최대 IP 개수 크기를 파악한다. 2^6=64
3. 64의 배수로 나열하여 기준이 되는 네트워크 주소를 파악한다. 첫 블록은 0부터 시작한다. 각 네트워크의 마지막 주소가 브로드캐스트 주소가 된다. 이 주소는 다음 블록 네트워크 주소의 −1 수이다.

   − 0~63/64~127/128~191/192~255
4. 103.9.32.146에서 호스트 주소 146이 속한 네트워크를 선택한다.

   − 128~191
5. 필요한 주소를 정리한다.

   − 네트워크 주소: 103.9.32.128(첫 번째 숫자)

   − 브로드캐스트 주소: 103.9.32.191(마지막 숫자)

   − 유효 IP 범위: 103.9.32.129 ~ 103.9.32.190(네트워크 주소와 브로드캐스트 주소 사이)

위와 같은 서브네팅 방법을 이용하면 뒤에서 다룰 실전 서브네팅 예제를 더 쉽게 계산할 수 있습니다. 중요한 것은 서브넷 마스크를 중심으로 네트워크 크기를 파악해 서브넷된 네트워크의 크기를 알아내는 것입니다. 그 이후는 해당 네트워크의 호스트 주소 숫자를 배수로 나열하고 현재 자신이 속한 IP 범위를 찾아내면 현재의 네트워크 주소, 브로드캐스트 주소, 유효 IP 범위를 쉽게 파악할 수 있습니다.

3.3.3.2 네트워크 설계자 입장

두 번째는 네트워크 설계자의 입장에서 서브넷 마스크에 대해 고려해야 할 내용을 다루어보겠습니다. 네트워크를 새로 구축하는 경우, 네트워크 사용자와 반대로 설계자는 서브넷 마스크가 지정되어 주어지는 것이 아니라 네트워크의 크기를 고민해 서브넷 마스크를 결정하고 설계에 반영해야 합니다. 네트워크 설계자가 IP를 설계할 때 고민해야 할 부분은 다음과 같습니다.

- 서브넷된 하나의 네트워크에 IP를 몇 개나 할당해야 하는가?(또는 PC는 몇 대나 있는가?)
- 그리고 서브넷된 네트워크가 몇 개나 필요한가?

회사 네트워크 설계를 예로 서브넷 마스크를 어떻게 사용하는지 살펴보겠습니다. 회사에 총 12곳의 지사가 있습니다. 이 지사들에는 최대 12대의 IP가 필요한 PC와 복합기, IP 카메라가 운영될 예정입니다. 현재 가진 네트워크는 103.9.32.0/24 네트워크입니다.

1. 서브넷된 하나의 네트워크에 12개 IP를 할당해야 한다.

2. 네트워크는 2진수의 배수로 커지므로 4, 8, 16, 32, 64, 128, 256개 단위로 네트워크를 할당할 수 있다. 12개 IP를 수용할 수 있는 가장 작은 네트워크는 16개이므로 16개짜리 네트워크를 할당한다.

   A. 16개짜리 네트워크는 네트워크 주소와 브로드캐스트 주소로 사용할 2개 IP를 제외해야 하므로 실제로 사용할 수 있는 IP는 14개다. 이 유효 IP 개수는 필요한 12개에 포함되므로 사용 가능하다.

3. 16개짜리 네트워크 12개를 확보한다. 16의 배수를 0부터 나열해 네트워크 주소를 확인한다.

네트워크 주소	브로드캐스트 주소	유효 IP 범위	할당
103.9.32.0	103.9.32.15	103.9.32.1~14	네트워크 장비 주소
103.9.32.16	103.9.32.31	103.9.32.17~30	시리얼 구간(라우터 중간 네트워크 할당용)
103.9.32.32	103.9.32.47	103.9.32.33~46	1번 지사
103.9.32.48	103.9.32.63	103.9.32.49~62	2번 지사
103.9.32.64	103.9.32.79	103.9.32.65~78	3번 지사
103.9.32.80	103.9.32.95	103.9.32.81~94	4번 지사
103.9.32.96	103.9.32.111	103.9.32.97~110	5번 지사
103.9.32.112	103.9.32.127	103.9.32.113~126	6번 지사
103.9.32.128	103.9.32.143	103.9.32.129~142	7번 지사
103.9.32.144	103.9.32.159	103.9.32.145~158	8번 지사
103.9.32.160	103.9.32.175	103.9.32.161~174	9번 지사
103.9.32.176	103.9.32.191	103.9.32.177~190	10번 지사
103.9.32.192	103.9.32.207	103.9.32.193~206	11번 지사
103.9.32.208	103.9.32.223	103.9.32.209~222	12번 지사
103.9.32.224	103.9.32.239	103.9.32.225~238	추후 할당
103.9.32.240	103.9.32.254	103.9.32.241~253	추후 할당

4. 총 16개 네트워크 중 12개 네트워크를 할당한다.

네트워크를 설계할 때 가능하면 사설 IP 대역을 사용해 충분한 IP 대역을 사용하는 것이 좋습니다(공인 IP와 사설 IP에 대해서는 3.3.4 공인 IP와 사설 IP 절에서 자세히 다룹니다). 공인 IP는 인터넷에서 유일하게 사용되므로 사용할 수 있는 IP 수가 제한되어 있고 할당받은 IP를 사용하지 않는 경우, IP 할당기관이 회수합니다. 하지만 사설 IP는 회사 내부에서만 사용하므로 제한 없이 큰 네트워크를 사용할 수 있습니다.

공인 IP를 사용해 여유 없이 네트워크를 할당하면 크기가 다른 네트워크가 많아집니다. 그럼 네트워크 관리자 입장에서도 관리가 힘들어지고 일반 사용자도 IP를 쉽게 구분하거나 알아볼 수 없게 되므로 최대한 같은 크기의 네트워크를 할당하고 10진수로 표현해도 쉽게 이해할 수 있는 C 클래스 단위인 24비트로 쪼개 할당하는 것이 바람직합니다.

네트워크를 단계적으로 잘 설계하면 관리하기 쉽고 네트워크 장비 성능도 향상됩니다. 잘 설계된 왼쪽 네트워크는 라우터가 관리하는 경로가 적고 관리하기 쉽습니다. 왼쪽 라우터는 10.1.1.0/24, 10.1.2.0/24, 10.1.3.0/24 네트워크를 관리하지만 Core는 10.1.0.0/16 네트워크에 대한 경로만 갖고 있어도 모든 10.1.X.0 네트워크로 패킷을 포워딩할 수 있습니다. 예제는 네트워크가 각각 3개씩만 존재하지만 네트워크 숫자가 많아지면 관리해야 할 네트워크 경로의 차이도 커집니다.

잘못 설계된 오른쪽 네트워크에서는 실제로 존재하는 네트워크 수만큼 Core 라우터가 모든 경로를 알고 있어야 합니다.

잘 설계된 왼쪽 네트워크는 네트워크 전체의 성능이 향상되고 관리가 편해지는 반면, IP 주소가 낭비됩니다. 왼쪽 라우터에 10.1.0.0/16 네트워크가 할당되었지만 실제로 사용하는 네트워크가 3개밖에 없을 경우, 나머지 253개 네트워크를 다른 곳에서 사용하지 못하므로 주소가 낭비될 수 있습니다. 그래서 잘 설계된 네트워크를 디자인하려면 IP를 여유있게 사용할 수 있는 사설 IP 대역으로 네트워크를 설계해야 합니다.

▼ 그림 3-20 IP가 잘 설계된 네트워크와 잘못 설계된 네트워크의 비교

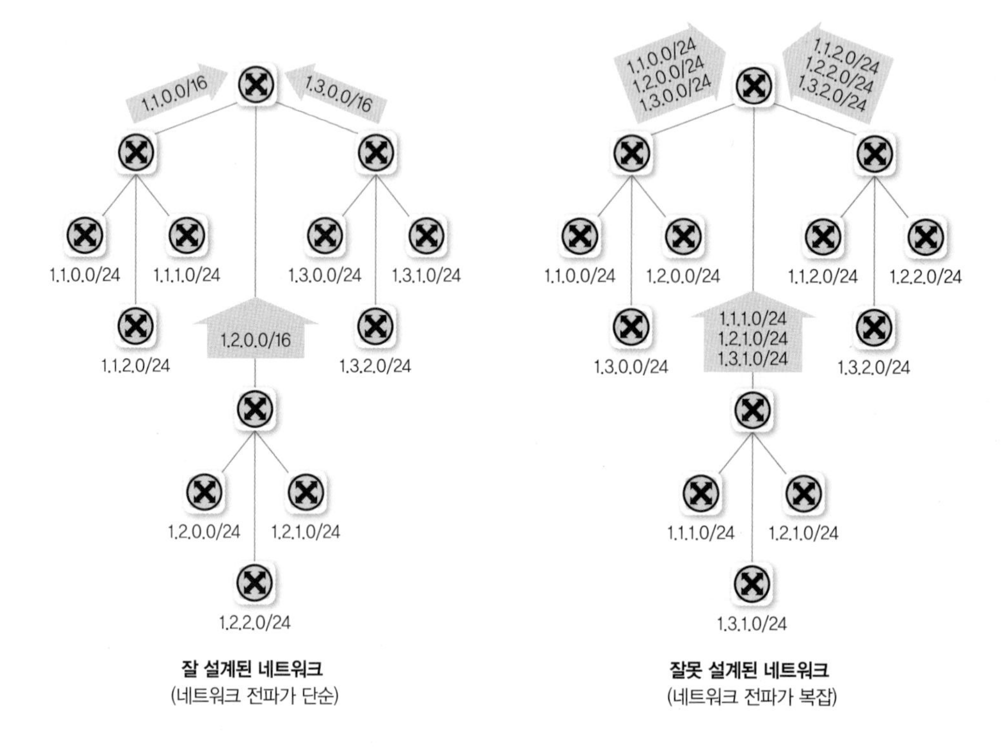

3.3.4 공인 IP와 사설 IP

인터넷에 접속하려면 IP 주소가 있어야 하고 이 IP는 전 세계에서 유일해야 하는 식별자입니다. 이런 IP 주소를 공인 IP라고 합니다. 하지만 인터넷에 연결하지 않고 개인적으로 네트워크를 구성한다면 공인 IP 주소를 할당받지 않고도 네트워크를 구축할 수 있습니다. 이때 사용하는 IP 주소를 사설 IP 주소라고 합니다. 인터넷에 접속하려면 통신사업자로부터 IP 주소를 할당받거나 IP 할당기관(한국의 경우, KISA)에서 인터넷 독립기관 주소(Autonomous System Number, ASN)를 할당받은 후 독립 IP를 할당받아야 하므로 절차가 복잡합니다. 인터넷에 접속하지 않거나 NAT(Network Address Translation, 네트워크 주소 변환) 기술을 사용할 경우(공유기나 회사 방화벽을 사용하는 경우)에는 사설 IP 주소를 사용할 수 있습니다. 이 주소들은 인터넷 표준 문서인 RFC에 명시되어 있습니다. 사설 IP를 사용하면 인터넷에 직접 접속하지 못하지만 IP를 변환해주는 NAT 장비에서 공인 IP로 변경한 후에는 인터넷 접속이 가능합니다. 가정에서 많이 사용하는 공유기는 NAT 장비의 역할을 하는 대표적인 예입니다.

▼ 표 3-2 클래스별 사설 IP 주소(RFC 1918: https://tools.ietf.org/html/rfc1918)

네트워크 주소	IP 범위	클래스 크기
10.0.0.0/8	10.0.0.0~10.255.255.255	A 클래스 1개
172.16.0.0/12	172.16.0.0~172.31.255.255	B 클래스 16개
192.168.0.0/16	192.168.0.0~192.168.255.255	C 클래스 256개

참고

인터넷 표준

인터넷 표준은 특별한 RFC(Request for Comments)와 그 집합을 가리킵니다. RFC의 원래 의미는 비평을 기다리는 문서로, RFC 자체가 인터넷 표준 문서는 아니며 컴퓨터, 인터넷 기술에 적용할 수 있는 제안, 조사 결과, 아이디어, 표준 등을 적어놓은 메모 형식의 문서 모음입니다(매년 만우절마다 발표되는 만우절 RFC도 있습니다). RFC 문서 중 의미 있는 표준 문서는 국제 인터넷 표준화 기구(Internet Engineeing Task Force, IETF)를 통해 표준으로 인정받습니다.

새로운 인터넷 표준이 되는 RFC는 인터넷 드래프트(Draft)로 시작하고 여러 번의 수정을 거친 후 정식으로 RFC로 출판됩니다. 이후에는 Proposed Standard라는 이름이 붙고 드디어 표준으로 인정받습니다.

RFC 문서는 다음 링크에서 찾아볼 수 있습니다.

- **공식으로 표준화된 RFC 문서**

  http://www.rfc-editor.org/standards

- **인터넷 표준화 기구의 RFC 문서**

  https://web.archive.org/web/20090202124230/http://www.ietf.org/rfc.html

- **만우절 RFC**

  https://www.cs.hmc.edu/~awooster/joke_rfcs.html

회사 내부에서 사설 네트워크를 구축할 때 NAT를 사용하여 인터넷에 연결하더라도 다른 사용자에게 할당된 IP를 사설 네트워크 주소로 사용하면 안 됩니다. 다른 인터넷 연결에는 문제가 없지만 내부 네트워크에 할당된 IP를 공식으로 사용하는 네트워크로 접속할 수 없으므로 인터넷 어느 구간에서도 사용되지 않는 RFC에 명시된 사설 IP 대역을 사용할 것을 추천합니다.

아래 그림의 C 회사처럼 20.0.0.0/24 네트워크로 회사 내부의 사설 IP를 할당한 경우, NAT를 거쳐 공인 IP로 아무리 변환되더라도 실제 인터넷 구간에 존재하는 A 회사의 20.0.0.0/24 네트워크로는 통신이 불가능합니다. C 회사의 20.0.0.10 서버에서 인터넷에서 서비스하는 A 회사의 20.0.0.20 서버로 접근을 시도할 경우, C 회사의 서버는 A 회사의 서버가 같은 네트워크에 존재하는 것으로 인식하고 A 회사 서버인 20.0.0.20과 통신하기 위해 브로드캐스트합니다. 실제로 A 회사와 C 회사는 인터넷 구간을 거쳐 통신해야 하므로 원격지와 통신 시도를 서로 인식해야만 정상적인 통신이 가능하지만 현재 네트워크 구조에서는 같은 네트워크로 인식하므로 정상적인 통신이 불가능합니다.

▼ 그림 3-21 다른 기관에서 사용하는 공인 IP를 회사 내부에서 사용할 경우, 해당 IP로의 접근이 불가능하다.

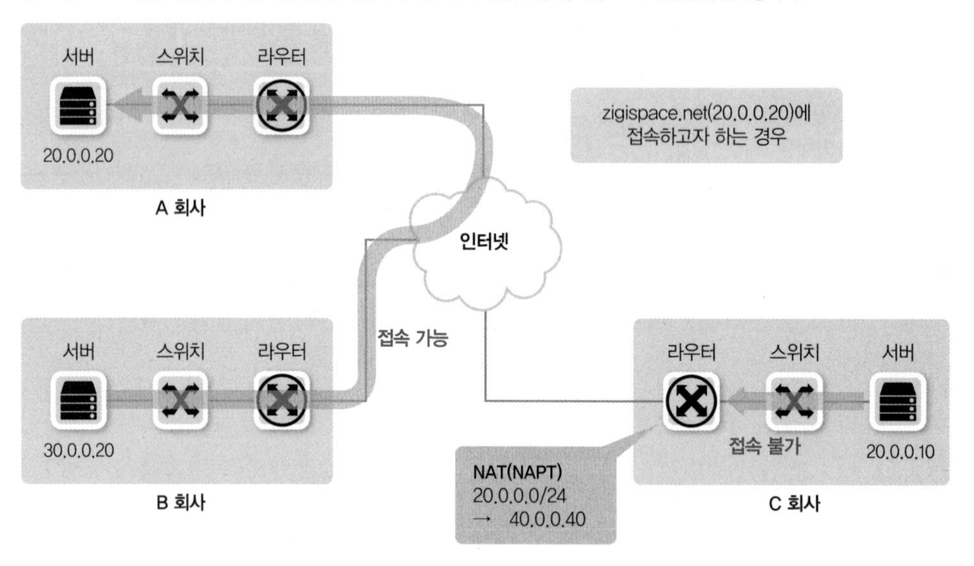

사설 IP는 A 클래스 1개, B 클래스 16개, C 클래스 256개를 사용할 수 있습니다. 규모가 큰 엔터프라이즈 네트워크에서는 대부분 A 클래스 크기인 10.0.0.0/8 네트워크를 사용하고 규모가 작은 네트워크를 위해서는 C 클래스 192.168.x.0/24을 사용합니다. 공유기에서 가장 많이 사용되는 기본 IP가 192.168.0.1인 이유입니다.

이외에도 아이폰, 갤럭시와 같은 모바일 디바이스에서는 가장 많이 사용되는 10점대 A 클래스와 192.168x0/24번대 C 클래스와 겹치지 않도록 B 클래스인 172.x.x.x 네트워크를 이용해 테더링 기능을 제공하고 있습니다.

참고

Bogon IP

모든 IP가 인터넷에서 사용되는 것은 아닙니다. IP 주소를 할당하는 최상위 기구인 IANA가 여러 가지 목적으로 예약해놓아 공인 IP로 할당하지 않는 주소를 Bogon IP라고 합니다. 이 Bogon IP는 인터넷에서 동작하는 라우터에 해당 IP 정보가 존재하지 않습니다. 만약 Bogon IP 대역의 주소를 사용한 통신 시도가 있었다면 해킹을 목적으로 IP를 스푸핑(Spoofing, 주소 변조)했거나 실수로 할당된 IP를 사용한 경우이므로 적절히 필터링하는 것이 좋습니다. 하지만 새로 할당되는 경우도 있으니 Bogon IP 주소 대역이 변경되는 것을 확인해야 합니다.

▼ 표 3-3 Bogon IP 주소(RFC 3333, https://tools.ieft.org/html/rfc3330)

네트워크 주소	설명
0.0.0.0/8	"This" 네트워크
10.0.0.0/8	사설 네트워크
100.64.0.0/10	캐리어 그레이드 NAT(통신사업자에서 사설 IP 주소를 할당하기 위해 사용)
127.0.0.0/8	루프백(Loopback) 주소
127.0.53.53	네임 콜리전 발생
169.254.0.0/16	링크 로컬(Link Local)
172.16.0.0/12	사설 네트워크
192.0.0.0/24	IETF 프로토콜 할당
192.0.2.0/24	테스트용
192.168.0.0/16	사설 네트워크
198.18.0.0/15	네트워크 인터커넥트 디바이드 벤치마크 테스팅
198.51.100.0/24	테스트용
203.0.113.0/24	테스트용
224.0.0.0/4	멀티캐스트용
240.0.0.0/4	예약
255.255.255.255/32	브로드캐스트

참고

IP 주소 발신자 확인 방법

IP 주소를 보고 발신자의 신원이나 소속된 조직 이름을 알 수 있습니다. 후이즈(WhoIs)나 IP 검색 서비스를 제공하는 사이트가 많은데 한국에서는 한국인터넷진흥원(KISA)에서 이 서비스를 제공하고 있습니다. 사이트에서 IP를 조회하면 해당 IP가 어떤 회선 사업자를 사용하는지 알 수 있거나 어떤 조직 소유의 IP인지 확인할 수 있습니다.

▼ 그림 3-22 한국인터넷진흥원에서 제공하는 WHOIS 조회(https://whois.kisa.or.kr)

3.4 TCP와 UDP

NETWORK

앞에서 설명한 2계층과 3계층은 목적지를 정확히 찾아가기 위한 주소 제공이 목적이었지만 4계층에서 동작하는 프로토콜은 만들어진 목적이 2, 3계층 프로토콜과 조금 다릅니다. 목적지 단말 안에서 동작하는 여러 애플리케이션 프로세스 중 통신해야 할 목적지 프로세스를 정확히 찾아가고 패킷 순서가 바뀌지 않도록 잘 조합해 원래 데이터를 잘 만들어내기 위한 역할을 합니다.

이번 장에서는 TCP/IP 프로토콜 스택의 4계층에서 동작하는 TCP와 UDP 프로토콜에 대해 상세히 다룹니다. 실제 서비스는 출발지에서 목적지까지의 경로를 찾는 것이 끝이 아니라 애플리케이션이 정상적으로 돌아가기 위한 다양한 작업에 문제가 없어야만 서비스를 정상적으로 제공할 수 있습니다. 또한, 로드 밸런서나 방화벽을 비롯한 4계층 이상의 장비도 인프라 구성의 주요 요소이므로 4계층 관련 학습도 반드시 필요합니다.

3.4.1 4계층 프로토콜(TCP, UDP)과 서비스 포트

1.5 인캡슐레이션과 디캡슐레이션에서 다루었던 것처럼 데이터를 보내고 받는 인캡슐레이션, 디캡슐레이션 과정에 각 계층에서 정의하는 헤더가 추가되고 여러 가지 정보가 들어갑니다. 다양한 정보 중 가장 중요한 두 가지 정보는

- 각 계층에서 정의하는 정보
- 상위 프로토콜 지시자 정보

입니다.

▼ 그림 3-23 각 계층에서 정의하는 정보와 상위 프로토콜 지시자

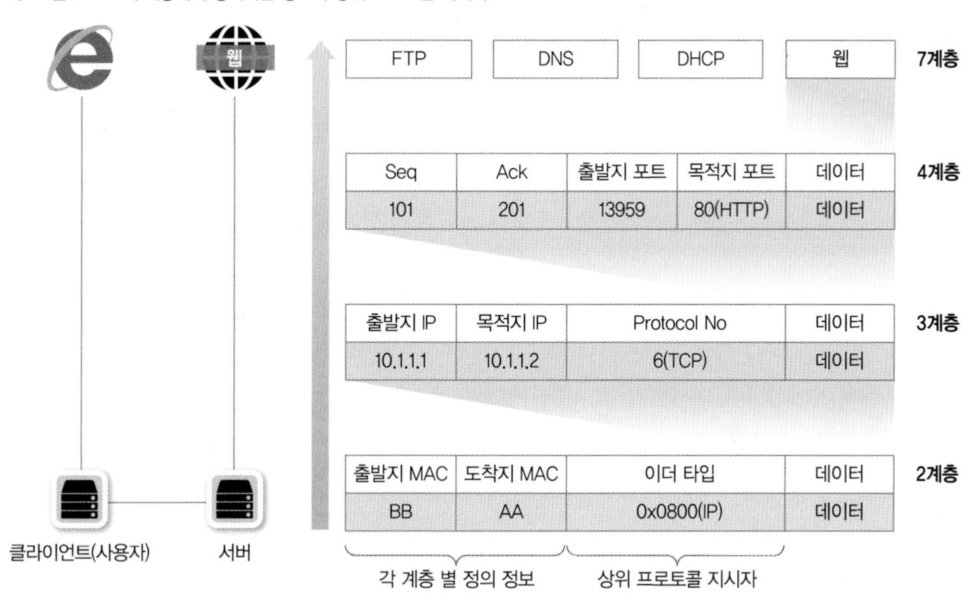

각 계층을 정의하는 정보는 수신 측의 동일 계층에서 사용하기 위한 정보입니다. 예를 들어 송신 측에서 추가한 2계층 헤더의 MAC 주소 정보는 수신 측의 2계층에서 확인하고 사용됩니다. 마찬

가지로 송신 측에서 추가한 3계층 IP 주소는 수신 측 3계층에서 사용합니다. 4계층에서는 이런 정보로 시퀀스 번호, ACK 번호가 있습니다.

상위 프로토콜 지시자는 디캡슐레이션 과정에서 상위 계층의 프로토콜이나 프로세스를 정확히 찾아가기 위한 목적으로 사용됩니다. 2계층은 이더 타입, 3계층은 프로토콜 번호, 4계층은 포트 번호가 상위 프로토콜 지시자입니다.

TCP/IP 프로토콜 스택에서 4계층은 TCP와 UDP가 담당합니다. 4계층의 목적은 목적지를 찾아가는 주소가 아니라 애플리케이션에서 사용하는 프로세스를 정확히 찾아가고 데이터를 분할한 패킷을 잘 쪼개 보내고 잘 조립하는 것입니다.

패킷을 분할하고 조합하기 위해 TCP 프로토콜에서는 시퀀스 번호와 ACK 번호를 사용합니다.

▼ 그림 3-24 TCP와 UDP 헤더

TCP 세그먼트 헤더 포맷

<table>
<tr><th>비트#</th><th colspan="2">0 7</th><th>8 15</th><th>16 23</th><th>24 31</th></tr>
<tr><td>0</td><td colspan="3">Source Port</td><td colspan="2">Destination Port</td></tr>
<tr><td>32</td><td colspan="5">Sequence Number</td></tr>
<tr><td>64</td><td colspan="5">Acknowledgement Number</td></tr>
<tr><td>96</td><td>Data Offset</td><td>Res</td><td>Flags</td><td colspan="2">Windows Size</td></tr>
<tr><td>128</td><td colspan="3">Header and Data Checksum</td><td colspan="2">Urgent Pointer</td></tr>
<tr><td>160...</td><td colspan="5">Options</td></tr>
</table>

UDP 데이터그램 헤더 포맷

<table>
<tr><th>비트#</th><th>0 7</th><th>8 15</th><th>16 23</th><th>24 31</th></tr>
<tr><td>0</td><td colspan="2">Source Port</td><td colspan="2">Destination Port</td></tr>
<tr><td>32</td><td colspan="2">Length</td><td colspan="2">Header and Data Checksum</td></tr>
</table>

TCP/IP 프로토콜 스택에서 4계층의 상위 프로토콜 지시자는 포트 번호입니다. 일반적으로 TCP/IP에서는 클라이언트-서버 방식으로 서비스를 제공하고 클라이언트용 프로그램과 서버용 프로그램을 구분해 개발합니다. 3계층의 프로토콜 번호나 2계층의 이더 타입과 같은 상위 프로토콜 지시자는 출발지와 도착지를 구분해 사용하지 않고 한 개만 사용하지만 4계층 프로토콜 지시자인 포트 번호는 출발지와 목적지를 구분해 처리해야 합니다.

평소 우리가 표현하는 포트 번호의 기준은 서버의 포트입니다. 이 포트 번호 중 HTTP TCP 80, HTTPS TCP 443, SMTP TCP 25와 같이 잘 알려진 포트를 '웰 노운(Well Known) 포트'라고 합니다. 이 포트들은 이미 인터넷 주소 할당기구인 IANA(Internet Assigned Numbers Authority)에 등록되고 1023번 이하의 포트 번호를 사용합니다.

다양한 애플리케이션에 포트 번호를 할당하기 위해 Registered Port 범위를 사용합니다. 1024~49151의 범위이며 포트 번호를 할당받기 위해 신청하면 IANA에 등록되어 관리되지만 공식(Official) 번호와 비공식(Unofficial) 번호가 혼재되어 있고 사설 포트 번호로 사용되기도 합니다.

동적, 사설, 임시 포트의 범위는 49152~65535입니다. 이 범위의 포트 번호는 IANA에 등록되어 사용되지 않습니다. 이 포트 번호는 자동 할당되거나 사설 용도로 할당되고 클라이언트의 임시 포트 번호로 사용됩니다.

참고

IANA가 관리하는 포트 할당 관련 내용은 다음 주소에서 상세히 확인할 수 있습니다.

https://www.iana.org/assignments/service-names-port-numbers/service-names-port-numbers.xhtml

▼ 그림 3-25 클라이언트-서버 통신에 따른 포트 번호

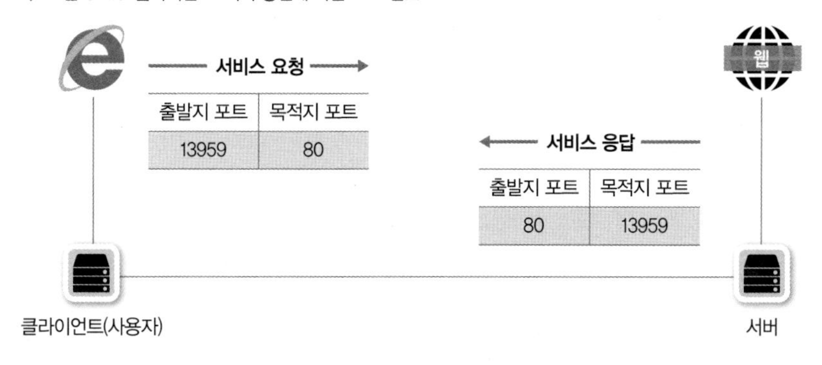

서비스 요청 시와 응답 시에는 출발지 IP와 목적지 IP가 반대가 되듯이 출발지와 도착지 포트 번호도 요청 패킷과 응답 패킷이 반대가 됩니다. 서버 측에서 클라이언트 측의 요청에 대한 응답을 할 때는 출발지 포트가 서버의 포트, 도착지 포트가 클라이언트(사용자)의 포트가 되어 전송됩니다. 이런 포트의 방향 변화는 문제를 해결할 때 서비스 흐름을 이해하는 데 매우 중요합니다.

참고

주요 포트 번호 확인

상위 프로토콜 지시자인 포트와 프로토콜 주소 정보 중에서 주요 주소 번호를 운영 체제 내부 파일에서 찾아볼 수 있습니다.

C:₩Windows₩System32₩drivers₩etc 폴더에 protocols와 services 파일에 해당 정보가 있습니다.

protocols 파일 내용

```
# CopyrighT(c) 1993-2006 Microsoft Corp.
#
# This file contains the Internet protocols as defined by various
# RFCs.  See http://www.iana.org/assignments/protocol-numbers
#
# Format:
#
# <protocol name> <assigned number> [aliases...] [#<comment>]

ip          0     IP           # Internet protocol
icmp        1     ICMP         # Internet control message protocol
ggp         3     GGP          # Gateway-gateway protocol
tcp         6     TCP          # Transmission control protocol
egp         8     EGP          # Exterior gateway protocol
pup         12    PUP          # PARC universal packet protocol
udp         17    UDP          # User datagram protocol
hmp         20    HMP          # Host monitoring protocol
xns-idp     22    XNS-IDP      # Xerox NS IDP
rdp         27    RDP          # "reliable datagram" protocol
ipv6        41    IPv6         # Internet protocol IPv6
ipv6-route  43    IPv6-Route   # Routing header for IPv6
ipv6-frag   44    IPv6-Frag    # Fragment header for IPv6
esp         50    ESP          # Encapsulating security payload
ah          51    AH           # Authentication header
ipv6-icmp   58    IPv6-ICMP    # ICMP for IPv6
ipv6-nonxt  59    IPv6-NoNxt   # No next header for IPv6
ipv6-opts   60    IPv6-Opts    # Destination options for IPv6
rvd         66    RVD          # MIT remote virtual disk
```

services 파일 내용

```
# CopyrighT(c) 1993-2004 Microsoft Corp.
#
# This file contains port numbers for well-known services defined by IANA
#
# Format:
#
# <service name> <port number>/<protocol> [aliases...] [#<comment>]
```

```
#
echo              7/tcp
echo              7/udp
discard           9/tcp    sink null
discard           9/udp    sink null
systat           11/tcp    users                  #Active users
systat           11/udp    users                  #Active users
daytime          13/tcp
daytime          13/udp
qotd             17/tcp    quote                  #Quote of the day
qotd             17/udp    quote                  #Quote of the day
chargen          19/tcp    ttytst source          #Character generator
chargen          19/udp    ttytst source          #Character generator
ftp-data         20/tcp                           #FTP, data
ftp              21/tcp                           #FTP. control
ssh              22/tcp                           #SSH Remote Login Protocol
telnet           23/tcp
smtp             25/tcp    mail                   #Simple Mail Transfer Protocol
time             37/tcp    timserver
time             37/udp    timserver
rlp              39/udp    resource               #Resource Location Protocol
nameserver       42/tcp    name                   #Host Name Server
nameserver       42/udp    name                   #Host Name Server
nicname          43/tcp    whois
domain           53/tcp                           #Domain Name Server
domain           53/udp                           #Domain Name Server
bootps           67/udp    dhcps                  #Bootstrap Protocol Server
bootpc           68/udp    dhcpc                  #Bootstrap Protocol Client
. 후략 ...
```

3.4.2 TCP

TCP는 3.4.1 4계층 프로토콜(TCP, UDP)과 서비스 포트 절에서 간단히 다루었던 4계층의 특징을 대부분 포함하고 있습니다. TCP 프로토콜은 신뢰할 수 없는 공용망에서도 정보유실 없는 통신을 보장하기 위해 세션을 안전하게 연결하고 데이터를 분할하고 분할된 패킷이 잘 전송되었는지 확인하는 기능이 있습니다. 패킷에 번호(Sequence Number)를 부여하고 잘 전송되었는지에 대해 응답(Acknowledge Number)합니다. 또한, 한꺼번에 얼마나 보내야 수신자가 잘 받아 처리할 수 있는지 전송 크기(Window Size)까지 고려해 통신합니다. TCP의 여러 역할 덕분에 네트워크 상태를 심각하게 고려하지 않고 특별한 개발 없이도 쉽고 안전하게 네트워크를 사용할 수 있습니다.

3.4.2.1 패킷 순서, 응답 번호

TCP에서는 분할된 패킷을 잘 분할하고 수신 측이 잘 조합하도록 패킷에 순서를 주고 응답 번호를 부여합니다. 패킷에 순서를 부여하는 것을 시퀀스 번호, 응답 번호를 부여하는 것을 ACK 번호라고 부릅니다. 두 번호가 상호작용해 순서가 바뀌거나 중간에 패킷이 손실된 것을 파악할 수 있습니다.

▼ 그림 3-26 시퀀스 번호와 ACK 번호의 기본 동작 방식. 패킷을 하나 보내고 이에 대한 응답을 받는다.

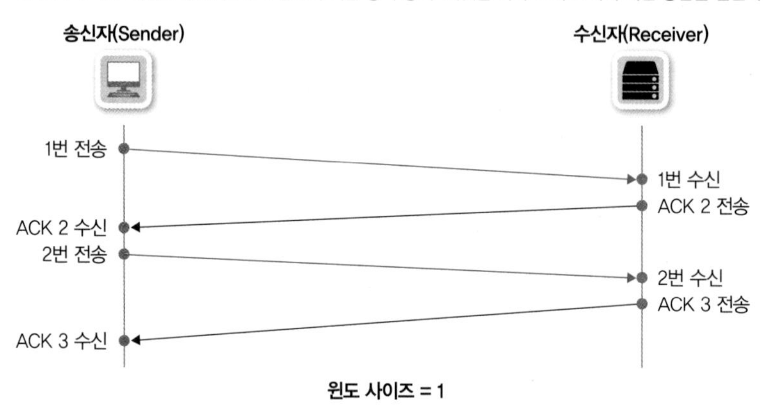

보내는 쪽에서 패킷에 번호를 부여하고 받는 쪽은 이 번호의 순서가 맞는지 확인합니다. 받은 패킷 번호가 맞으면 응답을 주는데 이때 다음 번호의 패킷을 요청합니다. 이 숫자를 ACK 번호라고 부릅니다. 송신 측이 1번 패킷을 보냈는데 수신 측이 이 패킷을 잘 받는다면 1번을 잘 받았으니 다음에는 2번을 달라는 표시로 ACK 번호 2를 줍니다.

▼ 그림 3-27 시퀀스 번호, ACK 번호도 양방향으로 함께 동작한다.

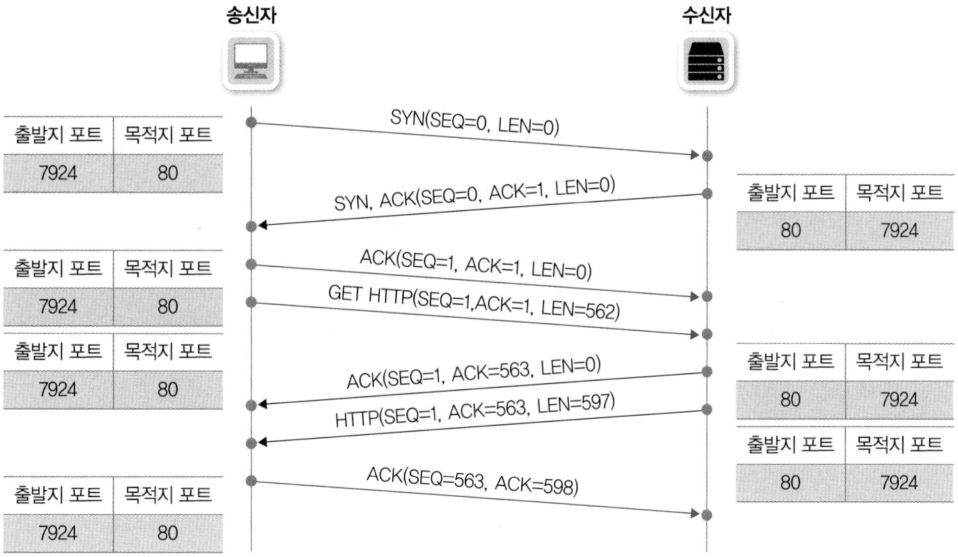

송신자

수신자

출발지 포트	목적지 포트
7924	80

SYN(SEQ=0, LEN=0)

SYN, ACK(SEQ=0, ACK=1, LEN=0)

출발지 포트	목적지 포트
80	7924

출발지 포트	목적지 포트
7924	80

ACK(SEQ=1, ACK=1, LEN=0)

GET HTTP(SEQ=1,ACK=1, LEN=562)

출발지 포트	목적지 포트
7924	80

ACK(SEQ=1, ACK=563, LEN=0)

출발지 포트	목적지 포트
80	7924

HTTP(SEQ=1, ACK=563, LEN=597)

출발지 포트	목적지 포트
80	7924

ACK(SEQ=563, ACK=598)

출발지 포트	목적지 포트
7924	80

그림 3-27을 단계별로 설명하면 다음과 같습니다.

1. 출발지에서 시퀀스 번호를 0으로 보냅니다(SEQ = 0).
2. 수신 측에서는 0번 패킷을 잘 받았다는 표시로 응답 번호(ACK)에 1을 적어 응답합니다. 이때 수신 측에서는 자신이 처음 보내는 패킷이므로 자신의 패킷에 시퀀스 번호 0을 부여합니다.
3. 이 패킷을 받은 송신 측은 시퀀스 번호를 1로(수신 측이 ACK 번호로 1번 패킷을 달라고 요청했으므로), ACK 번호는 상대방의 0번 시퀀스를 잘 받았다는 의미로 시퀀스 번호를 1로 부여해 다시 송신합니다.

3.4.2.2 윈도 사이즈와 슬라이딩 윈도

TCP는 일방적으로 패킷을 보내는 것이 아니라 상대방이 얼마나 잘 받았는지 확인하기 위해 ACK 번호를 확인하고 다음 패킷을 전송합니다. 패킷이 잘 전송되었는지 확인하기 위해 별도 패킷을 받는 것 자체가 통신 시간을 늘리지만 송신자와 수신자가 먼 거리에 떨어져 있으면 왕복 지연시간(Round Trip Time, RTT)이 늘어나므로 응답을 기다리는 시간이 더 길어집니다. 작은 패킷을 하나 보내고 응답을 받아야만 하나를 더 보낼 수 있다면 모든 데이터를 전송하는 데 긴 시간이 걸릴 것입니다. 그래서 데이터를 보낼 때 패킷을 하나만 보내는 것이 아니라 많은 패킷을 한꺼번에 보내고 응답을 하나만 받습니다. 가능하면 최대한 많은 패킷을 한꺼번에 보내는 것이 효율적이지만 네트워크 상태가 안 좋으면 패킷 유실 가능성이 커지므로 적절한 송신량을 결정해야 하는데 한 번에 데이터를 받을 수 있는 데이터 크기를 윈도 사이즈라고 하고 네트워크 상황에 따라 이 윈도 사이즈를 조절하는 것을 슬라이딩 윈도라고 합니다.

▼ 그림 3-28 TCP 윈도 사이즈

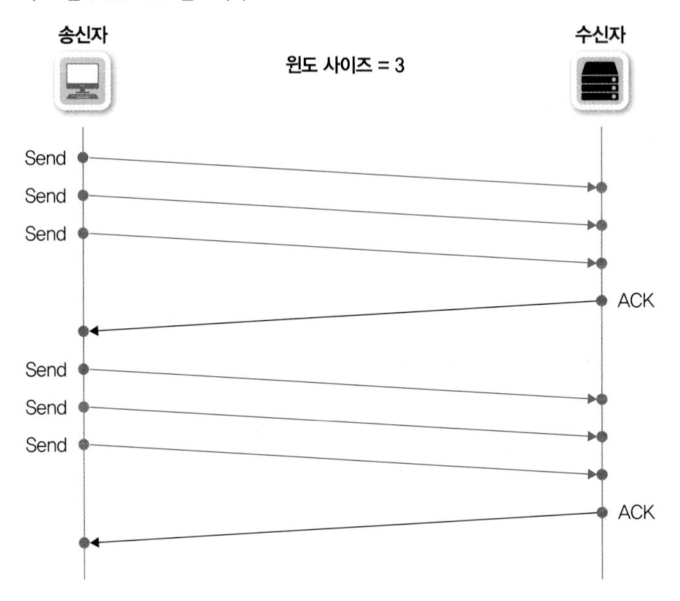

TCP 헤더에서 윈도 사이즈로 표현할 수 있는 최대 크기는 2^{16}입니다. 실제로 64K만큼 윈도 사이즈를 가질 수 있지만 이 사이즈는 회선의 안정성이 높아지고 고속화되는 현대 네트워크에서는 너무 작은 숫자입니다. 점점 고속화, 안정화되는 환경에 적응하기 위해 윈도 사이즈를 64K보다 대폭 늘려 통신하는데 TCP 헤더는 변경이 불가능하므로 헤더 사이즈를 늘리지 않고 뒤의 숫자를 무시하는 방법으로 윈도 사이즈를 증가시켜 통신합니다. 이런 방법을 사용하면 기존 숫자에 10배, 100배로 윈도 사이즈가 커집니다.

TCP는 데이터에 유실이 발생하면 윈도 사이즈를 절반으로 떨어뜨리고 정상적인 통신이 되는 경우, 서서히 하나씩 늘립니다. 네트워크에 경합이 발생해 패킷 드롭이 생기면 작아진 윈도 사이즈로 인해 데이터 통신 속도가 느려져 회선을 제대로 사용하지 못하는 상황이 발생할 수 있습니다. 이런 경우, 경합을 피하기 위해 회선 속도를 증가시키거나 경합을 임시로 피하게 할 수 있는, 버퍼가 큰 네트워크 장비를 사용하거나 TCP 최적화 솔루션을 사용해 이런 문제들을 해결할 수 있습니다.

3.4.2.3 3방향 핸드셰이크

TCP에서는 유실없는 안전한 통신을 위해 통신 시작 전, 사전 연결작업을 진행합니다. 목적지가 데이터를 받을 준비가 안 된 상황에서 데이터를 일방적으로 전송하면 목적지에서는 데이터를 정상적으로 처리할 수 없어 데이터가 버려집니다. TCP 프로토콜은 이런 상황을 만들지 않기 위해 통신 전, 데이터를 안전하게 보내고 받을 수 있는지 미리 확인하는 작업을 거칩니다. 패킷 네트워크에서는 동시에 많은 상대방과 통신하므로 정확한 통신을 위해서는 통신 전, 각 통신에 필요한 리소스를 미리 확보하는 작업이 중요합니다. TCP에서는 3번의 패킷을 주고받으면서 통신을 서로 준비하므로 '3방향 핸드셰이크'라고 부릅니다.

TCP는 이런 3방향 핸드쉐이크 진행 상황에 따라 상태(State) 정보를 부르는 이름이 다릅니다. 서버에서는 서비스를 제공하기 위해 클라이언트의 접속을 받아들일 수 있는 LISTEN 상태로 대기합니다. 클라이언트에서 통신을 시도할 때 Syn 패킷을 보내는데 클라이언트에서는 이 상태를 SYN-SENT라고 부릅니다. 클라이언트의 Syn을 받은 서버는 SYN-RECEIVE 상태로 변경되고 Syn, Ack로 응답합니다. 이 응답을 받은 클라이언트는 ESTABLISHED 상태로 변경하고 그에 대한 응답을 서버로 다시 보냅니다. 서버에서도 클라이언트의 이 응답을 받고 ESTABLISHED 상태로 변경됩니다. ESTABLISHED 상태는 서버와 클라이언트 간의 연결이 성공적으로 완료되었음을 나타냅니다.

▼ 그림 3-29 3방향 핸드셰이크

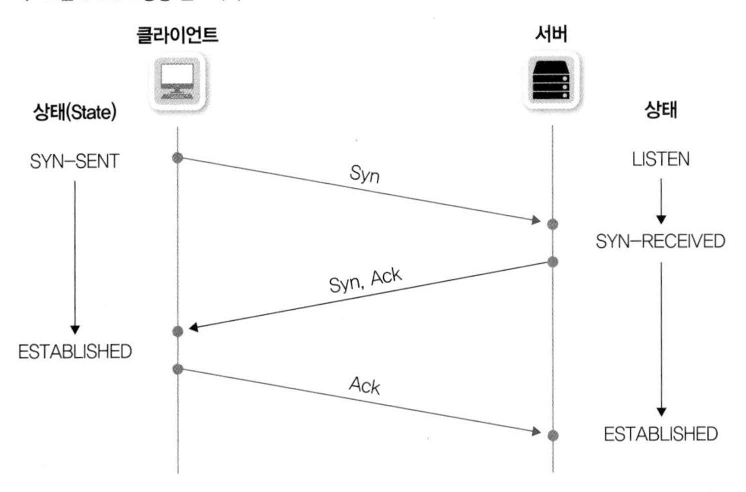

3방향 핸드셰이크 과정이 생기다보니 기존 통신과 새로운 통신을 구분해야 합니다. 어떤 패킷이 새로운 연결 시도이고 기존 통신에 대한 응답인지 구분하기 위해 헤더에 플래그(Flag)라는 값을 넣어 통신합니다.

▼ 그림 3-30 TCP 헤더 내용. 컨트롤 비트는 총 6비트이고 각 비트가 1인 경우, 해당 내용을 나타낸다.

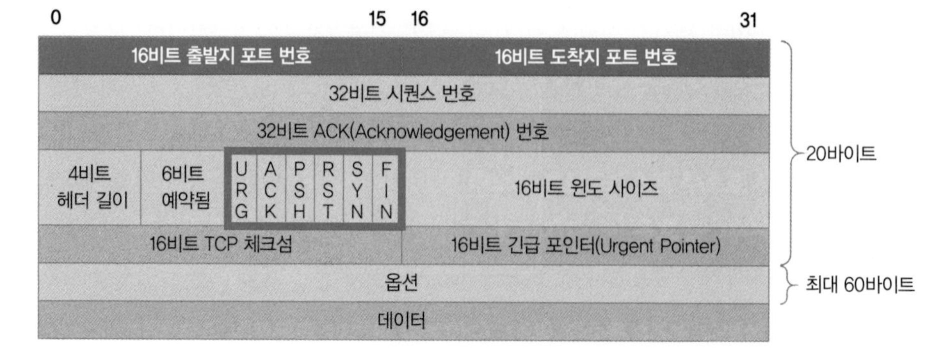

TCP 플래그는 총 6가지가 있고 통신의 성질을 나타냅니다. 초기 연결, 응답, 정상 종료, 비정상 종료 등의 용도로 사용됩니다.

- SYN

  연결 시작 용도로 사용합니다. 연결이 시작될 때 SYN 플래그에 1로 표시해 보냅니다.

- ACK

  ACK 번호가 유효할 경우, 1로 표시해 보냅니다.

  초기 SYN이 아닌 모든 패킷은 기존 메시지에 대한 응답이므로 ACK 플래그가 1로 표기됩니다.

- FIN

  연결 종료 시 1로 표시됩니다. 데이터 전송을 마친 후 정상적으로 양방향 종료 시 사용됩니다.

- RST

  연결 종료 시 1로 표시됩니다. 연결 강제 종료를 위해 연결을 일방적으로 끊을 때 사용됩니다.

- URG

  긴급 데이터인 경우, 1로 표시해 보냅니다.

- PSH

  서버 측에서 전송할 데이터가 없거나 데이터를 버퍼링 없이 응용 프로그램으로 즉시 전달할 것을 지시할 때 사용됩니다.

통신을 처음 시도할 때 송신자는 플래그에 있는 SYN 필드를 1로 표기해 패킷을 보냅니다. 이때 자신이 사용할 첫 seq no(시퀀스 번호)를 적어 보냅니다. 이 SYN 패킷을 받은 수신자는 SYN과

ACK 비트를 플래그에 1로 표기해 응답합니다. 자신이 보내는 첫 패킷이므로 SYN을 1로 표기하고 기존 송신자가 보냈던 패킷의 응답이기도 하므로 ACK 비트도 함께 1로 표기합니다. 이 패킷은 송신자의 연결 시도를 허락하는 의미로 사용됩니다. 이때 자신이 사용할 시퀀스 번호를 적고 ACK 번호는 송신자가 보낸 시퀀스 번호에 1을 추가한 값을 넣어 응답합니다. ACK 번호는 10번까지 잘 받았으니 다음에는 10+1번을 달라는 의미입니다. 수신자의 응답을 받은 송신자는 연결을 확립하기 위해 다시 한 번 응답 메시지를 보냅니다. 이때부터는 기존 메시지의 응답이므로 ACK 필드만 1로 표기됩니다. 수신자가 ACK 번호를 11로 표기해 보냈으므로 시퀀스 번호를 11로 표기해 응답합니다. 동시에 수신자의 시퀀스 번호 20에 대한 응답이므로 ACK 번호를 21로 보냅니다(20번을 잘 받았으니 다음 시퀀스 번호를 보내달라).

▼ 그림 3-31 3방향 핸드셰이크 과정

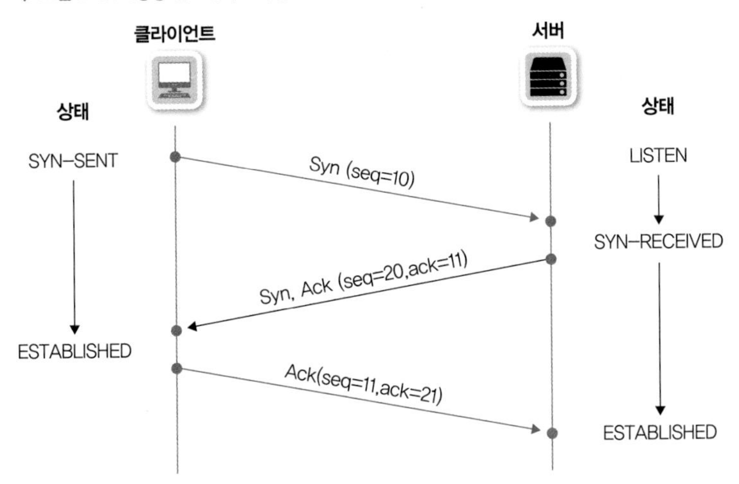

3.4.3 UDP

3.4.2 TCP 절에서 설명한 TCP와 달리 UDP는 4계층 프로토콜이 가져야 할 특징이 거의 없습니다. 4계층에서는 신뢰성 있는 통신을 위해 연결을 미리 확립(3방향 핸드셰이크)했고 데이터를 잘 분할하고 조립하기 위해 패킷 번호를 부여하고 수신된 데이터에 대해 응답하는 작업을 수행했습니다. 데이터를 특정 단위(윈도 사이즈)로 보내고 메모리에 유지하다가 ACK 번호를 받은 후 통신이 잘 된 상황을 파악하고나서야 메모리에서 이 데이터들을 제거했습니다. 중간에 유실이 있으면 시퀀스 번호와 ACK 번호를 비교해가며 이를 파악하고 메모리에 유지해놓은 데이터를 이용해 재전송하는 기능이 있었습니다. 이 기능을 이용해 데이터 유실이 발생하거나 순서가 바뀌더라도 바로잡을 수 있습니다. 이런 특징들은 TCP만 해당됩니다. UDP에는 이런 기능이 전혀 없습니다.

▼ 그림 3-32 UDP 헤더는 TCP와 비교하면 내용이 거의 없다. 4계층의 특징인 신뢰 통신을 위한 내용(시퀀스 번호, ACK 번호, 플래그, 윈도 사이즈)이 없다.

0 ~ 15	16 ~ 31
16비트 발신지 포트 번호	16비트 목적지 포트 번호
16비트 UDP 길이	16비트 UDP 체크섬
데이터	

데이터 통신은 데이터 전송의 신뢰성이 핵심입니다. 애플리케이션에서 걱정하지 않고 데이터를 만들고 사용하게 하는 것이 데이터 통신의 목적이지만 UDP는 데이터 전송을 보장하지 않는 프로토콜이므로 제한된 용도로만 사용됩니다.

UDP는 음성 데이터나 실시간 스트리밍과 같이 시간에 민감한 프로토콜이나 애플리케이션을 사용하는 경우나 사내 방송이나 증권 시세 데이터 전송에 사용되는 멀티캐스트처럼 단방향으로 다수의 단말과 통신해 응답을 받기 어려운 환경에서 주로 사용됩니다. 이것은 대부분 음성이나 동영상과 같이 사람이 청각, 시각적으로 응답 시간에 민감한 경우입니다. 음성, 동영상은 디지털 환경에서는 연속된 데이터가 아닌 매우 짧은 시간 단위로 잘게 분할한 데이터가 전송되는 형태입니다. 동영상은 1초 동안 30~60회의 정지 영상이 빠르게 바뀌면서 우리 눈에는 마치 움직이는 영상처럼 보이는 원리를 이용합니다.

반대로 실 세계 데이터를 디지털화할 때는 시간을 잘게 쪼개 데이터를 샘플링하는데 이런 데이터들은 다른 일반 데이터처럼 취급하면 시간 지연에 따른 어려움이 있습니다. 중간에 데이터가 몇 개쯤 유실되는 것보다 재전송하기 위해 잠시 동영상이나 음성이 멈추는 것을 더 이상하게 느낄 수 있습니다.

이렇게 데이터를 전송하는 데 신뢰성보다 일부 데이터가 유실되더라도 시간에 맞추어 계속 전송하는 것이 중요한 화상회의 시스템과 같은 서비스인 경우, UDP를 사용하게 됩니다. UDP는 중간에 데이터가 일부 유실되더라도 그냥 유실된 상태로 데이터를 처리해버립니다. 30프레임짜리 동영상에서 1프레임이 잘린 29프레임만으로도 사람들의 눈에는 이질감이 별로 없지만 실시간 동영상을 전송하는 경우, 잘린 1개 프레임을 재전송하기 위해 일시적으로 화면이 멈추면 음성과 영상이 뒤늦게 전달되어 사용자는 네트워크 품질이 떨어진다고 생각하게 됩니다.

UDP는 TCP와 달리 통신 시작 전, 3방향 핸드셰이크와 같이 사전에 연결을 확립하는 절차가 없습니다. 그 대신 UDP에서 첫 데이터는 리소스 확보를 위해 인터럽트(Interrupt)를 거는 용도로 사용되고 유실됩니다. 그래서 UDP 프로토콜을 사용하는 애플리케이션이 대부분 이런 상황을 인지하고 동작하거나 연결 확립은 TCP 프로토콜을 사용하고 애플리케이션끼리 모든 준비를 마친 후 실제 데이터만 UDP를 이용하는 경우가 대부분입니다.

참고

같은 동영상 스트리밍이더라도 넷플릭스나 유튜브와 같이 시간에 민감하지 않은 단일 시청자를 위한 연결은 TCP를 사용합니다. 이 경우, 원활한 시청을 위해 수 초~수 분의 동영상 데이터를 미리 받아놓고 네트워크에 잠시 문제가 발생하더라도 동영상이 끊기지 않도록 캐시에 저장합니다.

하지만 실시간 화상회의 솔루션의 경우, 데이터 전송이 양방향으로 일어나고 시간에 매우 민감하게 반응하므로 TCP 이용 환경에서 데이터 유실이 발생하면 사용자는 네트워크 품질이 나쁘다고 생각할 수 있습니다. 이때 UDP를 사용합니다.

▼ 표 3-4 TCP와 UDP의 특징 비교

TCP	UDP
연결 지향(Connection Oriented)	비연결형(Connectionless)
오류 제어 수행함	오류 제어 수행 안 함
흐름 제어 수행함	흐름 제어 수행 안 함
유니캐스트	유니캐스트, 멀티캐스트, 브로드캐스트
전이중(Full Duplex)	반이중(Half Duplex)
데이터 전송	실시간 트래픽 전송

NETWORK

3.5 ARP

OSI 7계층 중 2, 3계층이 주소를 가지고 있고 통신할 때 목적지를 찾아갈 수 있도록 하지만 사실 2계층 MAC 주소와 3계층 IP 주소 간에는 아무 관계도 없습니다. MAC 주소는 하드웨어 생산업체가 임의적으로 할당한 주소이고 NIC에 종속된 주소입니다. 3계층 IP 주소는 우리가 직접 할당하거나 DHCP를 이용해 자동으로 할당받습니다. 실제로 통신은 IP 주소 기반으로 일어나고 MAC 주소는 상대방의 주소를 자동으로 알아내 통신하게 됩니다. 이때 상대방의 MAC 주소를 알아내기 위해 사용되는 프로토콜이 ARP(Address Resolution Protocol)입니다.

3.5.1 ARP란?

데이터 통신을 위해 2계층 물리적 주소인 MAC 주소와 3계층 논리적 IP 주소 두 개가 사용됩니다. IP 주소 체계는 물리적 MAC 주소와 전혀 연관성이 없으므로 두 개의 주소를 연계시켜 주기 위한 메커니즘이 필요합니다. 이때 사용되는 프로토콜이 ARP입니다.

▼ 그림 3-33 ARP 프로토콜 필드(ARP 헤더 + ARP 데이터)

하드웨어 타입(2계층)		프로토콜 타입(3계층)
하드웨어 주소 길이 (2계층)	프로토콜 주소 길이 (3계층)	오퍼레이션 코드
송신자 하드웨어 주소(2계층) – MAC 주소		
송신자 프로토콜 주소(3계층) – IP 주소		
대상자 하드웨어 주소(2계층)		
대상자 프로토콜 주소(3계층) – IP 주소		

ARP 프로토콜은 TCP/IP 프로토콜 스택을 위해서만 동작하는 것은 아닙니다. TCP–이더넷 프로토콜과 같이 3계층 논리적 주소와 2계층 물리적 주소 사이에 관계가 없는 프로토콜에서 ARP 프로토콜과 같은 메커니즘을 사용해 물리적 주소와 논리적 주소를 연결합니다.

호스트에서 아무 통신이 없다가 처음 통신을 시도하면 패킷을 바로 캡슐화(Encapsulation)할 수 없습니다. 통신을 시도할 때 출발지와 목적지 IP 주소는 미리 알고 있어 캡슐화하는 데 문제가 없지만 상대방의 MAC 주소를 알 수 없어 2계층 캡슐화를 수행할 수 없습니다. 상대방의 MAC 주소를 알아내려면 ARP 브로드캐스트를 이용해 네트워크 전체에 상대방의 MAC 주소를 질의해야 합니다.

ARP 브로드캐스트를 받은 목적지는 ARP 프로토콜을 이용해 자신의 MAC 주소를 응답합니다. 이 작업이 완료되면 출발지, 목적지 둘 다 상대방에 대한 MAC 주소를 학습하고 이후 패킷이 정상적으로 인캡슐레이션되어 상대방에게 전달될 수 있습니다.

윈도 명령 프롬프트에서 `arp -a` 명령을 입력하면 PC의 ARP 테이블 정보를 확인할 수 있습니다. ARP 프로토콜을 이용해 IP 주소와 맥 주소를 매핑하면 "유형" 필드에 "동적"으로 표기됩니다.

▼ 그림 3-34 윈도의 ARP 테이블

```
C:\>arp -a

인터페이스: 192.168.0.11 --- 0x6
  인터넷 주소           물리적 주소           유형
  192.168.0.1           70-5d-cc-36-0f-a2     동적
  192.168.0.7           84-c0-ef-41-90-80     동적
  192.168.0.255         ff-ff-ff-ff-ff-ff     정적
  224.0.0.22            01-00-5e-00-00-16     정적
  224.0.0.251           01-00-5e-00-00-fb     정적
  224.0.0.252           01-00-5e-00-00-fc     정적
  239.255.255.250       01-00-5e-7f-ff-fa     정적
  255.255.255.255       ff-ff-ff-ff-ff-ff     정적

인터페이스: 169.254.167.130 --- 0x15
  인터넷 주소           물리적 주소           유형
  169.254.255.255       ff-ff-ff-ff-ff-ff     정적
  224.0.0.22            01-00-5e-00-00-16     정적
  224.0.0.251           01-00-5e-00-00-fb     정적
  224.0.0.252           01-00-5e-00-00-fc     정적
  239.255.255.250       01-00-5e-7f-ff-fa     정적
  255.255.255.255       ff-ff-ff-ff-ff-ff     정적

C:\>
```

패킷 네트워크에서는 큰 데이터를 잘라 전송하므로 여러 개의 패킷을 전송해야 합니다. 패킷을 보낼 때마다 ARP 브로드캐스트를 수행하면 네트워크 통신의 효율성이 크게 저하되므로 메모리에 이 정보를 저장해두고 재사용합니다. 성능 유지를 위해서는 ARP 테이블을 오래 유지하는 것이 좋지만 논리 주소는 언제든지 바뀔 수 있으므로 일정 시간 동안 통신이 없으면 이 테이블은 삭제됩니다.

네트워크 장비에서의 ARP 작업은 하드웨어 가속으로 처리되지 않고 CPU에서 직접 수행하므로 짧은 시간에 많은 ARP 요청이 들어오면 네트워크 장비에서는 큰 부하로 작용합니다. 그동안 해커들이 네트워크 장비를 무력화하는 데 다량의 ARP를 이용한 공격을 많이 수행해왔습니다. 이런 공격에 대응하기 위해 네트워크 장비는 ARP 테이블 저장 기간을 일반 PC보다 길게 설정하고 많은 ARP 요청이 들어오면 이를 필터링하거나 천천히 처리하는 방식으로 네트워크 장비를 보호합니다. 이외에도 일부 장비는 ARP 테이블을 수동으로만 갱신하도록 설정해 운영하기도 합니다(특히 회선 사업자가 임대하는 네트워크 장비는 MAC 테이블이나 ARP 테이블을 정적으로 유지하기 때문에 외부 회선에 연결된 네트워크 장비가 변경된 경우, 이 정보를 회선 사업자에게 알려주어야 합니다).

ARP의 매핑 정보는 PC에서 쉽게 파악할 수 있습니다.

참고

패킷으로 데이터를 전송하는 네트워크에서는 데이터를 보내기 위해 여러 개의 패킷을 사용해야

하므로 반복작업을 줄이기 위해 참조할 수 있는 여러 가지 테이블을 사용합니다. 이번 장에서 다루는 ARP 테이블 외에도 DNS 캐시나 라우팅 캐시와 같이 다양한 계층에서 네트워크의 성능을 높이기 위한 캐시 테이블을 가지고 있습니다.

3.5.2 ARP 동작

ARP 패킷은 여러 가지 필드 중 ARP 데이터에 사용되는 송신자 하드웨어 MAC 주소, 송신자 IP 프로토콜 주소, 대상자 MAC 주소, 대상자 IP 프로토콜 주소 4개의 필드가 중요하게 사용됩니다.

▼ 그림 3-35 ARP 패킷

<table>
<tr><td colspan="2">하드웨어 타입(2계층)</td><td>프로토콜 타입(3계층)</td></tr>
<tr><td>하드웨어 주소 길이
(2계층)</td><td>프로토콜 주소 길이
(3계층)</td><td>오퍼레이션 코드</td></tr>
<tr><td colspan="3">송신자 하드웨어 주소(2계층) – MAC 주소</td></tr>
<tr><td colspan="3">송신자 프로토콜 주소(3계층) – IP 주소</td></tr>
<tr><td colspan="3">대상자 하드웨어 주소(2계층)</td></tr>
<tr><td colspan="3">대상자 프로토콜 주소(3계층) – IP 주소</td></tr>
</table>

ARP가 이 4개 필드를 이용해 어떻게 동작하는지 예제를 통해 알아보겠습니다.

▼ 그림 3-36 목적지로 보내기 위한 MAC 주소를 모르면 패킷을 만들 수 없다.

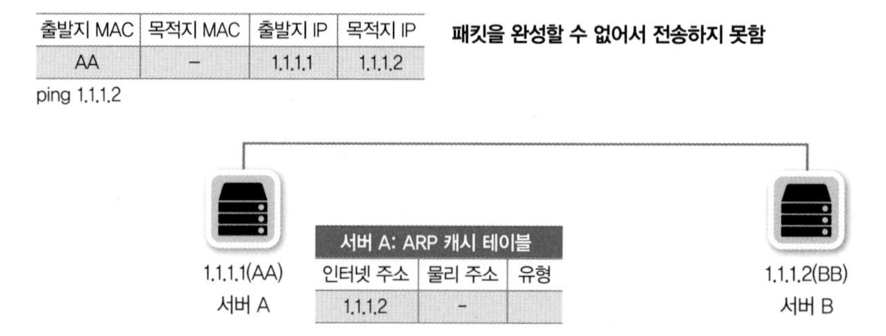

서버 A에서 서버 B로 ping을 보내려고 할 때, 서버 A에서는 3계층의 IP 주소까지 캡슐화할 수 있지만 목적지 MAC 주소를 모르기 때문에 정상적으로 패킷을 만들 수 없습니다.

서버 A는 목적지 서버 B의 MAC 주소(1.1.1.2 IP의 MAC 주소)를 알아내기 위해 ARP 요청을 네트워크에 브로드캐스트합니다. ARP 패킷을 네트워크에 브로드캐스트할 때 2계층 MAC 주소는 출발지를 자신의 MAC으로, 도착지는 브로드캐스트(FF-FF-FF-FF-FF-FF)로 채우고 ARP 프로토콜 필드의 전송자 MAC과 IP 주소에는 자신의 주소로, 대상자 IP 주소는 10.1.1.2를, 대상자 MAC 주소는 00-00-00-00-00-00으로 채워 네트워크에 뿌립니다.

▼ 그림 3-37 목적지로 보내기 위한 IP 주소의 MAC 주소를 확인하기 위해 ARP 요청을 사용한다.

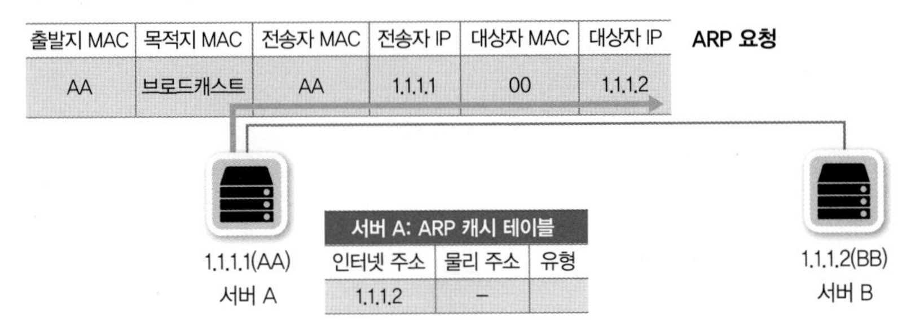

참고

출발지, 도착지 MAC 주소와 송신자, 대상자 MAC 주소의 차이점

2계층 헤더에서 사용하는 출발지, 목적지 MAC 필드 외에 ARP 프로토콜에는 송신자, 대상자 MAC, IP 주소를 나타내는 필드가 있습니다. ARP에서는 송신자(Sender), 대상자(Target)와 같은 다른 용어를 사용해 일반 패킷의 2, 3계층에서 사용하는 출발지, 도착지, 기존 MAC, IP 주소와 구분해 표현합니다.

그림 3-36에서 패킷 필드는 일반 IP 패킷이고 그림 3-37에서 사용하는 패킷은 ARP 프로토콜로 송신자, 대상자 MAC, IP 주소가 사용됩니다.

2계층 목적지 주소가 브로드캐스트이므로 이 ARP 패킷은 같은 네트워크 안에 있는 모든 단말에 보내지고 모든 단말은 ARP 프로토콜 내용을 확인하는데 ARP 프로토콜 필드의 대상자 IP가 자신이 맞는지 확인해 자신이 아니면 ARP 패킷을 버립니다. 서버 B에서는 ARP 요청의 대상자 IP 주소가 자신의 IP이므로 ARP 요청을 처리하고 그에 대한 응답을 보냅니다. 이때는 송신자와 대상자의 위치가 바뀝니다. ARP 요청을 처음 보냈던 서버 A와 달리 서버 B에서는 ARP 요청을 수신하면서 이미 ARP 요청을 보낸 서버 A의 IP 주소와 MAC 주소를 알고 있어 모든 ARP 필드를 채워 응답할 수 있습니다. ARP 요청에서 받은 서버 A의 정보를 이용해 대상자 MAC, IP 주소를 채우고 자신의 MAC, IP 주소를 송신자 MAC, IP 주소로 채워 응답합니다.

ARP 요청을 처음 보낼 때는 브로드캐스트인 반면(2계층 목적지 MAC 주소가 브로드캐스트이므로), ARP 응답을 보낼 때는 출발지와 도착지 MAC 주소가 명시되어 있는 유니캐스트(Unicast)입니다.

서버 A는 서버 B로부터 ARP 응답을 받아 자신의 ARP 캐시 테이블을 갱신합니다. 이 ARP 캐시 테이블은 정해진 시간 동안 서버 B와의 통신이 없을 때까지 유지됩니다. 해당 시간 안에 통신이 다시 이루어지면 그 시간은 다시 초기화됩니다.

▼ 그림 3-38 ARP 요청에 있는 목적지 IP 주소가 자신인 경우, 출발지로 ARP 응답을 전송한다.

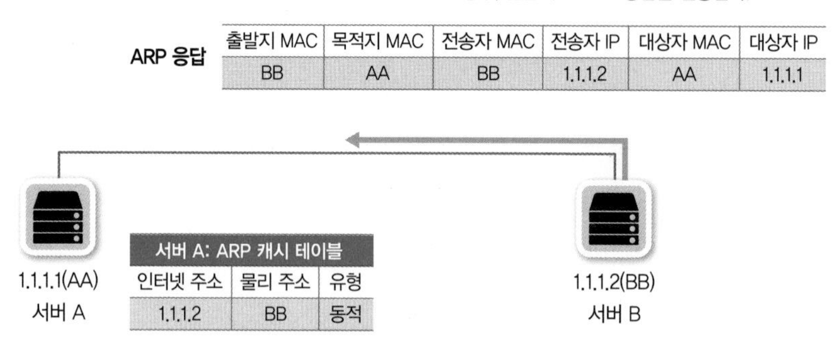

출발지 MAC	목적지 MAC	전송자 MAC	전송자 IP	대상자 MAC	대상자 IP
BB	AA	BB	1.1.1.2	AA	1.1.1.1

인터넷 주소	물리 주소	유형
1.1.1.2	BB	동적

ARP 캐시 테이블이 갱신된 후에는 상대방의 MAC 주소를 알고 있으므로 도착지 MAC 주소 필드를 완성해 `ping` 패킷을 보낼 수 있습니다.

▼ 그림 3-39 ARP 캐시 테이블에 IP 주소에 대한 MAC 주솟값을 패킷을 생성해 전송한다.

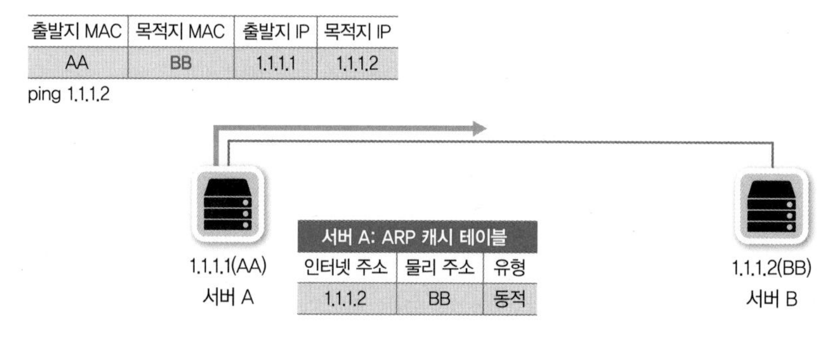

출발지 MAC	목적지 MAC	출발지 IP	목적지 IP
AA	BB	1.1.1.1	1.1.1.2

인터넷 주소	물리 주소	유형
1.1.1.2	BB	동적

3.5.3 GARP

일반적인 ARP 외에도 ARP 프로토콜 필드를 그대로 사용하지만 내용을 변경해 원래 ARP 프로토콜의 목적과 다른 용도로 사용하는 GARP, RARP와 같은 프로토콜이 있습니다. GARP와 RARP가 대표적인 예로 Gratuitous ARP의 약자인 GARP는 대상자 IP 필드에 자신의 IP 주소를 채워 ARP 요청을 보냅니다. ARP가 상대방의 MAC 주소를 알아내기 위해 사용되는 반면, GARP는 자신의 IP와 MAC 주소를 알릴 목적으로 사용됩니다. GARP는 로컬 네트워크에 자신의 IP와 MAC 주소를 알릴 목적으로 사용되므로 GARP의 목적지 MAC 주소(2계층 Destination MAC)는 브로드캐스트 MAC 주소를 사용합니다.

GARP의 패킷을 살펴보면 송신자 MAC(Sender MAC)은 자신의 MAC 주소, 송신자 IP(Sender IP) 주소는 자신의 IP 주소, 대상자 MAC(Target MAC) 주소는 모두 0으로 표기해 00:00:00:00:00:00, 대상자 IP(Target IP) 주소도 자신의 IP 주소로 넣어 네트워크에 브로드캐스트합니다.

아래의 그림 예제는 네트워크에서 패킷을 수집해 시각화해주는 와이어샤크 화면입니다. GARP를 실제로 잡아 ARP 헤더와 데이터 내용을 확인해 192.168.0.11 IP에서 내보낸 GARP 내용을 확인할 수 있습니다.

위의 설명과 같이 2계층 출발지 MAC 주소, 자신의 MAC 주소(78:bc:30:60:c8:74), 도착지 MAC 주소는 브로드캐스트입니다. ARP 필드의 송신자 MAC 주소는 자신의 MAC 주소(78:bc:30:60:c8:74), 송신자 IP는 자신의 IP인 192.168.0.11, 대상자 MAC 주소를 모두 0(00:00:00:00:00:00)으로 채우고 대상자 IP를 자신의 IP(192.168.0.11)로 다시 채웁니다.

▼ 그림 3-40 GARP: 출발지 IP 주소와 목적지 IP 주소가 동일하다.

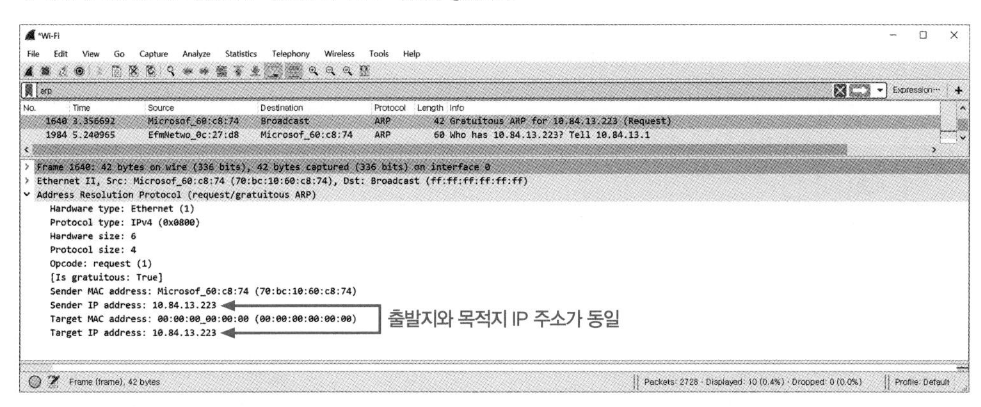

다른 ARP 요청과 같은 점은 대상자 MAC 주소가 00:00:00:00:00:00으로 채워진 것이고 다른 점은 송신자와 대상자 IP 주소가 자신으로 동일하다는 것입니다.

GARP를 사용해 동일 네트워크에 자신의 IP 주소와 MAC 주소를 알려주는 이유는 다음 3가지입니다.

1. IP 주소 충돌 감지
2. 상대방(동일 서브넷 상의 다른)의 ARP 테이블 갱신
3. HA(고가용성) 용도의 클러스터링, VRRP, HSRP

3.5.3.1 IP 주소 충돌 감지

IP 주소는 유일하게 할당되어야 하는 값이지만 여러 가지 이유로 내가 할당받은 IP를 다른 사람이 사용하고 있을 수 있습니다. IP 충돌 때문에 통신이 안 되는 것을 예방하기 위해 자신에게 할당된 IP가 네트워크에서 이미 사용되고 있는지 GARP를 통해 확인합니다. 단말이 네트워크에 연결되면 GARP를 통해 현재 설정된 IP 주소를 네트워크에서 사용하고 있는지 확인할 수 있습니다. 만약 GARP에 대한 응답이 오면 네트워크상에서 해당 IP를 이미 사용 중인 단말이 있다는 것을 알 수 있습니다. 윈도의 경우, 이런 응답을 받으면 "IP 주소 충돌"과 관련된 에러 메시지를 사용자에게 알려줍니다.

3.5.3.2 상대방(동일 서브넷에 있는)의 ARP 테이블 갱신

GARP의 두 번째 사용 목적은 동일 네트워크상 단말들의 ARP 테이블 갱신입니다. 가상 MAC 주소를 사용하지 않는 데이터베이스 HA(High Availability: 고가용성) 솔루션에서 주로 사용합니다. 데이터베이스 HA는 주로 두 데이터베이스 서버가 하나의 가상 IP 주소로 서비스합니다. 두 대의 데이터베이스 중 한 대만 동작하고 나머지 한 대는 대기하는 액티브-스탠바이(Active-Standby)로 동작합니다. 액티브 상태인 서버가 가상 IP 주소 요청에 응답해 서비스하지만 MAC 주소는 가상 주소가 아닌 실제 MAC 주소를 사용합니다.

▼ 그림 3-41 GARP를 통한 ARP 테이블 갱신

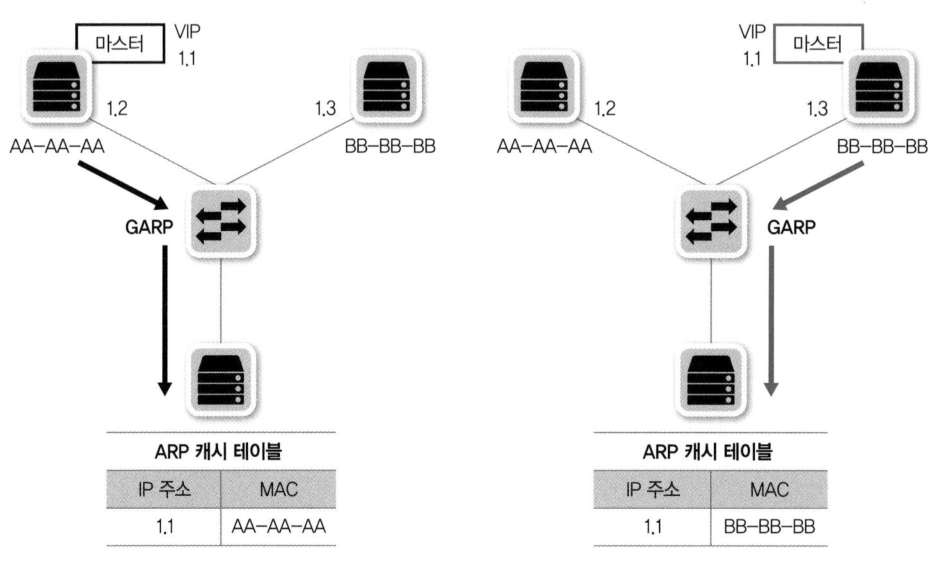

왼쪽 그림처럼 두 대의 데이터베이스가 각각 1.2, 1.3 IP 주소를 가지고 있고 가상 IP인 1.1로 서

비스하고 있습니다. 하단의 단말에서 서비스 IP인 1.1과 통신하기 위해 브로드캐스트로 1.1에 대한 ARP 요청을 보냅니다. DB-A(AA:AA:AA)와 DB-B(BB:BB:BB) 장비 모두 1.1에 대한 ARP 요청을 수신하고 액티브 역할을 하는 DB-A 장비가 1.1에 대한 ARP 요청에 응답합니다. 단말은 1.1 IP 주소가 DB-A의 AA:AA:AA MAC 주소를 가진 것으로 학습한 후 통신합니다.

오른쪽 그림처럼 마스터 장비가 동작하지 않을 경우, DB-B 장비가 액티브로 동작해 1.1 IP 주소에 대한 ARP 요청에 응답합니다. 액티브로 새로 변경된 DB-B 장비와 처음 통신하는 단말은 변경된 액티브의 MAC 주소인 BB:BB:BB로 학습해 통신이 가능해지지만 기존 DB-A를 액티브 장비로 인식하고 통신하던 단말은 새로 변경된 액티브인 DB-B의 MAC 주소가 아닌 기존 DB-A의 MAC 주소가 ARP 캐시 테이블에 남아 있어 단말은 계속 AA-AA-AA로 패킷을 보냅니다. 기존 정보가 남아 있는 단말이 보낸 패킷은 정상적으로 동작하지 않아 네트워크에서 응답이 불가능하거나 스탠바이 상태인 DB-A 쪽으로 패킷이 보내지므로 정상적인 서비스를 받을 수 없게 됩니다. 이런 현상을 예방하기 위해 스탠바이 장비가 액티브 상태가 되면 GARP 패킷을 네트워크에 보내 액티브 장비가 변경되었음을 알려줍니다. 이후 로컬 네트워크 단말들의 ARP 테이블에는 1.1번이 BB:BB:BB MAC 주소로 갱신되어 통신됩니다.

참고

네트워크 장비가 아닌 데이터베이스에서 HA 기능을 제공하는 경우, 이런 형태의 기술을 많이 사용합니다. 이때 GARP를 여러 번 보내 로컬 네트워크 내부 단말의 ARP 테이블을 확실히 업데이트할 수 있게 해야 합니다.

최근 네트워크 장비에서는 이런 형태의 HA는 잘 쓰이지 않습니다. GARP를 이용해 패킷을 가로채는 기법이 많이 사용되어 보안상의 이유나 다른 운영상의 이유로 GARP를 받더라도 ARP 테이블을 갱신하지 않는 단말들이 존재할 가능성이 있어 이런 문제가 발생하지 않는 가상 MAC을 사용하는 HA 솔루션이 사용됩니다.

3.5.3.3 클러스터링, FHRP(VRRP, HSRP)

앞에서 다룬 HA 솔루션의 경우처럼 장비 이중화를 위해 사용되지만 실제 MAC 주소를 사용하지 않고 가상 MAC을 사용하는 클러스터링, VRRP, HSRP와 같은 FHRP(Fisrt Hop Redundancy Protocol)에서도 GARP가 사용됩니다. 데이터베이스 고가용성 솔루션에서 GARP 사용이 단말의 ARP 테이블을 갱신하는 것이 목적이었던 반면, 클러스터링이나 FHRP의 GARP 사용은 네트워크에 있는 스위치 장비의 MAC 테이블 갱신이 목적입니다.

참고

VRRP(Virtual Router Redundancy Protocol), HSRP(Hot Standby Router Protocol)는 FHRP의 일종입니다. 이 프로토콜들은 디폴트 게이트웨이에 장애가 발생할 경우, 해당 네트워크에 속한 단말이 외부 네트워크로 통신할 수 없는 문제를 해결하기 위해 개발되었습니다. 단독으로 경로 지정을 할 수 없는 PC는 디폴트 게이트웨이의 상태를 알 수 없으므로 두 대의 디폴트 게이트웨이 라우터가 한 대처럼 동작해 한 대에 문제가 생기더라도 다른 한 대에서 서비스를 지속할 수 있는 FHRP를 사용해야 합니다.

클러스터링에서 가상 MAC 주소를 사용하는 경우, 단말은 ARP 정보를 가상 MAC 주소로 학습하므로 단말의 ARP 테이블을 갱신할 필요가 없습니다. 하지만 클러스터링 중간에 있는 스위치의 MAC 테이블은 마스터가 변경되었을 때 가상 MAC 주소의 위치를 적절히 찾아가도록 업데이트해야 하므로 마스터가 변경되는 시점에 MAC 테이블의 갱신이 필요합니다. 따라서 슬레이브가 마스터로 역할이 변경되면 GARP를 전송하고 스위치에서는 이 GARP를 통해 MAC 주소에 대한 포트 정보를 새로 변경해 MAC 테이블을 갱신합니다.

▼ 그림 3-42 가상 MAC 주소를 사용하는 클러스터링, FHRP 솔루션 동작 방식

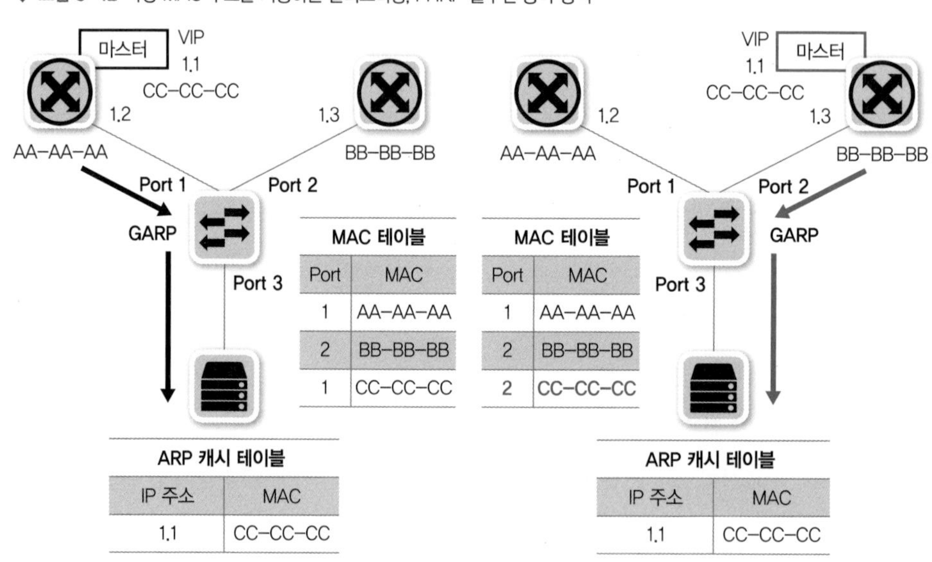

참고

클러스터링이나 HA 솔루션에서 빠른 시간 안에 정상적으로 페일오버(Failover, 장애 극복)가 되지 않을 경우, 고가용성 솔루션 자체의 문제인 경우도 있지만 GARP를 받은 스위치가 MAC 테이블을 빨리 갱신해주지 않아 문제가 되는 경우도 많습니다. HA 솔루션을 도입하는 경우, 사전에 이런 부분들이 반드시 함께 고려되고 테스트되어야 합니다. 이 경우, HA 솔루션에서 GARP를 보내는 시간이나 횟수를 조절하거나 스위치와 연결된 포트를 순간적으로 리셋(플랩)해 스위치의 MAC 테이블을 초기화시키는 기법을 사용하기도 합니다.

3.5.4 RARP

RARP는 Reverse ARP의 줄임말입니다. 말 그대로 반대로 동작하는 ARP인데 GARP처럼 ARP 프로토콜 구조는 같지만 필드에 들어가는 내용이 다르고 원래 목적과 반대로 사용됩니다.

▼ 그림 3-43 ARP와 RARP의 차이점

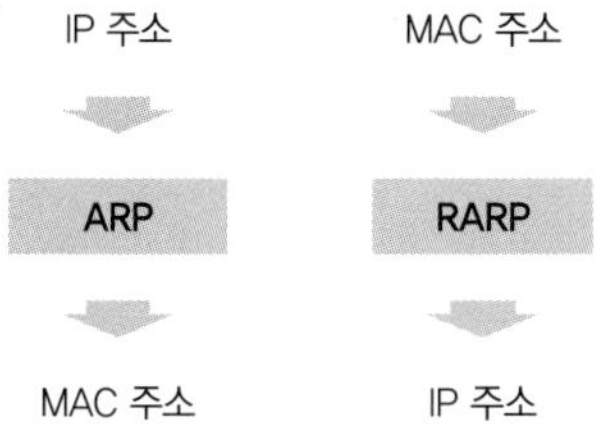

IP 주소	MAC 주소
↓	↓
ARP	RARP
↓	↓
MAC 주소	IP 주소

RARP는 IP 주소가 정해져 있지 않은 단말이 IP 할당을 요청할 때 사용합니다.

ARP는 내가 통신해야 할 상대방의 MAC 주소를 모를 때 상대방의 IP 주소로 MAC 주소를 물어볼 목적으로 만들어진 프로토콜입니다. RARP는 반대로 나 자신의 MAC 주소는 알지만 IP가 아직 할당되지 않아 IP를 할당해주는 서버에 어떤 IP 주소를 써야 하는지 물어볼 때 사용됩니다. RARP는 과거에 네트워크 호스트의 주소 할당에 사용되었지만 제한된 기능으로 인해 BOOTP와 DHCP로 대체되어 사용되지 않습니다.

3.6 서브넷과 게이트웨이

초기 네트워크는 모든 단말이 하나의 네트워크에 존재하는 로컬 네트워크(LAN)를 고려하여 설계되어 통신하는 방법이 매우 간단했습니다. 이메일과 인터넷 기술의 발달로 작은 LAN 네트워크들이 하나의 큰 네트워크로 묶이면서 먼 거리에 있는 다른 LAN 간의 통신이 중요해졌습니다.

같은 네트워크 내에서의 통신과 원격지 네트워크 간의 통신은 동작 방식이나 필요한 네트워크 장비가 모두 다릅니다. 원격지 네트워크와의 통신에 사용하는 장비를 게이트웨이라고 부르고 3계층 장비(라우터와 L3 스위치)가 이 역할을 할 수 있습니다.

이번 장에서는 동일 네트워크와 원격지 네트워크 간 통신 동작 방법과 그 차이에 대해 알아보겠습니다.

3.6.1 서브넷과 게이트웨이의 용도

로컬 네트워크에서는 ARP 브로드캐스트를 이용해 도착지 MAC 주소를 학습할 수 있고 이 MAC 주소를 이용해 직접 통신할 수 있지만 원격 네트워크 통신은 네트워크를 넘어 전달되지 못하는 브로드캐스트의 성질 때문에 네트워크 장비의 도움이 필요합니다. 이 장비를 '게이트웨이(Gateway)'라고 하고 게이트웨이에 대한 정보를 PC나 네트워크 장비에 설정하는 항목이 '기본 게이트웨이(Default Gateway)'입니다.

✔ 그림 3-44 ARP 브로드캐스트는 원격지 네트워크로 보낼 수 없다.

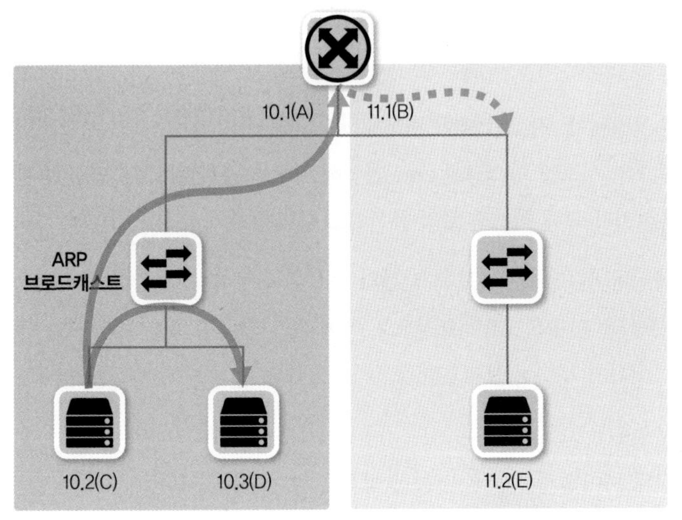

기본 게이트웨이는 3계층 장비가 수행하고 여러 네트워크와 연결되면서 적절한 경로를 지정해주는 역할을 합니다. 5장 라우터/L3스위치: 3계층 장비에서 더 자세한 내용을 다룹니다.

✔ 그림 3-45 IP 주소 입력 시 필요한 기본 게이트웨이

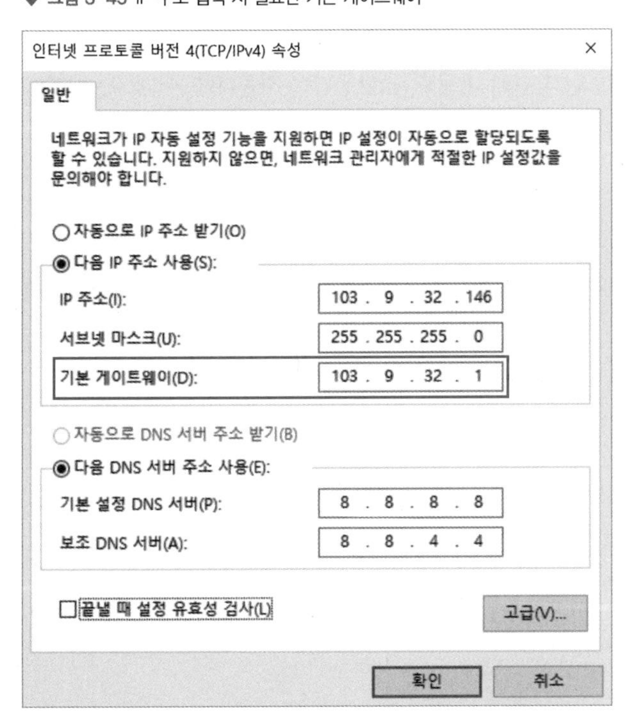

앞에서 간단히 설명했듯이 출발지와 목적지 네트워크가 동일한 LAN 내에서 통신하는 것인지, 서로 다른 네트워크 간의 통신인지에 따라 통신 방식이 달라지므로 출발지에서는 먼저 목적지가 자신이 속한 네트워크의 범위인지 확인하는 작업이 필요합니다.

이때 사용되는 것이 서브넷 마스크입니다. 자신이 속한 네트워크를 구하는 방법은 3.3.3 서브네팅 절에서 다루었듯이 자신의 IP 주소와 서브넷 마스크를 and 연산해 나오는 값입니다. 이 연산된 결괏값인 로컬 네트워크 주소에 목적지가 속해 있으면 로컬 통신이고 아니면 원격지 통신입니다.

정리하면 동일 네트워크 간의 통신과 서로 다른 네트워크 간의 통신을 구분하기 위해 사용되는 것이 서브넷 마스크입니다. 로컬 통신은 단순한 ARP 요청으로 목적지를 찾아 통신할 수 있지만 원격지 통신은 ARP가 라우터를 넘어가지 못하는 브로드캐스트이므로 외부와 통신이 가능한 장비의 도움이 필요합니다.

이어서 로컬 통신과 원격지 통신의 차이점과 세부적인 동작 방식을 알아보겠습니다.

참고

프록시 ARP

프록시 ARP(Proxy ARP)는 말 그대로 ARP를 대행해주는 기능입니다. 앞에서 설명했듯이 원격지 통신은 기본 게이트웨이를 찾아 ARP 요청을 보내고 패킷을 기본 게이트웨이 쪽으로 보내야만 통신할 수 있습니다. 하지만 기본 게이트웨이에 프록시 ARP가 활성화된 경우, 원격지 통신이더라도 로컬에 ARP 브로드캐스트를 보내 통신할 수 있습니다. 프록시 ARP가 활성화된 기본 게이트웨이(라우터)는 ARP 브로드캐스트가 들어오면 자신이 대행해 ARP 응답을 해줍니다. 이 경우, 패킷이 기본 게이트웨이 쪽으로 보내지므로 원격지 경로로 전달될 수 있습니다.

프록시 ARP 기능은 라우터에 기본으로 활성화되어 있어 사용자 몰래 동작하는 경우가 많습니다. 프록시 ARP는 사용자 설정 없이 자동으로 동작해 편리한 것처럼 느껴지지만 네트워크에 설정 오류가 있거나 꼭 입력해야 할 설정이 되어 있지 않아도 동작하는 경우가 많아 장애가 발생했을 때 쉽게 해결할 수 없게 만드는 장애 요소가 되기도 합니다.

예를 들어 원격지 통신인 경우, 프록시 ARP가 활성화된 라우터가 운영되고 있다면 엉뚱한 ARP 요청도 받아 처리해주므로 PC에서 기본 게이트웨이가 잘못 입력되어 있어도 통신이 되는 경우가 발생할 수 있습니다. 평소에는 프록시 ARP 기능으로 문제 없이 통신되다가 라우터를 교체하거나 라우터의 구성을 변경할 때 장애가 발생합니다. 이 문제의 근본 원인은 PC에서 기본 게이트웨이를 잘못 설정한 것인데도 불구하고 라우터의 문제로 인식되어 근본적인 문제 해결에 방해가 됩니다.

3.6.2 2계층 통신 vs 3계층 통신

2계층 통신, 3계층 통신(또는 레이어 2 통신, 레이어 3 통신)은 원래 정확한 표현은 아니지만 실무에서 많이 쓰는 표현입니다. 정확한 표현은 로컬 네트워크 통신, 원격지 네트워크 통신입니다. 단말 간의 통신은 애플리케이션 계층부터 시작해 캡슐화, 디캡슐화를 거쳐 통신하는데 로컬 네트워크에서 직접 통신할 경우(출발지와 목적지가 같은 네트워크에 존재할 경우), 라우터와 같은 3계층 네트워크 장비의 도움 없이 통신이 가능합니다. 즉, 단말 간을 연결해주는 네트워크 장비에서 2계층까지만 정보를 확인해 통신하고 ARP 요청을 보낼 때 직접 브로드캐스트를 이용하므로 이를 L2 통신이라고 부릅니다. 반면, 원격지 네트워크와 통신해야 할 경우(출발지와 목적지가 다른 네트워크에 존재할 경우), 라우터와 같은 3계층 장비의 도움이 없으면 통신할 수 없습니다. 해당 패킷을 전송하는 네트워크 장비에서 3계층 정보까지 확인해야 하며 이것을 L3 통신이라고 합니다.

▼ 그림 3-46 중간에 어느 계층까지 확인하는지에 따라 2계층 통신(왼쪽)과 3계층 통신(오른쪽)으로 나뉜다.

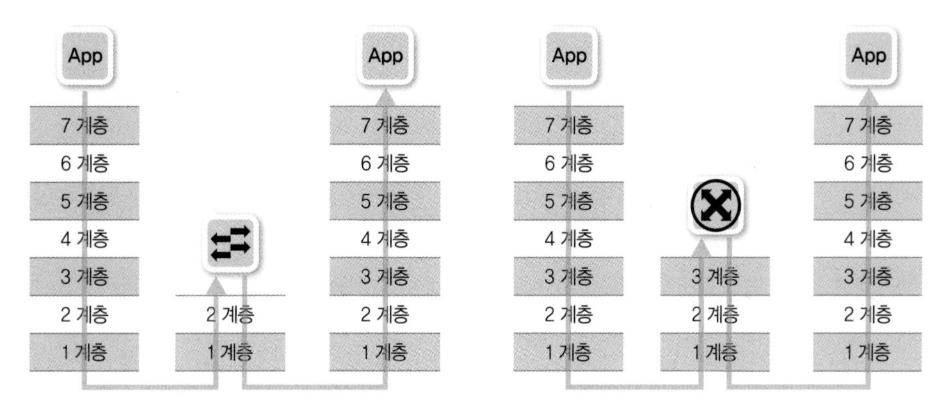

통신하는 출발지와 도착지의 네트워크가 "같다"와 "다르다"라는 조건에 따라 통신 방식이 달라지는데 이런 차이는 로컬과 리모트 통신을 위한 ARP 동작 방식이 다른 것으로 인해 발생합니다.

같은 네트워크에 있는 단말 간 통신은 직접적으로 이루어집니다. 상대방의 MAC 주소를 알아내기 위해 ARP 브로드캐스트를 이용하고 상대방의 MAC 주소를 알아내자마자 패킷이 캡슐화되어 통신이 시작됩니다.

외부 네트워크와 통신이 필요할 때는 단말이 자신이 직접 보낼 수 없는 위치에 목적지가 있다고 판단하고 ARP 요청을 기본 게이트웨이의 IP 주소로 요청합니다.

▼ 그림 3-47 레이어 2, 레이어 3 통신에 따른 ARP 요청

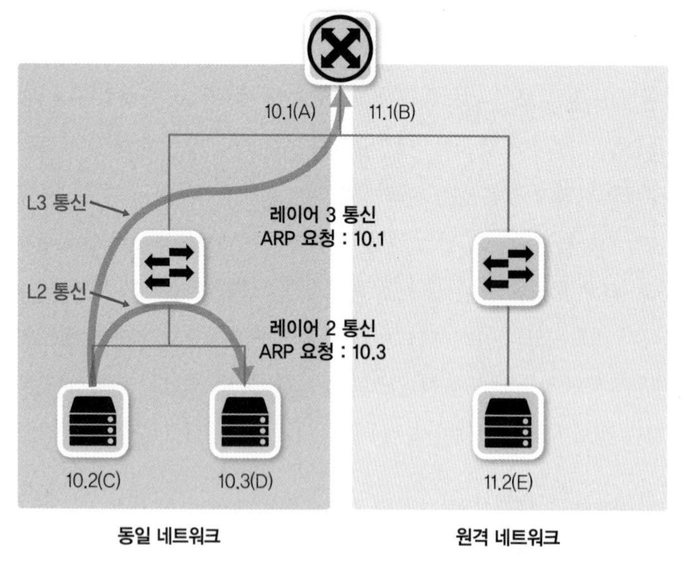

게이트웨이에서 ARP 응답을 받은 단말은 도착지 MAC 주소에 응답받은 기본 게이트웨이의 MAC 주소를 적어넣고 통신을 시작합니다.

로컬 통신(L2 통신)은 도착지 MAC 주소와 도착지 IP 주소가 같은 반면, 원격지 통신은 도착지 MAC 주소와 도착지 IP 주소가 다릅니다. 도착지 IP 주소는 통신의 실제 도착지이고 도착지 MAC 주소는 디폴트 게이트웨이의 MAC 주소가 사용됩니다.

▼ 그림 3-48 로컬 통신과 원격 통신의 실제 패킷 비교

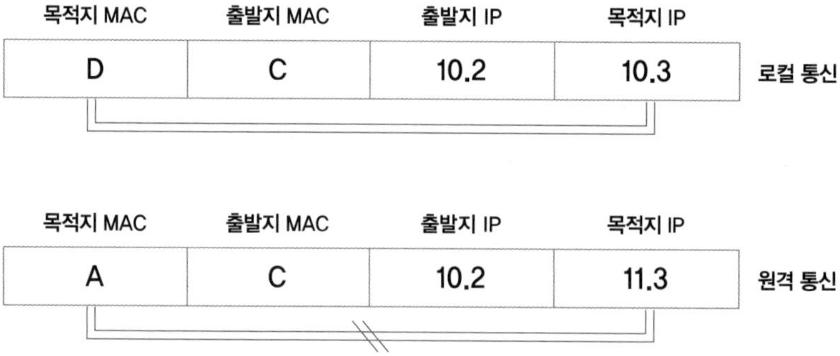

목적지 MAC	출발지 MAC	출발지 IP	목적지 IP	
D	C	10.2	10.3	로컬 통신

목적지 MAC	출발지 MAC	출발지 IP	목적지 IP	
A	C	10.2	11.3	원격 통신

4장

스위치: 2계층 장비

2.3.4 스위치 절에서 2계층 정의와 함께 간단히 설명한 것처럼 네트워크의 가장 핵심장비인 스위치는 2계층 주소인 MAC 주소를 기반으로 동작합니다. 스위치가 MAC 주소를 기반으로 동작하는 기본적인 내용에서 보다 깊게 들어가 스위치가 MAC 주소를 어떻게 이해하고 활용하는지는 이번 장에서 더 상세히 다루겠습니다.

▼ 그림 4-1 스위치는 2계층으로 통신한다.

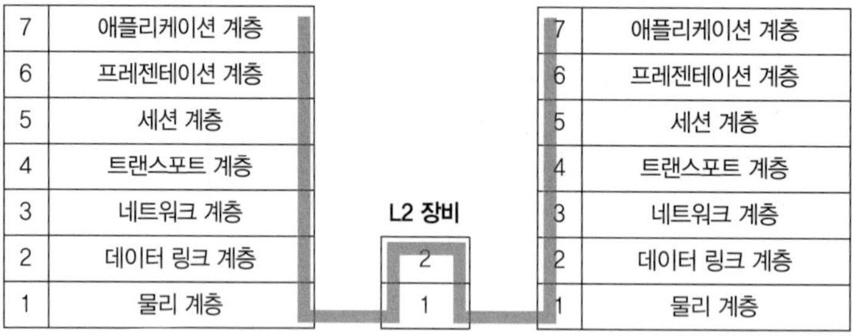

7	애플리케이션 계층
6	프레젠테이션 계층
5	세션 계층
4	트랜스포트 계층
3	네트워크 계층
2	데이터 링크 계층
1	물리 계층

L2 장비

2
1

7	애플리케이션 계층
6	프레젠테이션 계층
5	세션 계층
4	트랜스포트 계층
3	네트워크 계층
2	데이터 링크 계층
1	물리 계층

스위치는 네트워크 중간에서 패킷을 받아 필요한 곳에만 보내주는 네트워크의 중재자 역할을 합니다. 스위치는 아무 설정 없이 네트워크에 연결해도 MAC 주소를 기반으로 패킷을 전달하는 기본 동작을 수행할 수 있습니다.

스위치는 MAC 주소를 인식하고 패킷을 전달하는 스위치의 기본 동작 외에도 한 대의 장비에서 논리적으로 네트워크를 분리할 수 있는 VLAN 기능과 네트워크의 루프를 방지하는 스패닝 트리 프로토콜(STP)과 같은 기능을 기본적으로 가지고 있습니다. 그 밖에 다양한 보안 기능과 모니터링에 필요한 여러 기능이 있지만 이 책에서는 패킷 처리를 위한 스위치의 필수 기능에 대해서만 다룹니다.

참고

패킷? 프레임?

각 계층에서 헤더와 데이터를 합친 부분을 PDU(Protocol Data Unit)라고 부릅니다. 각 계층마다 이 PDU를 부르는 이름이 달라서 1계층 PDU는 비트(Bits), 2계층 PDU는 프레임(Frame), 3계층은 패킷(Packet), 4계층은 세그먼트(Segment)라고 부르고 애플리케이션에 해당하는 3개 계층(애플리케이션, 프레젠테이션, 세션)은 데이터(Data)라고 부릅니다.

▼ 그림 4-2 각 계층의 PDU

계층	데이터(PDU)
애플리케이션 계층	데이터
프레젠테이션 계층	데이터
세션 계층	데이터
트랜스포트 계층	세그먼트
네트워크 계층	패킷
데이터 링크 계층	프레임
물리 계층	비트

* PDU: Protocol Data Unit

2계층 PDU의 명칭은 '프레임'이고 3계층 PDU의 명칭은 '패킷'이므로 이번 장에서 다루는 PDU의 이름은 '프레임'이 맞지만 데이터를 쪼개 전달하는 데이터 전체를 패킷이라고 통칭하므로 이 책에서는 편의상 패킷으로 용어를 통일해 사용합니다.

NETWORK

4.1 스위치 장비 동작

스위치는 네트워크에서 통신을 중재하는 장비입니다. 스위치가 없던 오래된 이더넷 네트워크에서는 패킷을 전송할 때 서로 경합해 그로 인한 네트워크 성능 저하가 컸습니다. 이런 경쟁을 없애고 패킷을 동시에 여러 장비가 서로 간섭 없이 통신하도록 도와주는 장비가 스위치입니다. 스위치를 사용하면 여러 단말이 한꺼번에 통신할 수 있어 통신하기 위해 기다리거나 충돌 때문에 대기하는 문제가 해결되고 네트워크 전체의 통신 효율성이 향상됩니다.

▼ 그림 4-3 스위치를 사용하면 여러 대의 컴퓨터가 동시에 통신할 수 있다.

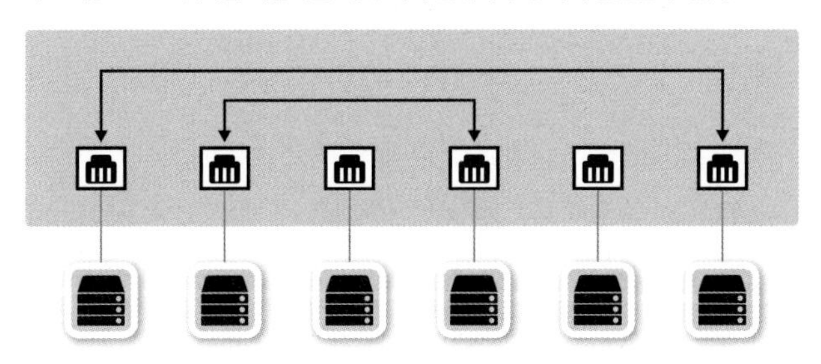

스위치의 핵심 역할은 누가 어느 위치에 있는지 파악하고 실제 통신이 시작되면 자신이 알고 있는 위치로 패킷을 정확히 전송하는 것입니다. 이런 동작은 스위치가 2계층 주소를 이해하고 단말의 주소인 MAC 주소와 단말이 위치하는 인터페이스 정보를 매핑한 **MAC 주소 테이블**을 갖고 있어서 가능합니다.

▼ 그림 4-4 MAC 주소와 스위치의 인터페이스 정보가 매핑된 MAC 주소 테이블

MAC 주소	포트
1111:2222:3333	Eth 1
4444:5555:6666	Eth 2
7777:8888:9999	Eth 3
AAAA:BBBB:CCCC	Eth 4

스위치는 전송하려는 패킷의 헤더 안에 있는 2계층 목적지 주소를 확인하고 MAC 주소 테이블에서 해당 주소가 어느 포트에 있는지 확인해 해당 패킷을 그 포트로만 전송합니다.

▼ 그림 4-5 스위치의 역할: MAC 주소를 이해하고 단말의 위치를 파악한다.

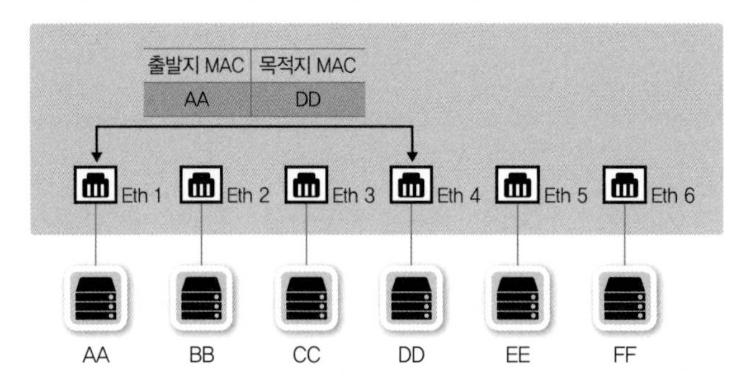

스위치 MAC 주소 테이블

MAC 주소	포트
AA	Eth 1
DD	Eth 4

이런 역할을 수행하기 위해 스위치는 MAC 주소와 포트가 매핑된 MAC 주소 테이블이 필요합니다. 만약 테이블에 없는 도착지 주소를 가진 패킷이 스위치로 들어오면 스위치는 전체 포트로 패킷을 전송합니다. 패킷의 도착지 주소가 테이블에 있으면 해당 주소가 매핑된 포트로만 패킷을 전송하고 다른 포트로는 전송하지 않습니다. 스위치의 이런 동작 방식을 다음 3가지로 정리할 수 있습니다.

1. 플러딩(Flooding)
2. 어드레스 러닝(Address Learning)
3. 포워딩/필터링(Forwarding/Filtering)

이 3가지 스위치 동작 방식을 좀 더 자세히 알아보겠습니다.

4.1.1 플러딩

스위치는 부팅하면 네트워크 관련 정보가 아무 것도 없습니다. 이때 스위치는 네트워크 통신을 중재하는 자신의 역할을 하지 못하고 허브처럼 동작합니다. 허브는 패킷이 들어온 포트를 제외하고 모든 포트로 패킷을 전달합니다. 스위치가 허브와 같이 모든 포트로 패킷을 흘리는 동작 방식을 플러딩이라고 합니다.

▼ 그림 4-6 부팅 후의 스위치. MAC 주소 관련 정보가 아무 것도 없다.

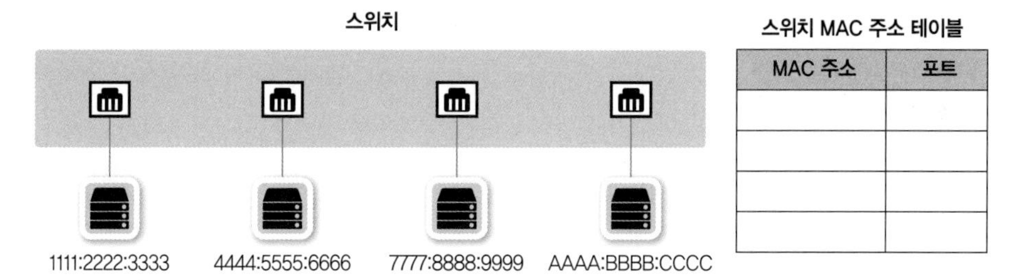

스위치는 패킷이 들어오면 도착지 MAC 주소를 확인하고 자신이 갖고 있는 MAC 주소 테이블에서 해당 MAC 주소가 있는지 확인합니다. MAC 주소 테이블에 매칭되는 목적지 MAC 주소 정보가 없으면 모든 포트에 같은 내용의 패킷을 전송합니다. 스위치는 LAN에서 동작하므로 자신이 정보를 갖고 있지 않더라도 어딘가에 장비가 있을 수 있다고 가정하고 이와 같은 작업을 수행합니다.

▼ 그림 4-7 MAC 주소 테이블에 아무 정보도 없는 경우, 패킷을 모든 포트로 보낸다(Flooding).

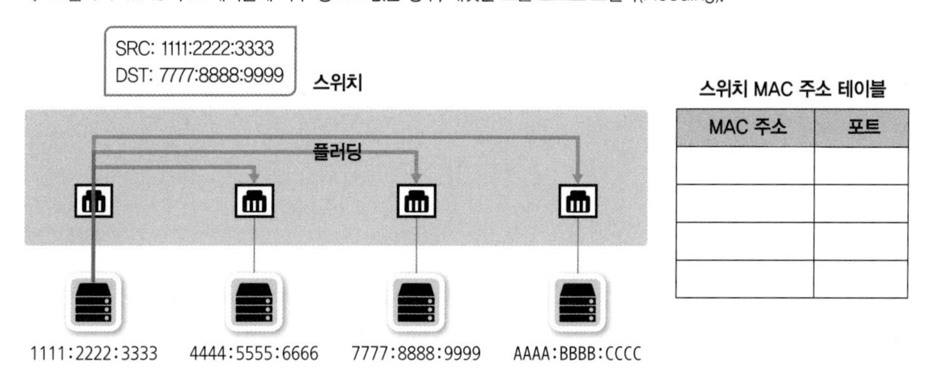

이런 플러딩 동작은 스위치의 정상적인 동작이지만 이런 동작이 많아지면 스위치가 제 역할을 못하게 됩니다. 패킷이 스위치에 들어오면 해당 패킷 정보의 MAC 주소를 보고 이를 학습해 MAC 주소 테이블을 만든 후 이를 통해 패킷을 전송합니다.

참고

비정상적인 플러딩(Flooding)

스위치가 패킷을 플러딩한다는 것은 스위치가 제 기능을 못한다는 뜻입니다. 이더넷-TCP/IP 네트워크에서는 ARP 브로드캐스트를 미리 주고받은 후 데이터가 전달되므로 실제로 데이터를 보내고 받을 때는 스위치가 패킷을 플러딩하지 않습니다. 스위치를 사용하면 필요한 곳에만 패킷을 포워딩하므로 주변 통신을 악의적으로 가로채기 힘들어 모든 패킷을 플러딩하는 허브에 비해 보안에 도움이 됩니다. 이런 스위치 기능을 무력화해 주변 통신을 모니터링하는 공격 기법이 사용됩니다. 스위치에게 엉뚱한 MAC 주소를 습득시키거나 스위치의 MAC 테이블을 꽉 차게 해 스위치의 플러딩 동작을 유도할 수 있습니다. 아무 이유없이 스위치가 패킷을 플러딩한다면(주변 다른 통신을 모니터링할 수 있다면) 스위치가 정상적으로 동작하지 않거나 주변에서 공격이 수행되는 상황임을 알아야 합니다.

이 외에도 ARP 포이즈닝(Poisoning) 기법을 이용해 모니터링해야 할 IP의 MAC 주소가 공격자 자신인 것처럼 속여 원하는 통신을 받는 방법을 사용하기도 합니다.

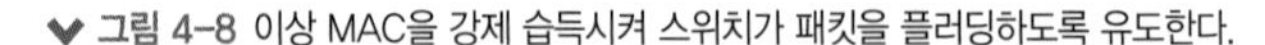

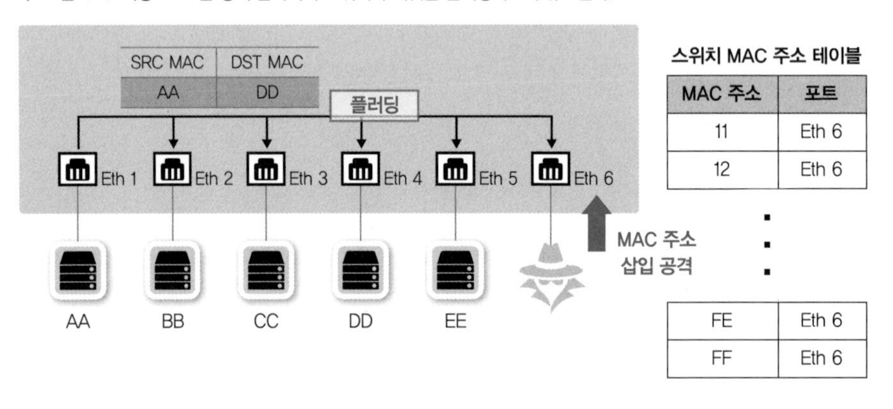

▼ 그림 4-8 이상 MAC을 강제 습득시켜 스위치가 패킷을 플러딩하도록 유도한다.

4.1.2 어드레스 러닝

스위치가 패킷의 도착지 MAC 주소를 확인하여 원하는 포트로 포워딩하는 스위치의 동작을 정상적으로 수행하려면 MAC 주소 테이블을 만들고 유지해야 합니다. MAC 주소 테이블은 어느 위치(포트)에 어떤 장비(MAC 주소)가 연결되었는지에 대한 정보가 저장되어 있는 임시 테이블입니다. 이런 MAC 주소 테이블을 만들고 유지하는 과정을 어드레스 러닝이라고 합니다.

어드레스 러닝은 패킷의 출발지 MAC 주소 정보를 이용합니다. 패킷이 특정 포트에 들어오면 스위치에는 해당 패킷의 출발지 MAC 주소와 포트 번호를 MAC 주소 테이블에 기록합니다. 1번 포트에서 들어온 패킷의 출발지 MAC 주소가 AAAA라면 1번 포트에 AAAA MAC 주소를 가진 장비가 연결되어 있다고 추론할 수 있어 이런 방법으로 주소 정보를 습득합니다. 어드레스 러닝은 출발지의 MAC 주소 정보를 사용하므로 브로드캐스트나 멀티캐스트에 대한 MAC 주소를 학습할 수 없습니다. 두 가지 모두 목적지 MAC 주소 필드에서만 사용하기 때문입니다.

▼ 그림 4-9 어드레스 러닝 작업. 출발지 MAC 주소와 들어온 포트 정보를 MAC 주소 테이블에 저장한다.

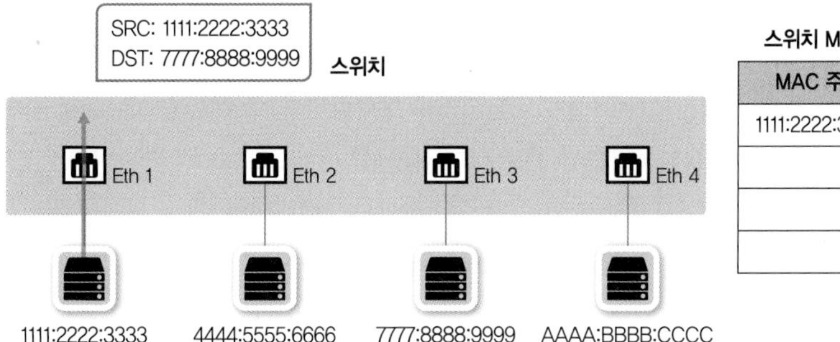

스위치 MAC 주소 테이블

MAC 주소	포트
1111:2222:3333	Eth 1

참고

사전 정의된 MAC 주소 테이블

스위치는 MAC 어드레스 러닝 작업으로 주변 장비의 MAC 주소를 학습하는 것 외에도 사전에 미리 정의된 MAC 주소 정보를 가지고 있습니다. 이런 사전 정의된 주소는 패킷을 처리하기 위한 주소가 아니라 대부분 스위치 간 통신을 위해 사용되는 주소입니다. 이런 종류의 주소도 MAC 주소 테이블에서 정보를 확인할 수 있는데 스위치에서 자체 처리되는 주소는 특정 포트로 내보내는 것이 아니라 스위치에서 자체 처리하므로 인접 포트 정보가 없거나 CPU 혹은 관리 모듈을 지칭하는 용어로 표기됩니다.

스위치에서 MAC 주소 테이블을 보기 위해 `show mac address-table` 명령어를 사용합니다. 다음은 스위치의 MAC 주소 테이블을 확인하는 내용입니다.

사전에 정의된 MAC 주소들

```
Switch# show mac address-table

   VLAN     MAC Address      Type      age     Secure NTFY Ports
---------+-----------------+--------+---------+------+----+-----------
G 33       0000.0c07.ac21   static       -        F     F  sup-eth1(R)
G 34       0000.0c07.ac22   static       -        F     F  sup-eth1(R)
G 33       00de.fbaa.1234   static       -        F     F  sup-eth1(R)
G 34       00de.fbaa.1234   static       -        F     F  sup-eth1(R)
```

4.1.3 포워딩/필터링

스위치의 동작은 매우 간단합니다. 패킷이 스위치에 들어온 경우, 도착지 MAC 주소를 확인하고 자신이 가진 MAC 테이블과 비교해 맞는 정보가 있으면 매치되는 해당 포트로 패킷을 포워딩합니다. 이때 다른 포트로는 해당 패킷을 보내지 않으므로 이 동작을 필터링이라고 합니다. 스위치는 이런 포워딩과 필터링을 통해 목적지로만 패킷이 전달되도록 동작합니다. 스위치에서는 포워딩과 필터링 작업이 여러 포트에서 동시에 수행될 수 있습니다. 통신이 다른 포트에 영향을 미치지 않으므로 다른 포트에서 기존 통신작업으로부터 독립적으로 동작할 수 있습니다.

▼ 그림 4-10 패킷의 포워딩과 필터링

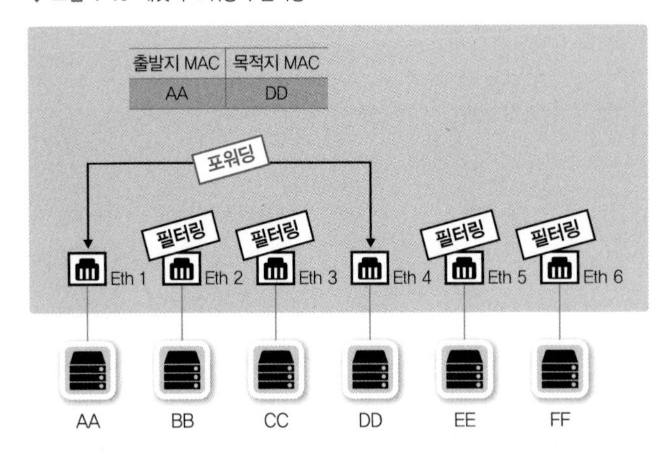

스위치 MAC 주소 테이블

MAC 주소	포트
AA	Eth 1
DD	Eth 4

스위치는 일반적인 유니캐스트에 대해서만 포워딩과 필터링 작업을 수행합니다. BUM 트래픽이라고 부르는 브로드캐스트와 언노운 유니캐스트, 멀티캐스트는 조금 다르게 동작합니다. 어드레

스 러닝 과정에 대해 앞에서 알아보았듯이 출발지 MAC 주소로 브로드캐스트나 멀티캐스트 모두 출발지가 사용되지 않으므로 이런 트래픽은 전달이나 필터링 작업을 하지 않고 모두 플러딩합니다. 언노운 유니캐스트도 MAC 주소 테이블에 없는 주소이므로 브로드캐스트와 동일하게 플러딩 동작합니다.

참고

LAN에서의 ARP – 스위치 동작

이더넷– TCP/IP 네트워크에서는 스위치가 유니캐스트를 플러딩하는 경우는 거의 없습니다. 패킷을 만들기 전에 통신해야 하는 단말의 MAC 주소를 알아내기 위해 ARP 브로드캐스트가 먼저 수행되어야 하므로 유니캐스트보다 ARP 브로드캐스트가 먼저 네트워크에 전달됩니다. 이 ARP를 이용한 MAC 주소 습득 과정에서 이미 스위치는 통신하는 출발지와 목적지의 MAC 주소를 습득할 수 있고 실제 유니캐스트 통신이 시작되면 이미 만들어진 MAC 주소 테이블로 패킷을 포워딩, 필터링합니다. ARP와 MAC 테이블은 일정 시간 동안 지워지지 않는데 이 시간을 에이징 타임(Aging Time)이라고 합니다. 일반적으로 MAC 테이블의 에이징 타임이 단말의 ARP 에이징 타임보다 길어 이더넷 네트워크를 플러딩없이 효율적으로 운영할 수 있습니다.

❤ 그림 4-11 ARP 작업 수행 후의 스위치 MAC 테이블. 실제 패킷이 전송되기 전에 서버 간의 ARP 통신 과정을 통해 MAC 주소를 미리 학습할 수 있다.

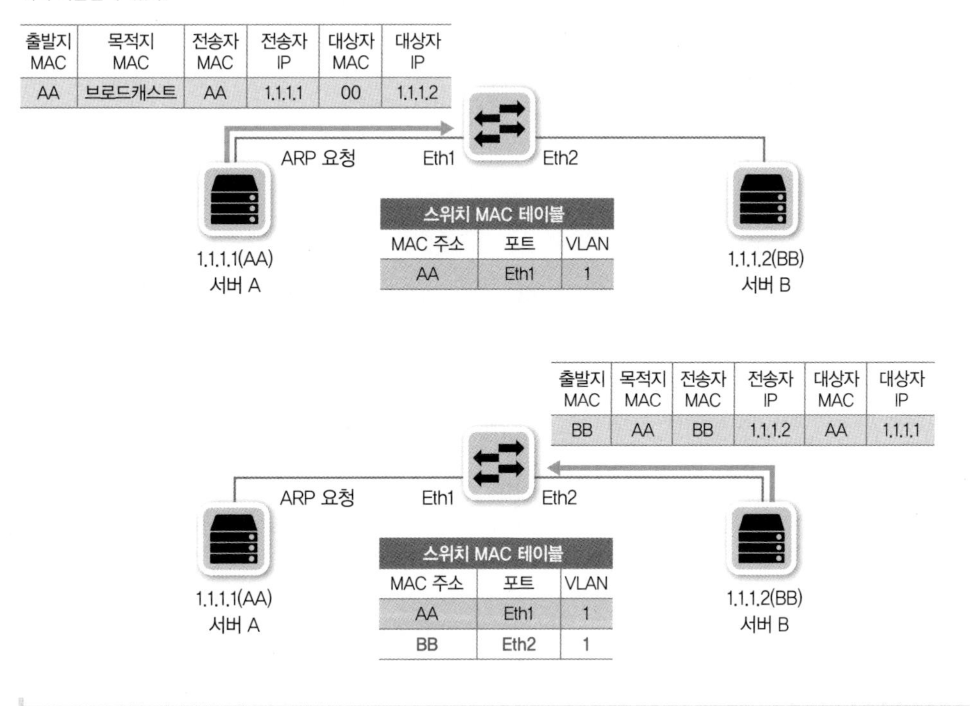

4.2 VLAN

서버, 스토리지 할 것 없이 지난 20년 간 가상화는 IT 트렌드에서 많은 비중을 차지하는 키워드 중 하나였습니다. 네트워크에서도 다양한 가상화 기술이 쓰이고 있는데 스위치에서는 오래 전부터 VLAN이라는 가상화 기술을 사용해왔습니다. 하나의 물리 스위치에서 여러 개의 네트워크를 나누어 사용할 수 있는 VLAN(Virtual Local Area Network)에 어떤 종류가 있고 특징이 무엇인지, VLAN이 실제로 어떻게 동작하는지 알아보겠습니다.

4.2.1 VLAN이란?

VLAN은 물리적 배치와 상관없이 LAN을 논리적으로 분할, 구성하는 기술입니다. 기업과 같이 여러 부서가 함께 근무하면서 각 부서별로 네트워크를 분할할 때는 네트워크를 여러 개 운영해야 합니다. 최근에는 전화기, 복합기, 스마트폰과 같이 PC 외에도 다수의 단말이 네트워크에 연결되므로 네트워크 분할이 더 중요합니다. 과도한 브로드캐스트로 인한 단말들의 성능 저하, 보안 향상을 위한 차단 용도, 서비스 성격에 따른 정책 적용과 같은 이유로 네트워크가 분리되어야 합니다.

▼ 그림 4-12 한 대의 스위치를 여러 개의 VLAN으로 분할할 수 있다. 별도의 스위치처럼 동작한다.

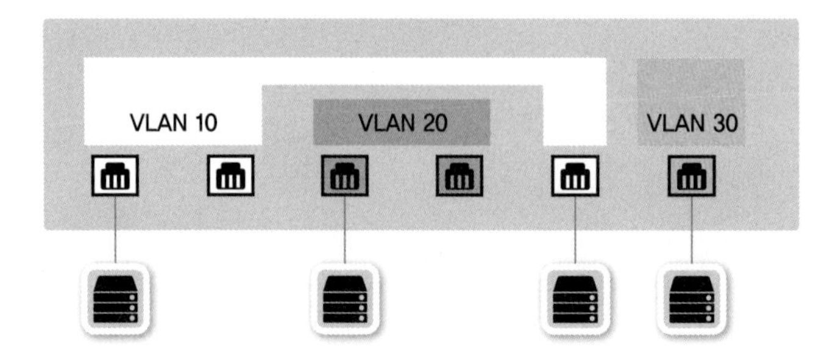

VLAN을 나누면 하나의 장비를 서로 다른 네트워크를 갖도록 논리적으로 분할한 것이므로 유니캐스트뿐만 아니라 브로드캐스트도 VLAN 간에 통신할 수 없습니다. VLAN 간의 통신이 필요하다면 서로 다른 네트워크 간의 통신이므로 앞에서 배운 것처럼 3계층 장비가 필요합니다.

▼ 그림 4-13 서로 다른 VLAN 간의 통신이 필요한 경우, L3 장비의 도움이 필요하다.

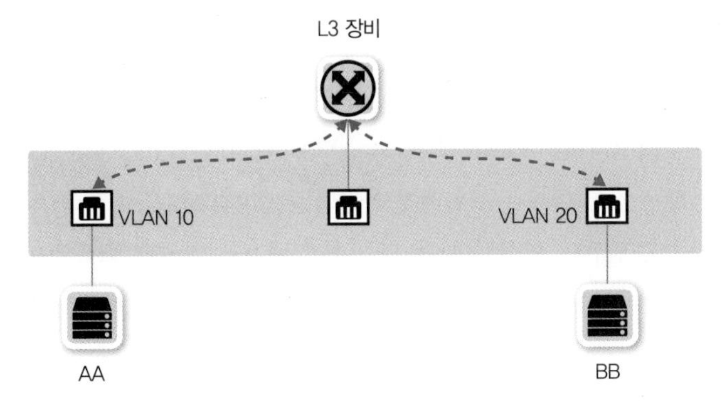

VLAN을 사용하면 물리적 구성과 상관없이 네트워크를 분리할 수 있고 물리적으로 다른 층에 있는 단말이 하나의 VLAN을 사용해 동일한 네트워크로 묶을 수 있습니다. 같은 층에서 부서별로 네트워크를 분리하거나 일반 PC, IP 전화기, 무선 단말과 같이 서비스나 단말의 성격에 따라 네트워크를 분리할 수 있습니다. 그리고 이렇게 분리된 단말 간에는 3계층 장비를 통해 통신하게 됩니다.

▼ 그림 4-14 물리적으로 다른 층에 있는 단말끼리 네트워크로 묶을 수 있다.

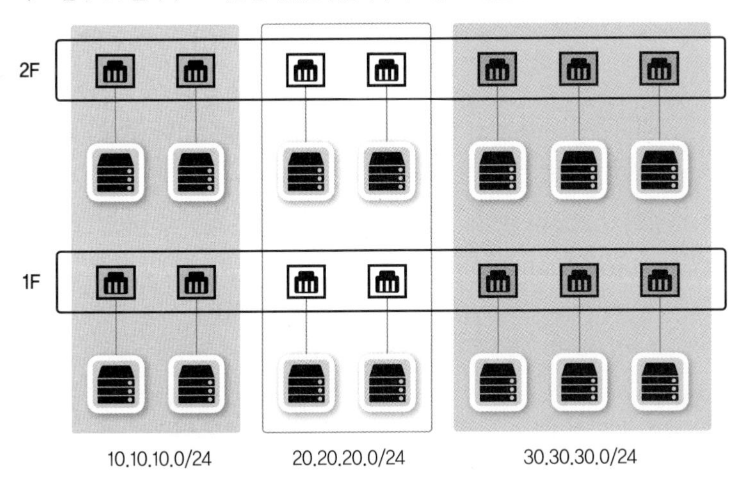

4.2.2 VLAN의 종류와 특징

VLAN 할당 방식에는 포트 기반의 VLAN과 MAC 주소 기반의 VLAN이 있습니다. VLAN 개념이 처음 도입되었을 때는 스위치가 고가였고 여러 허브를 묶는 역할을 스위치가 담당했으므로 스위치를 분할해 여러 네트워크에 사용하는 것이 VLAN 기능을 적용하는 목적이었습니다. 이렇게 스위치를 논리적으로 분할해 사용하는 것이 목적인 VLAN을 포트 기반 VLAN(Port Based VLAN)이라고 부르고 우리가 일반적으로 언급하는 대부분의 VLAN은 포트 기반 VLAN입니다. 어떤 단말이 접속하든지 스위치의 특정 포트에 VLAN을 할당하면 할당된 VLAN에 속하게 됩니다.

사용자들의 자리 이동이 많아지면서 MAC 기반 VLAN(Mac Based VLAN)이 개발되었습니다. 스위치의 고정 포트에 VLAN을 할당하는 것이 아니라 스위치에 연결되는 단말의 MAC 주소를 기반으로 VLAN을 할당하는 기술입니다. 단말이 연결되면 단말의 MAC 주소를 인식한 스위치가 해당 포트를 지정된 VLAN으로 변경합니다. 단말에 따라 VLAN 정보가 바뀔 수 있어 다이나믹 VLAN(Dynamic VLAN)이라고도 부릅니다.

▼ 그림 4-15 포트 기반 VLAN과 MAC 기반 VLAN

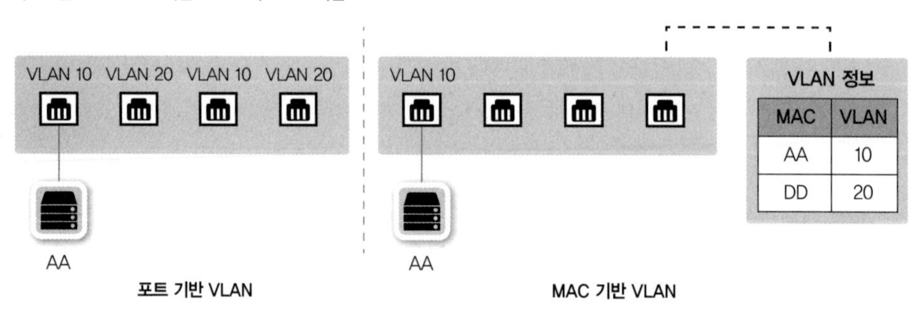

포트 기반 VLAN으로 설정된 스위치에서 VLAN 선정 기준은 스위치의 포트입니다. AA PC가 1번 포트에 연결하면 VLAN 10에 속하고 4번 포트에 연결하면 VLAN 20에 속합니다. 반면, MAC 기반 VLAN에서는 VLAN을 할당하는 기준이 PC의 MAC 주소입니다. AA PC는 어떤 스위치의 어떤 포트에 접속하더라도 동일한 VLAN 10이 할당됩니다.

▼ 그림 4-16 MAC 기반 VLAN을 사용하면 유선 사용자가 이동하더라도 같은 VLAN에 할당된다.

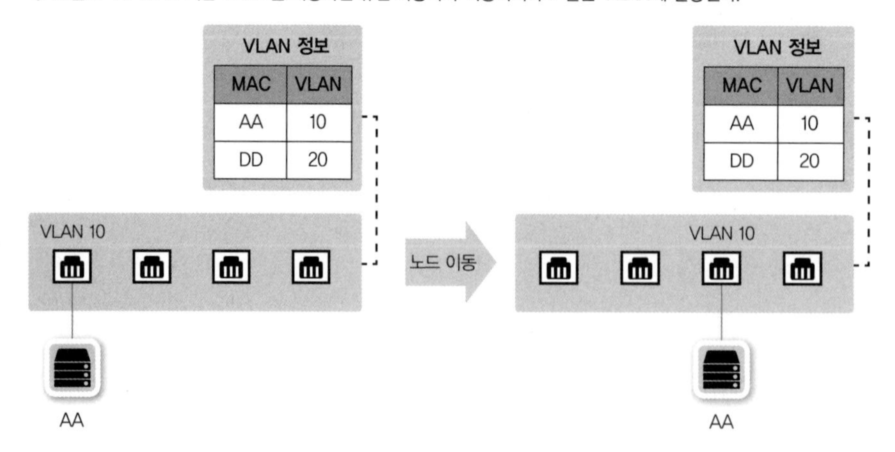

앞으로 다룰 VLAN 관련 내용은 포트 기반 VLAN입니다.

참고

데이터 센터에서의 스위치 VLAN은 포트 기반 VLAN으로 구성하는 것이 일반적입니다. 오피스나 캠퍼스 네트워크에서도 포트 기반 VLAN 구성이 일반적이지만 사용자의 이동성을 요구하는 최근 스마트 오피스의 요구로 MAC 기반 VLAN 구성이 점점 더 많이 사용되고 있습니다. 물론 이런 구분이 무조건 적용되는 것은 아니며 실제 각 구성 요건에 따라 구현 방식이 달라질 수 있습니다.

4.2.3 VLAN 모드(Trunk/Access) 동작 방식

포트 기반 VLAN에서는 스위치의 각 포트에 각각 사용할 VLAN을 설정하는데 한 대의 스위치에 연결되더라도 서로 다른 VLAN이 설정된 포트 간에는 통신할 수 없습니다. VLAN이 다르면 별도의 분리된 스위치에 연결된 것과 같으므로 VLAN 간 통신이 불가능합니다. 서로 다른 VLAN 간 통신을 위해서는 3계층 장비를 사용해야 합니다. VLAN으로 구분된 네트워크에서는 브로드캐스트인 ARP 리퀘스트가 다른 VLAN으로 전달될 수 없으므로 3계층 장비를 이용해 통신해야 합니다.

✔ 그림 4-17 한 대의 스위치에서도 서로 다른 VLAN 간에는 통신할 수 없다.

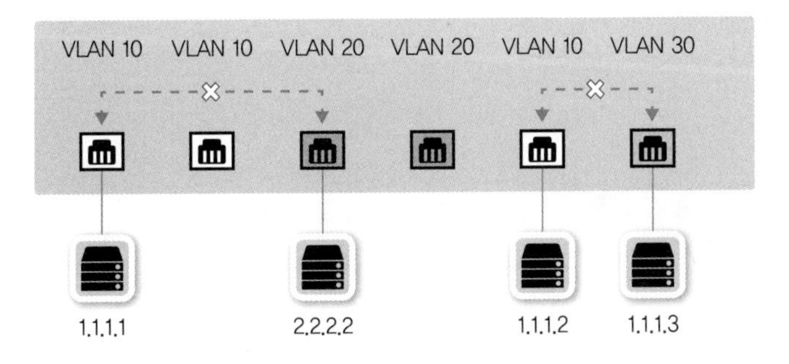

스위치 포트에 VLAN을 설정하여 네트워크를 분리하면 물리적으로 스위치를 분리할 때보다 효율적으로 장비를 사용할 수 있습니다.

▼ 그림 4-18 VLAN 분리는 다수의 논리적인 스위치를 만드는 효과가 있다.

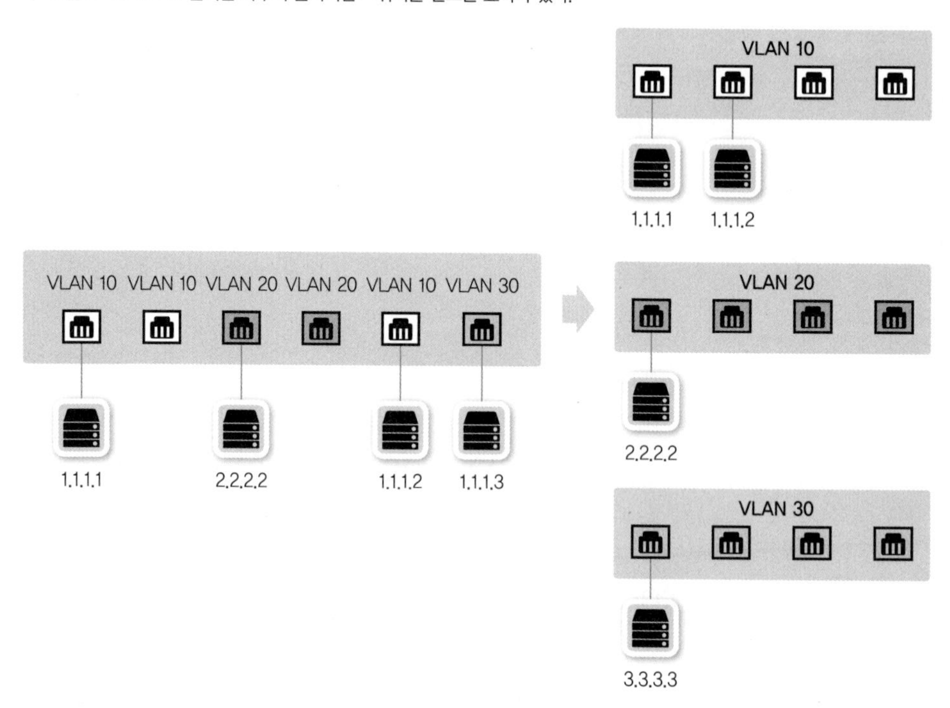

여러 개의 VLAN이 존재하는 상황에서 스위치를 서로 연결해야 하는 경우에는 각 VLAN끼리 통신하려면 VLAN 개수만큼 포트를 연결해야 합니다. VLAN으로 분할된 스위치는 물리적인 별도의 스위치처럼 취급됩니다.

▼ 그림 4-19 태그 기능이 없는 VLAN 네트워크(Trunk)

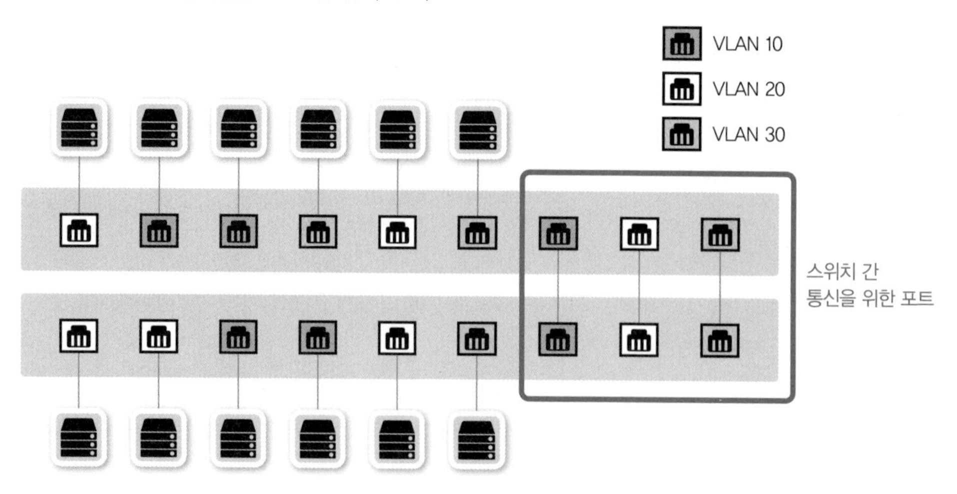

예를 들어 그림 4-19처럼 스위치에 3개의 VLAN이 구성되어 있는 경우, 각 VLAN이 스위치 간에 통신하려면 3개의 포트가 필요합니다. VLAN을 더 많이 사용하는 중·대형 네트워크에서 이렇게 VLAN별로 포트를 연결하면 장비 간의 연결만으로도 많은 포트가 낭비됩니다.

▼ 그림 4-20 태그 포트(Tagged Port)를 이용한 스위치 간 연결. 한 개의 포트로 여러 VLAN 통신이 가능하다.

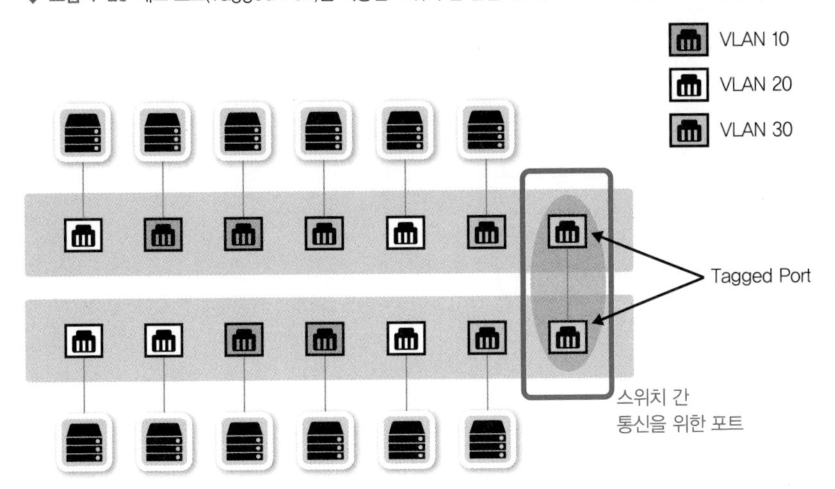

이 문제를 해결하기 위한 것이 VLAN 태그 기능입니다. 태그 기능은 하나의 포트에 여러 개의 VLAN을 함께 전송할 수 있게 해줍니다. 이 포트를 **태그(Tagged) 포트** 또는 **트렁크(Trunk) 포트**라고 합니다. 여러 개의 VLAN을 동시에 전송해야 하는 태그 포트는 통신할 때 이더넷 프레임 중간에 VLAN ID 필드를 끼워 넣어 이 정보를 이용합니다. 태그 포트로 패킷을 보낼 때는 VLAN ID를 붙이고 수신 측에서는 이 VLAN ID를 제거하면서 VLAN ID의 VLAN으로 패킷을 보낼 수 있게 됩니다.

참고

스위치 간 VLAN 정보를 보낼 수 있는 포트의 일반적인 용어는 '태그 포트'입니다. 트렁크 포트는 시스코에서 사용하는 명칭으로, 트렁크라는 용어를 다른 네트워크 장비 제조사에서는 다른 의미로 사용하므로 문맥으로 이것을 잘 파악해야 합니다. 타 제조사에서는 트렁크 포트를 여러 개의 포트를 묶어 사용하기 위한 링크 애그리게이션의 의미로 사용합니다.

▼ 그림 4-21 일반 이더넷 프레임과 태그 프레임의 차이 비교

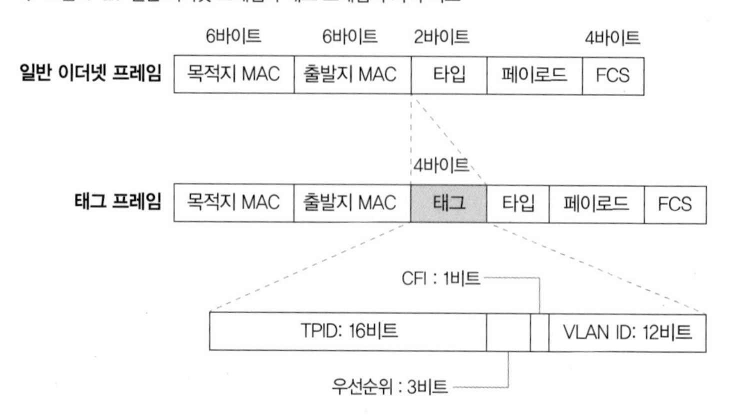

태그 포트를 사용하면 VLAN마다 통신하기 위해 필요했던 여러 개의 포트를 하나로 묶어 사용할 수 있으므로 포트 낭비 없이 네트워크를 더 유연하게 디자인할 수 있습니다. 이런 태그 포트 기능이 스위치에 생기면서 스위치의 패킷 전송에 사용하는 MAC 주소 테이블에도 변화가 생깁니다. 다른 VLAN끼리 통신하지 못하도록 MAC 테이블에 VLAN을 지정하는 필드가 추가된 것입니다. 즉, 하나의 스위치에서 VLAN을 이용해 네트워크를 분리하면 VLAN별로 MAC 주소 테이블이 존재하는 것처럼 동작합니다.

VLAN이 있는 상태에서 스위치의 MAC 테이블

```
Switch# show mac address-table

   VLAN     MAC Address       Type      age     Secure NTFY Ports
---------+-----------------+--------+---------+------+----+-----------
* 11      001c.7faa.9510    dynamic    ~~~       F    F   Eth1/1
* 22      001c.7fbb.7b74    dynamic    ~~~       F    F   Eth1/2
* 34      0009.0fcc.0122    dynamic    ~~~       F    F   Eth1/3
* 84      001c.7fdd.395a    dynamic    ~~~       F    F   Eth1/4
* 85      001c.7fee.5e83    dynamic    ~~~       F    F   Eth1/5
```

일반적인 포트를 언태그(Untagged) 포트 또는 액세스(Access) 포트라고 하고 VLAN 정보를 넘겨 여러 VLAN이 한꺼번에 통신하도록 해주는 포트를 태그 포트 또는 트렁크 포트라고 부릅니다. 태그 포트는 여러 개의 VLAN, 즉 여러 네트워크를 하나의 물리적 포트로 전달하는 데 사용되고 언태그 포트는 하나의 VLAN에 속한 경우에만 사용됩니다. 그래서 일반적으로 태그 포트는 여러 네트

워크가 동시에 설정된 스위치 간의 연결에서 사용되며 하나의 네트워크에 속한 서버의 경우에는 언태그로 설정합니다.

▼ 그림 4-22 다수의 VLAN을 하나의 포트에서 사용하기 위해 태그 모드를 사용한다.

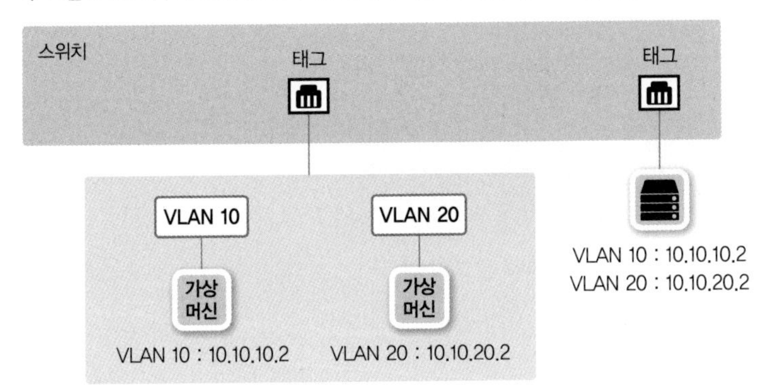

언태그 포트로 패킷이 들어올 경우, 같은 VLAN으로만 패킷을 전송합니다. 태그 포트로 패킷이 들어올 경우, 태그를 벗겨내면서 태그된 VLAN 쪽으로 패킷을 전송합니다.

▼ 그림 4-23 하나의 포트에 특정 VLAN이 지정된 언태그 포트의 데이터는 VLAN ID를 태깅(Tagging)할 수 있는 태그 포트를 이용하면 여러 VLAN을 구분해 데이터를 전달할 수 있다.

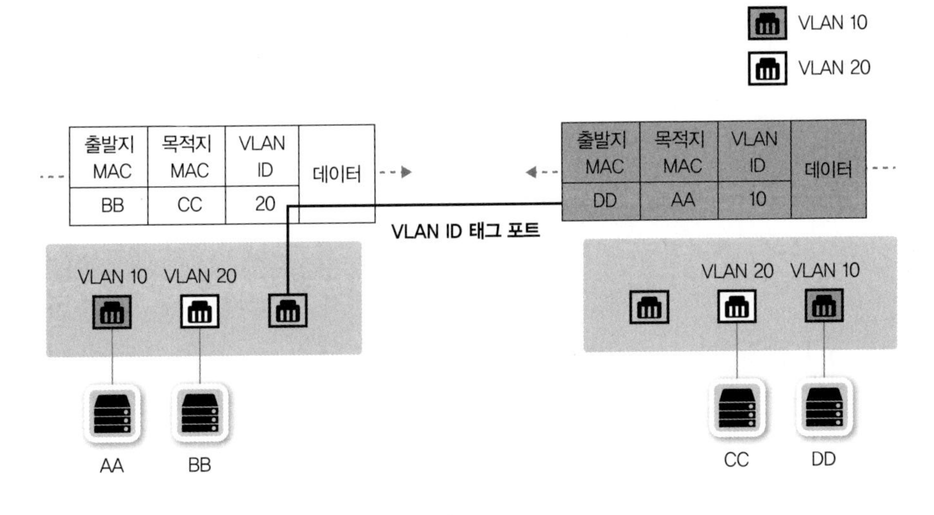

스위치 간의 연결이 아닌 서버와 연결된 포트도 VMware의 ESXi와 같은 가상화 서버가 연결될 때는 여러 VLAN과 통신해야 할 수도 있습니다. 이 경우, 서버와 연결된 스위치의 포트더라도 언태그 포트가 아닌 태그로 설정합니다. 물론 태그된(Tagged) 상태이므로 가상화 서버쪽 인터페이스에서도 태그된(Tagged) 상태로 설정해야 합니다. 가상화 서버 내부에 가상 스위치가 존재하므로 스위치 간 연결로 보면 이해하기 더 쉽습니다.

▼ 그림 4-24 가상화 서버 연결 구성

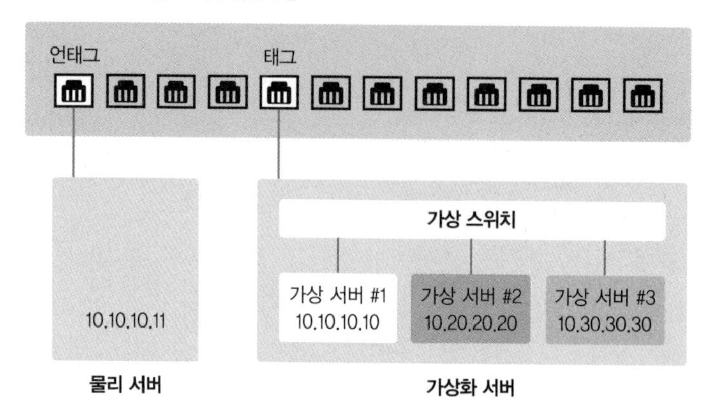

참고

VLAN 간 통신

VLAN은 스위치 통신을 분할하는 기능 때문에 유니캐스트, 멀티캐스트, 브로드캐스트 모두 VLAN을 넘어가지 못합니다. 일반적으로 VLAN이 다르다는 것은 별도의 네트워크로 분할한 것이므로 네트워크가 다르고 IP 주소 할당도 다른 네트워크로 할당되는 것이 일반적입니다.

3장에서 다룬 것처럼 다른 네트워크끼리의 통신이 필요하다면 라우터와 같은 L3 장비의 도움이 필요합니다.

4.3 STP

NETWORK

IT 환경에서는 SPoF(Single Point of Failure: 단일 장애점)[1]로 인한 장애를 피하기 위해 다양한 노력을 합니다. SPoF란 하나의 시스템이나 구성 요소에서 고장이 발생했을 때 전체 시스템의 작동이 멈추는 요소를 말합니다. 네트워크에서도 하나의 장비 고장으로 전체 네트워크가 마비되는 것을 막기 위해 이중화, 다중화된 네트워크를 디자인하고 구성합니다.

---

1 Single Point of Failure는 단일 장애점을 말합니다. 하나의 요소 때문에 장애가 발생할 경우, 전체 시스템에 장애가 발생하는 지점이며 11.1.1 SPoF 절에서 상세히 다룹니다.

▼ 그림 4-25 SPoF. 하나의 장비나 구성 요소 때문에 전체 네트워크에 장애가 발생하는 경우

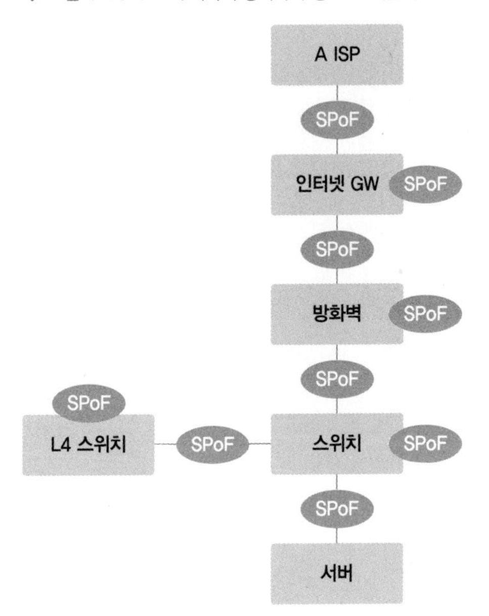

네트워크를 스위치 하나로 구성했을 때 그 스위치에 장애가 발생하면 전체 네트워크에 장애가 발생합니다.

▼ 그림 4-26 단일 스위치로 구성된 네트워크는 스위치에 장애가 발생하면 전체 네트워크가 마비된다.

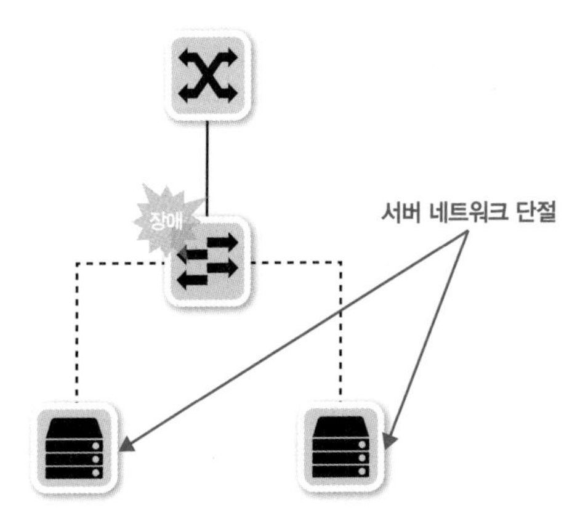

이런 SPoF를 피하기 위해 스위치 두 대로 네트워크를 디자인하지만 두 대 이상의 스위치로 디자인하면 패킷이 네트워크를 따라 계속 전송되므로 네트워크를 마비시킬 수 있습니다. 이런 상황을 네트워크 루프(Loop)라고 합니다. 루프를 예방하려면 별도의 메커니즘이 필요합니다. 이번 장에서는 루프가 무엇이고 스위치에서 루프를 예방하기 위한 프로토콜은 어떻게 동작하는지 알아보겠습니다.

4.3.1 루프란?

루프(Loop)는 말 그대로 네트워크에 연결된 모양이 고리처럼 되돌아오는 형태로 구성된 상황을 말합니다. 이런 상황을 명확히 인지하는 경우는 드물지만 루프 상황이 발생했을 때 네트워크가 마비되고 통신이 안 되는 상황이 발생합니다. 3가지 큰 이유가 있지만 루프로 문제가 발생했다면 대부분 브로드캐스트 스톰(Storm)으로 인한 문제입니다.

▼ 그림 4-27 다양한 루프 구조

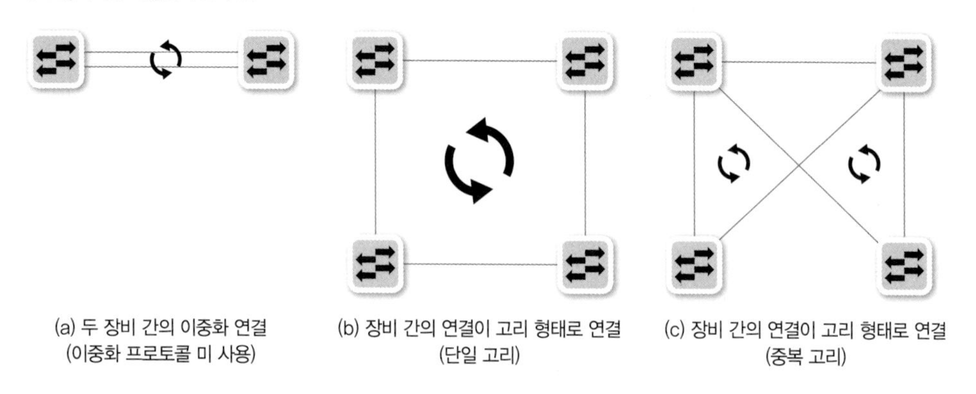

(a) 두 장비 간의 이중화 연결
(이중화 프로토콜 미 사용)
(b) 장비 간의 연결이 고리 형태로 연결
(단일 고리)
(c) 장비 간의 연결이 고리 형태로 연결
(중복 고리)

4.3.1.1 브로드캐스트 스톰

루프 구조로 네트워크가 연결된 상태에서 단말에서 브로드캐스트를 발생시키면 스위치는 이 패킷을 패킷이 유입된 포트를 제외한 모든 포트로 플러딩합니다. 플러딩된 패킷은 다른 스위치로도 보내지고 이 패킷을 받은 스위치는 패킷이 유입된 포트를 제외한 모든 포트로 다시 플러딩합니다. 루프 구조 상태에서는 이 패킷이 계속 돌아가는데 이것을 브로드캐스트 스톰이라고 합니다. 3계층 헤더에는 TTL(Time to Live)이라는 패킷 수명을 갖고 있지만 스위치가 확인하는 2계층 헤더에는 이런 3계층의 TTL과 같은 라이프타임 메커니즘이 없어 루프가 발생하면 패킷이 죽지 않고 계속 살아남아 패킷 하나가 전체 네트워크 대역폭을 차지할 수 있습니다. 이런 브로드캐스트 스톰은 네트워크의 전체 대역폭을 차지하고 네트워크에 연결된 모든 단말이 브로드캐스트를 처리하기 위해 시스템 리소스를 사용하면서 스위치와 네트워크에 연결된 단말 간 통신이 거의 불가능한 상태가 됩니다.

▼ 그림 4-28 브로드캐스트 스톰이 발생하는 루프 구조

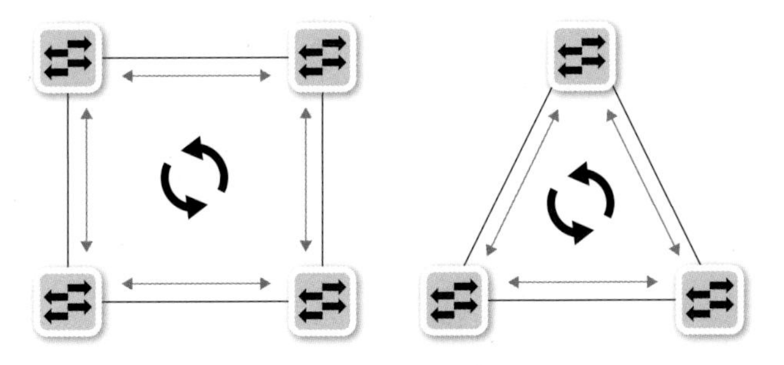

이런 브로드캐스트 스톰 상황이 발생하면

1. 네트워크에 접속된 단말의 속도가 느려집니다(많은 브로드캐스트를 처리해야 하므로 CPU 사용률이 높아집니다).
2. 네트워크 접속 속도가 느려집니다(거의 통신 불가능 수준이 됩니다).
3. 네트워크에 설치된 스위치에 모든 LED들이 동시에 빠른 속도로 깜빡입니다.

루프가 만들어진 상황에서는 케이블을 제거하기 전까지 네트워크가 마비된 것 같은 상태가 지속됩니다.

4.3.1.2 스위치 MAC 러닝 중복 문제

루프 구조 상태에서는 브로드캐스트뿐만 아니라 유니캐스트도 문제를 일으킵니다. 같은 패킷이 루프를 돌아 도착지 쪽에서 중복 수신되는 혼란을 일으키기도 하지만 중간에 있는 스위치에서도 MAC 러닝 문제가 발생합니다. 스위치는 출발지 MAC 주소를 학습하는데 직접 전달되는 패킷과 스위치를 돌아 들어간 패킷 간의 포트가 달라 MAC 주소를 정상적으로 학습할 수 없습니다. 스위치 MAC 주소 테이블에서는 하나의 MAC 주소에 대해 하나의 포트만 학습할 수 있으므로 동일한 MAC 주소가 여러 포트에서 학습되면 MAC 테이블이 반복 갱신되어 정상적으로 동작하지 않습니다. 이 현상을 MAC 어드레스 플래핑(MAC Address Flapping)이라고 부릅니다.

예를 들어 그림 4-29를 보면 AA에서 출발한 패킷이 스위치 C에서 A와 B 스위치에 전달하고 이 패킷을 받은 스위치 A는 이 패킷을 다시 포워딩해 스위치 B로 전달합니다. 결과적으로 스위치 B는 동일한 출발지 AA를 가진 패킷이 스위치 C를 통해 eth1로, 스위치 A를 통해 eth2로 전달됩니다.

스위치 B에서는 eth1 포트와 eth2 포트에서 AA 주소를 반복적으로 습득해 MAC 어드레스 플래핑 현상이 발생합니다.

▼ 그림 4-29 스위치 MAC 주소 중복 문제(Flapping)

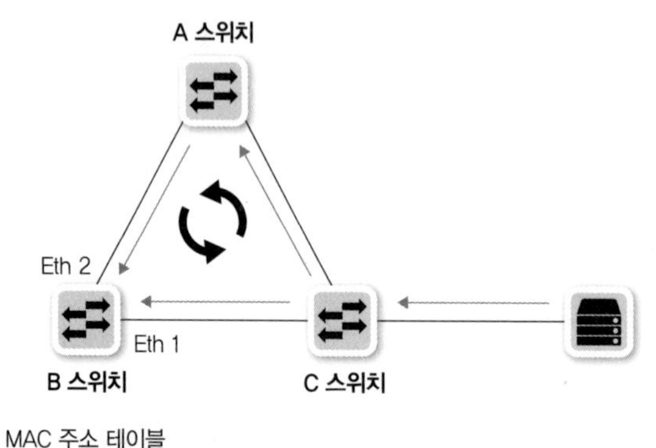

MAC 주소 테이블

MAC 주소	포트
AA	Eth 2

MAC 주소	포트
AA	Eth 1

MAC 주소 플래핑
(Flapping)

※ AA라는 동일한 MAC 주소에 대해 학습된 스위치 포트가 계속 변경된다.

이런 현상이 발생하면 스위치에서 학습된 주소의 포트가 계속 변경되므로 스위치가 정상적으로 동작하지 못하고 패킷을 플러딩합니다. 이런 현상을 예방하기 위해 스위치 설정에 따라 경고(Warning) 메시지를 관리자에게 알려주거나 수시로 일어나는 플래핑 현상을 학습하지 않도록 자동으로 조치합니다.

네트워크에 루프가 발생할 경우, 앞의 문제들 때문에 네트워크가 정상적으로 동작하지 않으므로 루프가 생기지 않도록 미리 네트워크에 조치를 해야 합니다. 루프 구성 포트 중 하나의 포트만 사용하지 못하도록 셧다운(Shutdown)되어 있어도 루프를 예방할 수 있습니다.

▼ 그림 4-30 루프 예방을 위해 포트 하나를 차단한다.

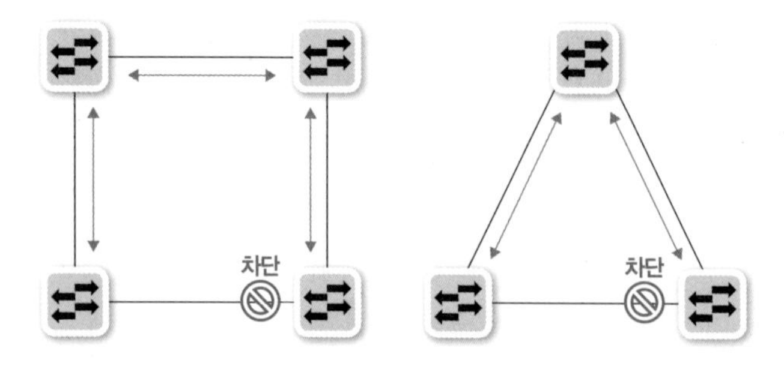

하지만 네트워크의 SPoF를 예방하기 위해 스위치를 두 개 이상 디자인했는데 다시 수동으로 루프를 찾아 강제로 사용하지 못하게 하는 방법은 바람직하지 않습니다. 먼저 네트워크에서 복잡한 케이블 연결을 이용해 루프를 찾아내는 것이 힘듭니다. 찾아내 강제로 포트를 사용하지 못하게 하더라도 네트워크에 장애가 발생하면 해당 포트를 수동으로 다시 사용하도록 해야 합니다. 사용자가 이렇게 적극적으로 개입하는 방법으로는 네트워크 장애에 적절히 대응할 수 없습니다. 이런 이유로 루프를 자동 감지해 포트를 차단하고 장애 때문에 우회로가 없을 때 차단된 포트를 스위치 스스로 다시 풀어주는 스패닝 트리 프로토콜이 개발되었습니다.

▼ 그림 4-31 스패닝 트리 프로토콜은 장애가 발생하면 차단된 포트를 자동으로 복구한다.

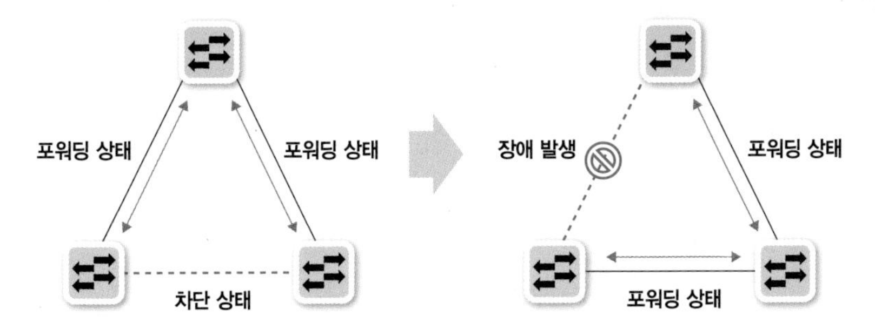

4.3.2 STP란?

스패닝 트리 프로토콜(Spanning Tree Protocol)은 루프를 확인하고 적절히 포트를 사용하지 못하게 만들어 루프를 예방하는 메커니즘입니다. 용어 그대로 잘 뻗은 나무처럼 뿌리부터 가지까지 루프가 생기지 않도록 유지하는 것이 스패닝 트리 프로토콜의 목적입니다.

스패닝 트리 프로토콜을 이용해 루프를 예방하려면 전체 스위치가 어떻게 연결되는지 알아야 합니다. 전체적인 스위치 연결 상황을 파악하려면 스위치 간에 정보를 전달하는 방법이 필요합니다. 이를 위해 스위치는 BPDU(Bridge Protocol Data Unit)라는 프로토콜을 통해 스위치 간에 정보를 전달하고 이렇게 수집된 정보를 이용해 전체 네트워크 트리를 만들어 루프 구간을 확인합니다.

▼ 그림 4-32 BPDU 프로토콜 헤더와 Bridge ID 정보

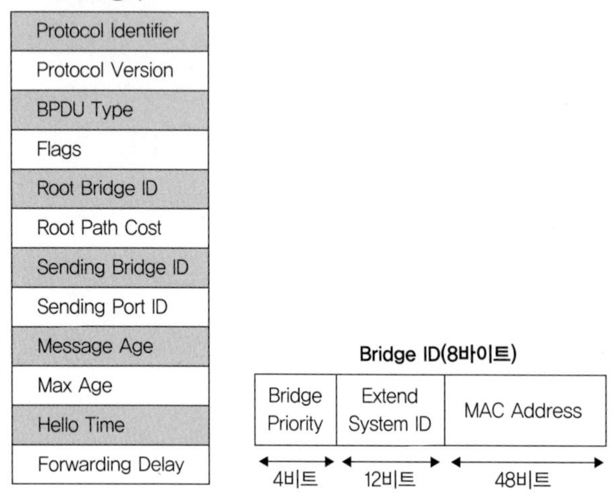

BPDU에는 스위치가 갖고 있는 ID와 같은 고유값이 들어가고 이런 정보들이 스위치 간에 서로 교환되면서 루프 파악이 가능해집니다. 이렇게 확인된 루프 지점을 데이터 트래픽이 통과하지 못하도록 차단해 루프를 예방합니다.

▼ 그림 4-33 스위치들은 BPDU를 전달해 상호 정보와 토폴로지를 파악한다.

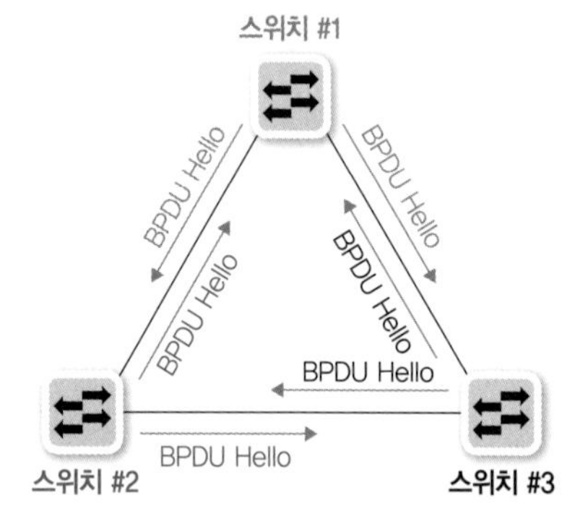

4.3.2.1 스위치 포트의 상태 및 변경 과정

스패닝 트리 프로토콜이 동작 중인 스위치에서는 루프를 막기 위해 스위치 포트에 신규 스위치가 연결되면 바로 트래픽이 흐르지 않도록 차단합니다. 그리고 해당 포트로 트래픽이 흘러도 되는지 확인하기 위해 BPDU를 기다려 학습하고 구조를 파악한 후 트래픽을 흘리거나 루프 구조인 경우, 차단 상태를 유지합니다. 차단 상태에서 트래픽이 흐를 때까지 스위치 포트의 상태는 다음 4가지로 구분할 수 있습니다.

- Blocking
  - 패킷 데이터를 차단한 상태로 상대방이 보내는 BPDU를 기다립니다.
  - 총 20초인 Max Age 기간 동안 상대방 스위치에서 BPDU를 받지 못했거나 후순위 BPDU를 받았을 때 포트는 리스닝 상태로 변경됩니다.
  - BPDU 기본 교환 주기는 2초이고 10번의 BPDU를 기다립니다.
- Listening
  - 리스닝 상태는 해당 포트가 전송 상태로 변경되는 것을 결정하고 준비하는 단계입니다. 이 상태부터는 자신의 BPDU 정보를 상대방에게 전송하기 시작합니다.
  - 총 15초 동안 대기합니다.
- Learning
  - 러닝 상태는 이미 해당 포트를 포워딩하기로 결정하고 실제로 패킷 포워딩이 일어날 때 스위치가 곧바로 동작하도록 MAC 주소를 러닝하는 단계입니다.
  - 총 15초 동안 대기합니다.
- Forwarding
  - 패킷을 포워딩하는 단계입니다. 정상적인 통신이 가능합니다.

스위치에 신규로 장비를 붙이면 통신하는 데 50여 초가 소요됩니다. 스위치는 루프를 예방하기 위해 매우 방어적으로 동작하는데 새로 연결된 단말이 스위치일 가능성이 있어 BPDU를 일정 시간 이상 기다려 스위치 여부를 파악합니다. 이로 인해 스위치를 연결하는 경우뿐만 아니라 일반 단말을 연결하더라도 동일한 시간이 필요합니다.

▼ 그림 4-34 기본 STP 상태 변화

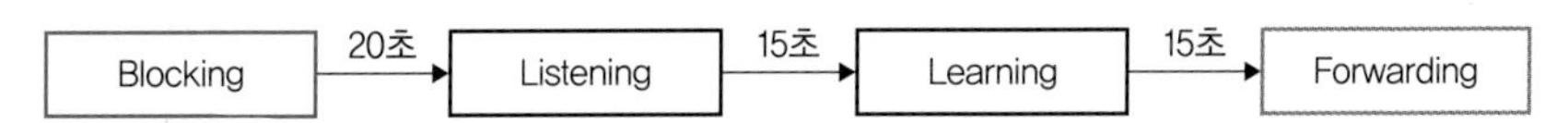

이중화된 링크 절체(전환)도 STP의 동작 순서대로 진행됩니다. 특정 링크가 다운되어 블로킹 포트가 포워딩되기 위해 초기와 마찬가지로 20초 동안 Max Age를 거쳐 총 50초 후 포워딩 상태로 변경됩니다. 하지만 다운된 링크가 자신의 인터페이스인 경우, 토폴로지가 변했음을 직접 감지할 수 있어 Max Age를 거치지 않고 리스닝부터 STP 상태 변화가 즉시 이루어지므로 30초 만에 절체됩니다.

▼ 그림 4-35 STP 상태 변화, 스위치

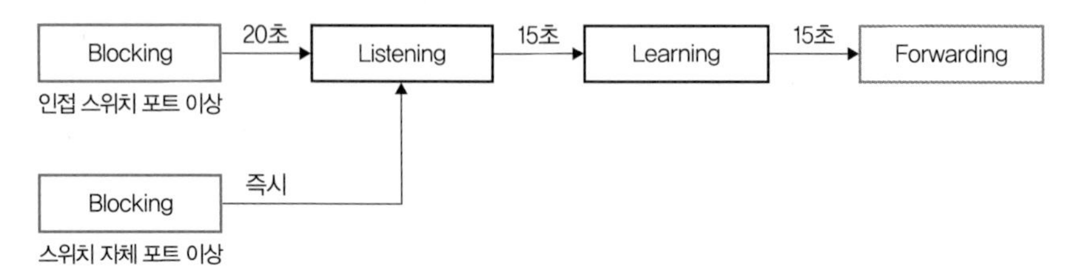

STP가 활성화된 경우, 스위치 포트는 곧바로 포워딩 상태가 되지 않습니다. 이로 인해 다양한 장애가 발생하거나 스위치 이상으로 생각되는 경우가 많습니다. 특히 부팅 시간이 매우 빠른 OS가 DHCP 네트워크에 접속할 때 부팅 단계에서 IP를 요청하지만 스위치 포트가 포워딩 상태가 되지 않아 IP를 정상적으로 할당받지 못하는 경우가 많습니다.

4.3.2.2 STP 동작 방식

STP는 앞에서 설명했듯이 루프를 없애기 위해 나무가 뿌리에서 가지로 뻗어나가는 것처럼 토폴로지를 구성합니다. 네트워크상에서 뿌리가 되는 가장 높은 스위치를 선출하고 그 스위치를 통해 모든 BPDU가 교환되도록 하는데 그 스위치를 루트 스위치라고 합니다. 모든 스위치는 처음에 자신을 루트 스위치로 인식해 동작합니다. BPDU를 통해 2초마다 자신이 루트 스위치임을 광고하는데 새로운 스위치가 들어오면 서로 교환된 BPDU에 들어 있는 브릿지 ID 값을 비교합니다. 브릿지 ID 값이 더 적은 스위치를 루트 스위치로 선정하고 루트 스위치로 선정된 스위치가 BPDU를 다른 스위치 쪽으로 보냅니다.

스패닝 트리 프로토콜은 루프를 예방하기 위해 다음과 같이 동작합니다.

1. 하나의 루트(Root) 스위치를 선정합니다.
    - **A.** 전체 네트워크에 하나의 루트 스위치를 선정합니다.
    - **B.** 자신을 전체 네트워크의 대표 스위치로 적은 BPDU를 옆 스위치로 전달합니다.
2. 루트가 아닌 스위치 중 하나의 루트 포트를 선정합니다.
    - **A.** 루트 브릿지로 가는, 경로가 가장 짧은 포트를 루트 포트라고 합니다.
    - **B.** 루트 브릿지에서 보낸 BPDU를 받는 포트입니다.
3. 하나의 세그먼트에 하나의 지정(Designated) 포트를 선정합니다.
    - **A.** 스위치와 스위치가 연결되는 포트는 하나의 지정 포트(Designated Port)를 선정합니다.
    - **B.** 스위치 간의 연결에서 이미 루트 포트로 선정된 경우, 반대쪽이 지정 포트로 선정되

어 양쪽 모두 포워딩 상태가 됩니다.

C. 스위치 간의 연결에서 아무도 루트 포트가 아닐 경우, 한쪽은 지정 포트로 선정되고 다른 한쪽은 대체 포트(Alternate, Non-designated)가 되어 차단 상태가 됩니다.

D. BPDU가 전달되는 포트입니다.

▼ 그림 4-36 루트 포트와 지정 포트의 관계. BPDU가 지정 포트에서 나와 루트 포트로 들어간다.

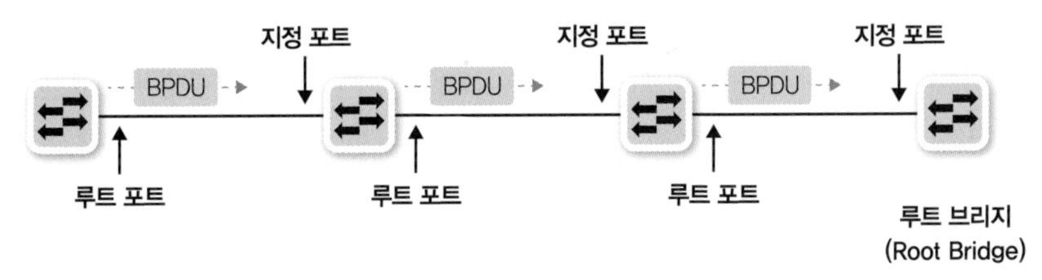

참고

스패닝 트리 프로토콜 사용 시 대안(Port Fast)

앞에서 설명했듯이 포트에 새로운 케이블이 연결되면 곧바로 포워딩 상태로 변하는 것이 아니라 상대방이 스위치일 수도 있다고 가정하고 BPDU가 들어오는지 모니터링합니다. 하지만 이런 메커니즘은 단말이 네트워크에 연결될 때까지 시간이 지연되는 문제 때문에 스위치가 아닌 일반 PC나 서버가 연결되는 포트라면 이런 메커니즘을 아예 없애거나 좀 더 빠른 시간 안에 포워딩 상태로 변경되어야 합니다. 이런 경우, 해당 포트를 포트 패스트(Port Fast)로 설정하면 BPDU 대기, 습득 과정 없이 곧바로 포워딩 상태로 포트를 사용할 수 있습니다.

포트 패스트를 설정한 포트에 스위치가 접속되면 루프가 생길 수 있어 별도로 해당 포트에 BPDU가 들어오자마자 포트를 차단하는 BPDU 가드(Guard) 같은 기술이 함께 사용되어야 합니다.

4.3.3 향상된 STP(RSTP, MST)

스패닝 트리 프로토콜은 루프를 예방하기 위해 같은 네트워크에 속한 모든 스위치까지 BPDU가 전달되는 시간을 고려합니다. 그러다보니 스패닝 트리 프로토콜 동작 방식에서 본 것처럼 블로킹 포트가 포워딩 상태로 변경될 때까지 30~50초가 소요됩니다. 통신에 가장 많이 쓰이는 TCP 기반 애플리케이션이 네트워크가 끊겼을 때 30초를 기다리지 못하다보니 STP 기반 네트워크에 장애가 생기면 통신이 끊길 수 있습니다. 또한, 스위치에 여러 개의 VLAN이 있으면 각 VLAN별로 스패닝 트리 프로토콜을 계산하면서 부하가 발생하기도 합니다. 이번 장에서는 이 문제를 해결하기 위해 향상된 스패닝 트리 프로토콜에 대해 알아보겠습니다.

4.3.3.1 RSTP

스패닝 트리 프로토콜은 이중화된 스위치 경로 중 정상적인 경로에 문제가 발생할 경우, 백업 경로를 활성화하는 데 30~50초가 걸립니다. 이렇게 백업 경로를 활성화하는 데 시간이 너무 오래 걸리는 문제를 해결하기 위해 RSTP(Rapid Spanning Tree Protocol)가 개발되었습니다. RSTP는 2~3초로 절체 시간이 짧아 일반적인 TCP 기반 애플리케이션이 세션을 유지할 수 있게 됩니다.

기본적인 구성과 동작 방식은 STP와 같지만 BPDU 메시지 형식이 다양해져 여러 가지 상태 메시지를 교환할 수 있습니다. STP는 일반 토폴로지 변경과 관련된 두 가지 메시지(TCN, TCA BPDU)만 있지만 RSTP는 8개 비트를 모두 활용해 다양한 정보를 주위 스위치와 주고받을 수 있습니다.

▼ 그림 4-37 BPDU 플래그. 스위치 간에 더 다양한 정보를 공유한다.

0	Topology Change(TC)
1	Proposal
2	Port 역할 00: Unknown 01: 대체 포트(Alternate Port) 10: 루트 포트(Root Port) 11: 지정 포트(Designated Port)
3	
4	Learning
5	Forwarding
6	Agreement
7	Topology Change Acknowledgement(TCA)

기존 STP에서는 토폴로지가 변경되면 말단 스위치에서 루트 브릿지까지 변경 보고를 보내고 루트 브릿지가 그에 대한 연산을 다시 완료하고 이후 변경된 토폴로지 정보를 말단 스위치까지 보내는 과정을 거쳤습니다. 추가로 이런 정보가 네트워크에 있는 모든 스위치까지 전파되는 예비시간까지 고려해야 하므로 정보를 확정하는 데 시간이 오래 걸렸습니다.

✔ 그림 4-38 일반 STP의 토폴로지 변경 시 과정

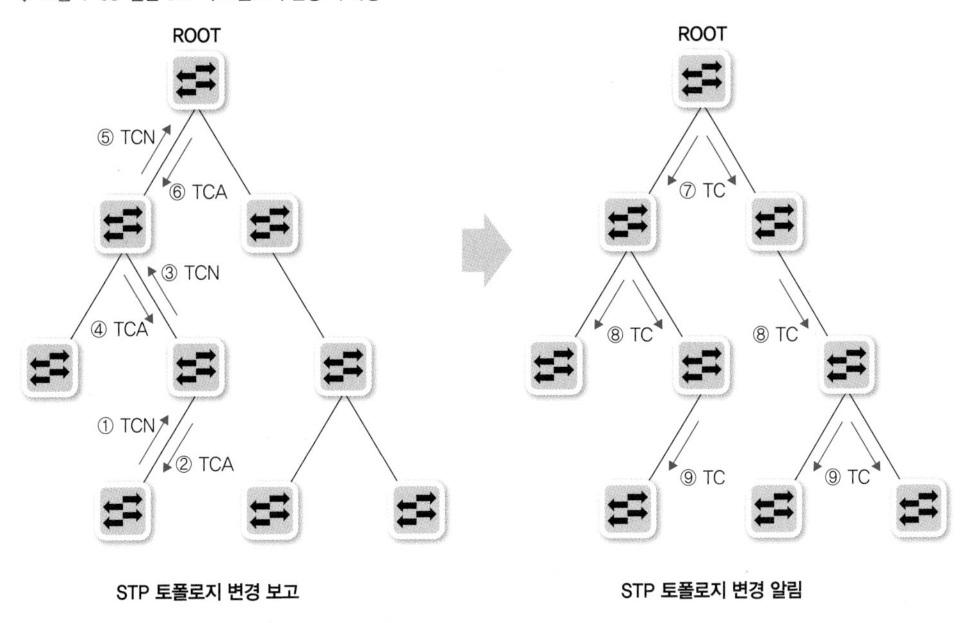

하지만 RSTP에서는 토폴로지 변경이 일어난 스위치 자신이 모든 네트워크에 토폴로지 변경을 직접 전파할 수 있습니다.

✔ 그림 4-39 RSTP의 토폴로지 변화 과정. 루트 브릿지에 보고하고 전파되는 형식이 아니라 터미널 스위치가 토폴로지 변화를 다른 브릿지에게 직접 알려준다.

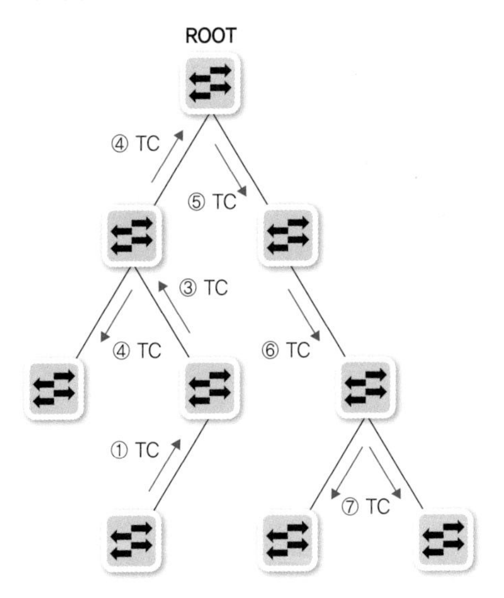

RSTP는 다양한 BPDU 메시지, 대체 포트 개념, 토폴로지 변경 전달 방식의 변화로 일반 STP보

다 빠른 시간 내에 토폴로지 변경을 감지, 복구할 수 있습니다. 실제로 RSTP는 불과 2~3초 안에 장애 복구가 가능하므로 장애가 발생해 경로가 절체되더라도 애플리케이션 세션이 끊기지 않아 보다 안정적으로 네트워크를 운영하는 데 도움이 됩니다.

4.3.3.2 MST

일반 스패닝 트리 프로토콜은 CST(Common Spanning Tree)라고 부릅니다. VLAN 개수와 상관없이 스패닝 트리 한 개만 동작하게 됩니다. 이 경우, VLAN이 많더라도 스패닝 트리는 한 개만 동작하면 되므로 스위치의 관리 부하가 적습니다. 하지만 CST는 루프가 생기는 토폴로지에서 한 개의 포트와 회선만 활성화되므로 자원을 효율적으로 활용할 수 없습니다. 또한, VLAN마다 최적의 경로가 다를 수 있는데 포트 하나만 사용할 수 있다보니 멀리 돌아 통신해야 할 경우도 생깁니다.

▼ 그림 4-40 최적의 경로가 아닌 먼 경로로도 통신할 수 있는 CST

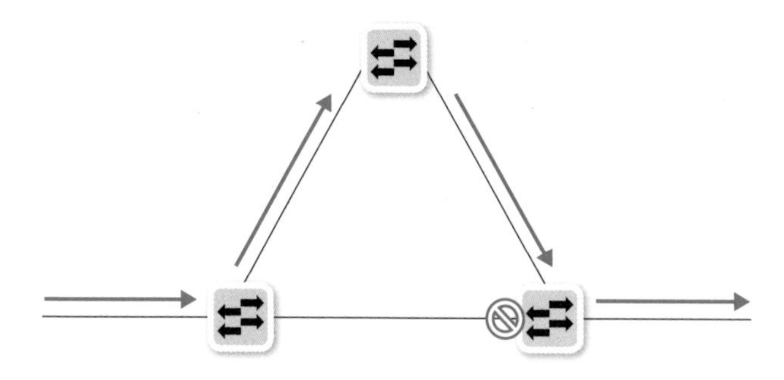

이 문제를 해결하기 위해 PVST(Per Vlan Spanning Tree)가 개발되었고 VLAN마다 다른 스패닝 트리 프로세스가 동작하므로 VLAN마다 별도의 경로와 트리를 만들 수 있게 되었습니다. 그 덕분에 최적의 경로를 디자인하고 VLAN마다 별도의 블록 포트를 지정해 네트워크 로드를 셰어링하도록 구성할 수 있게 되었습니다.

▼ 그림 4-41 VLAN마다 별도의 STP가 동작하는 PVST. VLAN마다 다른 경로를 이용할 수 있어 로드 셰어링이 가능하다.

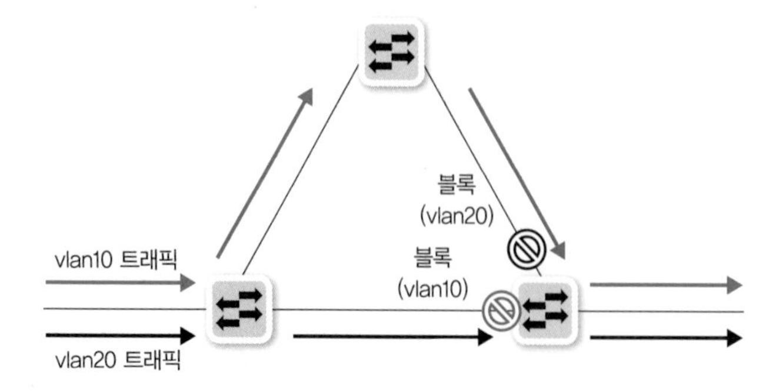

하지만 스패닝 트리 프로토콜 자체가 스위치에 많은 부담을 주는 프로토콜(2초마다 교환)인데 PVST는 모든 VLAN마다 별도의 스패닝 트리를 유지해야 하므로 더 많은 부담이 되었습니다. 이런 CST와 PVST의 단점을 보완하기 위해 MST(Multiple Spanning Tree)가 개발되었습니다.

MST의 기본적인 아이디어는 매우 단순합니다. 여러 개의 VLAN을 그룹으로 묶고 그 그룹마다 별도의 스패닝 트리가 동작합니다. 이 경우, PVST보다 훨씬 적은 스패닝 트리 프로토콜 프로세스가 돌게 되고 PVST의 장점인 로드 셰어링 기능도 함께 사용할 수 있습니다.

일반적으로 대체 경로의 개수나 용도에 따라 MST의 스패닝 트리 프로토콜 프로세스 개수를 정의합니다. MST에서는 리전 개념이 도입되어 여러 개의 VLAN을 하나의 리전으로 묶을 수 있습니다. 리전 하나가 스패닝 트리 하나가 됩니다. 예를 들어 11~50번 VLAN과 101~150번 VLAN이 있다면 11~50번을 하나의 리전으로, 101~150번을 하나의 리전으로 묶으면 두 개의 스패닝 트리로 100개의 VLAN을 관리할 수 있습니다.

참고

스패닝 트리 프로토콜의 대안

스패닝 트리 프로토콜은 루프 예방에 필수적인 메커니즘이지만 스위치에 부담이 많은 프로토콜이고 포트가 차단(block)되거나 늦게 포워딩되어 불편한 점이 많습니다. 이런 문제들을 해결하기 위해 PortFast, UplinkFast, BackboneFast와 같은 다수 기능들이 있지만 잘못 사용하면 장애 발생의 원인이 되기도 합니다(포트 패스트를 활성화한 포트에 일반 스위치가 접속되면 루프가 발생할 수 있습니다).

여러 가지 불편한 스패닝 트리 프로토콜을 근본적으로 대체하기 위해 네트워크를 잘게 쪼개 디자인하거나 대체재를 사용하는 경우가 많습니다. 이런 대체재 프로토콜은 대부분 모두 호환되는 것이 아니라 스위치 제작업체에서만 동작하거나 이름은 같아도 동작 방식이 다르거나 호환성이 없는 경우가 있습니다.

- SLPP(Simple Loop Prevention Protocol)
  - Nortel사가 개발한 루프 예방 프로토콜
  - Avaya사의 인수 이후 Extreme Network사가 인수함
- Extreme STP
  - Extreme사가 개발한 루프 예방 프로토콜

- Loop Guard
  - STP와 다른 메커니즘으로 루프를 확인
- BPDU Guard
  - BPDU가 인입될 경우, 해당 포트를 차단

참고

스위치의 구조와 스위치에 IP 주소가 할당된 이유

스위치는 스위치 관리용 컨트롤 플레인(Control Plane)과 패킷을 포워딩하는 데이터 플레인(Data Plane)으로 크게 나뉩니다. 앞에서 설명한 STP나 스위치 원격관리용 텔넷, SSH, 웹과 같은 서비스는 컨트롤 플레인에서 수행됩니다.

스위치는 2계층에서 동작하는 장비여서 MAC 주소만 이해할 수 있습니다. 스위치가 동작하는 데 IP는 필요없지만 일정 규모 이상의 네트워크에서 운영되는 스위치는 관리 목적으로 대부분 IP 주소가 할당됩니다.

▼ 그림 4-42 스위치는 컨트롤 플레인과 데이터 플레인으로 나뉜다.

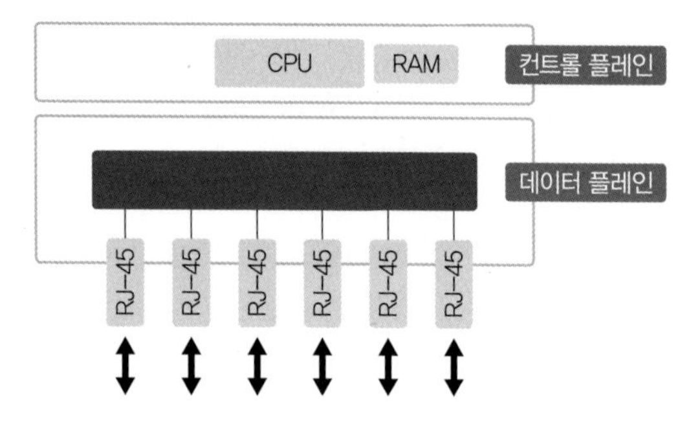

5장

라우터/L3 스위치: 3계층 장비

라우터(Router)는 3계층에서 동작하는 여러 네트워크 장비의 대표격으로 그 이름처럼 경로를 지정해주는 장비입니다. 라우터에 들어오는 패킷의 목적지 IP 주소를 확인하고 자신이 가진 경로(Route) 정보를 이용해 패킷을 최적의 경로로 포워딩합니다. 인터넷을 통해 다양한 서비스를 제공받는 현대 네트워크 환경에서는 인터넷을 연결하기 위한 원격지 통신이 매우 중요합니다. 라우터는 원격지 네트워크와 연결할 때 필수 네트워크 장비이며 네트워크를 구성하는 핵심 장비입니다. 이번 장에서는 서로 다른 네트워크 간에 통신할 때 반드시 필요한 라우터 장비에 대해 알아보겠습니다.

▼ 그림 5-1 OSI 7계층상의 3계층 장비인 라우터 통신

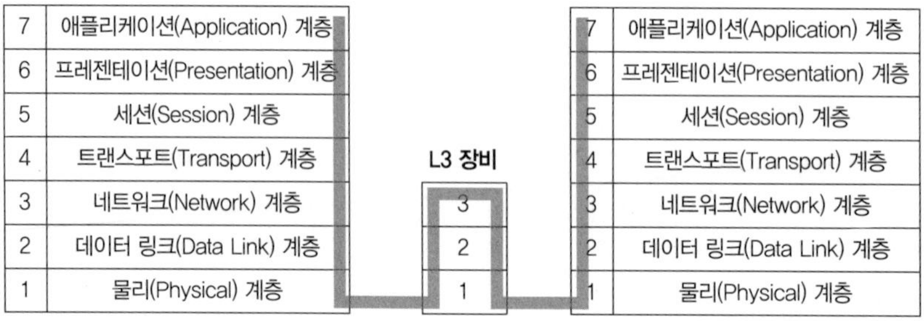

계층	이름	L3 장비	계층	이름
7	애플리케이션(Application) 계층		7	애플리케이션(Application) 계층
6	프레젠테이션(Presentation) 계층		6	프레젠테이션(Presentation) 계층
5	세션(Session) 계층		5	세션(Session) 계층
4	트랜스포트(Transport) 계층		4	트랜스포트(Transport) 계층
3	네트워크(Network) 계층	3	3	네트워크(Network) 계층
2	데이터 링크(Data Link) 계층	2	2	데이터 링크(Data Link) 계층
1	물리(Physical) 계층	1	1	물리(Physical) 계층

참고

라우터? L3 스위치?

스위치는 대표적인 2계층 장비이지만 라우터처럼 3계층에서 동작하는 L3 스위치라고 부르는 장비도 많이 사용되고 있습니다. 기존에 라우터는 소프트웨어로 구현하고 스위치는 하드웨어로 구현하는 형태로 구분하거나 다양한 기능의 라우터와 패킷을 빨리 보내는 데 최적화된 스위치로 구분했지만 최근 기술 발달로 라우터와 L3 스위치를 구분하기는 어렵습니다. 이번 장에서 다루는 내용은 라우터로 설명하고 있지만 L3 스위치로도 모두 동일하게 적용되는 내용입니다.

5.1 라우터의 동작 방식과 역할

NETWORK

라우터는 다양한 경로 정보를 수집해 최적의 경로를 라우팅 테이블에 저장한 후 패킷이 라우터로 들어오면 도착지 IP 주소와 라우팅 테이블을 비교해 최선의 경로로 패킷을 내보냅니다. 스위치와

반대로 라우터는 들어온 패킷의 목적지 주소가 라우팅 테이블에 없으면 패킷을 버립니다. 라우터는 패킷 포워딩 과정에서 기존 2계층 헤더 정보를 제거한 후 새로운 2계층 헤더를 만들어냅니다. 위에서 차례로 설명한 라우터의 동작 방식을 경로 지정, 브로드캐스트 컨트롤, 프로토콜 변환이라고 합니다.

5.1.1 경로 지정

라우터의 가장 중요한 역할은 경로 지정입니다. 경로 정보를 모아 라우팅 테이블을 만들고 패킷이 라우터로 들어오면 패킷의 도착지 IP 주소를 확인해 경로를 지정하고 패킷을 포워딩합니다. 3.3.1 IP 주소 체계 절에서 설명했듯이 IP 주소는 네트워크 주소와 호스트 주소로 나뉜 계층 구조를 기반으로 설계되어 로컬 네트워크와 원격지 네트워크를 구분할 수 있고 네트워크 주소를 기반으로 경로를 찾아갈 수 있습니다. 라우터는 이 IP 주소를 확인해 원격지에 있는 적절한 경로로 패킷을 포워딩합니다.

라우터는 경로를 지정해 패킷을 포워딩하는 역할을 두 가지로 구분해 수행합니다. 경로 정보를 얻는 역할과 얻은 경로 정보를 확인하고 패킷을 포워딩하는 역할입니다. 라우터는 자신이 얻은 경로 정보에 포함되는 패킷만 포워딩하므로 정확한 목적지 경로를 얻는 것이 매우 중요합니다. 다양한 방법으로 경로 정보를 얻을 수 있는데 IP 주소를 입력하면서 자연스럽게 인접 네트워크 정보를 얻는 방법과 관리자가 직접 경로 정보를 입력하는 방법, 라우터끼리 서로 경로 정보를 자동으로 교환하는 방법이 있습니다.

▼ 그림 5-2 라우터의 가장 중요한 역할은 1. 경로 정보 얻기, 2. 얻은 경로 정보로 패킷을 포워딩하기다.

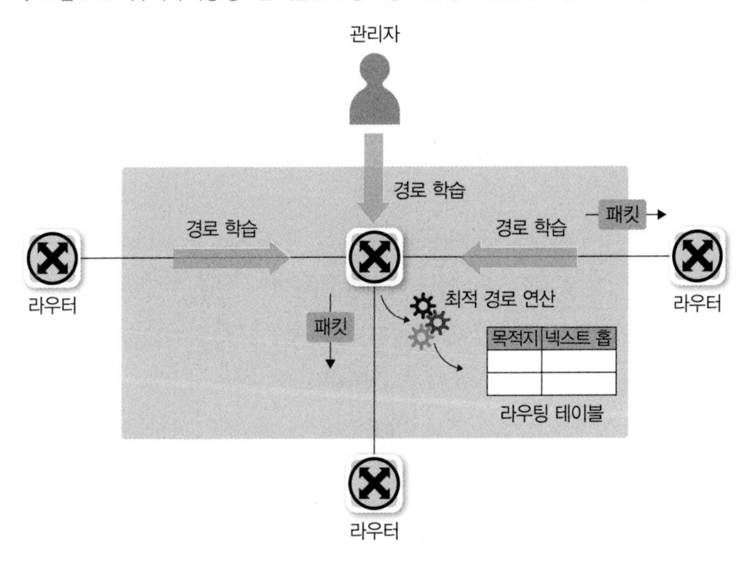

라우팅에 대한 세부적인 내용은 5.2 경로 지정 – 라우팅/스위칭 절에서 더 상세히 알아보겠습니다.

5.1.2 브로드캐스트 컨트롤(Broadcast Control)

스위치는 패킷의 도착지 주소를 모르면 어딘가에 존재할지 모를 장비와의 통신을 위해 플러딩해 패킷을 모든 포트에 전송합니다. LAN 어딘가에 도착지가 있을 수 있다고 가정하고 패킷을 전체 네트워크에 플러딩하는 것이 쓸모없는 패킷이 전송되어 전체 네트워크의 성능에 무리가 갈 수 있다고 생각할 수 있지만 LAN은 크기가 작아 플러딩에 대한 영향이 작고 도착지 네트워크 인터페이스 카드(NIC)에서 자신의 주소와 패킷의 도착지 주소가 다르면 패킷을 버리기 때문에 이런 플러딩 작업은 네트워크에 큰 무리를 주지 않습니다.

반면, 라우터는 패킷을 원격지로 보내는 것을 목표로 개발되어 3계층에서 동작하고 분명한 도착지 정보가 있을 때만 통신을 허락합니다. 인터넷 연결은 대부분 지정된 대역폭만 빌려 사용하므로 쓸모없는 통신이 네트워크를 차지하는 것을 최대한 막으려고 노력합니다. 만약 LAN에서 스위치가 동작하는 것처럼 목적지가 없거나 명확하지 않은 패킷이 플러딩된다면 인터넷에 쓸모 없는 패킷이 가득 차 통신불능 상태가 될 수 있습니다.

라우터는 바로 연결되어 있는 네트워크 정보를 제외하고 경로 습득 설정을 하지 않으면 패킷을 포워딩할 수 없습니다. 라우터의 기본 동작은 멀티캐스트 정보를 습득하지 않고 브로드캐스트 패킷을 전달하지 않습니다. 라우터의 이 기능을 이용해 브로드캐스트가 다른 네트워크로 전파되는 것을 막을 수 있습니다. 이 기능을 "브로드캐스트 컨트롤/멀티캐스트 컨트롤"이라고 합니다. 네트워크에 브로드캐스트가 많이 발생하는 경우, 라우터로 네트워크를 분리하면 브로드캐스트 네트워크를 분할해 네트워크 성능을 높일 수 있습니다.

5.1.3 프로토콜 변환

라우터의 또 다른 역할은 서로 다른 프로토콜로 구성된 네트워크를 연결하는 것입니다. 현대 네트워크는 이더넷으로 수렴되므로 이 역할이 많이 줄었지만 과거에는(현재도 일부) LAN에서 사용하는 프로토콜과 WAN에서 사용하는 프로토콜이 전혀 다른, 완전히 구분된 공간이었습니다. LAN은 다수 컴퓨터가 함께 통신하는 데 초점을 맞추었고 WAN은 원거리 통신이 목적이었습니다. LAN 기술이 WAN 기술로 변환되어야만 인터넷과 같이 원격지 네트워크와의 통신이 가능했고 이 역할을 라우터가 담당했습니다.

▼ 그림 5-3 LAN과 WAN 기술을 변환해주는 라우터

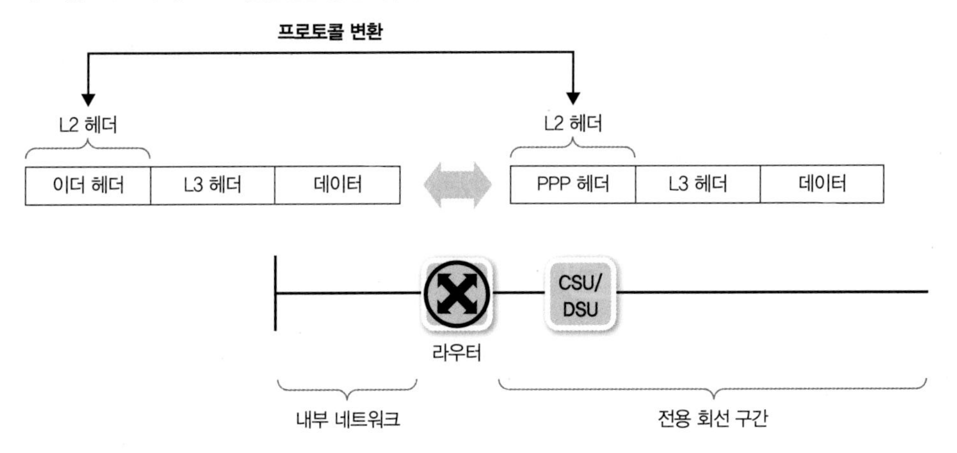

라우터는 3계층에서 동작하는 장비이므로 3계층 주소 정보를 확인하고 그 정보를 기반으로 동작합니다. 라우터에 패킷이 들어오면 2계층까지의 헤더 정보를 벗겨내고 3계층 주소를 확인한 후 2계층 헤더 정보를 새로 만들어 외부로 내보냅니다. 그래서 라우터에 들어올 때의 패킷 2계층 헤더 정보와 나갈 때의 패킷 2계층 헤더 정보가 다른 것입니다. 이 기능을 이용하면 전혀 다른 기술 간 변환이 가능합니다. 저속 전용회선에서 WAN 구간은 PPP와 같은 WAN 프로토콜이 사용되고 LAN 구간은 이더넷 프로토콜이 사용됩니다. LAN 구간에서 패킷이 라우터를 지나면서 2계층까지의 헤더가 벗겨지고 WAN 구간으로 패킷이 나올 때 PPP 헤더로 변경되어 프로토콜이 변환됩니다.

5.2 경로 지정 – 라우팅/스위칭

NETWORK

라우터가 패킷을 처리할 때는 크게 두 가지 작업을 수행합니다.

- 경로 정보를 얻어 경로 정보를 정리하는 역할
- 정리된 경로 정보를 기반으로 패킷을 포워딩하는 역할

라우터는 자신이 분명히 알고 있는 주소가 아닌 목적지를 가진 패킷이 들어오면 해당 패킷을 버리므로 패킷이 들어오기 전에 경로 정보를 충분히 수집하고 있어야 라우터가 정상적으로 동작합니다. 인터넷에 존재하는 주소와 경로는 매우 많고 점점 늘고 있습니다. 클래스리스(Classless) 네트

워크로 전환된 후에는 같은 클래스에 있는 주소조차 서브네팅된 상태로 분산되어 존재하므로 경로 정보가 기존보다 훨씬 많아졌습니다. 라우터는 이런 복잡하고 많은 경로 정보를 얻어 최적의 경로 정보인 라우팅 테이블을 적절히 유지해야 합니다.

라우터는 다양하고 많은 경로 정보를 얻을 수 있지만 원하는 목적지 정보와 정확히 일치하지 않는 경우가 더 많습니다. 라우터는 서브넷 단위로 라우팅 정보를 습득하고 라우팅 정보를 최적화하기 위해 서머리(Summary) 작업을 통해 여러 개의 서브넷 정보를 뭉쳐 전달합니다. 그래서 라우터에 들어온 패킷의 목적지 주소와 라우터가 갖고 있는 라우팅 테이블 정보가 정확히 일치하지 않더라도(Exact Match가 아니더라도) 수많은 정보 중 목적지에 가장 근접한 정보를 찾아 패킷을 포워딩해야 합니다.

이번 장에서는 라우터의 가장 중요한 두 가지 역할인 경로를 얻는 방법과 얻은 경로를 바탕으로 패킷을 포워딩하는 동작에 대해 자세히 알아보겠습니다.

5.2.1 라우팅 동작과 라우팅 테이블

현대 인터넷에서는 단말부터 목적지까지의 경로를 모두 책임지는 것이 아니라 인접한 라우터까지만 경로를 지정하면 인접 라우터에서 최적의 경로를 다시 파악한 후 라우터로 패킷을 포워딩합니다. 네트워크를 한 단계씩 뛰어넘는다는 의미로 이 기법을 홉-바이-홉(Hop-by-Hop) 라우팅이라고 부르고 인접한 라우터를 넥스트 홉(Next Hop)이라고 부릅니다. 라우터는 패킷이 목적지로 가는 전체 경로를 파악하지 않고 최적의 넥스트 홉을 선택해 보내줍니다.

▼ 그림 5-4 홉-바이-홉 라우팅 기법을 사용한 인터넷

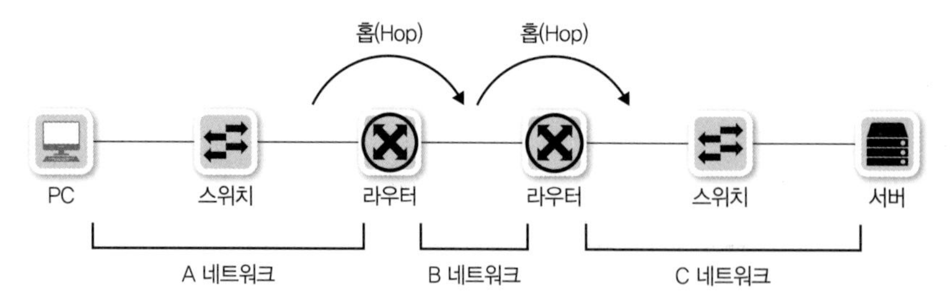

넥스트 홉을 지정할 때는 일반적으로 세 가지 방법을 사용할 수 있습니다.

- 다음 라우터의 IP를 지정하는 방법(넥스트 홉 IP 주소)
- 라우터의 나가는 인터페이스를 지정하는 방법
- 라우터의 나가는 인터페이스와 다음 라우터의 IP를 동시에 지정하는 방법

라우터에서 넥스트 홉을 지정할 때는 일반적으로 상대방 라우터의 인터페이스 IP 주소를 지정하는 방법을 사용합니다. 특수한 경우에만 라우터의 나가는 인터페이스를 지정하는 방법을 쓸 수 있는데 상대방 넥스트 홉 라우터의 IP를 모르더라도 MAC 주소 정보를 알아낼 수 있을 때만 사용할 수 있습니다. WAN 구간 전용선에서 PPP(Point-to-Point)나 HLDC(High Level Datalink Control)와 같은 프로토콜을 사용해 상대방의 MAC 주소를 알 필요가 없거나 상대방 라우터에서 프록시 ARP가 동작해 정확한 IP 주소를 모르더라도 상대방의 MAC 주소를 알 수 있을 때와 같이 한정된 조건에서만 사용할 수 있습니다. 이런 경우는 특수한 경우이므로 상대방 IP 주소를 넥스트 홉으로 지정해야 합니다.

인터페이스를 설정할 때는 라우터의 나가는 물리 인터페이스를 지정하는 것이 일반적이지만 IP 주소와 인터페이스를 동시에 사용할 때는 VLAN 인터페이스와 같은 논리적인 인터페이스를 사용할 수 있습니다.

▼ 그림 5-5 넥스트 홉을 지정하는 방법에는 출력 인터페이스와 넥스트 홉 IP 주소가 있다.

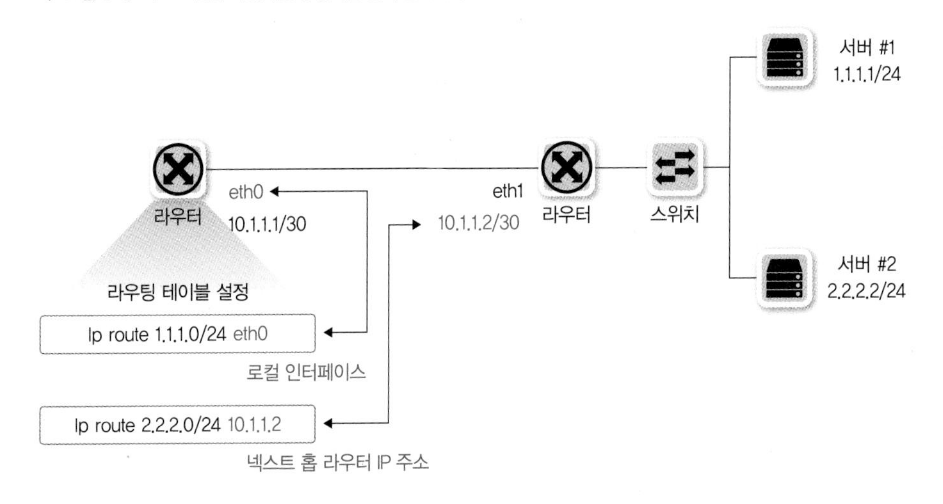

라우터가 패킷을 어디로 포워딩할지 경로를 선택할 때는 출발지를 고려하지 않습니다. 출발지와 상관없이 목적지 주소와 라우팅 테이블을 비교해 어느 경로로 포워딩할지 결정합니다. 그래서 라우팅 테이블을 만들 때는 목적지 정보만 수집하고 패킷이 들어오면 목적지 주소를 확인해 패킷을 넥스트 홉으로 포워딩합니다.

라우팅 테이블에 저장하는 데이터에는 다음과 같은 정보가 포함됩니다.

- 목적지 주소
- 넥스트 홉 IP 주소, 나가는 로컬 인터페이스(선택 가능)

라우터에서 패킷의 출발지 주소를 이용해 라우팅하도록 PBR(Policy-Based Routing) 기능을 사용할 수 있지만 목적지 주소만 수집하는 라우팅 테이블로는 이 기능을 활성화할 수 없고 라우터 정책과 관련된 별도 설정이 필요합니다. 이 경우, 다른 라우터로의 전파가 어렵고 라우터에 일반적이지 않은 별도 동작이 필요합니다. 소스 라우팅(Source Routing)이나 줄여서 폴리시 라우팅(Policy Routing)이라고 불리는 이 기능은 관리가 어려워지고 문제가 발생하면 해결이 어려우므로 특별한 목적으로만 사용합니다.

참고

소스 라우팅과 PBR, 정책 라우팅

PBR은 출발지 IP만으로 패킷 경로를 지정하는 것이 아니라 도착지 IP와 포트 번호와 같은 다양한 조건을 합쳐 사용할 수 있습니다. PBR을 출발지 주소를 이용해 경로를 지정한다는 이유로 일부 회사나 실무에서는 소스 라우팅이라고 부르지만 소스 라우팅의 원래 의미는 라우터가 경로를 지정하는 것이 아니라 출발지에서 경로를 지정하는 것이었습니다. 두 가지 용어의 의미를 모두 알고 문맥에 맞게 사용해야 합니다.

참고

루프가 없는(Loop Free) 3계층: TTL(Time To Live)

3계층의 IP 헤더에는 TTL이라는 필드가 있습니다. 이 필드는 패킷이 네트워크에 살아 있을 수 있는 시간(홉)을 제한합니다.

인터넷 구간에서 쓸모없는 패킷이 돌아다녀 대역폭을 낭비하는 것을 막기 위해 라우터는 주소가 불분명한 패킷을 버립니다. 하지만 실제로 운영되던 사이트가 갑자기 없어지는 경우가 발생할 수 있고 대안 경로를 찾다가 순간적으로 마주보는 두 대의 라우터의 넥스트 홉이 각각 상대방으로 구성되어 패킷이 두 라우터 사이에서 계속 오가는 경우도 생길 수 있습니다.

예를 들어 그림 5-6과 같이 목적지가 30.30.30.30인 패킷이 R1, R2에 들어오면 R1은 라우팅 테이블을 참조해 (ip route 30.30.30.0/24 1.1.1.2) 1.1.1.2 IP로 내보내고 이 패킷을 받은 R2는 자신의 라우팅 테이블을 참조해 (ip route 30.30.30.0/24 1.1.1.1) 1.1.1.1로 패킷을 포워딩합니다. R1에서 R2로, R2에서 다시 R1으로 패킷을 보내는 이 현상을 라우팅 루프라고 합니다.

✔ 그림 5-6 두 라우터 간의 잘못된 라우팅으로 발생하는 L3 루프

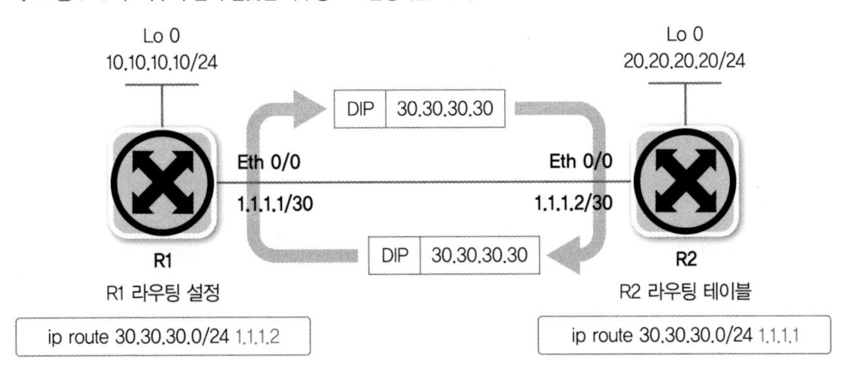

패킷이 영구적으로 사라지지 않는다면 장비 간에 동일한 패킷이 핑퐁(Ping Pong)을 치거나 인터넷에 사라지지 않는 유령 패킷이 넘쳐날 것입니다. 그래서 모든 패킷은 TTL이라는 수명 값(Lifetime)을 가지고 있고 이 값이 0이 되면 네트워크 장비에서 버려집니다. TTL은 실제 초와 같은 시간이 아니라 홉을 지칭하며 하나의 홉을 지날 때마다 TTL 값은 1씩 줄어듭니다.

✔ 그림 5-7 라우터를 지날 때마다 TTL 값이 1씩 줄어든다.

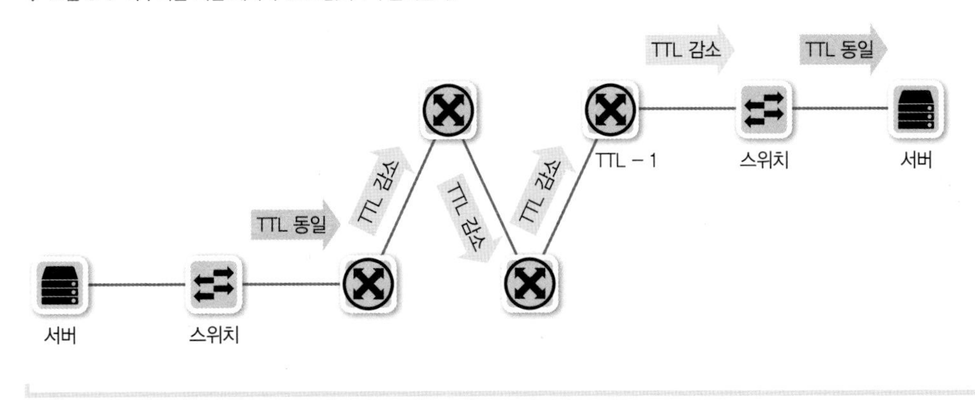

5.2.2 라우팅(라우터가 경로 정보를 얻는 방법)

라우터가 경로 정보를 얻는 방법은 매우 다양하지만 다음 3가지 방법으로 크게 구분할 수 있습니다.

1. 다이렉트 커넥티드
2. 스태틱 라우팅
3. 다이나믹 라우팅

위의 3가지 방법을 이용해 경로 정보를 수집하고 수집된 경로 정보 중 목적지에 대한 최적의 경로를 선정해 라우팅 테이블을 만듭니다. 지금부터 경로 정보를 각 방법으로 어떻게 얻는지 더 상세히 알아보겠습니다.

5.2.2.1 다이렉트 커넥티드

IP 주소를 입력할 때 사용된 IP 주소와 서브넷 마스크로 해당 IP 주소가 속한 네트워크 주소 정보를 알 수 있습니다. 라우터나 PC에서는 이 정보로 해당 네트워크에 대한 라우팅 테이블을 자동으로 만듭니다. 이 경로 정보를 다이렉트 커넥티드(Direct Connected)라고 부릅니다. 다이렉트 커넥티드로 생성되는 경로 정보는 인터페이스에 IP를 설정하면 자동 생성되는 정보이므로 정보를 강제로 지울 수 없고 해당 네트워크 설정을 삭제하거나 해당 네트워크 인터페이스가 비활성화되어야만 자동으로 사라집니다.

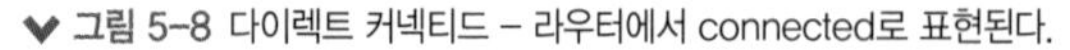
▼ 그림 5-8 다이렉트 커넥티드 – 라우터에서 connected로 표현된다.

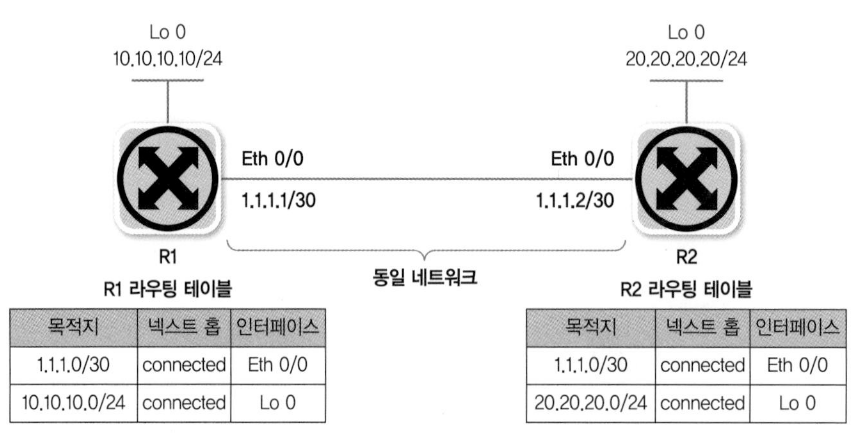

R1 라우팅 테이블

목적지	넥스트 홉	인터페이스
1.1.1.0/30	connected	Eth 0/0
10.10.10.0/24	connected	Lo 0

R2 라우팅 테이블

목적지	넥스트 홉	인터페이스
1.1.1.0/30	connected	Eth 0/0
20.20.20.0/24	connected	Lo 0

그림 5-8에서 R1은 1.1.1.0/30와 10.10.10.0/24 네트워크, R2는 1.1.1.0/30와 20.20.20.0/24 네트워크 정보를 갖고 있습니다. 이 정보는 모두 다이렉트 커넥티드에서 습득된 정보입니다.

5.2.2.2 스태틱 라우팅

관리자가 목적지 네트워크와 넥스트 홉을 라우터에 직접 지정해 경로 정보를 입력하는 것을 스태틱 라우팅(Static Routing)이라고 합니다. 스태틱 라우팅은 관리자가 경로를 직접 지정하므로 라우팅 정보를 매우 직관적으로 설정, 관리할 수 있습니다. 스태틱 라우팅은 다이렉트 커넥티드처럼 연결된 인터페이스 정보가 삭제되거나 비활성화되면 연관된 스태틱 라우팅 정보가 자동 삭제됩니다. 다만 물리 인터페이스가 아닌 논리 인터페이스는 물리 인터페이스가 비활성화되더라도 함께 비활성화되지 않는 경우도 있어 라우팅 테이블에서 사라지지 않을 수 있습니다.

▼ 그림 5-9 스태틱 라우팅

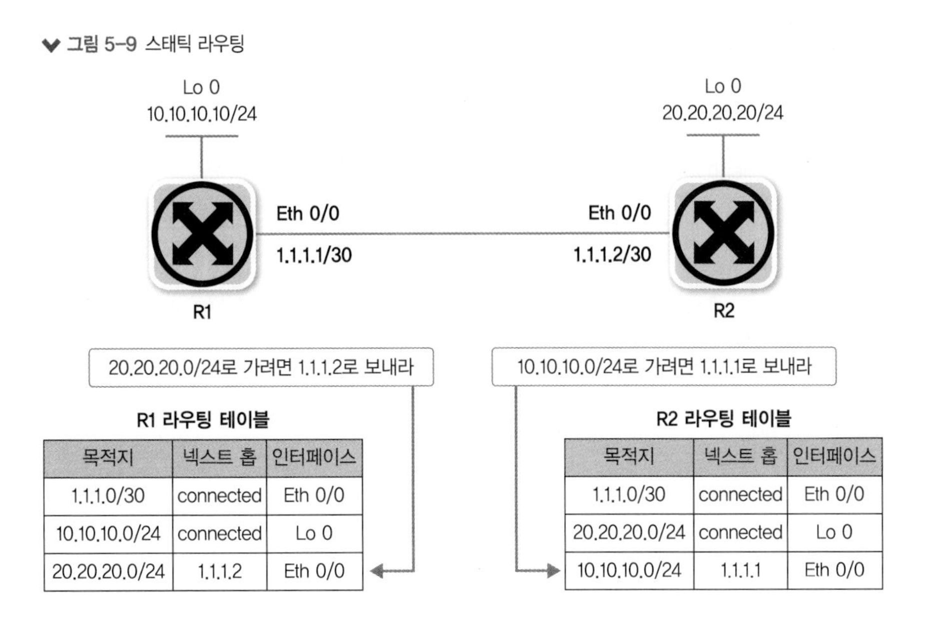

목적지	넥스트 홉	인터페이스
1.1.1.0/30	connected	Eth 0/0
10.10.10.0/24	connected	Lo 0
20.20.20.0/24	1.1.1.2	Eth 0/0

목적지	넥스트 홉	인터페이스
1.1.1.0/30	connected	Eth 0/0
20.20.20.0/24	connected	Lo 0
10.10.10.0/24	1.1.1.1	Eth 0/0

그림 5-9의 R1은 10.10.10.10/24와 1.1.1.0/30 네트워크만 다이렉트 커넥티드를 이용해 학습할 수 있으므로 20.20.20.20/24 네트워크 정보가 없습니다. R1의 10.10.10.0/24 네트워크에서 R2의 20.20.20.20과 통신하려면 넥스트 홉을 1.1.1.2로 스태틱 라우팅을 설정해야 합니다.

네트워크 통신은 양방향이므로 되돌아오는 패킷을 고려해야 합니다. R2에서는 20.20.20.0/24 네트워크 정보와 1.1.1.0/30 네트워크 정보를 다이렉트 커넥티드 라우팅을 이용해 얻을 수 있지만 원래 출발지였던 10.10.10.10/24 네트워크 정보가 없습니다. R2에서도 스태틱 라우팅을 이용해 10.10.10.10/24 네트워크 정보를 추가합니다. 이때 넥스트 홉은 1.1.1.1이 되어야 합니다.

5.2.2.3 다이나믹 라우팅

스태틱 라우팅은 관리자가 변화가 적은 네트워크에서 네트워크를 손쉽게 관리할 수 있는 좋은 방법이지만 큰 네트워크는 스태틱 라우팅만으로는 관리가 어렵습니다. 스태틱 라우팅은 라우터 너머의 다른 라우터의 상태 정보를 파악할 수 없어 라우터 사이의 회선이나 라우터에 장애가 발생하면 장애 상황을 파악하고 대체 경로로 패킷을 보낼 수 없기 때문입니다.

예를 들어 그림 5-10처럼 R1에서 40.40.40.0/24 네트워크로 가는 경로가 R2의 1.1.1.2로 보내도록 라우팅 테이블이 설정되어 있습니다. R2와 R4 사이의 링크가 다운되더라도 R1과 R3에서는 이 상황을 파악할 수 없어 R1은 40.40.40.0/24에 대한 경로를 변경하지 못하고 패킷을 R2로 계속 포워딩하고 40.40.40.0/24에 대한 경로가 사라진 R2는 이 패킷을 드롭합니다.

▼ 그림 5-10 스태틱 라우팅 적용 시, 장애로 인한 네트워크 경로 반영이 되지 않는다.

스태틱 라우팅으로 설정 시, 한 홉을 건넌 장애(R2–R4 간)를 라우팅 테이블(R1)에 반영하지 못함

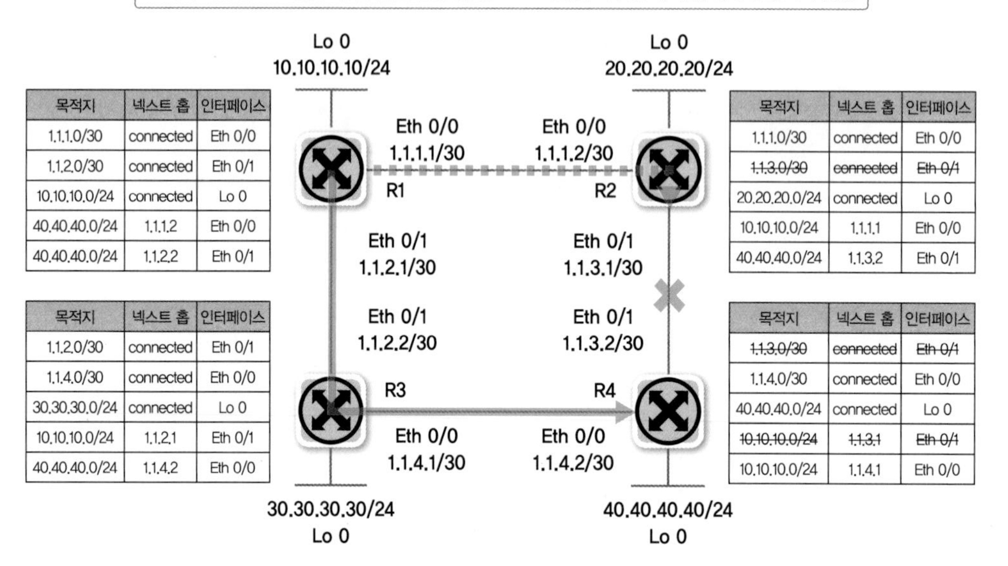

또한, 관리해야 할 네트워크 수가 많아지거나 연결이 복잡해지면 관리자가 직접 관리해야 하는 라우팅 개수가 기하급수적으로 늘어나므로 관리자가 라우팅을 직접 추가하거나 삭제하는 데 한계가 있습니다.

다이나믹 라우팅(Dynamic Routing)은 스태틱 라우팅의 이런 단점을 보완해줍니다. 라우터끼리 자신이 알고 있는 경로 정보나 링크 상태 정보를 교환해 전체 네트워크 정보를 학습합니다. 주기적으로 또는 상태 정보가 변경될 때 라우터끼리 경로 정보가 교환되므로 라우터를 연결하는 회선이나 라우터 자체에 장애가 발생하면 이 상황을 인지해 대체 경로로 패킷을 포워딩할 수 있습니다. 관리자의 개입 없이 라우터끼리의 정보교환만으로 장애를 인지하고 트래픽을 우회할 수 있으므로 대부분의 네트워크에서 다이나믹 라우팅이 사용됩니다.

▼ 그림 5-11 다이나믹 라우팅

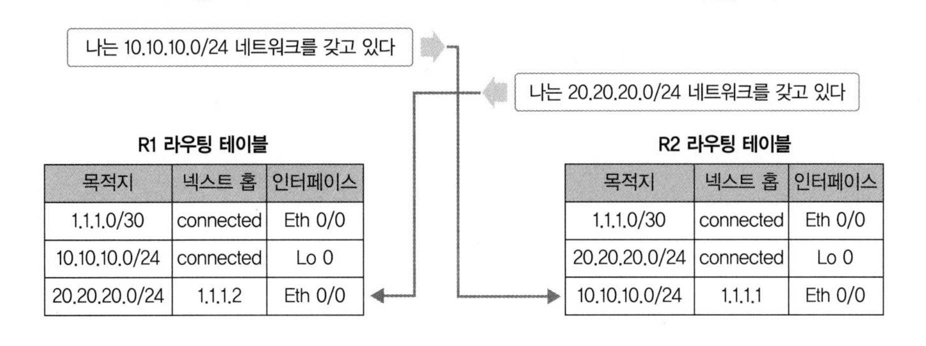

R1 라우팅 테이블

목적지	넥스트 홉	인터페이스
1.1.1.0/30	connected	Eth 0/0
10.10.10.0/24	connected	Lo 0
20.20.20.0/24	1.1.1.2	Eth 0/0

R2 라우팅 테이블

목적지	넥스트 홉	인터페이스
1.1.1.0/30	connected	Eth 0/0
20.20.20.0/24	connected	Lo 0
10.10.10.0/24	1.1.1.1	Eth 0/0

그림 5-11처럼 다이나믹 라우팅에서는 자신이 광고할 네트워크를 선언해주어야 합니다. 각 다이나믹 라우팅 프로토콜에 따라 설정 방법만 다를 뿐 광고에 필요한 자신의 네트워크를 선언해야 하는 것은 똑같습니다.

위에서 라우터가 경로 정보를 얻는 방법을 크게 3가지로 분류했지만 다이나믹 라우팅은 하나가 아니라 다시 세부적으로 여러 종류로 분류할 수 있습니다. 라우터에서 라우팅의 역할은 경로 정보를 얻는 것뿐만 아니라 다양한 경로 정보를 체계적으로 데이터베이스화하고 순위를 적절히 부여해 최선의 경로 정보만 수집해두는 것입니다. 패킷을 포워딩할 때 최적의 경로를 찾는 작업을 단순화하기 위해 라우팅 정보를 저장할 때 최적의 경로만 추려 별도 테이블에 미리 보관합니다. 라우터가 수집한 경로 정보, 원시 데이터(Raw Data)를 토폴로지 테이블이라고 하고 이 경로 정보 중 최적의 경로를 저장하는 테이블을 라우팅 테이블이라고 합니다. 많은 패킷을 실시간으로 포워딩해야 하는 라우터는 라우팅 테이블을 참고해 패킷 경로를 지정하고 포워딩합니다.

여기서 중요한 개념은 패킷을 보낼 때는 전체 경로를 고려하는 것이 아니라 다음 라우터까지만 패킷을 포워딩한다는 것입니다. 위에서 언급한 것처럼 이런 기법을 홉-바이-홉 라우팅이라고 하고 다음 라우터까지만 패킷을 보내면 그 다음 라우터가 다시 다음 라우터까지의 최적의 경로로 패킷을 포워딩합니다.

5.2.3 스위칭(라우터가 경로를 지정하는 방법)

위에서 설명했듯이 다양한 방법으로 경로 정보를 얻고 그 정보 중 최적의 경로로 생각되는 경로를 라우팅 테이블에 올려 유지하는 과정을 라우팅이라고 부릅니다. 이런 최적 경로 정보를 유지하는 것은 라우터에 패킷이 들어왔을 때 라우터가 최선의 경로로 패킷을 빨리 포워딩하는 것을 도와주기 위해서입니다. 패킷이 들어와 라우팅 테이블을 참조하고 최적의 경로를 찾아 라우터 외부로 포워딩하는 작업을 스위칭이라고 합니다. 이 스위칭은 2계층의 스위치와 이름은 비슷하지만 다른 용어이며 3계층 장비인 라우터가 패킷 경로를 지정해 보내는 작업을 말합니다.

패킷을 최선의 경로로 내보낼 때도 여러 가지를 고려해야 합니다. 들어온 패킷의 목적지가 라우팅 테이블에 있는 정보와 완벽히 일치할 때도 있지만 비슷하게 일치하거나 일치하지 않는 경우도 생길 수 있기 때문입니다.

▼ 그림 5-12 라우팅 테이블과 패킷 스위칭

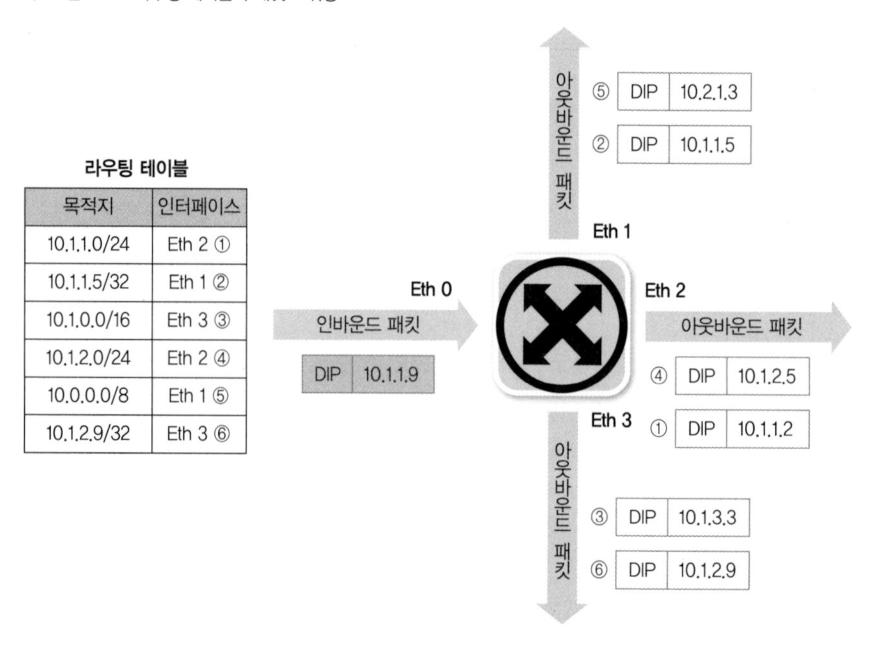

그림 5-12처럼 10.1.1.9 IP가 목적지인 패킷이 라우터로 들어온 경우, 라우터는 도착지 IP와 가장 가깝게 매치되는 경로 정보를 찾습니다. 10.1.1.9와 완전히 매치되는 경로 정보가 없기 때문에 롱기스트 프리픽스 매치(Longest Prefix Match) 기법을 이용해 갖고 있는 경로 정보 중 가장 가까운 경로를 선택합니다.

참고

롱기스트 프리픽스 매치

라우터가 패킷을 포워딩할 때 자신이 갖고 있는 라우팅 테이블에서 가장 좋은 항목을 찾는 알고리즘을 롱기스트 프리픽스 매치나 맥시멈 프리픽스 렝스 매치(Maximum Prefix Length Match)라고 합니다. 라우터가 이런 작업을 수행하는 것을 롱기스트 프리픽스 매칭(Longest Prefix Matching) 또는 롱기스트 매치 룰(Longest Match Rule)이라고 부르기도 합니다.

LPM이라는 용어는 다른 데서도 찾아볼 수 있는데 라우터나 스위치에서 관리할 수 있는 라우팅 테이블을 LPM 테이블(Longest Prefix Match Table)이라고 부르며 도입해야 할 장비가 관리할 수 있는 테이블 양으로 대략적인 성능을 확인할 수 있습니다. 이런 내용은 장비 데이터시트(Datasheet)에서 확인할 수 있습니다.

라우팅 테이블과 도착지 정보가 매치되는 정보는 10.0.0.0/8, 10.1.0.0/16, 10.1.1.0/24입니다. 10.1.2.0/24와 10.1.2.9/32는 세 번째 자리부터 매치되지 않으므로 도착지와 매치되는 정보로 볼 수 없습니다. 마지막 옥텟 정보가 다르므로 10.1.1.5/32 라우팅 정보도 도착지와 매치되는 정보로 볼 수 없습니다.

10.0.0.0/8, 10.1.0.0/16, 10.1.1.0/24 세 개의 라우팅 정보 중 목적지와 더 많이 매치되는 정보는 10.1.1.0/24입니다. 앞의 두 라우팅 정보보다 더 많은 네트워크 정보가 목적지와 매치되므로 이 정보를 최선의 정보로 인식해 Eth 2 인터페이스 쪽으로 패킷을 내보내게 됩니다.

사실 라우터에서 이 작업은 많은 부하가 걸립니다. 정확한 정보를 매치하는 이그잭트 매치(Exact Match)는 단순한 서치 작업으로 찾고 패킷을 처리할 수 있지만 롱기스트 매치처럼 부정확한 정보 중 가장 비슷한 경로를 찾는 작업은 더 많은 리소스를 소모합니다. 라우터에서 패킷이 들어올 때마다 이 작업을 수행하면 많은 리소스를 소모하게 됩니다. 대부분의 라우터는 오래 걸리는 이런 반복작업을 줄여주는 기술을 채용하고 있습니다.

한 번 스위칭 작업을 수행한 정보는 캐시에 저장하고 뒤에 들어오는 패킷은 라우팅 테이블을 확인하는 것이 아니라 캐시를 먼저 확인합니다. 이런 기술이 유용한 것은 패킷 네트워크에서 데이터를 보내기 위해 동일한 출발지 IP, 동일한 목적지 IP, 포트 번호로 여러 개의 패킷이 연속적으로 보내지기 때문입니다. 이런 캐시 기술도 캐시하는 정보에 따라 다양합니다. 단순히 목적지 IP만 캐시하는 경우와 출발지와 목적지 IP 모두 캐시하는 경우, 포트 번호 정보까지 포함해 플로를 모두 저장하는 경우로 구분할 수 있습니다. 한 단계 나아가 넥스트 홉 L2 정보까지 캐시해 스위칭 시간을 줄이는 기법도 사용됩니다. 이런 캐시 기법은 레디스(Redis)와 같은 메모리 캐시를 이용해 데이터베이스 부하를 줄이는 기법과 매우 유사합니다.

5.2.4 라우팅, 스위칭 우선순위

앞에서 라우팅 테이블에 대해 설명한 것처럼 라우팅 테이블은 가장 좋은 경로 정보만 모아놓은 핵심정보입니다. 일반적인 경로 정보를 모아놓은 토폴로지 테이블에서 좋은 경로 정보의 우선순위는 경로 정보를 받은 방법과 거리를 기준으로 정합니다.

▼ 그림 5-13 토폴로지 테이블 – 여러 가지 경로 정보 얻음 → 정보를 얻은 소스 기준으로 최적 정보 선정 → 라우팅 테이블

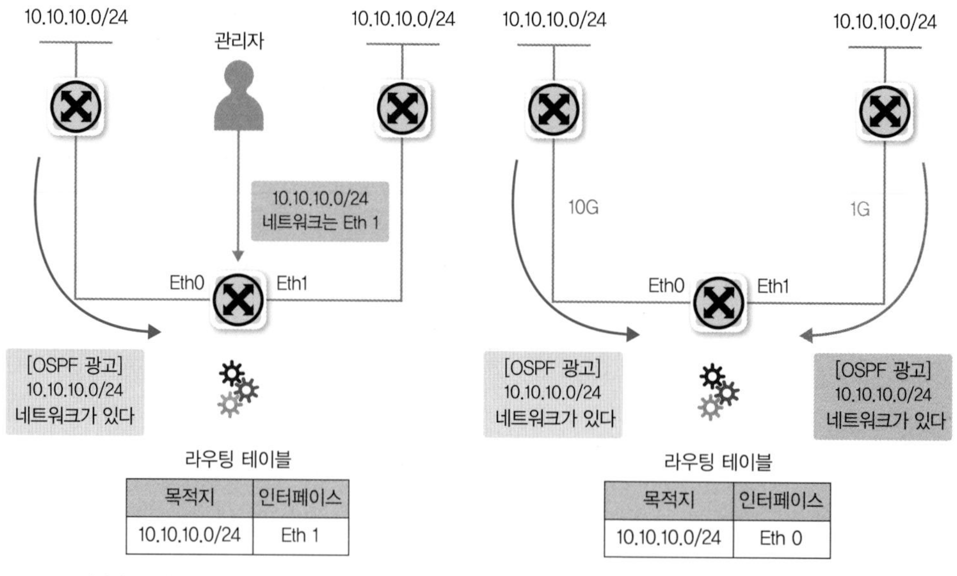

목적지 네트워크 정보가 동일한 서브넷을 사용하는 경우, 정보를 얻은 소스에 따라 가중치를 정하게 됩니다. 이 가중치 값은 라우팅 정보의 분류와 마찬가지로 크게 3가지로 나눌 수 있습니다.

- 내가 갖고 있는 네트워크(다이렉트 커넥티드)
- 내가 경로를 직접 지정한 네트워크(스태틱 라우팅)
- 경로를 전달받은 네트워크(다이나믹 라우팅)

3가지 경로 수집 방법 중 우선순위가 가장 높은 것은 라우터에 바로 연결된 네트워크입니다. 다이렉트 커넥티드라고 불리는 이 네트워크 정보는 라우터에 바로 붙은 대역이어서 경로 선정 시 우선순위가 가장 높습니다.

다음은 관리자가 목적지 네트워크에 대한 경로를 직접 지정하는 스태틱 라우팅입니다. 비록 로컬 네트워크는 아니지만 목적지 네트워크에 대한 경로 정보를 관리자가 직접 입력하면 신뢰도가 높아 로컬 네트워크 다음으로 우선순위가 높습니다.

마지막으로 라우팅 프로토콜로부터 경로를 전달받은 네트워크입니다. 이 경우는 로컬이나 관리자가 지정한 스태틱 라우팅처럼 경로 정보를 직접 얻은 것이 아니라 다른 라우터를 통해 경로를 전달받았기 때문에 우선순위가 낮습니다. 라우팅 프로토콜 중에서도 어떤 라우팅 프로토콜을 통해 경로 정보를 얻었는가에 따라 우선순위가 다릅니다.

기본적인 우선순위는 미리 정해져 있지만 필요에 따라 관리자가 우선순위를 조정해 라우팅 경로를 조정할 수 있습니다. 이런 우선순위를 AD(Administrative Distance, 관리 거리)라고 부르며 라우터 생산업체마다 AD 값이 조금씩 다릅니다.

표 5-1 라우팅별 가중치 값(시스코 장비 기준) – AD

우선순위	기본 디스턴스
0	Connected Interface(다이렉트 커넥티드)
1	Static Route(스태틱 라우팅)
20	External BGP
110	OSPF
115	IS-IS
120	RIP
200	Internal BGP
255	Unknown

경로 정보를 얻은 소스가 같아 가중치 값이 동일한 경우에는 코스트(Cost) 값으로 우선순위를 정합니다. 코스트 값까지 동일한 경우에는 ECMP(Equal-Cost Multi-Path) 기능으로 동일한 코스트 값을 가진 경로 값 정보를 모두 활용해 트래픽을 분산합니다. 코스트 값은 일종의 거리를 나타내는 값으로 라우팅 프로토콜마다 기준이 다릅니다. RIP은 홉수, OSPF는 대역폭(Bandwidth), EIGRP는 다양한 값들을 연산해 나온 값으로 코스트를 지정합니다.

패킷을 스위칭할 때는 롱기스트 프리픽스 매치 기법으로 우선순위를 정합니다. 롱기스트 프리픽스 매치는 가려는 목적지와 가장 유사한 라우팅 경로를 선택하는 알고리즘입니다.

▼ 표 5-2 롱기스트 프리픽스 매치 예시를 위한 라우팅 설정

목적지 네트워크	서브넷	넥스트 홉
10.10.10.0	255.255.255.0	10.10.10.1
10.10.0.0	255.255.0.0	10.10.10.254
10.10.10.100	255.255.255.255	10.10.10.2
10.0.0.0	255.0.0.0	10.10.10.1

표 5-2 라우팅 테이블을 예로 들면 통신하려는 목적지가 10.10.10.10이면 표 5-2의 목적지 네트워크 중 10.10.10.100은 3번째 옥텟까지 동일하지만 목적지와 다른 정보이므로 제외되고 목적지와 가장 가까운 첫 번째 10.10.10.0/24 정보를 가장 좋은 정보로 선정합니다. 목적지가 10.10.10.100이면 세 번째 10.10.10.100 정보가 정확히 일치하므로 다른 정보보다 우선시됩니다.

라우터의 라우팅, 스위칭 역할을 하나로 묶어 다시 설명하면 전체적인 우선순위는 다음과 같습니다.

▼ 표 5-3 라우팅 우선순위

우선순위	구분	적용 방법
1	롱기스트 매치	스위칭
2	AD(관리 거리)	라우팅
3	코스트	라우팅
4	부하 분산(ECMP)	라우팅

기존 정보보다 우선순위가 높은 라우팅 정보를 입력하고 싶다면 표 5-3의 우선순위를 참조해 입력하면 됩니다. 현재 라우팅 테이블에 스태틱 라우팅으로 입력한 경로 정보가 있다면 스태틱 라우팅의 AD 값이 1이므로 이 정보보다 좋은 경로를 만들기 어렵습니다. 이 경우, 롱기스트 매치로 목적지 주소와 더 많이 일치하는 라우팅 정보를 입력하면 기존 정보보다 더 좋은 경로로 인정되어 패킷의 다음 경로를 변경할 수 있습니다.

5.3 라우팅 설정 방법

라우터가 경로를 얻을 수 있는 라우팅에 대해서는 앞에서 간단히 알아보았습니다. 이번 장에서는 라우팅 우선순위와 각 라우팅 설정 방법에 대해 좀 더 자세히 알아보겠습니다.

5.3.1 다이렉트 커넥티드

앞에서 설명했듯이 라우터나 PC에 IP 주소, 서브넷 마스크를 입력하면 다이렉트 커넥티드 라우팅 테이블이 생성됩니다.

▼ 그림 5-14 다이렉트 커넥티드 라우팅 테이블

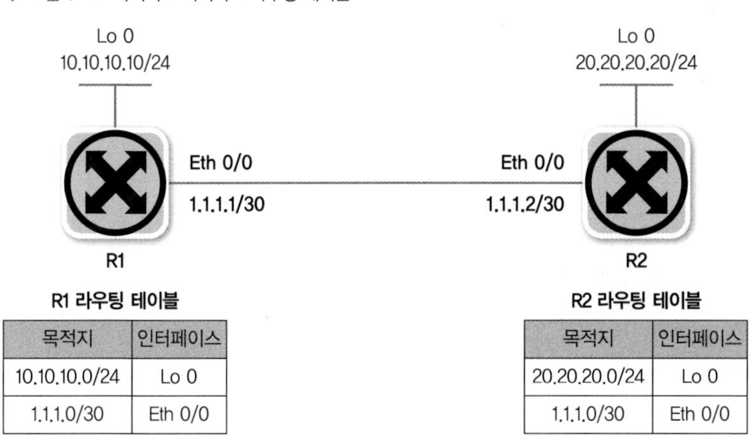

R1 라우팅 테이블

목적지	인터페이스
10.10.10.0/24	Lo 0
1.1.1.0/30	Eth 0/0

R2 라우팅 테이블

목적지	인터페이스
20.20.20.0/24	Lo 0
1.1.1.0/30	Eth 0/0

라우팅 테이블을 확인해 목적지가 다이렉트 커넥티드라면 라우터는 앞 장에서 배웠던 L2 통신(ARP 요청을 직접 보내는)으로 목적지에 도달합니다. 목적지가 외부 네트워크인데 다이렉트 커넥티드 라우팅 테이블 정보만 있으면 외부 네트워크와 통신이 불가능합니다. 외부 네트워크로 통신하려면 다이렉트 커넥티드 외에 스태틱 라우팅이나 다이나믹 라우팅에서 얻은 원격지 네트워크에 대한 적절한 라우팅 정보가 있어야 합니다.

커넥티드 라우팅 정보만 있는 경우뿐만 아니라 외부 네트워크에 대한 라우팅 정보가 있더라도 다이렉트 커넥티드 정보를 잘못 입력하면 외부 네트워크와 통신할 수 없습니다. 외부 네트워크로 나가는 첫 번째 길목이 바로 다이렉트 커넥티드이기 때문입니다. IP 주소를 잘못 설정하거나 서브넷 마스크를 정상 범위보다 크거나 작게 설정하면 다이렉트 커넥티드 라우팅 정보가 잘못 입력되는

데 이는 외부 네트워크와 단절된 독립된 네트워크가 되거나 특정 네트워크와 통신할 수 없는 상태를 만듭니다.

5.3.2 스태틱 라우팅

원격지 네트워크와 통신하려면 라우터에 직접 연결되지 않은 네트워크 정보를 입력해야 합니다. 네트워크 정보를 쉽게 추가하고 경로를 직접 제어할 수 있는 가장 강력한 방법은 스태틱 라우팅입니다. 앞에서 다룬 것처럼 다이렉트 커넥티드를 제외하고 라우팅 우선순위가 가장 높습니다. 스태틱 라우팅은 네트워크 관리자뿐만 아니라 서버 담당자도 경로 관리에 사용하는 경우가 많으므로 서버 관리자도 스태틱 라우팅을 잘 알아두면 좋습니다. 스태틱 라우팅 정보를 넣을 때 네트워크 장비나 서버의 운영 체제에 따라 문법이 일부 다르지만 대부분 다음과 같은 문법 체계를 따릅니다.

라우팅 설정 문법

```
ip route NETWORK NETMAST NEXTHOP                [네트워크 장비: 시스코]
route add -net NETWORK /Prefix gw NEXTHOP       [서버 운영 체제: 리눅스]
```

스태틱 라우팅 문법을 우리가 알아들을 수 있는 말로 이해하기 쉽게 표현하면

"목적지(네트워크/호스트 - 서스넷/서브넷 마스크)로 가려면 패킷을 넥스트 홉으로 보내야 한다."입니다.

▼ 그림 5-15 R1에서 20.20.20.0/24으로 통신하기 위한 스태틱 라우팅 설정

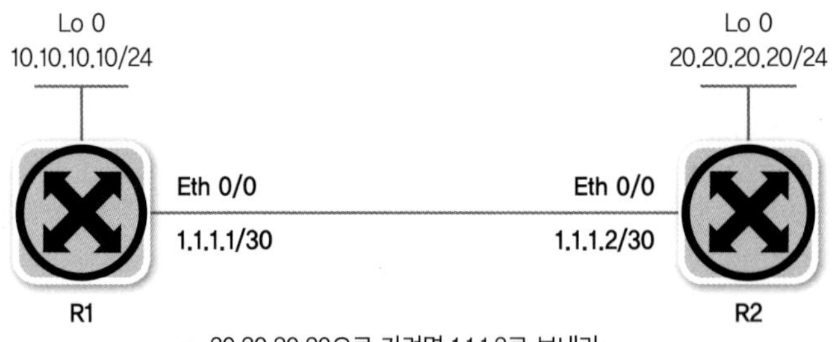

그림 5-15와 같이 R1 라우터에 IP를 입력한 후 R1의 라우팅 테이블을 확인하면 10.10.10.0/24와 1.1.1.0/30 네트워크 정보만 존재합니다. R2 라우터에 있는 네트워크인 20.20.20.0/24로 패킷을 보내고 싶어도 라우팅 정보가 없어 패킷이 버려집니다. 이 경우, R1에 20.20.20.0/24로 가

는 정보를 알려주어야 합니다. 그림 5-14 네트워크 다이어그램으로 보았을 때, 20.20.20.0/24 네트워크 정보는 R2 라우터에 있고 R1 라우터 입장에서 R2 라우터로 보내는 방법은 연결된 인터페이스인 1.1.1.2로 보내는 것입니다. 이런 경로 설정 작업은 스태틱 라우팅을 통해 할 수 있습니다.

그림 5-15와 같이 R1 라우터에 스태틱 라우팅을 입력한 후 R1 라우터의 라우팅 테이블은 다음과 같습니다.

라우팅 테이블

```
20.20.20.0/24, ubest/mbest: 1/0            (스태틱 라우팅으로 입력한 라우팅 정보)
    *via 1.1.1.2, [1/0], 1y18w, static
1.1.1.0/30, ubest/mbest: 1/0, attached     (다이렉트 커넥티드 라우팅 정보)
    *via 1.1.1.1, Eth0/0, [0/0], 43w2d, direct
1.1.1.1/32, ubest/mbest: 1/0, attached     (로컬 인터페이스 정보)
    *via 1.1.1.1, Eth0/0, [0/0], 43w2d, local
```

앞에서 설명했듯이 3계층 장비인 라우터는 적절한 경로 정보가 없으면 패킷을 버립니다. 회사 내에 있는 제한된 경로 정보를 스태틱 라우팅으로 처리하는 것은 문제가 없지만 네트워크 규모가 매우 커지거나 인터넷 연결을 해야 할 때는 라우팅을 처리하는 데 어려움이 있습니다. 인터넷에서는 현재 라우팅 정보가 840,000개 이상 있습니다.[1]

이렇게 많은 라우팅 정보를 처리하기 위해서는 일반적인 라우터, 스위치가 아니라 대용량의 인터넷 라우팅 전용 라우터가 필요합니다. 인터넷 정보를 모두 가질 수 있는 전용 라우터는 KT, SK Broadband, LGU+ 같은 인터넷 사업자가 운영합니다. 인터넷 사업자가 모든 인터넷 정보를 보유한 대형 라우터를 운영하고 있어 우리가 인터넷을 사용하는 데 아무 문제가 없는 것입니다.

▼ 그림 5-16 인터넷 사업자 라우터 쪽으로 패킷을 보내면 인터넷 통신이 가능하다.

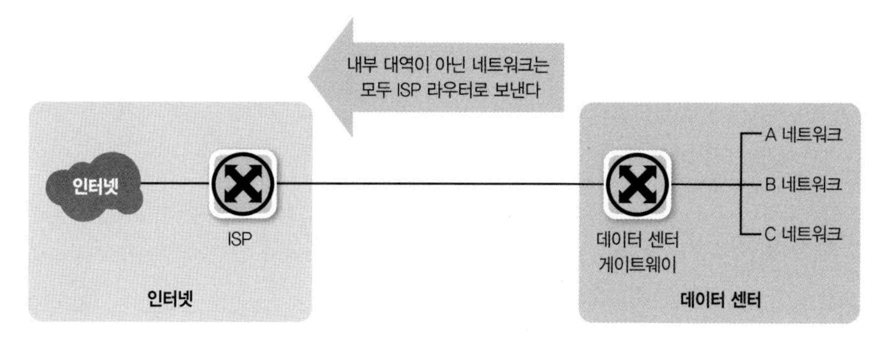

1 **2020년 9월 기준 라우팅 정보**
https://www.cidr-report.org/as2.0/

하지만 일반적인 회사에서 운영하는 라우터는 인터넷의 모든 라우팅 정보를 가질 만큼 크지 않으며 대부분 인터넷 사업자로부터 회선을 임대해 사용하는 만큼 모든 인터넷 경로 정보를 받아 처리하는 것은 부적절합니다. 이런 경우, 스태틱 라우팅을 확장한 디폴트 라우팅을 사용하면 문제를 쉽게 해결할 수 있습니다.

(디폴트 라우팅은 스태틱 라우팅의 일종이지만) 디폴트 라우팅을 설명하기 전에 앞에서 우리가 공부했던 스태틱 라우팅만으로도 모든 패킷을 인터넷 사업자 쪽으로 보낼 수 있습니다.

▼ 그림 5-17 최적화되지 않은 라우팅 설정

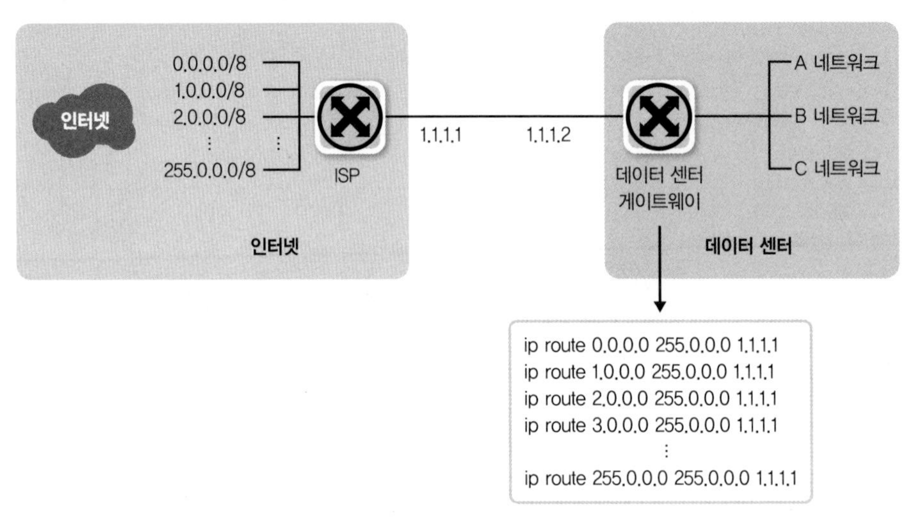

모든 패킷을 인터넷 사업자에게 보내기 위해 A 클래스 단위로 스태틱 라우팅을 만든다면 다음과 같이 200개 이상의 스태틱 라우팅이 필요합니다.

```
ip route 0.0.0.0 255.0.0.0 1.1.1.1
ip route 1.0.0.0 255.0.0.0 1.1.1.1
ip route 2.0.0.0 255.0.0.0 1.1.1.1
ip route 3.0.0.0 255.0.0.0 1.1.1.1
...
ip route 255.0.0.0 255.0.0.0 1.1.1.1
```

위 명령어들은 목적지 주소의 첫 옥텟이 0인 것부터 255인 것까지 모두 1.1.1.1로 보내는 스태틱 라우팅 명령어로 이 명령어들이 모이면 모든 주소를 1.1.1.1로 보내는 명령어가 됩니다. 여기서 첫 옥텟 단위의 명령어를 1비트 단위로 쪼개 명령어를 만든다면 다음과 같이 명령어를 줄일 수 있습니다.

```
ip route 0.0.0.0 128.0.0.0 1.1.1.1
ip route 128.0.0.0 128.0.0.0 1.1.1.1
```

이 두 줄의 스태틱 라우팅을 한 단계 확장해 서브넷 마스크 1을 모두 없애면 다음과 같이 표현할 수 있습니다.

```
ip route 0.0.0.0 0.0.0.0 1.1.1.1
```

위와 같이 목적지 주소의 서브넷 마스크가 모두 0인 스태틱 라우팅을 디폴트 라우팅이라고 합니다. 서브넷 마스크를 이용해 네트워크 주소를 뽑아내는 데 2진수 and 연산을 사용합니다. 서브넷 마스크 1은 체크, 0은 IP 주소와 상관없이 연산 결과가 모두 0이므로 체크하지 않는다는 의미입니다. 모든 네트워크 정보를 체크하지 않는다는 의미를 확장하면 "모든 네트워크"라는 의미가 됩니다.

▼ 그림 5-18 디폴트 라우팅을 이용한 인터넷 접속

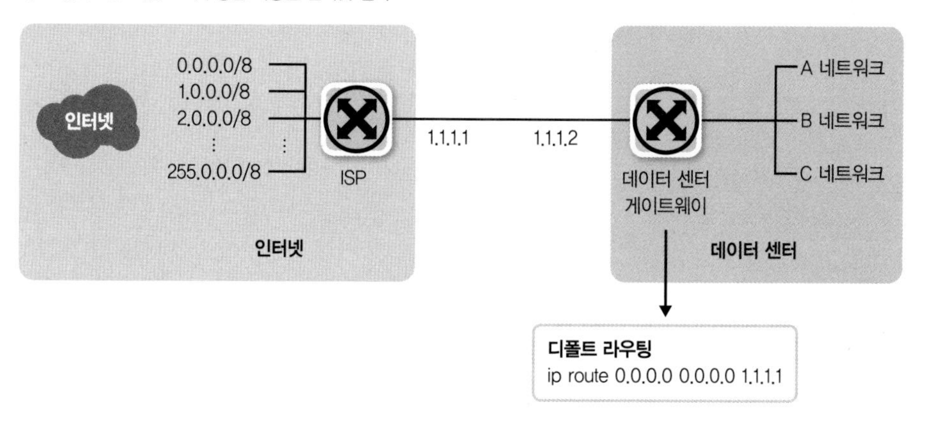

이런 디폴트 라우팅은 다양한 곳에서 사용되고 있습니다. 인터넷으로 향하는 경로나 자신에게 경로 정보가 없는 경우, 마지막 대체 경로로 디폴트 라우팅을 사용합니다. 디폴트 라우팅과 디폴트 게이트웨이는 같은 의미입니다. 서버에서 디폴트 게이트웨이를 설정하면 서버의 라우팅 테이블에 디폴트 라우팅이 생성됩니다.

▼ 그림 5-19 윈도의 기본 게이트웨이 설정과 라우팅 테이블

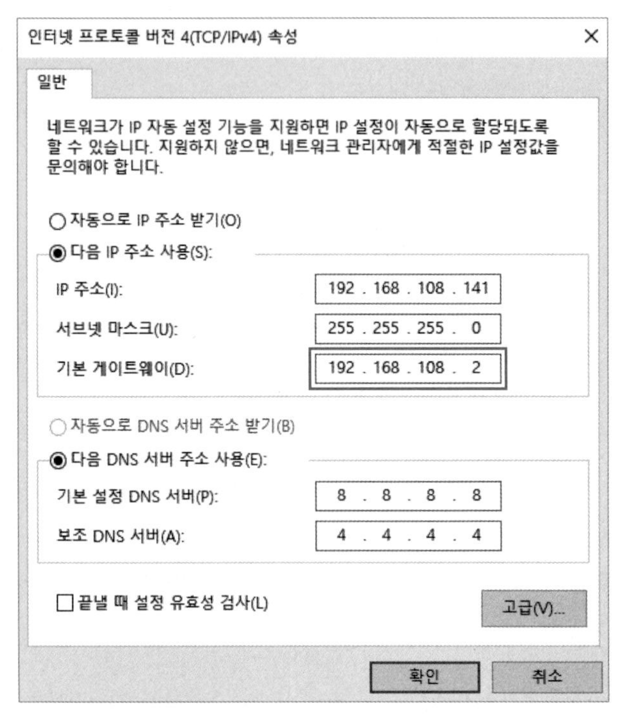

네트워크 장비에서는 디폴트 라우팅과 디폴트 게이트웨이를 구분하기도 하는데 디폴트 라우팅은 라우팅 능력이 있는 장비(패킷이 장비로 들어올 경우, 특정 경로로 포워딩하는 능력)에서 사용하고 디폴트 게이트웨이는 이런 능력이 없는 장비에서 사용합니다. 라우터에도 라우팅이 불가능하게 설정하면 일반 PC와 같은 상태가 되어 인터넷에 접속하려면 "`default gateway`" 명령을 이용해야 합니다.

5.3.3 다이나믹 라우팅

네트워크가 몇 개 없는 간단한 네트워크 구조에서는 스태틱 라우팅으로 망을 유지하는 것이 가능하지만 일반적으로 IT 환경을 구축할 때는 SPoF(Single Point of Failure: 단일 장애점)[2]를 없애기 위해 두 개 이상의 경로를 유지하는데 이 경우, 대체 경로에 대한 고민이 필요합니다. 이런 대체 경로가 필요한 네트워크를 스태틱 라우팅만으로 구성하면 한 홉이 넘어간 네트워크 상태가 변경될 때 신속히 대응할 수 없습니다. 중간 경로에 네트워크 회선이 끊기거나 라우터에 장애가 발생하면 관리자가 이를 파악해 경로 정보를 수동으로 수정해주어야 하기 때문입니다.

▼ 그림 5-20 대체 경로, 다중 경로, 스태틱 라우팅에서는 경로 실패에 적절히 대응할 수 없다.

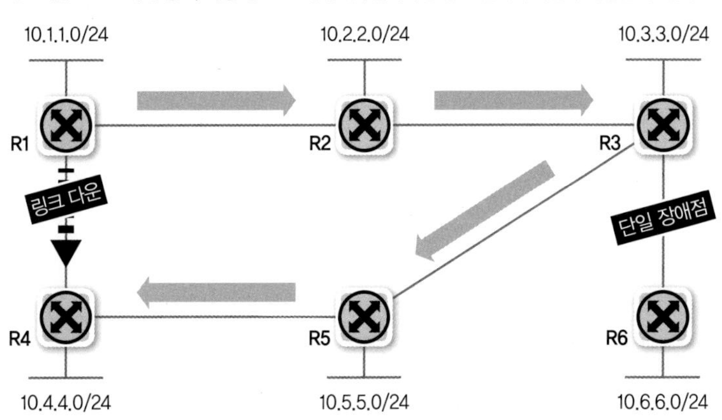

R3와 R6 네트워크는 연결되는 경로가 한 개만 있는 SPoF 상태입니다. R3와 R6 사이의 링크가 다운되면 대체할 수 있는 경로가 없습니다. 반면, R1과 R4의 연결은 그 사이의 네트워크가 다운되더라도 R2-R3-R5를 거쳐 R4로 돌아갈 수 있는 대체 경로를 가지고 있습니다.

2 Single Point of Failure는 단일 장애점을 말합니다. 요소 하나 때문에 장애가 발생할 경우, 전체 시스템에 장애가 발생하는 지점을 의미하는 것으로 11.1.1 SPoF 절에서 자세히 다룹니다.

R1의 10.1.1.0/24 네트워크에서 R4의 10.4.4.0/24 네트워크로 스태틱 라우팅을 설정하려면 R1, R4에 각각 상대방의 네트워크 정보만 넣어주면 됩니다. 하지만 위의 그림에서 대체 경로를 설정하려면 복잡한 라우팅 정보가 필요합니다. R2, R3, R5에 10.1.1.0/24 네트워크와 10.4.4.0/24 네트워크에 대한 경로 정보를 입력해야 합니다. 스태틱 라우팅은 최적의 경로만 입력하는 것이 아니라 대체 경로까지 고려해 추가로 설정해야 하므로 네트워크가 커지면 고려해야 할 경로가 많아집니다. 또한, R1-R4 사이의 네트워크가 다운되더라도 R2, R3, R5는 알 수 없으므로 관리자가 직접 개입해 스태틱 라우팅 정보를 수정해주어야 합니다.

대체 경로로 인한 복잡한 라우팅 정보 외에도 관리해야 할 라우터와 네트워크가 많아지면 스태틱 라우팅으로 구성하고 관리하기 어렵습니다. 네트워크 정보를 수동으로 하나하나 입력하면서 관리해야 하는데 중간에 경로가 빠지면 이를 알아내고 조치하는 데 어려움이 따릅니다.

다이나믹 라우팅 프로토콜을 사용하면 관리자의 직접적인 개입 없이 라우터끼리 정보를 교환해 경로 정보를 최신으로 유지할 수 있습니다. 라우터끼리 경로 정보를 수집하고 전달하므로 관리자가 라우팅 정보를 직접 입력해줄 필요가 없습니다. 다이나믹 라우팅 뒤에 프로토콜이 붙는 것은 라우터끼리 자신들만의 프로토콜로 정보를 교환하기 때문입니다. 주기적으로나 특별한 변화가 있으면 경로 정보를 교환하므로 중간 경로에 문제가 발생하더라도 대체 경로를 찾는 작업이 자동으로 수행됩니다. 다이나믹 라우팅 프로토콜은 네트워크나 주변 기술의 변화에 맞추어 다양한 라우팅 프로토콜이 사용되어 왔습니다.

RIP, OSPF, IS-IS IGRP, EIGRP, BGP와 같은 다양한 라우팅 프로토콜이 있지만 최근에는 OSPF와 BGP 프로토콜이 주로 사용됩니다. 다이나믹 라우팅 프로토콜은 다음과 같이 분류할 수 있습니다.

▼ 그림 5-21 다이나믹 라우팅 프로토콜 분류

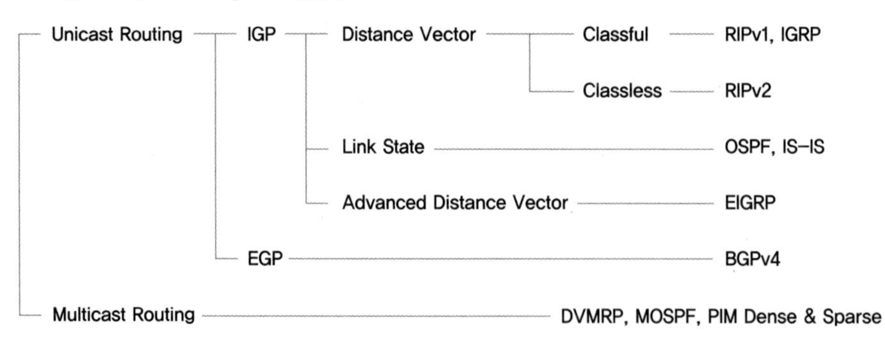

유니캐스트 경로 정보를 교환하는 라우팅 프로토콜과 멀티캐스트 경로 정보를 교환하는 라우팅 프로토콜이 별도로 있습니다. RIP, IGRP, OSPF, IS-IS, EIGRP, BGP는 유니캐스트 라우팅 프

로토콜이고 DVMRP, MOSPF, PIM은 멀티캐스트 라우팅 프로토콜입니다.

유니캐스트 라우팅 프로토콜은 역할과 동작 원리에 따라 분류할 수 있습니다.

5.3.3.1 역할에 따른 분류

일반적으로 라우팅 프로토콜은 유니캐스트 라우팅 프로토콜을 말합니다. 유니캐스트 라우팅 프로토콜을 분류하는 방법은 여러 가지인데 주로 사용하는 역할과 동작 원리에 따라 구분합니다. 인터넷에는 AS(Autonomous System)라는 자율 시스템이 존재합니다. SKT, KT, LGU+ 같은 인터넷 사업자가 한 개 이상의 AS를 운영합니다. AS 내부에서 사용하는 라우팅 프로토콜을 IGP(Interior Gateway Protocol)라고 하고 AS 간 통신에 사용하는 라우팅 프로토콜을 EGP(Exterior Gateway Protocol)라고 합니다.

- IGP

  AS 내에서 사용하는 라우팅 프로토콜

- EGP

  AS 간 통신에 사용하는 라우팅 프로토콜

하나의 AS는 하나의 조직이므로 AS 내부에서는 자체적으로 규칙을 세워 운영할 수 있지만 다른 AS와 연결하기 위해서는 내부와 다른 방법으로 정보를 전달해야 합니다. AS 내부의 연결은 효율성이 중요하지만 다른 AS와의 연결에서는 효율성보다 조직 간 정책이 더 중요합니다.

▼ 그림 5-22 인터넷 자율 시스템인 AS

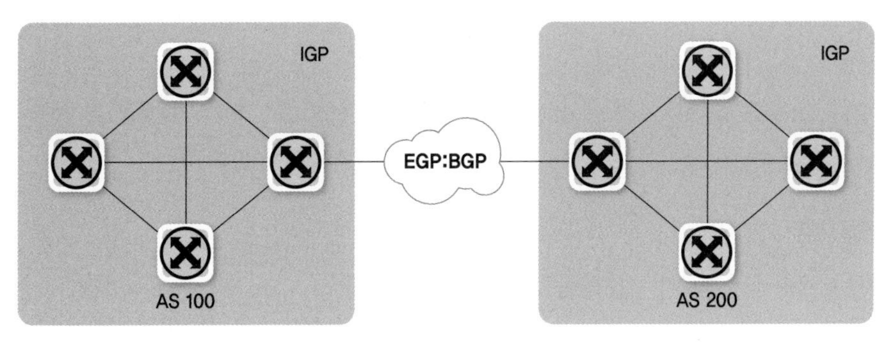

EGP에서 필요한 정책을 예를 들어 설명하면 그림 5-23의 AS 100에서 AS 400으로 통신하려면 AS 200이나 AS 300을 거쳐야 합니다. 이때 중간 AS인 AS 200과 AS 300에서 무작정 이런 통신을 허락하면 안 됩니다. 인터넷 사업자 간의 통신에도 비용을 지불해야 하므로 AS 200, AS 300

에서는 이런 통신을 쉽게 파악할 수 있어야 하고 EGP는 이런 통신을 정책적으로 조정할 수 있는 기능이 있어야 합니다. 이런 정책 때문에 AS를 건너 연결하는 것이 제한되고 AS 간 직접 연결을 주로 사용하게 됩니다. 인터넷이라고 해서 모든 통신이 공통 경로로 이루어지는 것이 아니라 인터넷 사업자 간의 이해관계에 따라 연결 경로가 달라지므로 인터넷의 특정 서버로 통신이 빠르거나 느린 차이가 발생합니다. 특히 회선을 무한정 늘릴 수 없는 해외 사업자와 연결할 때 통신사업자마다 속도차를 느낄 수 있습니다.

▼ 그림 5-23 AS 간 통신

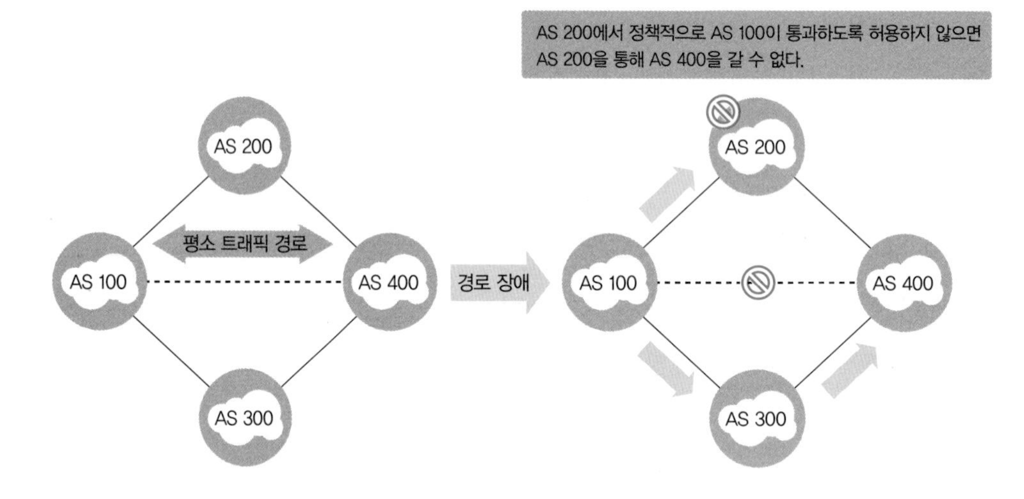

5.3.3.2 동작 원리에 따른 분류

IGP 라우팅 프로토콜은 동작 원리에 따라 크게 디스턴스 벡터(Distance Vector)와 링크 스테이트(Link-State)로 나뉩니다. 두 동작 원리의 장·단점을 적절히 배합해 기능을 향상시킨 어드밴스드 디스턴스 벡터(Advanced Distance Vector)가 있지만 특정 회사가 만든 라우팅 프로토콜로 최근에는 많이 사용되지 않고 있습니다.

- **디스턴스 벡터**

  인접한 라우터에서 경로 정보를 습득하는 라우팅 프로토콜

- **링크 스테이트**

  라우터에 연결된 링크 상태를 서로 교환하고 각 네트워크 맵을 그리는 라우팅 프로토콜

디스턴스 벡터 라우팅 프로토콜은 RIP, BGP가 있고 디스턴스 벡터의 약점을 보완한 어드밴스드

디스턴스 벡터는 시스코사가 개발한 IGRP, EIGRP가 있습니다. 디스턴스 벡터는 인접한 라우터에서 경로 정보를 습득합니다. 인접 라우터가 아닌 라우터의 정보는 직접 전달받는 것이 아니라 인접 라우터를 통해 간접적으로 한 단계 건너 받습니다. 인접 라우터가 이미 계산한 결과물인 라우팅 테이블을 전달받고 계산하므로 라우팅 정보 처리에 많은 리소스가 필요없다는 장점이 있어 간단한 네트워크를 구축하는 데 많이 사용되었습니다. 인접 라우터만 직접 경로 정보를 교환하여 멀리 떨어진 라우터의 경로 정보를 얻는 데 많은 라우터를 거쳐야 하므로 모든 라우터 정보가 동기화되는 데 많은 시간이 필요합니다. 이런 동작 방식 때문에 네트워크에 변경이 발생하면 정확한 정보를 파악하는 데 오랜 시간이 걸릴 수 있습니다.

▼ 그림 5-24 디스턴스 벡터 라우팅 프로토콜 동작 방식. 인접 라우터와 라우팅 테이블을 교환한다.

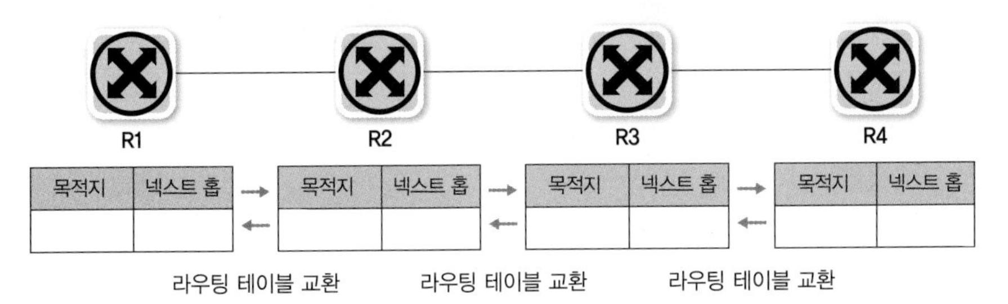

링크 스테이트 라우팅 프로토콜은 용어 그대로 라우터들에 연결된 링크 상태를 교환하는 라우팅 프로토콜입니다. 링크 상태를 교환하므로 이미 최적의 경로를 연산한 결과물인 라우팅 테이블과 달리 직접적인 상태 정보를 받아볼 수 있습니다.

링크 스테이트 라우팅 프로토콜은 이런 링크 상태를 교환해 토폴로지 데이터베이스를 만들고 이 정보를 다시 SPF(Shortest Path First) 알고리즘을 이용해 최단 경로 트리를 만듭니다.

▼ 그림 5-25 링크 스테이트 라우팅 프로토콜. 링크 정보를 토폴로지 데이터베이스로 만든 후 SPF 알고리즘으로 최단 경로 트리를 작성한다.

최단 경로 트리를 이용해 최적의 경로를 선정한 후 라우팅 테이블에 그 정보를 추가합니다. 링크 스테이트 라우팅 프로토콜은 이미 최적의 경로를 연산한 정보를 받는 것이 아니라 전체 네트워크

의 링크 상태 정보를 받아 각자 처리하므로 전체 네트워크 맵을 그리고 경로 변화를 파악하는 데 유리합니다. 하지만 이런 작업이 부하로 작용할 수 있어 네트워크 규모가 커지면 네트워크 경로를 파악하는 데 CPU와 메모리 자원을 많이 소모합니다. 따라서 네트워크 변화를 더 빨리 감지하고 리소스를 최적화하기 위해 네트워크를 에어리어(AREA) 단위로 분리하고 분리된 에어리어 내에서만 링크 상태 정보를 교환합니다.

▼ 그림 5-26 OSPF 에어리어 개념

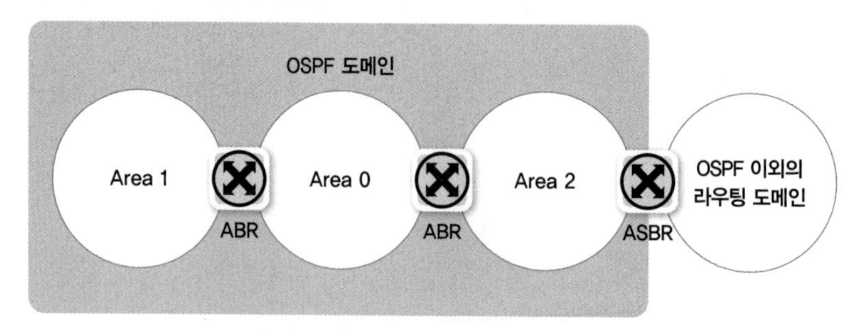

에어리어 내부에서는 전체 링크 정보가 공유되지만 에어리어 외부의 라우터는 링크 상태가 직접 보내지는 것이 아니라 가공된 라우팅 테이블 형태로 정보를 전달합니다. 이런 방법으로 대형 네트워크에서 링크 스테이트 라우팅 프로토콜을 효율적으로 사용할 수 있습니다.

AREA 단위로 네트워크를 구분하고 확장하는 OSPF는 AREA0으로 불리는 Backbone AREA를 통해 모든 AREA가 연결됩니다. AREA 간이나 OSPF 외부 네트워크와의 연결을 위해 특별한 라우터를 이용해야 합니다. ABR(Area Border Router)은 Backbone AREA와 다른 AREA를 연결시켜주는 경계 라우터입니다. ASBR(Autonomous System Border Router)은 OSPF가 아닌 다른 외부의 정보를 OSPF와 연결시켜주는 외곽 라우터입니다.

앞에서 다루었듯이 다이나믹 라우팅 프로토콜은 여러 가지가 있고 역할과 동작 원리로 구분할 수 있습니다. AS 내부에서 라우팅 정보를 교환하느냐, 외부와 교환하느냐에 따라 역할을 구분하고 내부 동작 원리에 따라 디스턴스 벡터와 링크 스테이트로 구분합니다. 대부분 IGP로 OSPF와 BGP가 많이 사용되며 EGP로는 BGP가 사용됩니다. OSPF는 링크 스테이트 라우팅 프로토콜이고 BGP는 디스턴스 벡터 라우팅 프로토콜입니다. 앞에서 다룬 라우팅 프로토콜을 총정리하면 다음과 같습니다.

▼ 표 5-4 라우팅 프로토콜 분류법

분류 방법	분류	설명
역할	EGP	서로 다른 AS 간 정보교환용 라우팅 프로토콜. BGP가 여기에 속한다.
	IGP	AS 내부에서 동작하는 라우팅 프로토콜로 RIP, EIGRP, OSPF, IS-IS 등이 있다.
동작 원리	디스턴스 벡터	직접 연결된 장비가 보내준 정보를 기반으로 최적의 경로를 선정하는 라우팅 프로토콜로 RIP, BGP가 있다.
	어드밴스드 디스턴스 벡터	디스턴스 벡터보다 다양한 경로 선정을 위한 요소가 있으며 직접 연결된 장비를 지난 장비까지 고려해 경로를 선정할 수 있다.
	링크 스테이트	네트워크 망에 속한 장비가 보내준 정보를 기반으로 토폴로지 맵을 만들고 SPF 알고리즘을 이용해 최적의 경로를 선정한다. OSPF와 IS-IS가 여기에 속한다.

참고

다이나믹 라우팅 활용 현황

기존에는 연산이 별로 필요없고 유지보수도 간단한 RIP 라우팅 프로토콜이 소형 네트워크에서 많이 사용되었지만 느린 정보교환, 홉 수 제한, 최적 경로 선택에 링크 속도를 제외시키는 등의 여러 제약 때문에 사용되지 않는 추세입니다.

RIP의 단점을 보완한 EIGRP 라우팅 프로토콜이 유행했던 때도 있었습니다. OSPF처럼 전체 네트워크 지도를 그리지 않고 인접한 라우터 다음 라우터까지의 경로만 가진 EIGRP는 리소스 사용은 적으면서 대체 경로를 찾는 시간이 매우 짧았고 유지보수도 쉬워 작은 회사부터 큰 회선 사업자까지 도입할 정도로 유행했습니다. 하지만 특정 업체(시스코)가 개발한 라우팅 프로토콜이어서 다른 회사 장비에서는 사용할 수 없었고 전체 맵을 그리는 라우팅 프로토콜이나 정책 기반 라우팅 프로토콜의 다양한 장점을 발휘할 수 없어 대부분 사라졌습니다.

최근에는 BGP 사용이 늘고 있습니다. BGP는 다양한 프로토콜 정보를 한꺼번에 교환할 수 있다는 장점이 있고 AS 외부뿐만 아니라 내부에서도 사용할 수 있어 많이 적용되고 있습니다. BGP는 정책 기반 라우팅 프로토콜이므로 관리자의 의도대로 경로를 동적으로 변환할 수 있다는 큰 장점이 있습니다. 또한, 라우팅 테이블이 크거나 IPv4, IPv6 네트워크가 혼재되어 있거나 멀티테넌트 환경인 경우, 다양한 정보교환을 목적으로 BGP 프로토콜을 사용합니다. 이때 사용하는 BGP를 MP-BGP(MultiProtocol Border Gateway Protocol)라고 부릅니다.

memo

6장

로드 밸런서/방화벽: 4계층 장비(세션 장비)

6.1 4계층 장비의 특징

6.2 로드 밸런서

6.3 방화벽

6.4 4계층 장비를 통과할 때의 유의점(세션 관리)

기존 네트워크 장비는 스위치와 라우터처럼 2계층이나 3계층에서 동작하는 장비를 지칭하는 용어였지만 IP 부족으로 NAT 기술이 등장하고 보안용 방화벽, 프록시와 같은 장비들이 등장하면서 4계층 이상에서 동작하는 네트워크 장비가 많아지면서 4계층에서 동작하는 장비도 네트워크 장비에 포함되었습니다. 이런 장비는 4계층의 특징인 포트 번호, 시퀀스 번호, ACK 번호에 대해 이해해야 합니다. 기존 2, 3계층 장비에서 고려하지 않았던 통신의 방향성이나 순서와 같은 통신 전반에 대한 관리가 필요하며 이런 정보를 세션 테이블(Session Table)이라는 공간에 담아 관리합니다. 4계층 이상에서 동작하는 네트워크 장비는 이런 세션 테이블을 관리해야 하고 이 정보를 기반으로 동작합니다.

이번 장에서는 4계층 장비의 특징과 종류, 4계층 장비 구성 시의 유의점에 대해 알아보고 이 장 마지막에서는 4계층 이상의 애플리케이션 프로토콜을 다루는 확장 장비인 ADC를 다뤄보겠습니다.

NETWORK

6.1 4계층 장비의 특징

4계층 장비는 TCP와 같은 4계층 헤더에 있는 정보를 이해하고 이 정보들을 기반으로 동작합니다. 4계층 프로토콜 동작에 대한 깊은 이해 없이 4계층 장비를 2, 3계층 네트워크 장비처럼 설계, 운용하면 여러 가지 문제가 발생합니다. 기존 네트워크 장비와 다른 점을 이해해야 하는데 세션 테이블과 그 안에서 관리하는 세션 정보가 가장 중요합니다. 그래서 4계층 이상에서 동작하는 로드 밸런서, 방화벽과 같은 장비를 '세션 장비'라고 부르기도 합니다.

세션 장비는 추가로 고려해야 할 특징이 많은데 그 중 최우선적으로 고려할 요소는 다음과 같습니다.

- **세션 테이블**

  세션 장비는 세션 테이블 기반으로 운영됩니다.

  세션 정보를 저장, 확인하는 작업 전반에 대한 이해가 필요합니다.

  세션 정보는 세션 테이블에 남아 있는 라이프타임이 존재합니다. 이 부분에 대한 고려가 필요합니다.

- **Symmetric(대칭) 경로 요구**

  Inbound와 Outbound 경로가 일치해야 합니다.

- **정보 변경(로드 밸런서의 경우)**

  IP 주소가 변경되며 확장된 L7 로드 밸런서(ADC)는 애플리케이션 프로토콜 정보도 변경됩니다.

세션 장비의 이런 요소가 서비스에 영향을 미치므로 네트워크 통신 중간 위치에 세션을 기반으로 동작하는 방화벽, NAT, 로드 밸런서와 같은 장비가 있을 경우, 네트워크 인프라뿐만 아니라 시스템 설계와 애플리케이션 개발에도 세션 장비에 대한 고려가 필요합니다. 세션 장비의 특징에 따른 고려사항은 6.4 4계층 장비를 통과할 때의 유의점(세션 관리) 절에서 더 자세히 다루겠습니다.

6.2 로드 밸런서

서버나 장비의 부하를 분산하기 위해 사용하는 장비를 흔히 로드 밸런서라고 부릅니다. 트래픽을 분배해주는 기능 때문인데 4계층 이상에서 동작하면서 IP 주소나 4계층 정보, 애플리케이션 정보를 확인, 수정하는 기능이 있습니다. 가장 많이 쓰이는 분야는 웹 서버의 부하 분산입니다. 사용자 천 명의 요청을 동시에 처리해주는 서버보다 사용자 5천 명의 요청을 동시에 처리해주는 서버의 가격은 5배가 아니라 이보다 훨씬 비쌉니다. 내부 부품을 이중화하거나 용량이 더 큰 부품을 사용하면 가격이 크게 올라가므로 작은 장비 여러 대를 묶어 사용하는 방법을 선호합니다. 이런 시스템 확장 방법을 스케일 아웃이라고 하고 상세한 서비스 확장 방법은 이번 장 마지막의 **'시스템 확장 방법: 스케일 업과 스케일 아웃'**에 자세히 설명되어 있습니다.

작은 시스템 여러 대를 운영하더라도 사용자는 서버 배치와 상관없이 하나의 서비스로 보여야 합니다. 로드 밸런서가 서비스에 사용되는 대표 IP 주소를 서비스 IP로 갖고 그 밑에 시스템이 늘어나면 로드 밸런서가 각 시스템의 실제 IP로 변경해 요청을 보냅니다. 이런 로드 밸런서는 웹, 애플리케이션뿐만 아니라 FWLB(FireWall Load Balancing: 방화벽 로드 밸런싱), VPNLB(VPN Load Balancing: VPN 로드 밸런싱)와 같이 다양한 서비스를 위해 사용될 수 있습니다.

▼ 그림 6-1 로드 밸런서의 역할

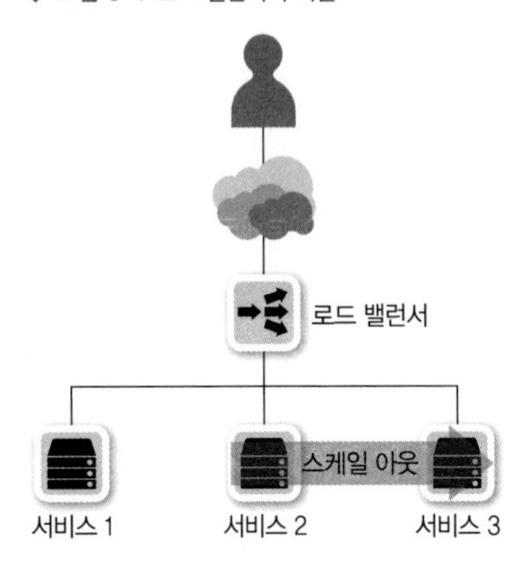

로드 밸런서는 동작하는 계층에 따라 보통 4계층과 7계층으로 나뉩니다.

- **L4 로드 밸런싱**

  일반적인 로드 밸런서가 동작하는 방식입니다. TCP, UDP 정보(특히 포트 넘버)를 기반으로 로드 밸런싱을 수행합니다. 최근 로드 밸런서는 L4, L7의 기능을 모두 지원하므로 L4 로드 밸런싱만 제공하는 전용장비는 찾기 힘들지만 장비에서 L7 지원 여부와 상관없이 4계층에 대한 정보로만 분산 처리하는 경우를 L4 로드 밸런싱이라고 합니다.

- **L7 로드 밸런싱**

  HTTP, FTP, SMTP와 같은 애플리케이션 프로토콜 정보를 기반으로 로드 밸런싱을 수행합니다. HTTP 헤더 정보나 URI와 같은 정보를 기반으로 프로토콜을 이해한 후 부하를 분산할 수 있습니다. 일반적으로 이런 장비를 ADC(Application Delivery Controller)라고 부르며 프록시(Proxy) 역할을 수행합니다. 스퀴드(Squid)나 Nginx에서 수행하는 리버스 프록시(Reverse Proxy)와 유사한 기능을 갖고 있습니다.

참고

데이터 센터에서 사용하는 로드 밸런서 장비는 L4, L7을 모두 지원하며 실제로 어떻게 설정했는가에 따라 L4 로드 밸런싱과 L7 로드 밸런싱으로 나뉩니다. 반면, 클라우드에서는 L4 로드 밸런싱과 L7 밸런싱을 지원하는 컴포넌트를 계층별로 구분해 전용으로 사용합니다. 그 예로 AWS의 NLB(Network Load Balancer)가 L4 로드 밸런싱, ALB(Application Load Balancer)가 L7 로드 밸런싱용 전용 컴포넌트입니다.

6.2.1 L4 스위치

L4 스위치는 용어 그대로 4계층에서 동작하면서 로드 밸런서 기능이 있는 스위치입니다. 내부 동작 방식은 4계층 로드 밸런서이지만 외형은 스위치처럼 여러 개의 포트를 가지고 있습니다. 서버형 로드 밸런서나 소프트웨어 형태의 로드 밸런서도 있지만 다양한 네트워크 구성이 가능한 스위치형 로드 밸런서가 가장 대중화되어 있습니다. L4 스위치는 부하 분산, 성능 최적화, 리다이렉션 기능을 제공합니다.

▼ 그림 6-2 L4 스위치를 사용한 부하 분산

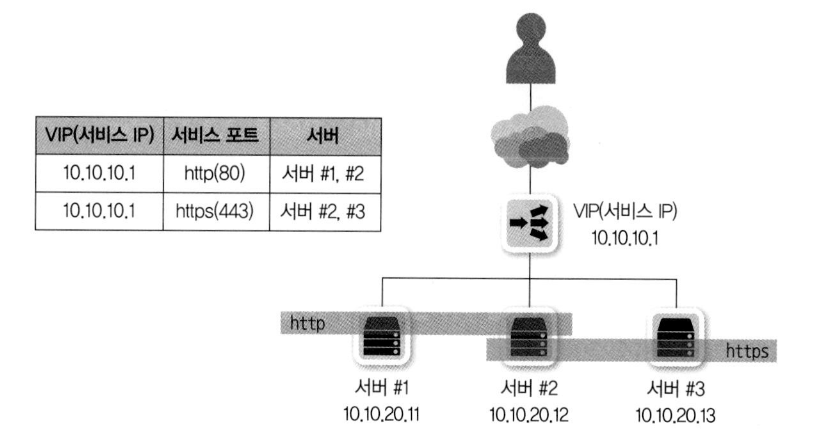

L4 스위치가 동작하려면 가상 서버(Virtual Server), 가상 IP(Virtual IP), 리얼 서버(Real Server)와 리얼 IP(Real IP)를 설정해야 합니다. 가상 서버는 사용자가 바라보는 실제 서비스이고 가상 IP는 사용자가 접근해야 하는 서비스 IP 주소입니다. 리얼 서버는 실제 서비스를 수행하는 서버이고 리얼 IP는 실제 서버의 IP입니다. 여기서 L4 스위치는 가상 IP를 리얼 IP로 변경해주는 역할을 합니다.

사용자는 L4 스위치의 가상 IP를 목적지로 서비스를 요청하고 L4 스위치가 목적지로 설정된 가상 IP를 리얼 IP로 다시 변경해 보내줍니다. 이 과정에서 부하를 어떤 방식으로 분산할지 결정할 수 있습니다. L4 스위치 부하 분산 방식 및 동작 방식에 대한 세부적인 내용은 **12장 로드 밸런서**에서 다루겠습니다.

6.2.2 ADC

ADC(Application Delivery Controller)는 애플리케이션 계층에서 동작하는 로드 밸런서입니다. 4계층에서 동작하는 L4 스위치와 달리 애플리케이션 프로토콜의 헤더와 내용을 이해하고 동작하므로 다양한 부하 분산, 정보 수정, 정보 필터링이 가능합니다. ADC는 이런 상세한 동작을 위해 프락시로 동작합니다. 일부 소프트웨어 ADC를 제외한 대부분의 ADC는 L4 스위치의 기능을 포함하고 있습니다. 대부분의 ADC는 4계층에서 애플리케이션 계층까지 로드 밸런싱 기능을 제공하고 페일오버(Failover, 장애극복 기능), 리다이렉션(Redirection) 기능도 함께 수행합니다. 이 외에도 애플리케이션 프로토콜을 이해하고 최적화하는 다양한 기능을 제공합니다. 캐싱(Caching), 압축(Compression), 콘텐츠 변환 및 재작성, 인코딩 변환 등이 가능하고 애플리케이션 프로토콜 최적화 기능도 제공합니다.

플러그인 형태로 보안 강화 기능을 추가로 제공해 WAF(Web Application Firewall) 기능이나 HTML, XML 검증과 변환을 수행할 수 있습니다.

6.2.3 L4 스위치 vs ADC

L4 스위치는 4계층에서 동작하면서 TCP, UDP 정보를 기반으로 부하를 분산합니다. 부하 분산뿐만 아니라 TCP 계층에서의 최적화와 보안 기능도 함께 제공할 수 있습니다. TCP 레벨의 간단한 DoS(Denial of Service) 공격을 방어하거나 서버 부하를 줄이기 위해 TCP 세션 재사용과 같이 보안과 성능을 높여주는 기능도 함께 제공할 수 있습니다.

▼ 그림 6-3 L4 스위치의 서버 성능 향상 기법. TCP Reuse, Connection Pooling

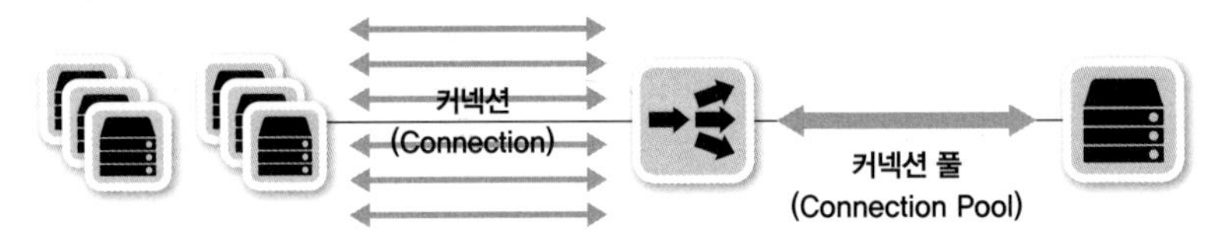

ADC는 애플리케이션 프로토콜을 이해하고 애플리케이션 내용에 대한 분산, 리다이렉션, 최적화를 제공해 L4 스위치보다 더 다양한 기능을 사용할 수 있습니다.

ADC는 성능 최적화를 위해 서버에서 수행하는 작업 중 부하가 많이 걸리는 작업을 별도로 수행합니다. 그 중 하나가 이미지나 정적 콘텐츠 캐싱(Caching) 기능입니다.

▼ 그림 6-4 ADC의 성능 최적화: 캐싱 기능

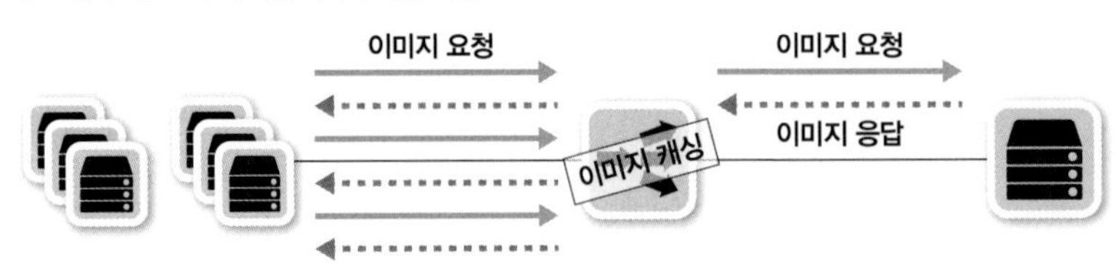

웹 서버에는 콘텐츠 압축 기능이 있지만 ADC에서 이 역할을 수행해 웹 서버의 부하를 줄일 수 있습니다. ADC는 하드웨어 가속이나 소프트웨어 최적화를 통해 이런 부하가 걸리는 작업을 최적화하는 기능이 있습니다.

▼ 그림 6-5 ADC의 성능 최적화: 압축 기능

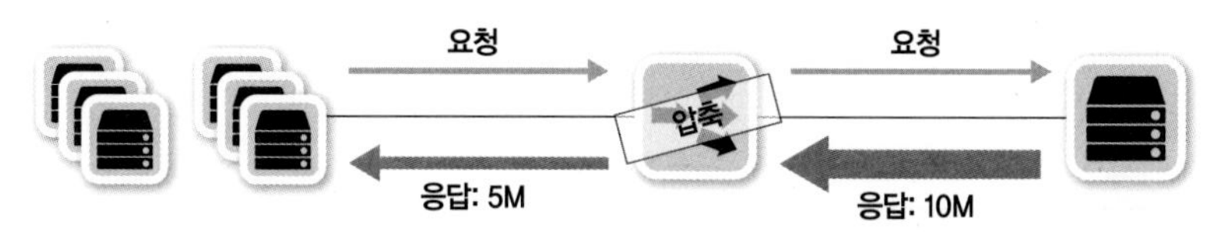

최근 SSL 프로토콜을 사용하는 비중이 늘면서 웹 서버에 SSL 암복호화 부하가 늘고 있습니다. 개인정보 보호를 위해 개인정보가 전달되는 일부 페이지에서만 SSL을 사용해왔지만 보안 강화를 위해 웹사이트 전체를 SSL로 처리하는 추세입니다. ADC에서는 SSL의 엔드 포인트로 동작해 클라이언트에서 ADC까지의 구간을 SSL로 처리해주고 ADC와 웹 서버 사이를 일반 HTTP를 이용해 통신합니다. 대부분 이런 기능을 사용할 때는 웹 서버 여러 대의 SSL 통신을 하나의 ADC에서 수용하기 위해 ADC에 전용 SSL 가속 카드를 내장합니다.

▼ 그림 6-6 ADC의 성능 최적화: SSL 오프로딩(SSL Offloading)

참고

시스템 확장 방법: 스케일 업과 스케일 아웃

서비스를 운영하다보면 시스템 하나로 모든 서비스를 감당할 수 없을 만큼 성장하는 경우가 생깁니다. 데이터 양이 늘거나 CPU나 메모리 사용량이 늘어 서버 하나로 서비스가 불가능해지면 시스템을 확장해야 합니다. 이때 시스템을 가장 쉽게 확장해 서비스 용량을 키우는 방법은 스케일 업입니다. 스케일 업은 기존 시스템에 CPU, 메모리, 디스크와 같은 내부 컴포넌트 용량을 키우거나 이것이 불가능할 경우, 새로 더 큰 용량의 시스템을 구매해 서비스를 옮기는 방법입니다. 하지만 스케일 업이 가능한 요소나 서비스가 있고 그렇지 않은 경우가 있습니다. 파일 저장소인 디스크는 어느 정도까지는 쉽게 확장할 수 있지만 CPU, 메모리를 확장하기는 쉽지 않습니다. 애초에 스케일 업을 고려해 CPU 여러 개를 꽂을 수 있고 메모리 뱅크를 많이 가진 보드를 구매해야 하는데 이 경우, 초기 투자비용이 커집니다.

▼ 그림 6-7 스케일 업 비용과 성능곡선

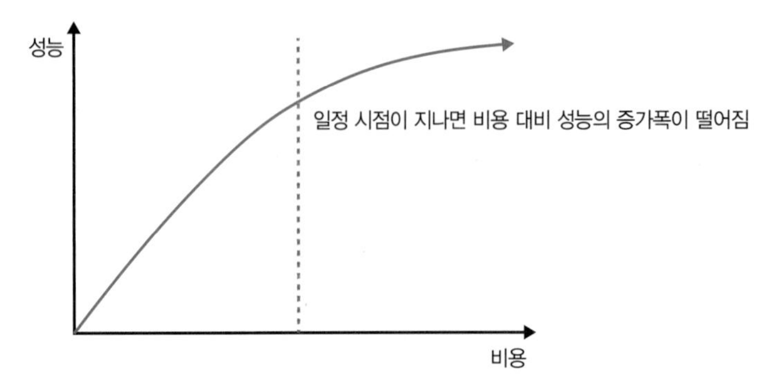

스케일 업은 확장을 미리 고려해 시스템을 구축하면 초기 비용이 커지고 서비스에 적합한 시스템을 구매하면 확장이 필요할 때 기존 시스템을 버리고 더 큰 시스템을 새로 구매하므로 기존 시스템 비용이 낭비되는 문제가 있습니다.

그 외에도 스케일 업은 필요한 용량만큼 시스템을 늘리는 데 비용이 기하급수적으로 증가하는 문제가 있습니다. 저가형 CPU보다 성능이 2배 우수한 CPU는 저가형 CPU 2개 비용이 아니라 4배 또는 많으면 10배 이상의 비용이 필요합니다.

이런 문제들 때문에 가능하면 스케일 아웃을 이용해 시스템 용량을 높입니다.

▼ 그림 6-8 시스템 확장 방법: 스케일 업, 스케일 아웃

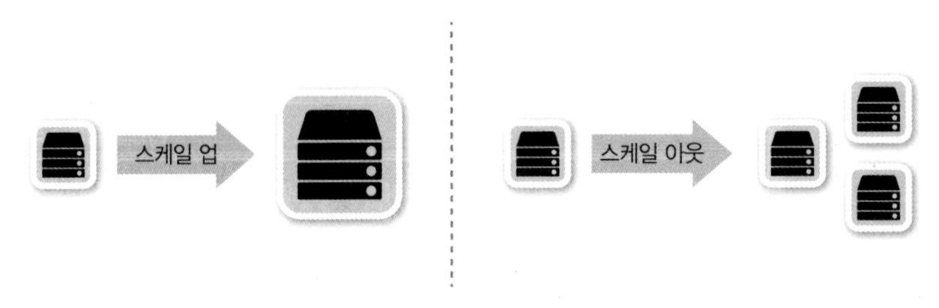

스케일 업은 시스템 하나의 용량 자체를 키우지만 스케일 아웃은 같은 용량의 시스템을 여러 대 배치합니다. 사용자 천 명의 요청을 처리하는 시스템이 한 대 구동된다면 5천 명을 위해서는 5대의 시스템을 병렬로 운영하는 방법입니다. 물론 스케일 아웃을 위해 새로 시스템 설계를 하거나 분산을 위한 별도의 프로세스를 운영하거나 로드 밸런서와 같이 부하를 분산해주는 별도의 외부 시스템이 필요합니다.

확장과 반대로 잘 운영되던 서비스에 사용자가 줄면 시스템을 축소시켜야 하는데 이 경우에도 두 가지 방법이 있습니다.

▼ 그림 6-9 시스템 축소 방법 – 스케일 다운과 스케일 인

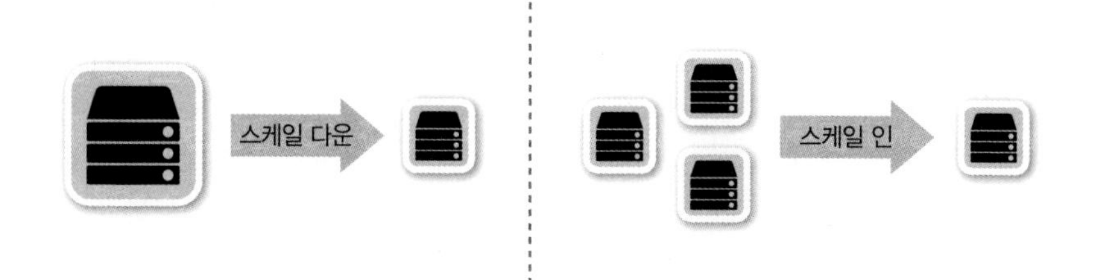

스케일 다운은 기존 시스템보다 작은 용량의 시스템으로 서비스를 옮기는 방법이고 이는 스케일 업의 반대 개념입니다. 스케일 아웃의 반대 개념은 스케일 인으로 여러 개의 서비스를 합쳐 하나의 시스템에서 운영하는 방법입니다. 기존에 웹 프런트엔드 서버, API 서버, 백엔드 API 서버, 데이터베이스로 4개 시스템이 운영되던 것을 프런트엔드, API 서버를 통합하고 백엔드 API 서버와 데이터베이스를 통합해 2대의 시스템으로 축소할 수 있습니다. 이것을 스케일 인이라고 합니다.

시스템 확장 방법인 스케일 업과 스케일 아웃의 장·단점을 비교하면 다음과 같습니다.

▼ 표 6-1 시스템 확장 방법인 스케일 업과 스케일 아웃의 장·단점 비교

	스케일 업(Scale-Up)	스케일 아웃(Scale-Out)
설명	하드웨어 성능 자체를 업그레이드하거나 더 높은 성능의 시스템으로 마이그레이션하는 방법	여러 대의 서버로 로드를 분산하는 방법. 서비스 자체를 구분해 나누거나 같은 서비스를 분산해 처리하는 방법이 있다.
장점	부품을 쉽게 추가할 수 있으면 시스템 설계 변경 없이 서비스 사용량을 쉽게 늘릴 수 있다(주로 기존 대형 유닉스 시스템에서 사용함)	스케일 업 방식보다 더 적은 비용으로 시스템 확장이 가능하다. 여러 대의 시스템에 로드를 적절히 분산해 하나의 시스템에 장애가 발생하더라도 서비스에 미치는 영향이 없도록 결함허용(Fault Tolerance)을 구현할 수 있다.
단점	부품 추가가 어렵다(최근 x86). 시스템이 커질수록 비용이 기하급수적으로 증가한다.	스케일 아웃을 위해 별도의 복잡한 아키텍처를 이해하고 운영해야만 할 수 있다. 프로세스나 네트워크 장비가 추가로 필요할 수 있다.

6.3 방화벽

네트워크 중간에 위치해 해당 장비를 통과하는 트래픽을 사전에 주어진 정책 조건에 맞추어 허용(Permit)하거나 차단(Deny)하는 장비를 방화벽이라고 부릅니다. 네트워크에서 보안을 제공하는 장비를 넓은 의미에서 모두 방화벽의 일종으로 불러왔지만 일반적으로 네트워크 3, 4계층에서 동작하고 세션을 인지, 관리하는 SPI(Stateful Packet Inspection) 엔진을 기반으로 동작하는 장비를 방화벽이라고 부릅니다.

▼ 그림 6-10 세션 테이블이 있는 방화벽

출발지 주소	목적지 주소	출발지 서비스 포트	목적지 서비스 포트	...
1.1.1.10	10.10.10.11	30513	80	

세션 테이블

방화벽은 NAT(Network Address Translation) 동작 방식과 유사하게 세션 정보를 장비 내부에 저장합니다. 패킷이 외부로 나갈 때 세션 정보를 저장하고 패킷이 들어오거나 나갈 때 저장했던 세션 정보를 먼저 참조해 들어오는 패킷이 외부에서 처음 시작된 것인지, 내부 사용자가 외부로 요청한 응답인지 가려냅니다.

▼ 그림 6-11 방화벽은 세션 테이블을 이용해 패킷의 인과 관계를 파악한다.

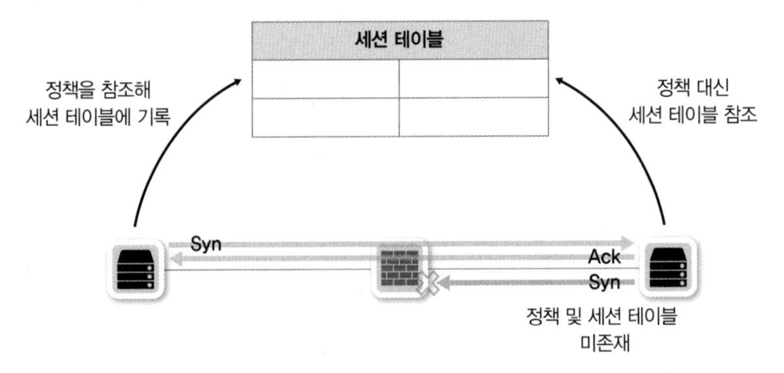

이 세션 테이블을 이용해 패킷의 인과 관계를 파악할 수 있어 정책을 간단히 유지할 수 있습니다.

만약 세션 테이블과 같이 상태 정보를 담아두는 공간이 없어 세션의 방향성을 파악하지 못한다면 많은 정책을 복잡하게 관리해야 합니다. 상태 정보가 없으면 방화벽에서는 하나의 정책을 설정하기 위해 최소한 두 개의 양방향 정책이 함께 설정되어야 합니다. 인터넷과 같은 불특정 다수와 통신해야 할 때는 정책의 복잡도가 많이 증가합니다. 인터넷에 연결되는 정책을 관리하는 인터넷 방화벽에서의 기본 정책은 인터넷으로 나가는 모든 패킷을 허용하고 내부로 들어오는 모든 패킷을 차단하는 것입니다. 상태, 세션 정보가 없을 때 패킷이 내부에서 시작한 것인지, 외부에서 시작한 것인지 인지할 수 없어 엄청나게 복잡한 정책관리가 필요합니다.

방화벽은 메모리에 남는 이런 상태와 세션 정보를 이용해 패킷을 상세히 로깅하고 관찰할 수 있습니다. 방화벽은 9.3 방화벽 절에서 더 자세히 다루겠습니다.

참고

상태 테이블? 세션 테이블?

패킷의 상태 정보를 인지하는 스테이트풀(Stateful)로 동작하는 장비의 경우, 상태 정보를 갖고 있어 상태 테이블(State Table)이라고도 하고 해당 상태에 대한 세션 값을 유지하므로 세션 테이블(Session Table)이라고도 부릅니다. 여기서는 세션 테이블로 용어를 통일해 사용했습니다.

NETWORK

6.4 4계층 장비를 통과할 때의 유의점 (세션 관리)

세션 장비는 일반적인 2, 3계층 네트워크 장비와 달리 세션을 이해하고 세션 테이블을 유지합니다. 세션 테이블 정보를 이용해 패킷을 변경하거나 애플리케이션 성능을 최적화하고 보안을 강화하기 위해 패킷을 포워드(Forward)하거나 드롭(Drop)할 수 있습니다. 이런 기능을 충분히 활용하려면 애플리케이션과 세션 장비 간 세션 정보를 동일하게 유지해주거나 애플리케이션을 제작할 때 네트워크 중간에 있는 세션 장비를 고려해 여러 가지 기능을 추가해주어야 합니다. 특히 애플리케이션의 세션 시간과 서비스 방향성을 고려하고 비대칭 경로를 피하는 것이 매우 중요합니다. 네트워크에서 세션 장비가 중간에 있을 때 생기는 대부분의 문제는 이런 부분을 고려하지 않아서 발생합니다. 이런 문제는 세션 장비에서 설정을 변경하거나 애플리케이션 로직을 변경해 해결할 수 있습니다. 이번 장에서 다루는 문제와 해결책은 애플리케이션 개발자와 세션 장비 관리자 모두를 고려해 정리했습니다.

6.4.1 세션 테이블 유지, 세션 정보 동기화

종단 장비에서 통신을 시작하면 중간에 있는 세션 장비는 해당 세션 상태를 테이블에 기록합니다. 통신이 없더라도 종단 장비 간 통신이 정상적으로 종료되지 않았다면 일정 시간 동안 세션 테이블을 유지합니다. 하지만 이런 세션 테이블은 메모리에 저장되므로 메모리 사용률을 적절히 유지하기 위해 일정 시간만 세션 정보를 저장합니다. 또한, 악의적인 공격자가 과도한 세션을 발생시켜 정상적인 세션 테이블 생성을 방해하는 세션 공격으로부터 시스템을 보호하기 위해 타임아웃값을 더 줄이기도 합니다. 여러 가지 이유로 세션 장비는 세션 정보를 무제한으로 저장할 수 없고 여러 가지 애플리케이션 통신을 관리하므로 일반적인 애플리케이션에 맞추어 적당한 세션 타임아웃값을 유지합니다.

하지만 일부 애플리케이션은 세션을 한 번 연결해놓고 다음 통신이 시도될 때까지 세션이 끊기지 않도록 세션 타임아웃값을 길게 설정하기도 합니다. 이런 종류의 애플리케이션이 통신할 때, 세션 장비의 세션 타임아웃값이 애플리케이션의 세션 타임아웃값보다 짧으면 통신에 문제가 생깁니다. 중간 세션 장비의 세션 유지 시간이 지나 세션 테이블에 있는 세션 정보가 사라졌는데도 양쪽 단말에서는 세션이 유지되고 있다면 다시 통신이 시작되어 데이터를 보낼 때 중간 세션 장비에서 막히는 문제가 발생합니다. 세션 장비의 세션 테이블에 세션이 없는 상황에서 SYN이 아닌 ACK로 표시된 패킷이 들어오면 세션 장비에서는 비정상 통신으로 판단해 패킷을 차단하고 그런 종류의 패킷을 통과시키는 옵션을 설정해 패킷을 강제로 통과시키더라도 반대 방향으로 데이터가 들어오면 정책에 막힐 수 있습니다.

▼ 그림 6-12 세션 장비의 세션 만료 시간이 애플리케이션 세션 만료 시간보다 짧을 경우

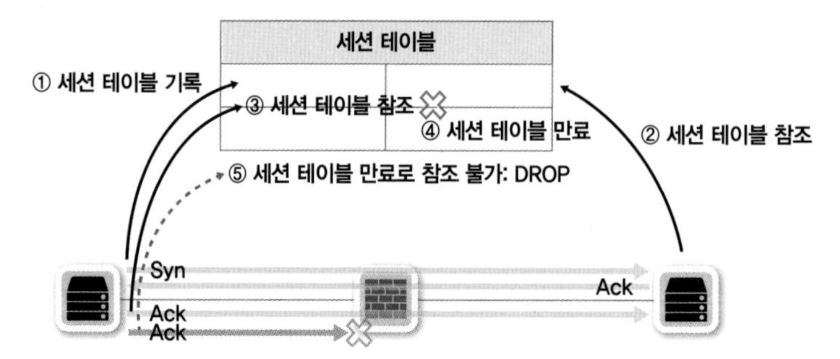

동작 순서는 다음과 같습니다.

1. 3방향 핸드셰이크를 통해 정상적으로 세션 설정

   ① 방화벽에서 세션 설정 과정을 확인하고 세션 테이블 기록

2. ②, ③ 세션 테이블을 참조해 방화벽에서 패킷 통과

3. 일정 시간 동안 통신 없음

4. ④ 세션 타임으로 세션 테이블 만료

5. 세션 만료 후 애플리케이션 통신 시작

6. ⑤ 세션이 만료되어 방화벽에서 패킷 드롭

이런 문제를 해결하기 위해 세션 장비와 애플리케이션(또는 시스템)에서 각각 적용할 수 있는 설정이 있습니다. 다음은 이런 문제의 해결 방법이며 이 중 하나만 적용되어도 서비스는 정상적으로 동작할 수 있습니다.

6.4.1.1 세션 장비 운영자 입장

가. 세션 만료 시간 증가

세션 장비 운영자가 애플리케이션에 맞게 세션 만료 시간을 늘리는 방법이 있습니다. 이 경우, 애플리케이션의 세션 유지 시간보다 방화벽 세션 유지 시간이 길어야 합니다. 대부분의 세션 장비는 포트 번호나 IP 주소마다 별도의 세션 만료 시간을 설정할 수 있어 전체 세션 유지 시간이 길어져 시스템 메모리가 고갈되는 문제를 예방할 수 있습니다. 하지만 세션 장비 운영자가 정확한 정보를 얻어 설정할 수 있도록 애플리케이션측 개발자나 관리자가 애플리케이션 고유의 세션 유지 시간을 미리 알려주어야 합니다.

나. 세션 시간을 둔 채로 중간 패킷을 수용할 수 있도록 방화벽 설정(세션 장비 중 방화벽에 해당)

세션 테이블에 정보가 없는 ACK 패킷이 방화벽에 들어오면 방화벽은 패킷을 차단하지만 방화벽 옵션을 조정해 세션 테이블에 정보가 없는 ACK 패킷이 들어오더라도 세션을 새로 만들어 통과시킬 수 있는 옵션이 있습니다. 하지만 이런 해결책은 전체적인 보안이 취약해지는 기능이므로 여러 가지 고려가 필요하고 가능하면 적용하지 않는 것이 좋습니다.

다. 세션 장비에서 세션 타임아웃 시 양 단말에 세션 종료 통보

이 기능은 양 종단 장비의 세션 정보와 중간 세션 장비의 세션 정보가 일치하지 않아 발생하는 문제를 해결하기 위해 사용하는 기능입니다. 세션 상태 정보를 강제로 공유하기 위해 세션 장비에서는 세션 타임아웃 시 세션 정보를 삭제하는 것이 아니라 세션 정보에 있는 양 종단 장비에 세션 정보 만료(RST)를 통보합니다. TCP의 RST 플래그를 1로 세팅해 양 종단 장비에 전송하면(A를 출발지로 B를 도착지로, B를 출발지로 A를 도착지로) 양 종단 장비에서는 세션이 비정상적으로 종료된 것으로 판단해 해당 세션을 끊습니다. 애플리케이션에서 통신이 필요하면 새로운 세션을 맺어 통신합니다.

▼ 그림 6-13 세션 만료 시 세션 장비에서 양 단말에 통보한다.

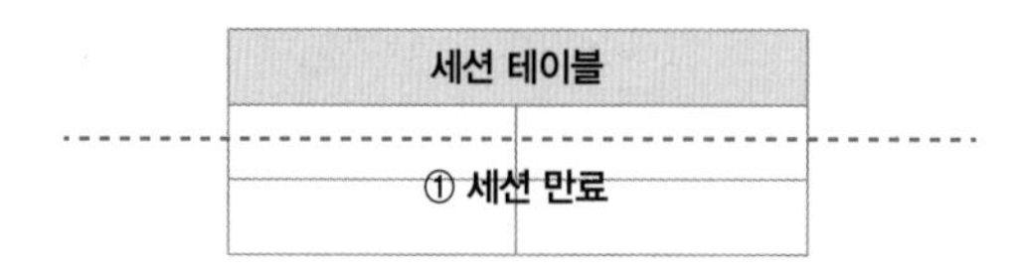

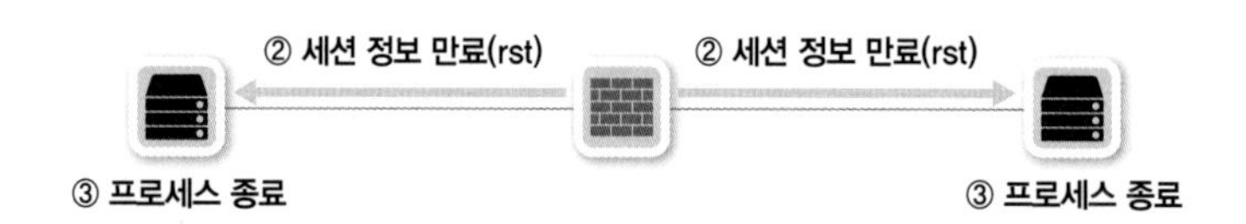

세션 만료 시의 동작 과정은 다음과 같습니다.

1. 세션 설정
2. 일정 시간 동안 통신 없음
3. ① 세션 타임아웃값이 넘어 세션 만료
4. ② 방화벽에서 양 종단 장비에 RST 패킷 전송
   A. A, B 장비 통신일 경우
   B. A 장비에는 출발지 B, 도착지 A인 RST 패킷 전송
   C. B 장비에는 출발지 A, 도착지 B인 RST 패킷 전송
5. ③ RST 패킷을 받은 양 종단 장비는 해당 프로세스 종료

6.4.1.2 개발자 입장

가. 애플리케이션에서 주기적인 패킷 발생 기능 추가

애플리케이션과 세션 장비의 세션 타임아웃 시간을 일치시키는 가장 좋은 방법은 애플리케이션에서 패킷을 주기적으로 발생시키는 것입니다. 애플리케이션 개발 시 중간에 통신이 없더라도 일정 시간마다 양 단말 애플리케이션의 세션 상태 정보를 체크하는 더미 패킷(Dummy Packet)을 보내는 기능을 추가하면 패킷이 주기적으로 발생해 중간 방화벽에서 세션 타임아웃이 발생하기 전에 세션을 유지할 수 있습니다. 최근 대부분의 플랫폼에서는 이런 기능들을 내장하고 개발하도록 안내하고 있습니다. 중간 세션 장비의 세션 만료 시간으로 인한 문제를 해결하는 가장 바람직한 방법입니다.

▼ 그림 6-14 세션 장비의 세션 테이블을 유지하기 위해 통신이 없더라도 애플리케이션에서 상태 체크(Health Check) 패킷을 보낸다.

이런 세션 유지 기능은 더미 패킷을 주기적으로 보내거나 트래픽이 일정 시간 동안 없을 때만 더미 패킷을 보내거나 더 복잡한 로직을 이용해 애플리케이션 상태를 체크하는 기능을 구현할 수도 있습니다. 하지만 패킷을 주기적으로 보내는 기능만 구현되더라도 방화벽 세션 만료로 인한 문제를 쉽게 해결할 수 있습니다.

6.4.2 비대칭 경로 문제

네트워크의 안정성을 높이기 위해 네트워크 회선과 장비를 이중화합니다. 이때 패킷이 지나가는 경로가 2개 이상이므로 인바운드 패킷과 아웃바운드 패킷의 경로가 같거나 다를 수 있습니다. 인바운드 패킷과 아웃바운드 패킷이 같은 장비를 통과하는 것을 대칭 경로(Symmetric Path)라고 하고 다른 장비를 통과하는 것을 비대칭 경로(Asymmetric Path)라고 부릅니다.

▼ 그림 6-15 대칭 경로. 인바운드, 아웃바운드 패킷이 한 장비를 통과해 통신에 문제가 없다.

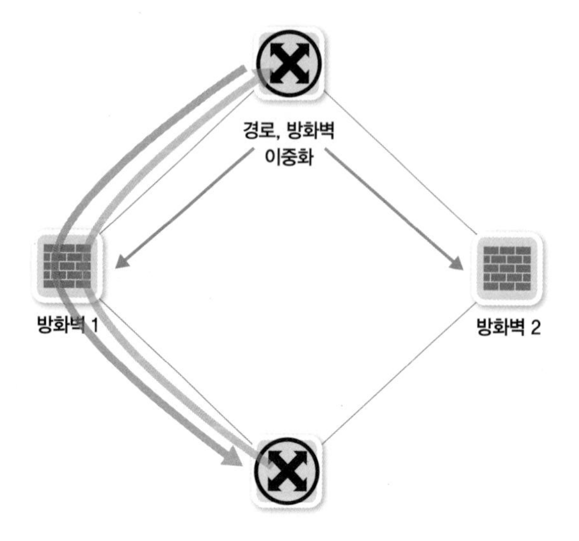

세션 장비는 세션 테이블을 만들어 관리해야 하므로 패킷이 들어오고 나갈 때 동일한 장비를 통과해야 합니다. 네트워크 경로 이중화를 위해 세션 장비를 두 대 이상 설치한 경우, 패킷이 들어올 때와 나갈 때 경로가 일정하게 유지되지 않으면 정상적인 서비스가 되지 않습니다.

▼ 그림 6-16 비대칭 경로. 인바운드 패킷과 아웃바운드 패킷이 한 장비를 통과하지 않아 세션 정보가 없어 패킷이 드롭된다.

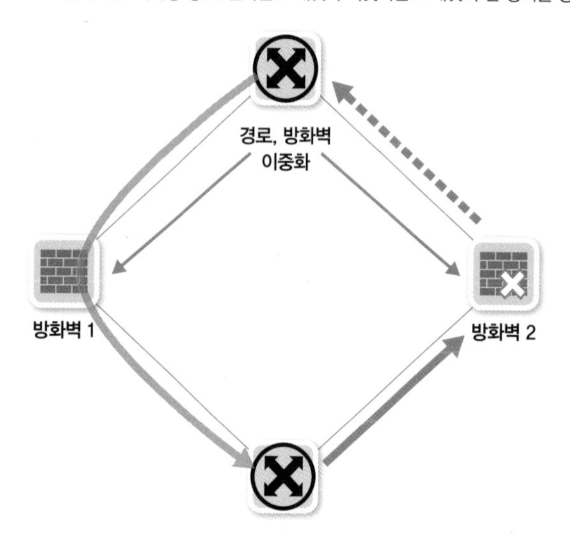

2, 3계층 네트워크 장비는 세션 고려가 필요없어 네트워크 엔지니어 대다수가 세션 장비의 이런 특징을 파악하지 못하고 네트워크 효율성에만 초점을 맞추어 비대칭 경로를 사용하도록 네트워크를 디자인하는 경우가 많습니다. 이 문제의 가장 좋은 해결 방법은 비대칭 경로가 생기지 않도록

네트워크와 경로를 디자인하는 것입니다. 어쩔수 없이 비대칭 경로가 생기면 세션 장비에 이런 비대칭 경로를 처리하는 기능을 이용할 수 있지만 이런 비대칭 패킷을 처리하기 위한 노력이 필요하여 세션 장비의 성능이 저하되거나 보안이 약화될 수 있습니다.

비대칭 경로를 방화벽에서 처리할 수 있는 첫 번째 방법은 세션 테이블을 동기화하는 것입니다. 세션 테이블을 동기화하면 두 개 경로상의 두 장비가 하나의 장비처럼 동작하므로 비대칭 경로에서도 정상적으로 동작할 수 있습니다. 이 기능은 패킷 경로를 변경하지 않고 동작한다는 장점이 있지만 세션을 동기화하는 시간보다 패킷 응답이 빠르면 정상적으로 동작하지 않을 수 있다는 단점이 있습니다. 데이터 센터에서 응답시간이 빠른 애플리케이션을 사용할 경우, 세션 동기화 시간보다 응답시간이 더 빠를 수 있으므로 이 기능을 사용하는 것을 추천하지 않습니다. 이 기능은 응답시간이 비교적 긴 인터넷 게이트웨이로 방화벽이 사용될 때 유용하게 사용될 수 있습니다.

▼ 그림 6-17 세션 동기화 기능을 이용하면 비대칭 경로인 경우에도 통신이 가능하다.

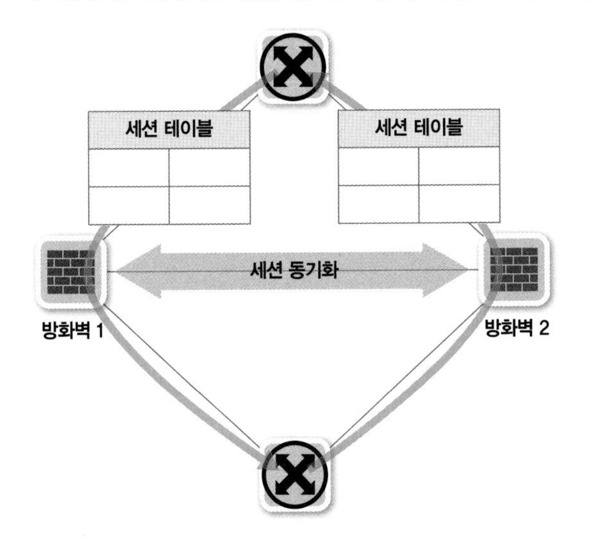

두 번째 방법은 비대칭 경로가 생길 경우, 세션 장비에서 다양한 방법으로 이를 보정하는 것입니다. 인바운드 패킷이 통과하지 않았는데 아웃바운드 패킷이 장비로 들어온 경우, 인바운드 패킷이 통과한 다른 세션 장비 쪽으로 패킷을 보내 경로를 보정합니다. 그럼 강제로 대칭 경로를 만들어 주므로 비대칭 경로로 인한 문제를 해결할 수 있습니다.

▼ 그림 6-18 경로 보정 기능(MAC 리라이팅, 터널링)으로 비대칭 경로를 예방할 수 있다.

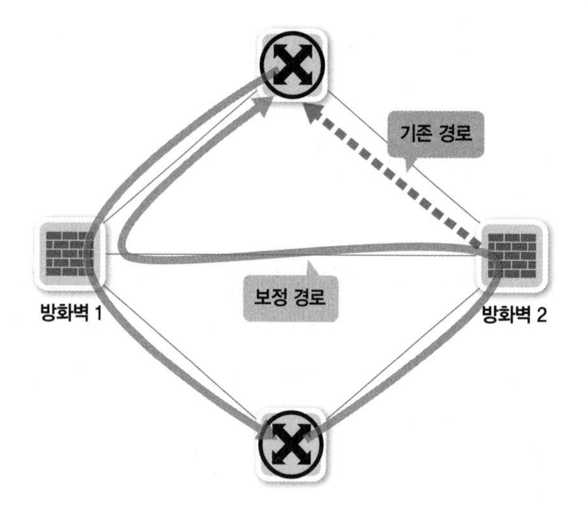

강제로 다른 방화벽으로 패킷을 보내기 위해 방화벽 간 통신용 링크가 필요하고 MAC 주소를 변경하는 MAC 리라이팅(Rewriting)이나 기존 패킷에 MAC 주소를 한 번 더 인캡슐레이션하는 터널링(Tunneling) 기법으로 경로를 보정합니다. 세부 기술과 기술용어는 구현하는 회사마다 다르므로 도입한 장비가 지원하는 기능과 구현하는 방법은 제조사나 기술지원 인력을 통해 별도로 확인해야 합니다.

6.4.3 하나의 통신에 두 개 이상의 세션이 사용될 때의 고려사항

현대 프로토콜은 하나의 통신을 위해 한 개의 세션만 사용하는 경우가 대부분이지만 특별한 목적으로 두 개 이상의 세션을 만드는 경우가 있습니다. 이때 서로 다른 두 세션이 하나의 통신을 위해 사용하고 있다는 것을 네트워크 통신 중간에 놓인 세션 장비도 파악해야 합니다. 두 통신 중 한쪽 세션이 끊겨 있거나 세션 장비의 세션 테이블에서 삭제되면 단방향 통신만 가능하거나 통신하지 못할 수 있습니다. 이런 경우 통신에 문제가 있음을 쉽게 파악하지 못하는 경우가 많아 장애가 길어질 수 있으니 더 주의해야 합니다.

프로토콜은 데이터 프로토콜과 컨트롤 프로토콜로 구분할 수 있습니다. 데이터 프로토콜은 데이터를 실어 나르고 컨트롤 프로토콜은 데이터가 잘 전송되도록 세션을 제어합니다. 현대 프로토콜들은 대부분 컨트롤 프로토콜 기능과 데이터 프로토콜 기능을 하나의 프로토콜에서 헤더나 별도 메시지로 해결하지만 특별한 목적이 있거나 오래된 프로토콜은 두 개의 프로토콜이 분리된 경우가 있습니다. 가장 대표적인 프로토콜이 FTP(File Transfer Protocol)입니다. FTP는 컨트롤 프로토콜과 데이터 프로토콜이 완전히 분리되어 있고 통신 방법이 다른 두 가지 모드를 가지고 있습니다.

✔ 그림 6-19 컨트롤 프로토콜과 데이터 프로토콜이 다른 경우의 고려사항

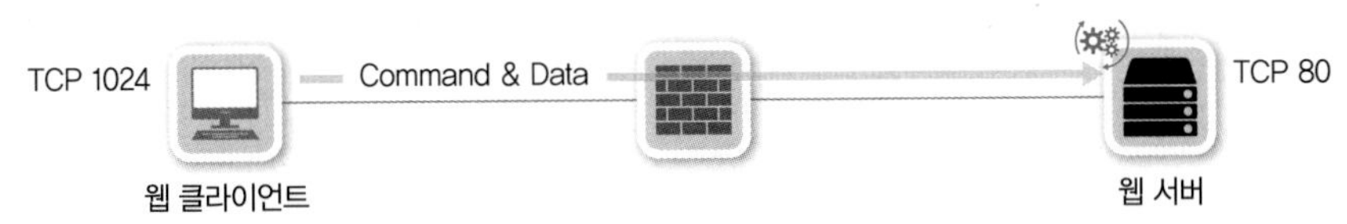

일반적인 경우(하나의 세션으로 컨트롤, 데이터를 사용하는 경우) – 웹

컨트롤 프로토콜과 데이터 프로토콜이 반대인 경우 – FTP Active 모드

컨트롤 프로토콜과 데이터 프로토콜의 방향이 같은 경우 – FTP Passive 모드

FTP의 기본적인 구동 방식은 Active 모드입니다. Active 모드는 명령어를 전달하는 컨트롤 프로토콜과 데이터를 전달하는 데이터 프로토콜이 분리되어 있고 방향도 반대로 동작합니다. 일반적인 클라이언트-서버 동작 방식과 달리 컨트롤 프로토콜은 클라이언트에서 서버로 통신을 시작하지만 데이터 프로토콜은 서버에서 클라이언트 쪽으로 데이터를 푸시합니다.

▼ 그림 6-20 FTP Active 모드

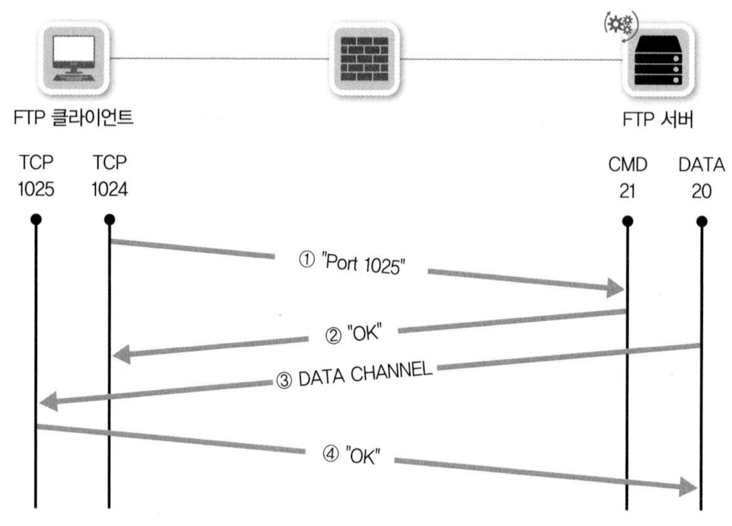

위와 같은 다이어그램으로 Active 모드를 간단히 표현할 수 있습니다.

1. 클라이언트가 FTP 서버에 접속. 클라이언트는 1023번 이상의 TCP 포트를 사용, 서버는 TCP 21번 포트를 사용
2. ① 클라이언트가 서버에 데이터를 1025번 포트를 사용해 수신하겠다고 알림
3. ② 서버는 클라이언트에 1025번 포트를 사용해 송신하겠다고 응답
4. ③ 서버에서 데이터를 보냄, 클라이언트에서 응답하고 데이터를 수신

Active 모드를 사용할 때 중간에 방화벽이나 세션 장비가 있으면 Active 모드의 동작 방식에 맞추어 방화벽의 반대 방향도 열어주어야 합니다. 특히 NAT 환경인 경우, FTP가 동작하는 프로토콜을 모두 이해할 수 있는 별도 기능을 동작시켜야 합니다. 이 기능을 ALG(Application Layer Gateway)라고 합니다. ALG가 동작하는 방화벽은 FTP 명령어를 이해하고 반대 방향으로 시작하는 데이터 세션을 인지해 방화벽과 NAT를 자동으로 동작시켜 줍니다.

Passive 모드는 Active 모드의 단점을 보완하기 위해 만들어졌습니다. Active 모드의 가장 큰 문제는 컨트롤 프로토콜과 데이터 프로토콜의 방향이 반대라는 것이었습니다. Passive 모드는 컨트롤, 데이터 프로토콜이 분리되어 있는 것은 같지만 클라이언트에서 서버쪽으로 데이터를 요청해 다운받도록 동작합니다.

▼ 그림 6-21 FTP Passive 모드

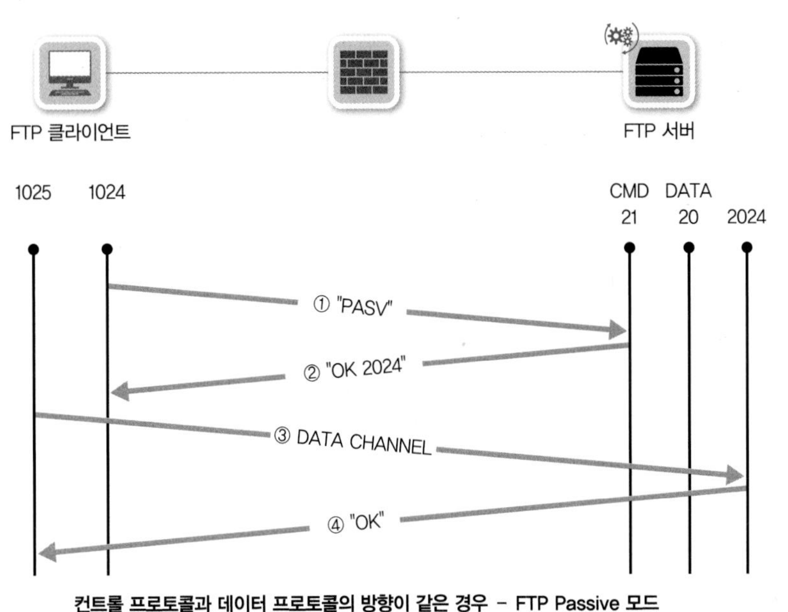

컨트롤 프로토콜과 데이터 프로토콜의 방향이 같은 경우 – FTP Passive 모드

위와 같은 다이어그램으로 Passive 모드를 간단히 표현할 수 있습니다.

1. 클라이언트가 서버에 접속. 클라언트는 1023번 이상의 TCP 포트를 사용, 서버는 TCP 21번 포트를 사용(Active 모드와 동일)
2. ① 클라이언트가 Passive 모드를 사용하겠다고 알림
3. ② 서버는 클라이언트에 데이터 수신에 사용할 포트를 알림. 2024번 포트를 사용해 수신하겠다고 응답
4. ③ 클라이언트에서 서버에 데이터를 요청. ② 과정에서 서버에서 알려준 2024번 포트에 요청.
5. 데이터 전송

Passive 모드에서 클라이언트 쪽에 방화벽이나 세션 장비가 있을 경우, 특별한 작업 없이 동작할 수 있다는 장점이 있지만 서버 쪽에 방화벽이 있으면 데이터 다운로드를 위한 추가 포트를 열어주어야 합니다. FTP 서버에서 Passive 모드에서 사용하는 데이터 포트의 범위를 설정할 수 있습니다.

memo

7장

통신을 도와주는 네트워크 주요 기술

지금까지 네트워크를 이해하기 위해 OSI 7계층, 네트워크 구성을 위한 연결 방법과 구성 요소를 알아보았고 스위칭, 라우팅, 세션 처리 방법 등과 같이 실제로 네트워크 장비가 패킷을 처리하는 방법에 대한 내용을 보다 자세히 알아보았습니다. 종단 장비에서 패킷이 시작되어 중간 네트워크 장비에서 이 패킷을 처리하는 과정 외에도 IP 네트워크에는 통신을 도와주고 사용자를 편리하게 해주는 다양한 서비스와 프로토콜이 있습니다.

사용자가 IP 설정을 하지 않더라도 IP 주소를 자동으로 할당해주는 DHCP(Dynamic Host Configuration Protocol), 사용자가 복잡한 목적지 IP를 기억하지 않고 쉬운 도메인 이름을 사용하도록 도메인 이름과 IP 주소를 매핑해주는 DNS(Domain Name System), 사용자가 가장 가까운 지역의 데이터 센터에 접속해 신속한 서비스를 받게 해주는 GSLB(Global Service Load Balancing), 하나의 IP를 사용해 여러 단말 장비를 포함하는 네트워크를 손쉽게 구축하도록 도와주는 NAT와 같은 다양한 기술들이 사용됩니다.

그 밖에도 다양한 서비스와 프로토콜이 있지만 이번 장에서는 자주 사용되면서 실무환경에서 네트워크 통신을 이해하는 데 중요한 NAT, DNS, GSLB, DHCP에 대해 자세히 알아보겠습니다.

7.1 NAT/PAT

NETWORK

NAT(Network Address Translation, 네트워크 주소 변환)는 사용자 모르게 실생활에서 많이 사용하는 기술입니다. 가정에서 사용하는 노트북과 PC는 공유기를 통해서, 통신사에 LTE나 5G로 연결된 스마트폰은 통신사 장비 어디선가 NAT를 수행해 외부와 통신하게 됩니다. 회사 네트워크에서도 NAT와 PAT를 매우 많이 사용합니다. 라우터나 L3 스위치와 같은 L3 장비에서도 쓰이고 특히 방화벽과 로드 밸런서와 같이 세션을 다루는 L4 이상의 장비에서는 매우 빈번히 사용되는 기술입니다. NAT 동작을 이해하면 이런 장비의 동작 방식을 더 쉽게 이해할 수 있습니다.

NAT는 이름 그대로 네트워크 주소를 변환하는 기술입니다. NAT는 기본적으로 하나의 네트워크 주소에 다른 하나의 네트워크 주소로 변환하는 1:1 변환이 기본이지만 IP 주소가 고갈되는 문제를 해결하기 위해 1:1 변환이 아닌 여러 개의 IP를 하나의 IP로 변환하기도 합니다. 여러 개의 IP를 하나의 IP로 변환하는 기술도 NAT 기술 중 하나이고 NAT로 통칭하여 불리기도 하지만 실제 공식 용어는 NAPT(Network Address Port Translation, RFC2663)입니다. NAPT의 경우, 실무에서는 PAT(Port Address Translation)라는 용어로 더 많이 사용되기 때문에 본서에서도 PAT라는 용어로 설명하겠습니다.

"NAT는 IP 주소를 다른 IP 주소로 변환해 라우팅을 원활히 해주는 기술"이라고 인터넷 표준 문서에서 정의하고 있습니다. 사설 IP에서 공인 IP로 전환하는 것뿐만 아니라 공인 IP에서 사설 IP로 주소를 전환할 수 있고 사설 IP에서 또 다른 사설 IP나 공인 IP에서 또 다른 공인 IP로의 전환도 NAT로 정의될 수 있습니다. 이 개념을 좀 더 확장하면 IPv4 주소를 IPv6 주소로 변환하거나 그 반대로 IP 주소를 변환하는 기술인 AFT(Address Family Translation)도 NAT 기술의 일종입니다. 이렇듯 다양한 NAT 기술과 방법이 존재하지만 NAT가 가장 많이 사용되는 경우는 사설 IP 주소에서 공인 IP 주소로 전환하는 경우입니다.

NAT는 서비스의 전체 흐름을 파악하는 데 매우 중요한 요소입니다. 이번 장에서는 NAT와 PAT가 어떤 기술인지, 어떻게 동작하는지, 어떤 NAT 방식이 있는지 자세히 알아보겠습니다.

7.1.1 NAT/PAT의 용도와 필요성

NAT와 PAT는 우리가 인식하지 못하는 사이 다양한 곳에서 사용되고 있습니다.

첫째, IPv4 주소 고갈문제의 솔루션으로 NAT가 사용됩니다.

인터넷 대중화로 갑자기 폭증한 IP 주소 요구를 극복하기 위해 단기, 중기, 장기의 3단계 IP 주소 보존과 전환전략을 수립했습니다. 이 전략이 매우 잘 만들어졌고 실제 환경에서도 유용하게 쓰이면서 IPv4 주소 부족 문제가 많이 해소되었습니다. 물론 현재는 IPv4 주소 할당이 끝나면서 신규로 할당 가능한 IPv4 주소가 없는 상태이고 IPv6 주소 체계 전환을 일부 분야에서는 매우 많이 진행하고 있습니다. IPv4 주소 보존전략 중 단기 전략은 서브네팅, 중기 전략은 NAT와 사설 IP 체계, 장기 전략은 IPv6 전환이었습니다. 그 중 NAT를 이용한 중기 전략이 IPv4 주소 보존에 큰 기여를 했는데 외부에 공개해야 하는 서비스에 대해서는 공인 IP를 사용하고 외부에 공개할 필요가 없는 일반 사용자의 PC나 기타 종단 장비에 대해서는 사설 IP를 사용해 꼭 필요한 곳에만 효율적으로 IP를 사용할 수 있게 되었습니다.

둘째, 보안을 강화하는 데 NAT 기술을 사용합니다.

IP 주소는 네트워크에서 유일해야 하고 이 정보가 식별자로 사용되어 외부와 통신하게 해줍니다. 외부와 통신할 때 내부 IP를 다른 IP로 변환해 통신하면 외부에 사내 IP 주소 체계를 숨길 수 있습니다.

♥ 그림 7-1 외부 구간에서는 내부 장비의 IP가 보이지 않도록 NAT를 사용한다.

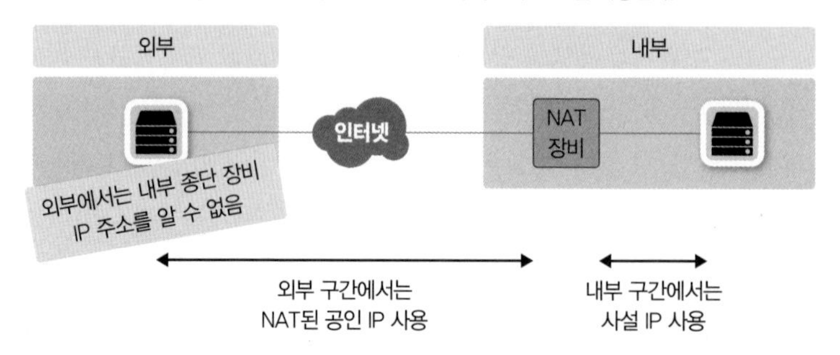

NAT는 주소 변환 후 역변환이 정상적으로 다시 수행되어야만 통신이 가능합니다. 이 성질을 이용해 복잡한 룰 설정 없이 방향성을 통제할 수 있습니다. 내부 네트워크에서 외부 네트워크로 나가는 방향 통신은 허용하지만 외부에서 시작해 내부로 들어오는 통신은 방어할 수 있습니다. NAT/PAT의 이런 성질을 이용해 보안을 쉽게 강화할 수 있습니다.

셋째, IP 주소 체계가 같은 두 개의 네트워크 간 통신을 가능하게 해줍니다.

IP 네트워크에서 서로 통신하려면 식별 가능한 유일한 IP 주소가 있어야 합니다. 공인 IP는 인터넷에서 유일한 주소로 IP 주소가 중복되면 안 되지만 사설 IP는 외부와 통신할 때 공인 IP로 변환되어 통신하므로 서로 다른 회사에서 중복해 사용할 수 있습니다. 회사 내부에서 사설 IP를 독립적으로 사용한다면 상관없지만 사설 IP를 이용해 다른 회사와 직접 연결해야 하거나 회사 간 합병으로 서로 통신해야 한다면 사설 IP 주소가 충돌할 수 있습니다.

♥ 그림 7-2 사용하는 사설 IP 대역이 같은 회사끼리의 통신을 위해 더블 NAT를 사용한다.

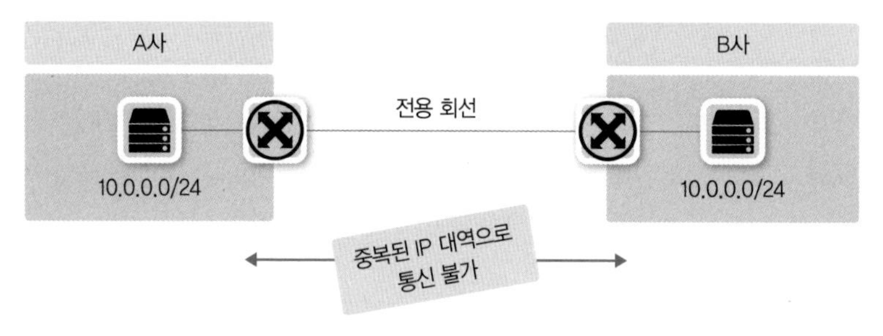

특히 대외계라고 부르는 회사 간 통신에서 이런 상황이 많이 발생합니다. 카드사나 은행 간 연결이 대표적인 대외계 네트워크입니다. 최근 이런 카드, 금융 대외사와 서비스를 연동할 때 인터넷 구간을 이용해 통신하기도 하지만 개인정보 보호와 각종 법규 준수(Compliance)로 아직도 별도 전용 회선이나 암호화된 별도 네트워크를 이용해 통신합니다.

IP 대역이 같은 네트워크와 통신할 가능성이 높은 대외계 네트워크를 연결하기 위해 출발지와 도착지를 한꺼번에 변환하는 "더블 나트(Double NAT)" 기술을 사용합니다.

넷째, 불필요한 설정 변경을 줄일 수 있습니다.

KISA를 통해 인터넷 독립기관으로 직접 등록하고 소유한 IP 주소를 직접 운영하는 경우가 아니라면 통신사업자나 IDC 쪽에서 IP를 할당받아 사용하게 됩니다(앞의 5장 라우팅에서 설명한 AS가 이것에 해당합니다). 이 IP들은 자신이 소유한 것이 아니라 임시로 빌려 사용하는 것이므로 회선 사업자를 바꾸거나 IDC를 이전하면 그동안 빌려 써왔던 공인 IP를 더 이상 사용할 수 없고 신규 사업자가 빌려주는 IP로 변경해야 합니다. 만약 사용자가 NAT/PAT를 이용해 내부 네트워크를 구성하고 있었다면 서버와 PC의 IP 주소 변경 없이 회선과 IDC 사업자 이전이 가능합니다. 물론 외부에 서비스하던 공인 IP 주소가 변경되므로 DNS 서비스나 NAT를 수행하는 네트워크 장비 설정은 변경해야 하지만 내부 서버나 PC 설정 변경을 최소화할 수 있어 NAT/PAT 기술을 적용하면 복잡한 작업을 많이 줄일 수 있습니다. 이런 설계는 특정 사업자에 종속되지 않는 유연한 인프라스트럭처의 기본 요소로 비즈니스 유연성을 높이는 데 매우 중요한 기술로 활용됩니다.

사실 NAT 기술은 장점만 있는 것은 아닙니다. 네트워크 운영자 입장에서는 IP가 변환되면 장애가 발생했을 때 문제 해결이 힘듭니다. 애플리케이션 개발자는 NAT 환경이 대중화되면서 애플리케이션을 개발할 때 더 많은 고려사항이 생겼습니다. IPv6 전환은 IPv4 주소 부족 해결이라는 중요한 목표가 있지만 이런 어려움을 주는 NAT를 인터넷에서 없애는 목표도 있습니다. NAT로 인해 주소가 변환되면서 단말 간 직접적인 연결성이 무너졌고 이로 인해 개발자들이 애플리케이션을 제작할 때 NAT 환경을 항상 고려해야 하는 상황이 되었습니다. 또한, NAT의 이런 한계를 극복하기 위해 NAT 밑에 있는 단말도 직접 연결하게 도와주는 홀 펀칭(Hole Punching) 기술이 나오고 이 기술을 이용하기 위해 애플리케이션이 더 복잡해지는 악순환이 계속되었습니다. 지난 20년 동안 NAT는 일상생활 속에 많이 적용되었고 그 과정에서 NAT로 인한 오버헤드나 다양한 문제를 신기술로 해결해왔습니다.

다음 장에서는 NAT/PAT의 동작 방식과 사용법에 대해 알아보겠습니다.

7.1.2 NAT 동작 방식

다음은 NAT 동작 방식을 알아보기 위한 예입니다.

❤ 그림 7-3 NAT 동작 순서

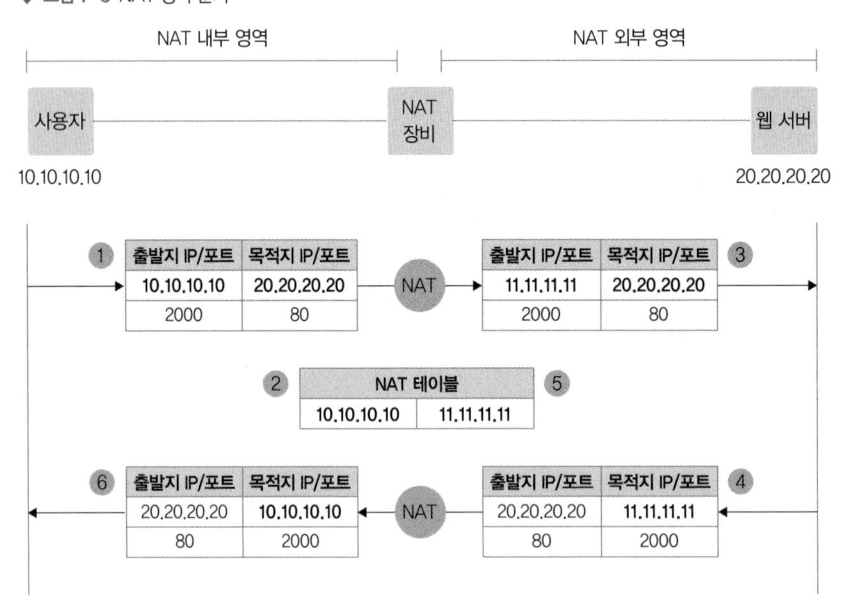

NAT의 동작 방식을 이해하기 위해 출발지 사용자(10.10.10.10)가 목적지의 웹 서버(20.20.20.20)로 통신하는 과정을 살펴보겠습니다.

1. 사용자는 웹 서버에 접근하기 위해 출발지 IP를 10.10.10.10으로, 목적지 IP와 서비스 포트는 20.20.20.20과 80으로 패킷을 전송합니다. 출발지 서비스 포트는 임의의 포트로 할당됩니다. 여기서는 2000번 포트로 가정했습니다.
2. NAT 역할을 수행하는 장비에서는 사용자가 보낸 패킷을 수신한 후 NAT 정책에 따라 외부 네트워크와 통신이 가능한 공인 IP인 11.11.11.11로 IP 주소를 변경합니다. NAT 장비에서 변경 전후의 IP 주소는 NAT 테이블에 저장됩니다.
3. NAT 장비에서는 출발지 주소를 11.11.11.11로 변경해 목적지 웹 서버로 전송합니다.
4. 패킷을 수신한 웹 서버는 사용자에게 응답을 보냅니다. 응답이므로 수신한 내용과 반대로 출발지는 웹 서버(20.20.20.20)가 되고 목적지는 NAT 장비에 의해 변환된 공인 IP 11.11.11.11로 사용자에게 전송합니다.
5. 웹 서버로부터 응답 패킷을 수신한 NAT 장비는 자신의 NAT 테이블에서 목적지 IP에 대한 원래 패킷을 발생시킨 출발지 IP 주소가 10.10.10.10인 것을 확인합니다.
6. NAT 변환 테이블에서 확인된 원래 패킷 출발지 IP(10.10.10.10)로 변경해 사용자에게 전송하면 사용자는 최종적으로 패킷을 수신합니다.

7.1.3 PAT 동작 방식

NAT 동작에 이어 PAT 동작을 이해하기 위한 예제를 살펴보겠습니다. NAT 예제와 동일한 출발지와 목적지로 하고 NAT 장비는 PAT로 동작합니다.

▼ 그림 7-4 PAT 동작 순서

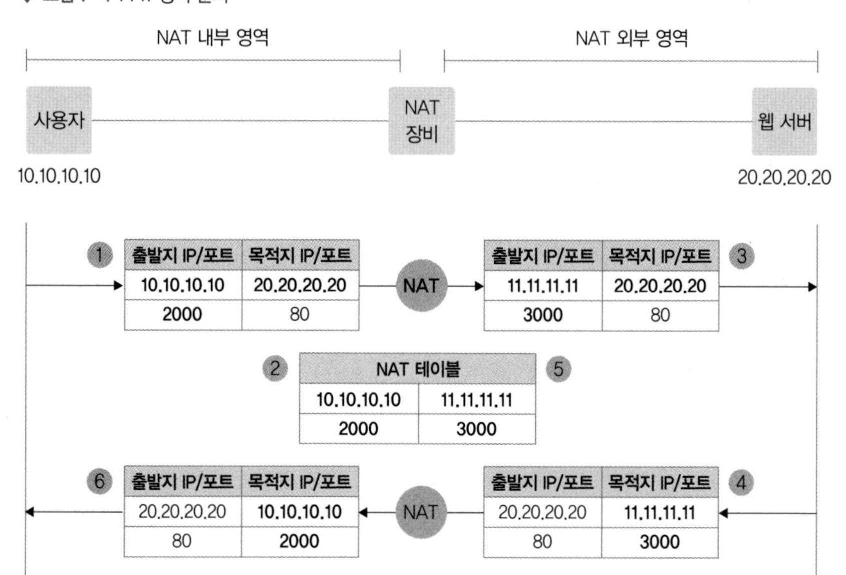

1. 사용자가 웹 서버로 접근하기 위해 패킷에 출발지 10.10.10.10, 목적지 20.20.20.20, 목적지 서비스 포트는 웹 서비스 포트인 80으로 채워 패킷을 전송합니다. 출발지 서비스 포트는 NAT와 마찬가지로 임의의 서비스 포트가 할당되며 이 예제에서는 2000번 포트로 할당되었다고 가정합니다.

2. NAT 장비는 사용자가 보낸 패킷을 받아 외부 네트워크와 통신이 가능한 공인 IP인 11.11.11.11로 변경합니다. 다만 출발지에 있는 다수의 사용자가 동일한 공인 IP로 변환되어야 하므로 패킷의 주소 변경 시 출발지 IP뿐만 아니라 출발지의 서비스 포트도 변경됩니다. 출발지 IP와 출발지 서비스 포트는 NAT 장비에 의해 모두 변경되고 NAT 장비가 이 변경 정보를 NAT 테이블에 기록합니다.

3. NAT 장비에서 변경된 출발지 IP 주소인 11.11.11.11과 서비스 포트 3000으로 패킷을 재작성해 웹 서버로 다시 전송합니다.

4. 사용자가 보낸 패킷을 수신한 웹 서버는 사용자에게 패킷을 응답하는데 출발지 IP는 웹

서버의 IP 주소인 20.20.20.20으로 채워지고 목적지 IP는 NAT 장비에 의해 변환된 공인 IP 11.11.11.11과 서비스 포트로 채워져 전송합니다.

5. 웹 서버로부터 응답 패킷을 수신한 NAT 장비는 NAT 테이블을 확인해 웹 서버로부터 받은 패킷의 목적지 IP 주소인 11.11.11.11이 원래 10.10.10.10이며 서비스 포트 3000이 원래 2000인 것을 확인합니다.

6. NAT 장비는 NAT 테이블에서 확인한 목적지 IP 주소와 서비스 포트로 패킷을 재작성한 후 사용자에게 전달합니다. 사용자는 NAT 장비에서 역변환된 패킷을 받아 웹 페이지를 표시합니다.

만약 다른 IP를 가진 사용자가 동일하게 20.20.20.20 서버로 접속하는 경우, NAT 장비에서는 출발지 IP만 11.11.11.11로 동일하게 변경하고 서비스 포트는 다른 포트로 변경합니다.

즉, PAT 동작 방식은 NAT와 거의 동일하게 이루어지지만 IP 주소뿐만 아니라 서비스 포트까지 함께 변경해 NAT 테이블을 관리하므로 하나의 IP만으로도 다양한 포트 번호를 사용해 사용자를 구분할 수 있습니다. 하지만 이 서비스 포트의 개수는 제한되어 있어 재사용됩니다. 만약 서비스 포트가 동시에 모두 사용 중이거나 재사용할 수 없을 때는 PAT이 정상적으로 동작하지 않습니다. 따라서 동시 사용자가 매우 많을 때는 PAT에서 사용하는 공인 IP 주소를 IP 하나가 아닌 풀(Pool)로 구성해야 합니다.

PAT는 다수의 IP가 있는 출발지에서 목적지로 갈 때 NAT 테이블이 생성되고 응답에 대해 NAT 테이블을 참조할 수 있지만 PAT IP가 목적지일 때는 해당 IP가 어느 IP에 바인딩되는지 확인할 수 있는 NAT 테이블이 없으므로 사용할 수 없습니다. 즉, PAT는 뒤에서 다룰 SNAT와 DNAT 중 SNAT에 대해서만 적용되고 DNAT에는 적용되지 않습니다.

▼ 그림 7-5 PAT는 내부에서 외부로 출발하는 경우에만 가능하다.

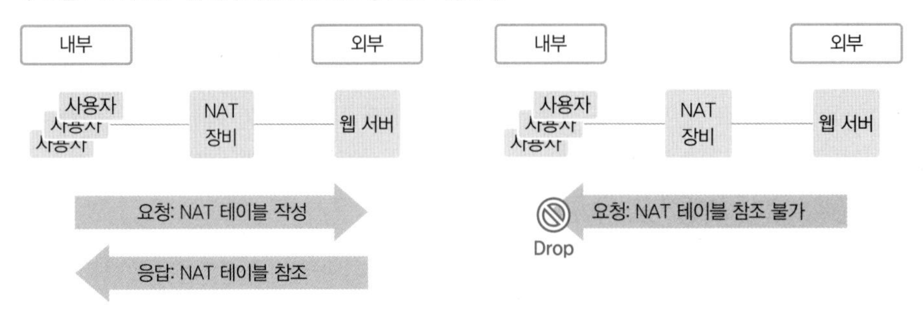

지금까지 NAT와 PAT에 대한 예제를 통해 패킷이 어떻게 변경되고 통신하는지 알아보았습니다.

NAT/PAT에 의해 패킷의 주솟값이 어떻게 변경되고 NAT 테이블이 어떻게 관리되는지 이해할 수 있다면 이어서 알아볼 NAT/PAT의 내용도 쉽게 이해하실 수 있습니다.

7.1.4 SNAT와 DNAT

NAT를 사용해 네트워크 주소를 변환할 때 어떤 IP 주소를 변환하는지에 따라 두 가지로 구분합니다.

- SNAT(Source NAT) – 출발지 주소를 변경하는 NAT
- DNAT(Destination NAT) – 도착지 주소를 변경하는 NAT

▼ 그림 7-6 SNAT와 DNAT

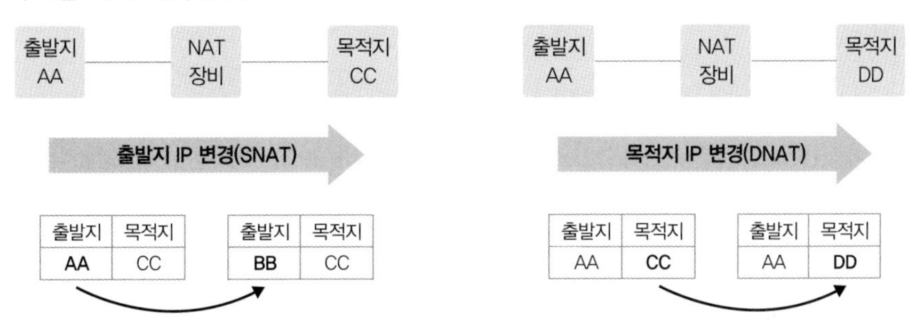

SNAT와 DNAT는 트래픽이 출발하는 시작 지점을 기준으로 구분합니다. 어떤 주소를 변경해야 하는지는 서비스 흐름과 목적에 따라 결정됩니다.

앞에서 말했듯이 SNAT와 DNAT의 기준은 NAT가 수행되기 이전의 트래픽이 출발하는 시작 지점입니다. 즉, 요청 시 SNAT를 해 목적지로 전송하면 해당 트래픽에 대한 응답을 받을 때는 출발지와 목적지가 반대가 되므로 DNAT가 되는데 이때 트래픽을 요청하는 시작 지점만 고려해 SNAT 설정을 해야 합니다. NAT 장비를 처음 통과할 때 NAT 테이블이 생성되므로 응답 패킷이 NAT 장비에 들어오면 별도의 NAT 설정이 없더라도 NAT 테이블을 사용해 반대로 패킷을 변환해줄 수 있기 때문입니다. 이 과정을 역 NAT라고 하며 NAT가 정상적으로 수행되려면 역 NAT 과정이 함께 수행되어야 합니다.

참고

실무에서는 NAT를 다양하게 표현합니다. 출발지 주소를 변경하는 NAT를 SNAT 또는 Source NAT으로 표현하고 출발지 NAT로 표현하기도 합니다. 도착지 주소를 변경하는 NAT를 DNAT

또는 Destination NAT, 도착지 NAT로 표현합니다. 이 책에서는 줄여서 SNAT, DNAT로 표기하지만 실제로는 다양하게 표현됩니다.

그럼 SNAT와 DNAT는 어떤 경우에 사용할까요? 지금부터 SNAT와 DNAT의 몇 가지 사용 경우를 알아보겠습니다.

먼저 Source NAT입니다.

SNAT는 사설에서 공인으로 통신할 때 많이 사용합니다. 공인 IP 주소의 목적지에서 출발지로 다시 응답을 받으려면 출발지 IP 주소 경로가 필요한데 공인 대역에서는 사설 대역으로의 경로를 알 수 없으므로 공인 IP의 목적지로 서비스를 요청할 때 출발지에서는 사설 IP를 별도의 공인 IP로 NAT해 서비스를 요청해야 합니다. 그래야 해당 요청을 받은 목적지에서 출발지 IP를 공인 IP로 확인해 다시 응답할 수 있는 경로를 찾을 수 있습니다. 이것은 공유기처럼 PAT를 사용하는 경우에 해당할 수 있습니다.

다른 경우는 보안상 SNAT를 사용할 때입니다. 회사에서 다른 대외사와 통신 시 내부 IP 주소가 아니라 별도의 다른 IP로 전환해 전송함으로써 대외에 내부의 실제 IP 주소를 숨길 수 있습니다. 보안상의 문제뿐만 아니라 대외사와 통신해야 하는 사내 IP가 대외사의 사내 IP 대역과 중복될 때도 SNAT를 통해 중복되지 않는 다른 IP로 변경해 통신하는 데 사용할 수 있습니다. 이 경우는 앞에서 말한 사설에서 공인으로 통신해야 하는 경우와 비슷하지만 이 경우에는 변경되는 IP가 반드시 공인일 필요는 없습니다.

로드 밸런서의 구성에 따라 SNAT를 사용하기도 합니다. 출발지와 목적지 서버가 동일한 대역일 때는 로드 밸런서 구성에 따라 트래픽이 로드 밸런서를 거치지 않고 응답할 수 있어 SNAT를 통해 응답 트래픽이 로드 밸런서를 거치게 할 수 있습니다. 로드 밸런서에서의 SNAT는 **12장 로드 밸런서**에서 자세히 다룰 예정입니다.

▼ 그림 7-7 SNAT를 하는 경우

다음은 DNAT입니다.

DNAT는 로드 밸런서에서 많이 사용합니다. 사용자는 서비스 요청을 위해 로드 밸런서에 설정된 서비스 VIP(Virtual IP)로 서비스를 요청하고 로드 밸런서에서는 서비스 VIP를 로드 밸런싱될 서버의 실제 IP로 DNAT해 내보냅니다. 이 부분도 마찬가지로 **12장 로드 밸런서**에서 자세히 다루겠습니다.

사내가 아닌 대외망과의 네트워크 구성에도 DNAT를 사용합니다. 사내 IP 주소는 중앙에서 일괄적으로 관리되므로 IP가 중복되는 경우가 없지만 사내가 아닌 대외망과의 연동에서는 IP가 중복될 수 있습니다. 설사 IP가 중복되지 않더라도 IP 주소가 제각각이므로 신규 대외사와의 연동마다 라우팅을 개별적으로 설정해야 합니다. 이 경우, 대외망에 NAT 장비를 이용해 대외사의 IP를 특정 IP 대역으로 NAT합니다. 사내에서는 어떤 대외사든 대외망 전용 NAT 대역으로 변경된 네트워크 대역으로 라우팅을 처리하면 되므로 대외사 추가에 따라 별도 라우팅을 개별적으로 설정할 필요가 없고 사내 IP와 중복되는 IP가 있더라도 라우팅 이슈 없이 구성할 수 있습니다.

▼ 그림 7-8 DNAT를 하는 경우

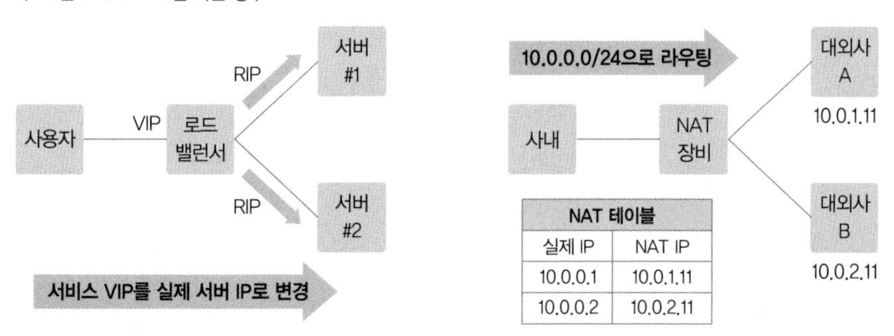

NAT 테이블	
실제 IP	NAT IP
10.0.0.1	10.0.1.11
10.0.0.2	10.0.2.11

7.1.5 동적 NAT와 정적 NAT

출발지와 목적지의 IP를 미리 매핑해 고정해놓은 NAT를 정적 NAT라고 합니다. 반대로 출발지나 목적지 어느 경우든 사전에 정해지지 않고 NAT를 수행할 때 IP를 동적으로 변경하는 것을 동적 NAT라고 합니다.

동적 NAT는 출발지와 목적지가 모두 정의된 것이 아니라 다수의 IP 풀에서 정해지므로 최소한 출발지나 목적지 중 한 곳이 다수의 IP로 구성된 IP 풀이나 레인지(Range)로 설정되어 있습니다. NAT가 필요할 때 IP 풀에서 어떤 IP로 매핑될 것인지 판단해 NAT를 수행하는 시점에 NAT 테이블을 만들어 관리합니다. NAT 테이블은 설정된 시간 동안 유지되고 일정 시간 동안 통신이 없으면 다시 사라지므로(NAT 테이블 타임아웃) 동적 NAT의 설정은 서비스 흐름을 고려해 적용해야 합니다.

정적 NAT는 출발지와 목적지 매핑 관계가 특정 IP로 사전에 정의된 것이므로 1:1 NAT라고 부르기도 합니다. 실제 IP 매핑도 A라는 IP와 B라는 IP가 항상 고정되어 매핑된 상태이므로 서비스 방향에 따라 고려할 필요가 없습니다. 즉, 방향성 없이 서비스 흐름을 고려하지 않고 NAT를 설정할 수 있습니다.

▼ 표 7-1 동적 NAT와 정적 NAT 비교

	동적 NAT	정적 NAT
NAT 설정	1:N, N:1, N:M	1:1
NAT 테이블	NAT 수행 시 생성	사전 생성
NAT 테이블 타임아웃	동작	없음
NAT 수행 정보	실시간으로만 확인하거나 별도 변경 로그 저장 필요	별도 필요 없음 (설정 = NAT 내역)

▼ 그림 7-9 동적 NAT와 정적 NAT의 테이블

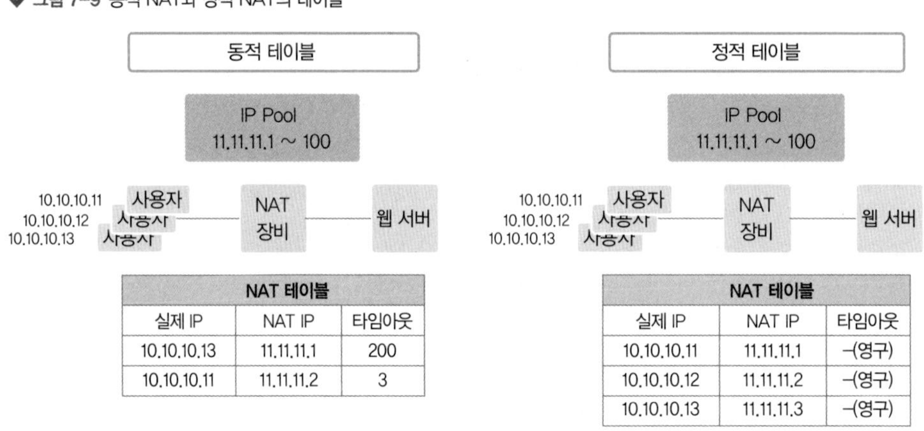

참고

보통 네트워크 장비에서 정적 NAT를 설정하면 출발지와 목적지에 대한 방향성 없이 각 IP가 1:1로 매핑되어 통신이 어느 방향에서 시작되더라도 같은 IP로 변환됩니다. 이 경우, 외부에서 내부로 통신을 시작하면 DNAT가 적용되고 내부에서 외부로 통신을 시작하면 SNAT가 적용됩니다. 하지만 지정한 방향으로만 1:1 NAT가 적용되는 장비도 있습니다. 이런 장비에서는 방향성을 고려해 두 개의 NAT를 각각 설정해야 합니다. 실제 환경에서 1:1 NAT를 설정하기 전 해당 장비가 어떻게 동작하는지 먼저 확인해야 합니다.

7.2 DNS

네트워크 프로토콜은 크게 두 가지로 나눌 수 있습니다. 실제로 데이터를 실어나르는 데이터 프로토콜과 이 데이터 프로토콜이 잘 동작하도록 도와주는 컨트롤 프로토콜입니다. 컨트롤 프로토콜은 통신에 직접 관여하지 않지만 처음 통신 관계를 맺거나 유지하는 데 큰 역할을 합니다. TCP/IP 프로토콜 체계를 유지하기 위한 주요 컨트롤 프로토콜에는 ARP, ICMP, DNS가 있습니다. 이 중 DNS(Domain Name System)는 도메인 주소를 IP 주소로 변환하는 역할을 합니다. IP 주소보다 도메인 주소를 이용하는 것이 일반 사용자에게 더 익숙하고 서버 IP 변경에 쉽게 대처할 수 있으므로 네트워크 통신에서 DNS의 역할이 매우 중요합니다.

특히 최근 클라우드 기반 인프라 구성이 많아지면서 인프라가 빈번히 변경되어 DNS 설계가 더 중요해지고 있습니다. 또한, MSA(Micro Service Architecture) 기반의 서비스 설계가 많아지면서 다수의 API를 이용하다보니 사용자의 호출뿐만 아니라 서비스 간 API 호출이나 인터페이스가 많아져 DNS의 역할은 더 중요해졌습니다.

이번 장에서는 DNS 소개부터 DNS 구조, 동작 방식, 주요 레코드 등 전반적으로 DNS를 이해하는 데 필요한 내용을 알아보겠습니다.

7.2.1 DNS 소개

인터넷을 사용할 때 우리가 생각하는 것보다 많은 사이트에 접속합니다. 대부분 사이트 주소를 직접 입력하기보다 기존에 만들어놓은 북마크와 포털 사이트, 메일 배너, 검색 결과 등의 링크를 통해 접속합니다. 그래서 브라우저에 주소를 직접 입력하는 경우가 거의 없어 실제로 입력되는 주소에 관심이 없는 경우가 많지만 우리 모르게 사용하는 링크들조차 접속 주소가 지정되어 있습니다. 사이트에 접속하거나 링크에 지정된 주소는 http://202.179.177.21 같은 IP 주소이거나 http://www.naver.com 같은 도메인 주소를 사용하게 됩니다. 물론 어떤 주소를 사용하더라도 실제 네트워크 통신에서는 202.179.177.21 같은 IP 주소를 이용합니다. 하지만 사용자가 수많은 IP 주소를 외우기는 어렵습니다. 보통 한 번에 외울 수 있는 숫자는 7~8자리인데 IP 주소는 최대 12자리로 구성됩니다. 접속하는 사이트마다 긴 IP 주소를 모두 기억해야 한다면 인터넷 서핑이 괴로워질 겁니다.

숫자로 구성된 IP 주소보다 의미 있는 문자열로 구성된 도메인 주소가 우리가 인식하고 기억하기 더 쉽습니다. IP 주소 대신 도메인 주소를 이용하면 하나의 IP 주소를 이용해 여러 개의 웹 서비스를 운영할 수 있고 서비스 중인 IP 주소가 변경되더라도 도메인 주소 그대로 유지해 접속 방법 변경 없이 서비스를 그대로 유지할 수 있습니다. 또한, 도메인을 이용하면 지리적으로 여러 위치에서 서비스할 수도 있습니다. 따라서 특별한 경우를 제외하면 대부분의 웹사이트는 도메인 주소 기반으로 운영합니다.

물론 서비스를 도메인 주소를 사용하더라도 실제로 패킷을 만들어 통신하려면 3계층 IP 주소를 알아야 하고 이를 위해 문자열로 된 도메인 주소를 실제 통신에 필요한 IP 주소로 변환하는 DNS(Domain Name Server) 정보를 그림 7-10과 그림 7-11처럼 네트워크 설정 정보에 입력해야 합니다.

▼ 그림 7-10 윈도의 네트워크 설정 정보창. IP 주소, 서브넷, 게이트웨이, DNS 등을 설정한다.

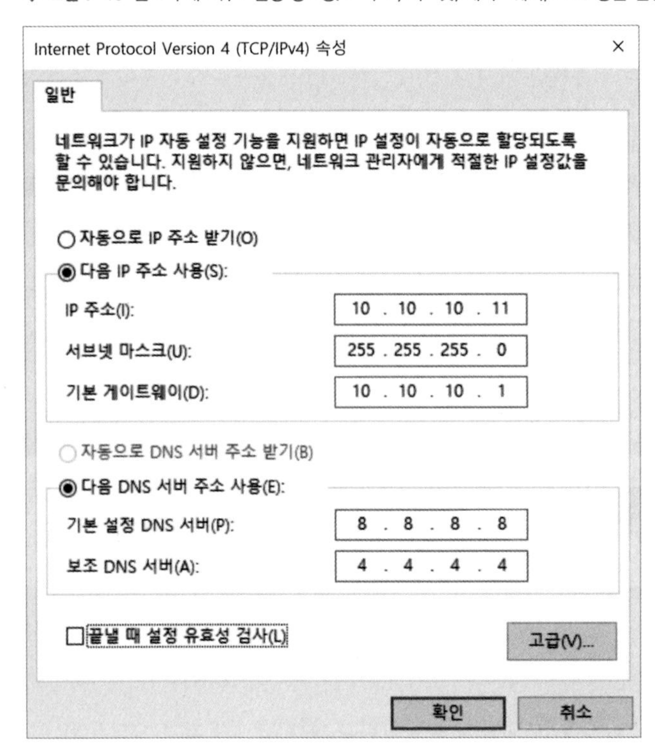

▼ 그림 7-11 리눅스의 네트워크 설정 정보창. IP 주소, 서브넷, 게이트웨이, DNS 등을 설정한다.

Cancel Wired Apply

Details Identity IPv4 IPv6 Security

IPv4 Method ○ Automatic (DHCP) ○ Link-Local Only
◉ Manual ○ Disable

Addresses

Address	Netmask	Gateway
10.0.0.11	255.255.255.0	10.0.0.1

DNS Automatic OFF

8.8.8.8

Separate IP addresses with commas

Routes Automatic ON

Address Netmask Gateway Metric

사용자가 도메인 주소를 사용하여 서비스를 요청하면 네트워크 설정에 입력한 DNS로 해당 도메인에 대한 IP 주소 질의를 보내고 그 결괏값으로 요청한 도메인의 서비스 IP 주소를 받게 됩니다. 그림 7-12는 그 과정을 간략히 표현한 예입니다.

▼ 그림 7-12 naver.com 접속을 위한 절차. DNS 서버에 이름 풀이를 요청한 후 IP 주소를 알아내 통신을 시작한다.

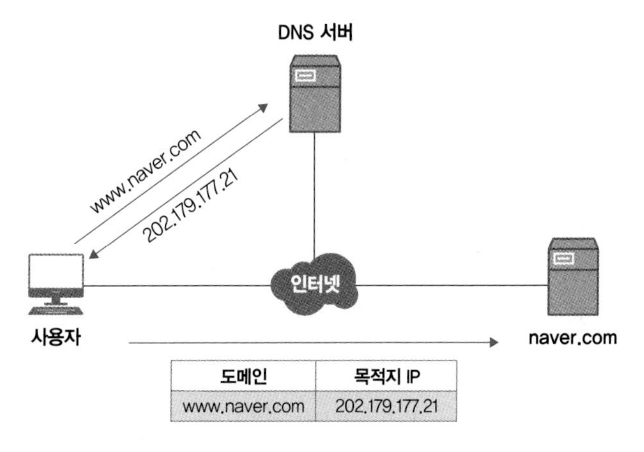

사용자가 웹 브라우저에 naver.com을 입력하면 DNS 서버에 naver.com의 주소가 무엇인지 질의하고 DNS 서버는 naver.com의 IP 주소가 202.179.177.21이라고 사용자에게 알려줍니다. 사용자는 DNS로 응답받은 202.179.177.21이라는 IP 주소를 이용해 실제 naver.com에 접속하

게 됩니다. 이번 장에서는 DNS에 대한 구조부터 방금 설명한 DNS 동작 방식에 대한 자세한 설명과 함께 DNS 설정에 대해서도 알아보겠습니다.

참고

사용자가 서비스를 찾아갈 때뿐만 아니라 내부 시스템의 서비스 간 연결에도 DNS를 사용합니다. 대부분 시스템 간의 연결은 복잡하므로 IP로 서비스 간 연결을 구현하면 어느 한 서비스의 IP 변경이 필요한 경우, 여러 가지 설정을 변경하거나 프로그램을 재배포해야 합니다. 이런 서비스 간 연결에 도메인 주소를 사용하면 DNS 서버에서 간단한 설정 변경만으로 복잡한 서비스 간 연결을 쉽게 변경할 수 있습니다. 보통 인터넷 연결을 위한 DNS와 내부 서비스 간의 이름 풀이와 통신을 위해 외부와 내부 DNS를 분리해 운영합니다.

7.2.2 DNS 구조와 명명 규칙

도메인은 계층 구조여서 수많은 인터넷 주소 중 원하는 주소를 효율적으로 찾아갈 수 있습니다. 역트리 구조로 최상위 루트부터 Top-Level 도메인, Second-Level 도메인, Third-Level 도메인과 같이 하위 레벨로 원하는 주소를 단계적으로 찾아갑니다. 우리가 도메인 주소를 사용할 때는 각 계층의 경계를 "."으로 표시하고 뒤에서 앞으로 해석합니다. Third.second.top.과 같은 형태로 표현하고 맨 뒤의 루트는 생략됩니다. www.naver.com의 경우, 맨 뒤에 생략된 루트(.)를 시작으로 Top-Level인 com, Second-Level인 naver, Third-Level인 www와 같이 뒤에서 앞으로 해석됩니다.

▼ 그림 7-13 도메인 계층

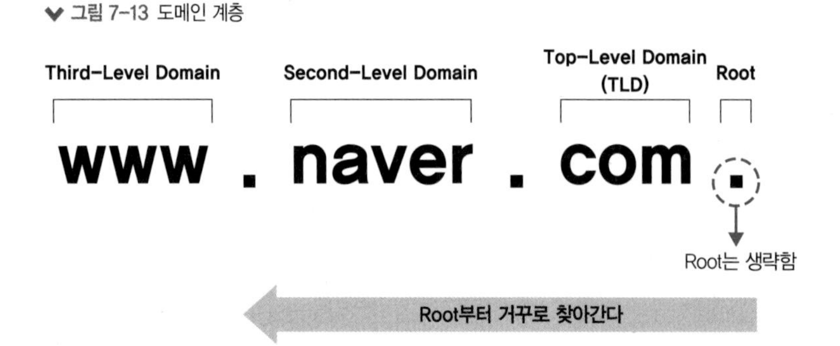

도메인 계층은 최대 128계층까지 구성할 수 있습니다. 계층별 길이는 최대 63바이트까지 사용할

수 있고 도메인 계층을 구분하는 구분자 "."를 포함한 전체 도메인 네임의 길이는 최대 255바이트까지 사용할 수 있습니다. 문자는 알파벳, 숫자, "–"만 사용할 수 있고 대소문자 구분이 없습니다.

7.2.2.1 루트 도메인

루트 도메인은 앞에서 말했듯이 도메인을 구성하는 최상위 영역입니다. DNS 서버는 사용자가 쿼리한 도메인에 대한 값을 직접 갖고 있거나 캐시에 저장된 정보를 이용해 응답합니다. 만약 DNS 서버에 해당 도메인의 정보가 없으면 루트 도메인을 관리하는 루트 DNS에 쿼리하게 됩니다.

루트 DNS는 전 세계에 13개가 있고 DNS 서버를 설치하면 루트 DNS의 IP 주소를 기록한 힌트(Hint) 파일을 가지고 있어 루트 DNS 관련 정보를 별도로 설정할 필요가 없습니다.

▼ 표 7-2 전 세계 루트 서버 목록과 루트 서버 관리 기관

호스트 이름	IP 주소	관리 기관
a.root-servers.net	198.41.0.4, 2001:503:ba3e::2:30	VeriSign, Inc.
b.root-servers.net	192.228.79.201, 2001:500:84::b	University of Southern California(ISI)
c.root-servers.net	192.33.4.12, 2001:500:2::c	Cogent Communications
d.root-servers.net	199.7.91.13, 2001:500:2d::d	University of Maryland
e.root-servers.net	192.203.230.10, 2001:500:a8::e	NASA(Ames Research Center)
f.root-servers.net	192.5.5.241, 2001:500:2f::f	Internet Systems Consortium, Inc.
g.root-servers.net	192.112.36.4, 2001:500:12::d0d	US Department of Defense(NIC)
h.root-servers.net	198.97.190.53, 2001:500:1::53	US Army (Research Lab)
i.root-servers.net	192.36.148.17, 2001:7fe::53	Netnod
j.root-servers.net	192.58.128.30, 2001:503:c27::2:30	VeriSign, Inc.
k.root-servers.net	193.0.14.129, 2001:7fd::1	RIPE NCC
l.root-servers.net	199.7.83.42, 2001:500:9f::42	ICANN
m.root-servers.net	202.12.27.33, 2001:dc3::35	WIDE Project

윈도 서버에 DNS 서비스를 활성화하면 DNS 서비스에 기본으로 저장되어 있는 루트 서버 리스트 정보를 확인할 수 있습니다.

▼ 그림 7-14 윈도의 DNS 서비스 속성 창의 루트 힌트 탭에서 루트 서버 정보를 확인할 수 있다.

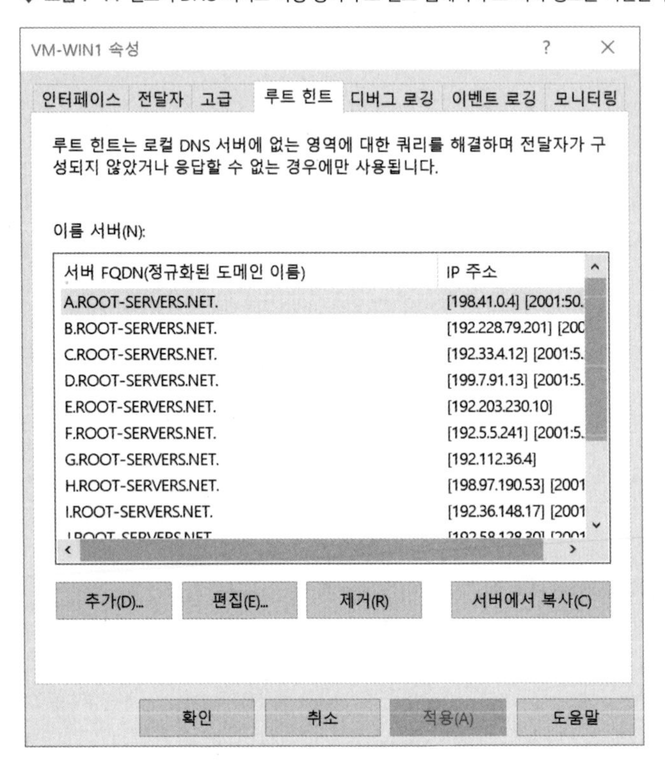

7.2.2.2 Top-Level Domain(TLD)

최상위 도메인인 TLD는 IANA(Internet Assigned Numbers Authority)에서 구분한 6가지 유형으로 구분할 수 있습니다. 각 유형은 다음과 같으며 전체 리스트는 IANA 사이트(https://www.iana.org/domains/root/db)에서 확인할 수 있습니다.

- Generic(gTLD)
- country-code(ccTLD)
- sponsored(sTLD)
- infrastructure
- generic-restricted(grTLD)
- test(tTLD)

Generic TLD(gTLD)

gTLD는 특별한 제한없이 일반적으로 사용되는 최상위 도메인이며 세 글자 이상으로 구성됩니다. 초기 gTLD는 1980년대 7개의 gTLD(.com, .edu, .gov, .int, .mil, .net, .org)로 시작했으며 필요에 의해 새로운 gTLD가 지속적으로 만들어지고 있습니다.

▼ 표 7-3 1980년대에 만들어진 초기 Generic TLD 리스트

gTLD	설명
com	일반 기업체
edu	4년제 이상 교육기관
gov	미국 연방정부기관
int	국제기구, 기관
mil	미국 연방군사기관
net	네트워크 관련 기관
org	비영리기관

Country Code TLD(ccTLD)

ccTLD는 국가 최상위 도메인으로 ISO 3166 표준에 의해 규정된 두 글자의 국가 코드를 사용합니다. 우리나라는 'kr'을 사용합니다. 일반적으로 ccTLD를 사용하는 경우, Second Level TLD에는 gTLD에서 구분한 것처럼 사이트 용도에 따른 코드를 사용합니다. 예를 들어 일반 회사는 co.kr을 사용하고 정부기관은 go.kr을 사용하는 방법입니다. 우리나라는 gTLD를 두 글자로 줄여 사용하지만 호주나 대만처럼 gTLD를 그대로 사용하는 나라도 있습니다(com.au, gov.au, com.tw, gov.tw 등). 영국은 ISO 3166 표준이 아닌 uk라는 별도 ccTLD를 사용합니다. 그림 7-15는 ccTLD에 대한 표준 코드표입니다. 이처럼 다양한 국가별 코드가 정의되어 사용된다는 것을 알 수 있습니다. 할당에 대한 세부 구분은 그림에 있는 위키피디아 링크를 참고하면 확인할 수 있습니다.

▼ 그림 7-15 대부분의 인터넷 국가 도메인에 적용되는 ISO 3166-1 alpah-2 코드

(출처: 위키피디아 https://ko.wikipedia.org/wiki/ISO_3166-1_alpha-2)

ISO 3166-1 alpha-2 코드 디코딩 표																									
AA	AB	AC	AD	AE	AF	AG	AH	AI	AJ	AK	AL	AM	AN	AO	AP	AQ	AR	AS	AT	AU	AV	AW	AX	AY	AZ
BA	BB	BC	BD	BE	BF	BG	BH	BI	BJ	BK	BL	BM	BN	BO	BP	BQ	BR	BS	BT	BU	BV	BW	BX	BY	BZ
CA	CB	CC	CD	CE	CF	CG	CH	CI	CJ	CK	CL	CM	CN	CO	CP	CQ	CR	CS	CT	CU	CV	CW	CX	CY	CZ
DA	DB	DC	DD	DE	DF	DG	DH	DI	DJ	DK	DL	DM	DN	DO	DP	DQ	DR	DS	DT	DU	DV	DW	DX	DY	DZ
EA	EB	EC	ED	EE	EF	EG	EH	EI	EJ	EK	EL	EM	EN	EO	EP	EQ	ER	ES	ET	EU	EV	EW	EX	EY	EZ
FA	FB	FC	FD	FE	FF	FG	FH	FI	FJ	FK	FL	FM	FN	FO	FP	FQ	FR	FS	FT	FU	FV	FW	FX	FY	FZ
GA	GB	GC	GD	GE	GF	GG	GH	GI	GJ	GK	GL	GM	GN	GO	GP	GQ	GR	GS	GT	GU	GV	GW	GX	GY	GZ
HA	HB	HC	HD	HE	HF	HG	HH	HI	HJ	HK	HL	HM	HN	HO	HP	HQ	HR	HS	HT	HU	HV	HW	HX	HY	HZ
IA	IB	IC	ID	IE	IF	IG	IH	II	IJ	IK	IL	IM	IN	IO	IP	IQ	IR	IS	IT	IU	IV	IW	IX	IY	IZ
JA	JB	JC	JD	JE	JF	JG	JH	JI	JJ	JK	JL	JM	JN	JO	JP	JQ	JR	JS	JT	JU	JV	JW	JX	JY	JZ
KA	KB	KC	KD	KE	KF	KG	KH	KI	KJ	KK	KL	KM	KN	KO	KP	KQ	KR	KS	KT	KU	KV	KW	KX	KY	KZ
LA	LB	LC	LD	LE	LF	LG	LH	LI	LJ	LK	LL	LM	LN	LO	LP	LQ	LR	LS	LT	LU	LV	LW	LX	LY	LZ
MA	MB	MC	MD	ME	MF	MG	MH	MI	MJ	MK	ML	MM	MN	MO	MP	MQ	MR	MS	MT	MU	MV	MW	MX	MY	MZ
NA	NB	NC	ND	NE	NF	NG	NH	NI	NJ	NK	NL	NM	NN	NO	NP	NQ	NR	NS	NT	NU	NV	NW	NX	NY	NZ
OA	OB	OC	OD	OE	OF	OG	OH	OI	OJ	OK	OL	OM	ON	OO	OP	OQ	OR	OS	OT	OU	OV	OW	OX	OY	OZ
PA	PB	PC	PD	PE	PF	PG	PH	PI	PJ	PK	PL	PM	PN	PO	PP	PQ	PR	PS	PT	PU	PV	PW	PX	PY	PZ
QA	QB	QC	QD	QE	QF	QG	QH	QI	QJ	QK	QL	QM	QN	QO	QP	QQ	QR	QS	QT	QU	QV	QW	QX	QY	QZ
RA	RB	RC	RD	RE	RF	RG	RH	RI	RJ	RK	RL	RM	RN	RO	RP	RQ	RR	RS	RT	RU	RV	RW	RX	RY	RZ
SA	SB	SC	SD	SE	SF	SG	SH	SI	SJ	SK	SL	SM	SN	SO	SP	SQ	SR	SS	ST	SU	SV	SW	SX	SY	SZ
TA	TB	TC	TD	TE	TF	TG	TH	TI	TJ	TK	TL	TM	TN	TO	TP	TQ	TR	TS	TT	TU	TV	TW	TX	TY	TZ
UA	UB	UC	UD	UE	UF	UG	UH	UI	UJ	UK	UL	UM	UN	UO	UP	UQ	UR	US	UT	UU	UV	UW	UX	UY	UZ
VA	VB	VC	VD	VE	VF	VG	VH	VI	VJ	VK	VL	VM	VN	VO	VP	VQ	VR	VS	VT	VU	VV	VW	VX	VY	VZ
WA	WB	WC	WD	WE	WF	WG	WH	WI	WJ	WK	WL	WM	WN	WO	WP	WQ	WR	WS	WT	WU	WV	WW	WX	WY	WZ
XA	XB	XC	XD	XE	XF	XG	XH	XI	XJ	XK	XL	XM	XN	XO	XP	XQ	XR	XS	XT	XU	XV	XW	XX	XY	XZ
YA	YB	YC	YD	YE	YF	YG	YH	YI	YJ	YK	YL	YM	YN	YO	YP	YQ	YR	YS	YT	YU	YV	YW	YX	YY	YZ
ZA	ZB	ZC	ZD	ZE	ZF	ZG	ZH	ZI	ZJ	ZK	ZL	ZM	ZN	ZO	ZP	ZQ	ZR	ZS	ZT	ZU	ZV	ZW	ZX	ZY	ZZ

색상 범례	
	공식 할당: 국가, 지역 또는 지리적 관심 영역에 할당됨
	사용자 지정: 사용자 마음대로 할당 가능
	예외적으로 지정: 제한된 사용 요청에 따라 할당됨
	기존 예약: ISO 3166-1에서 삭제되었지만 전환 시 예약됨
	부정확하게 예약됨: ISO 3166-1과 관련된 코드 시스템에 사용됨
	현재 단계에서는 사용되지 않음: 현재 단계에서는 ISO 3166-1에서 사용되지 않음
	할당되지 않음: ISO 3166/MA에서만 할당 가능

Sponsored(sTLD)

sTLD는 특정 목적을 위한 스폰서를 두고 있는 최상위 도메인입니다. 스폰서는 특정 민족공동체, 전문가 집단, 지리적 위치 등이 속할 수 있습니다. sTL의 종류에는 '.aero', '.asia', '.edu', '.museum' 등이 있습니다.

Infrastructure

운용상 중요한 인프라 식별자 공간을 지원하기 위해 전용으로 사용되는 최상위 도메인입니다. Infrastructure에 속하는 TLD는 '.arpa'입니다. '.arpa'는 인터넷 안정성을 유지하기 위해 새로운 모든 인프라 하위 도메인이 배치될 도메인 공간 역할을 합니다. '.IN-ADDR.ARPA'가 이런 .'arpa'의 하위 도메인 중 하나로 IPv4 주소를 도메인 이름에 매핑하는 역방향 도메인에서 사용합니다.

Generic-restricted(grTLD)

grTLD는 특정 기준을 충족하는 사람이나 단체가 사용할 수 있는 최상위 도메인입니다. grTLD의 종류에는 '.biz', '.name', '.pro'가 있습니다.

Test(tTLD)

tTLD는 IDN(Internationalized Domain Names) 개발 프로세스에서 테스트 목적으로 사용하는 최상위 도메인입니다. tTLD의 종류에는 '.test'가 있습니다.

7.2.3 DNS 동작 방식

도메인을 IP 주소로 변환하려면 DNS 서버에 도메인 쿼리하는 과정을 거쳐야 합니다. 하지만 DNS 서버없이 로컬에 도메인과 IP 주소를 직접 설정해 사용할 수도 있습니다. 로컬에서 도메인과 IP 주소를 관리하는 파일을 hosts 파일이라고 합니다. hosts 파일에 도메인과 IP 주소를 설정해두면 해당 도메인 리스트는 항상 DNS 캐시에 저장됩니다.

도메인을 쿼리하면 DNS 서버에 쿼리를 하기 전 로컬에 있는 DNS 캐시 정보를 먼저 확인합니다. 동일한 도메인을 매번 질의하지 않고 캐시를 통해 성능을 향상시키기 위해서입니다. 이런 DNS 캐시 정보에는 기존 DNS 조회를 통해 확인한 동적 DNS 캐시와 함께 hosts 파일에 저장되어 있는 정적 DNS 캐시가 함께 저장되어 있습니다. DNS 캐시 정보에 필요한 도메인 정보가 없으면 DNS 서버로 쿼리를 수행하고 DNS 서버로부터 응답을 받으면 그 결과를 캐시에 먼저 저장합니다. 전에 쿼리를 한 번 수행한 DNS 정보는 캐시부터 조회하므로 DNS 서버에 별도로 쿼리하지 않고 캐시 정보를 사용합니다.

그림 7-16은 윈도에서 DNS 캐시를 확인한 결과입니다. 윈도에서 DNS 캐시를 확인하려면 명령창에서 'ipconfig /displaydns' 명령을 사용합니다.

▼ 그림 7-16 윈도의 DNS 캐시 값

```
C:₩>ipconfig /displaydns

Windows IP 구성

    settings-win.data.microsoft.com
    ----------------------------------------
    데이터 이름 . . . . . : settings-win.data.microsoft.com
    데이터 유형 . . . . . : 5
    TTL(Time To Live) . : 36
    데이터 길이 . . . . . : 8
    섹션 . . . . . . . : 응답
    CNAME 레코드 . . . . : settingsfd-geo.trafficmanager.net


    데이터 이름 . . . . . : settingsfd-geo.trafficmanager.net
    데이터 유형 . . . . . : 1
    TTL(Time To Live) . : 36
    데이터 길이 . . . . . : 4
    섹션 . . . . . . . : 응답
    (호스트) 레코드 . . . : 40.81.91.45


    데이터 이름 . . . . . : tm1.msft.net
    데이터 유형 . . . . . : 1
    TTL(Time To Live) . : 36
    데이터 길이 . . . . . : 4
    섹션 . . . . . . . : 추가
    (호스트) 레코드 . . . : 204.79.195.41
```

인터넷이 상용화되기 전에는 인터넷에 연결된 단말이 많지 않았습니다. 스마트폰에 각자의 전화번호부를 저장하듯 각 단말에 hosts 파일을 넣어두고 그 안에 호스트 이름과 IP를 매핑하는 테이블이 있었습니다. hosts 파일이 정적 테이블이어서 단순하게 그 정보를 검색하면 간단히 주소 변환이 가능해 캐시 개념이 필요없었습니다. 인터넷이 상용화된 후 폭증하는 단말들을 중앙화된 체계로 수용하기 위해 DNS 체계가 만들어졌습니다. 기존 hosts 관리가 어려웠던 문제를 해결하기 위해 중앙집중식 시스템을 구성했고 폭증한 단말을 수용하기 위해 hosts처럼 플랫이 아닌 계층 구조를 채택했습니다. 기존 hosts 체계와 새로운 DNS 체계가 결합하면서 복잡해보이는 도메인 이름 쿼리 프로세스가 만들어졌습니다.

그림 7-17은 캐시와 DNS를 이용해 도메인 이름 쿼리를 하는 예제입니다. 'zigispace.net'이라는 도메인을 쿼리하기 위해 먼저 로컬 캐시를 조회하고 로컬 캐시에 없으면 DNS 서버로 다시 쿼리해 도메인 쿼리를 수행합니다.

▼ 그림 7-17 로컬 캐시 유무에 따른 도메인 쿼리 방법

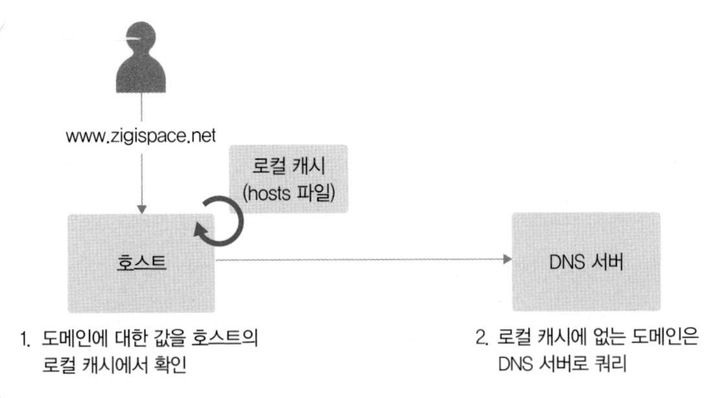
www.zigispace.net
로컬 캐시
(hosts 파일)
호스트
DNS 서버
1. 도메인에 대한 값을 호스트의 로컬 캐시에서 확인
2. 로컬 캐시에 없는 도메인은 DNS 서버로 쿼리

지금까지 클라이언트 관점에서 DNS 질의 과정을 설명했다면 지금부터는 반대로 DNS 시스템 관점에서 도메인에 대한 결괏값을 클라이언트에 보내주는 과정을 살펴보겠습니다.

전 세계 도메인 정보를 DNS 서버 하나에 저장할 수는 없습니다. 데이터 자체도 방대하지만 인터넷에 엄청나게 많은 사용자가 등록하고 삭제하는 도메인 리스트를 실시간으로 업데이트할 수 없기 때문입니다. 그래서 DNS는 분산된 데이터베이스로 서로 도와주도록 설계되었는데 자신이 가진 도메인 정보가 아니면 다른 DNS에 질의해 결과를 받을 수 있습니다. DNS 기능을 서버에 올리면 DNS 서버는 기본적으로 루트 DNS 관련 정보를 가지고 있습니다. 클라이언트의 쿼리가 자신에게 없는 정보라면 루트 DNS에 쿼리하고 루트 DNS에서는 쿼리한 도메인의 TLD 값을 확인해 해당 TLD 값을 관리하는 DNS가 어디인지 응답합니다.

예를 들어 zigispace.net이라는 도메인을 클라이언트가 DNS 서버에 쿼리했다면 DNS 서버는 루트 DNS에 다시 쿼리하고 루트 DNS는 .net에 대한 정보를 관리하는 DNS 주소 정보를 DNS 서버에 응답합니다. 이 응답을 받은 DNS 서버는 .net을 관리하는 DNS 서버에 zigispace.net에 대해 쿼리합니다. .net을 관리하는 DNS 서버는 다시 zigispace.net을 관리하는 DNS 관련 정보를 처음 DNS 서버에 응답합니다. DNS 서버는 마지막으로 zigispace.net을 관리하는 DNS에 쿼리하고 zigispace.net에 대한 최종 결괏값을 받게 됩니다. 처음 쿼리를 받은(클라이언트에 DNS 서버로 설정된) DNS 서버는 이 정보를 클라이언트에 응답합니다.

전체 과정을 보면 클라이언트에서 처음 질의를 받은 DNS가 중심이 되어 책임지고 루트 DNS부터 상위 DNS에 차근차근 쿼리를 보내 결괏값을 알아낸 후 최종 결괏값만 클라이언트에 응답합니다. 클라이언트는 한 번의 쿼리를 보내지만 이 요청을 받은 DNS 서버는 여러 단계로 쿼리를 상위 DNS 서버에 보내 정보를 획득합니다. 호스트가 DNS 서버에 질의했던 방식을 재귀적 쿼리(Recursive Query)라고 하고 DNS 서버가 루트 NS와 TLS NS, zigispace NS에 질의한 방식을 반

복적 쿼리(Iterative Query)라고 합니다.

참고

재귀적 쿼리(Recursive Query)와 반복적 쿼리(Iterative Query)

재귀적 쿼리는 쿼리를 보낸 클라이언트에 서버가 최종 결괏값을 반환하는 서버 중심 쿼리이고 반복적 쿼리는 최종값을 받을 때까지 클라이언트에서 쿼리를 계속 진행하는 방식입니다. 일반적으로 재귀적 쿼리는 클라이언트와 로컬 DNS 간에서 사용하고 반복적 쿼리는 로컬 DNS 서버와 상위 DNS 구간에서 사용합니다. 이때 로컬 DNS는 클라이언트로 동작해 상위 DNS에 반복적으로 쿼리합니다.

다음 그림은 위에서 설명한 쿼리 과정입니다.

▼ 그림 7-18 도메인의 재귀적 쿼리와 반복적 쿼리

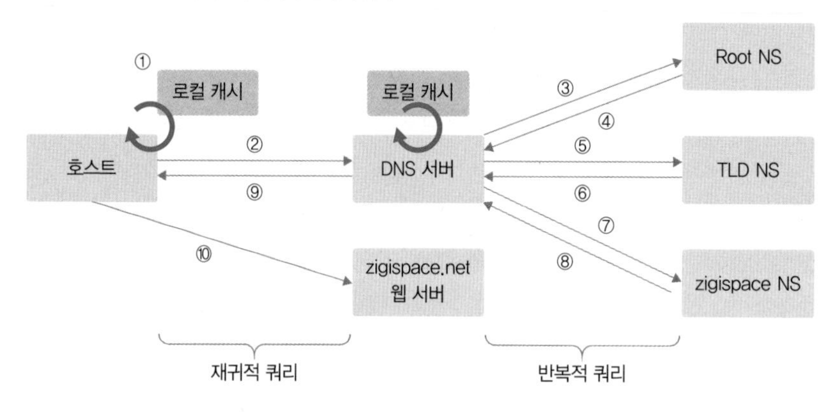

1. 사용자 호스트는 'zigispace.net'이라는 도메인 주소의 IP 주소가 로컬 캐시에 저장되어 있는지 확인합니다.
2. 'zigispace.net'이 로컬 캐시에 저장되어 있지 않으면 사용자 호스트에 설정된 DNS에 'zigispace.net'에 대해 쿼리합니다.
3. DNS 서버는 'zigispace.net'이 로컬 캐시와 자체에 설정되어 있는지 직접 확인하고 없으면 해당 도메인을 찾기 위해 루트 NS에 .net에 대한 TLD 정보를 가진 도메인 주소를 쿼리합니다.
4. 루트 DNS는 'zigispace.net'의 TLD인 '.net'을 관리하는 TLD 네임 서버 정보를 DNS 서버에 응답합니다.

5. DNS는 TLD 네임 서버에 'zigispace.net'에 대한 정보를 다시 쿼리합니다.
6. TLD 네임 서버는 'zigispace.net'에 대한 정보를 가진 zigi 네임 서버에 대한 정보를 DNS 서버로 응답합니다.
7. DNS는 zigi 네임 서버에 'zigispace.net'에 대한 정보를 쿼리합니다.
8. zigi 네임 서버는 'zigispace.net'에 대한 정보를 DNS 응답합니다.
9. DNS는 'zigispace.net'에 대한 정보를 로컬 캐시에 저장하고 사용자 호스트에 'zigispace.net'에 대한 정보를 응답합니다.
10. 사용자 호스트는 DNS로부터 받은 'zigispace.net'에 대한 IP 정보를 이용해 사이트에 접속합니다.

7.2.4 마스터와 슬레이브

DNS 서버는 마스터(Master, Primary) 서버와 슬레이브(Slave, Secondary) 서버로 나눌 수 있습니다. 마스터 서버가 우선순위가 더 높지 않고 두 서버 모두 도메인 쿼리에 응답합니다. 마스터와 슬레이브는 도메인에 대한 존(Zone) 파일을 직접 관리하는지 여부로 구분합니다. 마스터 서버는 존 파일을 직접 생성해 도메인 관련 정보를 관리하고 슬레이브 서버는 마스터에 만들어진 존 파일을 복제합니다. 이 과정을 '영역 전송(Zone Transfer)'이라고 합니다. 마스터 서버는 도메인 영역을 생성하고 레코드를 직접 관리하지만 슬레이브 서버는 마스터 서버에 설정된 도메인이 가진 레코드값을 정기적으로 복제합니다. 그림 7-19는 이런 영역 전송을 도식화한 그림입니다.

▼ 그림 7-19 DNS 서버의 영역 전송(Zone Transfer)

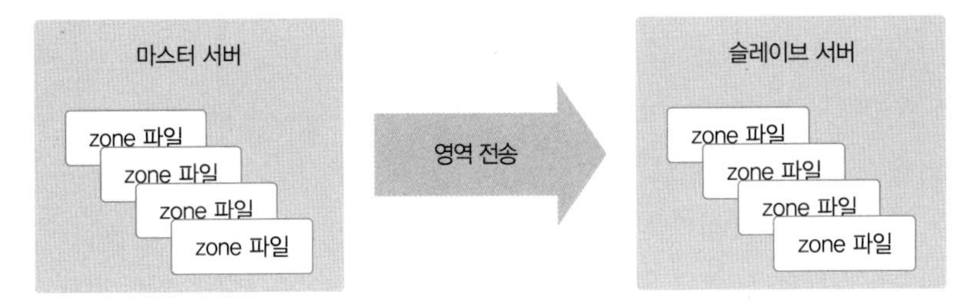

도메인 영역 전송을 위해 슬레이브 서버를 만들 때 도메인을 복제해올 마스터 서버 정보를 입력해야 합니다. 마스터 역할을 하는 서버에서는 자신이 가진 도메인 정보를 인가받지 않은 다른 DNS 서버가 복제해가지 못하도록 슬레이브 서버를 지정해 복제를 제한할 수 있습니다. 마스터에서 별

다른 설정을 하지 않으면 무제한 복제가 가능하므로 보안을 위해 복제 가능한 슬레이브 서버 정보를 반드시 입력하는 것이 좋습니다. 그림 7-20의 윈도 DNS에서 개별 도메인별로 영역 전송에 대한 옵션을 보면 영역 전송의 허용 여부나 영역 전송을 허용할 대상 서버를 지정할 수 있습니다.

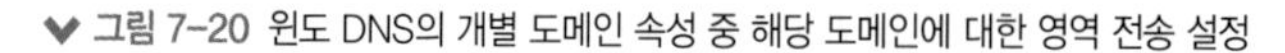
그림 7-20 윈도 DNS의 개별 도메인 속성 중 해당 도메인에 대한 영역 전송 설정

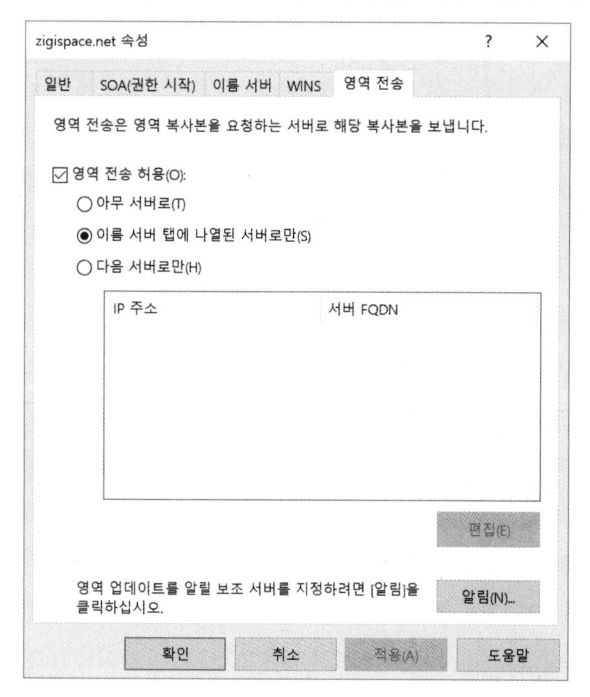

DNS 마스터 서버와 슬레이브 서버는 이중화에서 일반적으로 사용하는 액티브-스탠바이(Active-Standby)나 액티브-액티브(Active-Active) 형태로 구성하지 않습니다. 보통 이중화 방식은 액티브 장비의 문제가 발생하더라도 또 다른 액티브나 스탠바이 장비가 그대로 서비스합니다. 반면, DNS 서버는 마스터 서버에 문제가 발생하고 일정 시간이 지나면 슬레이브 서버도 도메인에 대한 질의에 정상적으로 응답할 수 없습니다. 이 시간을 만료 시간(Expiry Time)이라고 하고 SOA 레코드에 설정됩니다. 만료 시간 안에 슬레이브 서버가 마스터 서버에서 존 정보를 받아오지 못하면 슬레이브의 존 정보는 사용할 수 없게 됩니다. 따라서 만료 시간 안에 마스터 서버를 복구하거나 슬레이브 서버를 마스터로 전환해야만 서비스 장애를 막을 수 있습니다. 이런 도메인 타이머 관련 설정은 7.2.5 DNS 주요 레코드 절에서 다룰 SOA 레코드에서 지정할 수 있습니다. 그림 7-21은 윈도 DNS에서 도메인 만료 시간을 설정하는 SOA 레코드 설정의 예입니다.

▼ 그림 7-21 윈도 DNS의 개별 도메인 속성 중 도메인 만료 시간 설정

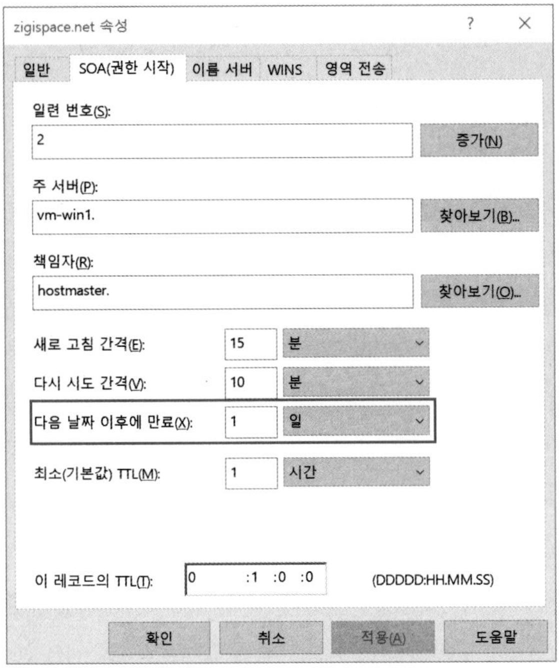

참고

마스터와 슬레이브는 도메인별로 설정할 수 있지만 이 설정을 권고하지 않습니다. 마스터 서버는 모든 도메인에 대해 마스터로 설정하고 슬레이브 서버는 모두 슬레이브로 설정하는 것이 관리상 바람직한 설정 방식입니다.

참고

액티브-스탠바이와 액티브-액티브

네트워크 서비스나 시스템 내부의 컴포넌트 일부가 정상적으로 동작하지 않더라도 서비스가 지속될 수 있도록 고가용성(High Availability) 기술을 사용합니다.

고가용성을 위해 일반적으로 사용하는 구조는 액티브-액티브와 액티브 스탠바이입니다.

액티브-액티브는 두 개의 노드가 동시에 서비스를 제공하고 한 노드에 문제가 발생하면 다른 노드에서 서비스를 계속 제공하는 방식입니다.

액티브-스탠바이는 두 개의 노드 중 액티브 노드만 서비스를 제공하고 스탠바이 노드는 대기하고

있다가 액티브 노드에 장애가 발생하면 서비스를 시작하는 방식입니다.

두 가지 모두 한 대의 노드에 장시간 문제가 생기더라도 두 대가 모두 죽지 않으면 정상적으로 서비스가 제공됩니다.

7.2.5 DNS 주요 레코드

도메인에는 다양한 내용을 매핑할 수 있는 레코드가 있습니다. 다양한 DNS 레코드 중 주로 사용하는 몇 가지 레코드를 알아보겠습니다.

▼ 표 7-4 DNS 주요 레코드

레코드 종류	내용
A(IPv4 호스트)	도메인 주소를 IP 주소(IPv4)로 매핑
AAAA(IPv6 호스트)	도메인 주소를 IP 주소(IPv6)로 매핑
CNAME(별칭)	도메인 주소에 대한 별칭
SOA(권한 시작)	본 영역 데이터에 대한 권한
NS(도메인의 네임 서버)	본 영역에 대한 네임 서버
MX(메일 교환기)	도메인에 대한 메일 서버 정보(Mail eXchanger)
PTR(포인터)	IP 주소를 도메인에 매핑(역방향)
TXT(레코드)	도메인에 대한 일반 텍스트

7.2.5.1 A(IPv4) 레코드

A 레코드는 기본 레코드로 도메인 주소를 IP 주소로 변환하는 레코드입니다. 사용자가 DNS에 질의한 도메인 주소를 A 레코드에 설정된 IP 주소로 응답합니다. 하나의 A 레코드에는 한 개의 도메인 주소와 한 개의 IP 주소가 1:1로 매핑되는데 동일한 도메인을 가진 A 레코드를 여러 개 만들어 서로 다른 IP 주소와 매핑할 수 있습니다. 반대로 다수의 도메인에 동일한 IP를 매핑한 A 레코드를 만들 수 있습니다. 서버 한 대에 여러 웹 서비스를 구동해야 한다면 여러 도메인에 동일한 IP를 매핑하고 HTTP 헤더의 HOST 필드에 도메인을 명시해 웹 서버를 구분해 서비스할 수 있습니다.

7.2.5.2 AAAA(IPv6) 레코드

A 레코드가 IPv4 주소 체계에서 사용되는 레코드라면 AAAA 레코드는 IPv6 주소 체계에서 사용되는 레코드입니다. 역할은 A 레코드와 같습니다.

7.2.5.3 CNAME(Canonical Name) 레코드

CNAME 레코드는 별칭 이름을 사용하게 해주는 레코드입니다. 레코드값에 IP 주소를 매핑하는 A 레코드와 달리 CNAME 레코드는 도메인 주소를 매핑합니다. 네임 서버가 CNAME 레코드에 대한 질의를 받으면 CNAME 레코드에 설정된 도메인 정보를 확인하고 그 도메인 정보를 내부적으로 다시 질의한 결과 IP 값을 응답합니다. CNAME 레코드의 대표적인 예로 'www'가 있습니다.

참고

CNAME을 사용하는 예

zigispace.net라는 웹사이트에 접속하려면 보통 'zigispace.net'나 'www.zigispace.net'으로 접속합니다. 'zigispace.net'와 'www.zigispace.net'을 각각 A 레코드로 매핑하면 IP 주소가 변경될 때 두 개의 레코드값을 모두 변경해야 하지만 'zigispace.net'만 A 레코드로 IP 주소를 매핑하고 'www.zigispace.net'은 CNAME으로서 'zigispace.net'으로 매핑하면 IP 주소가 변경될 때, 'zigispace.net'만 변경해도 동일한 결괏값을 가져올 수 있습니다. 그림 7-22는 이 예제에 대한 레코드값 변경 사항을 나타낸 것입니다.

▼ 그림 7-22 도메인에 대한 IP 주소 변경 시 레코드값 설정 변경

IP 변경 전

레코드(Type)	값
zigispace.net(A)	10.10.10.10
www.zigispace.net(A)	10.10.10.10

IP 변경 후

레코드(Type)	값
zigispace.net(A)	20.20.20.20
www.zigispace.net(A)	20.20.20.20

〈A 레코드 사용 시〉

레코드(Type)	값
zigispace.net(A)	10.10.10.10
www.zigispace.net(CNAME)	zigispace.net

레코드(Type)	값
zigispace.net(A)	20.20.20.20
www.zigispace.net(CNAME)	zigispace.net

〈CNAME 레코드 사용 시〉

7.2.5.4 SOA(Start Of Authority) 레코드

도메인 영역에 대한 권한을 나타내는 레코드입니다. 현재 네임 서버가 이 도메인 영역에 대한 관리 주체임을 의미하므로 해당 도메인에 대해서는 다른 네임 서버에 질의하지 않고 직접 응답합니다. 도메인 영역 선언 시 SOA 레코드는 필수 항목이므로 반드시 만들어야 합니다. 도메인 영역에 SOA 레코드를 만들지 않으면 해당 도메인은 네임 서버에서 정상적으로 동작할 수 없습니다. 그밖에 SOA 레코드는 현재 도메인 관리에 필요한 속성값을 설정합니다. 도메인 동기화에 필요한 타이머 값이나 TTL 값과 함께 도메인의 네임 서버나 관리자 정보도 SOA 레코드에서 설정합니다. 그림 7-23과 그림 7-24는 윈도와 리눅스에서 각각 SOA 레코드에 대한 설정 화면입니다.

▼ 그림 7-23 윈도 DNS의 개별 도메인 속성 중 도메인 만료 시간 설정

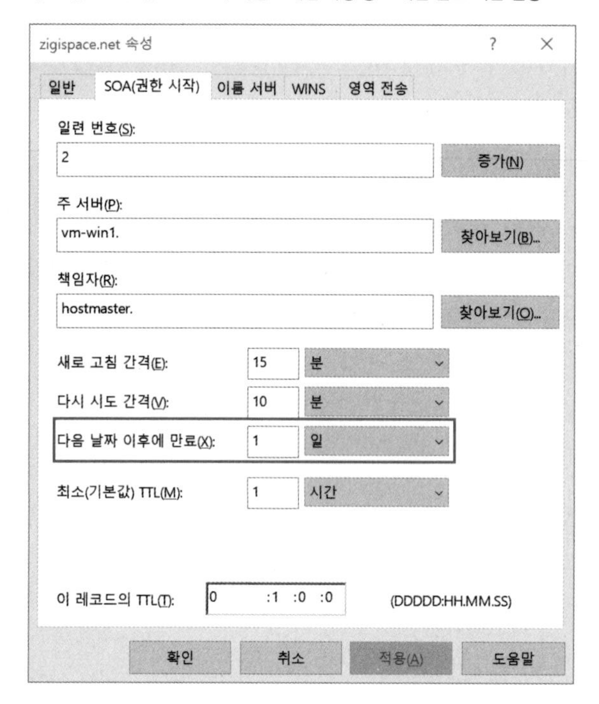

▼ 그림 7-24 리눅스 Bind(DNS)의 개별 도메인 설정 중 SOA 설정

```
[root@zigi ~]# cat /var/named/zigispace.kr.zone
$TTL 3H
@       IN SOA   ns.zigispace.kr. root.zigispace.kr(
                                        0       ; serial
                                        1D      ; refresh
                                        1H      ; retry
                                        1W      ; expire
                                        3H )    ; minimum
        NS      ns.zigispace.kr.
        A       10.10.10.20
ns      A       10.1.1.5

[root@zigi ~]#
```


7.2.5.5 NS(Name Server) 레코드

도메인에 대한 권한이 있는 네임 서버 정보를 설정하는 레코드입니다. NS 레코드의 경우, 권한이 있는 네임 서버 정보를 해당 도메인에 설정하는 역할 외에 하위 도메인에 대한 권한을 다른 네임 서버로 위임(Delegate)하는 역할로도 많이 사용됩니다. 위임 관련 내용은 뒤에서 더 자세히 다룹니다.

7.2.5.6 MX(Mail eXchange) 레코드

메일 서버를 구성할 때 사용되는 레코드입니다. 해당 도메인을 메일 주소로 갖는 메일 서버를 MX 레코드를 통해 선언합니다. 메일 서버에서 메일을 보낼 때는 MX 레코드를 참조해 동작하는데 우선순위 값을 이용해 다수의 MX 레코드를 선언할 수 있습니다. 우선순위가 높은(값이 적은) 서버로 메일을 보내고 실패하면 다음 순서의 MX 레코드의 메일 서버에서 처리합니다.

7.2.5.7 PTR(Pointer) 레코드

A 레코드는 도메인 주소에 대한 질의를 IP로 응답하기 위한 레코드이고 PTR 레코드는 그와 반대로 IP 주소에 대한 질의를 도메인 주소로 응답하기 위한 레코드입니다. A 레코드가 정방향 조회용 레코드라면 PTR 레코드는 역방향 조회용 레코드입니다. A 레코드와 달리 하나의 IP 주소에 대해 하나의 도메인 주소만 가질 수 있습니다. 즉, 하나의 IP에 대한 PTR 레코드는 오직 하나만 가집니다. PTR 레코드는 주로 화이트 도메인 구성용으로 사용됩니다. 화이트 도메인은 7.2.5.3 화이트 도메인 절에서 더 자세히 다룹니다.

7.2.5.8 TXT(TeXT) 레코드

도메인에 대한 설명과 같이 간단한 텍스트를 입력할 수 있는 레코드입니다. 이 레코드를 특정 기능으로 사용할 수도 있는데 주로 사용되는 곳은 화이트 도메인을 위한 SPF 레코드입니다. TXT 레코드에는 공백도 포함할 수 있고 대소문자를 구분합니다. 최대 255자까지 사용할 수 있습니다.

7.2.6 DNS에서 알아두면 좋은 내용

이번 장에서는 DNS에서 알아두면 좋은 다음 주제를 다룹니다.

- 도메인 위임
- TTL
- 화이트 도메인
- 한글 도메인

도메인 위임은 7.3 GSLB 절에서 다루는 GSLB 구성 때도 사용되고 TTL은 도메인 변경작업을 위해 알아두면 좋습니다. 메일 서버 운영 시 필요한 화이트 도메인 개념과 기존 영문 도메인이 아니라 도메인을 한글로 운영하기 위한 한글 도메인까지 이번 장에서 다룹니다.

7.2.6.1 도메인 위임(DNS Delegation)

도메인은 그 도메인에 대한 정보를 관리할 수 있는 네임 서버를 지정하지만 도메인 내의 모든 레코드를 그 네임 서버가 직접 관리하지 않고 일부 영역에 대해서는 다른 곳에서 레코드를 관리하도록 위임하기도 합니다. 이 방식을 도메인 위임이라고 합니다. 즉, 자신이 가진 도메인 관리 권한을 다른 곳으로 일부 위임해 위임한 곳에서 세부 레코드를 관리하도록 하는 것입니다. CDN을 이용하거나 GSLB를 사용하는 것이 대표적인 경우입니다. 도메인은 계층 구조여서 특정 계층의 레코드를 위임하면 해당 레코드의 하위 계층은 함께 위임 처리됩니다. 그림 7-25로 위임의 예를 살펴보겠습니다.

zigispace.net을 관리하는 네임 서버는 'A' DNS 서버로 지정되어 있습니다. 'A' DNS 서버에는 home.zigispace.net, a.home.zigispace.net, blog.zigispace.net, b.blog.zigispace.net에 대한 레코드 정보가 있습니다. 이때 zigispace.net 도메인 하위에 post 영역을 추가하고 이 영역을 'A' DNS 서버가 아닌 'B' GSLB에서 관리하려고 할 때 'A' DNS 서버에서 post라는 영역의 관리 권한을 'B' GSLB로 넘겨줄 수 있습니다. 이 방식을 위임이라고 합니다. post 영역을 'B'

GSLB로 위임하려면 해당 영역을 위임하겠다는 레코드 설정이 'A' DNS 서버에 들어가고 post.zigispace.net을 포함한 하위 영역에 대한 세부 레코드 c.post.zigispace.net은 'B' GSLB에서 관리합니다.

▼ 그림 7-25 위임을 통해 특정 도메인의 하위 도메인을 별도로 관리할 수 있다.

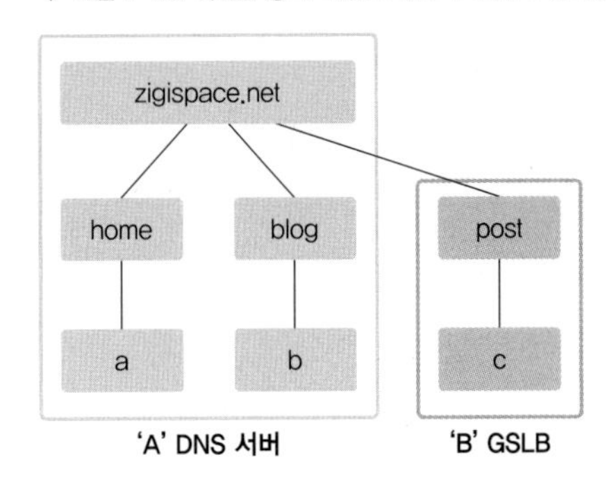

레코드	관리 주체
zigispace	'A' DNS
home.zigispace.net	
a.home.zigispace.net	
blog.zigispace.net	
b.blog.zigispace.net	
post.zigispace.net	'B' GSLB
c.post.zigispace.net	

즉, 도메인 위임 기능을 쓰면 특정 영역을 다른 네임 서버에서 관리할 수 있는 권한을 위임하게 됩니다. 특정 영역에 대한 관리 주체를 분리하는 용도로 사용할 수 있어 계열사에서 특정 도메인을 분리하거나 GSLB 등 다양한 용도로 사용할 수 있습니다.

7.2.6.2 TTL

도메인의 TTL(Time To Live) 값은 DNS에 질의해 응답받은 결괏값을 캐시에서 유지하는 시간을 뜻합니다. 로컬 캐시에 저장된 도메인 정보를 무작정 계속 갖고 있는 것이 아니라 DNS에 설정된 TTL 값에 따라 그 시간만 로컬 캐시에 저장합니다. DNS 서버에서 TTL 값을 늘려 캐시를 많이 이용하면 DNS 재귀적 쿼리로 인한 응답 시간을 많이 줄일 수 있고 결과적으로 전체적인 네트워크 응답 시간이 단축됩니다. 하지만 DNS에서 해당 도메인 관련 정보가 변경되었을 때, TTL 값이 크면 새로 변경된 값으로 DNS 정보 갱신이 그만큼 지연되는 단점이 발생합니다. 반대로 TTL 값이 너무 작으면 DNS의 정보 갱신이 빨라지므로 DNS 쿼리량이 늘어나 DNS 서버 부하가 증가할 수 있습니다.

서비스의 성질과 도메인 정보의 갱신 빈도에 따라 TTL 값을 적절히 조절하는 것이 좋습니다. 변경이 빈번하지 않다면 TTL 값을 늘려 DNS 부하를 줄이는 것이 좋고 IDC 이전이나 공인 IP, 서비스 변경이 예정되어 있다면 DNS의 TTL 값을 미리 극도로 줄여 변경을 신속히 적용하는 것이 좋습니다.

윈도 DNS와 리눅스 DNS의 기본 TTL 값은 다음과 같습니다.

▼ 표 7-5 윈도, 리눅스 DNS(BIND)의 기본 TTL 값

운영 체제	기본 TTL 값(초)
윈도	3,600(1시간)
리눅스	10,800(3시간)

참고

기타 도메인 관련 시간

- refresh(새로 고침 간격): 보조 네임 서버에서 Zone Transfer를 통해 정보를 주기적으로 받아오는 주기[1]
- retry(다시 시도 간격): 보조 네임 서버가 주 네임 서버로 접근이 불가능할 때 재시도하는 주기
- expire(다음 날짜 이후 만료): 보조 네임 서버가 주 네임 서버로부터 도메인 정보를 받아오지 못할 때 유지되는 시간. 해당 시간 동안 도메인 관련 정보를 받아오지 못하면 주 네임 서버에서 삭제된 것으로 간주하고 보조 네임 서버에서도 해당 도메인 정보를 삭제

다음은 해당 값을 확인한 내용입니다.

```
> set type=soa
> zigispace.net
서버: [8.8.8.8]
Address: 8.8.8.8

권한 없는 응답:
zigispace.net
        primary name server = ns11.dnstool.net
        responsible mail addr = admin.zigispace.net
        serial = 2015100607
        refresh = 14400 (4 hours)
        retry = 7200 (2 hours)
        expire = 3600000 (41 days 16 hours)
        default TTL = 86400 (1 day)
```

1 괄호 안의 한글 표기는 윈도 서버 한글판에서 표기되는 값입니다.

7.2.6.3 화이트 도메인

> 정상적으로 발송하는 대량 이메일이 RBL 이력으로 간주되어 차단되는 것을 예방하기 위해 사전에 등록된 개인이나 사업자에 한해 국내 주요 포탈 사이트로의 이메일 전송을 보장해주는 제도입니다.
>
> – 통합 White Domain 등록제[한국인터넷진흥원 사이트]

한국인터넷진흥원(KISA)에서는 불법적인 방법으로 발송되는 스팸메일 차단활동을 하고 있습니다. 이를 위해 정상적인 도메인을 인증, 관리하는 제도가 '화이트 도메인'입니다. 반대로 불법적인 스팸메일을 발송하는 사이트를 실시간 블랙리스트 정보로 관리해 메일 발송을 제한합니다. 이 실시간 블랙리스트를 RBL(Realtime Blackhole List, Realtime Blocking List)이라고 합니다.

현재 보유 중인 도메인을 화이트 도메인으로 등록하려면 KISA RBL 사이트에서 화이트 도메인으로 등록해야 합니다. 이를 위해 사전에 해당 도메인에 SPF 레코드(Sender Policy Framework)가 설정되어 있어야 합니다. SPF 레코드를 통해 사전에 메일 서버 정보를 공개하면 수신 측 메일 서버에서는 해당 도메인을 통해 발송된 메일이 실제 메일 서버에 등록된 정보와 일치하는지 확인할 수 있습니다. 메일 정보와 도메인의 SPF 정보가 일치하지 않을 때는 비정상적인 이메일 서버에서 전송된 것으로 간주해 해당 이메일을 수신하지 않고 스팸 처리할 수 있습니다.

SPF 레코드 길이는 최대 512바이트이므로 하나의 도메인에 화이트 도메인으로 등록할 수 있는 메일 서버 개수가 제한되는 것에 유의해야 합니다.

참고

SPF 등록 시 유의사항

512바이트로 등록할 수 있는 IP는 약 13개입니다. 특히 유의할 점은 윈도에서 SPF 레코드 등록 시 해당 길이가 초과되면 등록 과정에서 오류창이 뜨는 것이 아니라 현재 작성된 SPF 레코드값이 모두 지워진다는 것입니다. 길이가 너무 길 때는 레코드값을 추가 등록하기 전, 내용을 메모장 등에 반드시 복사해두고 추가하는 것을 추천합니다.

▼ 그림 7-26 KISA RBL 사이트(https://spam.kisa.or.kr/rbl/sub1.do)

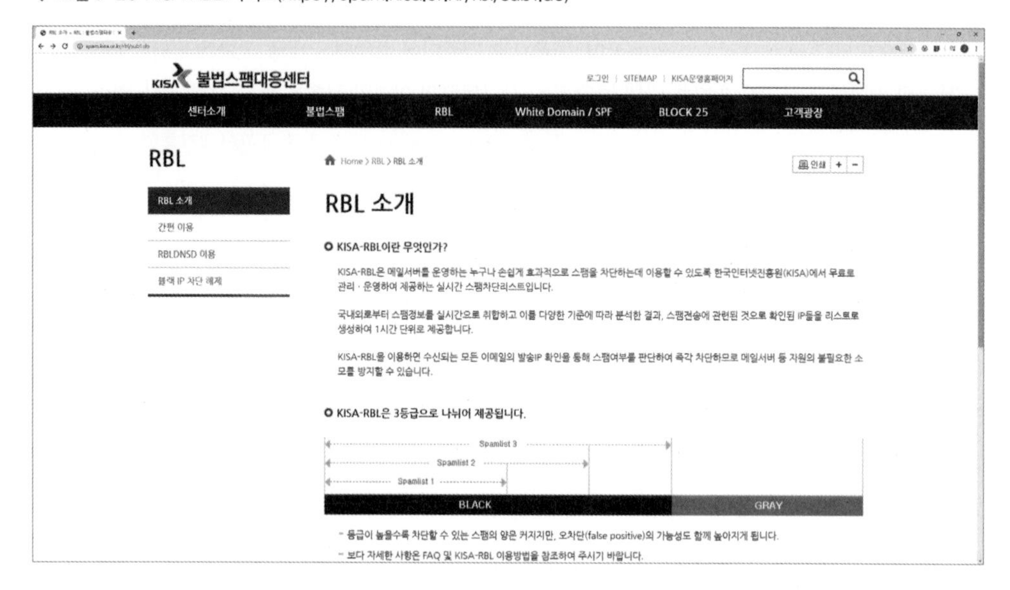

도메인에 SPF 레코드를 작성하려면 TXT 레코드를 사용합니다. TXT 레코드로 화이트 도메인으로 설정하려는 IP 주소를 다음과 같이 작성합니다.

SPF 작성 방법

```
● Windows(TXT 레코드 사용)
  o 최초 등록 SPF: v=spf1 ip4:x.x.x.x -all
  o 추가 등록 SPF: v=spf1 ip4:x.x.x.x ip4:x.x.x.x -all
● Unix, Linux
  o 최초 등록 SPF: Domain. IN TXT "v=spf1 ip4:x.x.x.x -all"
  o 추가 등록 SPF: Domain. IN TXT "v=spf1 ip4:x.x.x.x ip4:x.x.x.x -all"
```

참고

SPF에서 -all과 ~all의 차이

- -all: 메일 발송 IP를 위조해 보내온 메일을 수신 메일 서버에서 폐기(Drop)하라.
- ~all: 메일 발송 IP를 위조해 보내온 메일을 수신 메일 서버 정책에 따라 결정하라.

발송 도메인 SPF 값에 따라(~과 -의 차이) 메일 수신 서버에서 처리하는 방법이 달라집니다. 그림 7-27은 윈도 DNS에서 TXT 레코드를 등록하는 화면입니다. 윈도 DNS에서 레코드를 등록하는 방법은 7.2.6 DNS에서 알아두면 좋은 내용 절에서 자세히 다룹니다.

▼ 그림 7-27 윈도 서버의 DNS에서 TXT 레코드로 SPF를 등록하는 화면

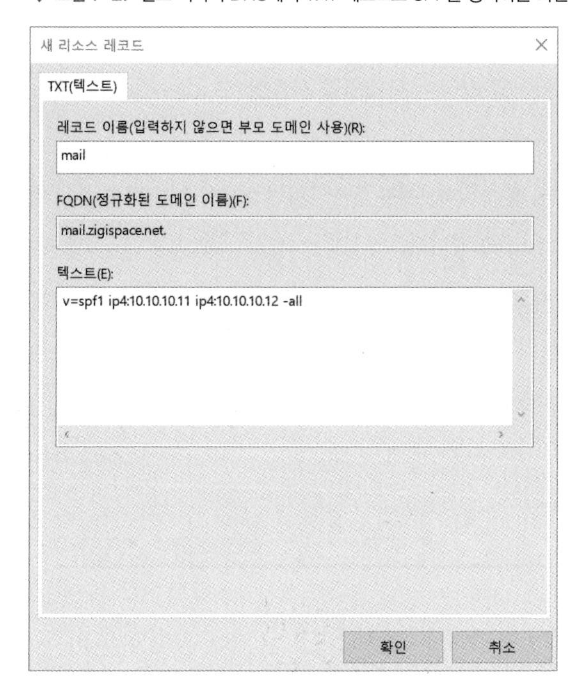

7.2.6.4 한글 도메인

도메인 주소는 영문뿐만 아니라 "http://한국인터넷진흥원.한국"처럼 한글로 주소를 만들 수 있습니다. 사용자가 도메인을 한글로 등록하고 사용하기 위해 DNS에서는 해당 한글을 "퓨니코드"로 변경하고 이 퓨니코드로 DNS에 도메인을 생성해야 합니다. 한국정보통신기술협회에서 정의한 "퓨니코드"의 정의는 다음과 같습니다.

정의

퓨니코드[Punycode]

애플리케이션 국제화 도메인 네임(IDNA) 기반 하에서 다국어 도메인이 아스키로 변환(Encoding)된 구문. 다국어 문자 셋으로부터 온 코드 포인트들을 기본적인 문자열(영숫자, 하이픈)들로 유일하게 표현한 것으로 IDNA는 다국어 도메인 처리 작동 원리에 의해 인터넷 사용자가 입력한 다국어 도메인 질의는 클라이언트 단에서 아스키 기반의 퓨니코드 형태로 변환(xn--로 시작하는 문자열로 변환)되어 네임 서버에 전송되며 네임 서버는 퓨니코드 형태의 영역 데이터를 운영한다. 퓨니코드는 RFC 3492에 정의되어 있다.

출처: [네이버 지식백과] 퓨니코드[Punycode](IT용어사전, 한국정보통신기술협회)

간단히 설명하면 퓨니코드는 한글뿐만 아니라 영어가 아닌 자국어 도메인을 사용할 수 있도록 해 주는 표준 코드입니다. 퓨니코드는 유니코드 문자열을 인코딩하는 것이므로 유니코드가 지원하는 모든 언어로 도메인을 사용할 수 있습니다. 이처럼 자국어 도메인을 사용할 수 있는 것을 "다국어 도메인 네임(IDN)"이라고 합니다.

퓨니코드로 변환된 문자열은 접두어 'xn--'이 붙습니다. 예를 들어 "지기스페이스.net"을 퓨니코드로 변환하면 'xn--ok0bx10ba140c67cc6u.net'입니다.

퓨니코드로 도메인을 등록하려면 한글이 어떤 퓨니코드로 전환되는지 알아야 하는데 한국인터넷진흥원을 비롯한 다양한 사이트에서 이 변환기를 온라인으로 지원하고 있습니다. 그림 7-28은 한국인터넷진흥원이 제공하는 온라인 퓨니코드 변환기입니다.

▼ 그림 7-28 퓨니코드 변환기

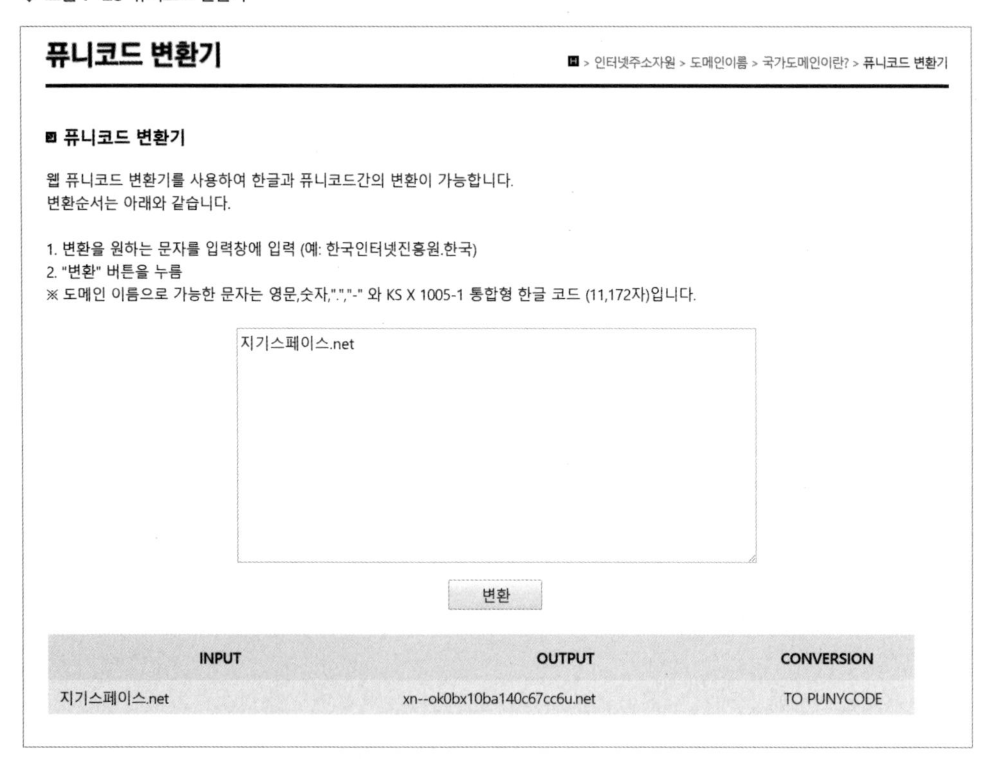

참고

퓨니코드 변환기

- 한국인터넷진흥원

  https://krnic.or.kr/jsp/resources/domainInfo/punyCode.jsp

- 베리사인(Verisign)

  https://www.verisign.com/en_US/channel-resources/domain-registry-products/idn/idn-conversion-tool/index.xhtml

7.2.7 DNS 설정(Windows)

이번 장에서는 윈도 서버와 리눅스 서버에 DNS 서버를 구성하고 DNS 레코드를 어떻게 관리하는지 알아보겠습니다.

먼저 윈도 서버에 DNS 서비스를 구성해보겠습니다.

윈도 서버에 DNS 서비스를 활성화하려면 실행창[Windows키+R]에서 "ServerManager"를 입력해 '서버 관리자'를 실행한 후 '서버 관리자'에서 '서버 역할'을 추가합니다. 그림 7-29처럼 서버 역할 중 DNS Server 역할을 선택해 기능을 추가합니다.

▼ 그림 7-29 윈도 서버 역할 추가에서 DNS 서버 추가

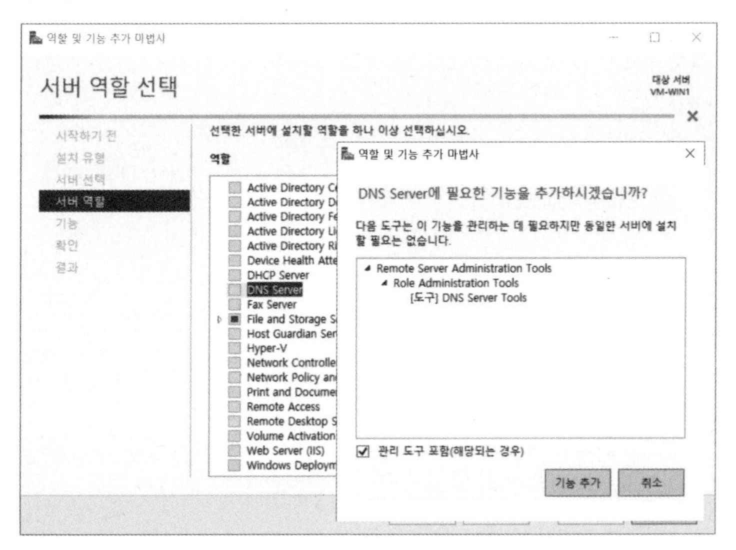

기능을 추가하면 다음과 같이 DNS 서버 구성을 위한 설치가 진행됩니다.

▼ 그림 7-30 DNS 서버 역할에 대한 기능 설치

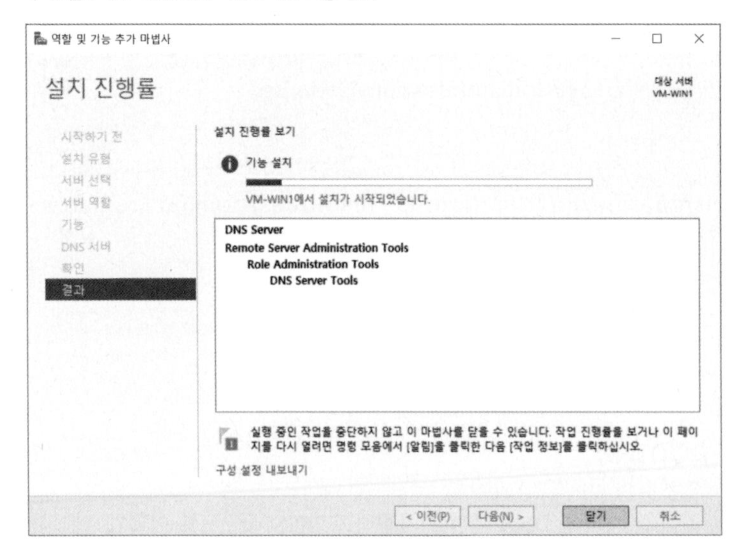

DNS 서버 기능을 추가하면 DNS 관리자 항목이 생깁니다. 실행창[Windows키+R]에서 dnsmgmt.msc를 입력해 DNS 관리자를 실행합니다. DNS 관리자에는 정방향 조회 영역, 역방향 조회 영역, 신뢰 지점, 조건부 전달자 항목이 있습니다. 실제로 앞에서 알아본 레코드를 포함해 대부분의 레코드는 정방향 조회 영역에서 설정이 필요합니다.

▼ 그림 7-31 윈도 서버의 DNS 관리자

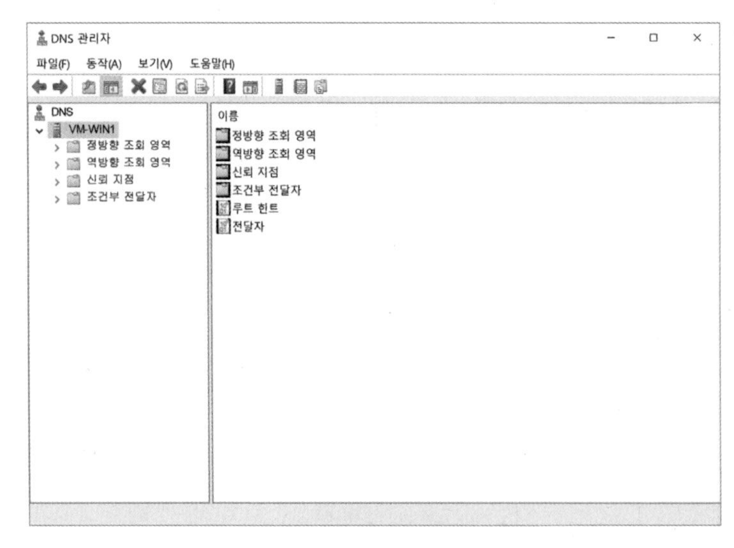

이제 새로운 도메인 영역을 생성해보겠습니다. 서비스를 운영하기 위해 외부에 광고할 수 있는 도메인을 구입해야 하지만 단순히 테스트용으로 내부에서만 사용한다면 도메인을 구매하지 않고 임의로 도메인을 만들어 테스트할 수 있습니다. 정방향 조회 영역에서 마우스를 우클릭해 팝업 메뉴를 띄웁니다. 팝업 메뉴에서 "새 영역"을 선택하면 그림 7-32와 같이 새 영역 마법사가 실행됩니다. '다음' 버튼을 눌러 마법사를 진행합니다.

▼ 그림 7-32 도메인 생성을 위한 새 영역 마법사

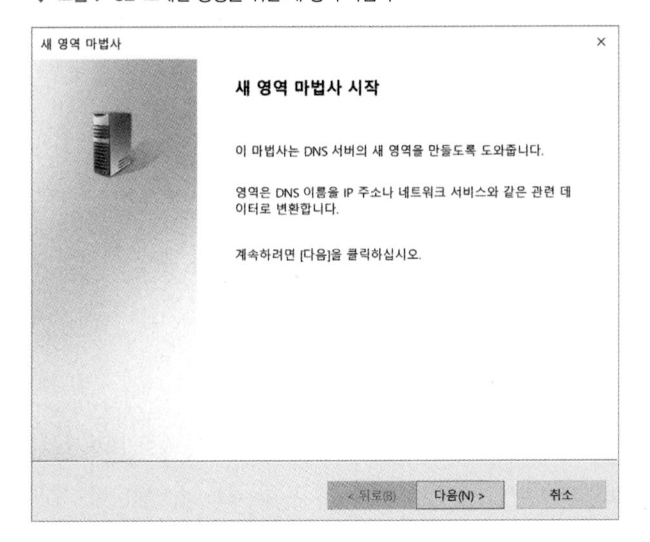

도메인 영역을 생성할 때는 '주 영역', '보조 영역', '스텁 영역'을 선택할 수 있습니다. 여기서는 '주 영역'을 선택해 만들어보겠습니다. '주 영역'을 선택한 후 '다음' 버튼을 누릅니다.

▼ 그림 7-33 새 영역에 대한 유형(주 영역, 보조 영역, 스텁 영역)에서 주 영역을 선택한다.

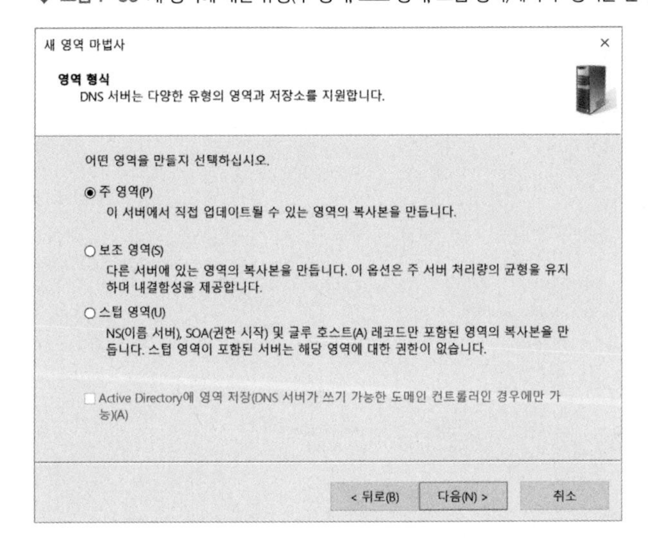

영역을 선택하면 영역 이름을 지정하게 되는데 이 DNS 서버를 통해 관리하려는 도메인을 기입하면 됩니다. 도메인 영역을 기입한 후 '다음' 버튼을 누릅니다.

▼ 그림 7-34 새 영역(도메인) 이름 지정에 zigispace.net을 입력한다.

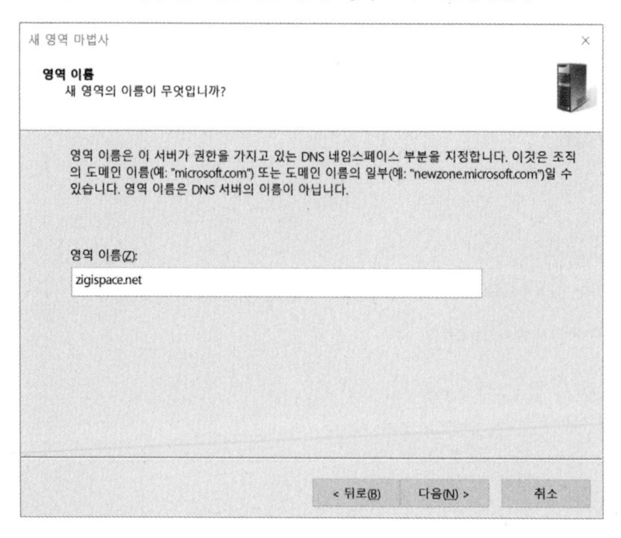

해당 도메인 영역의 내용이 관리될 파일을 지정합니다. 도메인 영역 파일은 "도메인 영역 이름+.dns" 이름으로 관리합니다. 이 파일은 DNS 서버를 다른 서버로 이전할 때도 사용됩니다. 예제에서는 도메인이 'zigispace.net'이므로 도메인 영역 파일명은 'zigispace.net.dns'로 사용합니다. 파일명을 입력한 후 '다음' 버튼을 누릅니다.

▼ 그림 7-35 새 영역을 관리할 파일명은 "도메인 영역 이름+.dns"를 사용합니다.

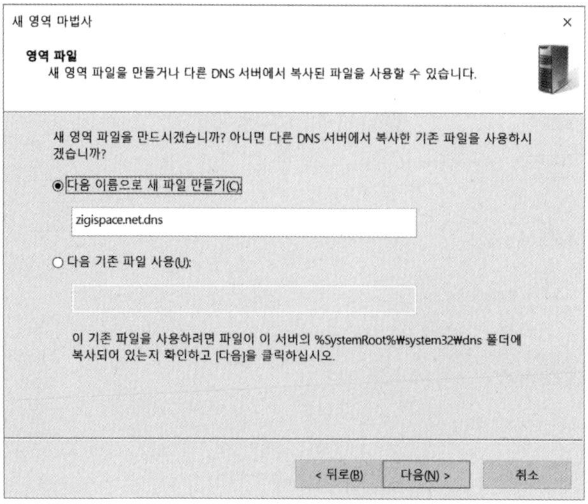

새 영역 마법사

영역 파일
새 영역 파일을 만들거나 다른 DNS 서버에서 복사된 파일을 사용할 수 있습니다.

새 영역 파일을 만드시겠습니까? 아니면 다른 DNS 서버에서 복사한 기존 파일을 사용하시겠습니까?

◉ 다음 이름으로 새 파일 만들기(C):

zigispace.net.dns

○ 다음 기존 파일 사용(U):

이 기존 파일을 사용하려면 파일이 이 서버의 %SystemRoot%₩system32₩dns 폴더에 복사되어 있는지 확인하고 [다음]을 클릭하십시오.

< 뒤로(B) 다음(N) > 취소

다음 버튼을 클릭하면 동적 업데이트 여부를 묻습니다. 동적 업데이트는 변경이 있을 때, DNS 클라이언트 컴퓨터에서 DNS 서버에 리소스 레코드를 등록하고 동적으로 업데이트하도록 하는 기능입니다. 여기서는 [동적 업데이트 허용 안 함]을 선택하고 '다음' 버튼을 클릭합니다.

▼ 그림 7-36 동적 업데이트 허용 여부. 동적 업데이트 허용 안 함을 선택합니다.

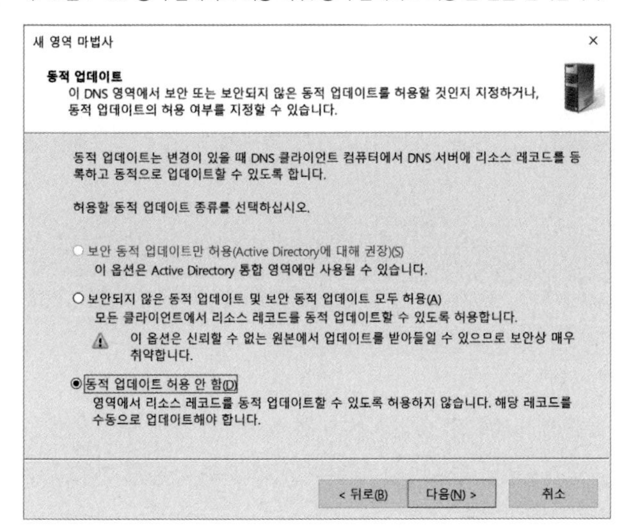

'마침'을 누르면 새로운 도메인 영역이 정상적으로 만들어집니다.

▼ 그림 7-37 마법사를 통해 생성하는 새 영역에 대한 설정 확인 및 생성 마법사 완료

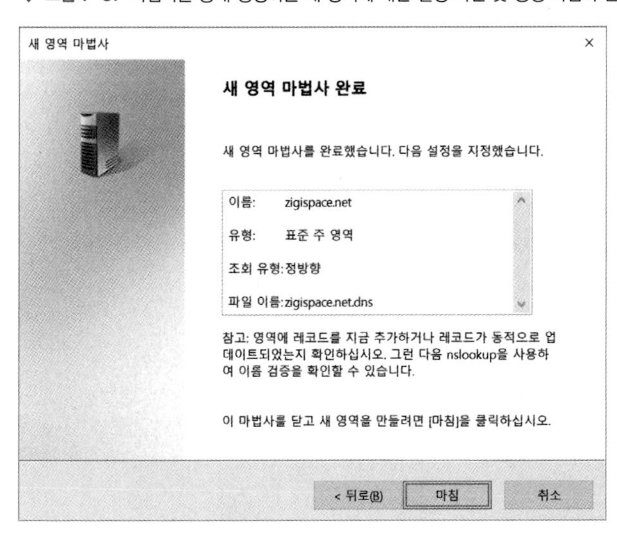

다음과 같이 DNS 관리자의 정방향 조회 영역에 조금 전 만든 도메인 영역이 생성된 것을 볼 수 있습니다. 새로 생성된 도메인에는 SOA 레코드와 NS 레코드가 자동으로 들어가 있습니다.

▼ 그림 7-38 생성된 새 영역

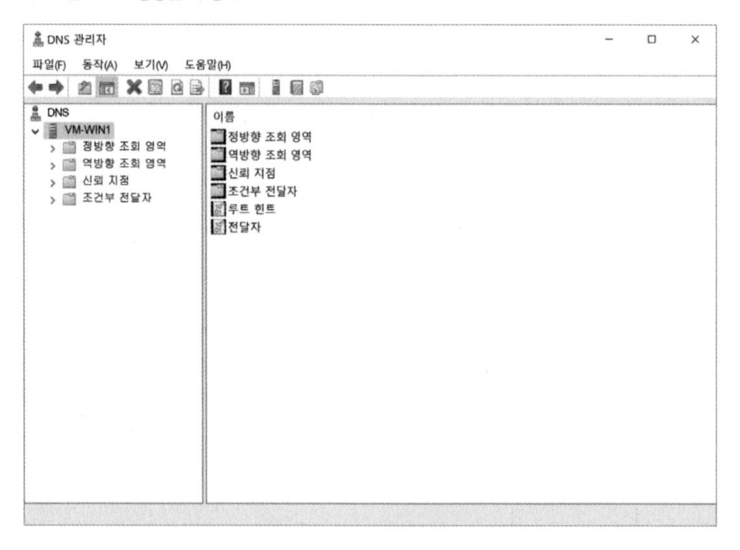

도메인 명에서 마우스를 우클릭한 후 팝업 메뉴에서 '속성'을 선택하면 도메인에 대한 속성창이 뜹니다. 속성창 안의 기본 SOA 탭에서 그림 7-39와 같이 TTL 같은 타이머 관련 내용을 확인할 수 있습니다.

▼ 그림 7-39 zigispace.net 도메인에 대한 SOA(권한 시작) 속성에서는 도메인에 대한 다양한 타이머 설정이 가능하다.

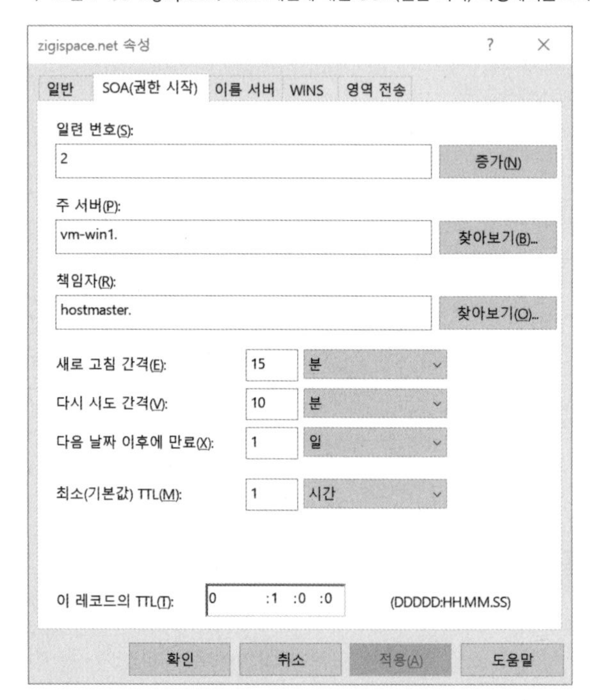

새 도메인 영역까지 만들어졌으니 새 레코드를 만들어보겠습니다. 새 레코드는 해당 도메인 영역에서 '우클릭'해 만들 수 있습니다. 우클릭하면 그림 7-40과 같이 도메인 영역에서 실행 가능한 다양한 메뉴가 팝업으로 뜹니다. 이 메뉴에서 도메인에 레코드를 추가할 수 있습니다.

▼ 그림 7-40 도메인 영역에서 실행 가능한 팝업 메뉴. 도메인 안의 레코드는 이 메뉴에서 추가할 수 있다.

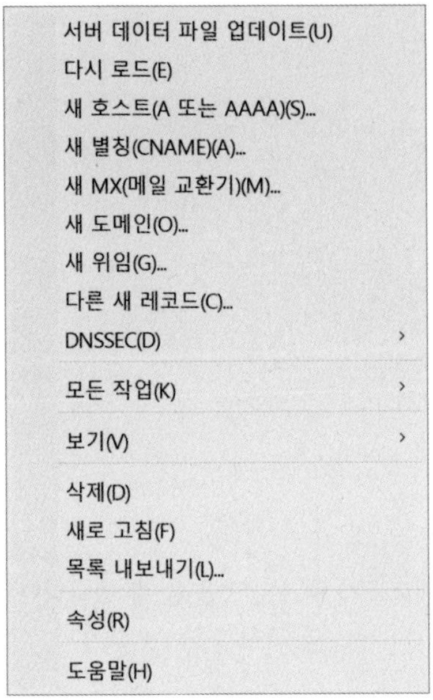

서버 데이터 파일 업데이트(U)
다시 로드(E)
새 호스트(A 또는 AAAA)(S)...
새 별칭(CNAME)(A)...
새 MX(메일 교환기)(M)...
새 도메인(O)...
새 위임(G)...
다른 새 레코드(C)...
DNSSEC(D) ›
모든 작업(K) ›
보기(V) ›
삭제(D)
새로 고침(F)
목록 내보내기(L)...
속성(R)
도움말(H)

기본적으로 많이 사용되는 A 레코드(IPv4), AAAA 레코드(IPv6), CNAME 레코드, MX 레코드는 바로 선택할 수 있습니다. 다른 새 레코드를 선택하면 4가지 주요 레코드 외에 다양한 레코드를 선택할 수 있습니다. 여기서는 가장 많이 사용되는 A 레코드를 만들어보겠습니다. 만들 이름을 입력하면 하단에 "입력한 레코드명+도메인 이름"으로 FQDN이 자동으로 표기됩니다. 그 아래에는 레코드 질의에 답변할 IP 주소를 설정합니다. 여기서 이름을 아예 입력하지 않으면 도메인 영역, 그 자체를 의미하게 됩니다. 즉, zigispace.net 도메인에 호스트 이름을 입력하지 않으면 zigispace.net 자체를 의미합니다. 여기서는 myhome이라는 A 레코드를 생성하고 해당 레코드에 응답할 IP 주소로 10.10.10.11을 입력했습니다. 입력한 후 '호스트 추가' 버튼을 클릭하면 레코드가 생성됩니다.

▼ 그림 7-41 도메인 안의 새 호스트(A 레코드) myhome 생성

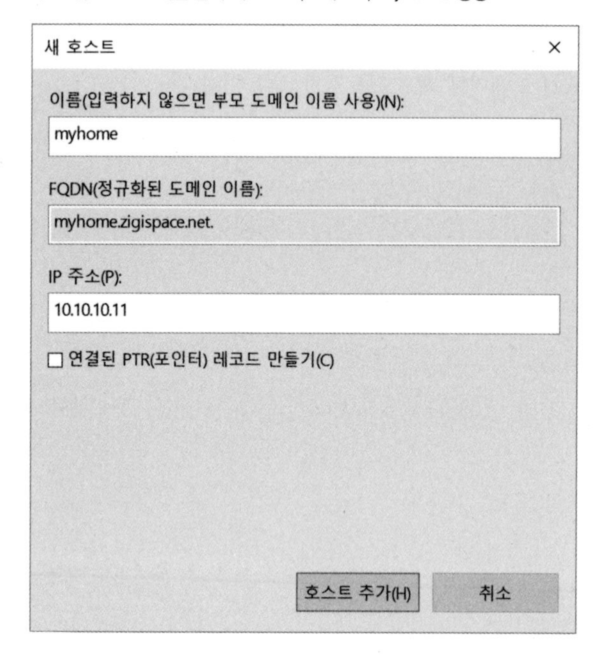

정상적으로 레코드가 추가되면 다음과 같이 도메인 영역에 레코드가 추가된 것을 볼 수 있습니다.

▼ 그림 7-42 생성된 A 레코드 myhome

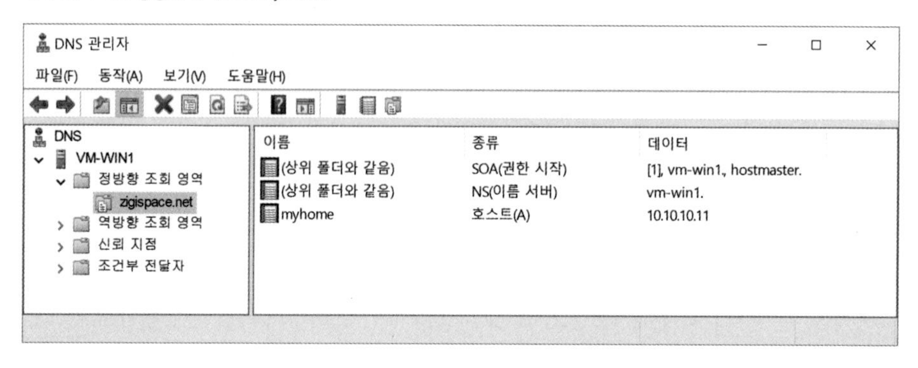

도메인은 계층 구조로 운영되므로 현재 계층에 하부 도메인 계층을 추가할 수 있습니다. 하부 도메인을 구성하려면 도메인 영역 안에서 새로운 레코드를 만들었던 팝업 창에서 '새 도메인'을 선택하고 이름을 만들면 추가 계층으로 도메인이 만들어집니다. zigispace.net 도메인 영역에서 새 도메인을 선택해 blog라고 추가 구성하면 다음과 같이 계층적인 도메인을 구성할 수 있습니다. 이때 blog.zigispace.net 호스트를 구성한 것이 아니라 m.blog.zigispace.net과 같이 blog 도메인이 하부에 생기고 그 도메인에 새로운 호스트들이 구성되는 구조가 만들어집니다.

▼ 그림 7-43 zigispace.net 도메인에 blog 계층 구조를 생성해 관리할 수 있다.

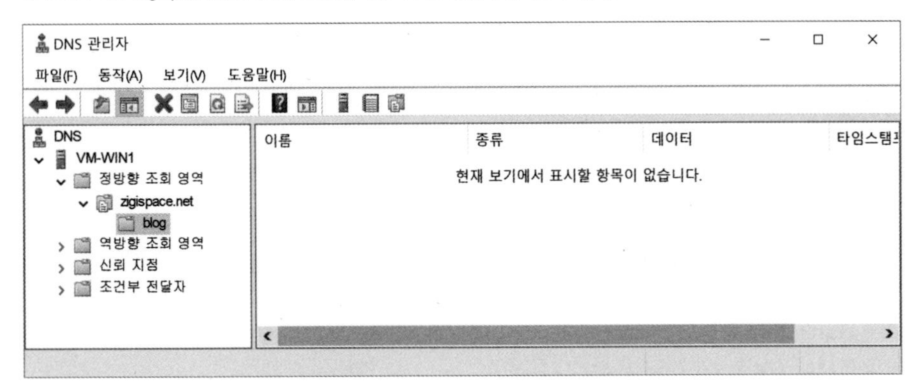

7.2.8 DNS 설정(Linux)

이번 절에서는 bind 패키지를 이용해 DNS 서버를 구축하는 과정을 다룹니다. bind는 리눅스에서 DNS 서버를 올리는 데 사용되는 패키지입니다.

참고

여기서 소개하는 bind 설치 및 설정은 레드햇 계열을 기반으로 예를 들고 있습니다. bind 설정은 운영체제에 종속되지 않은 패키지 자체의 설정이므로 데비안 계열의 우분투 설정도 크게 다르지 않습니다. 제시되는 예제만으로도 전체적인 내용을 이해하는 데 무리가 없을 겁니다.

먼저 bind 패키지를 설치합니다.

DNS 패키지(bind) 설치

```
[root@zigi ~]# yum install -y bind
```

설치된 bind 버전은 다음과 같이 확인합니다.

bind 버전 확인

```
[root@zigi ~]# /usr/sbin/named -v
BIND 9.11.4-P2-RedHat-9.11.4-26.P2.el8 (Extended Support Version) <id:7107deb>
```

bind 설치 후 초기 설정은 bind가 설치된 로컬 서버에서만 도메인 질의를 할 수 있게 되어 있습니다. DNS를 위한 53번 포트에 대한 Listen과 질의 허용(Allow-Query)이 로컬 호스트(localhost/127.0.0.1)로 설정되어 있기 때문입니다. 로컬뿐만 아니라 외부에서도 도메인 질의를 하려면 다음과 같이 네임 서버 설정 파일(named.conf)의 option 안에 'listen-on port 53', 'listen-on-v6 port 53', 'allow-query' 항목 값을 각각 any로 수정합니다.

네임 서버 설정 파일(/etc/named.conf)

```
options {
        listen-on port 53 { any; };                // 기본값 127.0.0.1;
        listen-on-v6 port 53 { any; };              // 기본값 ::1
directory       "/var/named";
        dump-file       "/var/named/data/cache_dump.db";
        statistics-file "/var/named/data/named_stats.txt";
        memstatistics-file "/var/named/data/named_mem_stats.txt";
        secroots-file   "/var/named/data/named.secroots";
        recursing-file  "/var/named/data/named.recursing";
        allow-query     { any; };           // 기본값 localhost
        ...생략...
```

참고

참고로 listen-on과 allow-query의 기본값인 127.0.0.1, ::1, localhost는 모두 서버 자신을 뜻하는 IP 주소와 호스트명입니다.

이제 bind에서 관리할 도메인 영역을 추가하기 위해 도메인 영역을 관리하는 설정 파일(named.rfc1912.zones)에 신규 도메인 영역(zigispace.kr)을 다음과 같이 추가합니다. 아래의 도메인 영역 등록은 정방향 도메인 등록의 예제입니다.

정방향 도메인 영역 추가(/etc/named.rfc1912.zones)

```
zone "zigispace.kr" IN {
        type master;
        file "zigispace.kr.zone";
        allow-update { none; };
};
```

예제에서는 도메인에 대한 타입을 앞에서 배운 마스터와 슬레이브 중 마스터로 지정하고 zigispace.kr 도메인에 대한 세부 정보가 들어 있는 존(Zone) 파일의 이름을 "zigispace.kr.zone"으로 지정합니다. 도메인 영역을 동기화할 슬레이브 서버는 따로 없으니 allow-update는 'none'으로 설정합니다.

도메인 영역을 지정한 후에는 해당 도메인에 대한 존(Zone) 파일을 만들어 도메인의 속성과 레코드를 정의합니다. 존 파일 작성을 위해 기본 존 파일을 복사해 사용합니다. 기본 존 파일 이름은 rfc1912.zones이고 파일을 추가한 도메인의 파일명으로 복사합니다.

```
[root@zigi ~]# cp /var/named/named.empty /var/named/zigispace.kr.zone
```

복사한 파일에 다음과 같이 수정합니다.

존 파일 설정: /var/named/zigispace.kr.zone

```
$TTL 3H
@       IN SOA   ns.zigispace.kr. root.zigispace.kr(
                                         0        ; serial
                                         1D       ; refresh
                                         1H       ; retry
                                         1W       ; expire
                                         3H )     ; minimum
    NS      ns.zigispace.kr.
    A       10.10.10.20
ns  A       10.1.1.5
```

zigispace.kr 존 파일에는 도메인에 대한 기본 SOA 레코드, NS 레코드와 함께 A 레코드를 10.10.10.20으로 작성했습니다.

만들어진 존 파일은 bind에서 사용할 수 있도록 파일 권한을 다음과 같이 변경합니다.

존 파일 속성 변경

```
[root@zigi ~]# ls -al /var/named ¦ grep zigispace.kr.zone
-rw-r-----.  1 root   root   415 Jun  7 13:22 zigispace.kr.zone
[root@zigi ~]# chown root:named /var/named/zigispace.kr.zone
[root@zigi ~]# ls -al /var/named ¦ grep zigispace.kr.zone
-rw-r-----.  1 root   named  415 Jun  7 13:22 zigispace.kr.zone
```

참고

권한을 변경하지 않으면 bind 서비스를 시작할 때 다음과 같이 존 파일을 정상적으로 불러오지 못하므로 존 파일에 대한 권한을 반드시 변경해야 합니다.

이제 bind 서비스 데몬을 실행합니다.

```
[root@zigi ~]# systemctl start named.service
```

bind 서비스 데몬을 실행하면 다음과 같이 Active 항목에 'active(running)'으로 표기되며 서비스가 정상적으로 구동 중인 것을 확인할 수 있습니다.

```
[root@zigi ~]# systemctl status named.service
● named.service - Berkeley Internet Name Domain (DNS)
   Loaded: loaded (/usr/lib/systemd/system/named.service; disabled; vendor preset:
disabled)
   Active: active (running) since Sun 2020-06-07 13:35:28 UTC; 4s ago
  Process: 11656 ExecStart=/usr/sbin/named -u named -c ${NAMEDCONF} $OPTIONS
(code=exited, status=0/SUCCESS)
  Process: 11653 ExecStartPre=/bin/bash -c if [ ! "$DISABLE_ZONE_CHECKING" == "yes" ];
then /usr/sbin/named-checkcon>
 Main PID: 11658 (named)
    Tasks: 4 (limit: 2292)
   Memory: 56.7M
   CGroup: /system.slice/named.service
           └─11658 /usr/sbin/named -u named -c /etc/named.conf
...생략...
```

참고

BIND

BIND(Berkeley Internet Name Domain)는 1980년 초 버클리대가 설계한 유닉스 계열 DNS 소프트웨어입니다.

2009년에는 ISC(Internet Software Consortium)에서 BIND 10이라는 제품군을 개발했으며 BIND 10은 통합된 차세대 DNS 및 DHCP 서버용 프로젝트로 발전했고 Bundy 프로젝트로 이름을 바꾸어 BIND와 별개로 진행 중입니다.

2020년 9월 기준으로 BIND의 안정화된 최신 버전은 2020년 8월에 출시된 9.16.6 버전입니다. 9.16.6 버전이 안정화된 최신 버전이지만 리눅스의 LTS(Long Term Support) 버전처럼 지원 기간이 긴 ESV(Extended Support Version) 버전의 안정화 버전은 2020년 8월에 출시된 9.11.22 버전이며 실제 운영환경에서는 최신 안정화 버전보다 안정화된 ESV 버전을 권고합니다.

- BIND: https://www.isc.org/downloads/bind/
- bundy 프로젝트: http://bundy-dns.de/

7.2.9 호스트 파일 설정

앞에서 설명한 것처럼 DNS를 이용해 도메인 주소를 IP 주소로 변환하는 방법 외에도 도메인과 IP 주소를 매핑해놓은 hosts 파일을 이용하여 도메인-IP 주소 쿼리를 사용할 수 있습니다. DNS 기능이 개발되기 전부터 사용하던 방식이고 일반적으로 현대 인터넷에서는 사용하지 않고 테스트 목적 등으로 특정 도메인에 대해 임의로 설정한 값으로 도메인을 접속할 때 이 hosts 파일을 사용할 수 있습니다(예: DNS 등록 전에 내부 테스트, DNS에 도메인과 레코드가 이미 등록되어 있지만 임시로 다른 질의 값을 사용해야 하는 경우 등).

앞에서 말했듯이 hosts 파일에 설정된 도메인 정보는 로컬 호스트의 DNS 캐시 정보로 남기 때문에 DNS에 의한 질의보다 우선순위가 높습니다. 테스트 목적 등으로 일시적으로 host 파일을 사용한 후 해당 도메인 정보를 삭제하지 않으면 원하는 접속이 정상적으로 안 될 수 있습니다.

또한, 이 hosts 파일을 임의로 조작해 정상적인 사이트가 아니라 사용자의 정보를 빼내기 위한 유해 사이트로 접근을 유도할 때도 있습니다. 원래 이런 사이트는 사용자가 접속하려는 사이트의 디자인과 동일하게 구성하고 도메인도 원래 도메인 그대로 사용해 접속한 것처럼 보여 매우 위험합니다. 그래서 보안 프로그램에서 "hosts 파일이 변경되었습니다."라는 경고 팝업창이 가끔 뜨는데 hosts 파일이 임의로 변경될 때 이런 보안 위험을 경고하는 것입니다. 금융 사이트 이용 시 그림 7-44와 같은 팝업창이 그 경우입니다.

▼ 그림 7-44 변조된 hosts 파일을 탐지한 보안 프로그램이 띄우는 경고창

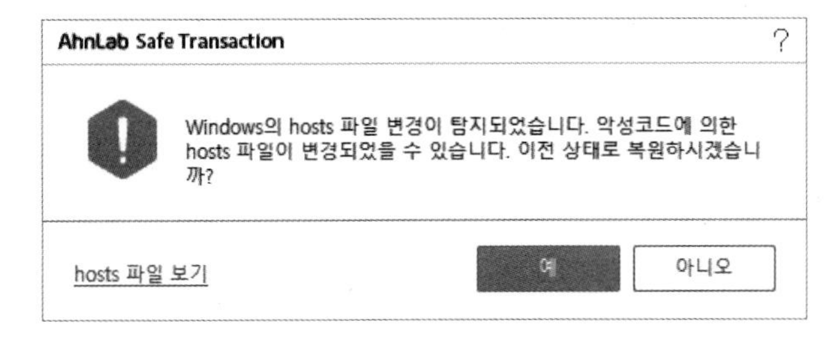

운영체제별로 hosts 파일의 위치와 기본적인 내용은 다음과 같습니다.

윈도 호스트 파일: C:₩Windows₩System32₩drivers₩etc₩hosts

```
Copyright(c) 1993-2009 Microsoft Corp.
#
# This is a sample HOSTS file used by Microsoft TCP/IP for Windows.
#
# This file contains the mappings of IP addresses to host names. Each
# entry should be kept on an individual line. The IP address should
# be placed in the first column followed by the corresponding host name.
# The IP address and the host name should be separated by at least one
# space.
#
# Additionally, comments (such as these) may be inserted on individual
# lines or following the machine name denoted by a '#' symbol.
#
# For example:
#
#      102.54.94.97     rhino.acme.com          # source server
#       38.25.63.10     x.acme.com              # x client host

# localhost name resolution is handled within DNS itself.
#    127.0.0.1       localhost
#    ::1             localhost
```

리눅스 호스트 파일: /etc/hosts

```
127.0.0.1   localhost localhost.localdomain localhost4 localhost4.localdomain4
::1         localhost localhost.localdomain localhost6 localhost6.localdomain6
```

참고

DNS의 시작

DNS 서버가 없었던 초기 ARPANET 시절에는 ARPANET에 있는 컴퓨터의 IP 주소와 호스트를 매핑한 hosts.txt 파일을 사용했습니다. 당시는 네트워크에 호스트가 많지 않아 이런 텍스트 파일로 관리될 수 있었지만 시간이 지나고 인터넷이 빠르게 커지면서 텍스트 파일을 통한 관리에 한계가 생겼습니다. 통신해야 할 호스트 수가 증가하면서 등록해야 할 정보가 늘었고 동일한 호스트 네임을 사용하는 컴퓨터가 추가되면 충돌할 수도 있었습니다. 빈번한 호스트 등록은 중앙에서 관리되는 텍스트 파일이 재배포되는 시점 사이에 발생하는 변동사항에 대해서는 반영되지 않는 문제점이 있었습니다. 이런 문제를 해결하기 위해 1983년 11월 RFC 882와 883을 통해 DNS의 스펙이 발표되었습니다. 이듬해인 1984년 그 스펙을 기준으로 앞에서 소개한 BIND가 만들어졌습니다. 이후 DNS 관련 스펙이 지속적으로 추가되면서 현재의 모습을 갖추게 되었습니다.

7.3 GSLB

DNS에서 동일한 레코드 이름으로 서로 다른 IP 주소를 동시에 설정할 수 있습니다. 이렇게 설정하면 도메인 질의에 따라 응답받는 IP 주소를 나누어 로드밸런싱할 수 있습니다. 이것을 DNS 로드밸런싱이라고 합니다. 하지만 DNS만 이용한 로드밸런싱으로는 정상적인 서비스를 할 수 없습니다. DNS는 설정된 서비스 상태의 정상 여부를 확인하지 않고 도메인에 대한 질의에 대해 설정된 값을 무조건 응답합니다. DNS에 저장된 레코드와 매핑된 서비스가 모두 정상일 때는 문제가 없지만 그림 7-45처럼 특정 서비스(서버 2)에 문제가 있을 때 DNS 서버는 이것을 감지하지 못해 사용자의 도메인 질의 요청에 비정상 상태인 서비스 IP 주소를 응답한 경우, 사용자는 해당 서비스에 접근할 수 없습니다. 즉, DNS 서버에서는 각 레코드에 대한 서비스 체크가 이루어지지 않고 설정된 값에 따라 동작하므로 서비스 가용성 향상 방법으로는 부적합합니다.

▼ 그림 7-45 서비스가 불가능한 경우에도 도메인 질의에 응답

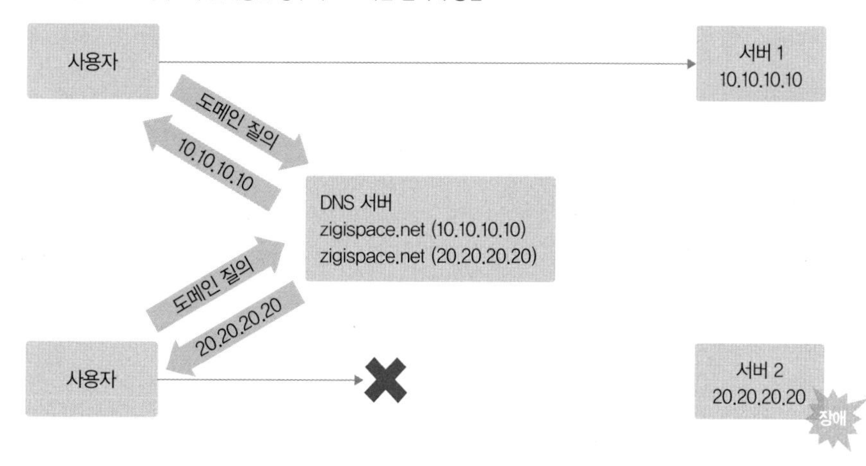

GSLB(Global Server/Service Load Balancing)는 DNS의 이런 문제점을 해결해 도메인을 이용한 로드 밸런싱 구현을 도와줍니다. GSLB는 DNS와 동일하게 도메인 질의에 응답해주는 역할과 동시에 로드 밸런서처럼 등록된 도메인에 연결된 서비스가 정상적인지 헬스 체크를 수행합니다. 즉, 등록된 도메인에 대한 서비스가 정상인지 상태를 체크해 정상인 레코드에 대해서만 사용합니다. 그림 7-46을 보면 그림 7-45와 달리 서버 2가 장애로 서비스가 불가능할 때 GSLB에서는 등록된 두 개의 레코드 중 서버 2의 IP 주소를 가진 레코드를 도메인 질의에 대한 응답으로 사용하지 않도록 잠시 내리게 됩니다. 따라서 zigispace.net을 질의한 사용자는 모두 정상적으로 서비스되는 서버 1의 IP 주소만 응답받습니다.

✔ 그림 7-46 GSLB는 서비스에 대한 헬스 체크를 수행해 서비스가 가능한 도메인 질의에 대해서만 응답한다.

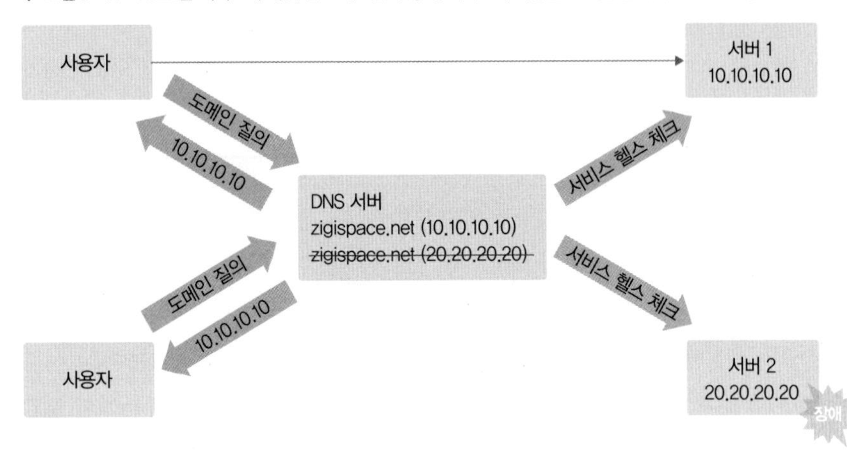

이런 이유로 GSLB를 '인텔리전스 DNS'라고도 부릅니다.

이어서 GSLB에 대한 기본적인 동작 방식과 GSLB를 통한 분산 방식, GSLB를 사용했을 때 유용한 점에 대해 알아보겠습니다.

7.3.1 GSLB 동작 방식

예제를 통해 GSLB 동작 방식과 GSLB를 사용한 도메인 질의가 어떻게 이루어지는지 알아보겠습니다.

▼ 그림 7-47 GSLB를 통한 도메인 질의 흐름

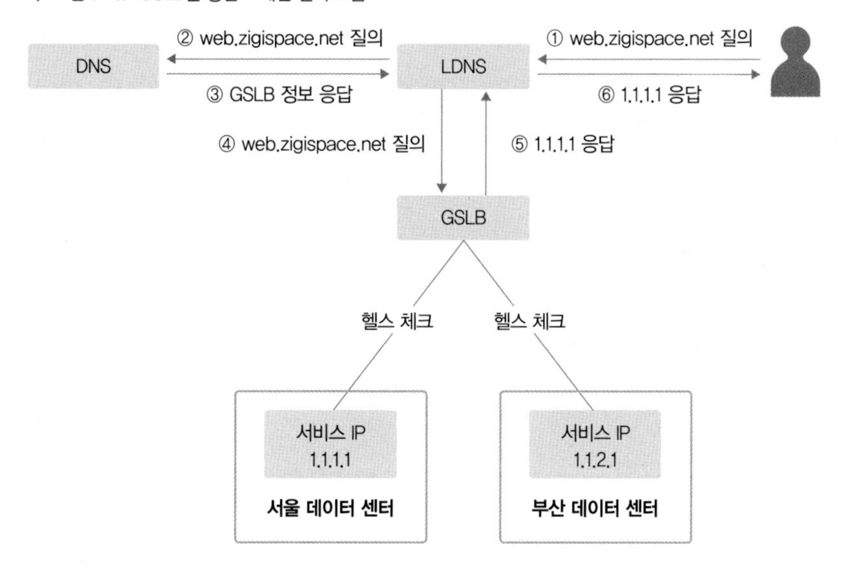

그림 7-47은 GSLB 동작 방식의 이해를 돕기 위해 서울과 부산의 데이터 센터에서 동일한 서비스가 가동 중인 상황을 예로 들었습니다. 이 예제를 이용해 GSLB의 동작 방식을 알아보겠습니다.

1. 사용자가 web.zigispace.net에 접속하기 위해 DNS에 질의합니다.
2. LDNS는 web.zigispace.net을 관리하는 NS 서버를 찾기 위해 root부터 순차 질의합니다.
3. zigispace.net을 관리하는 NS 서버로 web.zigispace.net에 대해 질의합니다.
4. DNS 서버는 GSLB로 web.zigispace.net에 대해 위임했으므로 GSLB 서버가 NS 서버라고 LDNS에 응답합니다.
5. LDNS는 다시 GSLB로 web.zigispace.net에 대해 질의합니다.
6. GSLB는 web.zigispace.net에 대한 IP 주솟값 중 현재 설정된 분산 방식에 따라 서울 또는 부산 데이터 센터의 IP 주솟값을 DNS에 응답합니다. 본 예제에서는 서울 데이터 센터의 서비스 IP인 1.1.1.1을 응답하는 것으로 가정합니다. GSLB가 응답하는 값은 GSLB에서 설정한 주기에 따라 서울과 부산 데이터 센터로 헬스 체크해 정상적인 값만 응답합니다.
7. GSLB에서 결괏값을 응답받은 LDNS는 사용자에게 web.zigispace.net이 1.1.1.1로 서비스하고 있다고 최종 응답합니다.

GSLB는 zigispace.net이라는 FQDN에 대한 IP 주소 정보를 단순히 갖고 있다가 응답해주는 것이 아니라 헬스 체크를 통해 해당 IP가 정상적인 서비스가 가능한 상태인지 확인합니다. 이 예제에서는 서울과 부산에 나누어진 서비스를 체크하고 사용자의 DNS 쿼리 요청이 들어오면 서비스가 가능한 지역의 서버 IP로 응답합니다. 만약 서울 데이터 센터의 서버에 문제가 발생하면 서울 데이터 센터 서버 IP를 사용자에게 응답하지 않고 부산 데이터 센터의 IP 주소만 응답하게 됩니다.

서울 데이터 센터와 부산 데이터 센터 모두 정상적인 서비스가 가능한 상태라면 사전에 정의된 알고리즘을 통해 어느 데이터 센터의 IP 주소로 응답할지 결정합니다. 이 예제에서는 서울 데이터 센터의 IP를 사용자에게 응답합니다. web.zigispace.net에 대해 서울 데이터 센터의 IP로 응답받은 사용자는 서울 데이터 센터의 IP 주소로 http://web.zigispace.net 사이트에 접속할 수 있습니다.

정리하면 GSLB는 앞의 예제처럼 일반 DNS를 사용하는 것과 거의 동일하게 동작합니다. 다만 GSLB에서 서비스 IP 정보에 대한 헬스 체크와 사전에 지정한 다양한 분산 방법을 이용한 부하 분산이 일반 DNS와 큰 차이점이라고 볼 수 있습니다(일반 DNS는 두 개 이상의 항목이 있을 때 단순히 라운드 로빈(Round Robin; 순서대로 순환하는) 방식으로 응답합니다).

7.3.2 GSLB 구성 방식

GSLB를 사용한 도메인 설정 방법은 두 가지가 있습니다.

- 도메인 자체를 GSLB로 사용
- 도메인 내의 특정 레코드만 GSLB를 사용

도메인 자체를 GSLB로 사용하면 해당 도메인에 속하는 모든 레코드 설정을 GSLB 장비에서 관리합니다. 즉, 도메인에 대한 모든 레코드를 GSLB에서 설정합니다. 도메인 구입 시 도메인에 대한 권한을 갖는 네임 서버를 지정하는데 이 네임 서버가 도메인을 관리합니다. 도메인 자체를 GSLB로 사용하는 것은 도메인에 대한 네임 서버를 GSLB로 지정하고 GSLB에서 도메인에 대한 모든 레코드를 등록해 처리하는 방식입니다. 즉, GSLB 자체가 도메인의 네임 서버 역할을 하는 경우입니다.

이 경우에는 도메인의 레코드 중 헬스 체크 기능이 불필요한 경우뿐만 아니라 모든 레코드에 대한 질의가 GSLB를 통해 이루어지므로 GSLB에 부하를 주게 됩니다. 그림 7-48은 도메인 구입 시 설정한 네임 서버 정보를 조회한 예시입니다. GSLB를 도메인의 네임 서버로 지정하면 네임 서버 정보가 GSLB로 조회됩니다.

▼ 그림 7-48 WHOIS에서는 도메인의 네임 서버를 확인할 수 있다.

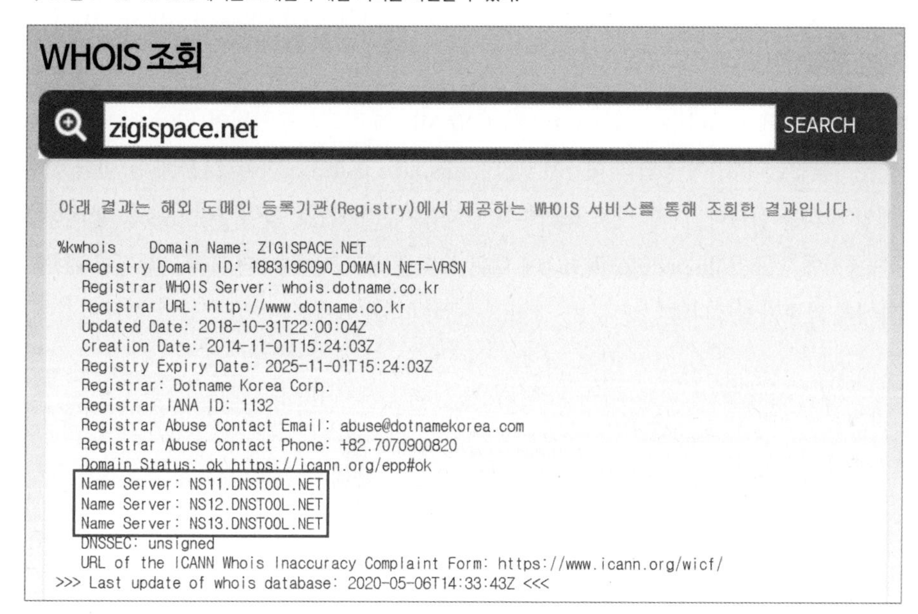

다음은 도메인 내의 특정 레코드에 대해서만 GSLB를 사용하는 경우입니다. DNS에서 도메인 설정 시 GSLB를 사용하려는 레코드에 대해서만 GSLB로 처리하도록 설정합니다. 회사 대표 도메인에 속한 레코드 중 GSLB 적용이 불필요한 경우가 많아 도메인 내의 특정 레코드에 대해서만 GSLB로 처리를 이관하는 방식을 사용합니다. 특정 레코드에 대해서만 GSLB로 처리를 이관하는 방법은 두 가지입니다.

- 별칭(Alias) 사용(CNAME 레코드 사용)
- 위임(Delegation) 사용(NS 레코드 사용)

별칭(CNAME)을 이용해 GSLB를 사용하는 방법은 실제 도메인과 다른 별도의 도메인 레코드로 GSLB에 등록됩니다. 일반적으로 외부 CDN을 사용하거나 회사 내부에 GSLB를 사용해야 할 도메인이 많은 경우 한꺼번에 관리하기 위해 사용합니다. 위임(NS)을 이용해 GSLB를 사용하는 경우, 실제 도메인과 동일한 도메인 레코드를 사용하며 도메인 전체를 위임하는 것이 대표적인 예입니다.

DNS 서버에 CNAME 레코드로 CDN과 같은 외부 GSLB를 지정하면 CNAME 레코드의 값으로 등록된 FQDN을 GSLB로 재질의해 서버를 찾아가게 됩니다. 즉, CNAME 값으로 등록되는 FQDN이 GSLB가 네임 서버로 등록된 도메인을 사용해 GSLB로 재질의하게 만드는 것입니다.

그림 7-49는 별칭을 이용해 GSLB를 사용하기 위한 동작 예입니다. 사용자가 web.zigispace.net의 IP 주소를 DNS로 질의합니다. 이 질의를 받은 LDNS(Local DNS)는 root부터 DNS 서버를 순차적으로 찾아 web.zigispace.net을 관리하는 NS 서버에 web.zigispace.net의 IP 주소가 무엇인지 질의합니다.

DNS(2.2.2.2) 서버에는 web.zigispace.net이 CNAME 레코드로 등록되어 있어 이 결괏값을 LDNS 서버로 응답합니다. 이 응답의 내용은 web.zigispace.gslb.net이어서 LDNS는 이에 대해 다시 도메인 질의를 합니다. 이후 다시 root부터 DNS를 순차적으로 찾아 gslb.net을 관리하는 GSLB(3.3.3.3)에 web.zigispace.gslb.net에 대한 질의를 하고 그에 대한 결괏값을 받아 LDNS가 사용자에게 최종 응답합니다.

▼ 그림 7-49 별칭(Alias: CNAME 레코드)을 사용한 GSLB 사용 예

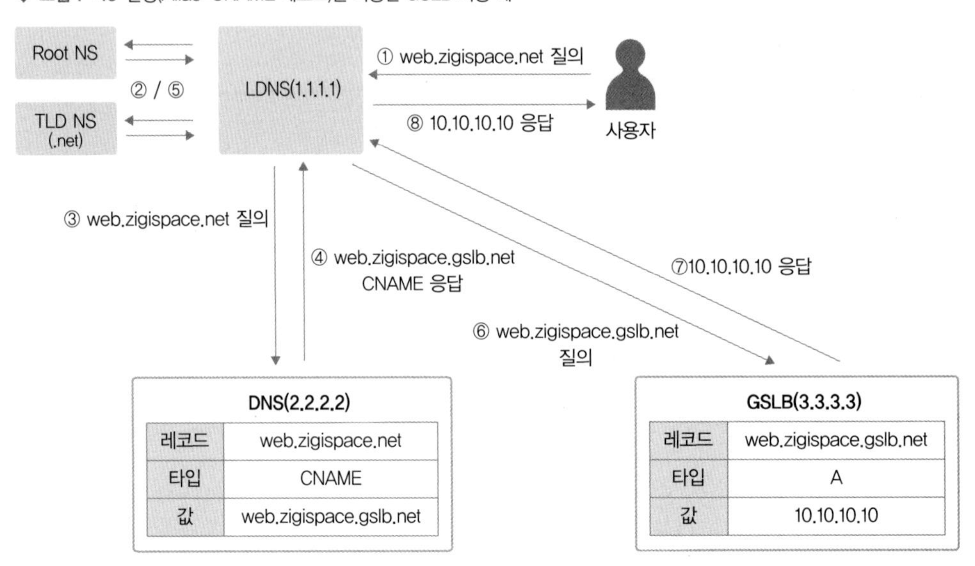

1. 사용자가 web.zigispace.net을 LDNS(1.1.1.1)로 질의
2. LDNS는 web.zigispace.net을 관리하는 NS 서버를 찾기 위해 root부터 순차적으로 질의
3. zigispace.net을 관리하는 DNS(2.2.2.2)에 web.zigispace.net의 주소 질의
4. DNS 서버는 LDNS에게 별칭으로 web.zigispace.net은 web.zigispace.gslb.net이 관리하고 있다는 응답 수신
5. 다시 LDNS(1.1.1.1)는 gslb.net을 관리하는 NS 서버를 root부터 순차 질의

6. LDNS(1.1.1.1)는 zigispace.gslb.net을 관리하는 NS 서버인 GSLB(3.3.3.3)에 web.zigispace.gslb.net에 대해 질의

7. GSLB(3.3.3.3)는 LDNS(1.1.1.1)에 web.zigispace.gslb.net의 IP(10.10.10.10)를 응답

8. LDNS(1.1.1.1)는 해당 결괏값(10.10.10.10)을 사용자에게 최종 응답

다음은 NS 레코드를 이용해 위임하여 GSLB를 사용하는 방법입니다. DNS에서 특정 FQDN에 대한 설정을 NS 레코드로 설정하면 해당 FQDN에 대한 값을 NS 레코드의 값으로 설정된 네임 서버로 재질의합니다. 이때 NS 레코드에 지정된 네임 서버가 GSLB입니다. 이렇게 NS 레코드를 이용한 위임으로 재질의하는 경우, 최초 요청한 FQDN을 그대로 재질의하므로 GSLB에서 관리되는 도메인은 사용자가 최초 호출하는 동일한 FQDN이 됩니다. 그림 7-50은 NS 레코드를 이용하여 위임을 통해 GSLB를 사용한 예입니다. 사용자가 web.zigispace.net의 IP 주소를 DNS로 질의합니다. 이 질의를 받은 LDNS(Local DNS)는 root부터 DNS 서버를 순차적으로 찾아 web.zigispace.net을 관리하는 NS 서버에 web.zigispace.net의 IP 주소가 무엇인지 질의합니다. DNS(2.2.2.2) 서버에는 web.zigispace.net이 NS 레코드로 등록되어 있어 이 결괏값을 LDNS 서버로 응답합니다. LDNS(1.1.1.1)는 NS 레코드로 응답받은 GSLB 주소(3.3.3.3)에 web.zigispace.net에 대해 질의합니다. GSLB(3.3.3.3)는 web.zigispace.net에 대한 A 레코드를 확인하여 이 값을 LDNS에 응답합니다. LDNS는 최종적으로 사용자에게 이 결괏값을 전달합니다.

▼ 그림 7-50 위임(Delegation: NS 레코드)을 사용한 GSLB 사용 예

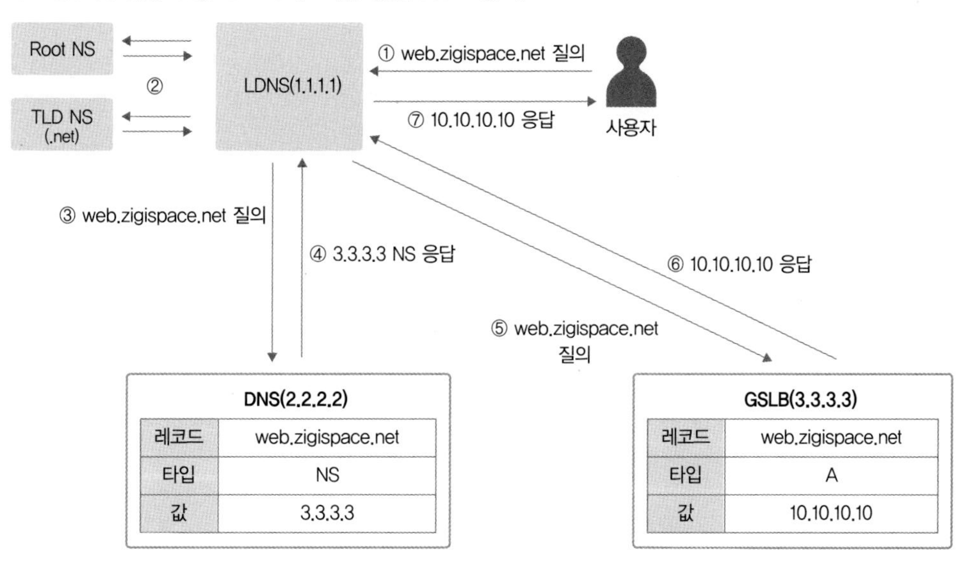

1. 사용자가 web.zigispace.net을 LDNS(1.1.1.1)로 질의
2. LDNS는 web.zigispace.net을 관리하는 NS 서버를 찾기 위해 root부터 순차적으로 질의
3. zigispace.net을 관리하는 DNS(2.2.2.2)에 web.zigispace.net의 주소 질의
4. DNS(2.2.2.2)는 GSLB(3.3.3.3)가 web.zigispace.net을 관리한다고 응답
5. 다시 LDNS(1.1.1.1)는 web.zigispace.net을 관리하는 NS 서버인 GSLB(3.3.3.3)에게 web.zigispace.net을 질의
6. GSLB(3.3.3.3)는 LDNS(1.1.1.1)에 web.zigispace.net의 IP를 응답
7. LDNS(1.1.1.1)는 해당 결괏값을 사용자에게 최종 응답

하나의 FQDN을 위임 처리하면 해당 FQDN의 하위 도메인은 별도의 위임 처리없이 이미 상위 계층에서 위임 처리되므로 특정 도메인 내에서 GSLB를 사용한 하부 도메인을 계층화해 사용하면 DNS 서버 설정을 최소화해 GSLB로 다수의 FQDN을 위임 처리할 수 있습니다. 그림 7-51을 보면 web.zigispace.net에 대해 GSLB로 위임하면 web.zigispace.net의 하위 도메인인 shopping.web.zigispace.net, portal.web.zigispace.net은 DNS 서버에서 추가 위임 처리를 하지 않더라도 GSLB에서 위임 처리가 됩니다.

▼ 그림 7-51 위임을 사용하면 계층화된 도메인에 대한 일괄적인 위임 처리가 가능하다.

DNS(1.1.1.1)	GSLB(2.2.2.2)
web.zigispace.net(NS)	web.zigispace.net shopping.web.zigispace.net portal.web.zigispace.net event.web.zigispace.net xmas.event.web.zigispace.net

정리하면 별칭을 이용해 GSLB를 사용하는 경우, CDN처럼 GSLB를 운영해주는 외부 사업자가 있거나 GSLB를 사용해야 하는 도메인이 매우 많은 경우, 별도의 GSLB를 운영하기 위해 사용합니다. 위임의 경우에는 DNS와 같은 도메인으로 GSLB를 운영하면서 계층적으로 GSLB를 이용한 FQDN을 관리할 때 사용될 수 있습니다. 많은 환경에서 다양한 서비스가 혼재되어 있으므로 NS와 CNAME 방식을 혼용하여 사용하기도 합니다.

7.3.3 GSLB 분산 방식

GSLB를 이용해 서비스를 분산하면 다음과 같은 주요 목적을 달성할 수 있습니다.

- 서비스 제공의 가능 여부를 체크해 트래픽 분산
- 지리적으로 멀리 떨어진 다른 데이터 센터에 트래픽 분산
- 지역적으로 가까운 서비스에 접속해 더 빠른 서비스 제공이 가능하도록 분산

서비스 헬스 체크를 통해 서비스를 안정적으로 제공하는 것 외에 서로 다른 사이트로 서비스를 분산시키는 것이 GSLB의 중요한 역할입니다. 이를 위해 GSLB는 12장에서 다룰 예정인 로드 밸런서의 분산 방식과 동일하게 라운드 로빈(Round Robin)이나 최소 접속(Least Connection), 해싱(Hashing) 방식 외에 추가적인 분산 방식을 제공하고 있습니다. 그림 7-52는 상용 GSLB 장비(시트릭스)가 제공하는 다양한 분산 방식(Method)을 보여주는 화면입니다.

▼ 그림 7-52 상용 GSLB 장비는 다양한 분산 방식(Method)을 제공한다.

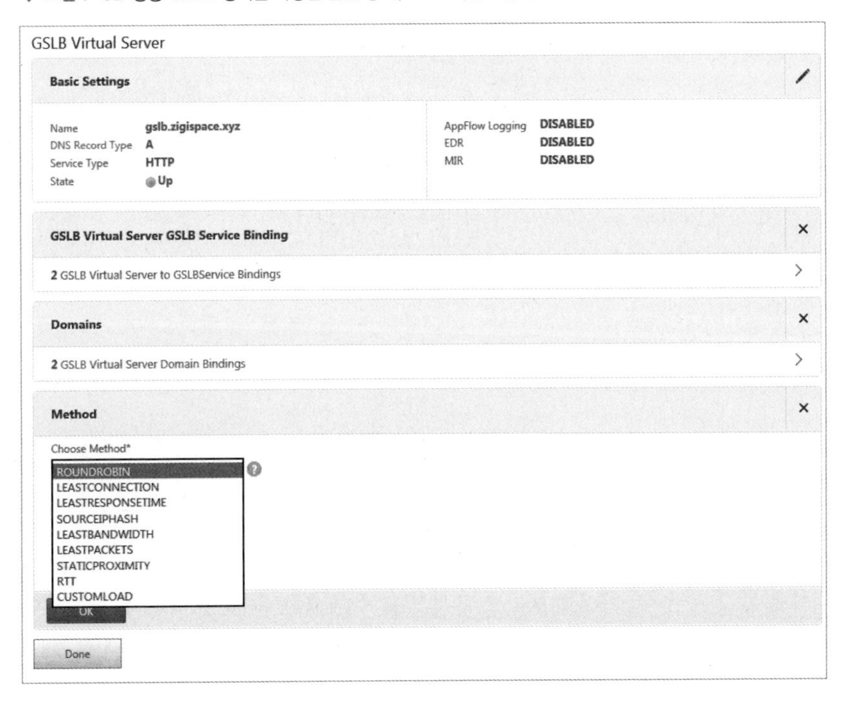

각 GSLB에서 지원되는 분산 방식은 GSLB 장비를 생산하는 벤더와 모델에 따라 조금씩 다를 수 있지만 대부분 다음 두 가지 헬스 체크 모니터링 요소를 지원하고 있습니다.

- 서비스 응답 시간/지연(RTT/Latency)
- IP에 대한 지리(Geography) 정보

서비스 응답/지연 시간 항목은 서비스 요청에 대한 응답이 얼마나 빠른지 또는 지연이 얼마나 없는지를 확인하고 이것을 이용해 서비스를 분산 처리합니다.

IP에 대한 지리 정보는 서비스 제공이 가능한 각 사이트의 IP 주소에 대한 Geo 값을 확인해 가까운 사이트로 서비스 분산을 처리합니다.

위의 두 가지 요소에 따른 분산 방법은 다르겠지만 기본적으로 추구하는 목표는 같습니다. 서비스가 가능한 사이트로 트래픽을 분산하는 것은 물론 더 신속히 서비스를 제공할 수 있는 사이트로 접속할 수 있도록 유도하는 것이 궁극적인 목표입니다. 서비스 응답 시간과 사이트의 Geo 값 모두 사용자가 서비스를 요청했을 때, 더 신속한 서비스 응답과 직접적인 연관이 있는 요소이기 때문입니다. 특히 이런 설정은 지리적으로 멀리 떨어진 국내와 해외 사이트로 구성된 경우, 더 큰 효과를 발휘할 수 있습니다.

참고

이런 응답시간이나 IP 주소에 대한 Geo 값은 사용자 기준이 아니라 사용자가 바라보는 Local DNS와 GSLB 간 값이므로 설정에 유의해야 합니다. 국내 사용자가 해외 DNS 서버를 Local DNS로 활용하면 사용자의 서비스 접속시간은 더 길어질 수 있습니다.

7.4 DHCP

호스트가 네트워크와 통신하려면 물리적 네트워크 구성은 물론 IP 주소, 서브넷 마스크, 게이트웨이와 같은 네트워크 정보와 앞 장에서 다룬 DNS 주소도 설정이 필요합니다. 이런 네트워크 정보를 호스트에 적용하려면 사용자가 IP 정보를 직접 설정하거나 IP 정보를 할당해주는 서버를 이용해 자동으로 설정해야 합니다. 수동으로 IP와 네트워크 정보를 직접 설정하는 것을 '정적 할당'이라고 하고 자동으로 설정하는 것을 '동적 할당'이라고 합니다.

일반적으로 데이터 센터의 서버 팜과 같은 운영 망에서 사용되는 IP는 주로 정적 할당을 사용하지만 PC 사용자를 위해 운영되는 사무실 네트워크에서는 IP를 자동으로 할당받는 동적 할당 방식을 많이 사용합니다. 보안이나 관리 목적으로 사무실의 사용자 PC를 정적 할당해 사용하는 경우가 많았지만 최근 동적 할당 방식을 이용하면서도 보안을 강화하고 쉽게 관리하도록 도와주는 서비스와 장비가 대중화되어 동적 할당 방식이 많이 사용되고 있습니다. 핸드폰이나 PC를 사용할 때, IP를 별도로 설정하지 않아도 네트워크에 쉽게 접속되므로 특별한 경우를 제외하고 동적 할당 방식을 기본으로 사용합니다. 가정에서 사용하는 공유기도 동적 할당 방식을 기본으로 사용합니다.

이렇게 IP를 동적으로 할당하는 데 사용되는 프로토콜이 바로 DHCP(Dynamic Host Configuration Protocol)입니다. DHCP를 사용하면 사용자가 직접 입력해야 하는 IP 주소, 서브넷 마스크, 게이트웨이, DNS 정보를 자동으로 할당받아 사용할 수 있습니다. 별도의 IP 설정 작업이 필요없어 사용자와 관리자 모두 편리하게 네트워크에 접속할 수 있고 사용하지 않는 IP 정보는 회수되어 사용하는 경우에만 재할당되어 사용자 이동이 많고 한정된 IP 주소를 가진 경우 유용하게 사용될 수 있습니다. 또한, IP가 자동으로 관리되므로 사용자가 직접 입력하면서 발생할 수 있는 설정 정보 오류나 중복 IP 할당과 같은 문제를 예방할 수 있습니다.

7.4.1 DHCP 프로토콜

DHCP는 BOOTP(Bootstrap Protocol)라는 프로토콜을 기반으로 합니다. DHCP는 BOOTP와 유사하게 동작하지만 BOOTP에서 지원되지 않는 몇 가지 기능이 추가된 확장 프로토콜입니다. DHCP와 BOOTP 프로토콜 사이에는 호환성이 있어 BOOTP와 DHCP에서 사용되는 서비스 포트가 같고 BOOTP 클라이언트가 DHCP 서버를 사용하거나 DHCP 클라이언트가 BOOTP 서버를 사용해 정보를 수신할 수도 있습니다.

DHCP는 서버와 클라이언트로 동작하며 클라이언트의 서비스 포트는 68(bootpc), 서버의 서비스 포트는 67(bootps)입니다.

DHCP 프로토콜에 대한 자세한 내용은 RFC 2131(https://tools.ietf.org/html/rfc2131)에 기술되어 있고 추가적인 상위 기능은 RFC 3046, 3942에서 찾아볼 수 있습니다.

이제 DHCP가 어떻게 동작하는지 상세히 알아보겠습니다.

7.4.2 DHCP 동작 방식

호스트가 IP를 자동으로 할당받는 과정을 통해 DHCP 프로토콜의 동작 방식을 상세히 알아보겠습니다. 호스트가 DHCP 서버로 IP를 할당받는 과정은 그림 7-53과 같이 4단계로 진행됩니다.

▼ 그림 7-53 DHCP 패킷의 4단계 흐름

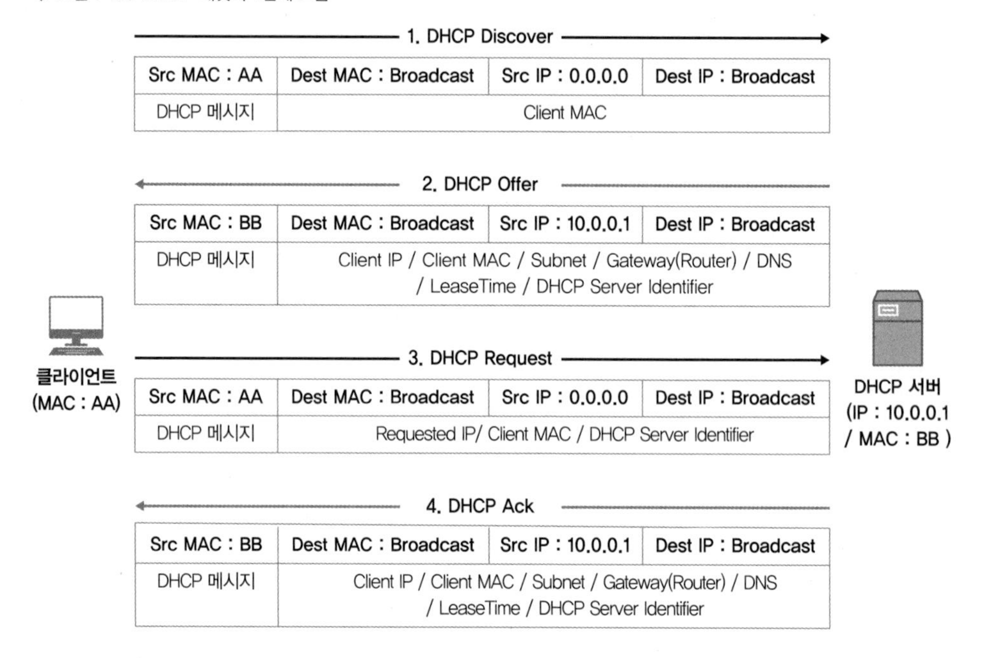

1. **DHCP Discover**

   DHCP 클라이언트는 DHCP 서버를 찾기 위해 DHCP Discover 메시지를 브로드캐스트로 전송합니다.

2. **DHCP Offer**

   DHCP Discover를 수신한 DHCP 서버는 클라이언트에 할당할 IP 주소와 서브넷, 게이트웨이, DNS 정보, Lease Time 등의 정보를 포함한 DHCP 메시지를 클라이언트로 전송합니다.

3. **DHCP Request**

   DHCP 서버로부터 제안받은 IP 주소(Requested IP)와 DHCP 서버 정보(DHCP Server Identifier)를 포함한 DHCP 요청 메시지를 브로드캐스트로 전송합니다.

4. **DHCP Acknowledgement**

   DHCP 클라이언트로부터 IP 주소를 사용하겠다는 요청을 받으면 DHCP 서버에 해당 IP를 어떤 클라이언트가 언제부터 사용하기 시작했는지 정보를 기록하고 DHCP Request 메시지를 정상적으로 수신했다는 응답을 전송합니다.

DHCP를 이용해 IP를 자동으로 할당받기 위해 DHCP 클라이언트는 DHCP 서버를 찾기 위한 메시지를 전송하는데 이 메시지를 DHCP Discover 메시지라고 합니다. DHCP Discover 메시지에는 DHCP 클라이언트의 IP가 아직 없으므로 출발지는 Zero IP 주소(0.0.0.0), 목적지는 브로드캐스트 주소(255.255.255.255)로 설정됩니다. 그리고 이때 사용되는 서비스 포트는 출발지가 UDP 68번(bootpc), 목적지는 UDP 67번(bootps)을 사용합니다. IP를 할당받는 과정이므로 패킷을 정상적으로 주고받을 수 없어 TCP가 아닌 UDP를 사용합니다.

클라이언트로부터 DHCP Discover 메시지를 받은 DHCP 서버는 클라이언트에 할당할 수 있는 IP 리스트인 DHCP IP Pool 중에서 할당할 IP를 선택합니다. 별도의 설정이 없으면 IP Pool에서 임의로 할당하지만 특정 클라이언트의 MAC 주소와 IP 주소를 사전에 정의해두면 설정된 IP를 할당하므로 DHCP를 사용하면서도 고정된 IP를 할당할 수 있습니다.

클라이언트에 IP를 할당할 때는 단순히 IP 주소뿐만 아니라 서브넷, 게이트웨이, DNS 정보와 IP 주소 임대 시간(Lease Time), DHCP 서버 자신의 IP 정보를 포함한 메시지를 DHCP 클라이언트에 전송합니다. 이 메시지를 DHCP Offer 메시지라고 하며 DHCP 서버가 클라이언트에 IP 주소 사용을 제안하는 단계입니다.

✔ 그림 7-54 DHCP Offer 메시지

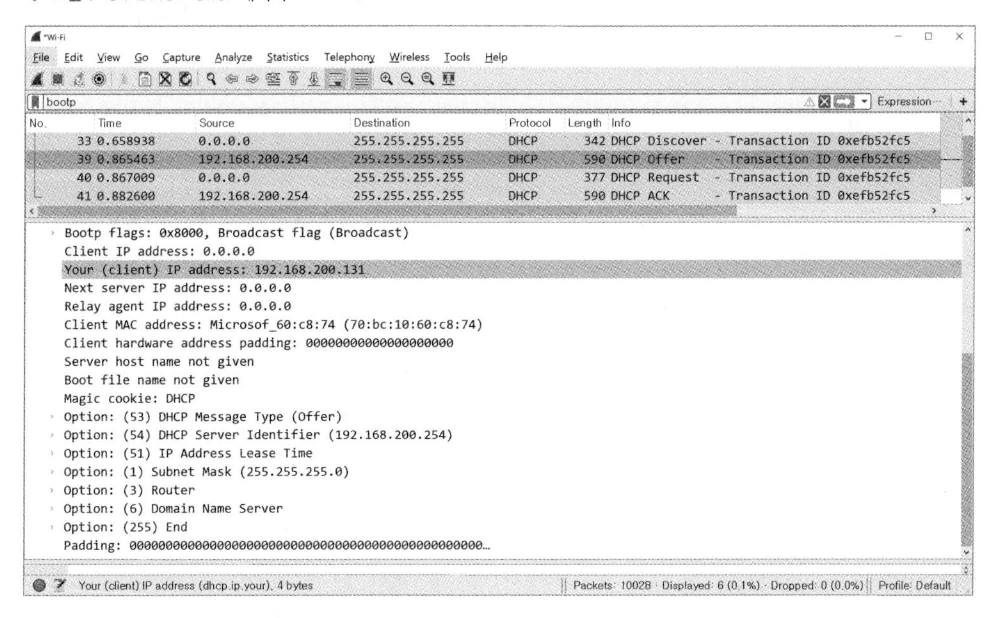

DHCP 클라이언트는 DHCP 서버로부터 제안받은 IP 정보를 사용하기 위해 DHCP Request 메시지를 DHCP 서버에 전송합니다. DHCP 서버를 찾기 위한 Discover 메시지를 보낼 때는 현재

DHCP 서버가 어느 서버인지 알 수 없으므로 브로드캐스트로 전송하고 DHCP Request 메시지를 보낼 때도 유니캐스트가 아닌 브로드캐스트로 전송합니다. 서버에서 받은 DHCP Offer 메시지 안에 IP 설정 정보가 모두 포함되어 있어 IP를 설정하고 유니캐스트로 패킷을 전달해도 되지만 DHCP 서버 여러 대가 동작하는 환경을 위해 브로드캐스트를 사용합니다. DHCP 서버 여러 대가 운용 중인 환경에서 클라이언트는 DHCP 서버로부터 DHCP Offer 메시지 여러 개를 동시에 수신받고 그 중 한 Offer 메시지에 대해 Request 메시지를 전송합니다. 클라이언트가 Request 메시지를 브로드캐스트로 전송해 Discover 메시지를 보내온 클라이언트가 자신이 제안한 IP 주소를 사용하는지 여부를 명시적으로 알 수 있어 자신이 보낸 DHCP Offer 메시지에 대한 DHCP Request인지 확인하고 그 패킷에 대해서만 응답합니다.

마지막으로 DHCP 서버는 DHCP Request를 보낸 클라이언트에 최종 확인을 위한 응답 메시지 패킷을 보내는데 이것을 DHCP Acknowledgement 메시지라고 하며 내용은 DHCP Offer의 내용과 동일합니다. 이 패킷도 마찬가지로 브로드캐스트로 해당 네트워크 내에서 전체 전송됩니다. 이 패킷을 전송하면서 클라이언트는 DHCP 서버에서 할당받은 IP를 로컬에 설정하고 사용하기 시작합니다.

지금까지 알아본 DHCP 동작은 DHCP 서버를 통해 신규 IP를 할당받는 과정이었습니다. DHCP에서 IP 할당은 DHCP IP Pool에서 클라이언트에 정해진 시간 동안 IP를 사용할 수 있도록 할당하는 것이므로 이 과정을 '임대(Lease) 과정'이라고 합니다. 즉, 클라이언트는 IP 주소를 DHCP 서버가 가진 자원(IP Pool)에서 잠시 빌려쓰는 것입니다. 그럼 그 잠시라는 기간은 어떻게 정해질까요?

DHCP를 통해 IP를 할당할 때는 IP 임대 시간이 있습니다. DHCP 서버는 클라이언트에 할당할 IP 정보와 함께 임대 시간을 지정해 전달합니다. 임대시간이 만료되면 클라이언트에 할당된 IP를 다시 IP Pool로 회수합니다.

만약 클라이언트가 IP를 사용하는 도중에 이렇게 임대 시간이 모두 지나면 어떻게 될까요? 클라이언트가 사용하던 IP는 다시 수거되고 클라이언트는 다시 처음부터 DHCP Discover부터 시작해 IP를 재할당받아야 합니다. 사용하던 IP 주소가 다른 클라이언트에 할당되면서 다른 IP가 할당될 수도 있습니다.

물론 실제 동작 방식은 이처럼 매번 할당받은 IP 주소를 반환하고 다시 새로운 할당을 요청하는 과정을 반복하지는 않습니다. 현재 클라이언트가 IP를 사용 중인 경우, 갱신(Renewal) 과정을 거쳐 사용 중인 동안 IP 주소가 IP 풀에 다시 반환되지 않고 계속 사용할 수 있습니다.

다음은 DHCP 갱신 절차입니다.

▼ 그림 7-55 DHCP 갱신 흐름

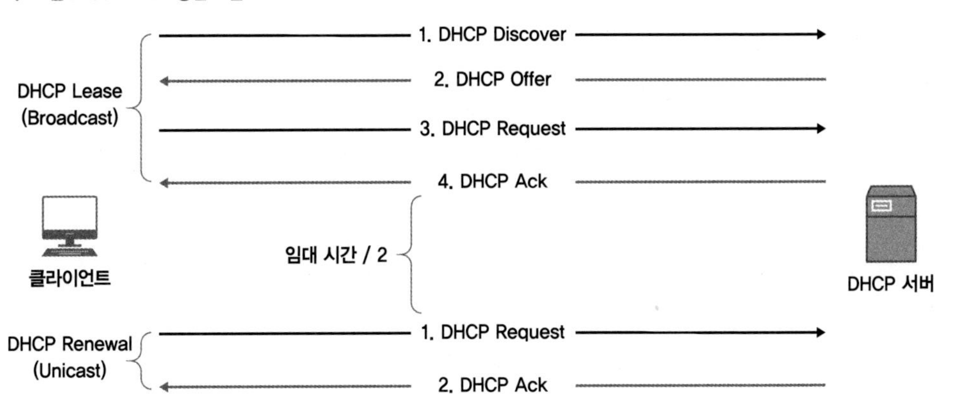

DHCP에서 IP를 할당받은 후 임대 시간의 50%가 지나면 DHCP 갱신 과정을 수행합니다. DHCP 클라이언트는 처음 수행한 임대 과정과 달리 DHCP 서버 정보와 이미 사용 중인 IP 정보가 있어 DHCP Discover와 DHCP Offer 과정을 생략하고 DHCP Request를 DHCP로 곧바로 전송하고 DHCP 서버에서는 DHCP ACK를 보내면서 갱신 과정을 진행합니다. 이처럼 갱신 과정은 초기 임대 과정과 비교하면 절차가 짧을 뿐만 아니라 브로드캐스트가 아닌 유니캐스트로 진행되므로 불필요한 브로드캐스트가 발생하지 않게 됩니다.

만약 임대 시간이 50%가 지난 시점에서 갱신이 실패하면 남은 시간의 50%가 지난 시점, 즉 초기 임대 시간의 75%가 지난 시점에서 갱신을 다시 시도하게 됩니다. 만약 이때도 갱신을 실패하면 추가 갱신 없이 임대 시간이 모두 지난 후에 IP를 반납하고 다시 처음부터 IP를 할당받게 됩니다.

IP 임대 시간은 특별히 권고하는 시간이 있는 것은 아니며 DHCP를 사용하는 환경에 맞추어 알맞게 설정할 수 있습니다. 클라이언트가 어느 정도 고정되어 있고 IP 풀 범위가 넓다면 임대 시간을 길게 잡을 수 있습니다. 반면, 클라이언트가 불특정하면서 자주 바뀌는 경우라면 DHCP 임대 시간을 짧게 설정해 임대된 IP가 빨리 반환되도록 해야 합니다.

참고

DHCP 메시지 타입과 항목

DHCP 동작 방식에서는 4가지 타입의 DHCP 메시지를 이용해 DHCP 클라이언트가 IP를 할당받는 과정을 알아보았습니다. 실제로는 DHCP와 관련된 더 많은 메시지가 있으며 각 상황에 따라 사용되는 메시지는 더 다양합니다. 주요 DHCP 관련 메시지는 다음과 같습니다.

▼ 표 7-6 DHCP 메시지 타입

메시지 타입	내용
DHCP Discover	클라이언트가 사용한 DHCP 서버를 찾는 메시지
DHCP Offer	DHCP 서버가 IP 설정값에 대해 클라이언트에게 제안하는 메시지
DHCP Request	DHCP 서버에서 제안받은 설정값을 요청하는 메시지
DHCP Decline	현재 IP가 사용 중임을 클라이언트가 서버에 알려주는 메시지
DHCP Ack	DHCP 서버가 클라이언트에 받은 요청을 수락하는 메시지
DHCP Nak	DHCP 서버가 클라이언트에 받은 요청을 수락하지 않는다는 메시지
DHCP Release	클라이언트가 현재 IP를 반납할 때 사용하는 메시지
DHCP Inform	클라이언트가 서버에 IP 설정값을 요청하는 메시지

참고

DHCP Starvation 공격

DHCP 서버는 클라이언트에 IP를 할당할 수 있는 리스트를 관리하는 IP 풀(Pool)을 갖고 있습니다. IP 풀에서는 전체 IP 주소 범위, 이미 클라이언트에 임대되어 있는 IP 정보와 임대 시간, 아직 임대되지 않은 할당 가능한 IP 주소 리스트가 관리됩니다. IP 풀에서 관리하는 모든 IP 주소를 소진한 상태에서 새로운 클라이언트가 DHCP 서버로 Discover 메시지를 보내면 어떻게 될까요? DHCP 서버는 사용할 수 있는 IP 자원이 더 이상 없으므로 IP를 할당할 수 없습니다. 이런 점을 악용해 DHCP 서버에서 가용한 모든 IP를 가짜로 할당받아 실제 클라이언트가 IP 주소를 할당받지 못하게 하는 공격 방식을 'DHCP Starvation(기아 상태) 공격'이라고 합니다.

7.4.3 DHCP 서버 구성

DHCP 서버는 윈도 서버의 DHCP 서비스를 사용하거나 리눅스의 DHCP 데몬을 사용해 구성할 수 있습니다. 또한, 스위치, 라우터, 방화벽, VPN과 같은 네트워크, 보안 장비에서도 DHCP 서비스가 가능합니다.

DHCP 서버를 구성할 때는 클라이언트에 할당하게 될 IP 주소 풀을 포함해 다양한 속성과 정보를 설정할 수 있습니다. DHCP 서버를 구성할 때 주로 설정하는 값은 다음과 같습니다.

- **IP 주소 풀(IP 범위)**

  클라이언트에 할당할 IP 주소 범위

- **예외 IP 주소 풀(예외 IP 범위)**

  클라이언트에 할당할 IP 주소로 선언된 범위 중 예외적으로 할당하지 않을 대역

- **임대 시간**

  클라이언트에 할당할 IP 주소의 기본 임대 시간

- **서브넷 마스크**(Subnet Mask)

  클라이언트에 할당할 IP 주소에 대한 서브넷 마스크 정보

- **게이트웨이**(Router)

  클라이언트에 할당할 게이트웨이 정보

- **DNS**(Domain Name Server)

  클라이언트에 할당할 DNS 주소

여기서는 윈도 서버와 리눅스에서 위의 DHCP 설정값들을 이용해 DHCP 서버 기능을 각각 어떻게 구성하는지 알아보겠습니다.

7.4.3.1 윈도에서 DHCP 서버 구성

윈도 서버에서 DHCP 서비스를 활성화하려면 실행창[Windows키+R]에서 "ServerManager"를 입력해 '서버 관리자'를 실행한 후 '역할 및 기능 추가'를 선택해 역할 및 기능 추가 마법사를 실행합니다. 그림 7-56처럼 마법사가 서버 역할 중 DHCP Server 역할을 체크합니다.

▼ 그림 7-56 윈도 서버 역할 중 DHCP Server 선택

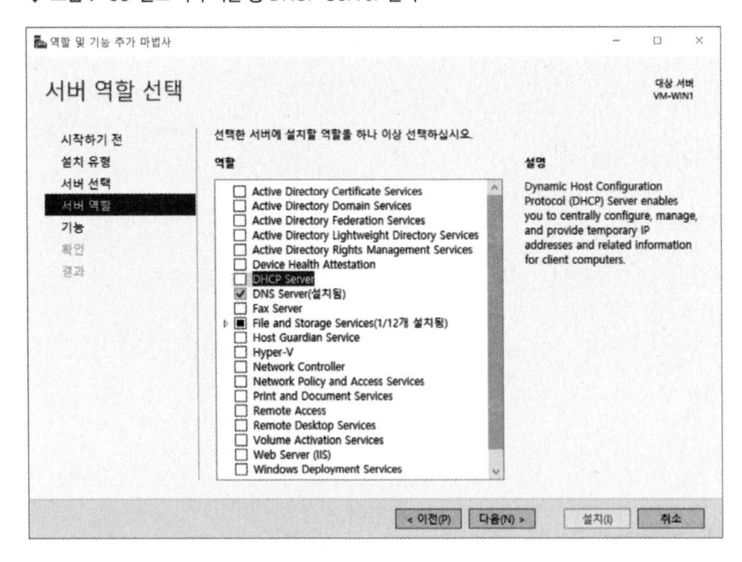

서버 역할에서 'DHCP Server'를 체크하면 그림 7-57과 같이 DHCP 기능을 추가할 수 있는 창이 뜹니다. 여기서 기능 추가 버튼을 클릭한 후 '다음(N)' 버튼을 클릭합니다.

▼ 그림 7-57 DHCP Server에 필요한 기능 추가

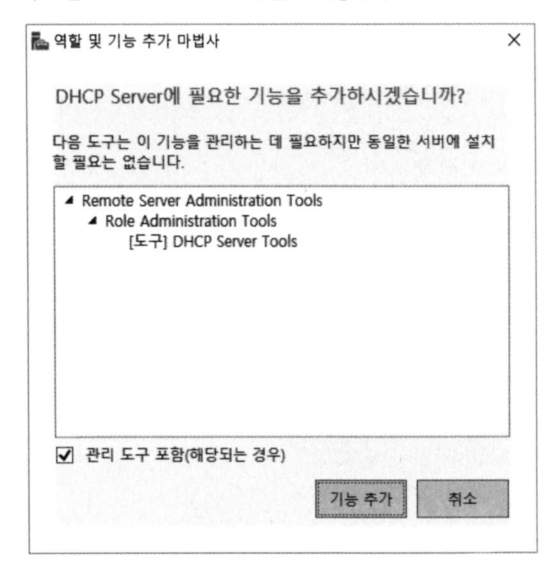

나머지는 기본 설정으로 넘어간 후 그림 7-58과 같이 마지막 확인 단계에서 DHCP Server 기능이 선택되었는지 확인하고 설치 버튼을 클릭합니다.

▼ 그림 7-58 DHCP 역할 기능 설치 선택 확인

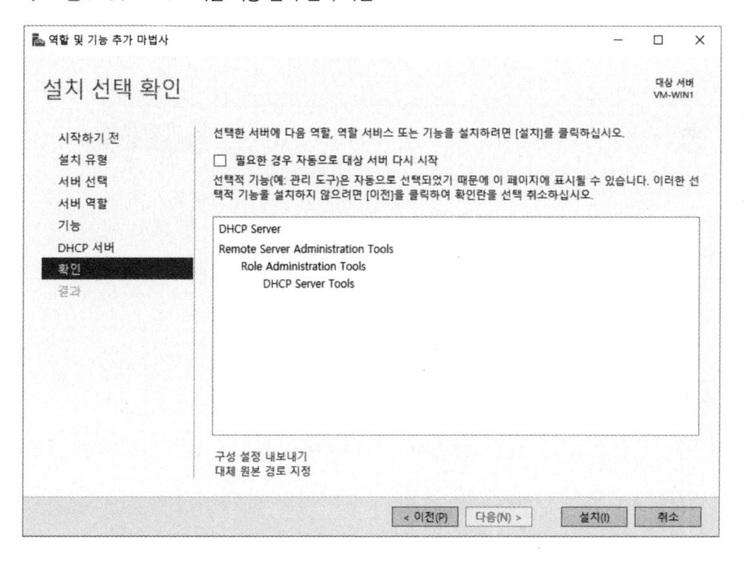

설치 버튼을 누르면 그림 7-59와 같이 DHCP 사용을 위한 설치가 진행됩니다.

▼ 그림 7-59 DHCP 기능 설치 진행

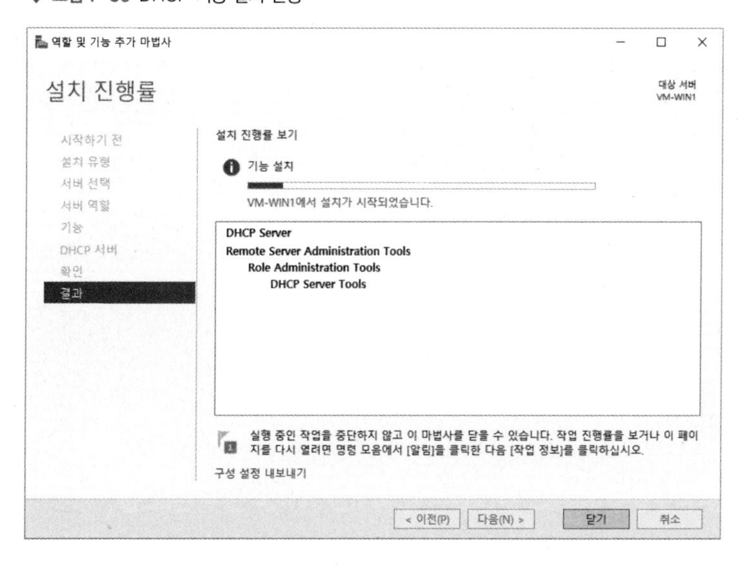

설치가 끝나면 실행창[Windows키+R]에서 "dhcpmgmt.msc"를 입력하고 확인 버튼을 눌러 실행하면 그림 7-60과 같이 DHCP 서비스창이 뜨고 지금부터 DHCP 기능을 사용할 수 있습니다.

▼ 그림 7-60 윈도 서버 DHCP 기능 동작 확인

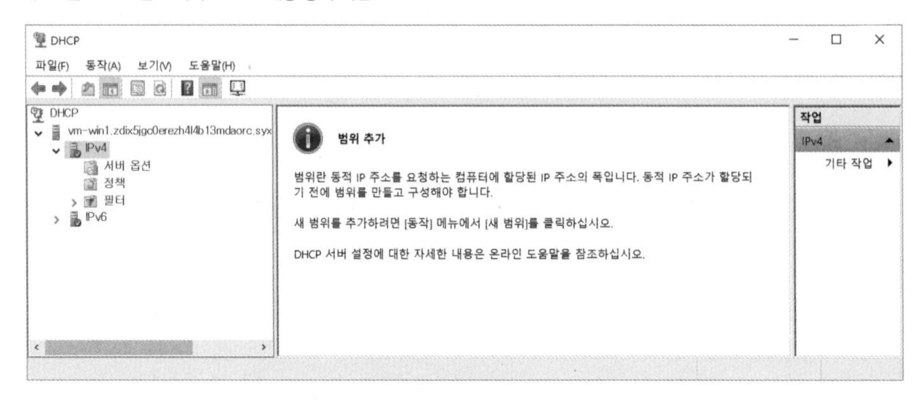

이제 IPv4를 선택하고 마우스를 우클릭한 후 뜨는 팝업창에서 '새 범위(P)' 메뉴를 선택하면 그림 7-61과 같이 DHCP 클라이언트에 할당할 DHCP 풀 생성을 위해 '새 범위 마법사'를 시작합니다.

▼ 그림 7-61 DHCP 네트워크 설정 마법사

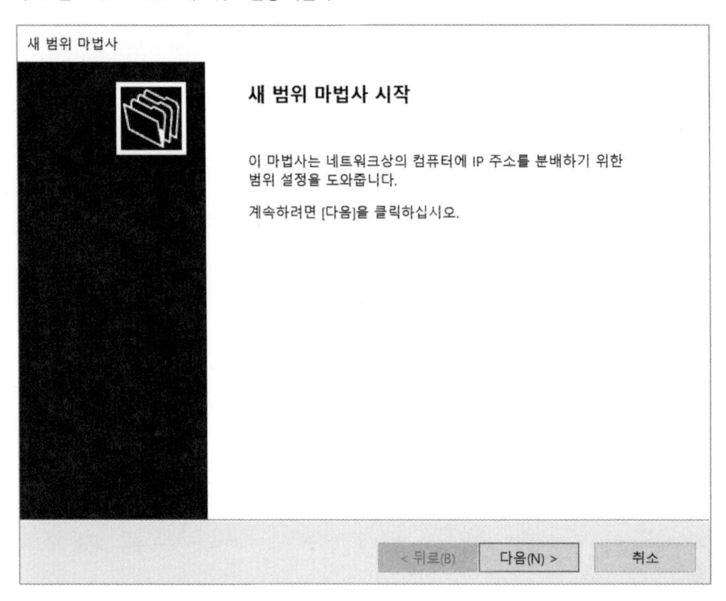

먼저 새로운 범위에 대한 이름을 지정합니다. 이름이므로 네트워크 범위가 아닌 용도에 따라 이름을 지정할 수도 있습니다. 여기서는 이름만으로 DHCP로 할당되는 네트워크 범위를 쉽게 확인할 수 있도록 DHCP로 할당될 네트워크 범위로 지정했습니다.

- 이름: 10.10.10.0/24

▼ 그림 7-62 DHCP로 할당할 네트워크 범위 이름 설정

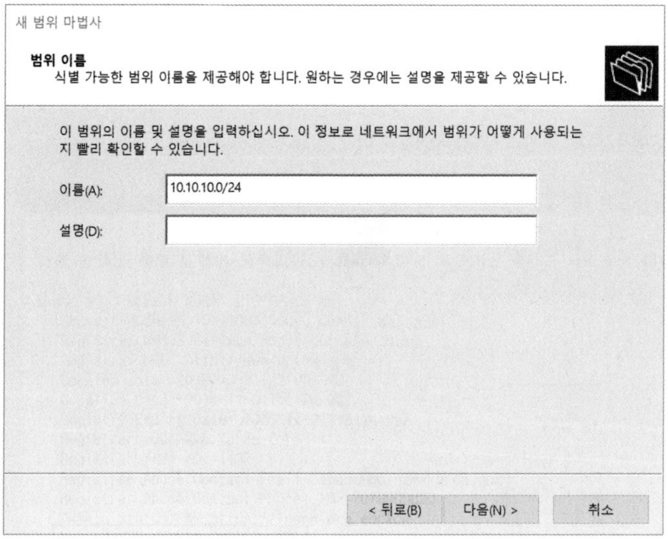

새 범위 마법사

범위 이름
식별 가능한 범위 이름을 제공해야 합니다. 원하는 경우에는 설명을 제공할 수 있습니다.

이 범위의 이름 및 설명을 입력하십시오. 이 정보로 네트워크에서 범위가 어떻게 사용되는지 빨리 확인할 수 있습니다.

이름(A): 10.10.10.0/24

설명(D):

< 뒤로(B) 다음(N) > 취소

그리고 DHCP 풀로 IP 범위를 시작 주소와 끝 주소를 입력한 후 서브넷 정보도 함께 입력합니다.

- 시작 IP 주소: 10.10.10.10
- 끝 IP 주소: 10.10.10.250
- 길이: 24
- 서브넷 마스크: 255.255.255.0

▼ 그림 7-63 DHCP 서버에서 할당할 IP 주소 범위와 속성 지정

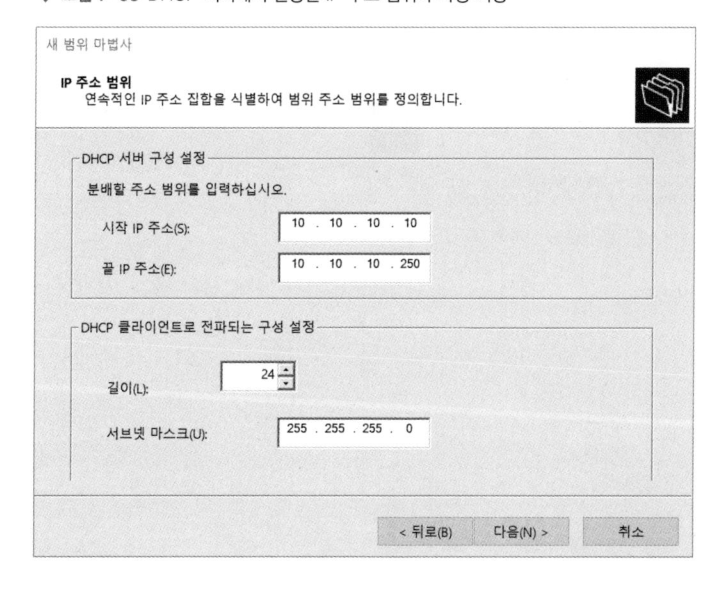

DHCP 풀 범위 중 예외 처리할 주소를 입력하면 앞에서 설정한 DHCP 풀 범위 내에서 자동 할당을 제외한 IP 주소 범위를 설정할 수 있습니다. 여기서는 제외 주소를 별도로 추가하지 않으므로 곧바로 다음 버튼을 클릭합니다.

▼ 그림 7-64 DHCP 서버에서 자동 할당에서 제외할 IP 주소 범위를 지정할 수 있다.

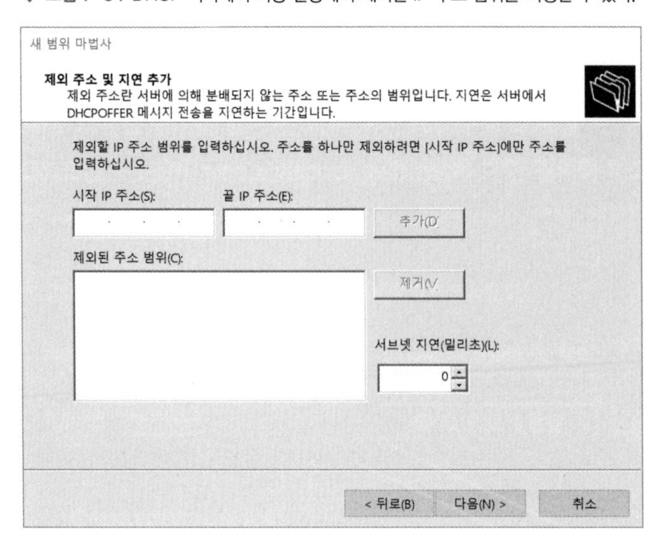

다음은 DHCP로 할당되는 IP 주소의 임대 기간을 설정할 수 있습니다. 기본값은 8일로 되어 있으며 여기서는 기본값 그대로 두지만 DHCP를 적용하는 곳에 사용자가 빈번히 변경되는 경우에는 임대 기간을 짧게 조정해야 IP 주소 부족으로 자동 할당이 이루어지지 않는 문제를 예방할 수 있습니다. 이 예제에서는 기본 임대 기간인 8일 그대로 설정합니다.

▼ 그림 7-65 DHCP로 할당되는 IP 주소의 임대 기간 설정

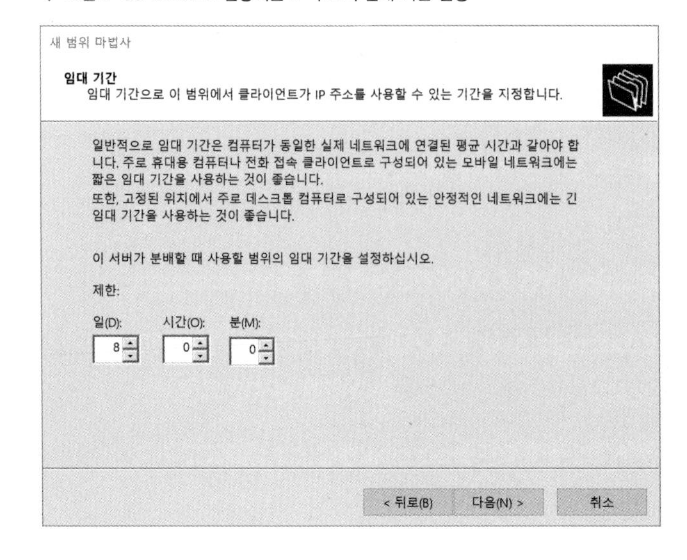

기본 설정이 끝나면 DHCP 옵션 설정을 합니다.

▼ 그림 7-66 DHCP 옵션 구성

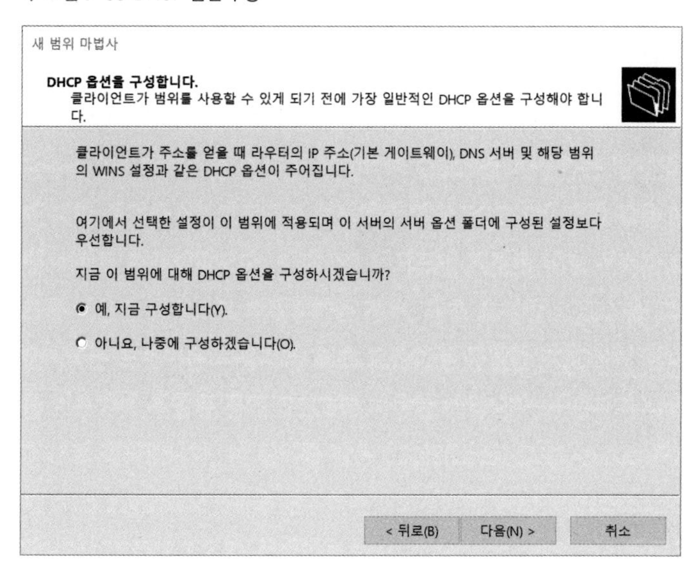

DHCP에서 할당되는 IP 주소의 게이트웨이로 사용할 라우터(기본 게이트웨이) 주소를 입력합니다. 기본 게이트웨이 주소는 게이트웨이 장비에 설정되는 IP 주소이며 예제에서는 10.10.10.1을 사용했지만 다른 IP로도 설정이 가능합니다.

- IP 주소: 10.10.10.1

▼ 그림 7-67 DHCP에서 할당되는 IP 주소의 라우터(기본 게이트웨이) 정보 입력

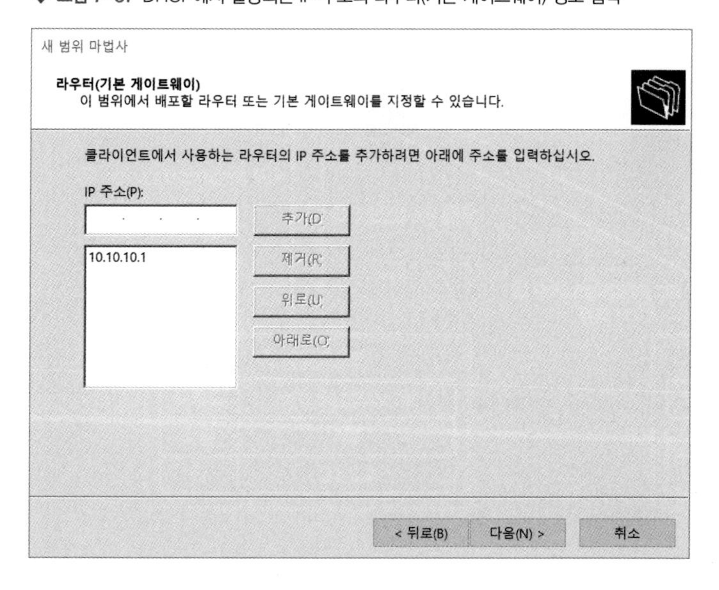

DHCP에서 IP 주소 할당 시 함께 할당될 DNS 서버를 지정합니다. 여기서는 구글 DNS 서버인 8.8.8.8로 설정했습니다. 추가로 네트워크 상에서 클라이언트 컴퓨터가 DNS 이름 확인에 사용할 수 있는 부모 도메인 설정을 할 수 있지만 여기서는 빈 값으로 두고 진행합니다.

- IP 주소: 8.8.8.8

▼ 그림 7-68 DHCP DNS 옵션 설정

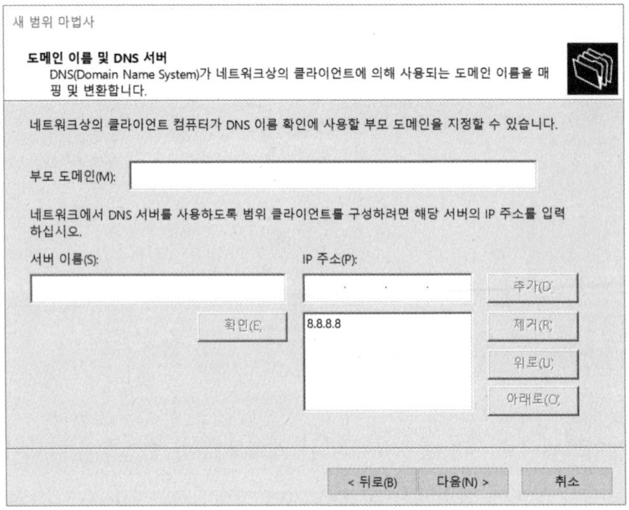

새 범위 마법사

도메인 이름 및 DNS 서버
DNS(Domain Name System)가 네트워크상의 클라이언트에 의해 사용되는 도메인 이름을 매핑 및 변환합니다.

네트워크상의 클라이언트 컴퓨터가 DNS 이름 확인에 사용할 부모 도메인을 지정할 수 있습니다.

부모 도메인(M):

네트워크에서 DNS 서버를 사용하도록 범위 클라이언트를 구성하려면 해당 서버의 IP 주소를 입력하십시오.

서버 이름(S): IP 주소(P):

확인(E) 8.8.8.8 추가(D) 제거(R) 위로(U) 아래로(O)

< 뒤로(B) 다음(N) > 취소

다음은 NetBIOS 컴퓨터 이름을 IP 주소로 변환하기 위해 사용하는 WINS 서버 설정입니다. 이 예제에서는 별도 설정없이 진행합니다.

▼ 그림 7-69 DHCP WINS 서버 설정

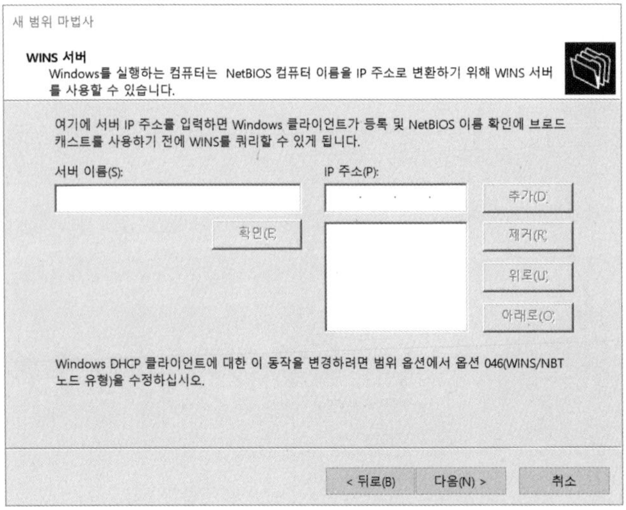

새 범위 마법사

WINS 서버
Windows를 실행하는 컴퓨터는 NetBIOS 컴퓨터 이름을 IP 주소로 변환하기 위해 WINS 서버를 사용할 수 있습니다.

여기에 서버 IP 주소를 입력하면 Windows 클라이언트가 등록 및 NetBIOS 이름 확인에 브로드캐스트를 사용하기 전에 WINS를 쿼리할 수 있게 됩니다.

서버 이름(S): IP 주소(P):

확인(E) 추가(D) 제거(R) 위로(U) 아래로(O)

Windows DHCP 클라이언트에 대한 이 동작을 변경하려면 범위 옵션에서 옵션 046(WINS/NBT 노드 유형)을 수정하십시오.

< 뒤로(B) 다음(N) > 취소

모든 설정이 끝나면 그림 7-70과 같이 DHCP 범위의 상태가 '** 활성 **'으로 나타나며 정상적으로 구동되는 것을 확인할 수 있습니다.

▼ 그림 7-70 DHCP 동작 확인

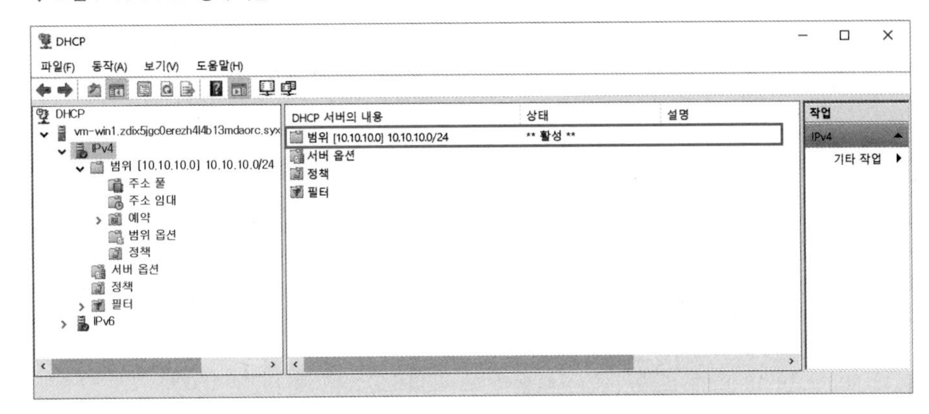

7.4.3.2 리눅스에서 DHCP 서버 구성

리눅스에서 DHCP 서버 기능을 사용하기 위해서는 dhcp 패키지를 사용합니다. dhcp 패키지의 설치와 설정을 알아보겠습니다.

참고

여기서 소개하는 DHCP 설치 및 설정은 레드햇 계열을 예로 들고 있습니다. 데비안 계열의 우분투 등에서의 설정도 크게 다르지 않으므로 전체적인 내용을 이해하는 데는 무리가 없을 겁니다.

먼저 dhcp 패키지를 설치합니다.

dhcp 패키지 설치 확인

```
[root@zigi ~]# yum install dhcp
```

dhcp 패키지를 설치한 후 DHCP 서버를 구성하기 위해 dhcp 설정 파일을 확인합니다.

dhcp 설정 예제 파일은 /usr/share/doc/dhcpcd-4.2.5/dhcpd.conf.example에 있습니다. 이 예제 파일을 /etc/dhcp/dhcpd.conf로 복사해 사용합니다.

DHCP 설정: /etc/dhcp/dhcpd.conf

```
# DHCP Server Configuration file.
#   see /usr/share/doc/dhcp*/dhcpd.conf.example
#   see dhcpd.conf(5) man page
#
```

복사한 샘플 파일이나 man 페이지를 참조해 다음과 같이 설정 파일을 작성합니다.

dhcp 설정 예제

```
default-lease-time 600;            #기본 임대 시간을 600초로 설정합니다.
max-lease-time 7200;               #최대 임대 시간을 7200초로 설정합니다.
#일반적으로 600초 동안만 IP를 임대합니다.
#클라이언트에서 특정 시간 임대를 요청하더라도 최대 7200초를 넘지 않습니다.
subnet 10.10.10.0 netmask 255.255.255.0 {
range 10.10.10.10 10.10.10.250;      #10.10.10.0 네트워크에 10.10.10.10부터
#10.10.10.250까지 클라이언트에 IP가 할당됩니다.

option routers 10.10.10.254;         #디폴트 게이트웨이를 10.10.10.254로 설정합니다.
option domain-name-servers 8.8.8.8;  #DNS 서버를 8.8.8.8로 설정합니다.
}
```

설정 파일을 작성한 후 dhcp 서비스 데몬을 실행합니다.

```
[root@zigi ~]# systemctl start dhcpd.service
```

다음과 같이 dhcp 서비스 데몬이 실행 중인 것을 확인할 수 있습니다.

다음과 같이 status 옵션을 사용해 상태를 확인해보면 Active 항목에 'active(running)'으로 표기되며 서비스가 정상적으로 구동 중인 것을 확인할 수 있습니다.

```
[root@zigi ~]# systemctl status dhcpd.service
● dhcpd.service - DHCPv4 Server Daemon
   Loaded: loaded (/usr/lib/systemd/system/dhcpd.service; disabled; vendor preset:
disabled)
   Active: active(running) since Tue 2018-05-01 01:25:46 UTC; 2s ago
     Docs: man:dhcpd(8)
           man:dhcpd.conf(5)
 Main PID: 129491 (dhcpd)
   Status: "Dispatching packets..."
   CGroup: /system.slice/dhcpd.service
           └─129491 /usr/sbin/dhcpd -f -cf /etc/dhcp/dhcpd.conf -user dhcpd -group
dhcpd --no-pid
```

...후략...

리눅스 서버에서 DHCP 서비스 설정을 살펴보았습니다. DHCP 서비스를 올리는 주체가 윈도이든 리눅스이든 네트워크/보안 장비이든지 간에 기본적인 설정은 어렵지 않습니다. 다만 DHCP 서버를 구축하기 위해 사용되는 설정과 옵션에 대한 이해가 필요하므로 구축에 앞서 이런 이해를 바탕으로 잘 설계하고 계획하는 작업이 필요합니다.

7.4.4 DHCP 릴레이

DHCP 서버에서 IP 주소를 할당받기 위해 DHCP 클라이언트와 DHCP 서버 간에 전송되는 패킷은 모두 브로드캐스트입니다. 브로드캐스트는 동일 네트워크에서만 전송되므로 DHCP를 사용하려면 각 네트워크마다 DHCP 서버가 있어야 합니다.

네트워크 대역이 하나로 운영되는 소규모 사업장에서 공유기와 같이 간단한 장비로 DHCP를 운영할 때는 고려할 사항이 많지 않지만 네트워크 영역이 여러 개인 환경에서 DHCP를 이용한다면 DHCP 서버 배치, 이중화와 관련된 다양한 사항을 고려해야 합니다. 그림 7-71과 같이 네트워크가 여러 개로 나뉜 환경에서는 DHCP의 브로드캐스트가 전달되지 않으므로 각 네트워크 환경에서 DHCP 서버를 개별적으로 구축해야 할 수 있습니다.

▼ 그림 7-71 네트워크가 분리된 환경에서는 각 네트워크별로 DHCP 서버를 구성해야 한다.

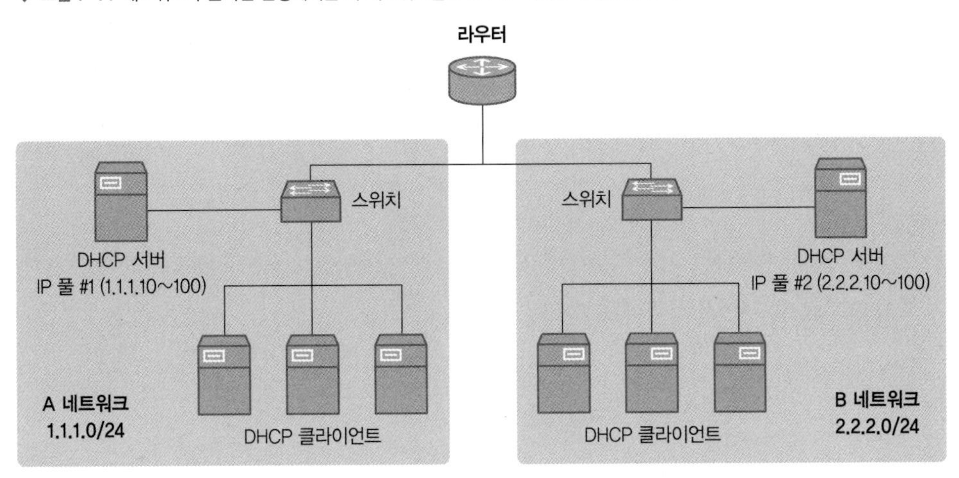

하지만 여러 네트워크를 가진 환경에서도 DHCP 릴레이 에이전트(Relay Agent) 기능을 사용하면 DHCP 서버 한 대로 여러 네트워크 대역에서 IP 풀을 관리할 수 있습니다. DHCP 릴레이 에이전트가 DHCP 클라이언트와 DHCP 서버가 서로 다른 대역에 있는 경우, DHCP 패킷을 중간에서 중계(Relay)하는 역할을 해주기 때문입니다. 그림 7-72 DHCP 릴레이 에이전트의 구성과 통합된 DHCP 서버 구성에서 1.1.1.0/24 대역을 가진 A 네트워크와 2.2.2.0/24 대역을 가진 B 네트워크에 대한 DHCP IP 풀을 3.3.3.0/24 대역인 C 네트워크의 DHCP 서버에서 관리하는 것을 볼 수 있습니다. 이것이 가능한 것은 브로드캐스트로 전달되는 DHCP 패킷을 동일 네트워크 대역의 DHCP 릴레이 에이전트가 수신하면 DHCP 서버로 갈 수 있도록 이것을 유니캐스트로 변환해주는 역할을 하기 때문입니다. 즉, 릴레이 에이전트를 이용하면 DHCP 서버를 네트워크마다 구성하지 않고 중앙 DHCP 서버만으로도 여러 네트워크에서 DHCP 환경을 운영할 수 있습니다.

▼ 그림 7-72 DHCP 릴레이 에이전트의 구성과 통합된 DHCP 서버 구성

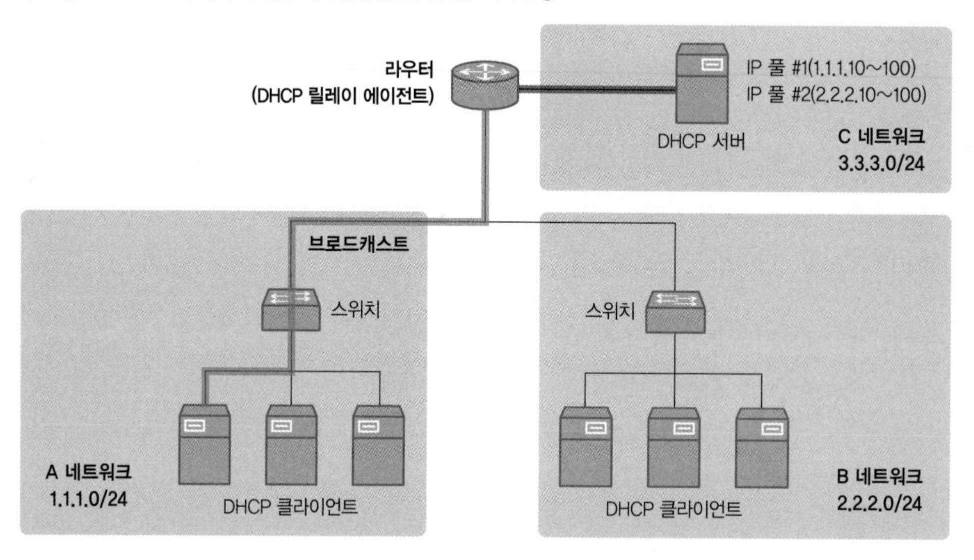

그럼 DHCP 릴레이 에이전트의 동작 과정과 DHCP 릴레이 에이전트를 사용했을 때의 DHCP 메시지 흐름을 그림 7-73에서 살펴보겠습니다.

✔ 그림 7-73 DHCP 릴레이 에이전트를 사용했을 때의 DHCP 메시지

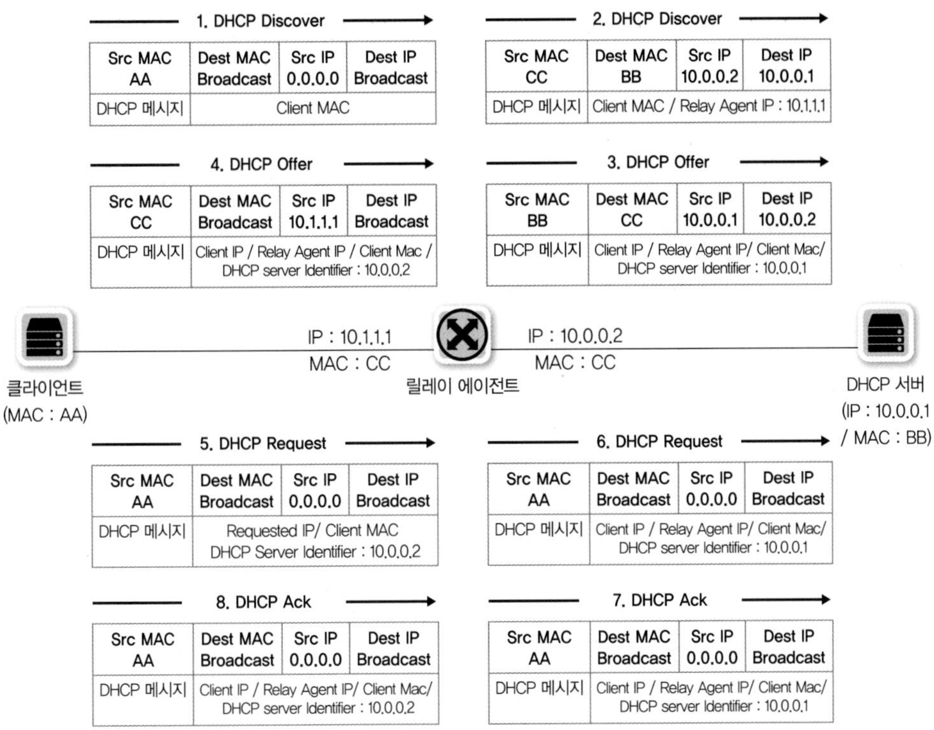

1. DHCP Discover →

Src MAC AA	Dest MAC Broadcast	Src IP 0.0.0.0	Dest IP Broadcast
DHCP 메시지	Client MAC		

2. DHCP Discover →

Src MAC CC	Dest MAC BB	Src IP 10.0.0.2	Dest IP 10.0.0.1
DHCP 메시지	Client MAC / Relay Agent IP : 10.1.1.1		

3. DHCP Offer →

Src MAC BB	Dest MAC CC	Src IP 10.0.0.1	Dest IP 10.0.0.2
DHCP 메시지	Client IP / Relay Agent IP/ Client Mac/ DHCP server Identifier : 10.0.0.1		

4. DHCP Offer →

Src MAC CC	Dest MAC Broadcast	Src IP 10.1.1.1	Dest IP Broadcast
DHCP 메시지	Client IP / Relay Agent IP / Client Mac / DHCP server Identifier : 10.0.0.2		

클라이언트 (MAC : AA) — IP : 10.1.1.1 MAC : CC — 릴레이 에이전트 — IP : 10.0.0.2 MAC : CC — DHCP 서버 (IP : 10.0.0.1 / MAC : BB)

5. DHCP Request →

Src MAC AA	Dest MAC Broadcast	Src IP 0.0.0.0	Dest IP Broadcast
DHCP 메시지	Requested IP/ Client MAC DHCP Server Identifier : 10.0.0.2		

6. DHCP Request →

Src MAC AA	Dest MAC Broadcast	Src IP 0.0.0.0	Dest IP Broadcast
DHCP 메시지	Client IP / Relay Agent IP/ Client Mac/ DHCP server Identifier : 10.0.0.1		

7. DHCP Ack →

Src MAC AA	Dest MAC Broadcast	Src IP 0.0.0.0	Dest IP Broadcast
DHCP 메시지	Client IP / Relay Agent IP/ Client Mac/ DHCP server Identifier : 10.0.0.1		

8. DHCP Ack →

Src MAC AA	Dest MAC Broadcast	Src IP 0.0.0.0	Dest IP Broadcast
DHCP 메시지	Client IP / Relay Agent IP/ Client Mac/ DHCP server Identifier : 10.0.0.2		

1. **DHCP Discover(클라이언트 → 릴레이 에이전트)**

   DHCP 클라이언트는 DHCP 서버를 찾기 위해 브로드캐스트로 패킷을 전송합니다.

2. **DHCP Discover(릴레이 에이전트 → DHCP 서버)**

   DHCP 릴레이 에이전트는 클라이언트가 보낸 DHCP Discover 메시지를 다른 네트워크에 있는 DHCP 서버로 전달하기 위해 출발지와 목적지를 릴레이 에이전트 IP 주소와 DHCP 서버 IP 주소로 재작성합니다. 목적지가 브로드캐스트에서 DHCP 서버 IP 주소로 변경되었기 때문에 릴레이 에이전트가 DHCP 서버로 DHCP Discover 메시지를 보낼 때는 유니캐스트가 됩니다. DHCP 메시지의 릴레이 에이전트 IP 항목에는 릴레이 에이전트 IP 주소를 포함합니다. 이때 출발지 주소와 DHCP 메시지에 사용되는 릴레이 에이전트 IP 주소는 같지 않습니다. 출발지 주소로 사용되는 IP 주소는 DHCP 서버로 가기 위한 방향의 인터페이스 IP 주소이며 DHCP 메시지에 사용되는 릴레이 에이전트 IP 주소는 DHCP 클라이언트가 속한 내부 인터페이스의 IP 주소입니다.

3. **DHCP Offer(DHCP 서버 → 릴레이 에이전트)**

   DHCP Discover를 수신한 DHCP 서버는 클라이언트에 할당할 IP 주소와 서브넷, 게이트웨이, DNS 정보, 임대 시간(Lease Time) 등의 정보를 포함한 DHCP 메시지를 DHCP 릴레이 에이전트로 다시 전송합니다. 이때 DHCP Server Identifier는 DHCP 서버 자신이 됩니다. DHCP 서버에서 DHCP 릴레이 에이전트의 전송은 DHCP Discover 수신과 같은 유니캐스트입니다.

4. **DHCP Offer(릴레이 에이전트 → 클라이언트)**

   DHCP 릴레이 에이전트는 DHCP Offer 메시지를 DHCP 클라이언트에 브로드캐스트로 다시 전송하는데 DHCP 메시지 내의 다른 값은 모두 동일하게 전송되지만 DHCP Server Identifier는 실제 DHCP 서버의 IP 주소에서 릴레이 에이전트의 외부 인터페이스 IP 주소로 변경되어 전송합니다.

5. **DHCP Request(클라이언트 → 릴레이 에이전트)**

   DHCP 클라이언트는 DHCP 서버로부터 제안받은 IP 주소(Requested IP)와 DHCP 서버 정보(DHCP Server Identifier)를 포함한 DHCP 요청 메시지를 브로드캐스트로 전송합니다.

6. **DHCP Request(릴레이 에이전트 → DHCP 서버)**

   DHCP 클라이언트에서 보낸 DHCP 요청 메시지를 유니캐스트로 다시 변환해 DHCP 서버로 전달합니다.

7. **DHCP ACK(DHCP 서버 → 릴레이 에이전트)**

   DHCP 요청을 받은 DHCP 서버는 해당 IP를 어떤 클라이언트가 언제부터 사용하기 시작했는지 정보를 기록하고 DHCP Request 메시지를 정상적으로 수신했다는 응답을 전송합니다. 마찬가지로 유니캐스트 형태로 전송합니다.

8. **DHCP ACK(릴레이 에이전트 → 클라이언트)**

   DHCP 서버에서 받은 Ack 메시지를 클라이언트에 브로드캐스트로 다시 전달합니다.

DHCP 릴레이 에이전트를 사용한 과정을 보면 DHCP를 통해 IP를 받으려는 클라이언트는 릴레이 에이전트를 통해 IP를 할당받는 것인지 알 수 없어 DHCP 릴레이 에이전트를 사용하지 않았던 기본 동작 방식 과정과 다르지 않습니다. 이처럼 DHCP 릴레이 에이전트가 직접 통신이 불가능한 DHCP 클라이언트와 DHCP 서버 간 통신을 위한 중간자 역할을 위해 대신 수행하게 됩니다.

이때 DHCP 클라이언트와 DHCP 릴레이 에이전트 간에는 브로드캐스트로 동작하고 다시

DHCP 릴레이 에이전트와 DHCP 서버 간에는 유니캐스트로 동작하게 됩니다. 이것을 위해 DHCP 릴레이 에이전트는 DHCP 클라이언트와 같은 L2 네트워크 내에 존재해야 하며 DHCP 서버에는 유니캐스트로 전달하기 위해 DHCP 서버의 IP 주소가 등록되어 있어야 합니다.

memo

8장

서버 네트워크 기본

앞 단원에서는 네트워크 장비를 연결하고 통신이 가능하도록 네트워크를 구성하는 방법에 대해 다루었습니다. 하지만 네트워크가 아무리 잘 구성되더라도 네트워크 장비만으로는 서비스를 제공할 수 없습니다. 네트워크가 연결되지 않은 서버는 아무리 훌륭한 서비스를 제공하고 싶어도 사용자에게 전달해줄 수 없습니다. 우리가 만든 서비스를 사용자에게 잘 제공하려면 서버와 네트워크 연결을 통해 통신이 되도록 구성하는 과정이 필요합니다.

서비스를 만들고 네트워크에 연결하는 과정에서 문제가 발생하곤 합니다. 대부분 각자 서비스와 네트워크 장비에 문제가 없다고 판단해 근본적인 장애 원인을 파악하지 못하는 경우가 많은데 서버 쪽에서 네트워크를 이해하면 네트워크 상태를 판단할 수 있고 네트워크 쪽에서는 서비스에 대한 이해가 깊으면 문제 해결이 훨씬 쉬울 겁니다. 서비스를 구성하는 초기 과정에 이런 통신장애가 발생하면 시간이 조금 지연되더라도 문제가 없겠지만 서비스 가동 중에 장애가 발생한다면 문제점을 신속히 파악해 해결해야 하므로 상호 기술 이해가 중요합니다.

하지만 자신의 영역이 아닌 다른 영역을 서로 이해하는 것은 생소하고 어려울 것입니다. 이번 장에서는 상호이해를 돕기 위해(서버 내부의 설정이지만) 네트워크와 직접적인 관련이 있고 네트워크에도 영향을 미칠 수 있는 서버의 네트워크 설정에 대해 다루어보려고 합니다. 윈도와 리눅스 서버에서 네트워크를 각각 어떻게 설정하고 현재 네트워크 상태를 어떻게 확인할 수 있는지 살펴보겠습니다. 윈도뿐만 아니라 리눅스 서버도 주요 배포판별로 각 설정을 별도로 다루어 이번 장을 모두 보고 실습을 마치면 대부분의 환경에서 네트워크 접속 문제를 해결할 수 있고 한 단계 나아가 네트워크 엔지니어와 서버 엔지니어 모두 상호 영역의 접점을 이해하는 계기가 될 것입니다.

NETWORK

8.1 서버의 네트워크 설정 및 확인

서버를 네트워크에 연결해 정상적으로 동작시키려면 먼저 서버에서 환경에 맞는 적절한 네트워크 설정이 필요합니다. 가장 기본적인 네트워크 설정은 3장(네트워크 통신하기)에서 다룬 IP 주소, 서브넷, 게이트웨이와 7.2 DNS 절에서 다룬 DNS IP 주소입니다. 서버뿐만 아니라 네트워크에 연결하려는 다른 모든 장비(노트북, 데스크톱, OA기기와 다양한 IoT기기 포함)는 이런 네트워크 정보가 필요합니다. 다양한 정보를 많은 네트워크 장치에 설정하는 것이 번거로워 이런 필수 정보를 자동으로 설정해주는 DHCP 기술이 주로 사용됩니다. DHCP의 자세한 내용은 7.4 DHCP 절에서 다루었습니다.

이번 장에서는 윈도 서버와 리눅스 서버에서 IP 주소, 서브넷, 게이트웨이, DNS 서버와 같은 네트워크 필수 정보를 어떻게 설정하고 현재 설정된 정보를 어떻게 확인하는지 살펴보겠습니다.

참고

서버 네트워크 기본을 실습하기 위해

여기서 다루는 모든 내용은 윈도우는 administrator, 리눅스는 root 권한의 관리자 기준으로 쓰여 있습니다. 따라서 이번 장의 내용 실습을 따라할 때 일부 명령어는 administrator, root 권한이 필요합니다. 윈도에서는 administrator 권한이 아닌 경우, 'Windows 시스템' 하위에 있는 '명령 프롬프트'를 실행할 때 곧바로 클릭하지 않고 그림 8-1처럼 명령 프롬프트를 우클릭해 뜨는 팝업 메뉴에서 '관리자 권한으로 실행(A)'을 선택합니다. 리눅스에서는 root 권한이 없으면 명령어 앞에 sudo를 추가해 일시적인 권한 상승을 통해 명령어를 실행해야 합니다. 물론 실무에서는 보안상 모든 사용자에게 root 권한이 주어지지 않고 권한을 최소화해야 하지만 이번 학습에서는 기능 학습을 우선했으므로 권한 부분은 별도로 고려하지 않았습니다.

▼ 그림 8-1 윈도 서버에서 administrator 권한으로 명령을 수행하려면 명령 프롬프트를 '관리자 권한으로 실행'해야 합니다.

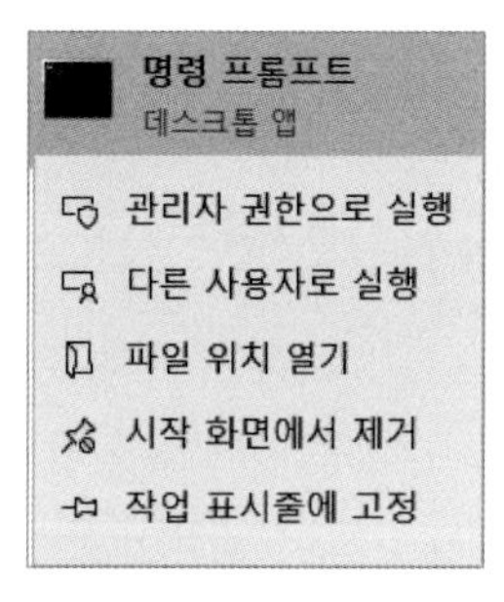

8.1.1 리눅스 서버 네트워크

일반적으로 리눅스에서는 설정 파일이 텍스트 형태이고 텍스트를 직접 수정해 시스템 구성을 변경합니다. 네트워크 설정도 마찬가지로 각 인터페이스에 설정되는 필수 네트워크 정보(IP 주소, 서브넷, 게이트웨이 등)를 네트워크 설정 파일에 추가, 변경해 네트워크 구성을 변경할 수 있습니다. 물론 리눅스 서버도 윈도 서버와 마찬가지로 GUI 환경이 설치된 경우, 이것을 이용해 그림 8-2처럼 네트워크 설정이 가능합니다. 다만 리눅스 서버에서는 GUI 환경을 아예 사용하지 않거나 사용하더라도 특정 기능 위주로만 사용하고 대부분의 설정 작업은 CLI로 하므로 이 책에서는 실사용 환경에 맞추어 CLI 기준으로 네트워크 설정과 확인 방법을 설명하겠습니다. 그리고 리눅스 계열에 따라 설정하는 방법과 설정 파일의 위치가 조금씩 달라 각 환경에 맞추어 별도로 살펴보겠습니다.

▼ 그림 8-2 리눅스 서버의 네트워크 설정 예. GUI(무선 네트워크 인터페이스)

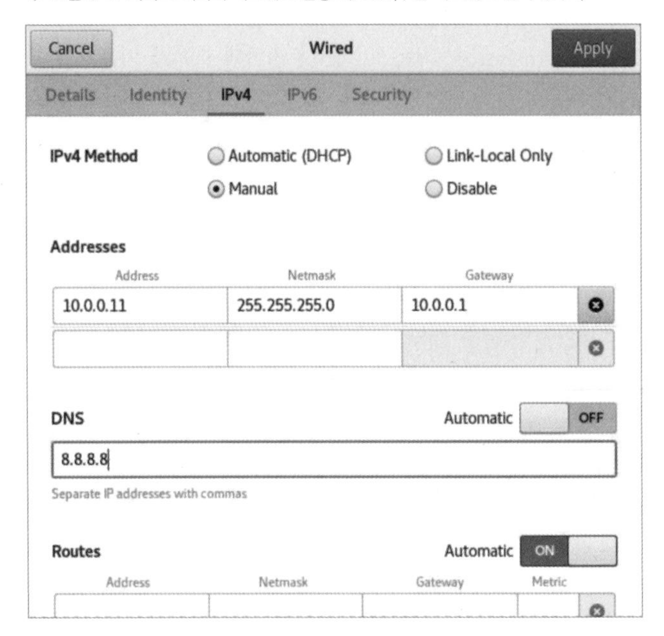

8.1.1.1 CentOS의 네트워크 설정

CentOS의 네트워크 설정 파일은 다음 경로에 존재합니다.

CentOS 네트워크 설정 파일 경로

```
/etc/sysconfig/network-scripts
```

이 디렉터리에는 인터페이스에 대한 설정이 있는 ifcfg-eth0, eth1과 같은 설정 파일과 인터페이스 up/down과 같은 다양한 인터페이스 제어용 스크립트가 있습니다. 각 인터페이스 설정은 하나의 파일에 모든 인터페이스의 설정 정보를 쓰지 않고 인터페이스별 설정 파일로 관리합니다.

네트워크 설정 경로에는 다양한 네트워크 설정용 파일이 있습니다.

```
[root@zigi ~]# ls /etc/sysconfig/network-script
ifcfg-eth0    ifdown-ppp       ifup-ib      ifup-Team
ifcfg-lo      ifdown-routes    ifup-ippp    ifup-TeamPort
```

```
ifdown       ifdown-sit       ifup-ipv6    ifup-tunnel
ifdown-bnep  ifdown-Team      ifup-isdn    ifup-wireless
ifdown-eth   ifdown-TeamPort  ifup-plip    init.ipv6-global
ifdown-ib    ifdown-tunnel    ifup-plusb   network-functions
ifdown-ippp  ifup             ifup-post    network-functions-ipv6
ifdown-ipv6  ifup-aliases     ifup-ppp     ifdown-isdn
ifup-bnep    ifup-routes      ifdown-post  ifup-eth
ifup-sit
```

다음은 인터페이스 파일의 설정 예입니다.

인터페이스 파일(ex: ifcfg-eth0) 설정 예

```
TYPE=Ethernet
ONBOOT=yes
BOOTPROTO=static
NAME=eth0
DEVICE=eth0
IPADDR=10.1.1.5
PREFIX=24
GATEWAY=10.1.1.1
DNS1=219.250.36.130
```

인터페이스 설정 파일에서 사용되는 주요 항목은 다음과 같습니다.

▼ 표 8-1 CentOS의 인터페이스 설정 시 주요 항목

ONBOOT	부팅 시 인터페이스를 활성화시킬 것인지 결정(yes/no)
BOOTPROTO	부팅 시 사용할 프로토콜(none, dhcp, static)
IPADDR	IP 주소
NETMASK	서브넷 마스크 예: 255.255.255.0
PREFIX	서브넷 마스크(비트 값으로 표기) 예: 24
GATEWAY	게이트웨이 주소
DNS1	주 DNS 정보 입력
DNS2	보조 DNS

ONBOOT는 부팅 시 해당 인터페이스를 활성화 상태로 사용할 것인지, 비활성화 상태로 사용할 것인지 결정합니다. ONBOOT 속성이 no로 되어 있는 경우, 리부팅 시 인터페이스는 비활성화 상태가

되므로 네트워크에 연결되지 않습니다. 따라서 리부팅 후에도 네트워크를 자동으로 사용하려면 ONBOOT 속성을 yes로 변경해주어야 합니다.

BOOTPROTO는 부팅 시 사용할 프로토콜을 지정하는 설정으로 none, static, dhcp로 설정할 수 있습니다. none으로 설정된 경우 BOOTP(BOOTstrap Protocol)를 사용하며 관리자가 고정 IP를 사용하고 싶을 때는 static으로, DHCP를 이용한 자동 IP 환경이라면 dhcp로 설정할 수 있습니다.

DEFROUTE는 default route라는 명칭을 줄인 설정 값으로 디폴트 라우팅을 설정할 것인지를 결정하는 값입니다. 속성값은 yes나 no 중에서 선택할 수 있고 별도로 이 속성을 사용하지 않을 때는 기본적으로 yes로 인지해 디폴트 라우팅이 생성됩니다.

IP ADDRESS는 서버에서 사용할 IP 주소를 입력하고 PREFIX는 서브넷 마스크를 비트로 기입합니다. GATEWAY와 DNS는 각각 게이트웨이 주소와 DNS 서버 주소를 입력합니다.

그 외에도 MACADDR, NAME, UUID 등 많은 설정값이 있지만 설정하지 않더라도 상관없습니다. 다만 해당 값은 하드웨어에 종속적인 값이므로 네트워크 어댑터 변경과 같이 하드웨어가 변경될 때는 수정해야 합니다.

리눅스에서는 인터페이스의 설정 파일을 수정하더라도 변경한 값이 즉시 적용되지 않습니다. 변경된 설정값을 적용하려면 다음 두 가지 방법 중 하나를 수행해야 합니다.

- 네트워크 서비스 재시작
- 인터페이스 재시작

다음 명령어를 사용해 네트워크 서비스를 재시작할 수 있습니다.

네트워크 서비스 재시작

```
# systemctl restart network.service
```

네트워크 서비스를 재시작하면 수정한 인터페이스뿐만 아니라 다른 인터페이스를 포함한 전체 네트워크 서비스를 재시작하게 됩니다. 전체 네트워크 서비스를 재시작하는 방법 외에 ifup/ifdown 명령어를 이용해 특정 인터페이스에 대해서만 재시작할 수도 있습니다. 한 가지 유의할 점은 ifdown으로 인터페이스를 재시작하는 경우, 해당 인터페이스로는 네트워크가 끊기므로 다른 인터페이스로 접속하거나 콘솔 상태에서 작업해야 한다는 것입니다. 반면, 네트워크 서비스의 경우, 원격상에서 수행할 때 보통 잠시 지연만 발생하고 원격이 끊기지는 않지만 재시작이 오래 걸리는 경우, 원격에서 접속이 끊길 수 있으니 유의해야 합니다.

특정 인터페이스 다운/업(재시작)

```
# ifdown ifcfg-eth0
# ifup ifcfg-eth0
```

다음은 현재 네트워크 인터페이스의 설정값과 상태를 확인하는 방법을 알아보겠습니다.

현재 인터페이스 정보를 보려면 ifconfig 명령어를 사용해야 합니다. 윈도의 ipconfig와 명령어도 비슷하고 확인할 수 있는 정보도 매우 비슷합니다. 다만 윈도의 ipconfig는 전체 인터페이스의 정보를 확인할 수 있지만 ifconfig는 현재 활성화된 인터페이스 정보만 확인할 수 있습니다. 즉, ifdown으로 특정 인터페이스를 비활성화한 경우, 해당 인터페이스 정보는 표시되지 않습니다.

ifconfig 명령어를 수행해 활성화된 인터페이스 목록의 결괏값은 다음과 같습니다.

```
[root@zigi ~]# ifconfig
eth0: flags=4163<UP,BROADCAST,RUNNING,MULTICAST>  mtu 1500
        inet 10.1.1.5  netmask 255.255.255.0  broadcast 10.1.1.255
        inet6 fe80::222:48ff:fe05:74d  prefixlen 64  scopeid 0x20<link>
        ether 00:22:48:05:07:4d  txqueuelen 1000  (Ethernet)
        RX packets 6563  bytes 4128630 (3.9 MiB)
        RX errors 0  dropped 0  overruns 0  frame 0
        TX packets 7716  bytes 1150081 (1.0 MiB)
        TX errors 0  dropped 0 overruns 0  carrier 0  collisions 0

lo: flags=73<UP,LOOPBACK,RUNNING>  mtu 65536
        inet 127.0.0.1  netmask 255.0.0.0
        inet6 ::1  prefixlen 128  scopeid 0x10<host>
        loop  txqueuelen 1  (Local Loopback)
        RX packets 64  bytes 5568 (5.4 KiB)
        RX errors 0  dropped 0  overruns 0  frame 0
        TX packets 64  bytes 5568 (5.4 KiB)
        TX errors 0  dropped 0 overruns 0  carrier 0  collisions 0
```

ifconfig를 통해 직접 설정한 IP 주소, 서브넷, 게이트웨이와 같은 정보는 물론 MTU 크기, 송수신되는 패킷 수, 에러 패킷 등의 다양한 정보를 간단히 확인할 수 있습니다.

하지만 CentOS 7.0 최소 버전(minimal)에서는 ifconfig 명령어 실행 시 다음과 같은 오류가 발생합니다.

```
[root@zigi~]# ifconfig
-bash : ifconfig: command not found
```

해당 버전에서 네트워크 관련 net-tools 패키지가 기본 패키지에서 제외되었기 때문입니다. 따라서 CentOS 7.0 이후 버전에서 ifconfig를 사용하려면 net-tools 패키지를 추가로 설치해야만 기존과 동일하게 ifconfig 명령어를 사용할 수 있습니다.

참고

net-tools 패키지

net-tools는 리눅스 네트워크 관련 시스템 도구들을 모아놓은 패키지입니다. 대부분의 리눅스에서 사용됩니다.

net-tools 패키지로 사용 가능한 명령어는 ifconfig를 비롯해 arp, hostname, netstat, rarp, route, plipconfig, slattach, mii-tool, iptunnel, ipmaddr입니다.

- 관련 링크: https://sourceforge.net/projects/net-tools/

net-tools 패키지가 설치되지 않은 상태에서 별도 패키지를 추가로 설치하지 않더라도 다른 명령어를 이용해 네트워크 정보를 확인할 수 있습니다. ip 명령어에 address 오브젝트를 사용하면 다음과 같이 ifconfig로 확인했던 것과 유사한 네트워크 정보를 확인할 수 있습니다.

```
[root@zigi ~]# ip address
1: lo: <LOOPBACK,UP,LOWER_UP> mtu 65536 qdisc noqueue state UNKNOWN qlen 1
    link/loopback 00:00:00:00:00:00 brd 00:00:00:00:00:00
    inet 127.0.0.1/8 scope host lo
       valid_lft forever preferred_lft forever
    inet6 ::1/128 scope host
       valid_lft forever preferred_lft forever
2: eth0: <BROADCAST,MULTICAST,UP,LOWER_UP> mtu 1500 qdisc pfifo_fast state UP qlen 1000
    link/ether 00:22:48:05:07:4d brd ff:ff:ff:ff:ff:ff
    inet 10.1.1.5/24 brd 10.1.1.255 scope global eth0
       valid_lft forever preferred_lft forever
    inet6 fe80::222:48ff:fe05:74d/64 scope link
       valid_lft forever preferred_lft forever
```

ip 명령어는 address 오브젝트 외에도 다양한 오브젝트를 사용해 더 다양한 네트워크 관련 정보를 쉽게 확인할 수 있습니다. 여기서는 유용한 몇 가지 오브젝트를 알아보겠습니다.

먼저 link 오브젝트를 사용하면 인터페이스로 송수신되는 패킷 정보를 확인할 수 있습니다. 인터페이스별로 정상적으로 입력(RX), 출력(TX)된 패킷 수, 에러 패킷, 폐기된 패킷 수 등을 확인할 수 있습니다.

```
[root@zigi ~]# ip -s link
1: lo: <LOOPBACK,UP,LOWER_UP> mtu 65536 qdisc noqueue state UNKNOWN mode DEFAULT qlen 1
    link/loopback 00:00:00:00:00:00 brd 00:00:00:00:00:00
    RX: bytes  packets  errors  dropped overrun mcast
    5568       64       0       0       0       0
    TX: bytes  packets  errors  dropped carrier collsns
    5568       64       0       0       0       0
2: eth0: <BROADCAST,MULTICAST,UP,LOWER_UP> mtu 1500 qdisc pfifo_fast state UP mode
DEFAULT qlen 1000
    link/ether 00:22:48:05:07:4d brd ff:ff:ff:ff:ff:ff
    RX: bytes  packets  errors  dropped overrun mcast
    4266515    6848     0       0       0       0
    TX: bytes  packets  errors  dropped carrier collsns
    1209828    8107     0       0       0       0
```

참고

ip 명령어로 사용할 수 있는 다양한 옵션

ip 명령어는 라우팅, 네트워크 장치, 정책 라우팅, 터널과 같은 네트워크 요소 관리 및 상태 확인을 위해 사용하는 명령어로 매우 다양한 옵션을 제공합니다. CentOS 부분에서 소개되고 있지만 CentOS 전용이 아닌 다른 Linux 배포판에서도 사용할 수 있는 기본 명령어입니다. 이 책에서 모든 옵션을 다루지 않지만 이번 장에서는 실무에서 가장 많이 쓰이는 주요 옵션을 소개할 예정입니다.

```
[root@zigi ~]# ip help
Usage: ip [ OPTIONS ] OBJECT { COMMAND | help }
       ip [ -force ] -batch filename
where  OBJECT := { link | address | addrlabel | route | rule | neigh | ntable |
                   tunnel | tuntap | maddress | mroute | mrule | monitor | xfrm |
                   netns | l2tp | macsec | tcp_metrics | token }
       OPTIONS := { -V[ersion] | -s[tatistics] | -d[etails] | -r[esolve] |
                    -h[uman-readable] | -iec |
                    -f[amily] { inet | inet6 | ipx | dnet | bridge | link } |
                    -4 | -6 | -I | -D | -B | -0 |
                    -l[oops] { maximum-addr-flush-attempts } |
                    -o[neline] | -t[imestamp] | -ts[hort] | -b[atch] [filename] |
                    -rc[vbuf] [size] | -n[etns] name | -a[ll] }
```

8.1.1.2 우분투의 네트워크 설정

이번에는 우분투 리눅스에서 네트워크를 설정하고 설정값을 확인하는 방법을 알아보겠습니다. 기본적인 네트워크 설정은 CentOS와 비슷해 서로 다른 부분을 중심으로 다루겠습니다.

앞에서 알아보았듯이 리눅스 네트워크 설정은 별도 파일로 관리됩니다. 우분투 네트워크 설정을 위한 `interfaces` 파일은 다음 경로에서 찾을 수 있습니다.

- 우분투 네트워크 설정 파일: `/etc/network/interfaces`

`interfaces` 파일이 있는 디렉터리에는 인터페이스 관련 파일과 디렉터리가 있습니다. 이 디렉터리에는 인터페이스가 다운되거나 업될 때 실행되는 스크립트 파일이 모여 있습니다.

CentOS는 네트워크 인터페이스별로 설정 파일이 있었지만 우분투는 `interfaces` 설정 파일에 네트워크의 모든 인터페이스 설정이 들어갑니다. 우분투에서는 다음과 같이 네트워크를 설정할 수 있습니다.

우분투 네트워크 설정 예제

```
auto eth0
iface eth0 inet static
      address 10.1.1.6
      netmask 255.255.255.0
      gateway 10.10.10.1
      dns-nameserver 10.100.100.2

auto eth1
iface eth1 inet static
      address 20.1.1.6
      netmask 255.255.255.0
      gateway 20.10.10.1
      dns-nameserver 219.250.36.130

auto eth2
iface eth2 inet dhcp
```

위의 예제에서 볼 수 있듯이 세 개의 인터페이스를 interfaces 파일 한 개에서 모두 정의하고 있습니다. 설정에 필요한 속성값은 CentOS와 거의 비슷하고 속성 이름만 조금 다르므로 설정 파일의 내용만으로도 우분투 네트워크 설정을 쉽게 이해할 수 있을 것입니다.

우분투에서 네트워크 서비스를 시작/정지/재시작하기 위해서는 다음 명령어를 사용합니다.

```
$ /etc/init.d/networking start
$ /etc/init.d/networking stop
$ /etc/init.d/networking reload
$ /etc/init.d/networking restart
$ /etc/init.d/networking force-reload
```

기타 네트워크 설정 확인을 위한 ifconfig나 ip 명령어는 CentOS와 공통으로 사용되므로 위의 CentOS 부분에서 설명한 부분을 참고하시면 됩니다.

8.1.2 윈도 서버 네트워크

윈도 서버의 네트워크 설정은 노트북이나 데스크톱에서 사용하는 윈도 HOME, PRO 버전 설정과 동일하므로 리눅스보다 접근하기 쉽습니다. 하지만 윈도에서 설정에 접근하는 방법은 여러 가지이고 추가로 netsh과 같은 명령어 기반 설정 방법도 있어 다양한 방법을 하나씩 차근차근 소개할 예정입니다.

먼저 [제어판 → 네트워크 및 인터넷 → 네트워크 연결]로 이동합니다. 또는 그림 8-3과 같이 [실행](윈도우키+'R')에서 ncpa.cpl을 실행해 바로 [네트워크 연결]로 이동하는 방법도 있습니다.

▼ 그림 8-3 윈도 네트워크 설정을 위한 바로가기

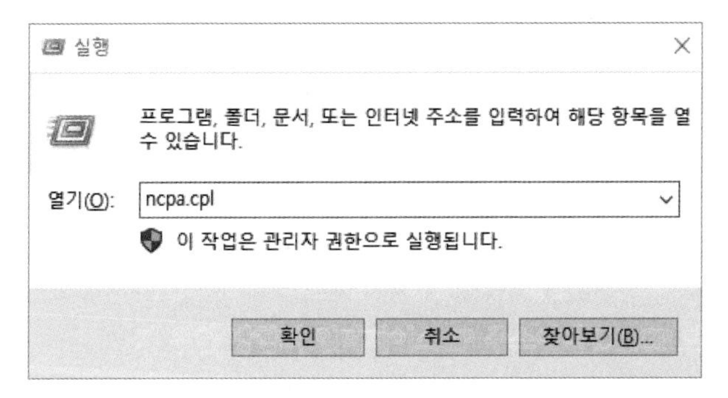

1. [네트워크 연결]에서는 그림 8-4처럼 현재 윈도 서버에 구성된 네트워크 어댑터가 보일 겁니다. 특정 네트워크 어댑터를 설정하려면 네트워크 어댑터에서 마우스를 우클릭한 후 팝업 메뉴에서 [속성]을 선택해야 합니다.

▼ 그림 8-4 윈도 제어판의 네트워크 연결 현황

2. 여러 가지 서비스 중 Internet Protocol Version 4(TCP/IPv4) 속성을 선택하면 그림 8-5처럼 해당 어댑터에서 사용할 IP 주소, 서브넷, 게이트웨이, DNS 정보를 설정할 수 있습니다.

▼ 그림 8-5 윈도의 IPv4 네트워크 설정

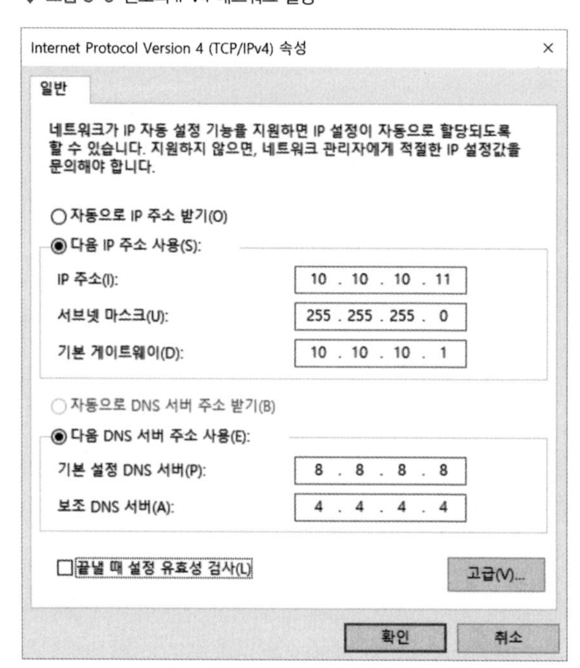

3. 기본 네트워크 설정 외에 하단의 [고급] 버튼을 클릭하면 그림 8-6처럼 추가적인 네트워크 고급 설정이 가능합니다. 고급 설정을 변경해 사용하는 경우는 많지 않지만 네트워크 어댑터가 두 개 이상이면 네트워크 우선순위를 조절해야 하는 경우가 발생합니다. 기본 설정은 메트릭을 이용한 우선순위 설정이 자동이지만 이런 경우, 메트릭을 자동으로 두지 않고 수동으로 변경해 사용하기도 합니다.

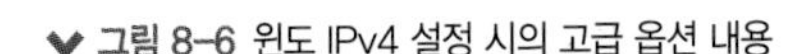

▼ 그림 8-6 윈도 IPv4 설정 시의 고급 옵션 내용

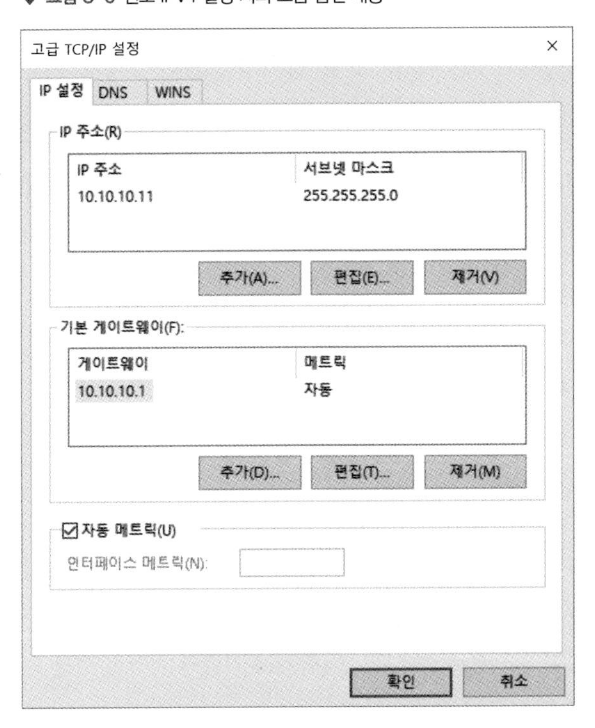

4. 네트워크 속성값 입력을 마친 후 [확인] 버튼을 클릭해야만 네트워크 설정이 완료됩니다.

5. 현재 설정한 정보나 기존에 설정된 정보를 확인하기 위해 [명령 프롬프트]에서 `ipconfig` 명령으로 설정값을 확인할 수 있습니다. 하지만 `ipconfig` 기본 명령어만으로는 IP 주소, 서브넷 마스크, 게이트웨이 정보와 같은 간단한 정보만 확인할 수 있습니다. 추가적인 상세 정보(MAC 주소, DNS 서버 정보, DHCP 사용 여부 등)는 `/all` 옵션을 사용해 확인합니다.

   `ipconfig /all` 옵션을 사용하면 네트워크 어댑터에서 상세 정보를 확인할 수 있습니다. 다음 예시는 어댑터에서 `/all`로 확인할 수 있는 특정 어댑터 정보입니다.

ipconfig /all로 상세 정보 확인하기

```
        무선 LAN 어댑터 무선 네트워크 연결:

   연결별 DNS 접미사. . . . : zigi.ad
   설명. . . . . . . . . . . . : Intel(R) Dual Band Wireless-AC 8260
   물리적 주소 . . . . . . . . : E4-A4-71-E4-D0-13
   DHCP 사용 . . . . . . . . . : 예
   자동 구성 사용. . . . . . . : 예
   링크-로컬 IPv6 주소 . . . . : fe80::392d:e5d5:b2f8:62ea%13(기본 설정)
   IPv4 주소 . . . . . . . . . : 10.10.10.11(기본 설정)
   서브넷 마스크 . . . . . . . : 255.255.255.0
   임대 시작 날짜. . . . . . . : 2017년 8월 18일 금요일 오전 4:15:14
   임대 만료 날짜. . . . . . . : 2017년 8월 18일 금요일 오후 4:17:31
   기본 게이트웨이 . . . . . . : 10.10.10.1
   DHCP 서버 . . . . . . . . . : 10.10.10.250
   DHCPv6 IAID . . . . . . . . : 333751409
   DHCPv6 클라이언트 DUID. . . : 00-01-00-01-1F-A0-C8-AD-C8-5B-76-58-B1-99
   DNS 서버. . . . . . . . . . : 8.8.8.8
                                 4.4.4.4
   격리 상태 . . . . . . . . . : 제한 없음

   Tcpip를 통한 NetBIOS. . . . : 사용
```

윈도에서는 리눅스와 반대로 GUI 환경에서 다양한 설정을 할 수 있지만 리눅스와 같이 명령어를 이용한 다양한 네트워크 설정 방법도 제공하고 있습니다. GUI 환경은 접근하기 쉽지만 원격관리나 자동화에 여러 가지 제약사항이 있으므로 앞으로 소개할 CLI 기반의 설정 방법을 숙지하는 것이 윈도 서버의 네트워크 관리에 큰 도움이 될 것입니다.

네트워크 어댑터 설정을 위한 netsh 명령

```
netsh interface ipv4 set address name="인터페이스명" static IP 주소 서브넷 게이트웨이
```

netsh 명령은 윈도 서버 Core 버전과 같이 GUI 환경이 제공되지 않는 환경이나 노트북을 이용할 때, 고정 IP를 사용하는 장소를 자주 옮겨 다닐 때, 스크립트를 만들어 네트워크 설정을 손쉽게 바꾸는 데 유용하게 사용할 수 있습니다. 스크립트는 관리자 권한으로 실행한다는 것도 잊지 마세요!

DHCP 환경이라면 source=dhcp로 입력하면 됩니다.

```
netsh interface ip4 set address name="인터페이스명" source=dhcp
```

DNS 서버 주소 정보도 IP 주소 설정 방법과 동일하게 CLI로 설정할 수 있습니다. set address 부분 대신 set dns로 바꾸어 입력하면 됩니다. DNS 서버 주소를 설정하는 명령은 다음과 같습니다.

```
netsh interface ipv4 set dns name="인터페이스명" static DNS_서버 주소
```

윈도에서는 DNS를 두 개 설정할 수 있습니다. 두 번째 DNS 설정 명령은 첫 번째 DNS 설정 명령과 동일하고 명령문 마지막에 index=2를 추가하면 됩니다.

```
netsh interface ipv4 set dns name="인터페이스명" static DNS_서버 주소 index=2
```

DHCP 환경에서 DNS를 설정할 때는 IP 주소 설정과 마찬가지로 source=dhcp로 입력하면 DHCP 로부터 DNS 주소를 자동으로 할당받습니다.

```
netsh interface ipv4 set dns name="인터페이스명" source=dhcp
```

리눅스와 달리 윈도는 설정 완료 후 '확인' 버튼만 클릭하면 변경한 설정이 적용됩니다. 별도로 네트워크 서비스나 인터페이스를 재시작하지 않아도 되지만 네트워크 설정이 잘 완료된 상태에서도 가끔 네트워크가 정상적으로 동작하지 않아 네트워크 어댑터를 재시작해야 하는 경우에는 그림 8-7처럼 네트워크 어댑터에서 마우스를 우클릭해 팝업 메뉴를 보면 맨 위 상단에 보이는 '사용 안 함'을 선택해 비활성화한 후 다시 '사용'을 선택해 네트워크 어댑터를 재시작할 수 있습니다.

▼ 그림 8-7 윈도에서 네트워크 어댑터 재시작을 하려면 네트워크 어댑터를 '사용 안 함'으로 비활성화한 후 다시 '사용'을 선택하면 됩니다.

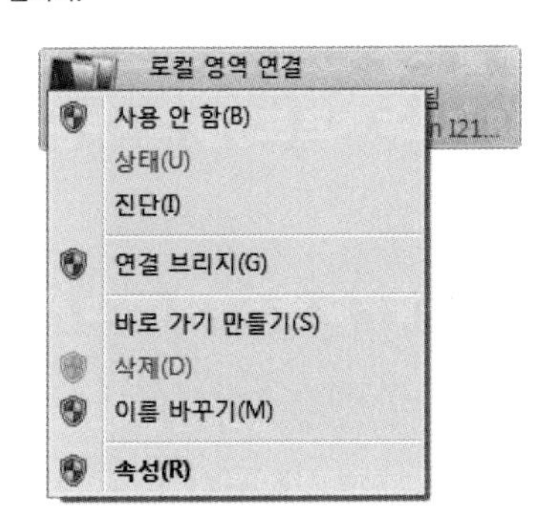

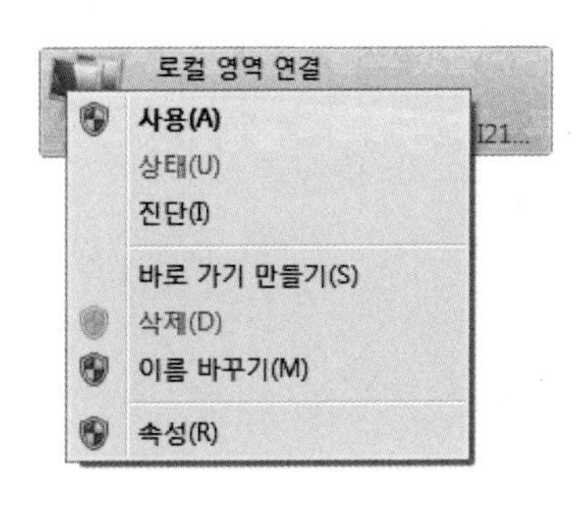

netsh 명령으로도 다음과 같이 어댑터를 리셋할 수 있습니다.

윈도 어댑터 비활성화

```
netsh interface set interface name="인터페이스명" admin=disabled
```

윈도 어댑터 활성화

```
netsh interface set interface name="인터페이스명" admin=enabled
```

8.2 서버의 라우팅 테이블

NETWORK

네트워크 장비와 같이 서버에서도 외부 네트워크와 통신하기 위해 라우팅 테이블을 가지고 있습니다. 라우팅 정보를 별도로 설정하지 않더라도 네트워크 정보를 설정할 때, IP, 서브넷 마스크, 기본 게이트웨이의 IP 주소를 입력하게 되는데 이때 디폴트 라우팅이 라우팅 테이블에 자동으로 등록됩니다. 이 디폴트 라우팅을 이용해 네트워크 기본 설정만 마치면 내부 네트워크뿐만 아니라 외부 네트워크까지도 원활한 통신을 할 수 있게 됩니다.

하지만 그림 8-8처럼 네트워크 어댑터를 두 개 이상 사용할 때는 여러 가지 고려사항이 생길 수 있습니다. 웹용 프런트엔드, 데이터 저장 및 처리용 백엔드 네트워크를 별도로 디자인하는 경우, 이런 형태의 네트워크가 사용될 수 있습니다. 웹 서버에 웹 서비스 제공용 프런트엔드 네트워크 어댑터와 데이터베이스 접근용 백엔드 네트워크 어댑터를 설치하면 각 네트워크 통신을 위해 라우팅 테이블을 조정해야 합니다. 아무 설정 없이 정상적으로 통신이 되는 경우도 있지만 구성과 동작 방식을 정확히 이해하고 확인할 수 있어야 합니다.

▼ 그림 8-8 네트워크가 두 개 이상 연결된 서버 구성

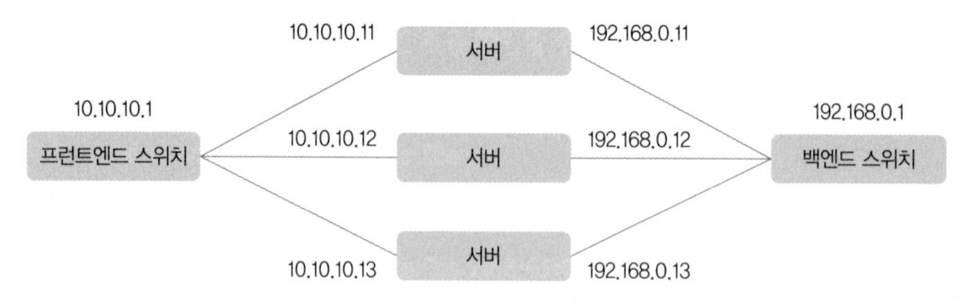

두 네트워크 어댑터에 모두 디폴트 게이트웨이 설정을 하면 정상적으로 통신이 되지 않습니다. 외부 공인망 네트워크와 통신해야 하는 프런트엔드 네트워크 쪽 어댑터에만 디폴트 게이트웨이를 설정하고 백엔드를 연결하는 어댑터에는 별도로 적절한 라우팅 정보를 반드시 설정해주어야 합니다.

위의 경우와 달리 그림 8-9처럼 하이퍼바이저가 설치된 가상화 서버에서는 하나의 물리 서버 안에서 공인망 가상 머신과 사설망 가상 머신을 모두 운용하고 있더라도 가상 머신 내에서는 복잡한 라우팅 테이블 설정을 고민할 필요가 없습니다. 논리적으로 완전히 구분된 가상 서버 안에서는 별도의 분리된 장비와 마찬가지로 동작하기 때문입니다. 물론 하나의 가상 머신에 공인망 논리 네트워크 카드와 사설망 공인 네트워크 카드를 모두 할당한 경우에는 일반 물리 서버와 마찬가지로 라우팅 테이블 조정이 필요합니다.

▼ 그림 8-9 하이퍼바이저가 설치된 가상 서버의 서로 다른 네트워크 구성

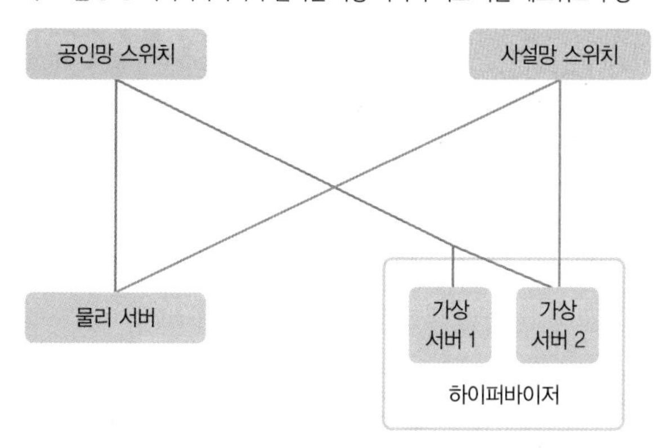

이번 절에서는 서버의 라우팅 테이블을 어떻게 확인하고 관리하는지 알아보겠습니다.

8.2.1 서버의 라우팅 테이블

먼저 서버의 라우팅 동작을 이해하기 위해 라우팅 테이블 확인 방법을 알아보겠습니다. 서버의 OS 종류별로 또는 같은 OS이더라도 라우팅 테이블을 어떤 명령어로 확인하는가에 따라 라우팅 테이블의 실제 모습은 조금 다를 수 있지만 앞으로 설명할 서버 라우팅 테이블 개념을 이해하면 어떤 상황에서도 서버 라우팅을 쉽게 확인하고 구성할 수 있을 것입니다.

여기서 살펴볼 항목은 다음과 같습니다.

- 목적지(Destination)
- 서브넷(Genmask)
- 게이트웨이(Gateway)
- 인터페이스(Iface)
- 우선순위(Metric)

서버에서 라우팅 테이블을 확인하면 운영체제의 종류에 따라 순서가 다르지만 보통 그림 8-10과 같은 항목으로 출력됩니다. 각 항목은 네트워크 장비에서 보는 라우팅 테이블과 크게 다르지 않습니다.

▼ 그림 8-10 서버 라우팅 테이블 항목

목적지 네트워크와 서브넷은 서버가 통신하려는 목적지 IP 주소에 맞는 라우팅을 선택하는 기준이 됩니다. 라우팅할 때 목적지 네트워크 주소와 서브넷으로 표현되는 목적지 네트워크 범위 내에 서버가 통신하려는 IP 주소가 속한 라우팅 테이블을 선택하게 됩니다. 예를 들어 서버가 통신하려는 목적지가 10.10.20.10일 때, 라우팅 테이블에 목적지 네트워크와 서브넷이 각각 10.10.20.0, 24비트이면 해당 라우팅 테이블이 표현하는 목적지 네트워크 범위가 10.10.20.0~255이므로 통신하려는 목적지인 10.10.20.10이 포함되어 해당 라우팅을 적용합니다.

라우팅 테이블의 게이트웨이는 선택된 목적지로 가기 위해 서버에서 선택하는 넥스트 홉입니다. 목적지가 로컬 네트워트이면 '연결됨(connected)'이라고 표기되고 리모트 네트워크이면 해당 네트워크의 게이트웨이로 설정됩니다. 만약 서버에 두 개 이상의 네트워크 카드가 있다면 원하는 네트워크 카드의 게이트웨이로 지정해주어야 합니다.

라우팅 테이블에서 인터페이스는 서버의 네트워크 카드를 말하고 라우팅에서 어떤 물리적인 경로로 패킷을 내보낼지 설정합니다. 인터페이스는 게이트웨이의 IP 주소 대역에 속하므로 게이트웨이 IP 주소 대역이 포함된 인터페이스를 지정합니다.

마지막으로 우선순위(메트릭)는 동일한 라우팅 테이블이 두 개 이상 존재할 때 어떤 라우팅 테이블을 선택할지 정하는 값입니다. 이 값이 낮을수록 우선순위가 높아집니다.

서버의 라우팅 테이블 구성 요소와 경로 선택 방법에 대해 간단히 알아보았습니다. 윈도 서버와 리눅스 서버에서의 라우팅 테이블을 확인하고 관리하는 방법에 대해 알아보겠습니다. 라우팅 테이블 관리에는 다양한 옵션이 있지만 자주 사용하는 명령어와 옵션에 대해서만 살펴볼 예정입니다.

8.2.2 리눅스 서버의 라우팅 확인 및 관리

리눅스 서버에서 라우팅 테이블을 확인하기 위해서는 `ip route` 명령어를 사용할 수 있습니다.

ip route 명령어를 사용한 라우팅 테이블의 결괏값은 다음과 같이 확인할 수 있습니다.

라우팅 테이블 출력 예제 1

```
default          via  10.1.1.1  dev   eth0
10.1.1.0/24      dev  eth0      proto kernel  scope  link   src 10.1.1.5
168.63.129.16    via  10.1.1.1  dev   eth0    proto  static
169.254.0.0/16   dev  eth0      scope link    metric 1002
169.254.169.254  via  10.1.1.1  dev   eth0    proto  static
```

ip 명령어 외에도 리눅스 서버의 네트워크 상태를 확인할 수 있는 명령어인 netstat에 r 옵션을 추가하면 라우팅 테이블을 편하게 확인할 수 있습니다.

라우팅 테이블 출력 예제 2

```
Kernel IP routing table
Destination      Gateway  Genmask          Flags  MSS Window irtt  Iface
default          gateway  0.0.0.0          UG     0   0      0     eth0
10.1.1.0         0.0.0.0  255.255.255.0    U      0   0      0     eth0
168.63.129.16    gateway  255.255.255.255  UGH    0   0      0     eth0
link-local       0.0.0.0  255.255.0.0      U      0   0      0     eth0
169.254.169.254  gateway  255.255.255.255  UGH    0   0      0     eth0
```

여기에 n 옵션을 추가로 사용하면 화면에 표기될 때, 실제 IP 정보가 표기되어 좀 더 직관적인 라우팅 테이블을 확인할 수 있습니다. 대체로 리눅스 명령어에서 사용되는 n 옵션은 동일한 역할을 합니다.

라우팅 테이블 출력 예제 3

```
Kernel IP routing table
Destination      Gateway   Genmask          Flags  MSS Window irtt  Iface
0.0.0.0          10.1.1.1  0.0.0.0          UG     0   0      0     eth0
10.1.1.0         0.0.0.0   255.255.255.0    U      0   0      0     eth0
168.63.129.16    10.1.1.1  255.255.255.255  UGH    0   0      0     eth0
192.254.0.0      0.0.0.0   255.255.0.0      U      0   0      0     eth0
169.254.169.254  10.1.1.1  255.255.255.255  UGH    0   0      0     eth0
```

netstat가 대부분의 서버 엔지니어에게 익숙한 명령어지만 메트릭 값과 같은 특정 값은 ip route 명령어에서만 확인할 수 있으므로 필요에 따라 적절히 선택해 사용해야 합니다.

먼저 리눅스 서버에서 라우팅 테이블을 확인하는 방법을 알아보았습니다. 이어서 서버의 라우팅 테이블을 추가하거나 삭제하는 방법도 알아보겠습니다.

서버의 네트워크 인터페이스가 한 개뿐이라면 서버에 라우팅 테이블을 추가하거나 삭제할 필요가 거의 없습니다. 서버가 연결된 동일한 네트워크는 로컬 통신을 하고 다른 원격지 네트워크에 대해서는 디폴트 라우팅을 통해 게이트웨이로 지정된 인터페이스로 전송하면 되기 때문입니다.

하지만 서버의 네트워크 인터페이스가 두 개 이상으로 구성되었다면 어떤 네트워크 인터페이스를 사용해 패킷을 전송할 것인지 명시해주어야 하는 경우가 있는데 이때 라우팅 테이블을 추가하거나 삭제해 라우팅 테이블을 조정해야 하므로 라우팅 테이블 관리법을 반드시 알아야 합니다.

리눅스 서버에서 라우팅 테이블을 추가하는 설정은 다음과 같습니다.

```
route add { -host | -net } Target[/prefix] [gw Gw] [metric M] [[dev] If]
```

라우팅 테이블에 추가하려는 목적지 IP나 네트워크 대역을 입력하고 보낼 게이트웨이를 지정해주면 라우팅 정보가 입력됩니다. 라우팅 테이블에 우선순위를 부여해 목적지에 대한 게이트웨이를 액티브-스탠바이(Active-Standby) 형태로 구성할 수도 있습니다. 이때 메트릭(Metric) 값을 활용해 우선 라우팅 테이블의 우선순위를 조정해줄 수 있는데 앞에서 설명했듯이 더 작은 메트릭 값을 가진 라우팅 테이블이 더 높은 우선순위를 가지게 되어 액티브 상태가 되고 높은 메트릭 값을 가진 라우팅 테이블이 스탠바이 상태가 됩니다. 액티브 경로에 문제가 발생하면 라우팅 테이블에서 해당 경로가 삭제되어 스탠바이로 통신이 페일오버(Fail-over)됩니다.

라우팅 추가 설정 예제

```
# route add -host 10.10.10.10 gw 10.1.1.1
 → 특정 10.10.10.10 서버가 목적지인 경우, 10.1.1.1로 라우팅
# route add -net 10.10.10.0/24 dev eth0
 → 10.10.10.0/24 네트워크 대역이 목적지인 경우, eth0 인터페이스로 라우팅
# route add -net 10.10.10.0/24 gw 10.1.1.6 metric 20
 → 10.10.10.0/24 네트워크 대역이 목적지인 경우, 10.1.1.6으로 라우팅. 이 라우팅 경로의
 metric 값을 20으로 설정
```

위의 라우팅을 설정한 후 라우팅 테이블을 다시 확인하면 다음과 같습니다.

```
default          via  10.1.1.1  dev    eth0
10.1.1.0/24      dev  eth0      proto  kernel  scope  link  src 10.1.1.5
10.10.10.0/24    dev  eth0      scope  link
10.10.10.0/24    via  10.1.1.6  dev    eth0    metric 20
10.10.10.10      via  10.1.1.1  dev    eth0
168.63.129.16    via  10.1.1.1  dev    eth0    proto  static
169.254.0.0/16   dev  eth0      scope  link    metric 1002
169.254.169.254  via  10.1.1.1  dev    eth0    proto  static
```

위에 소개한 옵션 외에도 다양한 옵션이 있습니다. 라우팅 테이블을 추가하기 위한 여러 가지 옵션 중 자주 사용되는 옵션만 소개했습니다. 라우팅 테이블을 추가하기 위한 명령어는 route add로도 가능하지만 앞에서 다루었던 ip 명령어를 이용할 수도 있습니다. ip route 옵션 뒤에 add 옵션을 사용해 라우팅 테이블을 추가할 수 있습니다.

라우팅 추가에 이어 이번에는 라우팅 테이블을 삭제하는 명령어를 알아보겠습니다.

```
route del { -host ¦ -net } Target[/prefix] [gw Gw] [metric M] [[dev] If]
```

라우팅 삭제는 라우팅 추가와 거의 비슷한 명령어를 사용합니다. 기존에 설정된 라우팅 정보를 삭제하는 것이므로 del 명령어를 이용해 라우팅 테이블 정보를 지웁니다. 별도로 입력한 라우팅 테이블이 모두 삭제되는 경우에도 디폴트 라우팅이 남아 있다면 그 경로를 사용해 외부 네트워크와 통신할 수 있습니다(디폴트 라우팅은 롱기스트 매치 알고리즘에서 가장 안 좋은 경로이므로). 디폴트 라우팅마저 삭제되거나 설정되지 않았다면 원격지 네트워크 통신은 불가능하고 네트워크 카드가 속한 로컬 네트워크 통신만 가능합니다.

라우팅 삭제 설정 예제

```
# route del -host 10.10.10.10 gw 10.1.1.1
# route del -net 10.10.10.0/24 dev eth0
# route del -net 10.10.10.0/24 gw 10.1.1.6 metric 20
```

앞에서 추가했던 라우팅 설정을 위와 같이 삭제하면 라우팅 추가 이전의 테이블과 동일한 설정이 됩니다.

참고

디폴트 라우팅 설정

디폴트 라우팅은 일반 라우팅 설정과 동일하지만 목적지 네트워크를 default로 표기해 설정할 수 있습니다.

```
# route add default gw 10.1.1.1 dev eth0          # 디폴트 라우팅 추가
# route del default gw 10.1.1.1 dev eth0          # 디폴트 라우팅 삭제
```

하지만 이렇게 명령어를 입력해 설정된 라우팅 정보는 서버가 재부팅되면 사라집니다. 문제 해결을 위해 명령어로 서버의 라우팅 설정을 변경한 후, 서버가 재부팅되면 초기 라우팅 설정만 남고 문제 해결 이전 상태가 되어 해결 이전과 동일한 문제가 발생할 수 있습니다. 따라서 영구적인 라우팅 설정을 위해 별도 파일에 라우팅 설정을 입력해야 합니다. 영구적인 라우팅 설정은 리눅스의 종류에 따라 다르므로 CentOS와 우분투에 대해 각각 살펴보겠습니다.

8.2.2.1 CentOS의 영구적 라우팅 설정

CentOS에서는 다음과 같이 별도 파일을 만들어 라우팅을 설정합니다.

CentOS 리눅스 라우팅 설정 파일

```
/etc/sysconfig/network-scripts/route-장치명
```

eth0 인터페이스에 대한 영구적인 라우팅 설정 파일명은 route-eth0입니다.

라우팅 설정 파일에는 ADDRESS와 NETMASK, GATEWAY 항목을 사용합니다. 라우팅 테이블을 여러 개 설정할 때는 각 항목의 뒤에 숫자를 순서대로 붙입니다. 다음은 라우팅 설정 파일의 예제입니다.

```
ADDRESS0=10.10.10.0
NETMASK0=255.255.255.0
GATEWAY0=10.1.1.1
ADDRESS1=10.10.20.0
NETMASK1=255.255.255.128
GATEWAY1=10.1.1.1
```

또는 라우팅 테이블 형식과 유사하게 다음과 같이 설정할 수도 있습니다.

```
10.10.10.0/24 via 192.168.0.1 dev eth1
```

route add, del 명령어로 설정된 라우팅은 곧바로 적용되지만 이렇게 설정된 라우팅은 서버를 재부팅하거나 네트워크 서비스를 재시작해야 라우팅 테이블에 적용됩니다.

8.2.2.2 우분투의 영구적 라우팅 설정

CentOS에서는 라우팅을 위해 라우팅 설정 파일을 별도로 만들어 사용하지만 우분투에서는 네트워크 설정에서 사용했던 interfaces 파일에 라우팅 설정을 합니다. 우분투의 영구적 라우팅 설정은 일반 라우팅 테이블 설정과 동일한 양식으로 합니다.

```
up route add [-net¦-host] <host/net>/<mask> gw <host/IP> dev <Interface>
```

맨 앞의 up은 인터페이스가 시작될 때 실행되는 것으로 CentOS와 마찬가지로 네트워크를 다시 시작하거나 서버를 재부팅하는 경우, 신규 라우팅 정보가 라우팅 테이블에 등록됩니다. 다음은 우분투에서 라우팅 설정을 추가한 interfaces 파일의 예제입니다.

```
# eth0 네트워크 설정
auto eth0

# eth0 정적 네트워크 설정
iface eth0 inet static
    address 10.1.1.6
    netmask 255.255.255.0
    gateway 10.10.10.1
    dns-nameserver 219.250.36.130

# 영구적 라우팅 등록
# 10.10.10.0/24가 목적지인 경우, 게이트웨이인 10.1.1.1로 라우팅
up route add -net 10.10.10.0 netmask 255.255.255.0 gw 10.1.1.1
```

이렇게 설정된 라우팅은 서버를 재부팅하거나 네트워크 서비스를 다시 시작해야 라우팅 테이블에 적용됩니다.

8.2.3 윈도 서버의 라우팅 확인 및 관리

윈도 서버(일반 개인용 윈도도 동일)에서 라우팅 테이블을 확인하고 관리하기 위해서는 route 명령을 사용합니다. 윈도에서 route 명령은 4가지 옵션을 사용할 수 있습니다.

- PRINT
- ADD
- DELETE
- CHANGE

윈도 서버에서 라우팅 테이블을 확인하는 방법을 알아보겠습니다.

윈도 라우팅 테이블

```
C:\>route print
```

```
===========================================================================
Interface List
 15...00 0d 3a d7 2b c4 ......Microsoft Hyper-V Network Adapter
  1...........................Software Loopback Interface 1
===========================================================================

IPv4 Route Table
===========================================================================
Active Routes:
Network Destination        Netmask          Gateway       Interface  Metric
          0.0.0.0          0.0.0.0         10.0.0.1        10.0.0.4     10
         10.0.0.0  255.255.255.128         On-link         10.0.0.4    266
         10.0.0.4  255.255.255.255         On-link         10.0.0.4    266
       10.0.0.127  255.255.255.255         On-link         10.0.0.4    266
        10.10.1.0    255.255.255.0         10.0.0.1        10.0.0.4     11
       10.10.11.0    255.255.255.0         10.0.0.1        10.0.0.4     11
       10.10.12.0  255.255.255.128         10.0.0.1        10.0.0.4     11
     10.10.12.128  255.255.255.128         10.0.0.1        10.0.0.4     11
       10.10.21.0    255.255.255.0         10.0.0.1        10.0.0.4     11
        127.0.0.0        255.0.0.0          On-link       127.0.0.1    331
        127.0.0.1  255.255.255.255          On-link       127.0.0.1    331
  127.255.255.255  255.255.255.255          On-link       127.0.0.1    331
    168.63.129.16  255.255.255.255         10.0.0.1        10.0.0.4     11
  169.254.169.254  255.255.255.255         10.0.0.1        10.0.0.4     11
        224.0.0.0        240.0.0.0          On-link       127.0.0.1    331
        224.0.0.0        240.0.0.0          On-link        10.0.0.4    266
  255.255.255.255  255.255.255.255          On-link       127.0.0.1    331
  255.255.255.255  255.255.255.255          On-link        10.0.0.4    266
===========================================================================
Persistent Routes:
  None

IPv6 Route Table
===========================================================================
Active Routes:
 If Metric Network Destination      Gateway
  1    331 ::1/128                  On-link
 15    266 fe80::/64                On-link
 15    266 fe80::c099:307c:4917:320/128
                                    On-link
  1    331 ff00::/8                 On-link
 15    266 ff00::/8                 On-link
===========================================================================
```

```
Persistent Routes:
None
```

라우팅 테이블을 출력해보면 맨 먼저 윈도 서버의 인터페이스 목록을 확인할 수 있습니다. 각 인터페이스 목록 앞에는 인터페이스에 대한 숫자가 있습니다. 각 인터페이스 숫자는 라우팅 테이블을 설정할 때, 인터페이스 옵션(IF)에서 사용됩니다. 인터페이스 목록에 이어 목적지 네트워크, 서브넷 마스크, 게이트웨이 정보 등이 표기됩니다. 동일한 목적지와 서브넷인 경우, 어떤 게이트웨이를 통해 라우팅할 것인지 결정하기 위한 메트릭 값도 확인할 수 있습니다. 그리고 현재 활성화된 라우팅 테이블 외에 하단에 영구 경로(Persistent Routes)라는 항목이 있는데 이것은 현재 구동 중인 윈도 서버가 재부팅되더라도 지속적으로 유지되는 라우팅 테이블을 뜻합니다.

일반적으로 서버에는 라우팅 테이블이 많지 않으므로 서버의 전체 라우팅 테이블을 route print로 확인해도 되지만 라우팅 테이블이 많은 경우에는 필요한 라우팅 테이블만 필터해 보고 싶을 때가 있습니다. 특히 최근 노트북들은 네트워크 어댑터가 여러 개(유선, 무선, 블루투스, PAN 등)인데다 IPv6 정보가 추가되어 라우팅 테이블은 점점 복잡해지고 있습니다. 필요한 라우팅 정보만 확인하기 위해 특정 목적지 네트워크를 인자값으로 직접 지정하거나 '*'와 '?'를 이용해 특정 패턴에 맞는 네트워크 대역을 확인할 수 있습니다.

- *: 전체 문자열을 대체
- ?: 특정 문자 하나를 대체

*를 이용해 10.10.0.0/16에 대한 전체 라우팅 테이블을 확인하고 싶을 때는 다음과 같이 확인할 수 있습니다.

```
C:\>route print 10.10.*
```

또한, '?'를 이용해 10.10.10.0/24~10.10.19.0/24에 대한 라우팅 테이블을 확인하고 싶다면 다음과 같이 명령을 입력할 수 있습니다.

```
C:\>route print 10.10.1?.0
```

10.10.10.0~10.10.19.0에 대한 라우팅을 확인하거나 목적지 네트워크가 24비트 이하로 나누어진 세부 라우팅 테이블을 확인할 때는 다음과 같이 '*'와 '!'를 모두 사용합니다.

```
C:\>route print 10.10.1?.*
```

이어서 윈도 서버의 라우팅 테이블 관리를 위해 라우팅 테이블을 어떻게 추가하고 삭제하는지 알아보겠습니다. 먼저 라우팅 테이블을 추가하는 명령입니다.

```
ROUTE [ -p ] ADD [ dest ] [ MASK netmask ] [ gateway ] [ METRIC metric ] [ IF interface ]
```

라우팅 테이블을 추가하려면 테이블을 확인할 때 사용하던 ROUTE 명령 뒤에 실행할 명령어로 ADD를 사용해 라우팅 테이블을 추가합니다. 라우팅 테이블을 추가할 때는 목적지 네트워크 주소(dest)와 해당 네트워크의 서브넷 마스크, 게이트웨이 주소를 지정합니다. 라우팅 우선순위를 위한 메트릭 값과 트래픽이 전송될 물리 인터페이스도 추가로 명시할 수 있습니다. 물리 인터페이스를 별도로 선언하지 않더라도 게이트웨이 주소로 지정한 IP 주소를 찾아가기 위한 인터페이스로 자동 설정됩니다.

라우팅 테이블을 생성할 때, 한 가지 유의할 점이 있습니다. 윈도도 리눅스처럼 명령을 입력해 생성된 라우팅 테이블은 활성 경로(Active Routes)에만 등록되므로 서버가 재부팅된 후에는 라우팅 테이블에서 사라집니다. 하지만 리눅스와 달리 설정 파일을 별도로 만들거나 입력하지 않고 기존 명령에 -p 옵션만 추가해 영구 경로(Persistent Routes)에 등록할 수 있습니다. 영구 경로에 등록되면 서버가 재부팅된 후에도 추가한 라우팅 테이블이 계속 유지됩니다.

```
C:\>route add 192.168.1.0 mask 255.255.255.0 10.0.0.1
# 목적지 192.168.1.0/24에 대해 10.0.0.1을 게이트웨이로 라우팅 추가
C:\>route add 192.168.1.0 mask 255.255.255.0 10.0.1.1 metric 100
# 목적지 192.168.1.0/24에 대해 10.0.1.1을 게이트웨이로 하고 메트릭을 100으로 설정한 라우팅 추가
C:\>route add -p 172.16.0.0 mask 255.255.240.0 10.0.0.1
# 목적지 172.16.0.0/12에 대해 10.0.0.1을 게이트웨이로 하는 라우팅을 영구 경로에 등록
```

다음은 라우팅 테이블을 삭제하는 명령입니다.

```
ROUTE DELETE [ dest ] [ MASK netmask ] [ gateway ] [ METRIC metric ] [ IF interface ]
```

라우팅 테이블을 삭제하는 방법은 라우팅을 추가하는 방법과 동일합니다. ROUTE 명령 뒤에 실행할 명령어로 ADD 대신 DELETE를 사용하면 됩니다. 라우팅 테이블 삭제는 라우팅 추가와 달리 MASK나 gateway 정보를 입력하지 않아도 됩니다. 다만 세부 정보를 입력하지 않고 라우팅을 삭제할 때는 유의할 점이 있습니다. 라우팅을 삭제할 때 입력한 정보만으로 라우팅 테이블 정보가 두 개 이상 있다면 해당하는 모든 라우팅 테이블이 삭제됩니다. 예를 들어 라우팅 테이블에 192.168.1.0/24와 192.168.1.0/25를 목적지로 한 라우팅 테이블이 있다고 가정해봅시다. 이때 'ROUTE DELETE 192.168.1.0'과 같이 MASK 정보없이 네트워크 주소만으로 삭제하면 라우팅 테이블에 있는 192.168.1.0/24와 192.168.1.0/25가 모두 매치되므로 두 개의 라우팅 테이블이 모두 삭제됩니다. 따라서 라우팅을 삭제할 때도 가능하면 삭제하려는 라우팅 테이블 정보를 모두 입력해 의도하지 않은 라우팅이 삭제되지 않도록 유의해야 합니다.

```
C:\>route delete 192.168.1.0 mask 255.255.255.0 10.0.0.1
# 목적지 192.168.1.0/24에 대해 10.0.0.1을 게이트웨이로 하는 라우팅 삭제
C:\>route delete 192.168.1.0 mask 255.255.255.0
# 목적지 192.168.1.0/24에 대한 모든 라우팅 삭제(서로 다른 게이트웨이를 바라보는 라우팅이 있는 경
우, 모두 삭제)
C:\>route delete 192.168.1.0
# 목적지 네트워크가 192.168.1.0인 모든 라우팅 삭제(서브넷 마스크의 크기가 다르더라도 네트워크
주소가 192.168.1.0인 라우팅이 있는 경우, 모두 삭제)
```

마지막으로 현재의 라우팅 테이블을 변경하는 명령입니다.

```
ROUTE CHANGE [ dest ] [ MASK netmask ] [ gateway ] [ METRIC metric ] [ IF interface ]
```

라우팅 테이블 변경은 ROUTE 명령 뒤에 실행할 명령어로 CHANGE를 사용합니다. 라우팅 테이블 변경도 라우팅 추가/삭제에 사용하는 옵션을 동일하게 사용합니다. 다만 라우팅을 변경할 때, 일부 옵션을 입력하지 않아도 매칭되는 라우팅 정보가 있다면 빼고 명령어를 실행할 수 있지만 이런 실행은 사용자의 의도와 달리 라우팅이 변경될 수 있습니다. 예를 들어 라우팅 테이블에 192.168.1.0/24가 목적지이고 게이트웨이가 1.1.1.1인 라우팅 테이블에서 게이트웨이를 1.1.2.1로 변경하려고 할 때, MASK 정보를 입력하지 않고 'ROUTE CHANGE 192.168.1.0 1.1.2.1'로만 라우팅을 변경하면 서브넷이 24비트(255.255.255.0)에서 32비트(255.255.255.255)로 잘못 변경됩니다. 따라서 라우팅을 변경할 때는 필요한 정보를 반드시 모두 입력해야 합니다.

```
C:\>route change 192.168.1.0 mask 255.255.255.0 10.0.10.1
# 목적지 192.168.1.0/24에 대한 라우팅에 대해 게이트웨이를 10.0.10.1로 변경
C:\>route change 192.168.1.0 mask 255.255.255.0 10.10.10.1 metric 10
# 목적지 192.168.1.0/24에 대한 라우팅에 대해 게이트웨이를 10.10.10.1, 메트릭을 10으로 변경
```

8.3 네트워크 확인을 위한 명령어

NETWORK

지금까지 윈도와 리눅스 서버에서 네트워크와 라우팅을 설정하고 확인하는 방법에 대해 살펴보았습니다. 이번 장에서는 앞에서 다루었던 내용을 기반으로 서버에서 네트워크 상태를 확인하는 데 필요한 다양한 명령어에 대해 알아보겠습니다.

이번 장에서 다룰 명령어들은 네트워크에 서버를 처음 연결할 때 서버의 네트워크 설정을 확인하기 위해 사용하기도 하지만 갑자기 서버가 정상적으로 통신이 되지 않거나 서비스가 정상적으로 제공되지 않는 문제가 발생할 때 더 유용하게 사용될 수 있습니다. 이번 장에서 다루는 네트워크 관련 명령어를 잘 이해하고 숙지한다면 네트워크 연결에 문제가 발생했을 때 더 쉽게 빨리 찾아내 해결할 수 있을 것입니다.

그럼 지금부터 각 명령어의 사용법과 주요 옵션값들에 대해 알아보고 어떤 경우에 이런 명령어들이 유용한지 알아보겠습니다.

8.3.1 ping(Packet InterNet Groper)

네트워크 상태를 확인할 때 가장 많이 사용하는 명령어는 ping입니다. ping은 IP 네트워크를 통해 특정 목적지까지 네트워크가 잘 동작하고 있는지 확인하는 네트워크 명령어입니다. 상대방 호스트가 살아 있는지 확인하는 것이 이 명령어의 최대 목표이지만 두 호스트 간의 통신을 위한 경로, 즉 라우팅 경로가 정상적으로 구성되어 있는지도 함께 체크할 수 있습니다. ICMP(Internet Control Message Protocol)라는 인터넷 프로토콜을 사용하고 ICMP의 제어 메시지를 통해 여러 가지 네트워크 상태를 파악할 수 있습니다.

ping 명령의 수행은 아래와 같이 ping 명령어와 목적지 IP만으로 간단히 수행할 수 있습니다.

```
ping [옵션] 목적지_IP 주소
```

더 상세한 정보를 파악하기 위해 여러 가지 옵션을 사용해 ping을 체크하는 횟수, 데이터 크기 등을 지정할 수 있습니다. 별도 옵션 없이 ping을 체크하는 방법을 보통 '기본 ping'이라고 하며 옵션을 사용해 ping을 체크하는 방법을 '확장 ping'이라고 합니다. '확장 ping' 중 특정 옵션을 사용할 때, ping을 체크하는 출발지 IP를 지정할 수도 있습니다. ping 명령어는 기본적으로 나가는 인터페이스에 설정된 IP가 출발지 IP로 지정되지만 출발지 옵션을 사용해 루프백 인터페이스 IP나 다른 인터페이스의 IP를 출발지 IP로 지정해 ping을 체크할 수 있습니다. 이 '확장 ping'을 '소스(Source) ping'이라고 합니다.

ping에서 사용되는 주요 옵션은 다음과 같습니다.

▼ 표 8-2 리눅스 ping 명령어 옵션

주요 옵션	리눅스
-c count	ping을 보내는 패킷(ECHO_REQUEST)을 몇 번 보내고 종료할 것인지를 지정 기본 설정은 강제로 정지(CTRL+C)할 때까지 패킷을 지속적으로 보냄
-i interval	패킷을 보내는 시간 간격. 기본 설정값은 1초. 슈퍼 유저의 경우, 0.2 이하로 설정 가능
-I interface	패킷을 보낼 때, 출발지 주소를 지정. 실제 IP 값을 지정하거나 인터페이스 이름을 지정하면 출발지 주소가 변경됨. 이 옵션을 사용하지 않는 경우, 라우팅 테이블에 의해 나가는 인터페이스(Outgoing-Interface)의 IP 주소가 출발지 주소가 됨
-s packetsize	패킷 크기를 지정. 기본 설정값은 56바이트(8바이트의 ICMP 헤더가 추가로 붙어 64바이트를 송신)

▼ 표 8-3 윈도 ping 명령어 옵션

주요 옵션	윈도
-n count	ping을 보내는 패킷(ECHO_REQUEST)을 몇 번 보내고 종료할 것인지를 지정 기본 설정은 4회 전송
-t	중지할 때까지 지정한 호스트로 ping을 지속적으로 전송
-S srcaddr	사용할 원본 IP 주소로, 리눅스의 -I 옵션과 동일
-l size	패킷 크기를 지정. 기본 설정값은 32바이트
-r count	count 홉의 경로 기록(최대 9홉까지 설정 가능)

다음은 리눅스에서 ping을 사용해 목적지 8.8.8.8(google dns)로 100바이트 크기의 ping 패킷을 2회 보내는 예제입니다.

```
[root@zigi ~]# ping 8.8.8.8 -c 2 -s 100          # 패킷 2번, 크기는 100바이트 송신
PING 8.8.8.8 (8.8.8.8) 100(128) bytes of data.
108 bytes from 8.8.8.8: icmp_seq=1 ttl=56 time=37.0 ms
108 bytes from 8.8.8.8: icmp_seq=2 ttl=56 time=36.8 ms

--- 8.8.8.8 ping statistics ---
2 packets transmitted, 2 received, 0% packet loss, time 1001ms
rtt min/avg/max/mdev = 36.845/36.945/37.046/0.216 ms
```

8.3.2 tcping(윈도)

처음에도 언급했듯이 ping은 목적지 단말이 살아 있는지 확인하고 출발지와 목적지까지의 네트워크가 잘 연결되어 있는지 확인하는 명령입니다. 목적지 단말까지의 중간 경로에 문제가 발생한 경우, icmp error 메시지를 활용해 라우팅 문제가 발생한 경우, 일부 파악이 가능합니다.

하지만 목적지 단말이 잘 살아 있고 중간 경로에 문제가 없더라도 실제 서비스를 위해 사용되는 서비스 포트가 정상 상태인지 ping만으로는 확인할 수 없습니다. 출발지와 목적지 사이에 방화벽과 같은 보안 장비에서 막히지 않는지, 목적지 운영체제에서 운영체제 방화벽이 동작해 차단하는 것은 아닌지, 목적지에서 서비스하기 위해 정상적으로 서비스 포트가 오픈되지 않았는지 추가로 확인해야 하는 경우가 많습니다. 또한, 네트워크 경로 체크에서도 ping에서 사용하는 icmp 메시지가 내부 네트워크의 상태 정보를 외부에 유출할 수 있어 정책적으로 icmp와 traceroute를 차단하는 경우도 많습니다. 예를 들어 naver.com은 ping이 막혀 있어 확인이 불가능합니다.

```
C:\>ping naver.com -n 1        # 네이버로 ping을 1회 요청
Ping naver.com [125.209.222.141] 32바이트 데이터 사용:
요청 시간이 만료되었습니다.
125.209.222.141에 대한 Ping 통계:
    패킷: 보냄 = 1, 받음 = 0, 손실 = 1 (100% 손실)
```

따라서 목적지의 실제 서비스 포트로 정상적인 통신이 가능한지 확인하는 작업이 매우 중요합니다. 곧 다룰 telnet 명령으로도 확인할 수 있지만 tcping 프로그램을 통해 ping을 확인하듯이 서비스 포트가 정상적으로 열려 있는지 확인할 수 있습니다. 운영체제에 포함된 기본 명령은 아니지만 설치해두면 유용하게 사용할 수 있습니다.

tcping의 사용법은 다음과 같습니다.

```
tcping [옵션] 목적지_IP 주소
```

tcping에서 사용되는 주요 옵션은 다음과 같습니다.

▼ 표 8-4 tcping 명령 옵션

주요 옵션	리눅스
-n count	tcping을 전송하는 횟수(기본 5회)
-t	중지될 때가지 지정한 호스토로 ping을 지속적으로 전송
-i interval	tcping을 전송하는 시간 간격
serverport	tcping으로 확인하려는 서비스 포트이며 미 설정 때는 80이 기본값

다음은 tcping을 사용해 naver.com으로 서비스 포트 80이 열려 있는지 확인하는 예입니다.

```
C:\>tcping naver.com

Probing 125.209.222.141:80/tcp - Port is open - time=16.907ms
Probing 125.209.222.141:80/tcp - Port is open - time=47.401ms
Probing 125.209.222.141:80/tcp - Port is open - time=26.148ms
Probing 125.209.222.141:80/tcp - Port is open - time=20.604ms

Ping statistics for 125.209.222.141:80
     4 probes sent.
     4 successful, 0 failed.  (0.00% fail)
Approximate trip times in milli-seconds:
     Minimum = 16.907ms, Maximum = 47.401ms, Average = 27.765ms
```

tcping의 응답 값으로 "Port is open"과 함께 실제 응답 시간을 확인할 수 있습니다.

참고

tcping 설치하기

tcping은 기본 프로그램이 아니므로 다음과 같이 다운받아 설치해야 합니다. 윈도 환경에서 별도 설치 프로그램은 없고 실행 파일을 받아 사용하면 됩니다.

- tcping 홈페이지: https://www.elifulkerson.com/projects/tcping.php

▼ 그림 8-11 tcping 프로그램 사이트

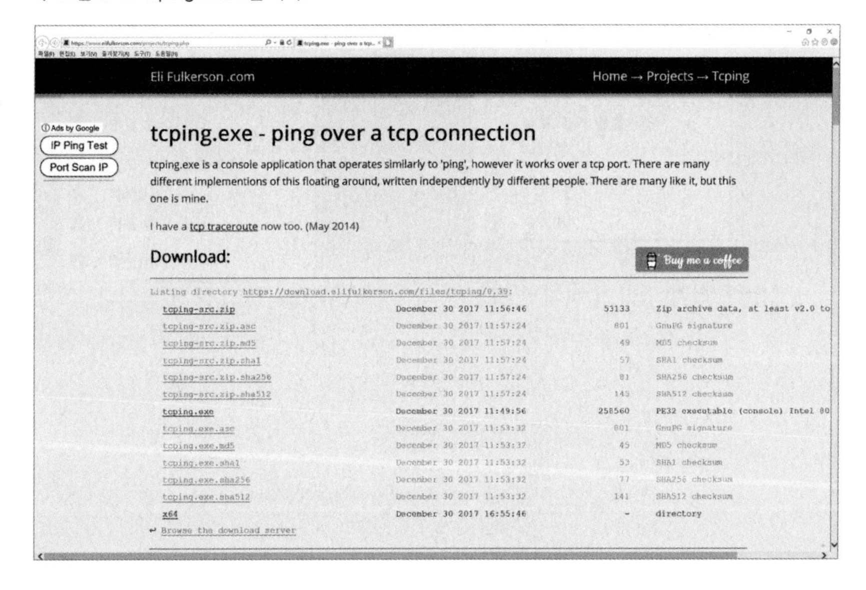

8.3.3 traceroute(리눅스)/tracert(윈도)

traceroute는 출발지부터 통신하거나 목적지까지의 네트워크 경로를 확인할 때 사용하는 네트워크 명령어입니다. ping은 목적지 단말이 잘 동작하는지 확인하는 데 사용되고 icmp 메시지를 이용해 중간 경로에 문제가 있을 때 이것을 확인할 수 있었지만 traceroute는 중간 경로의 더 상세한 정보를 얻는 데 사용됩니다. 중간 네트워크 장비가 아닌 출발지 pc에서 목적지까지의 라우팅 경로를 확인할 수 있고 목적지까지의 통신에 문제가 있을 때, 어느 구간부터 문제가 발생했는지 찾아낼 수 있습니다. 추가로 목적지까지의 네트워크 응답 시간이 느린 경우, 어느 구간에서 응답 시간이 느려지는지도 알아낼 수 있습니다.

traceroute는 IP 헤더의 TTL(Time To Live) 필드를 이용합니다. TTL을 1부터 1씩 증가시키면서 목적지에 도달할 때까지 패킷을 반복적으로 전송하면서 경로를 추적합니다. 인터넷 구간에서 경로를 찾지 못하거나 잘못 전송된 패킷이 무제한적으로 계속 돌아다니지 않도록 IP 헤더에 패킷이 살아 있을 수 있는 한계를 명시하는데 이 정보를 TTL이라고 합니다. 인터넷 구간에서 라우터 장비를 하나 지날 때마다 패킷의 TTL 값이 1씩 줄고 TTL이 0이 되는 순간, 해당 라우터에서 이 패킷을 드롭시키고 icmp 메시지를 이용해 출발지 단말에 패킷을 드롭한 이유를 알려줍니다. TTL이 1일 때는 1홉까지의 장비로 전달되고 TTL이 0으로 만료되면서 해당 장비는 'ICMP time exceed' 메시지를 출발지로 전달합니다. traceroute는 이 메시지를 전달한 장비의 IP를 출력하는 과정을 반복하면서 경로를 추적합니다. 즉, traceroute 경로 추적은 IP 헤더인 3계층 정보에 의한 경로 추적이므로 2계층 이하의 스위치 장비 추적은 불가능합니다. 라우팅이 동작하는 라우터나 L3 스위치와 같은 3계층 장비의 경로만 확인할 수 있습니다.

traceroute로 두 호스트 간 경로가 의도대로 정상적인 경로인지 확인하려면 각 호스트에서 traceroute를 모두 수행해야 합니다. 예를 들어 그림 8-12처럼 서버 #1과 서버 #2가 있고 두 호스트로 가는 경로가 두 개인 경우, 서버 #1에서 서버 #2로 가는 경로와 서버 #2에서 서버 #1로 가는 경로 설정이 다를 수 있습니다. 즉 비대칭 경로인 경우입니다. 라우터와 같이 L3 장비로만 구성되어 라우팅만 이루어지는 상황에서는 비대칭 경로여도 서비스에 문제가 없지만 라우팅 외에 세션을 확인하는 보안 장비가 중간에 섞여 있다면 비대칭 경로에 의해 통신이 차단될 수도 있습니다. 이렇게 패킷이 비대칭 경로임을 찾아내려면 서버 #1과 서버 #2에서 traceroute를 각각 수행한 결괏값으로 경로를 검증해야 합니다.

▼ 그림 8-12 비대칭 경로에 의한 패킷 차단 상황

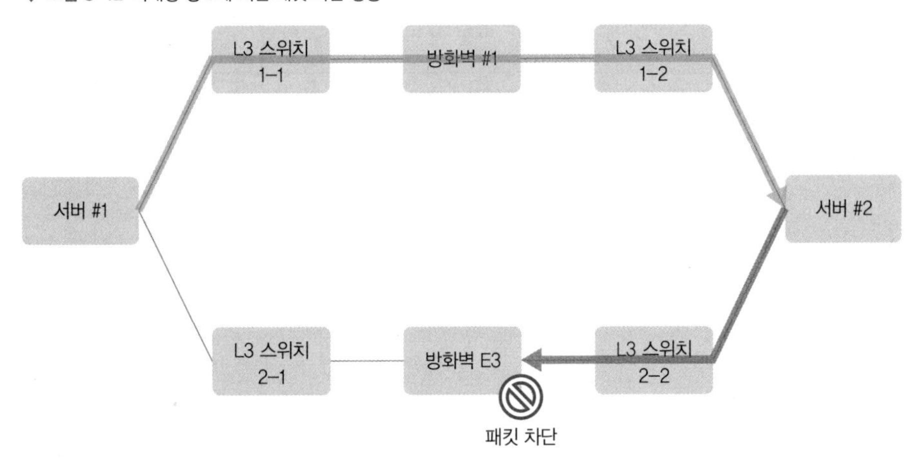

단말의 인터페이스가 두 개 이상인 경우에도 라우팅에 따라 들어오는 인터페이스와 나가는 인터페이스가 다르면 통신 자체가 불가능할 수 있습니다. 그림 8-13에서 서버 #1은 Frontend와 Backend로 인터페이스가 각각 연결되어 있습니다. 이때 서버 #2에서 서버 #1로 서비스 호출을 했을 때, 서버 #1에서는 서버 #2로 응답해야 하지만 서버 #1에서 라우팅이 잘못된 경우, 요청을 받은 Frontend 쪽이 아닌 Backend 쪽을 응답하고 이후 목적지 경로가 없어서 Backend에서 패킷이 폐기될 수 있습니다. 이 경우에도 서버 #1에서 서버 #2로 `traceroute` 명령어를 통해 의도대로 Frontend 경로의 라우팅을 타는지 확인할 수 있습니다.

▼ 그림 8-13 서버의 백엔드 네트워크 설정 오류로 인한 라우팅 불가능 상황

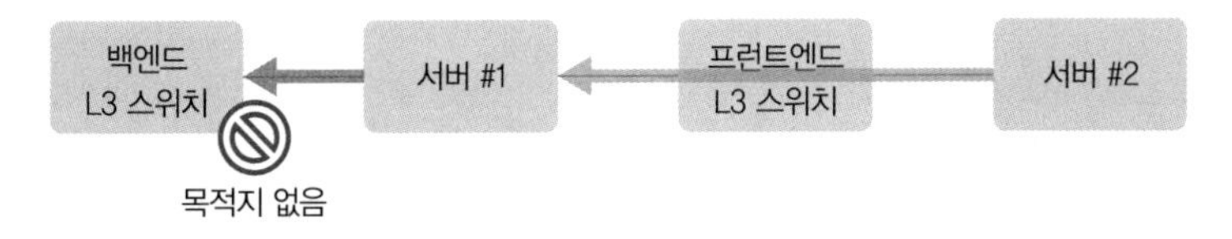

지금부터는 traceroute 명령어에 대해 알아보겠습니다. 리눅스 계열과 윈도 계열에서의 traceroute 명령어는 다음과 같습니다.

- 리눅스: traceroute [옵션] 목적지_IP 주소
- 윈도: tracert [옵션] 목적지_IP 주소

▼ 표 8-5 리눅스 traceroute 명령어 옵션

주요 옵션	리눅스
–I, ––icmp	ICMP 기반으로 traceroute 수행
–T, ––tcp	TCP SYN으로 traceroute를 수행하면 기본 서비스 포트는 80
–n	IP 주소를 도메인이 아닌 숫자 형식으로 표시(도메인 리졸브 미 수행)
–p port, ––port=port	특정 포트를 지정해 traceroute 수행
–s src_addr ––source=src_addr	패킷이 나가는 인터페이스가 아닌 별도 IP로 출발지 IP를 지정

▼ 표 8-6 윈도 tracert 명령 옵션

주요 옵션	윈도
–d	도메인이 아닌 숫자 형식으로 IP 주소를 표시(도메인 리졸브 미 수행)
–h maximum_hops	대상 검색을 위한 최대 홉 수

앞에서도 알아보았듯이 리눅스의 -n 옵션은 도메인 주소로 표기하지 않고 IP 주소로 직접 표기합니다. 즉, 도메인에 대한 리졸브를 수행하지 않게 됩니다. -n 옵션이 없는 경우, DNS에 표기되는 IP를 DNS 이름으로 역 쿼리를 시도하고 이 작업으로 인한 시간 지연이 있습니다. -n 옵션을 사용하면 DNS 쿼리 없이 직접 IP 주소로 결과가 출력되므로 결과가 신속히 출력된다는 장점 때문에 이 옵션을 많이 사용합니다. 윈도의 경우, -d 옵션이 리눅스의 -n 옵션과 같은 역할을 합니다.

다음은 tracert를 이용해 Google DNS까지의 경로를 추적한 예입니다.

Google DNS(8.8.8.8)까지의 경로 추적

```
C:\>tracert 8.8.8.8

최대 30홉 이상의
google-public-dns-a.google.com [8.8.8.8]로 가는 경로 추적:

  1    40 ms     2 ms    12 ms  172.30.1.254
  2     7 ms     9 ms    19 ms  175.193.124.254
  3   239 ms    28 ms    81 ms  112.187.133.197
  4   111 ms   121 ms    32 ms  112.188.45.97
  5   262 ms   219 ms    30 ms  112.188.32.89
```

```
  6     64 ms     73 ms     28 ms  112.174.19.145
  7     61 ms     56 ms    136 ms  112.174.7.190
  8    240 ms    201 ms     89 ms  72.14.194.106
  9     66 ms     39 ms     40 ms  108.170.242.161
 10     52 ms     40 ms     38 ms  108.170.236.183
 11     65 ms    289 ms    264 ms  google-public-dns-a.google.com [8.8.8.8]

추적을 완료했습니다.
```

다음은 특정 서비스 포트를 사용해 traceroute를 수행한 예제입니다.

마지막으로 traceroute 경로 추적은 화면상에 모든 경로가 표기되지 않을 수 있습니다. 보안상의 이유로 중간에 있는 보안 장비에서 icmp 메시지나 UDP 패킷을 차단하는 경우나 중간의 라우터 장비에서 자신의 IP가 노출되는 것을 막기 위해 traceroute icmp 메시지에 대해 응답하지 않을 때는 응답 시간이 아닌 ***로 표기됩니다.

응답 시간이 표시되지 않는 추적

```
C:\>tracert 8.8.8.8
최대 30홉 이상의 8.8.8.8로 가는 경로 추적
  1      2 ms      1 ms      1 ms  192.168.200.254
  2      *         *         *     요청 시간이 만료되었습니다.
  3     16 ms     10 ms     22 ms  172.21.13.145
  4     51 ms     33 ms     68 ms  172.20.4.29
  5     14 ms     20 ms     18 ms  192.145.251.137
  6     51 ms     48 ms    184 ms  4.69.217.14
  7     44 ms     42 ms     45 ms  218.100.6.53
  8     57 ms     44 ms     40 ms  108.170.242.193
  9     47 ms     67 ms     57 ms  108.170.233.79
 10     39 ms     38 ms     50 ms  8.8.8.8

추적을 완료했습니다.
C:\>
```

참고

우분투에서 traceroute 패키지 설치하기

우분투 16.04에는 traceroute 패키지가 기본적으로 설치되지 않으므로 패키지를 다음과 같이 설치해야 합니다.

```
[root@zigi ~]# traceroute 8.8.8.8
```

```
The program 'traceroute' can be found in the following packages:
 * inetutils-traceroute
 * traceroute
Try: apt install <selected package>
root@zigi-u:/etc/network/interfaces.d# apt-get install traceroute
```

참고

traceroute를 수행하는 프로토콜

traceroute는 운영체제에 따라 기본적으로 사용되는 프로토콜이 다릅니다. 윈도 계열에서는 ICMP를 기반으로 동작하며 리눅스/유닉스 계열에서는 UDP를 기반으로 동작합니다.

8.3.4 tcptraceroute

앞에서 다루었던 ping과 tcping의 관계처럼 traceroute도 경로 정보뿐만 아니라 서비스 포트를 추가로 확인할 수 있는 traceroute 명령어가 있습니다. traceroute는 경로 추적만 가능하며 서비스를 위한 서비스 포트가 정상적으로 열리는지 확인할 수 없습니다. 서비스에 문제가 생겼을 때는 중간 경로에서 차단되었는지, 최종 목적지에서 차단되었는지, 목적지 단말에서 서비스를 제대로 오픈하지 못했는지 확인해야 합니다. 이런 여러 가지 사항을 한꺼번에 확인할 수 있는 명령어가 tcptraceroute(tcptrace)입니다.

tcptraceroute는 traceroute와 유사하게 출발지와 목적지까지의 경로를 확인하지만 실제 서비스 포트를 이용해 경로를 추적하므로 최종 목적지까지 서비스 포트가 정상적으로 열리는지 확인할 수 있고 만약 열리지 않는다면 어느 구간부터 서비스가 막히는지 확인할 수 있습니다.

리눅스에서는 traceroute 명령어에 서비스 포트를 지정해 tcptraceroute와 같이 확인할 수 있지만 윈도의 경우에는 tracert에서 서비스 포트를 지정할 수 있는 옵션이 없습니다. 윈도에서도 tcptraceroute를 이용하면 서비스 포트 차단 문제를 해결하는 데 큰 도움이 됩니다. 물론 윈도뿐만 아니라 리눅스에서도 tcptraceroute를 추가로 설치해 사용할 수 있습니다.

리눅스와 윈도에서 다음과 같이 tcptraceroute를 설치할 수 있습니다. traceroute 패키지를 설치하면 tcptraceroute도 함께 설치됩니다.

리눅스에서 tcptraceroute 설치

```
# yum install traceroute                    # CentOS/레드햇 계열
$ apt-get install traceroute                # 우분투/데비안 계열
```

윈도에서는 다음 웹사이트에서 tcproute.zip 파일을 받은 후 압축을 해제합니다.

- tcproute 홈페이지: https://www.elifulkerson.com/projects/tcproute.php

▼ 그림 8-14 tcproute 프로그램 웹사이트

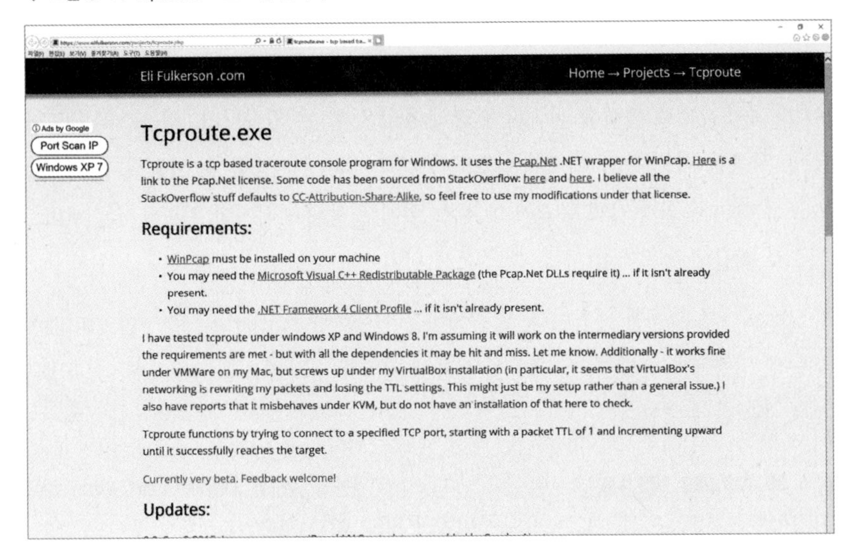

리눅스 계열과 윈도 계열에서의 tcptraceroute 명령어는 다음과 같습니다.

```
tcptraceroute [옵션] 목적지_IP 주소 [서비스 포트]        # 리눅스
tcproute [옵션] 목적지_IP 주소                          # 윈도
```

사용법은 traceroute와 같아 쉽게 사용할 수 있습니다. 서비스 포트를 추가로 설정할 수 있고 추가적인 다른 옵션들도 사용할 수 있지만 서비스 포트 지정만으로도 문제 해결에 충분히 유용하게 사용될 수 있습니다. 리눅스와 윈도에서 사용할 수 있는 주요 옵션을 알아보겠습니다.

▼ 표 8-7 리눅스 tcptraceroute 명령어 옵션

주요 옵션	리눅스
-n	ICMP 기반으로 traceroute 확인
-s source address	출발지 IP 주소를 지정
destination port	도메인이 아닌 숫자 형식으로 IP 주소를 표시(도메인 리졸브 미 수행)

8 서버 네트워크 기본

▼ 표 8-8 윈도 tcproute 명령 옵션

주요 옵션	리눅스
-p PORT	목적지 서비스 포트 지정
-d	도메인이 아닌 숫자 형식으로 IP 주소를 표시(도메인 리졸브 미 수행)
-i INT#	특정 인터페이스로 출발지 인터페이스를 지정 해당 옵션을 사용하지 않을 때는 명령 실행 시 인터페이스를 선택
--http	HTTP Request를 보내 접속 확인

기존에 설명했던 리눅스의 -n이나 윈도의 -d 옵션은 tcptraceroute도 동일하게 사용됩니다. 도메인 리졸브 없이 IP 주솟값으로 출력해 신속히 결과의 응답을 할 수 있습니다. 리눅스와 윈도에서 tcptraceroute를 사용할 때는 목적지 서비스 포트의 위치 때문에 혼동될 수 있습니다. 리눅스에서는 서비스 포트를 다른 옵션과 달리 목적지 IP 주소 뒤에 설정해야 하지만 윈도에서는 서비스 포트도 옵션 항목으로 취급해 목적지 IP 주소 앞의 옵션 위치에 명시해주어야 합니다.

다음은 윈도에서 tcproute를 사용한 예입니다. tcproute를 실행하면 tcproute를 수행할 인터페이스를 선택하게 되는데 명령을 실행할 때 -i 옵션을 사용해 인터페이스 번호를 지정하면 이 과정을 생략하고 바로 경로 추적을 수행합니다.

```
C:\>tcproute -p 80 125.209.222.142                    # -p 옵션을 사용해 포트 지정
Available interfaces:  (use with -i to avoid interaction next time)
1.  Network adapter 'Microsoft' on local host
     rpcap://\Device\NPF_{CB6C878A-190B-4DEE-AE6D-26325C484BA3}
     Internet6 FE80:0000:0000:0000:3D06:4FA9:01A7:BCF0
     Internet6 FE80:0000:0000:0000:3D06:4FA9:01A7:BCF0

2.  Network adapter 'Microsoft' on local host
     rpcap://\Device\NPF_{7D96DC58-5FDA-4626-9F35-C7B7863BCDED}
     Internet6 FE80:0000:0000:0000:B842:7CB9:807D:96CC
     Internet6 FE80:0000:0000:0000:B842:7CB9:807D:96CC

3.  Network adapter 'MS NDIS 6.0 LoopBack Driver' on local host
     rpcap://\Device\NPF_{E094EDD2-212F-408D-81FC-A389DE08CBB0}
     Internet6 FE80:0000:0000:0000:9D6B:00FF:F506:A782
     Internet 0.0.0.0

4.  Network adapter 'Microsoft' on local host
     rpcap://\Device\NPF_{177B0A0E-13D3-4619-90DC-854E936C9463}
     Internet6 FE80:0000:0000:0000:E18A:DF0D:E6D0:C762
```

```
    Internet 192.168.200.172

Select the listening interface (1-4):
4
Ensuring gateway address (192.168.200.254) is in arp... OK!

Using the following values:
---------------------------
Local IP:     192.168.200.172
Local MAC:    70:BC:10:60:C8:74
Gateway MAC: E4:BE:ED:B3:74:71
Remote IP:    125.209.222.142

Tracing route to 125.209.222.142:80
  1      123 ms        192.168.200.254      TimeExceeded
  2     2006 ms        timed out
  2     2001 ms        timed out
  2     2002 ms        timed out
  3       16 ms        172.21.13.145        TimeExceeded
  4       24 ms        172.20.4.193         TimeExceeded
  5       14 ms        192.145.251.110      TimeExceeded
  6     2004 ms        timed out
  6     2001 ms        timed out
  6     2001 ms        timed out
  7     2003 ms        timed out
  7     2001 ms        timed out
  7     2002 ms        timed out
  8     2002 ms        timed out
  8     2002 ms        timed out
  8     2002 ms        timed out
  9       16 ms        125.209.222.142:80   Synchronize, Acknowledgement (port open)
```

다음은 리눅스에서 tcptraceroute 명령어를 수행해 naver.com으로 80 포트에 대해 경로를 체크하는 예시입니다. 리눅스의 -n 옵션은 도메인 주소로 표기하지 않고 직접 IP 주소로 표기합니다. 즉, 도메인에 대한 리졸브를 수행하지 않습니다. -n 옵션이 없는 경우, DNS에 표기되는 IP를 DNS 이름으로 역 쿼리를 시도하게 되고 이 작업으로 인한 시간 지연이 있습니다.

```
[root@zigi ~]# tcptraceroute -n naver.com 80
traceroute to naver.com (125.209.222.141), 30 hops max, 60 byte packets
 1  * * *
 2  * * *
 3  * * *
```

```
 4  * * *
 5  * * *
 6  * * *
 7  * * *
 8  * * *
 9  * * *
10  * * *
11  * * *
12  * * *
13  * * *
14  * * *
15  125.209.222.141 <syn,ack>  37.251 ms  34.795 ms  37.231 ms
```

8.3.5 netstat(network statistics)

netstat은 서버의 다양한 네트워크 상태를 확인하는 데 사용하는 명령어입니다. 여러 가지 네트워크 관련 정보를 확인할 수 있어 사용 범위가 매우 넓지만 서비스 포트 상태를 확인하는 용도로 가장 많이 사용됩니다. 현재 서버에서 특정 서비스가 정상적으로 열려 있는지(LISTENING), 또는 외부 서비스와 TCP 세션이 정상적으로 맺어져 있는지(ESTABLISHED), 서비스가 정상적으로 종료되고 있는지(TIME_WAIT, FIN_WAIT, CLOSE_WAIT) 여부 등을 netstat 명령어로 확인할 수 있습니다. 이런 정보는 서버의 네트워크 상태를 확인시켜 주므로 서비스에 문제가 발생했을 때 문제 해결을 위한 기본 정보로 활용할 수 있습니다. 하지만 이런 정보를 이용해 현재 서비스 상태를 명확히 이해하고 문제를 분석하려면 앞에서 다루었던 TCP 통신에 대한 상태 변화와 동작 방식을 정확히 이해하고 있어야 합니다. netstat 명령어는 서비스의 포트 상태 정보뿐만 아니라 라우팅 테이블이나 인터페이스 패킷 통계정보 확인에도 사용할 수 있습니다.

지금부터 netstat 명령어에 대해 알아보겠습니다. 리눅스 계열과 윈도 계열에서의 netstat 명령어의 기본적인 사용법은 같습니다.

```
netstat [옵션]
```

netstat에서 사용되는 주요 옵션은 다음과 같습니다.

▼ 표 8-9 리눅스 netstat 명령어 옵션

주요 옵션	리눅스
-a, --all	모든 연결과 수신 대기 포트 표시
-n, --numeric	주소와 포트 번호를 숫자 형식으로 표시(예: http → 80)

-r, --route	라우팅 테이블 표시
-i, --interfaces	인터페이스별 입출력 패킷 통계
-s, --statistics	네트워크에 통계 데이터 출력
-p, --programs	PID와 프로그램 이름 출력
-t, --tcp	TCP만 출력(TCP, TCPv6)
-4/-6	IPv4나 IPv6에 대해 출력

▼ 표 8-10 윈도 netstat 명령 옵션

주요 옵션	윈도
-a	모든 연결과 수신 대기 포트 표시
-n	주소와 포트 번호를 숫자 형식으로 표시
-r	라우팅 테이블 표시
-e	이더넷 통계를 표시합니다. 이 옵션은 -s 옵션과 함께 사용 가능
-s	프로토콜별 통계를 표시합니다. 기본적으로 IP, IPv6, ICMP, ICMPv6, TCP, TCPv6, UDP 및 UDPv6에 대한 통계를 표시 -p 옵션을 사용해 기본값의 일부 집합에 대한 통계만 표시
-p proto	proto로 지정한 프로토콜의 연결을 표시 proto는 TCP, UDP, TCPv6, UDPv6 중 하나로, -s 옵션과 함께 사용해 프로토콜별 통계를 표시할 경우, proto는 IP, IPv6, ICMP, ICMPv6, TCP, TCPv6, UDP, UDPv6 중 하나를 사용

다음은 netstat에 대한 사용 예입니다. -ant 옵션으로 TCP에 대한 모든 연결과 수신 대기 정보를 숫자로 표기해 출력하도록 했습니다.

리눅스 netstat 사용 예제

```
[root@zigi ~]# netstat -ant4
Active Internet connections (servers and established)
Proto Recv-Q Send-Q Local Address           Foreign Address         State
tcp        0      0 0.0.0.0:111             0.0.0.0:*               LISTEN
tcp        0      0 0.0.0.0:80              0.0.0.0:*               LISTEN
tcp        0      0 0.0.0.0:53              0.0.0.0:*               LISTEN
tcp        0      0 0.0.0.0:22              0.0.0.0:*               LISTEN
tcp        0      0 127.0.0.1:25            0.0.0.0:*               LISTEN
tcp        0      0 10.1.1.5:53918          168.63.129.16:80        TIME_WAIT
tcp        0     52 10.1.1.5:22             112.214.211.177:61304   ESTABLISHED
. 후략 ...
```

다음은 TCP 프로토콜(-p TCP)에 대한 통계 값(-s)을 확인하는 예제입니다.

윈도 netstat 사용 예제

```
C:\>netstat -s -p TCP

IPv4에 대한 TCP 통계

  활성 열기                              = 449380
  수동 열기                              = 111462
  실패한 연결 시도                       = 158389
  다시 설정된 연결                       = 149221
  현재 연결                              = 80
  받은 세그먼트                          = 215664217
  보낸 세그먼트                          = 193217134
  재전송된 세그먼트                      = 1201150

활성 연결

  프로토콜  로컬 주소          외부 주소                상태
  TCP       127.0.0.1:1044     vmware-localhost:62522   ESTABLISHED
  TCP       127.0.0.1:1050     vmware-localhost:64032   ESTABLISHED
```

netstat 명령은 리눅스와 윈도 서버 모두 사용할 수 있고 다양한 네트워크 정보를 확인할 수 있는 매우 유용한 명령어입니다. 워낙 광범위하게 사용되다보니 여기서 다루는 옵션 외에 추가로 다른 옵션을 직접 실행해 결괏값을 확인하는 것이 네트워크 문제를 이해하고 해결하는 데 효과적인 학습법이 될 것입니다.

참고

netstat를 대체하는 다양한 명령어

리눅스의 man 명령어를 이용해 netstat 명령어에 대한 설명을 확인하면 note 부분에서 netstat 외의 다른 대체 명령어를 사용할 것을 권고하고 있습니다.

```
This program is obsolete. Replacement for netstat is ss. Replacement for netstat -r is
ip route. Replacement for netstat -i is ip -s link. Replacement for netstat -g is ip
madder.
```

위의 출력된 권고 내용처럼 ss, ip route, ip -s link, ip madder와 같은 명령어로 netstat의 다양한 옵션을 대체할 수 있습니다. 이 명령어들은 netstat보다 상세하고 보기 쉽게 정보를 정리해주므로 대체 명령어를 쓸 것을 권고하고 있지만 여러 가지 사용상 이점 때문에 netstat는 여전히 많

이 사용되고 있습니다.

참고

윈도에서 결괏값 필터링

netstat는 서버에서 현재 서비스 포트의 상태를 확인할 때 가장 많이 사용됩니다. 보통 서버들의 경우, 외부와 연결된 세션이 많아 기본 명령어를 이용해 모든 서비스 포트 정보를 출력하면 확인을 원하는 특정 서비스 포트를 찾기 힘듭니다. 원하는 정보만 신속히 추려서 출력하기 위해 필터링 기능을 사용합니다. 특정 서비스 포트만 확인하고 싶다면 해당 서비스 포트로 필터링하고 서버에서 LISTENING 중인 서비스를 확인하고 싶다면 "LISTENING"으로 필터링하면 됩니다.

리눅스에서는 이런 특정한 문자열이 포함된 항목의 필터링을 위해 특정 명령어 뒤에 '| grep 문자열'을 사용합니다. 다음은 리눅스에서 LISTENING 중인 서비스 포트만 확인하기 위한 예제입니다.

```
# netstat -an | grep LISTENING
```

윈도 서버에서도 리눅스의 grep처럼 find 명령어를 이용하면 결괏값을 필터링할 수 있습니다. 일반적으로 특정 파일 내에서 특정 문자열을 찾는 기능으로 많이 사용하지만 grep처럼 명령어의 출력값 내에서 특정 문자열을 지정해 찾을 수도 있습니다. 다만 유의할 점은 찾으려는 문자열을 지정할 때는 다음과 같이 문자열을 ""로 반드시 묶어주어야 한다는 것입니다.

```
C:\>netstat -an | find "LISTENING"
```

8.3.6 ss(socket statistics)

ss는 소켓 정보를 확인할 수 있는 네트워크 명령어입니다. 기존 netstat 명령어를 대체하는 것뿐만 아니라 다양한 옵션을 제공해 더 많은 정보를 추가로 확인할 수 있습니다. ss는 화면에 표기할 정보를 커널 스페이스를 통해 직접 가져오므로 netstat보다 결과를 빨리 확인할 수 있습니다.

ss 명령어는 다음과 같이 사용합니다.

```
ss [ 옵션 ] [ 필터 ]
```

ss 명령어에서 유용하게 사용할 수 있는 몇 가지 옵션만 살펴보겠습니다.

▼ 표 8-11 ss 명령어 옵션

주요 옵션	설명
-a	화면에 전체 소켓을 표시
-l	화면에 LISTENING 상태의 소켓만 표시
-i	소켓에 대한 자세한 정보
-p	현재 소켓에서 사용 중인 프로세스 표시
-n	서비스 명이 아닌 실제 포트 번호로 서비스 포트를 표기
-4, -6, --ipv4, --ipv6	IPv4, IPv6에 대한 소켓만 각각 화면에 표시
-s	프로토콜별 통계 표시
-t, -u	TCP/UDP에 대한 소켓만 각각 화면에 표시

ss 명령어는 grep 없이 결괏값을 필터링할 수 있는 기능을 기본적으로 제공합니다.

다음은 ss에 대한 사용 예입니다. ss의 -l과 -p 옵션을 사용해 LISTENING 상태이면서 현재 소켓에서 사용 중인 목록을 필터링하고 http 서비스에 대해서만 grep으로 필터링했습니다.

```
[root@zigi ~]# ss -lp | grep http
tcp    LISTEN    0    128    *:http   *:*     users:(("nginx",pid=31269,fd=6),("nginx",
pid=31268,fd=6))
tcp    LISTEN    0    128    :::http  :::*    users:(("nginx",pid=31269,fd=7),("nginx",
pid=31268,fd=7))
```

이 결과로 현재 http 서비스를 제공하는 프로세스 이름 nginx와 해당 프로세스 ID(pid) 값도 함께 알 수 있습니다. 이 옵션을 통해 특정 서비스가 어떤 프로세스에 의해 점유되고 있는지 쉽게 찾아낼 수 있습니다.

다음은 IPv4 연결 정보 중 TCP 상태가 커넥티드인 연결에 대한 세부적인 정보 값을 확인하는 예제입니다.

```
ss -it4 state connected
```

-i 옵션은 현재 소켓에 대한 세부적인 정보 값을 볼 수 있도록 하고 -t는 TCP에 대한 정보, -4는 IPv4에 대한 정보를 화면에 출력시킵니다. 이 정보 중 connected 상태인 연결 정보들만 필터링하면 최종 결괏값이 보입니다.

ss에서 state(연결 상태)로 필터링할 수 있는 상태 값은 established, syn-sent, syn-recv, fin-wait-{1,2}, time-wait, closed, close-wait, last-ack, listen, closing 등입니다. 이 상태 값을 적절히 사용하려면 앞에서 언급했듯이 각 상태 값의 의미를 이해해야 합니다.

8.3.7 nslookup(name server lookup)

nslookup은 DNS(Domain Name Server)에 다양한 도메인 관련 내용을 질의해 결괏값을 전송받을 수 있는 네트워크 명령입니다. 가장 자주 사용되는 질의는 특정 도메인에 매핑된 IP 주소를 확인하기 위해 사용하는 것입니다.

nslookup 명령어를 사용하면 운영체제에 설정했던 네트워크 설정 정보를 이용해 DNS 서버 주소로 질의를 보내지만 필요한 경우, 옵션값으로 질의하려는 DNS 서버를 변경할 수 있습니다. DNS 서버 변경은 보통 특정 도메인의 변경된 설정값이 외부 DNS로 잘 전파되었는지 확인할 때 사용됩니다. 대부분의 인터넷 사용자들이 주요 통신사의 DNS 서버를 참조하고 있으므로 외부 DNS 서버에 변경 정보가 전파되었는지 확인하려면 통신사 DNS 서버에 질의해 확인하는 것이 좋습니다. 이때 사용되는 DNS 서버 정보는 다음과 같습니다.

▼ 표 8-12 주요 DNS 정보

DNS	IP
SK	219.250.36.130, 210.220.163.82
KT	168.126.63.1, 168.126.63.2
LG	164.124.101.2, 203.248.252.2
GOOGLE	8.8.8.8, 4.4.4.4

nslookup은 직접 질의해 결괏값을 확인하는 방법과 대화명 모드를 실행해 확인하는 방법을 모두 제공합니다. 단순히 하나의 도메인에 대해 간단히 질의할 때는 직접 질의해 결과를 신속히 확인할 수 있지만 여러 도메인이나 DNS에서 다수의 질의를 해야 할 때는 대화형 모드로 nslookup을 사용하는 것이 더 편리합니다.

nslookup을 직접 실행하는 방법과 대화형 모드로 실행할 때의 사용 방법은 다음과 같습니다.

```
nslookup [옵션]                    # 기본 네임 서버를 사용한 대화형 모드
nslookup [옵션] - server           # 기본 네임 서버를 server로 지정한 대화명 모드
nslookup [옵션] host               # 기본 네임 서버를 사용한 host 질의
nslookup [옵션] host server        # 기본 네임 서버를 server로 지정한 host 질의
```

nslookup 명령을 이용해 도메인 질의를 하면 DNS 레코드 타입 중 A 레코드에 대한 값을 질의하고 결과를 받게 됩니다. A 레코드는 흔히 우리가 알고 있는 도메인과 IP 주소를 매핑한 레코드라고 보면 됩니다. DNS 레코드 타입 부분은 7.2 DNS 절에서 자세히 다루었습니다.

nslookup을 통해 A 레코드가 아닌 다양한 다른 레코드 정보를 확인할 때는 set type(또는 set querytype) 옵션을 사용해 설정값을 확인할 수 있습니다. 다음은 set type에서 적용할 수 있는 주요 옵션값입니다. set type 옵션값은 윈도, 리눅스 모두 동일하게 사용할 수 있습니다.

▼ 표 8-13 nslookup의 set type 옵션에 적용할 수 있는 레코드 항목

설정값	내용
A	도메인에 대한 IPv4 정보 확인
AAAA	도메인에 대한 IPv6 정보 확인
ANY	도메인에 대한 모든 설정 정보 확인
MX	현재 도메인에 대한 메일 서버 설정 확인
NS	현재 도메인에 대한 네임 서버 설정 확인
PTR	역방향 도메인 정보 확인

nslookup 대화형 방식에 대한 사용 예입니다.

도메인의 IPv4 주소 정보 확인

```
C:\>nslookup
기본 서버: kns.kornet.net
Address: 168.126.63.1

> google.com
Server: 168.126.63.1
Address: 168.126.63.1#53

Non-authoritative answer:
Name: google.com
Address: 216.58.197.238
```

도메인의 네임 서버(NS) 정보 확인

```
> set type=NS
> google.com
Server: 168.126.63.1
Address: 168.126.63..1#53

Non-authoritative answer:
google.com      nameserver = ns2.google.com.
google.com      nameserver = ns1.google.com.
google.com      nameserver = ns3.google.com.
google.com      nameserver = ns4.google.com.

Authoritative answers can be found from:
ns2.google.com  internet address = 216.239.34.10
ns2.google.com  has AAAA address 2001:4860:4802:34::a
ns1.google.com  internet address = 216.239.32.10
ns1.google.com  has AAAA address 2001:4860:4802:32::a
ns3.google.com  internet address = 216.239.36.10
ns3.google.com  has AAAA address 2001:4860:4802:36::a
ns4.google.com  internet address = 216.239.38.10
ns4.google.com  has AAAA address 2001:4860:4802:38::a
>
```


8.3.8 telnet(tele network)

텔넷은 원격지 호스트에 터미널 연결을 위해 사용되는 매우 오래된 표준 프로토콜입니다. 다양한 텔넷 프로그램을 이용해 서버에 접근해 관리하는 용도로 사용되지만 네트워크 문제 해결을 위해 특정 서버의 서비스에 대한 접근 가능성을 테스트하는 데도 사용할 수 있습니다. telnet은 평문을 사용하므로 네트워크에 접근 가능한 해커에 의해 통신 내용을 감청당할 수 있어 보안을 중시하는 최근 요구사항을 충족시키지 못합니다. 서버 접근 관리 용도로는 암호화되어 통신 내용을 감청할 수 없는 SSH 사용이 권고되고 있습니다. 이 책에서는 telnet 명령어를 네트워크 문제 해결 용도로 특정 서비스가 열려 있는지 확인하는 용도로만 다루겠습니다.

서비스 확인을 위한 텔넷 사용법은 다음과 같습니다.

```
telnet 목적지 IP 서비스 포트
```

서버의 서비스에 정상적인 접근이 가능한 경우, 다음과 같이 명령 프롬프트가 떨어지거나 화면 상태가 바뀝니다.

서비스 포트 오픈 시

```
root@zigi:~# telnet naver.com 80
Trying 125.209.222.141...
Connected to 125.209.222.141.
Escape character is '^]'.
```

하지만 서비스에 대한 접근이 불가능할 때는 서비스가 열리기를 기다리면서 프롬프트가 그대로 대기하고 있다가 일정 시간이 지나면 연결에 실패했다는 메시지와 함께 종료됩니다.

서비스 포트 오픈 불가능 시

```
root@zigi:~# telnet naver.com 81
Trying 125.209.222.141...
```

텔넷으로 서비스를 테스트할 때 접근이 불가능한 이유는 여러 가지가 있지만 보통 다음과 같은 몇 가지 경우가 대부분입니다.

출발지 네트워크 설정이나 연결이 올바르다고 가정하겠습니다.

- 도착지 단말이 꺼져 있거나 네트워크에 정상적으로 연결되어 있지 않은 경우
- 도착지 단말의 네트워크 설정에 문제가 있는 경우

1. 출발지로부터 해당 서비스가 동작 중인 서버까지의 경로가 정상적으로 잡혀 있지 않은 경우
2. 출발지로부터 해당 서비스가 동작 중인 서버까지의 경로상 보안 장비 등에 의해 차단된 경우
3. 도착지 단말의 방화벽이나 iptables와 같은 보안 기능에서 차단된 경우
4. 도착지 단말이 정상적으로 서비스가 열려 있지 않은 경우(서비스 포트가 Listening 상태가 아니거나 서버 서비스가 구동되지 않았거나 다른 포트로 매핑되어 서비스가 올라온 경우)

뒤에서 다시 다루겠지만 위의 경우처럼 다양한 원인 때문에 서비스가 정상적으로 구동되지 않을 수 있으므로 추가적인 테스트를 통해 서비스가 열리지 않는 원인을 파악하고 그에 따른 조치를 취해야 합니다.

첫째, 네트워크 경로의 문제라면 네트워크 장비 접근 없이 출발지, 도착지 단말에서도 ping 테스

트와 traceroute 명령어를 이용해 대략적인 문제를 파악할 수 있습니다.

둘째, 보안 장비에 의해 차단된 경우, 다른 포트나 ICMP 프로토콜을 이용하는 ping, traceroute를 사용해 일부 파악이 가능합니다. 보안 장비의 위치를 알고 있다면 보안 장비를 지나는 경우와 지나지 않는 경우로 나누어 테스트해보고 문제를 파악할 수 있습니다.

셋째, 단말의 방화벽 기능을 일시적으로 내리고 테스트를 수행하여 문제를 파악할 수 있습니다.

넷째, netstat와 ss 명령어를 이용해 서비스가 정상적으로 동작하고 있는지, 어떤 프로세스와 포트가 연동되는지 파악해 문제를 해결할 수 있습니다.

복합적인 원인인 경우가 대부분이므로 가능한 모든 경우의 수를 고려해 확인하고 조치하는 것이 문제를 더 신속히 해결하는 지름길입니다.

참고

안전하지 않은 텔넷 대신 안전한 SSH를 사용하세요.

텔넷은 매우 오래 전 개발된 원격지 접속 프로토콜입니다. 암호화되지 않은 문자열(Plain Text)을 사용해 보안에 취약하므로 실무에서는 주로 공개 키 방식의 암호화를 사용한 SSH(Secure SHell)를 사용합니다.

참고

윈도에서 텔넷 기능 추가하기

텔넷은 윈도에서 기본적으로 비활성화되어 있어 별도로 활성화 작업을 하지 않을 경우, 앞에서 다룬 텔넷 명령어를 통한 서비스 포트 오픈 확인 작업이 불가능합니다.

```
C:\>telnet
'telnet' is not recognized as n internal or external command,
operable program or batch file.
```

윈도에서 텔넷 명령어를 사용하려면 텔넷 클라이언트 기능을 활성화해야 합니다. 따라서 윈도에서 텔넷 명령어를 사용하려면 윈도 서버의 제어판에서 'Windows 기능 켜기/끄기'를 실행한 후 그림 8-15처럼 **'역할 및 기능 추가 마법사'** 창에서 **'기능'** 부분의 'Telnet Client'를 체크해 텔넷 클라이언트를 활성화해주어야 합니다.

▼ 그림 8-15 윈도 서버에서 telnet client 기능 추가하기

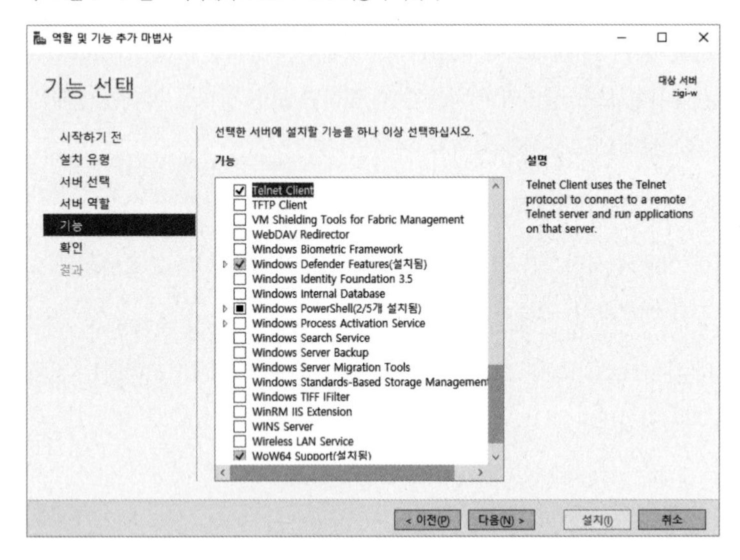

텔넷 클라이언트를 활성화하는 데 별도의 윈도 서버 재시작은 필요없습니다.

8.3.9 ipconfig

ipconfig는 네트워크 설정을 확인하는 윈도 명령으로 앞에서 기본 명령에 대해 간단히 다루었습니다. 자주 사용하는 두 가지 옵션을 추가로 알아보겠습니다.

먼저 DHCP 환경에서 할당받은 현재 IP 주소를 해제(release)하고 갱신(renew)하는 옵션입니다.

```
ipconfig /release        # 네트워크 주소 해제
ipconfig /renew          # 네트워크 주소 갱신
```

IP 주소를 정상적으로 할당받지 못한 경우, 이 release, renew 작업이 필요합니다. DHCP 사용이 설정된 상황에서 IP 할당이 정상적으로 안 되는 경우, IP 주소가 없으면 어떤 통신도 불가능하므로 단말에서 자체적으로 169.254.0.0/16 대역의 IP를 할당합니다. 물론 DHCP를 통해 할당받은 IP의 재갱신이 필요할 때도 해당 명령을 사용할 수 있습니다.

다음은 현재 서버에서 도메인에 대한 로컬 캐시 정보를 지우기 위해 사용하는 옵션입니다.

```
C:\>ipconfig /flushdns

Windows IP 구성

DNS 확인자 캐시를 플러시했습니다.
C:\>
```

/flushdns 옵션은 명령을 수행하는 단말 자체에 저장된 도메인 캐시 정보를 모두 삭제합니다. 단말에서 통신을 시도할 때마다 DNS 쿼리를 날리는 것은 너무 불합리한 작업입니다. 현대 네트워크는 대부분 패킷 네트워크이므로 작은 패킷 단위로 정보를 분할해 통신합니다. 각 패킷마다 DNS 쿼리가 발생하지 않도록 단말에 DNS 정보 저장소를 만들어놓고 DNS 쿼리에 대한 응답 정보를 저장해 재사용합니다. 위의 명령이 실행될 경우, 이런 DNS 정보 저장소 정보는 리셋됩니다. 동적 쿼리인 DNS 쿼리 정보는 모두 삭제되고 로컬 hosts 정보만 남게 됩니다.

로컬에 저장된 도메인 캐시 때문에 DNS에서 특정 도메인 호스트의 IP 정보를 수정하고 nslookup으로 변경된 부분까지 확인한 상태에서도 통신에 문제가 발생할 수 있습니다. 도메인 질의를 할 때 로컬 캐시에서 정보를 먼저 확인하고 만족하는 정보가 없을 때만 외부 도메인 서버에 질의하므로 새로 변경된 DNS 정보는 해당 단말에 적용되지 못합니다. nslookup은 도메인 서버를 직접 지정해 질의하므로 로컬에 저장된 캐시와 상관없이 동작합니다. 도메인 로컬 캐시의 존재와 nslookup 명령과 일반 통신의 동작 방식의 차이점 때문에 nslookup으로는 변경된 도메인의 IP 주소가 확인되더라도 실제 서비스 테스트는 정상적으로 안 될 수 있습니다. 이런 DNS 변경이 발생하면 /flushdns 옵션을 사용해 기존 도메인 쿼리에 대한 캐시 정보를 삭제해야 합니다.

현재 로컬에 저장된 도메인 캐시 정보를 확인할 때는 다음과 같이 /displaydns 옵션을 사용합니다.

```
ipconfig /displaydns
```

참고

APIPA(Automatic Private IP Addressing)

DHCP에서 IP 주소를 정상적으로 할당받지 못했을 때, 호스트 컴퓨터 스스로 IP 주소를 자동으로 할당해주는 기능입니다. 이 기능은 네트워크에 DHCP 서버가 없거나 정상적으로 동작하지 않을 때도 IP 주소를 자동으로 할당해 통신이 가능하도록 해줍니다. 이때 IANA에서 이와 같은 목적으로 사전에 예약해둔 IP 주소 범위(169.254.0.0/16)를 할당해 사용합니다.

8.3.10 tcpdump

tcpdump는 네트워크 인터페이스로 오가는 패킷을 캡처해 보는 기능의 명령어입니다. 평소에는 사용하지 않지만 장애 처리나 패킷 분석이 필요할 때 자주 사용하는 명령어입니다. tcpdump는 주로 리눅스 서버에서 사용하지만 리눅스 커널 기반의 네트워크 장비에서도 많이 사용됩니다. tcpdump 명령어를 사용하면 네트워크 인터페이스로 오가는 모든 패킷을 캡처할 수 있습니다. 전체 패킷을 캡처하면 분석이 어려우므로 보통 옵션을 이용해 분석에 필요한 패킷만 필터링해 캡처합니다. 여기서는 tcpdump에서 주로 사용하는 옵션만 알아보겠습니다.

주요 옵션	설명
-i 인터페이스	패킷을 캡처할 인터페이스
src IP 주소	출발지 IP 주소를 지정해 필터링
dst IP 주소	목적지 IP 주소를 지정해 필터링
host IP 주소	출발지/목적지와 상관없이 IP 주소를 지정해 필터링
-n	이름으로 표기되는 호스트 네임을 실제 IP 주소로 표기 (예: Localhost → 127.0.0.1)
-nn	이름으로 표기되는 서비스 포트를 실제 포트 번호로 표기 (예: http → 80)
src port 포트 번호	출발지 포트를 지정해 필터링
dst port 포트 번호	목적지 포트를 지정해 필터링
port 포트 번호	출발지/목적지와 상관없이 tcp 포트를 지정해 필터링
tcp 또는 udp	tcp 또는 udp만 필터링
-c 출력 수	tcpdump로 출력할 결과의 개수
-w 파일명	tcpdump의 결과를 화면에 출력하지 않고 파일명으로 저장
-r 파일명	파일로 저장한 tcpdump 파일을 화면에 출력

필터링 옵션은 and나 or를 이용해 필터 조건을 조합할 수 있습니다. and를 이용해 두 개 이상의 조건을 만족하는 경우만 필터링하거나 or를 이용해 두 개 이상의 조건에서 한 개 이상이 만족하는 경우만 필터링하도록 조합할 수 있습니다.

특정 조건을 제외하는 필터링은 조건 앞에 간단히 not 키워드를 입력하면 해당 조건이 만족하는 경우를 제외하고 패킷을 필터링해 볼 수 있습니다.

다음은 tcpdump 사용에 대한 몇 가지 예제입니다. 모든 예제는 eth0 인터페이스가 기준입니다.

웹 서비스에 대한 패킷만 캡처하고 싶을 때는 tcp와 port 옵션을 사용할 수 있습니다.

HTTP 서비스 패킷 캡처

```
tcpdump -i eth0 tcp port 80
```

특정 웹 사이트의 웹 서비스에 대한 패킷만 캡처하고 싶을 때는 tcp, port 옵션과 함께 host 옵션을 사용합니다. 출발지나 목적지를 지정한 src나 dst를 사용할 수도 있지만 서비스에 대한 요청과 응답을 모두 보려면 host 옵션을 사용해 필터링해야 합니다.

172.16.10.10이 출발지 또는 목적지이면서 HTTP 서비스 패킷 캡처

```
tcpdump -i eth0 tcp port 80 and host 172.16.10.10
```

이번에는 특정 조건을 제외한 필터링입니다. 특히 클라우드에서 기본적으로 통신하는 서비스들이 있어 이런 기본 서비스 패킷을 제외한 나머지 패킷 덤프를 뜰 때 사용할 수 있습니다. 물론 클라우드가 아닌 경우라도 특정 패킷 조건을 제외하는 경우에 사용할 수 있습니다.

ssh(22번 포트)를 제외한 전체 패킷 캡처

```
tcpdump -i eth0 not tcp port 22
```

tcpdump로 캡처해야 하는 패킷이 많을 때는 tcpdump 화면에서 보기 어렵습니다. 이때 tcpdump를 파일로 뜨고 이 파일을 와이어샤크와 같은 애플리케이션에서 불러오면 더 쉽게 분석할 수 있습니다.

tcpdump 결과를 dumpfile.pcap 파일로 출력

```
tcpdump -i eth0 -w dumpfiile.pcap
```

참고

와이어샤크

tcpdump와 같은 역할을 하는 애플리케이션으로 와이어샤크(Wireshark)가 있습니다. 와이어샤크를 사용하면 패킷 캡처를 더 쉽게 할 수 있습니다. 또한, 캡처된 패킷이 필드별로 구분되어 표시됩니다. 패킷별로 Flow도 볼 수 있어 분석할 때 유용합니다. tcpdump로 캡처한 패킷을 파일로 출력한 후 와이어샤크로 불러와 볼 수도 있습니다. 그림 8-16은 와이어샤크에서 패킷 캡처를 수행하는 모습입니다.

▼ 그림 8-16 와이어샤크를 이용한 패킷 캡처

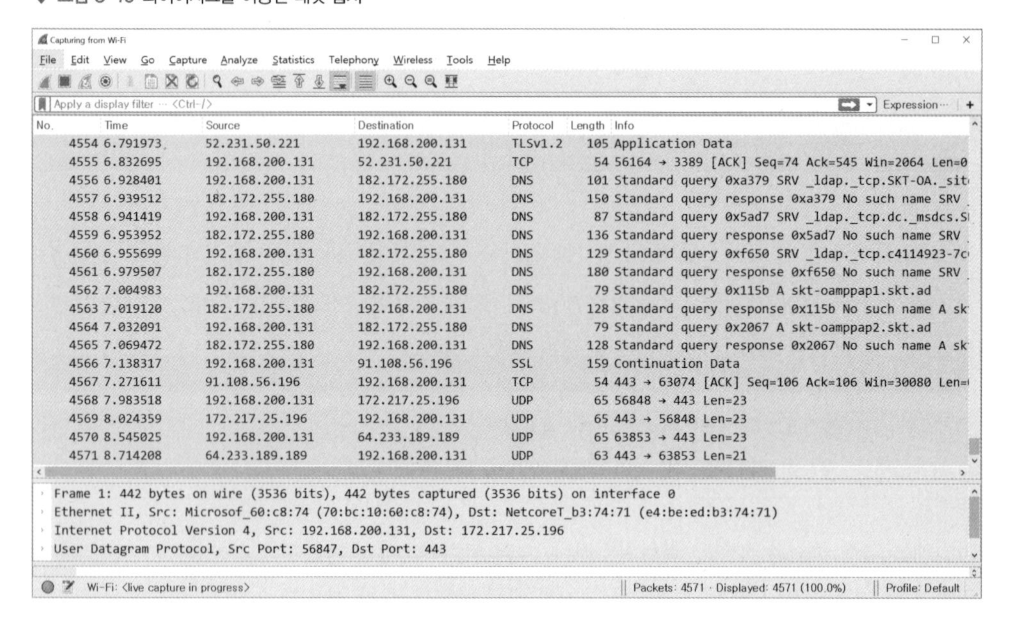

와이어샤크는 그림 8-17 와이어샤크 다운로드 페이지(https://www.wireshark.org/download.html)에서 사용자 운영체제에 맞는 설치 파일을 받아 사용할 수 있습니다.

▼ 그림 8-17 와이어샤크 다운로드 페이지

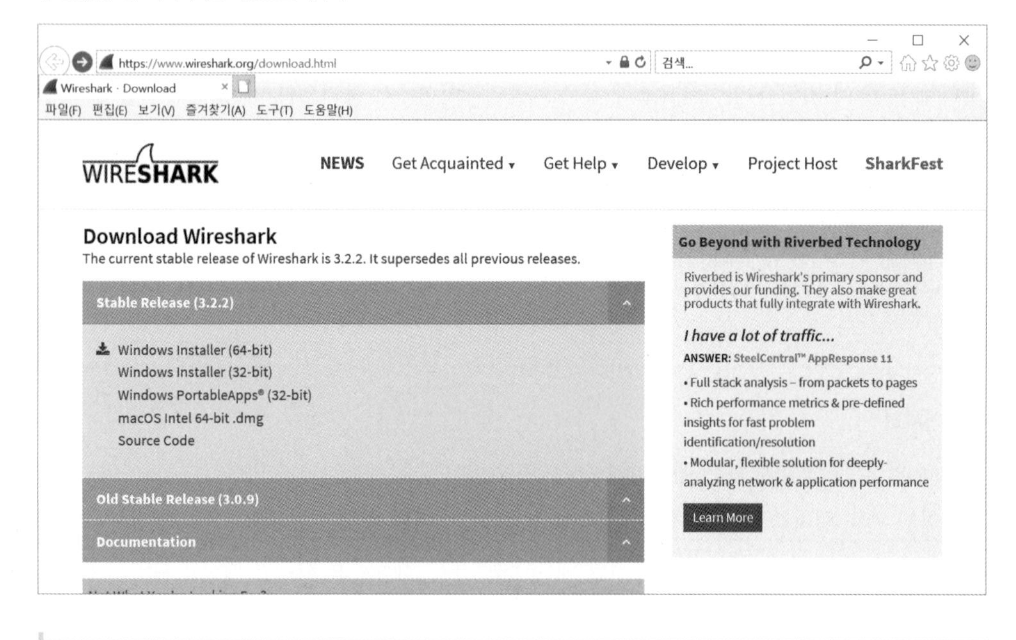

9장

보안

'보안'이라는 용어는 IT업계 종사자뿐만 아니라 일반인들도 익숙해졌을 만큼 보편화되었습니다. 하지만 오랫동안 보안업무를 해온 사람들조차 막상 '보안'을 정의하라면 정확히 못하는 경우가 많습니다. 보안이 대중화되어 그 필요성은 알고 있지만 실제로 보안에 대해 심각하게 고민해 프로젝트를 계획, 운영하는 사람은 드뭅니다. 보안은 특정 분야의 종속 개념이 아니고 IT업계 전반에서 고려해야 하므로 개발자, 서버 엔지니어, 네트워크 엔지니어, 보안 엔지니어 모두 고민해야 하는 영역입니다. 이번 장에서는 IT 보안 중 여러 분야의 엔지니어가 함께 고민해야 할 일부 영역을 다루어보겠습니다.

9.1 보안의 개념과 정의

'보안'의 한자어 의미는 "안전을 지키는 일"입니다. '안전'은 위험이나 사고의 염려 없이 편안하고 온전한 상태를 가리키는 용어입니다. 결론적으로 '보안'의 뜻을 풀이해보면 "위험이 생기거나 사고가 날 염려 없이 편안하고 온전한 상태를 지키는 모든 활동"으로 정의할 수 있습니다. 국어사전에서도 "비밀 따위가 누설되지 않도록 보호하거나 사회의 안녕과 질서를 유지하는 일련의 활동"으로 정의하고 있습니다.

사실 전체적인 맥락에서 보안을 이해하지 못하는 가장 큰 이유는 "사고 없는 상태를 유지하는 모든 활동"으로 정의하기 때문입니다. 우리가 안전한 생활을 영위하는 데 필수적인 것이 보안활동이지만 막상 보안사고가 터질 때까지 아무도 중요하게 생각하지 않습니다.

모든 분야에 '보안'만 붙이면 그 분야가 정의될 수 있습니다. 물리적 보안, 산업 보안, IT 정보 보안, 군사 보안까지 '보안'이라는 용어가 안 쓰이는 분야가 없지만 우리는 IT의 한 보안 분야인 '정보 보안'에 대해 특히 여러 분야의 엔지니어들이 함께 고민해야 할 분야만 간단히 다루겠습니다.

9.1.1 정보 보안의 정의

IT에서 다루는 정보 보안은 "다양한 위협으로부터 보안을 보호하는 것"을 뜻합니다. 보안의 정의에 맞추어 확장하면 "우리가 생산하거나 유지해야 할 정보에 위험이 발생하거나 사고가 날 염려 없이 편안하고 온전한 상태를 유지하는 일련의 활동"을 정보 보안이라고 합니다. 여러 가지 관점에서 정보 보안을 생각할 수 있지만 크게 생산자와 소비자 입장에서 구분해 보았을 때 외부에서 정보가 저장된 시스템을 사용하지 못하게 하거나 유출 시도에 맞서 적절히 보호, 운영하기 위한 작업과 정보가 내부에서 유출되거나 남용되는 것을 막기 위한 두 가지 분야가 있습니다. 이런 내용조차 어떤 것을 해야 하는지 명확하지 않아 출처에 따라 조금씩 다른 관점에서 '정보 보안'을 정의하고 있습니다.

다음의 3대 보안 정의를 보안의 필수 요소로 볼 수 있습니다.

- 기밀성(Confidentiality)
- 무결성(Integrity)
- 가용성(Availability)

기밀성이란 인가되지 않은 사용자가 정보를 보지 못하게 하는 모든 작업입니다. 가장 대표적인 기밀성은 암호화 작업입니다.

무결성은 정확하고 완전한 정보 유지에 필요한 모든 작업을 말합니다. 누군가가 정보를 고의로 훼손하거나 중간에 특정 이유로 변경이 가해졌을 때, 그것을 파악해 잘못된 정보가 전달되거나 유지되지 못하게 하는 것이 무결성입니다. IT의 대표적인 무결성 기술은 MD5, SHA와 같은 해시(Hash) 함수를 이용해 변경 여부를 파악하는 것입니다.

가용성은 정보가 필요할 때, 접근을 허락하는 일련의 작업입니다. 보안에 대해 잘 모르는 분들은 가용성이 보안에 포함된 것이 의아할 수 있습니다. 보통 많은 IT 실무자들이 보안을 '막거나 통제만 하는 것'으로 생각하다보니 보안에서 가용성 유지가 중요한 이유를 모르는 것 같습니다. 우리가 유지하는 정보에 대해 사고날 염려 없이 온전한 상태를 유지하는 것이 정보 보안이므로 어떤 이유에서라도 그 정보를 사용할 수 없는 상황이라면 정보 보안에 실패한 것입니다.

보안의 이 3대 요소 외에 추가로 진정성(Authenticity), 책임성(Accountability), 부인 방지(Non-Repudiation), 신뢰성(Reliability) 유지를 정보 보안 활동 중 하나로 정의하기도 합니다. 여러 기관의 정의를 좀 더 이용해 정보 보안을 간단히 정의하면 '조직의 지적 자산을 보호하는 절차'(Pipkin, 2000), '인가된 사용자만(기밀성) 정확하고 완전한 정보로(무결성) 필요할 때 접근할 수 있도록(가용성) 하는 일련의 작업'(ISACA, 2008)입니다.

9.1.2 네트워크의 정보 보안

정보 보안을 IT 종사자의 행동에 맞추어 더 상세히 표현하면 정보를 수집, 가공, 저장, 검색, 송수신하는 도중에 정보의 훼손, 변조, 유출을 막기 위한 관리적, 기술적 방법을 의미합니다. 네트워크 입장에서의 정보 보안은 수집된 정보를 침해하는 행동을 기술적으로 방어하거나 정보의 송수신 과정에 생기는 사고를 막기 위한 작업입니다. 정보를 가진 시스템을 공격해 유출하거나 사용하지 못하게 하거나 시스템이 동작하지 못하게 해 정보 서비스를 정상적으로 구동할 수 없게 만드는 행위를 네트워크에서 적절히 막는 것이 네트워크 보안의 1차 목표입니다. 또한, 정보는 여러 가지 서비스를 제공하기 위해 한 자리에만 있는 것이 아니라 네트워크를 통해 복제, 이동되므로 그 유출을 막는 것이 2차 목표입니다.

네트워크 보안을 이해하려면 네트워크를 통한 다양한 공격 방식과 그 공격을 네트워크에서 방어하는 장비와 그 구동 방식을 이해해야 합니다. 앞에서 네트워크에 대해 배워왔듯이(TOP-DOWN 접근 방법이 아닌) BOTTOM-UP 형식으로 네트워크 보안이 발전하고 있습니다.

네트워크는 중요한 정보유출 영역입니다. 네트워크가 없다면 정보의 이동이 어려워지므로 정보에 대한 사용도 원활해지지 않습니다. 하지만 이런 자유로움 때문에 적절한 통제가 없을 때 정보가 유출당할 가능성이 매우 커집니다. 이런 자유로운 이동성을 제공하는 네트워크의 성질 때문에 네트워크에 연결된 정보 시스템을 공격 대상으로 삼는 것이 일반적이지만 외부 공격자가 네트워크 자체를 공격 대상으로 삼는 경우도 많습니다. 현대전이 제공권 확보 쪽으로 발전하듯이 네트워크를 장악하면 많은 시스템에 더 쉽게 접근할 수 있어 침해 범위를 넓히고 외부 침입자가 원하는 정보가 유출될 가능성이 커집니다.

위에서 설명했듯이 네트워크 보안은 IT 정보 보안 영역에서 매우 중요합니다. 우선 외부 공격에 맞서는 중요한 1차 방어선입니다. 대부분의 데이터와 애플리케이션 서비스들이 네트워크에 연결된 상황에서 네트워크 보안을 적절히 제공할 수 있다면 강력한 1차 저지선을 확보한 것과 같습니다. 시스템과 애플리케이션에 결함이 있거나 취약점이 있는 경우에도 네트워크의 다양한 보안 장비를 활용한다면 외부의 공격을 늦추거나 적절히 방어할 수 있습니다.

9.1.3 네트워크 보안의 주요 개념

네트워크 보안의 목표는 외부 네트워크로부터 내부 네트워크를 보호하는 것입니다. 이때 외부로부터 보호받아야 할 네트워크를 트러스트(Trust) 네트워크, 신뢰할 수 없는 외부 네트워크를 언트러스트(Untrust) 네트워크로 구분합니다.

▼ 그림 9-1 네트워크 보안은 신뢰할 수 없는 네트워크로부터 신뢰할 수 있는 네트워크를 보호하는 것이다.

한 단계 나아가 우리가 운영하는 내부 네트워크이지만 신뢰할 수 없는 외부 사용자에게 개방해야 하는 서비스 네트워크인 경우, DMZ(DeMilitarized Zone) 네트워크라고 부르며 일반적으로 인터넷에 공개되는 서비스를 이 네트워크에 배치합니다.

▼ 그림 9-2 정보 보안별 네트워크의 종류: Trust 네트워크, Untrust 네트워크, DMZ 네트워크

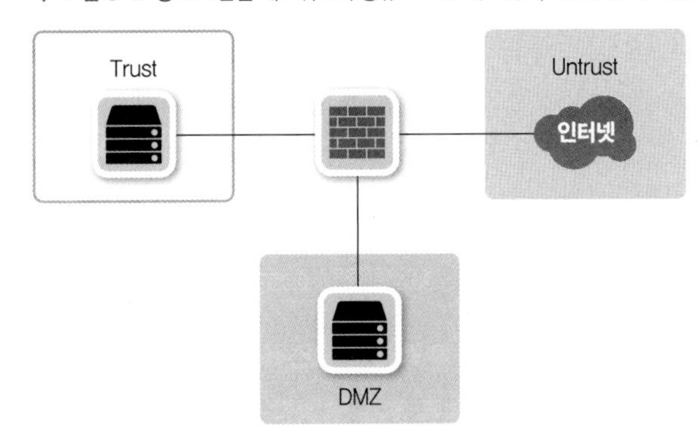

네트워크 보안 분야는 트래픽의 방향과 용도에 따라 두 가지로 나눌 수 있습니다.

- **인터넷 시큐어 게이트웨이(Internet Secure Gateway)**
  - 트러스트(또는 DMZ) 네트워크에서 언트러스트 네트워크로의 통신을 통제
- **데이터 센터 시큐어 게이트웨이(Data Center Secure Gateway)**
  - 언트러스트 네트워크에서 트러스트(또는 DMZ)로의 통신을 통제

이 구분은 보안 장비 시장을 구분할 때도 사용되는데 상황에 따라 요구되는 성능과 기능이 다르기 때문입니다. 인터넷으로 나갈 때는 인터넷에 수많은 서비스가 있으므로 그에 대한 정보와 요청 패킷을 적절히 인식하고 필터링하는 기능이 필요합니다. 반면, 데이터 센터 게이트웨이는 상대적으로 고성능이 필요하고 외부의 직접적인 공격을 막아야 하므로 인터넷 관련 정보보다 공격 관련 정보가 더 중요합니다.

전자의 경우를 인터넷 시큐어 게이트웨이라고 하며 방화벽, SWG(Secure Web Gateway), 웹 필터(Web Filter), 애플리케이션 컨트롤(Application Control), 샌드박스(Sandbox)와 같은 다양한 서비스나

네트워크 장비가 포함됩니다. 이런 서비스와 보안 장비들은 내부 사용자가 인터넷으로 통신할 때 보안을 제공, 통제하기 위해 사용됩니다.

▼ 그림 9-3 내부 네트워크에서 인터넷으로 향하는 트래픽을 제어하는 장비를 Internet Gateway라고 한다.

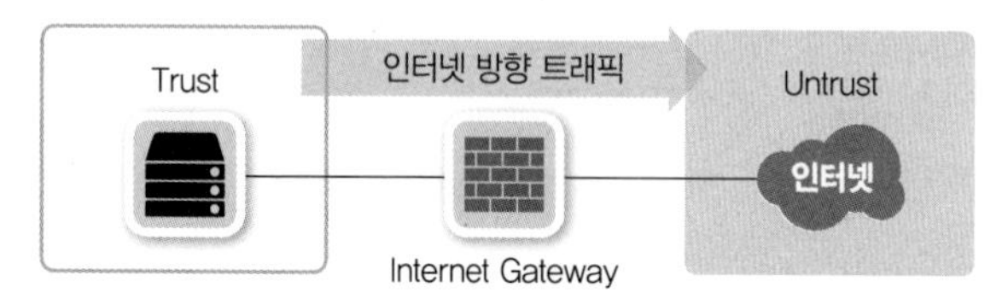

후자의 경우를 데이터 센터 시큐어 게이트웨이라고 하며 방화벽, IPS, DCSG(DataCenter Secure Gateway), WAF(Web Application Firewall), Anti-DDoS(Distribute Denial of Service) 등의 장비가 이런 용도로 사용됩니다.

▼ 그림 9-4 외부 사용자용 서비스를 만들어 외부에 공개할 때 필요한 보안 장비가 데이터 센터 시큐어 게이트웨이다.

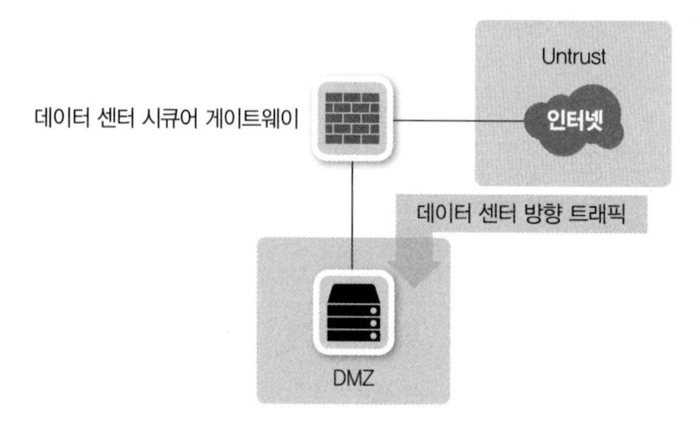

9.1.3.1 네트워크 보안 정책 수립에 따른 분류

네트워크 보안 정책 수립에 따라 네트워크 보안은 두 가지로 나눌 수 있습니다.

- 화이트리스트(White List)
- 블랙리스트(Black List)

화이트리스트는 방어에 문제가 없다고 명확히 판단되는 통신만 허용하는 방식입니다. 인터넷 전체에 대한 화이트리스트를 만들기 어려우므로 일반적으로 IP와 통신 정보에 대해 명확히 아는 경우에 많이 사용됩니다. 일반적으로 회사 내부에서 사용하는 방화벽이 명확한 정책에 의해 필요한 서비스만 허용하는 화이트리스트 방식을 주로 사용합니다.

블랙리스트 방어는 공격이라고 명확히 판단되거나 문제가 있었던 IP 리스트나 패킷 리스트를 기반으로 데이터베이스를 만들고 그 정보를 이용해 방어하는 형태입니다. 각종 패턴으로 공격을 방어하는 네트워크 장비(IPS, 안티바이러스, WAF)들은 일반적으로 블랙리스트 기반의 방어 기법을 제공합니다. 인터넷 어디선가 공격을 당할 때 이것을 분석해 공격 기법을 판단해 탐지하도록 간단히 적어 데이터베이스로 만듭니다. 이런 데이터베이스를 공격 패턴(시그니처; Signature)이라고 합니다.

네트워크 보안 장비는 화이트리스트나 블랙리스트 기반 중 하나만 목표로 만들 때도 있습니다. IPS, 안티바이러스처럼 악성 코드나 공격 기법에 대한 시그니처를 만들고 이 데이터베이스들을 업데이트받아 동작하는 장비가 블랙리스트 기반 장비입니다.

하지만 대부분의 장비는 수립 정책에 따라 화이트리스트 기법과 블랙리스트 기법 모두 사용할 수 있습니다. 같은 방화벽이라도 IP 주소 정책을 잘 아는 IP 주소만 정책으로 열어놓고 나머지 주소로 가는 모든 패킷을 방어할 때는 화이트리스트 기반 정책으로 운영할 수 있습니다. 반대로 기존에 해킹을 시도했던 IP 리스트를 작성해 그 IP들만 방어할 때는 블랙리스트 기반으로 운영될 수 있습니다.

최근 보안 위협이 증가하면서 화이트리스트 기반 정책이 많이 사용되고 있습니다. 하지만 화이트리스트 기반 정책을 수립하려면 통신 정보를 상세히 알아야 하고 세부적인 통제가 필요하므로 많은 관리 인력이 필요할 수 있습니다. 보안 관리 인력이 부족한 경우, 블랙리스트 기반 방어 정책을 수립하고 공격 데이터베이스를 최신으로 유지하는 것이 안정적인 보안 운영을 위해 바람직합니다.

9.1.3.2 정탐, 오탐, 미탐(탐지 에러 타입)

IPS나 안티바이러스와 같은 네트워크 장비에서는 공격 데이터베이스에 따라 공격과 악성 코드를 구분해 방어합니다. 공격 데이터베이스를 아무리 정교하게 만들더라도 공격으로 탐지하지 못하거나 공격이 아닌데도 공격으로 감지해 패킷을 드롭시킬 때가 있습니다. 블랙리스트 기반 데이터베이스를 이용한 방어는 이런 문제점이 있으므로 장비 도입 시 정교한 튜닝이 필요합니다.

공격을 탐지할 때 원래 예상한 내용과 다른 결과가 나올 수 있습니다. 이런 경우를 오탐지, 미탐지(오탐, 미탐)로 구분하고 정상적으로 탐지한 경우를 정상 탐지(정탐)으로 표현합니다. 이런 용어는 네트워크 보안뿐만 아니라 타 IT 분야나 과학실험을 할 때도 사용합니다. 예상했던 상황과 탐지 결과에 따라 4가지 경우가 나타날 수 있습니다.

▼ 그림 9-5 공격과 탐지 도표

	공격 상황	정상 상황
공격 인지 (공격 알람)	True Positive (정상 탐지)	False Positive (오 탐지)
정상 인지 (공격 알람 없음)	False Negative (미 탐지)	True Negative (정상 탐지)

1. Yes라고 추론했는데 정답이 Yes인 경우(공격이라고 추론했는데 실제로 공격인 경우): True Positive(정탐)
2. No라고 추론했는데 정답이 No인 경우(공격이 아니라고 추론했는데 실제로 공격이 아닌 경우): True Negative(정탐)
3. Yes라고 추론했는데 정답이 No인 경우(공격이라고 추론해 드롭했는데 공격이 아닌 경우): False Positive(오탐)
4. No라고 추론했는데 정답이 Yes인 경우(공격이 아니라고 패킷을 허용했는데 실제로 공격인 경우): False Negative(미탐)

1번과 2번은 실제 공격과 공격이 아닌 패킷을 잘 분류해냈으므로 정상적인 동작입니다. 이런 경우를 정탐(정상 탐지)이라고 부릅니다. 하지만 3번과 4번은 원래 예상했던 결과와 실제 동작이 다른 경우입니다. 공격이라고 생각해 패킷을 드롭했지만 실제로는 공격이 아닌 정상 패킷인 경우입니다. 이런 경우를 오탐(오 탐지)이라고 부릅니다. 공격으로 오인한 탐지이므로 이런 경우가 발생하면 예외로 처리해 오탐을 줄이는 튜닝작업이 필요합니다.

4번은 공격이 아니라고 판단했지만 실제로는 공격이었던 경우입니다. 이런 경우는 공격 패턴에 대한 업데이트가 되지 않았거나 과도한 예외 처리로 공격 패킷 탐지가 정상적으로 되지 않았을 때 발생합니다. 또한, 공격 데이터베이스가 업데이트되기 전에 발생하는 '제로 데이 공격(Zero-Day Attack)'이 발생했을 때도 False Positive 오류가 생길 수 있습니다.

최근 보안 벤더들은 화이트리스트 기반의 공격 방어 기법과 블랙리스트 기반의 공격 방어 기법을 적절히 섞어 사용할 것을 권고하고 있습니다. 나날이 복잡해지고 악랄해지는 사이버 공격을 쉽게 방어하기는 어려우므로 항상 관심을 가지고 보안을 위해 노력해야 합니다.

9.1.4 네트워크 정보 보안의 발전 추세와 고려사항

IT 정보 보안 영역에서 네트워크가 중요한 만큼 네트워크에서 동작하는 보안 장비나 서비스의 종류도 매우 많습니다. 앞에서 설명했듯이 네트워크 보안은 중요한 1차 방어선이므로 다양한 공격을 다양한 방법으로 방어하기 위한 노력이 모여 복잡한 양상으로 발전합니다. 하지만 네트워크 보안 장비와 서비스가 개발되는 이유를 이해하면 장비들의 역할도 쉽게 학습하고 향후 발전 방향도 추측할 수 있습니다.

네트워크 보안 장비는 보안 영역 외부와 내부의 변화로 발전합니다. 보안 영역 외부는 인프라스트럭처나 서비스의 대변화로 인해 보안이 따라서 발전해야 하는 경우이고 보안 영역 내부는 해킹 기술의 발전에 대응하다보니 새로운 보안 장비와 서비스가 개발되어 발전하는 경우입니다.

네트워크나 서비스의 큰 변화는 보통 필요에 의한 변화이므로 보안이 고려되지 않는 경우가 많습니다. 이런 경우, 보안을 뒤늦게 고려하게 되고 보안 내부적인 변화가 아니어서 쉽게 대응하기 어렵습니다. 최근 IT산업 자체에 큰 변화가 있고 보안이 그 변화를 쫓아가는 데 큰 어려움을 겪고 있지만 반대로 이런 변화를 수용해 보안 장비가 발전하기도 합니다. 많이 언급되는 빅데이터(Big Data)와 머신 러닝(Machine Learning) 부분이 특히 그렇습니다. 빅데이터가 유행할 때 해당 서비스의 보안 유지를 걱정스럽게 바라보았다면 반대로 빅데이터와 머신 러닝 기법을 보안에 적용해 공격에 더 신속히 대응하는 시스템과 서비스를 개발하려는 움직임이 많았습니다. 최근 악성 코드에 대응하는 많은 업체들이 이 기술들을 활용해 단기간에 새로운 변종 악성 코드를 막도록 내부 시스템을 개발하고 외부에도 서비스를 제공하고 있습니다.

네트워크 보안 장비와 서비스를 이해하려면 인프라스트럭처의 변화와 해킹 기법의 발전을 모두 이해해야 하고 반대로 인프라스트럭처의 발전을 이용해 더 높은 수준의 네트워크 보안을 제공하는 보안업체의 대응도 눈여겨 보아야 합니다.

9.2 보안 솔루션의 종류

해커들의 공격이 점점 악랄해지고 공격 기법도 나날이 발전해 이런 공격을 막는 보안 진영에서도 방어를 위한 다양한 시도와 새로운 기능의 장비 개발이 진행되고 있습니다. 보안을 위한 다양한 솔루션은 방어 가능한 범위가 다릅니다. 새로운 형태의 장비가 출시되었더라도 기존 보안 장비가 필요없는 것이 아니라 기존 보안 장비에 새로운 보안 솔루션이 도움을 주는 형태가 되므로 보안은 타 IT 분야보다 복잡한 형태를 띱니다. 보안 장비의 위치와 역할에 따라 다양한 네트워크 보안 장비가 있습니다.

▼ 그림 9-6 네트워크 전체 구성도(네트워크 보안 솔루션 위치)

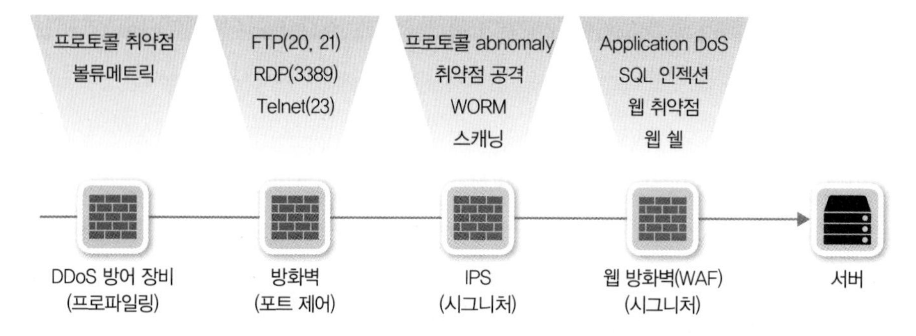

데이터 센터에서 보안 장비를 디자인할 때 DDoS – 방화벽 – IPS – WAF 형태와 같이 여러 단계로 공격을 막도록 인라인 상에 여러 장비를 배치합니다. 앞에서 설명했듯이 모든 공격을 장비 한 대로는 방어할 수 없으므로 여러 장비의 기능으로 단계적으로 방어합니다.

9.2.1 DDoS 방어 장비

DoS 공격은 'Denial of Service' 공격의 약자로, 다양한 방법으로 공격 목표에 서비스 부하를 가해 정상적인 서비스를 방해하는 공격 기법입니다. DoS 공격은 적이 공격 출발지에서 공격하는 것이 일반적이었으므로 비교적 탐지가 쉽고 짧은 시간 안에 탐지만 할 수 있다면 IP 주소 기반으로 충분히 방어할 수 있습니다. 이런 탐지를 회피하고 더 짧은 시간 안에 공격 성과를 내기 위해 다수의 봇(bot)을 이용해 분산 공격을 수행하는 DDoS 공격 기법이 등장했습니다.

▼ 그림 9-7 DDoS 공격 형태

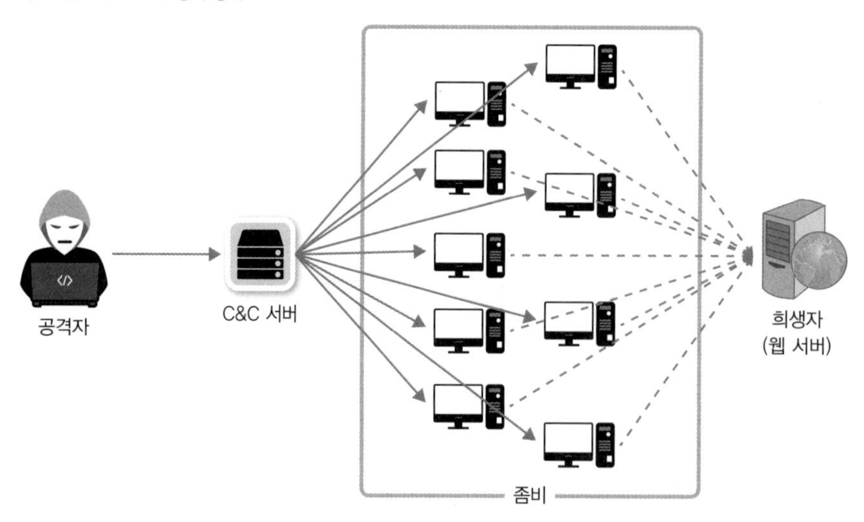

DDoS 장비는 DDoS 공격을 방어하는 보안 장비입니다. DDoS 장비는 데이터 센터 네트워크 내부와 외부의 경계에서 공격을 방어하는데 이것은 볼류메트릭 공격(Volumetric Attack)을 우선 막기 위해서입니다. 볼류메트릭 공격은 회선 사용량이나 그 이상의 트래픽을 과도하게 발생시켜 회선 사용을 방해하는 공격이므로 회선을 공급해주는 ISP나 네트워크 ISP와 연결되는 데이터 센터 네트워크의 가장 바깥쪽에 위치시켜 이 공격을 완화(Mitigation)해야 합니다.

DDoS에 대한 공격 방식과 그에 따른 DDoS 장비의 동작 방식의 자세한 내용은 뒤에서 다루겠습니다.

9.2.2 방화벽

방화벽은 4계층에서 동작하는 패킷 필터링 장비입니다. 3, 4계층 정보를 기반으로 정책을 세울 수 있고 해당 정책과 매치되는 패킷이 방화벽을 통과하면 그 패킷을 허용(Allow, Permit)하거나 거부(Deny)할 수 있습니다.

일반적으로 방화벽은 DDoS 방어 장비 바로 뒤에 놓는 네트워크 보안 장비입니다. 3, 4계층에서 동작하므로 다른 보안 장비보다 비교적 간단히 동작하고 성능도 우수합니다. 최근 출시되는 고성능 방화벽은 ASIC이나 FPGA와 같은 전용 칩을 이용해 가속하므로 대용량을 요구하는 데이터 센터에서도 문제없이 사용할 수 있습니다.

방화벽에 대한 더 자세한 내용은 9.3 방화벽 절에서 다루겠습니다.

9.2.3 IDS, IPS

IDS(Intrusion Detection System; 침입 탐지 시스템)와 IPS(Intrusion Prevention System; 침입 방지 시스템)는 방화벽에서 방어할 수 없는 다양한 애플리케이션 공격을 방어하는 장비입니다. 기존에는 IDS와 IPS 장비를 구분했지만 최근에는 애플리케이션 공격을 방어하는 장비를 IPS로 통칭합니다.

IDS와 IPS는 사전에 공격 데이터베이스(Signature)를 제조사나 위협 인텔리전스(Threat Intelligence) 서비스 업체로부터 받습니다. 이후 IDS와 IPS 장비에 인입된 패킷이 보유한 공격 데이터베이스에 해당하는 공격일 때, 차단하거나 모니터링한 후 관리자에게 알람을 보내 공격 시도를 알립니다.

기존에는 공격인 것만 골라 방어하는 블랙리스트 기반의 방어 방식만 제공했지만 프로파일링 기반의 방어 기법이 IPS 장비에 적용되고 애플리케이션을 골라 방어할 수 있는 애플리케이션 컨트롤(Application Control) 기능이 추가되면서 화이트리스트 기반의 방어 기법도 IPS 장비에 적용할 수 있게 되었습니다.

최근에는 데이터 센터 영역의 보안을 위해 방화벽과 IPS 장비를 통합한 DCSG 장비시장이 커지고 있습니다.

9.2.4 WAF

WAF(Web Application Firewall)는 웹 서버를 보호하는 전용 보안 장비로 HTTP, HTTPS처럼 웹 서버에서 동작하는 웹 프로토콜의 공격을 방어합니다. IDS/IPS 장비보다 범용성이 떨어지지만 웹 프로토콜에 대해서는 더 세밀히 방어할 수 있습니다.

WAF는 다음과 같이 다양한 형태의 장비나 소프트웨어로 제공됩니다.

- 전용 네트워크 장비
- 웹 서버의 플러그인
- ADC 플러그인
- 프록시 장비 플러그인

WAF는 IPS에서 방어할 수 없는 IPS 회피 공격(Evasion Attack)을 방어할 수 있습니다. IPS는 데이터를 조합하지 않고 처리하지만 WAF는 프록시 서버와 같이 패킷을 데이터 형태로 조합해 처리합니다. 그래서 회피 공격을 쉽게 만들기 어렵고 데이터의 일부를 수정, 추가하는 기능을 수행할 수 있습니다. 예를 들어 공격 트래픽을 방어만 하지 않고 공격자에게 통보하거나 민감한 데이터가 유출될 때, 그 정보만 제거해 보내줄 수 있습니다. 반면, IPS는 공격을 차단한 후 그에 대한 통보가 어렵고 전체 공격 내용에 대한 차단만 가능합니다.

9.2.5 샌드박스

기존에는 해커가 원하는 목적지에 직접 공격을 수행했습니다. 자신을 숨기기 위해 경유지를 통한 공격 외에는 직접적인 공격이 가장 쉬운 방법이었습니다. 이런 공격을 방어할 수단도 많지 않았고 전문적인 보안 장비도 많이 사용되지 않았기 때문입니다.

하지만 보안 장비들이 발전하면서 해커들이 방화벽을 직접 뚫고 원하는 목적지로 공격하는 것이 점점 어려워졌습니다. 해커들은 보안 장비를 우회하기 위해 기존과 다른 방향의 공격을 개발하게 되었습니다.

직접적인 공격 기법 중 기존 보안 장비들을 우회하는 기법들이 많아졌지만 근본적으로 공격 방법이 변했습니다. 직접적인 공격을 원하는 서버에 접근하지 않고 악성 코드를 관리자 PC에 우회적으로 심고 이 악성 코드를 이용해 관리자 PC를 컨트롤하는 방식으로 공격 목표가 변했습니다. 악성 코드가 든 이메일을 관리자에게 직접 보내거나 관리자가 악성 코드를 내려받도록 다양한 방법으로 유도합니다. 유명한 웹 사이트에 악성 코드가 포함된 낚시성 파일을 올려놓습니다. 영화 파일이나 유틸리티 프로그램을 실행하면 악성 코드가 동작하도록 파일을 변경한 후, 사용자가 직접 내려받도록 유도해 PC를 악성 코드에 감염시킵니다. 이후 이 PC들을 외부에서 컨트롤하도록 C&C(Command & Control) 서버를 만들어놓고 감염 PC들이 이 C&C 서버로 연결하도록 조작합니다. 이때 기존 방화벽에서는 내부 사용자가 외부 서버로 통신을 정상적으로 시도한 것으로 보이므로 이 공격을 검출하거나 방어할 수 없습니다. 이 공격들이 발전해 현재 APT(Advanced Persistent Threat; 지능형 지속 공격)와 ATA(Advanced Target Attack; 지능형 표적 공격)가 되었습니다. APT와 ATA의 공격을 막기 위해 IPS 장비와 C&C 서버와의 통신을 탐지할 수 있는 다양한 형태의 Anti-APT 솔루션들이 개발되었습니다.

샌드박스는 APT의 공격을 방어하는 대표적인 장비로 악성 코드를 샌드박스 시스템 안에서 직접 실행시킵니다. 가상 운영체제 안에서 각종 파일을 직접 실행시키고 그 행동을 모니터링해 그 파일들의 악성 코드 여부를 판별하는 방법을 이용합니다. 이 방법은 기존 보안 장비와 보안 솔루션들을 피하는 회피 공격을 탐지하고 기존 보안 솔루션들을 보완합니다.

참고

최근 악성 코드 추세

최근 악성 코드들은 다크웹에서 코드가 공개되거나 사고팔리는 경우가 많아 재사용됩니다. 짧은 기간에 다양한 변종이 출현해 탐지하기 어렵고 기존 보안 시스템이 공격을 탐지하지 못하도록 암호화, 난독화하거나 매우 오랫동안 여러 단계를 거쳐 공격합니다.

파일을 직접 실행한 후 파일의 행동을 모니터링하면 이런 악성 코드를 감싼 많은 트릭을 제거하거나 탐지할 수 있습니다. APT의 공격을 하나의 장비만으로 방어할 수는 없습니다. 다양한 보안 장비와 솔루션, 새로운 공격을 방어해주는 장비 간에 유기적으로 협업해야만 탐지하고 방어할 수 있습니다.

9.2.6 NAC

NAC(Network Access Control)은 네트워크에 접속하는 장치들을 제어하기 위해 개발되었습니다. 네트워크에 접속할 때 인가된 사용자만 내부망에 접속할 수 있고 인가받기 전이나 승인에 실패한 사용자는 접속할 수 없도록 제어하는 기술입니다. 내부 PC를 아무리 잘 관리하고 보안 패치를 신속히 수행하더라도 외부 PC가 내부망에 접속해 보안사고를 일으키거나 악성 코드를 전파하는 문제점들이 많이 발생하자 이것을 해결하기 위해 개발되었습니다.

9.2.7 IP 제어

IP 제어 솔루션은 겉으로 보면 NAC 솔루션과 공통적인 기술을 이용하거나 기능이 비슷한 경우도 많습니다. 하지만 IP 제어 솔루션은 국내에서 많이 사용하는 기술로 NAC과 다른 목적으로 개발되었습니다.

보안사고 추적이 쉽도록 고정 IP 사용 권고 지침이 금융권에 내려오면서 IP를 할당하고 추적하는 솔루션이 필요해졌고 할당된 IP를 관리하고 나아가 정확히 의도된 IP 할당이 아니면 정상적으로 네트워크를 사용하지 못하게 하는 기능이 필요했습니다. 이 요구사항들을 구현하기 시작한 것이 IP 제어 솔루션입니다.

9.2.8 접근 통제

운영자가 서버, 데이터베이스, 네트워크 장비에 직접 접근해 관리하면 각 시스템에서 사용자에 대한 권한을 관리해야 하는데 문제가 발생했을 때, 관리자가 작업 내용을 추적하고 감사하기 어렵습니다. 이 문제를 해결하기 위해 서버나 데이터베이스에 대한 직접적인 접근을 막고 작업 추적 및 감사를 할 수 있는 접근 통제 솔루션이 개발되었습니다. 접근 통제 솔루션도 에이전트 기반(Agent Based), 에이전트리스(Agentless), 구현 방법에 따라 다양하게 분류할 수 있지만 대부분 배스천 호스트(Bastion Host) 기반으로 구현됩니다.

▼ 그림 9-8 가장 기본적인 접근 통제 방식: 배스천 호스트

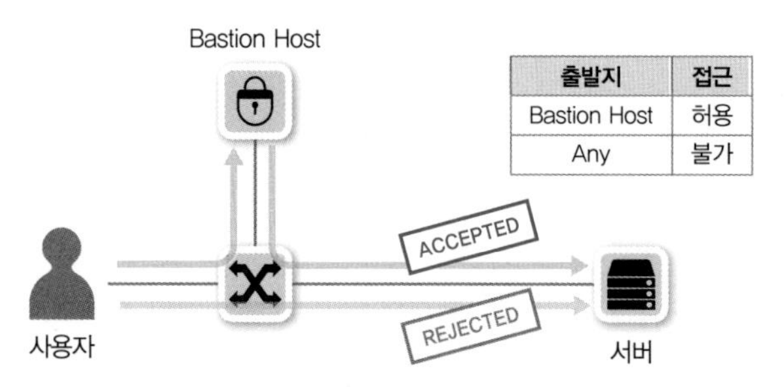

서버 접근을 위한 모든 통신은 배스천 호스트를 통해서만 가능합니다. 서버 호스트의 방화벽에 배스천 호스트에서 출발한 통신만 허용하고 다른 통신은 모두 방어하도록 설정하고 배스천 호스트의 보안, 감사를 높이면 보안을 강화할 수 있습니다. 이 기법을 발전시킨 것이 현재의 접근 통제/감사 솔루션입니다.

최근의 접근 통제 솔루션들은 단순한 접근 제어뿐만 아니라 감사, 보안 이슈 대응 등을 위해 사용자가 작업한 모든 이력을 저장합니다. 윈도의 경우, 화면을 레코딩하고 CLI 기반의 솔루션들은 전체 키보드 타이핑을 저장합니다. 사용자가 접근 제어 솔루션을 통과해 서버에 접근하면 그에 대한 감사 로그도 모두 저장합니다. 또한, 권한을 제어해 사용 가능한 명령어 수준도 제한할 수 있습니다.

9.2.9 VPN

사용자 기반의 VPN 서비스를 제공해주는 장비를 VPN 장비라고 합니다. 기존에는 별도의 VPN 서비스를 제공하는 하드웨어가 있었지만 현재는 대부분 방화벽이나 라우터 장비에 VPN 기능이 포함되어 있습니다.

▼ 그림 9-9 VPN 장비의 일반적인 구성

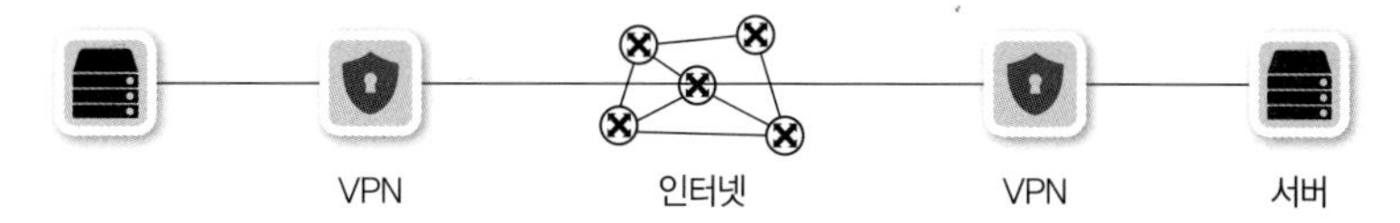

가장 많이 사용하는 VPN은 IPSEC과 SSL입니다. IPSEC은 주로 네트워크 연결용으로 쓰이고 SSLVPN은 사용자가 내부 네트워크에 연결할 때 주로 쓰입니다. VPN에 대해서는 9.6 VPN 절에서 더 자세히 알아보겠습니다.

9.3 방화벽

네트워크 보안은 호스트에서 수행하는 보안과 달리 많은 호스트를 한꺼번에 관리하고 보호할 수 있다는 장점이 있는 반면, 많은 트래픽을 감당해야 하므로 속도를 유지하면서 보안을 제공할 수 있어야 한다는 어려움도 있습니다. 그래서 네트워크 보안 전문 회사들이 성능 저하 없이 네트워크 상에서 보안을 향상시키는 특별한 기술들로 제품을 생산합니다.

네트워크 보안 장비 중 가장 유명하고 대중적인 필수 장비는 방화벽입니다. 다른 네트워크 보안 장비를 방화벽의 범주에 넣어 구분하기도 하지만 동작 계층과 기능에 따라 세부적으로 구분합니다. 이번 장에서는 방화벽의 정의부터 시작해 초기 방화벽과 현대 방화벽 엔진의 차이점, 방화벽의 동작 방식, 방화벽의 한계점까지 알아보겠습니다.

9.3.1 방화벽의 정의

네트워크 중간에 위치해 해당 장비를 통과하는 트래픽을 사전에 주어진 정책 조건에 맞추어 허용하거나 차단하는 장비가 방화벽입니다.

▼ 그림 9-10 방화벽은 네트워크 중간에서 패킷을 판별해 허용하거나 차단한다.

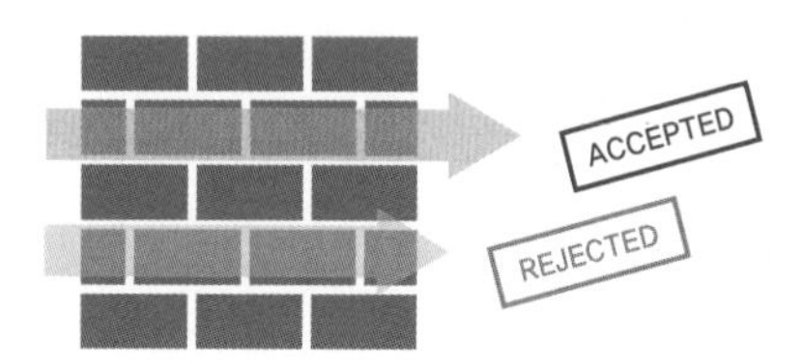

네트워크에서 보안을 제공하는 장비를 넓은 의미에서 모두 방화벽으로 볼 수 있지만 앞에서 다루었듯이 많은 네트워크 보안 장비들이 있고 각 장비마다 목적과 동작 방식이 다릅니다. 일반적으로 방화벽은 네트워크 3, 4계층에서 동작하며 세션을 인지하는 상태 기반 엔진(Stateful Packet Inspection, SPI)으로 동작합니다.

9.3.2 초기 방화벽

방화벽의 정의에서 언급했듯이 방화벽은 상태 기반 엔진(SPI)을 가지고 있어야 합니다. 하지만 SPI 엔진이 처음부터 있었던 것은 아닙니다. 초기 방화벽에서는 패킷의 인과 관계를 확인하지 못하고 장비에 등록된 정책만으로 단순히 패킷을 필터링했습니다. 패킷의 세션 정보나 방향성과 상관없이 순수하게 방화벽에 설정된 정책에 따라 동작하므로 이런 초기 방화벽을 스테이트리스(Stateless) 또는 패킷 필터(Packet Filter) 방화벽이라고 합니다.

패킷이 장비에 인입되면 해당 패킷이 방화벽에 설정된 정책에 일치되는 것이 있는지 확인합니다. 이때 참고하는 조건을 5-튜플(5-Tuple)이라고 합니다. 5-튜플은 패킷의 3, 4계층 헤더 중 Source IP, Destination IP, Protocol No, Source Port, Destination Port 5가지 주요 필드를 뜻합니다. 방화벽에 일치된 정책이 있으면 해당 정책에 따라 그 패킷을 허용하거나 차단합니다.

▼ 그림 9-11 패킷 필터링 방화벽

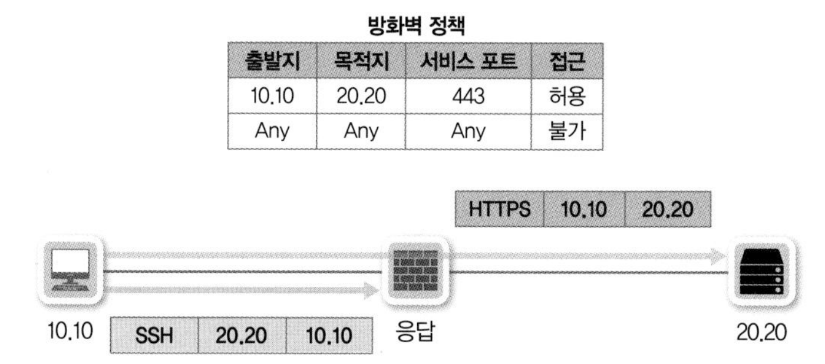

이와 같은 패킷 필터링 방화벽은 지정된 구간에서 간단한 정책을 정의할 때는 큰 문제가 없지만 인터넷 통신과 같이 불특정 다수 기반의 정책을 정의할 때는 룰셋(Ruleset)이 복잡해지고 보안이 약화되는 문제가 있습니다. 또한, 패킷 단위의 필터링이므로 5-튜플 외의 3, 4계층 헤더를 변조해 공격하면 적절한 방어가 불가능합니다.

하지만 패킷 필터링 자체는 다른 세대의 방화벽 엔진들보다 부하가 적고 간단히 동작하므로 완전히 없어지지 않고 네트워크 장비에서 사용되거나 현대적인 일부 방화벽에서도 특수한 기능을 위해 남겨 놓습니다. 지정된 IP들을 방어하는 데는 간단한 패킷 필터링이 부하가 적어 블랙리스트 처리를 위해 방화벽 내부에 패킷 필터링 엔진과 뒤에서 다룰 상태 기반의 SPI 엔진을 함께 동작시키기도 합니다.

9.3.3 현대적 방화벽의 등장(SPI 엔진)

기존 패킷 필터 방화벽이 패킷의 상태값 없이 순수하게 정책만으로 제어하던 한계를 극복하기 위해 개발된 것이 상태 기반 방화벽(Stateful Inspection Firewall)입니다. 현재 우리가 '방화벽'이라고 부르는 모든 장비는 세션 기반으로 동작하는 상태 기반(SPI) 엔진을 탑재하고 있습니다.

패킷 필터는 가볍고 빠르지만 인터넷과 같이 불특정 다수와 통신할 때는 정책 관리가 매우 힘들었습니다. 통신은 대부분 양방향으로 이루어지는데 패킷 필터 엔진은 통신의 이런 양방향성을 인지하지 못하고 단순히 패킷이 조건과 일치하는지만 검사합니다.

▼ 그림 9-12 방향성을 인지하지 못하고 단순히 패킷의 조건만 검사하는 패킷 필터링 방화벽

방화벽 정책

출발지	목적지	서비스 포트	접근
10.10	20.20	443	허용
20.20	Any	Any	허용
Any	Any	Any	불가

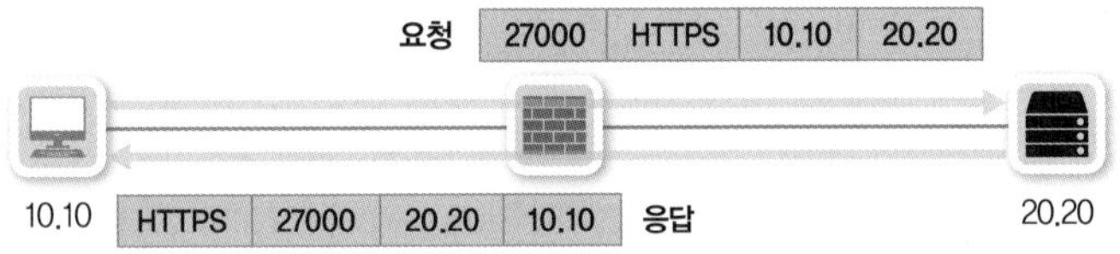

요청 | 27000 | HTTPS | 10.10 | 20.20

10.10 | HTTPS | 27000 | 20.20 | 10.10 | 응답

20.20

내부 사용자가 외부의 특정 웹페이지에 접속할 때 3 웨이 핸드셰이크(3 Way Handshake)를 거친 후 HTTP 요청과 응답 과정을 거칩니다. 패킷 필터 방화벽에서 이런 트래픽을 처리하기 위해 정책을 선언하려면 목적지가 불특정 다수의 웹이 될 수 있으므로 외부로 나가는 목적지에 대해서는 모든 패킷을 허용해야 합니다. 이렇게 정책을 설정하면 내부에서 외부 웹사이트로 나갈 수는 있지만 외부에서 내부로 들어오는 응답에 대한 정책이 없으므로 정상적인 통신이 되지 않습니다. 응답에 대한 정책을 설정해야 한다면 외부의 웹사이트는 불특정이므로 출발지가 모든 IP여야 하고 목적지 서비스 포트는 내부에서 외부 호출 시 랜덤 포트를 지정하므로 마찬가지로 모든 포트가 되어야 합니다. 하지만 이런 정책 설정은 보안상 매우 취약하므로 설정하면 안 됩니다. 이런 문제 때문에 패킷 상태를 인지해 패킷의 인과 관계를 파악할 수 있는 상태 기반 SPI 엔진이 나오게 되었습니다.

▼ 그림 9-13 패킷 필터링 방화벽과 SPI 방화벽 비교

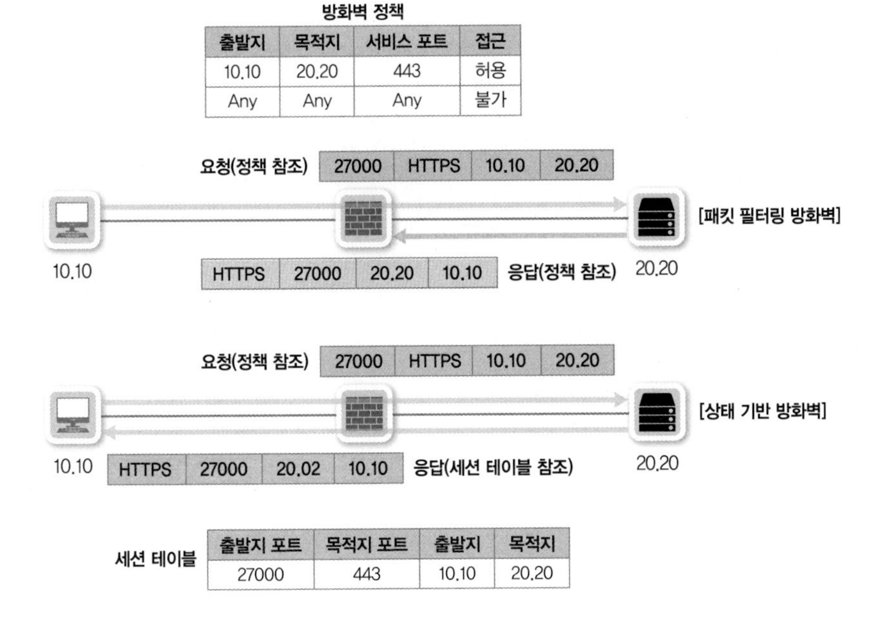

SPI 엔진은 패킷의 인과 관계와 방향성을 인지해 정책을 적용할 수 있어 내부 네트워크에서 인터넷으로 통신할 때 유용하게 사용됩니다. 내부에서 외부 인터넷으로 통신을 시도해 받은 응답과 외부에서 내부로 직접 들어오려는 패킷을 구분할 수 있습니다.

9.3.4 방화벽 동작 방식

최근 방화벽들은 보안을 강화하고 성능을 높이기 위해 여러 개의 엔진과 다양한 기능을 가지고 있고 이를 위해 동작 방식이나 패킷 처리 순서가 다를 수 있습니다. 이번 절에서 다루는 방화벽 동작 방식이 모든 방화벽의 동작 방식과 일치하지는 않겠지만 여기서 다루는 방화벽 동작 방식을 이해하는 것만으로도 방화벽을 이해하는 데 충분히 도움이 될 것입니다.

참고

간단한 상태 기반 방화벽의 패킷 플로

방화벽 제조사별로 방화벽 동작 방식이 다양하므로 방화벽을 도입하거나 운영하기 전에 제조사가 제공하는 Packet Processing Flow 문서를 반드시 미리 확인하고 이해해야 합니다.

방화벽이 패킷을 처리하는 순서를 간단히 나열하면 다음과 같습니다.

▼ 그림 9-14 방화벽의 패킷 확인 순서

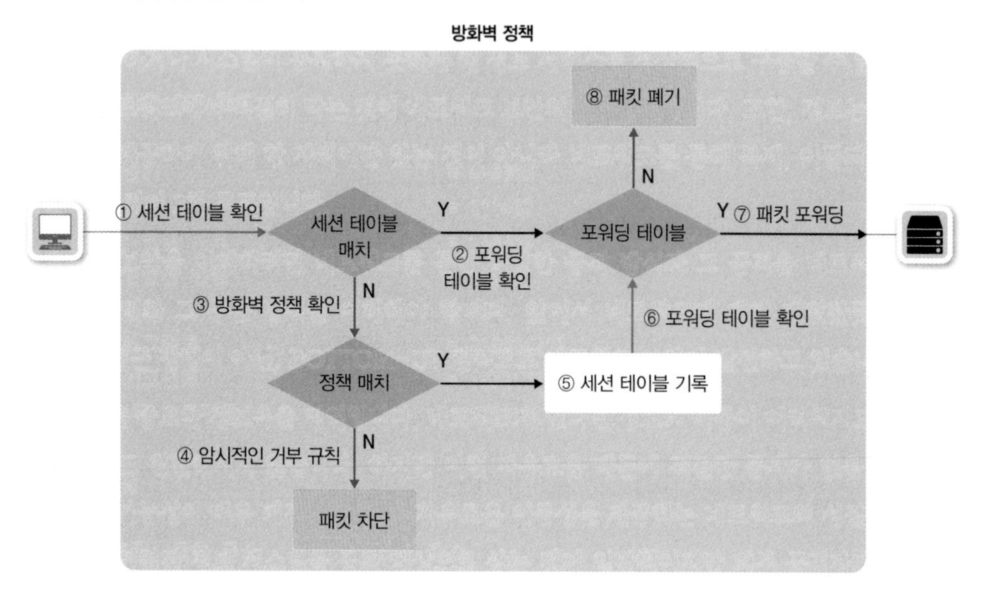

1. 장비에 패킷이 들어오면 우선 세션 상태 테이블을 확인합니다.
2. 조건에 맞는 세션 정보가 세션 테이블에 있을 때, 포워딩 테이블을 확인합니다(라우팅, ARP 포함).
3. 조건에 맞는 세션 정보가 세션 테이블에 없을 때, 방화벽 정책을 확인합니다.
4. 방화벽 정책은 맨 위의 정책부터 확인해 최종 정책까지 확인한 후 없을 때 암시적인 거부(Implicit Denial) 규칙을 참고해 차단됩니다.
5. 허용 규칙이 있으면 내용을 세션 테이블에 적어 넣습니다.
6. 포워딩 테이블을 확인합니다(라우팅, ARP 포함).
7. 조건에 맞는 정보가 포워딩 테이블에 있을 때, 적절한 인터페이스로 패킷을 포워딩합니다.
8. 조건에 맞는 정보가 포워딩 테이블에 없을 때, 패킷을 폐기합니다.

SPI 엔진을 가진 방화벽은 세션 인지 기능이 있어 단순히 5-튜플 조건만 확인하는 것이 아니라 OSI 3, 4계층의 세부적인 필드도 함께 확인합니다. TCP 컨트롤 플래그에 따라 동작 방식이 변하거나 시퀀스와 ACK 번호가 갑자기 변경되는 것을 인지해 세션 탈취 공격을 일부 방어할 수 있습니다. 이것을 TCP Anti-Replay 기능이라고 합니다. 세션을 추가로 인지하고 세션 테이블에 저장하므로 세션을 로깅하기 쉽습니다. 대부분의 방화벽은 통신 전체의 세션을 로그로 저장할 수 있습니다. 보안사고 시 이런 세션 로그를 기반으로 어떤 통신에 문제가 있었는지 판단할 수 있습니다.

참고

5-튜플 데이터

5-튜플은 TCP/IP 연결을 구성하는 5개의 서로 다른 값의 집합입니다. 출발지, 도착지, IP, 포트, 프로토콜 5가지 데이터입니다.

1. source ip
2. source port
3. destination ip
4. destination port
5. protocol

첫째, 데이터를 전달하는 출발지 ip

둘째, 데이터를 전달하는 출발지의 포트 번호

셋째, 데이터를 전달받는 목적지 ip

넷째, 데이터를 전달받는 목적지의 포트 번호

다섯째, 프로토콜 번호(3계층 프로토콜 지시자로 TCP, UDP를 지정할 때 사용합니다. TCP는 6, UDP는 17입니다)

9.3.5 ALG

방화벽은 패킷 필터 엔진보다 헤더 정보를 상세히 확인하고 세션을 인지할 수 있지만 애플리케이션 헤더 정보를 인지할 수 없습니다. 세션 방화벽 등장 이전에 개발된 고대 프로토콜은 방화벽과 같은 세션 장비를 고려하지 못해 통신 중간에 방화벽이 있으면 정상적인 통신이 불가능한 경우가 발생합니다. 가장 대표적인 프로토콜이 FTP입니다. FTP는 컨트롤 프로토콜과 데이터를 보내는 데이터 프로토콜이 분리되어 동작합니다. FTP는 컨트롤 프로토콜과 데이터 프로토콜이 반대로 세션을 맺으므로 방화벽이 FTP 프로토콜을 이해해 동작하지 않으면 정상적인 서비스가 불가능합니다.

FTP의 기본적인 동작은 다음과 같습니다.

▼ 그림 9-15 FTP의 기본적인 동작

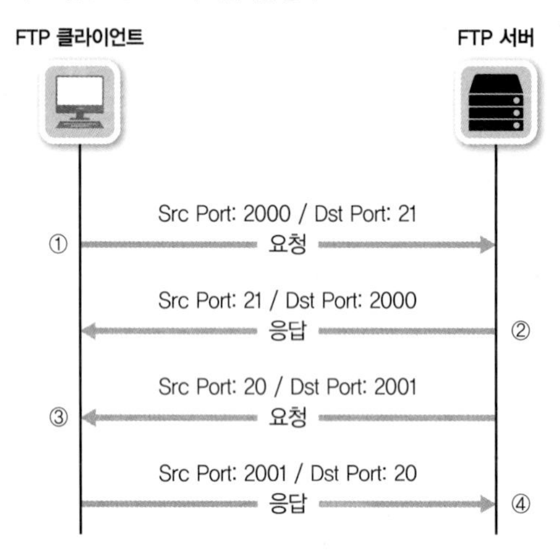

FTP의 기본적인 동작 순서는 다음과 같습니다.

1. 클라이언트는 랜덤 포트 2000을 통해 서버 커맨드(Command) 포트 21에 접속하고 데이터 포트로 사용할 2001(n+1)번 포트 정보를 서버에 전송한다.
2. 서버에서 클라이언트의 커맨드 포트(21)에 응답한다.
3. 서버는 서버의 데이터 포트(20)를 클라이언트의 데이터 포트(2001)에 접속한다.
4. 클라이언트에서 서버의 데이터 포트에 응답한다.

세션 기반으로 동작하는 방화벽은 세션의 방향성이 매우 중요한데 FTP 액티브 모드(Active Mode)에서는 초기 접속 방향과 반대로 데이터 프로토콜이 동작하므로 방화벽을 정상적으로 통과할 수 없습니다.

▼ 그림 9-16 FTP 액티브 모드의 통신 흐름. 컨트롤 프로토콜과 데이터 프로토콜이 다른 포트를 사용하고 세션의 방향도 반대다.

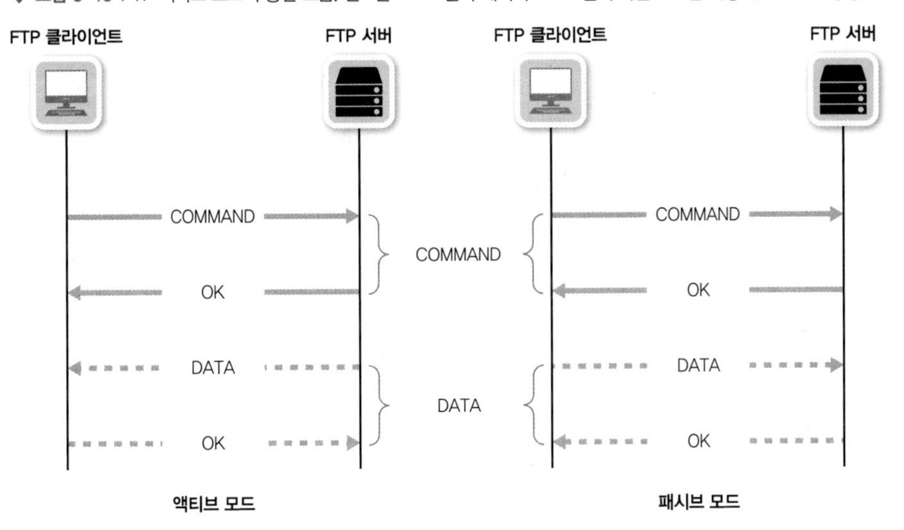

이 문제를 해결하기 위해 FTP 통신 방식을 패시브 모드로 변경하면 되지만 패시브 모드 자체를 제공하지 못하는 컴포넌트가 있을 수 있고 이미 개발된 애플리케이션 변경이 불가능한 경우도 있습니다. 그래서 방화벽에서 FTP 액티브 모드를 통과시키기 위해 애플리케이션 프로토콜을 확인하고 필요에 따라 세션을 인지해 포트를 자동으로 열어줍니다. 이것을 ALG(Application Layer Gateway) 기능이라고 합니다. 일반적으로 ALG 기능은 PAT(Port Address Translation) 기능이 동작하는 방화벽에서 PAT를 정상적으로 통과하지 못하는 프로토콜들을 자동으로 인지해 애플리케이션 정보를 변경해주거나 세션 테이블을 만들어주는 작업을 수행합니다. FTP ALG 기능이 동작하려면 패킷이 방화벽을 지나갈 때, 방화벽이나 해당 패킷이 참조되는 정책에 ALG 기능이 활성화되어 있어야 합니다.

다음은 FTP 프로토콜이 방화벽을 지나갈 때의 방화벽 동작 순서입니다.

1. FTP ALG 기능은 초기 FTP 요청 커맨드를 모니터링합니다.
2. 서버 쪽에서 사용할 데이터 세션에서 사용할 포트를 클라이언트로 알려줄 때, 이 정보를 확인하고 적절한 세션 정보를 만듭니다. 서버의 출발지 IP와 포트는 TCP 20번으로, 클라이언트의 IP와 서버에서 알려준 포트를 도착지로 하는 세션을 만들어 세션 테이블에 올립니다.
3. 서버에서 클라이언트로 데이터 세션을 열 때, 세션 테이블에 이미 정보가 들어가 있어 정책을 확인하지 않고 패킷이 포워딩됩니다.

방화벽에서는 FTP 액티브 모드와 같이 방화벽을 이해하지 못하는 프로토콜을 위해 다양한 ALG

기능이 제공됩니다. ALG가 편리한 기능이고 많은 중요한 프로토콜을 지원하지만 모든 프로토콜에 맞추어 개발될 수는 없으므로 ALG가 프로토콜이 방화벽을 통과하지 못하는 문제의 완벽한 해결책은 아닙니다. 최근 대부분의 애플리케이션이 이런 방화벽이나 NAT(Network Address Translation)를 고려해 개발되고 있고 STUN(Session Traversal Utilities for NAT)과 같은 홀 펀칭(Hole Punching) 기술들도 많이 발전해 오래된 프로토콜을 제외하면 ALG 기능을 사용하지 않는 추세입니다.

9.3.6 방화벽의 한계

상태 기반 방화벽 개발로 인해 많은 공격을 쉽게 방어할 수 있게 되었습니다. 전문적인 지식으로 한정된 네트워크에서만 힘들게 유지해온 패킷 기반 방화벽과 달리 매우 간단한 정책만으로 방화벽을 유지할 수 있게 되었습니다. 방화벽이 많은 곳에서 사용되자 기존 공격 방식으로는 해킹이 어려워져 다양한 방법의 새로운 공격 방식이 생겨났습니다. 공격 목표가 시스템이나 계정 탈취에서 서비스 중단 쪽으로 바뀌고 DDoS 공격이 새로운 트렌드가 되었습니다. 방화벽을 우회하는 다양한 공격이 개발되고 특히 대규모 웜 공격으로 인터넷 서비스가 마비되면서 방화벽의 한계가 명확히 드러났습니다. SPI 엔진을 사용하는 방화벽은 적은 리소스로도 다양한 공격을 쉽게 방어할 수 있었기 때문에 네트워크 보안에서 필수 요소가 되었지만 OSI 3, 4계층에서만 동작하므로 많은 한계가 있습니다. 방화벽과 같은 보안 장비를 인지하지 못하고 개발된 여러 가지 프로토콜을 방화벽에서 처리하기 위해 ALG 기능이 일부 애플리케이션을 인지할 수 있었지만 근본적으로 바이러스를 감지하거나 백도어나 인터넷 웜을 방어할 수는 없었습니다. 또한, 알려진 취약점을 악용한 다양한 공격도 방어할 수 없었습니다. 취약점은 대부분 애플리케이션이나 애플리케이션 프로토콜에서 보유하고 있어 애플리케이션 영역을 검사하지 못하는 방화벽으로서는 대응이 불가능했습니다.

▼ 그림 9-17 웜 공격. 2000년대 초 유행했던 블래스터 웜. 감염되면 무작정 시스템 종료 메시지를 뿌려 악명이 높았다.

```
0 00 00-6D 73 62 6C             msbl
0 6A 75-73 74 20 77    ast.exe I just w
9 20 4C-4F 56 45 20    ant to say LOVE
0 62 69-6C 6C 79 20    YOU SAN!! billy
0 64 6F-20 79 6F 75    gates why do you
3 20 70-6F 73 73 69     make this possi
0 20 6D-61 6B 69 6E    ble ? Stop makin
E 64 20-66 69 78 20    g money and fix
7 61 72-65 21 21 00    your software!!
0 00 00-7F 00 00 00
0 00 00-01 00 01 00
0 00 00-00 00 00 46
C C9 11-9F E8 08 00
0 00 03-10 00 00 00
3 00 00-01 00 04 00
```

이런 웜 공격을 막기 위해 등장한 보안 장비가 IPS입니다. 방화벽과 IPS 외에도 계속 진화하는 공격을 막기 위한 다양한 네트워크 보안 장비가 개발되어 왔습니다.

참고

현대 방화벽 NGFW, UTM

상태 기반 방화벽은 레거시 방화벽(Legacy Firewall)이라고 합니다. 사이버 공격이 점점 복잡해지고 악랄해지면서 그에 대응하는 방화벽도 많이 발전해야 했습니다. 기존 방화벽과 달리 네트워크 보안 장비의 기능을 대부분 흡수해 통합했고 APT 공격에 대응하는 샌드박스 기능이 연계되어 제공되는 경우도 있습니다. NGFW(Next Generation Firewall)와 UTM(Unified Threat Management Firewall)은 방화벽을 애플리케이션 영역까지 확장한 보안 장비입니다. 하지만 내부적으로 구현하는 방법은 다릅니다. NGFW는 다양한 보안 장비의 기능이 논리적으로 통합되어 있고 UTM은 물리적인 여러 가지 엔진을 통합해 함께 동작하는 방식입니다. 두 장비 모두 다양한 보안 기능이 통합되어 있고 애플리케이션 계층을 포함해 보안을 제공한다는 공통점이 있습니다.

참고

NFV

최근 네트워크 컴포넌트를 가상화해 범용 하드웨어에 적용하려는 노력이 진행되고 있습니다. 이 기술을 NFV(Network Function Virtualization)라고 부르고 범용 x86 기반의 하드웨어에 가상화 서버 형태로 라우터, 방화벽, L4 스위치와 같은 장비를 탑재합니다. ASIC와 같은 전용 칩세트를 이용할 수 없어 성능에 한계가 있지만 서비스 체이닝 기술을 이용해 새로운 서비스를 손쉽게 추가, 삭제, 적용할 수 있다는 장점이 있고 최근 DPDK, SR-IOV와 같은 I/O 가속 기술들이 적용되면서 대형 사업자를 중심으로 실제 환경에 속속 적용되고 있지만 전용 어플라이언스(Appliance) 장비와 비교해 성능이나 기능 면에서 아직 분명한 한계가 있습니다.

충분한 네트워크 보안 처리 속도를 유지하면서 다양한 공격을 효과적으로 방어하기 위해 전문화된 다양한 네트워크 보안제품이 있어왔고 이 장비들을 효율적으로 운영하기 위해 복잡한 네트워크 구조를 가질 수밖에 없었습니다. 이런 복잡성을 없애기 위해 네트워크 보안기술들이 발전하면서 이 다양한 장비들을 묶어 하나의 장비로 제공하거나 여러 장비가 유기적으로 동작하는 방향으로 기술이 발전하고 있습니다.

9.4 IPS, IDS

방화벽은 네트워크 보안을 위해 기본적으로 구축되어야 하는 필수 솔루션이지만 3, 4계층 방어만 가능하므로 애플리케이션 계층에서 이루어지는 공격은 방어할 수 없습니다. 애플리케이션 공격은 서비스를 제공하는 시스템 자체의 취약점을 이용하는 경우가 많습니다. 예를 들어 웹 서비스를 제공하려면 TCP 80 포트를 외부 사용자에게 공개해야 하는데 Apache나 IIS 서버의 취약점을 악용한 공격은 방화벽에서 구분해 필터링하고 모니터링할 수 없습니다. 애플리케이션 계층에서 이루어지는 이런 다양한 공격을 탐지, 방어하기 위해 IDS와 IPS가 개발되었습니다.

▼ 그림 9-18 방화벽과 IDS, IPS의 검사 영역

애플리케이션 계층(Application)	7
프레젠테이션 계층(Presentation)	6
세션 계층(Session)	5
트랜스포트 계층(Transport)	4
네트워크 계층(Network)	3
데이터 링크 계층(Data Link)	2
물리 계층(Physical)	1

방화벽 검사 영역

애플리케이션 계층(Application)	7
프레젠테이션 계층(Presentation)	6
세션 계층(Session)	5
트랜스포트 계층(Transport)	4
네트워크 계층(Network)	3
데이터 링크 계층(Data Link)	2
물리 계층(Physical)	1

IDS/IPS 검사 영역

9.4.1 IPS, IDS의 정의

IDS란 Intrusion Detection System(침입 탐지 시스템)의 약자입니다. 공격자가 시스템을 해킹할 때 탐지를 목적으로 개발된 시스템입니다. '방어'보다 '탐지'에 초점을 맞추어 개발되어 공격에 직접 개입하거나 방어하는 것이 아니라 트래픽을 복제해 검토하고 침입 여부를 판별합니다.

▼ 그림 9-19 IDS는 복제된 트래픽을 감시하고 공격을 탐지하면 알람을 보낸다. 자체 방어 기능은 없거나 세션을 리셋하는 일부 기능이 있을 수 있다.

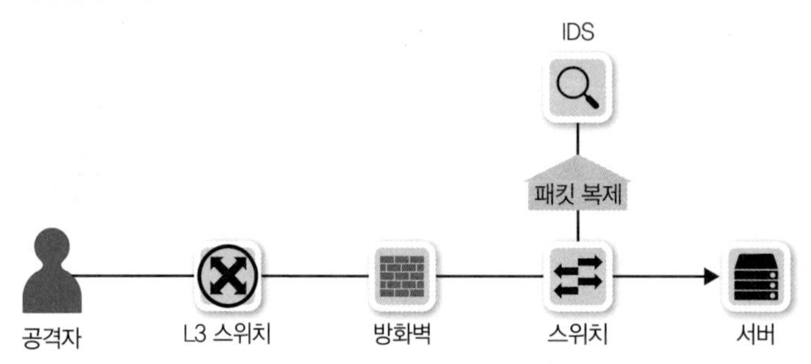

IPS는 Intrusion Prevention System(침입 방지 시스템)의 약자입니다. 탐지에 초점을 맞춘 IDS와 달리 공격이 발견되면 직접 차단하는 능력을 갖춘 장비입니다. 트래픽을 복제해 검토만 하는 것이 아니라 트래픽이 지나가는 인라인(Inline) 상에 장비를 배치합니다. IDS와 IPS는 적극적으로 통신에 개입해 유해 트래픽을 차단, 방어하는 것 외에도 회피 공격을 차단하기 위한 세션 이해 가능 여부, 능동적 방어를 위한 어노말리(Anomaly) 등 다양한 기능으로 구분합니다. 최근 도입된 솔루션은 대부분 IPS이므로 이후 용어를 IPS로 통일하고 기능들도 IPS를 기준으로 설명하겠습니다.

▼ 그림 9-20 IPS는 인라인 상에 위치해 공격을 탐지하면 IPS 장비 자체적으로 방어할 수 있다.

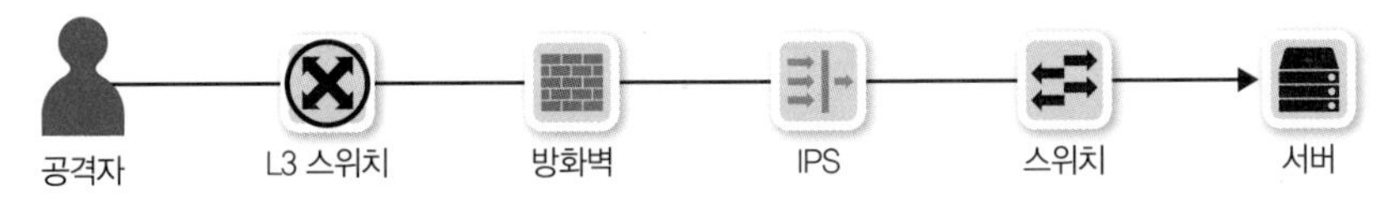

IPS는 호스트 기반 IPS와 네트워크 기반 IPS가 있습니다. 보안 트렌드나 시대적 요구사항에 따라 유행하는 방어 방식이 바뀌지만(예를 들어 엔드포인트 보안이 강조될 때는 호스트 기반 IPS 솔루션들이 많이 소개되고 네트워크 보안이 강조될 때는 네트워크 IPS 장비들이 더 많아집니다) 일반적으로 IPS라고 부르는 시스템은 네트워크 기반 NIPS(Network based IPS)입니다. 클라우드 네트워크의 여러 가지 제약사항 때문에 클라우드 내부 네트워크에서 NIPS 배포가 어려워 HIPS(Host based IPS) 사용 빈도가 늘었지만 여러 가지 불편한 점(서비스와 리소스 공유, 장애 발생 시 장애 주체 파악의 어려움) 때문에 클라우드 내부에서도 네트워크 기반 NIPS로 바뀌는 추세입니다.

9.4.2 IPS, IDS의 동작 방식

기본적으로 IPS는 공격 데이터베이스(Signature)를 사용한 패턴 매칭 방식으로 운영되지만 프로토콜 어노말리(Protocol Anomaly), 프로파일 어노말리(Profile Anomaly) 등의 다른 기법으로 공격을 방어합니다. 그럼 각 방법에 대해 알아보겠습니다.

9.4.2.1 패턴 매칭 방식

IPS에는 공격을 탐지, 방어하는 다양한 기술이 있습니다. 기존 공격이나 취약점을 통해 공격 방식에 대한 데이터베이스를 습득하고 그 최신 내용을 유지하다가 공격을 파악하는 기술을 패턴 방식, 시그니처(Signature) 방식, 데이터베이스 방식 방어라고 합니다. 이런 패턴 기반 방어가 IPS 기능의 상당 부분을 차지하므로 IPS는 많은 공격 데이터베이스를 보유(최근 대부분의 IPS 생산업체는 만

개 이상의 공격 데이터베이스를 보유하거나 적용하고 있다)해야 하고 최신 공격 방식을 공격 데이터베이스에 최대한 신속히 반영하는 것이 매우 중요합니다.

▼ 그림 9-21 패턴 매칭 방식

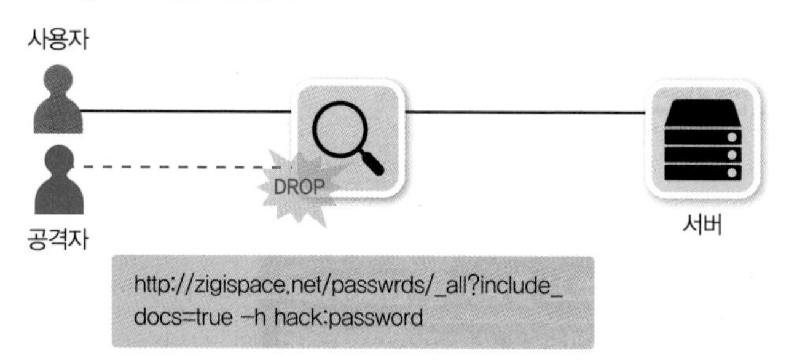

코드 레드 웜은 웹 서버에 간단한 공격 스트링을 가진 요청이 도달하기만 해도 IIS의 취약점에 의해 웹 서버에 감염됩니다. 감염된 웹 서버는 다시 다른 서버로 공격을 수행하는 공격자로 바뀌어 공격 패킷을 다수의 다른 서버로 전송하게 됩니다.

위에서 설명했듯이 IPS에는 코드 레드 웜의 공격 패턴 데이터가 이미 있습니다. 위와 같은 코드 레드 공격은 default.ida?NNNNNNNN과 같은 특별한 문자열을 모니터링하고 있다가 자신이 보유한 데이터베이스에 매칭되는 패킷이 들어오면 이 공격을 방어합니다.

9.4.2.2 어노말리 공격 방어

패턴 매칭 기반의 방어가 유효하려면 실제로 공격이 들어오기 전에 해당 공격에 대한 패턴 데이터베이스가 확보되어 있어야 합니다. 이 패턴 기반의 방어는 극미한 변화만 생겨도 적절한 대응이 어려웠고 인터넷상으로 빠르게 전파되는 웜 공격 변종을 적절한 타이밍에 막아내기 어려웠습니다. 초기 웜은 인터넷 전체에 퍼지는 속도가 한 달이었다가 알고리즘이 점점 진화해 단 4시간 만에 인터넷 전체에 퍼집니다. 일반적인 정기 업데이트가 하루부터 수일 사이인 패턴 데이터베이스 업데이트로는 이렇게 급속히 전파되고 진화하는 공격을 효과적으로 방어할 수 없었습니다. 기존 블랙리스트 기반의 방어 방식인 패턴 기반 방어의 한계 때문에 IPS에서도 화이트리스트 기반의 방어 기법이 개발되었는데 바로 어노말리입니다. 기존 패턴 기반의 공격 방어는 분명히 공격인 것만 찾아내 방어했다면 어노말리 기법은 분명한 공격으로 파악되지 않더라도 특정 기준 이상의 행위를 이상하다고 판단하고 방어하게 됩니다.

이런 어노말리 기법은 프로파일 어노말리(Profile Anomaly)와 프로토콜 어노말리(Protocol Anomaly)로 나뉩니다.

- **프로파일 어노말리**

프로파일 어노말리는 평소 관리자가 정해놓은 기준이나 IPS 장비가 모니터링해 정해진 기준과 다른 행위가 일어나면 공격으로 판단합니다. 프린트 서버에 FTP 패킷이 전송되는 경우, 평소 1MB 이하의 트래픽이 발생하던 시스템에서 갑자기 수십 MB 이상의 트래픽이 발생한 경우처럼 평소와 다른 행위에 초점을 맞춥니다. 웜이 감염되면 다른 타깃으로 다량의 트래픽을 발생시켜 감염시키는 행위를 반복하므로 이런 형태의 공격을 방어하는 데 효과가 있었습니다.

이 기능은 동적 프로파일 기능이 강화되면서 향후 DDoS 방어 장비로 진화했습니다.

▼ 그림 9-22 프로파일 어노말리

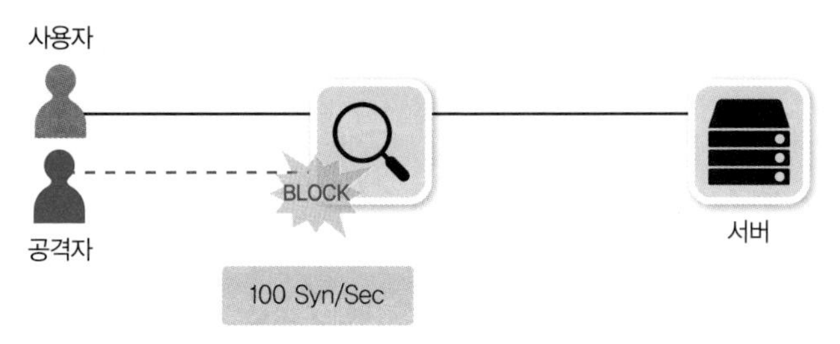

- **프로토콜 어노말리**

SPI 방화벽과 NAT 기능이 대중화되면서 해커가 직접 일반 사용자의 PC를 쉽게 공격할 수 없게 되었습니다. 상태 기반 SPI 방화벽에서 인터넷으로 나가는 방향의 통신은 모두 허용하고 인터넷에서 내부로 들어오는 방향의 통신은 모두 거부하는 것만으로도 외부에서 내부로 직접 공격할 수 없게 되었습니다.

방화벽을 우회해 내부 사용자의 PC를 공격하기 위해 해커는 사용자가 웹 서버나 이메일에 악성 코드를 올려놓고 내부 사용자가 악성 코드를 내려받아 직접 실행하도록 유도합니다.

▼ 그림 9-23 TCP 80으로 HTTP 접속 후 악성 코드 다운로드

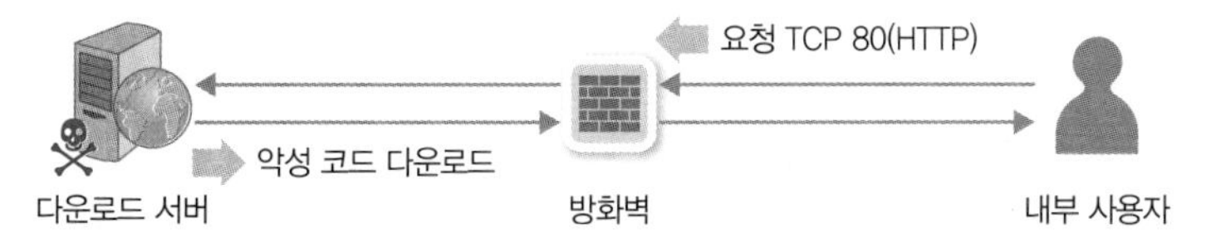

사용자의 PC에서 실행된 악성 코드가 외부 C&C 서버와 연결되고 이 연결을 사용해 사용자 정보를 전달하고 해커의 지시에 따라 동작합니다. 흔히 이런 악성 코드에 감염된 PC를 좀비 PC라고 합니다. 이때 좀비 PC가 정상적으로 서비스를 요청하는 것처럼 동작하므로 일반 방화벽에서는 이

런 공격에 대한 탐지와 방어가 불가능합니다.

이런 공격을 방어하기 위해 IPS가 필요하며 IPS 기능 중 프로토콜 어노말리 기법이 사용됩니다. 감염된 내부 PC가 외부와 공격을 위한 통신을 할 때는 잘 알려진 서비스 포트를 사용하지만 실제 해당 서비스 포트에서 동작하는 프로토콜이 아닌 다른 프로토콜을 사용하는 경우가 흔하며 이 경우, 공격을 의심해볼 수 있습니다. 잘 알려진 포트와 실제로 통신하는 프로토콜이 다를 때, 이것을 파악해 적절히 제어하는 기법을 프로토콜 어노말리라고 합니다.

▼ 그림 9-24 IPS에서는 서비스 포트와 프로토콜을 확인해 서비스 포트에 맞지 않는 프로토콜을 차단한다.

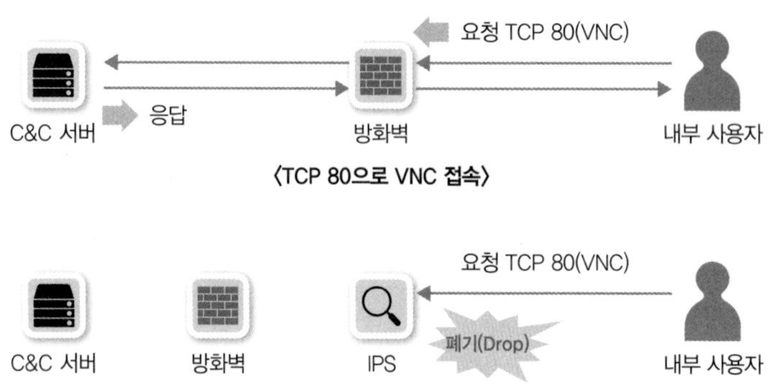

9.4.3 IPS, IDS의 한계와 극복(NGIPS)

IPS와 IDS도 방화벽과 같이 네트워크 보안의 필수 장비가 되었지만 IPS는 근본적인 문제가 있습니다. 네트워크상에서 빠른 속도로 애플리케이션 레벨까지 확인하기 위해 플로(Flow) 엔진을 사용합니다. 플로 엔진은 패킷을 모아 데이터 형태로 변환해 검사하는 것이 아니라 패킷이 흘러가는 상황을 모니터링해 공격을 탐지하므로 IPS 장비를 비교적 쉽게 우회할 수 있습니다.

IPS는 오탐이 많이 발생하므로 초기에 설치된 환경에 맞는 튜닝작업을 오래 해주어야 하며 별도의 관제 인력이 장비를 모니터링하고 환경에 맞는 최적화 작업을 지속적으로 수행해주어야 합니다. 너무 많은 오탐과 알람 때문에 장비가 공격을 정상적으로 방어하지 못하거나 정상적인 서비스가 차단될 수도 있습니다. 이 문제를 해결하기 위해 예외 처리되는 경우도 많으며 IPS를 설치만 하고 제대로 사용하지 못하는 경우도 많습니다.

최근 기존 IPS의 기능을 향상시켜 문제점을 해결한 NGIPS(Next Generation IPS) 개념의 장비가 출시되었습니다. 애플리케이션을 인지하거나 다양한 시스템과 연동할 수 있고 특히 APT 공격을 방어하기 위한 일부 기능이 탑재되어 있거나 다양한 외부 시스템과 연동할 수 있는 NGIPS 장비들이 많이 소개되고 있습니다. 방화벽이 NGFW, UTM으로 발전했듯이 IPS도 다양한 장비가 통합되는 추세이고 IPS 단독시장은 축소되고 있습니다.

참고

IPS가 공격 데이터베이스를 얻는 방법

IPS가 공격을 제대로 방어하려면 최신으로 업데이트된 공격 데이터베이스가 필요합니다. 이 공격 데이터베이스는 실제로 해킹에 사용된 흔적을 이용해 작성하는 경우가 많습니다. 이런 새로운 공격을 탐지하기 위해 인터넷에 허니팟(Honeypot) 시스템을 구축합니다. 공격에 대한 방어가 없고 취약점이 많은 허니팟을 해커는 공격 대상으로 생각하고 공격하게 됩니다. 허니팟 시스템은 이런 공격을 모두 로깅하고 해킹 이후 이 공격 기법을 분석해 공격 데이터베이스로 바꾸는 작업을 도와줍니다.

9.5 DDoS 방어 장비

NETWORK

방화벽의 중요 엔진인 SPI 엔진 개발 이후 네트워크 보안 담당자의 운영 부하가 대폭 줄고 많은 기관에서 방화벽을 도입하면서 해커들의 공격이 점점 어려워졌습니다. 간단한 정책으로 다양한 공격을 원천차단하므로 매우 효과적인 장비였고 네트워크 보안의 기본은 방화벽이라는 인식이 널리 퍼졌습니다. 이런 상황에서 새로운 형태의 공격이 나타났습니다. 기존 공격은 직접 공격해 관리자 권한을 탈취하는 데 초점이 맞추어져 있었다면 방화벽 대중화 이후의 공격은 정상적인 서비스가 불가능하도록 방해하는 데 초점이 맞추어져 있습니다. 이 공격 방식을 DoS(Denial of Service) 공격이라고 합니다. 하지만 해커 단독으로 하나의 서비스를 불가능하게 만드는 데는 제한이 많습니다. 그래서 다수의 공격자를 만들어 동시에 DoS 공격을 하는 분산형 DoS인 DDoS 공격 방식으로 발전했고 이런 공격을 방어하기 위해 DDoS 전용장비가 등장했습니다.

▼ 그림 9-25 타깃이 서비스를 정상적으로 제공하지 못하도록 방해한다.

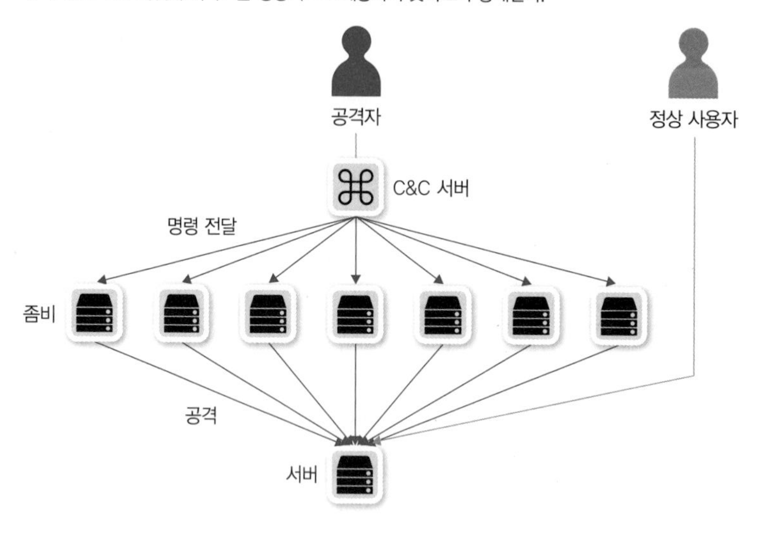

9.5.1 DDoS 방어 장비의 정의

초기 DDoS 공격은 시스템이나 네트워크 장비의 취약점이 타깃인 경우가 많았습니다. 단순한 서버 공격에서 네트워크 장비나 DNS 서비스와 같이 인프라 기반 서비스 제공 영역까지 DDoS 공격이 확대되었습니다. 단순한 DDoS 형태의 공격들도 다양한 기존 장비를 보완하는 기능이 나오고 취약점을 노린 DDoS 공격도 제조업체들의 보안 패치 대응으로 큰 효과를 발휘하지 못하자 다양한 DDoS 공격 형태가 등장했습니다. 이렇게 다양한 DDoS 공격을 방어하기 위한 전문적인 장비의 필요성이 대두되었고 DDoS 전용 방어 장비가 나타났습니다.

DDoS 방어 장비는 볼류메트릭 공격을 방어하기 위해 트래픽 프로파일링 기법을 주로 사용하고 인터넷의 다양한 공격 정보를 수집한 데이터베이스를 활용하기도 합니다.

9.5.2 DDoS 방어 장비 동작 방식

DDoS 방어 서비스로는 클라우드 서비스, 회선 사업자의 방어 서비스, DDoS 방어 장비를 사내에 설치하는 방법이 있습니다. 회선 사업자와 DDoS 방어 장비를 이원화해 협조하는 서비스도 많이 등장하고 있습니다. DDoS는 워낙 대규모 공격이므로 DDoS 탐지 장비와 방어 장비를 구분하는 경우가 많았습니다. DDoS 공격을 탐지해 공격을 수행하는 IP 리스트를 넘겨주면 방어 장비나

ISP 내부에서 이 IP를 버리는 것이 가장 흔한 DDoS 방어 기법입니다.

▼ 그림 9-26 두 가지 DDoS 방어 기법: 인라인(탐지 및 방어를 하나의 장비에서), 아웃 오브 패스(Out of Path: 탐지 및 방어를 다른 장비에서 수행)

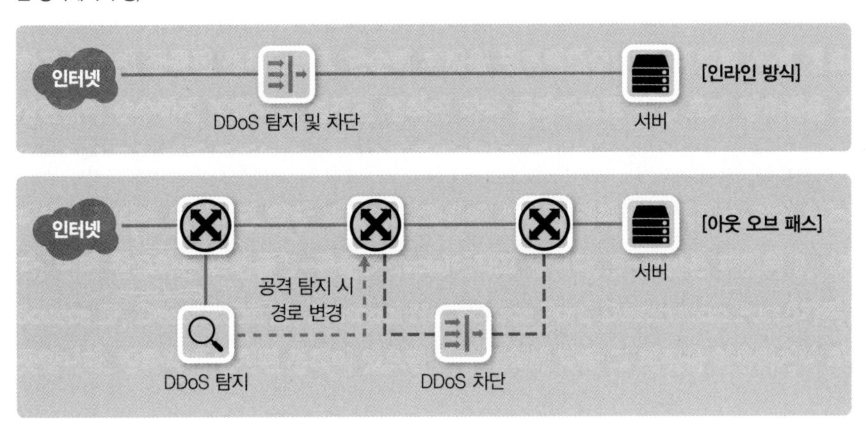

DDoS 장비가 DDoS 여부를 판별하는 방식은 다양합니다. 우선 DDoS 방어 장비의 주요 차단 방법인 프로파일링 기법입니다. 평소 데이터 흐름을 습득해 일반적인 대역폭, 세션량, 초기 접속량, 프로토콜별 사용량 등을 저장합니다. 이렇게 습득한 데이터와 일치하지 않는 과도한 트래픽이 인입되면 알려주고 차단합니다. 습득한 데이터는 다양한 날짜 범위와 다양한 요소를 모니터링합니다.

또 하나의 방법은 일반적인 보안 장비처럼 보안 데이터베이스 기반으로 방어하는 것입니다. IP 평판 데이터베이스를 공유해 DDoS 공격으로 사용된 IP 기반으로 방어 여부를 결정하거나 특정 공격 패턴을 방어하는 방법이 있습니다.

9.5.3 DDoS 공격 타입

DDoS 공격은 다양한 기법이 있지만 일반적으로 회선 사용량을 가득 채우는 볼류메트릭 공격(Volumetric Attack)과 3, 4계층의 취약점과 리소스 고갈을 노리는 프로토콜 공격(Protocol Attack), 애플리케이션의 취약점을 주로 노리는 애플리케이션 공격(Application Attack) 3가지가 있습니다. 다음은 DDoS의 주요 공격 타입을 정리한 표입니다.

▼ 표 9-1 3가지 DDoS 공격 방식

	볼류메트릭 공격	프로토콜 공격	애플리케이션 공격
무엇인가	대용량의 트래픽을 사용해 공격 대상의 대역폭을 포화시키는 공격. 간단한 증폭기술을 사용해 생성하기 쉬움	3, 4계층 프로토콜 스택의 취약점을 악용해 대상을 액세스할 수 있게 만드는 공격	7계층 프로토콜 스택의 약점을 악용하는 공격. 가장 정교한 공격 및 식별, 완화에 가장 까다로운 공격
장애를 어떻게 일으키는가	공격에 의해 생성된 트래픽 양은 최종 자원(웹 사이트 또는 서비스)에 대한 액세스를 완전히 차단할 수 있음. 쓸모없는 패킷이 회선을 모두 차지해 정상적인 서비스 트래픽이 통과할 수 없음.	공격 대상이나 중간 위험 리소스의 처리 용량을 모두 사용해 서비스 중단을 유발함. 일반적인 네트워크 장비나 네트워크 보안 장비를 대상으로 하는 경우가 많음. 공격 대상 장비의 CPU, 메모리 자원을 고갈시켜 정상적인 서비스가 불가능하게 함.	대상과의 연결을 설정한 후 프로세스와 트랜잭션을 독점해 서버 자원을 소모시킴. 애플리케이션 프로토콜 자체의 취약점이나 서비스를 제공하는 플랫폼의 취약점을 악용하는 경우가 많음.
예제	NTP 증폭, DNS 증폭, UDP 플러드(UDP Flood), TCP 플러드	Syn 플러드, Ping of Death	HTTP 플러드, DNS 서비스 공격, Slowloris 등

DDoS 방어 장비는 자동 프로파일링 기법을 지원하고 사전에 정의된 공격 데이터베이스를 이용해 애플리케이션 공격 방어도 가능하지만 DDoS 장비의 주요 방어 목표는 볼류메트릭, 프로토콜 공격입니다. 다음 장에서는 DDoS 공격 타입 중 가장 빈번하고 중요한 볼류메트릭 공격에 대해 더 자세히 알아보겠습니다.

9.5.4 볼류메트릭 공격

볼류메트릭 공격은 회선 사용량이나 그 이상의 트래픽을 과도하게 발생시켜 회선을 사용하지 못하도록 방해하는 공격이므로 회선을 공급해주는 ISP 내부나 사용자 네트워크 최상단에 위치시켜 이 공격을 완화(Mitigation)해야 합니다. DDoS 장비는 주로 볼류메트릭 공격이나 프로토콜 공격을 방어하는 데 사용됩니다. 혼자 방어할 수 없는 공격도 많으므로 회선을 공급하는 ISP와 공조해 방어할 필요가 있습니다.

9.5.4.1 좀비 PC를 이용한 볼류메트릭 공격

볼류메트릭 공격은 특정 시간에 특정 타깃을 공격하는 형태로 발생합니다. 이런 공격을 하려면 미리 악성 코드에 감염되어 해커가 컨트롤할 수 있는 좀비 PC를 많이 확보해두어야 합니다.

▼ 그림 9-27 좀비 PC를 활용한 DDoS 공격

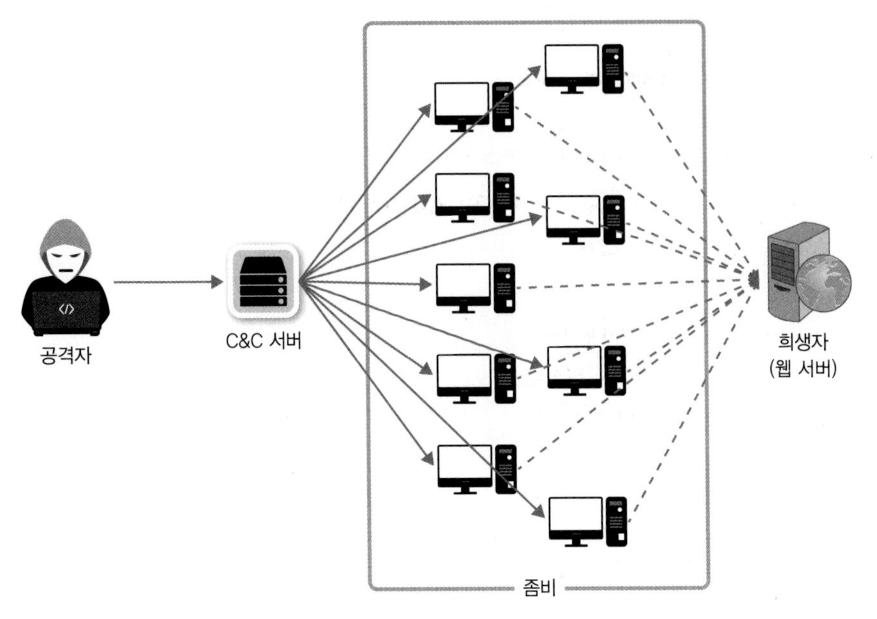

좀비 PC를 미리 충분히 확보하지 못하거나 더 강력한 DDoS 공격을 위한 증폭 공격(Amplification Attack)이 증가하고 있습니다. 최근 수백 Gbps부터 1Tbps 이상에 이르는 엄청나게 높은 대역폭의 공격은 대부분 증폭 공격으로 수행됩니다.

▼ 그림 9-28 증폭 공격

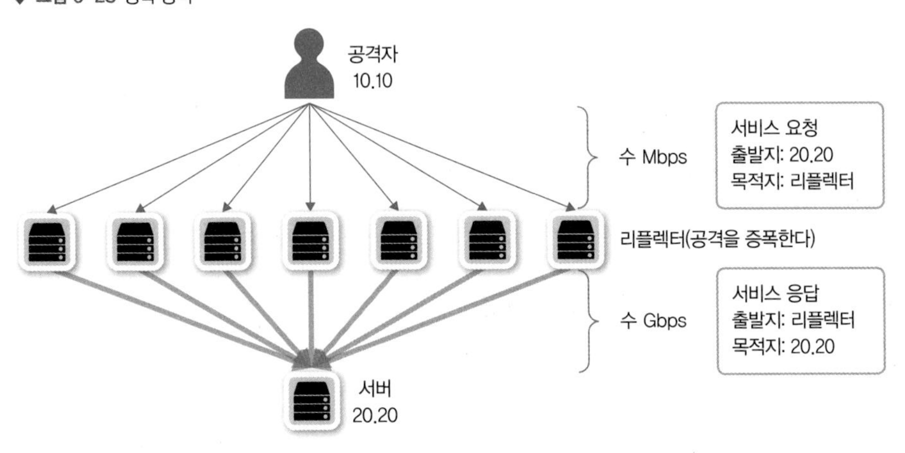

공격자가 상대적으로 적은 대역폭으로 중간 리플렉터에 패킷을 보내면 이 트래픽이 증폭되어 피해자 네트워크에 수십~수백 배의 공격 트래픽이 발생하는 공격법을 증폭 공격이라고 합니다.

이런 볼류메트릭 공격을 방어할 수 있는 DDoS 장비를 보유하는 것도 중요하지만 혼자서는 대부분 방어가 불가능하므로 ISP를 통한 방어나 Cloud DDoS 솔루션을 통해 서비스 네트워크로 트래픽이 직접 도달하지 못하도록 조치해야 합니다.

▼ 그림 9-29 ISP에서 제공하는 DDoS 방어 서비스. 볼류메트릭 공격은 회선 사업자 차원에서 미리 방어되어야 하므로 DDoS 방어를 위한 서비스 가입이나 회선 사업자의 도움이 별도로 필요하다.

출발지에서 웹 서버를 목적지로 함
DDoS 대피 경로
DDoS 방어 장비
사용자
공격자
공격자
평소 경로
인터넷
ISP
웹 서버

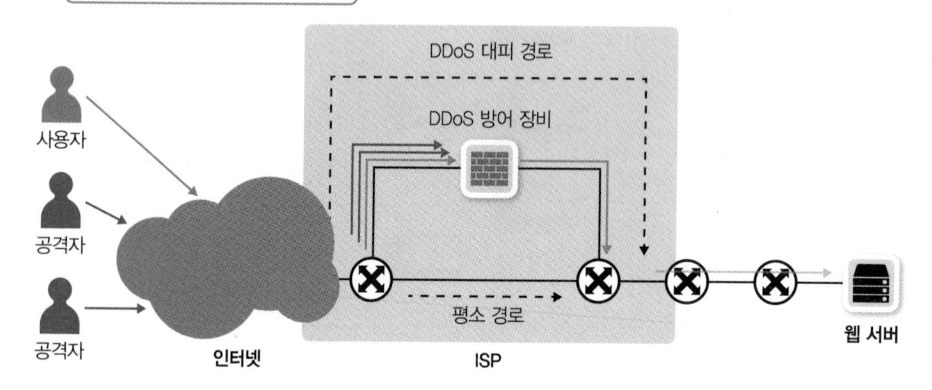

볼류메트릭 공격 방어를 위해 클라우드 기반의 DDoS 방어 서비스도 고려해볼 수 있습니다. 클라우드 기반 서비스는 DDoS, WAF(Web Application Firewall)과 같은 별도의 보안 장비 없이도 다양한 DDoS 공격을 방어할 수 있다는 장점이 있습니다. 실제 서비스 서버 앞에서 미리 클라이언트의 요청을 받아 처리한 후 문제가 없는 요청만 서버 쪽으로 전달합니다. 클라우드 기반 서비스의 최대 장점은 실제 서비스 네트워크가 가려지므로 네트워크 차원이나 대규모 볼류메트릭 공격도 큰 투자 없이 방어할 수 있다는 것입니다.

▼ 그림 9-30 클라우드 기반의 DDoS 방어 서비스. 실제 데이터 센터의 서버 주소는 감추어져 있고 클라우드에서 미리 요청을 받아 처리한다.

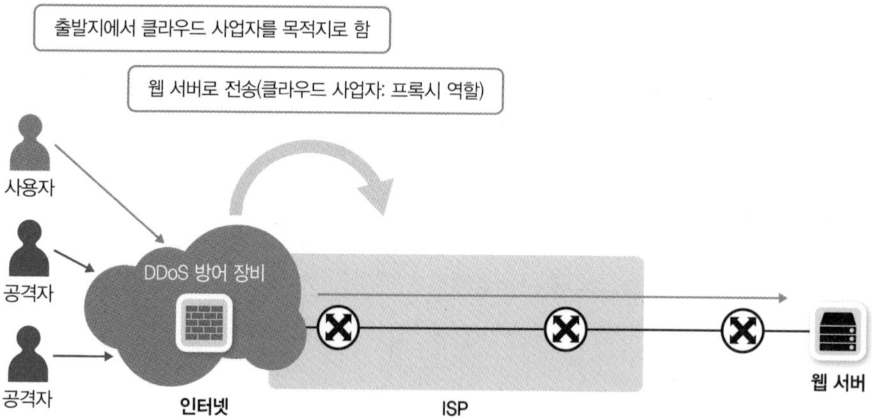

출발지에서 클라우드 사업자를 목적지로 함
웹 서버로 전송(클라우드 사업자: 프록시 역할)
사용자
공격자
공격자
DDoS 방어 장비
인터넷
ISP
웹 서버

9.6 VPN

VPN은 Virtual Private Network의 약자입니다. 2.2.4 VPN 절에서 알아보았듯이 물리적으로 전용선이 아닌 공중망을 이용해 논리적으로 직접 연결한 것처럼 망을 구성하는 기술입니다. 이렇게 논리적으로 직접 연결된 것처럼 만들어주는 통로를 터널(Tunnel)이라고 하며 VPN을 이용하면 터널을 이용해 직접 연결한 것처럼 동작합니다.

터널링 기법만 제공할 수 있다면 VPN이라고 할 수 있지만 터널링만 제공하는 기법은 자주 사용되지 않습니다. VPN은 주로 인터넷과 같은 공중망을 전용선과 같은 사설망처럼 사용하기 위해 도입하므로 강력한 보안을 제공해야 합니다. 그래서 IPSEC, SSL과 같은 암호화 기법을 제공하는 프로토콜이 VPN에 주로 사용됩니다.

참고

전용 회선과 VPN

인터넷 망이 아닌 전용 회선으로 직접 연결할 때도 전용 회선을 통해 VPN을 추가로 구성하는 경우가 있습니다. 전용 회선은 종단 간에 직접 연결하지만 회선 자체에는 데이터가 그대로 흐르므로 암호화가 되지 않습니다. 그래서 보안을 더 강화하기 위해 전용 회선에 VPN을 추가로 구성해 데이터를 암호화하기도 합니다.

▼ 그림 9-31 전용 회선을 이용한 VPN 구성

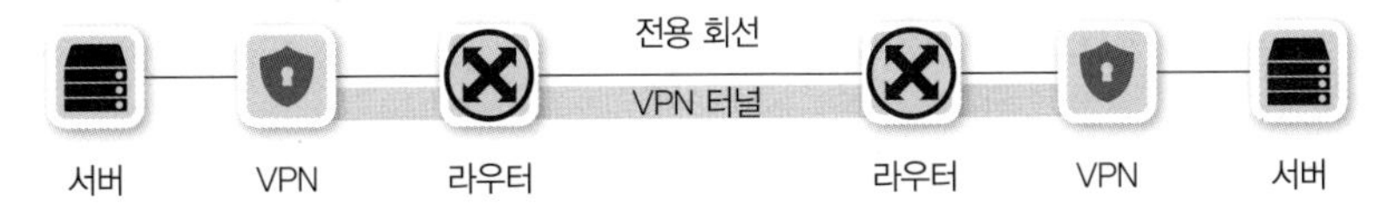

물론 이런 데이터 암호화는 VPN 장비가 아닌 애플리케이션 단에서도 가능합니다.

가입자 입장의 VPN 기술에서는 인터넷이라는 공용 망을 이용하므로 안전하게 통신할 수 있도록 암호화와 인증과 같은 보안 강화 기술을 적용해야 합니다. 과거에는 PPTP, L2TP, GRE와 같이 암호화를 지원하지 않거나 매우 간단한 암호화만 지원하는 기술들이 주로 쓰였지만 최근에는 이런 기술을 사용하더라도 IPSEC의 보안 기술이 추가적으로 함께 사용됩니다.

일반적으로 본사-지사처럼 네트워크 대 네트워크 연결에는 IPSEC VPN 기술이 사용되고 개인 사용자가 본사 네트워크로 접속하는 경우에는 SSLVPN 기술이 사용됩니다.

그림 9-32는 본사-지사 간 네트워크 대 네트워크 연결 구성도입니다. 네트워크 간 연결은 보안이 강력한 IPSEC 기반의 VPN 기술을 사용합니다. 이 경우, VPN이 연결되는 본사와 지사에 모두 IPSEC VPN 기능을 지원하는 네트워크 장비가 필요합니다.

▼ 그림 9-32 IPSEC VPN 연결 구성도

그림 9-33은 개인 사용자가 본사 네트워크로 접속하는 SSLVPN 기술 구성도입니다. SSLVPN 기술은 네트워크 대 네트워크 연결이 아닌 PC 대 네트워크, 모바일 단말 대 네트워크 접속에 사용됩니다. 이 경우, PC나 모바일 단말과 같은 원격지는 별도의 네트워크 장비 없이 VPN 연결을 사용할 수 있습니다.

▼ 그림 9-33 SSLVPN 연결 구성도

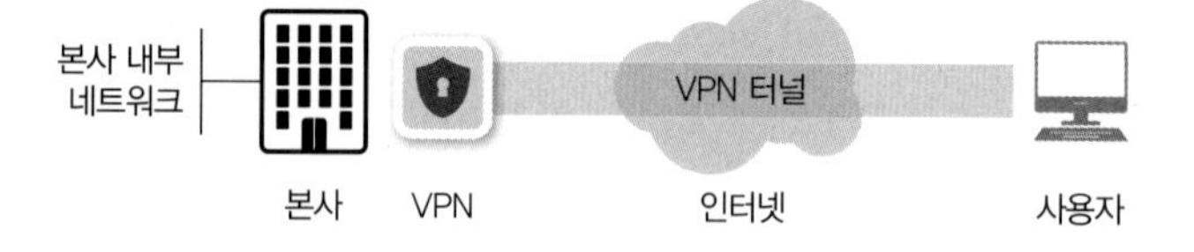

9.6.1 VPN 동작 방식

VPN은 가상 네트워크를 만들어주는 장비로 터널링 기법을 사용합니다. 패킷을 터널링 프로토콜로 감싸 통신하는 기법이 터널링 기법입니다. 일반적으로 VPN이라고 부르는 프로토콜은 터널링에 보안을 위한 다양한 기술이 포함되어 있습니다. 패킷을 암호화하거나 인증하거나 무결성을 체크하는 보안 기능을 이용해 인터넷에 패킷이 노출되더라도 해커나 기관들이 감청하지 못하도록 보호할 수 있습니다. 현재 가장 많이 사용되는 보안 VPN 프로토콜은 IPSEC과 SSL입니다.

▼ 그림 9-34 VPN은 터널링과 더불어 보안 기능을 이용해 데이터를 보호한다.

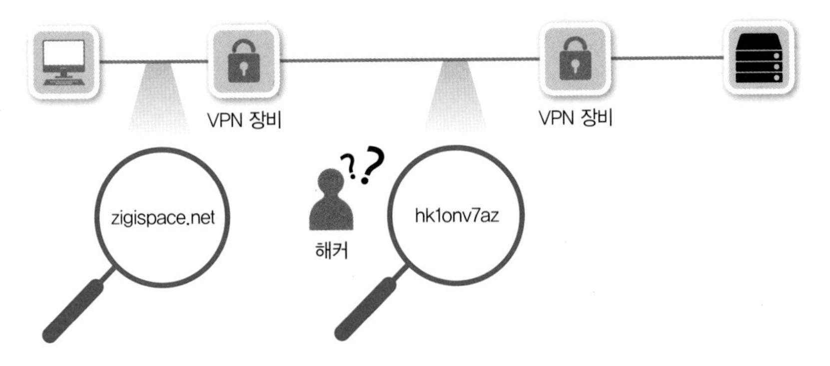

일반적으로 VPN은 3가지 형태로 구현됩니다.

1. Host to Host 통신 보호
2. Network to Network 통신 보호
3. Host가 Network로 접근할 때 보호

Host to Host 통신은 두 호스트 간에 직접 VPN 터널을 연동하는 기법입니다. Host to Host VPN은 VPN 구성으로 잘 사용하지 않습니다. 일반적인 VPN 장비에서 제공하는 기능은 Network to Network과 Host to Network 통신 보호 기능입니다.

▼ 그림 9-35 Host to Host VPN

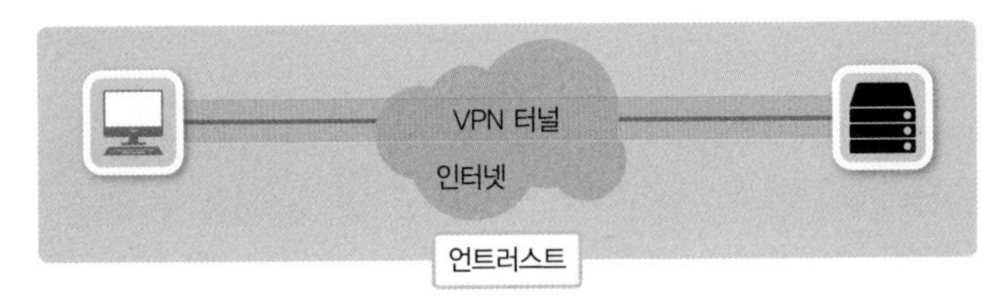

Network to Network 통신은 본사-지사 같은 특정 네트워크를 가진 두 종단을 연결하는 경우이며 IPSEC 프로토콜 스택이 가장 많이 사용됩니다.

▼ 그림 9-36 Network to Network VPN

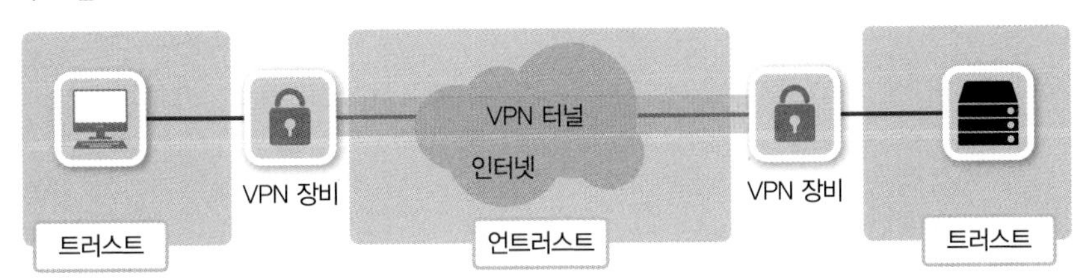

Host to Network 통신은 모바일 사용자가 일반 인터넷망을 통해 사내망으로 연결하는 경우이며 IPSEC과 SSL 프로토콜이 범용적으로 사용됩니다.

▼ 그림 9-37 Host to Network VPN

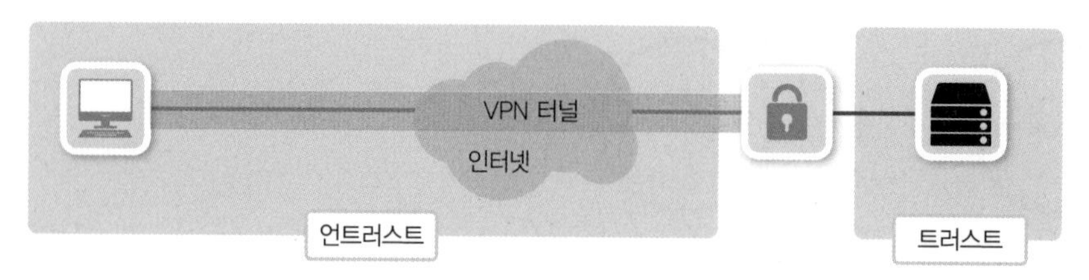

warning.or.kr 사이트를 우회하는 방법이나 특정 국가에서 결제해야 하는 직구 상품 덕분에 다양한 VPN 서비스가 사용되고 있습니다. 클라우드 방식으로 브라우저 익스텐션과 같은 편리한 방법으로 VPN 서비스를 제공하므로 IP 주소를 매우 쉽게 속이거나 해킹이 쉽지 않도록 패킷을 보호할 수 있습니다.

▼ 그림 9-38 warning.or.kr 사이트

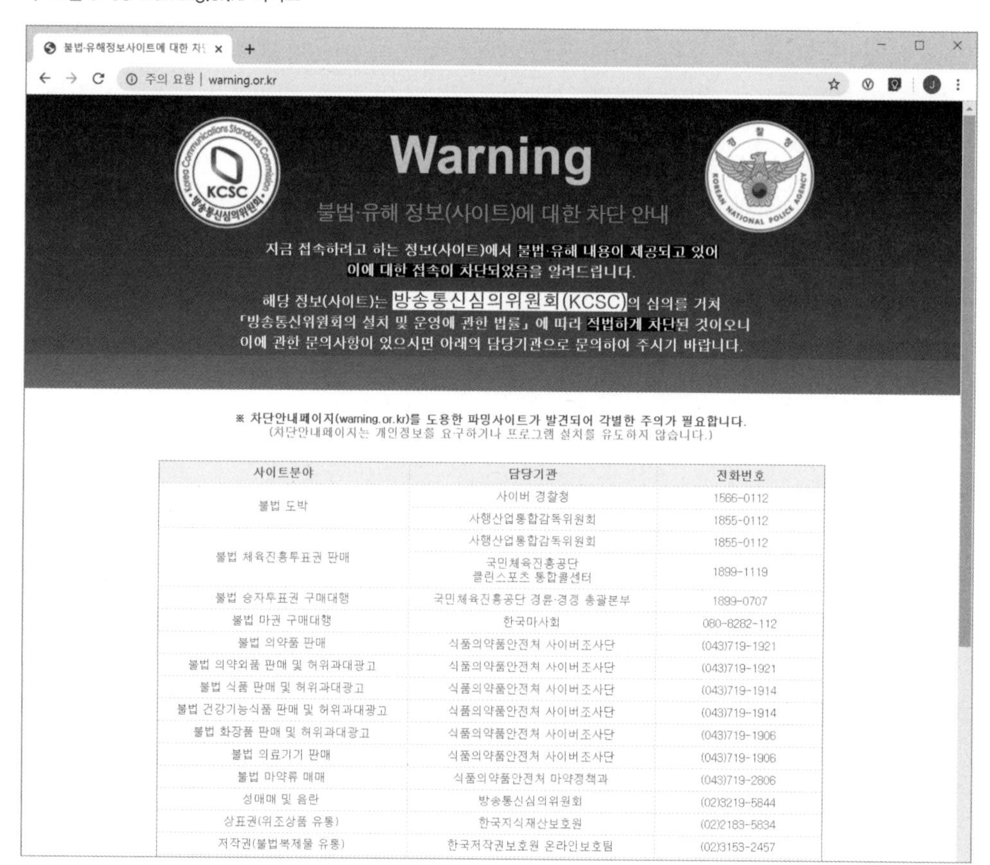

사이트분야	담당기관	전화번호
불법 도박	사이버 경찰청	1566-0112
	사행산업통합감독위원회	1855-0112
불법 체육진흥투표권 판매	사행산업통합감독위원회	1855-0112
	국민체육진흥공단 클린스포츠 통합콜센터	1899-1119
불법 승자투표권 구매대행	국민체육진흥공단 경륜·경정 총괄본부	1899-0707
불법 마권 구매대행	한국마사회	080-8282-112
불법 의약품 판매	식품의약품안전처 사이버조사단	(043)719-1921
불법 의약외품 판매 및 허위과대광고	식품의약품안전처 사이버조사단	(043)719-1921
불법 식품 판매 및 허위과대광고	식품의약품안전처 사이버조사단	(043)719-1914
불법 건강기능식품 판매 및 허위과대광고	식품의약품안전처 사이버조사단	(043)719-1914
불법 화장품 판매 및 허위과대광고	식품의약품안전처 사이버조사단	(043)719-1906
불법 의료기기 판매	식품의약품안전처 사이버조사단	(043)719-1906
불법 마약류 매매	식품의약품안전처 마약정책과	(043)719-2806
성매매 및 음란	방송통신심의위원회	(02)3219-5844
상표권(위조상품 유통)	한국지식재산보호원	(02)2183-5834
저작권(불법복제물 유통)	한국저작권보호원 온라인보호팀	(02)3153-2457

이런 서비스는 단순히 사이트를 우회하는 기법으로 많이 사용되지만 카페와 같은 공중 무선망을 사용할 때, 해커의 공격을 암호화 기법으로 원천방어할 수 있어 공중 네트워크를 사용하는 경우, 이런 VPN을 보안에 활용하는 것이 좋습니다.

▼ 그림 9-39 VPN 서비스를 이용해 국가 IP를 우회해 서비스에 접근한다.

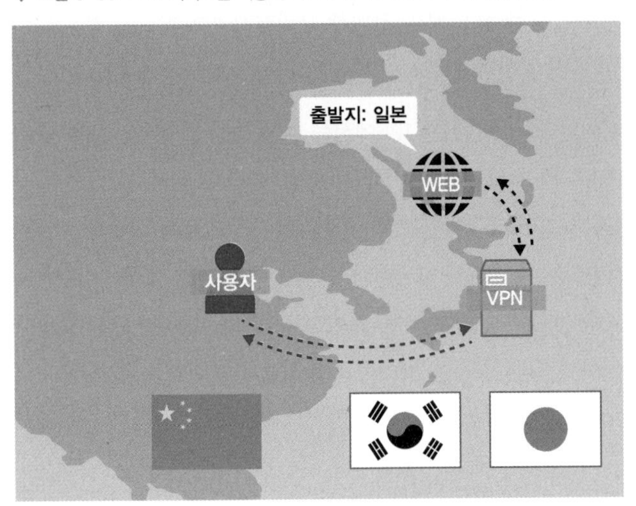

이런 클라우드 기반의 VPN은 언급했던 데이터가 암호화되고 보호되므로 외부에서 그 패킷을 확인할 수 없다는 점을 이용한 것입니다.

참고

회피 공격

회피 공격은 하나의 공격만 지칭하는 것이 아니라 모든 보안 장비나 보안 프로그램을 우회해 공격하는 방법을 말합니다. 우회 기법은 보안 장비의 종류에 따라 달라지고 특정 회사의 특정 보안체계를 회피하기 위한 특별한 공격일 수도 있습니다.

▼ 그림 9-40 공격 내용을 분할, 전송해 보안 장비를 회피하는 공격의 예

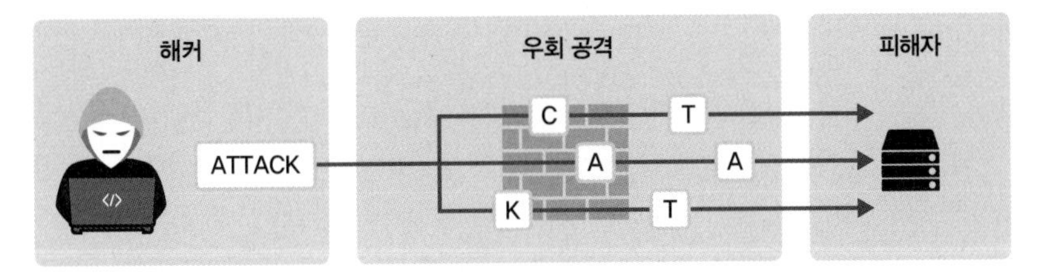

공격자가 시도한 공격이 보안 장비에서는 공격으로 판단되지 않고 정상적인 통신으로 확인되지만

실제로 그 공격이 공격 타깃인 피해자(Victim)에게 도착하는 경우, 공격으로 동작하는 모든 공격을 회피 공격이라고 합니다.

회피 공격은 피해자가 패킷과 데이터를 처리하는 방법과 보안 장비의 다른 부분을 집중 공격합니다. 대부분의 보안 장비가 네트워크 중간에서 공격 여부를 판단하므로 피해자의 입장과 동일한 환경과 상태에서 패킷을 점검하는 것은 불가능합니다. 보안 장비를 무력화시키는 회피 공격은 다양한 방법과 타깃이 있지만 우회 공격이 가장 흔하며 집중적인 타깃이 되어온 장비는 IPS입니다.

ATTACK이라는 단어가 들어간 공격이 있다고 가정하면 IPS에서는 이 공격을 방어하기 위해 공격 데이터베이스(Signature) 중에 ATTACK이라는 단어를 탐지하거나 차단하도록 되어 있습니다. 공격자는 이 IPS를 우회하기 위해 ATTACK이라는 단어가 한꺼번에 들어가지 않도록 최대한 조절합니다. 단어 상태로 패킷을 보내는 것이 아니라 알파벳 하나하나를 쪼개 보냅니다. 쪼개 보낼 때 순서를 바꾸거나 겹쳐 보내면 네트워크 중간에 있는 IPS에서는 ATTACK이라는 단어를 만들어 판단하기 어려워집니다. 최근 IPS들은 이런 형태의 공격을 방어하는 장치들을 충분히 마련해두고 있지만 복잡한 여러 가지 우회 공격을 섞어 공격하거나 새로운 기법들도 계속 개발 중인 상황이어서 보안 장비 하나만으로는 이런 공격을 더 이상 방어할 수 없습니다.

10장

서버의 방화벽 설정/동작

서버를 새로 구축하면 서버가 네트워크에 정상적으로 연결되었는지 확인하기 위해 ping을 사용해 서버와 통신이 되는지 확인합니다. 이때 서버가 네트워크에 잘 연결된 상태라면 ping을 서버로 보내고 응답을 받을 수 있습니다. 하지만 서버에 운영체제가 잘 설치되고 네트워크 설정에 문제가 없는데도 서버로 ping을 보냈지만 정상적으로 응답을 받지 못하는 경우가 있습니다. 반면, 서버는 동일한 네트워크의 다른 서버나 게이트웨이를 통해 다른 네트워크와도 통신이 되는 경우도 있습니다.

▼ 그림 10-1 서버가 네트워크에 정상적으로 연결되었는지 확인하기 위해 ping을 사용합니다.

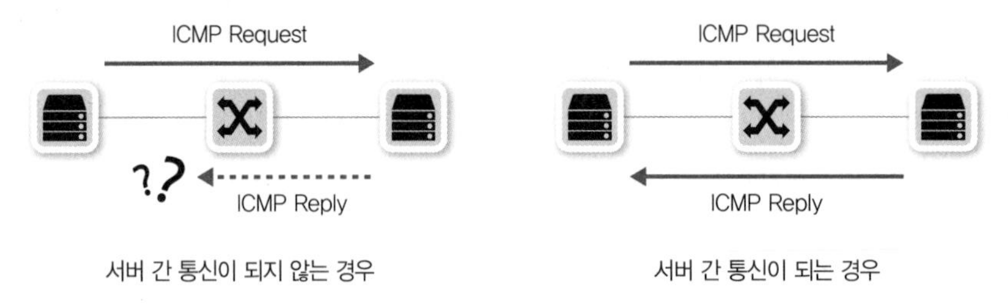

다른 예를 들어보겠습니다.

이번에는 서버에 웹 서비스를 올렸습니다. 앞에서 배운 netstat이나 ss 명령어를 이용해 서버에서 웹 서비스 상태를 확인했더니 서버에서는 웹 서비스가 리스닝(Listening) 상태로 잘 동작하고 있습니다. 하지만 외부에서는 웹으로 서버에 접속할 수 없습니다. 혹시 서버까지의 네트워크가 정상적으로 연결되지 않은 것인지 ping으로 확인해보면서 서버에서 ping에 대한 응답을 잘 받아오는 것으로 보아 네트워크 연결 문제는 아닌 듯합니다. 혹시 외부에서 들어오는 구간의 보안 장비에 의해 차단된 것인지 확인하기 위해 보안 장비의 로그를 살펴보아도 보안 장비에서는 서비스 요청이 정상적으로 통과된 것으로 보입니다.

▼ 그림 10-2 서버가 네트워크에 연결되었지만 HTTP 요청을 보내고 응답을 못 받은 경우

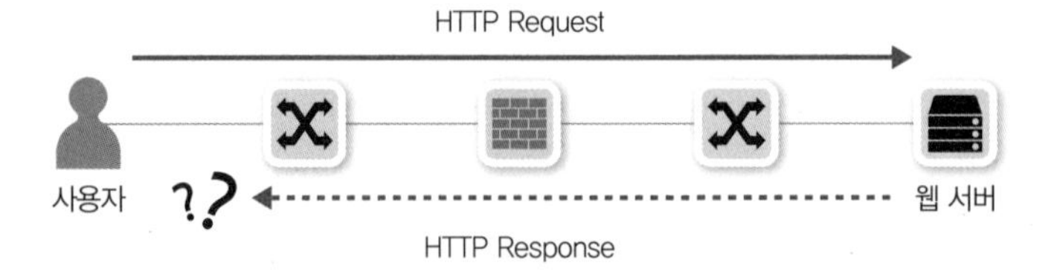

어떤 경우에 이런 현상이 발생할 수 있을까요? 바로 서버에 설정된 방화벽 기능 때문입니다.

서버에 운영체제를 설치하면 리눅스나 윈도 서버 모두 운영체제의 자체 방화벽이 함께 설치됩니다. 운영체제에서 동작하는 서버의 방화벽은 서버 보안을 강화하기 위해 최소한의 서비스 포트만

열어둔 채 대부분의 서비스는 차단합니다.

▼ 그림 10-3 서버 운영체제에는 이미 기본 호스트 방화벽이 있다.

방화벽은 일반적으로 필요한 IP 주소와 서비스 포트에 대해서만 열어주고 나머지는 모두 차단하는 화이트리스트 기반으로 정책을 관리합니다. 서버에서 동작하는 방화벽도 마찬가지로 서비스에 필요한 IP 주소와 서비스 포트를 방화벽 정책에 추가하는 방식이 서버 보안을 더 강화해줄 수 있지만 경우에 따라 ssh(22), oracle(1521), mysql(3306)이나 윈도의 공유용으로 사용되는 135, 139, 445와 같은 주요 포트에 대해서만 차단하는 블랙리스트로 운용할 수도 있습니다.

▼ 그림 10-4 블랙리스트 기반(좌)과 화이트리스트 기반(우)의 서버 방화벽 정책

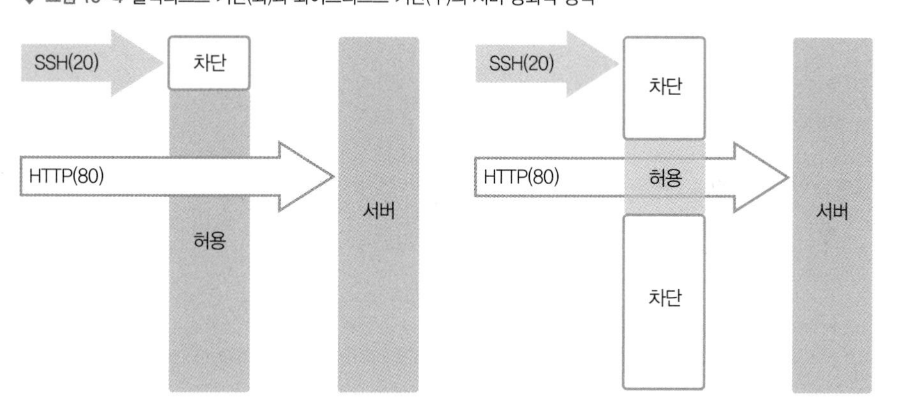

서버 방화벽은 운용상의 불편함 때문에 기능 자체를 끄고 사용하는 경우도 있지만 반드시 사용해야 하는 경우도 있습니다. 데이터 센터 서버의 접근 제한 및 이력 관리를 위해 사용하는 '서버 접근 통제 솔루션'이나 데이터베이스 서버의 접근 및 세부 쿼리(Query)에 대한 제어를 위해 사용하는 '데이터베이스 접근 통제 솔루션'을 사용하는 경우, 반드시 서버 방화벽에서 해당 솔루션의 IP 주소와 포트만 허용하고 나머지 주소는 차단해야만 해당 솔루션을 제외한, 허용되지 않은 접근을 막을 수 있습니다.

▼ 그림 10-5 접근 통제 솔루션 사용 시의 통제 방법

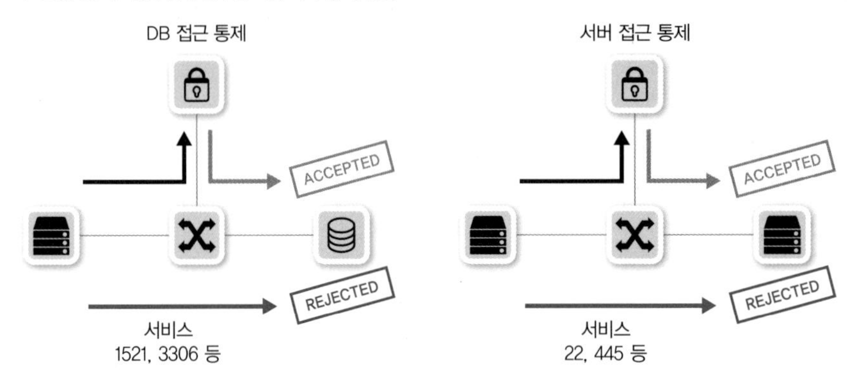

그럼 지금부터 리눅스 서버와 윈도 서버에서 각각 방화벽을 어떻게 관리할 수 있는지 더 자세히 살펴보겠습니다.

참고

서버 방화벽과 개인 방화벽

여기서는 서버 운영체제를 다루지만 개인용 운영체제도 서버 운영체제와 마찬가지로 운영체제 방화벽이 있고 서버와 동일한 방식으로 구성됩니다.

NETWORK

10.1 리눅스 서버의 방화벽 확인 및 관리

리눅스에서는 호스트 방화벽 기능을 위해 보통 iptables을 많이 사용합니다. CentOS 7 이상은 기본적으로 iptables이 아닌 firewalld를 사용하도록 되어 있으며 Ubuntu에서는 UFW(Ubuntu FireWall)를 사용해 방화벽 서비스를 제공합니다. 하지만 iptables에 익숙한 사용자들이 많아 firewalld 대신 iptables을 이용하는 경우가 여전히 많고 UFW는 iptables의 프런트엔드 역할을 수행하므로 iptables에 대한 기본적인 이해가 필요합니다.

이번 장에서는 iptables의 구성, 정책 수립 과정과 적용을 알아본 후 iptables로 리눅스 서버의 방화벽을 확인하고 관리하는 방법을 살펴보겠습니다.

참고

iptables, firewalld와 netfilter의 관계

실제 iptables은 방화벽의 역할처럼 패킷을 차단, 허용하는 등의 필터링 기능을 직접 수행하는 것은 아니며 리눅스 커널에 내장된 netfilter라는 리눅스 커널 모듈을 통해 실제로 필터링이 이루어집니다. iptables은 netfilter를 이용할 수 있도록 해주는 사용자 공간 응용 프로그램(User-Space Application)입니다.

iptables이나 CentOS 7 이상의 firewalld, Ubuntu의 UFW 모두 결국 netfilter에 대한 프런트엔드 역할이라고 생각하면 이해하기 쉽습니다.

10.1.1 iptables 이해하기

시스템 관리자는 iptables을 통해 서버에서 허용하거나 차단할 IP나 서비스 포트에 대한 정책(Rule)을 수립합니다. 이렇게 수립된 정책은 정책 그룹으로 관리합니다. 정책 그룹은 서버 기준의 트래픽 구간별로 만드는데 여기서 말하는 트래픽 구간은 서버로 유입되는 구간(INPUT), 서버에서 나가는 구간(OUTPUT), 서버를 통과하는 구간(FORWARD) 등을 말합니다. 그리고 이렇게 만들어진 방향성과 관련된 정책 그룹은 각 정책의 역할에 따라 다시 상위 역할 그룹에 속하게 됩니다.

정리하면 정책은 방향성에 따라 방향성과 관련된 정책 그룹으로 분류하고 이렇게 분류된 그룹들은 역할과 관련된 정책 그룹으로 다시 묶이게 됩니다.

▼ 그림 10-6 iptables 이해를 위한 개념도

iptables에서 개별 정책의 방향성에 따라 구분한 그룹을 체인(Chain)이라고 하며 체인을 역할별로 구분한 그룹을 테이블(Table)이라고 합니다. 즉, 개별 정책의 그룹이 체인이 되고 체인 그룹이 테이블입니다.

▼ 그림 10-7 iptables 개념도와 매핑된 iptables의 구성 요소

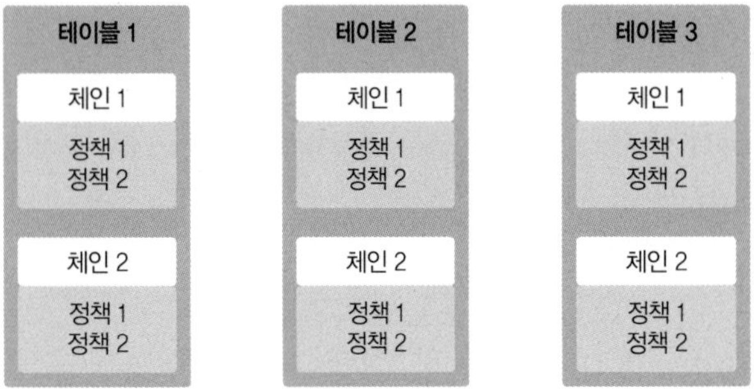

테이블 1	테이블 2	테이블 3
체인 1	체인 1	체인 1
정책 1 정책 2	정책 1 정책 2	정책 1 정책 2
체인 2	체인 2	체인 2
정책 1 정책 2	정책 1 정책 2	정책 1 정책 2

iptables에는 필터(Filter) 테이블, NAT 테이블, 맹글(Mangle) 테이블, 로(Raw) 테이블, 시큐리티(Security) 테이블 이렇게 5가지 테이블이 있습니다. 패킷을 허용하거나 차단하는 데 사용하는 테이블이 필터 테이블입니다. 여기서 다룰 리눅스의 호스트 방화벽은 이 필터 테이블을 통해 트래픽을 제어하는 것을 의미합니다.

테이블에는 방향성과 관련된 그룹이 있다고 했는데 이 그룹이 체인(Chain)입니다. 필터 테이블에는 서버로 들어오는 트래픽, 나가는 트래픽, 통과하는 트래픽에 따라 INPUT 체인, OUTPUT 체인, FORWARD 체인이 있습니다. 각 체인에는 해당 체인에 적용될 방화벽 정책을 정의합니다. 각 정책에는 정책을 적용하려는 패킷과 상태 또는 정보 값과의 일치 여부 조건인 매치(Match)와 조건과 일치하는 패킷의 허용(Accept)이나 폐기(Drop)에 대한 패킷 처리 방식을 결정하는 타깃(Target)으로 구성됩니다.

리눅스에서 방화벽의 역할을 위해 사용되는 것을 정리하면 다음과 같습니다.

- **Filter 테이블**

  iptables에서 패킷을 허용하거나 차단하는 역할을 선언하는 영역

- **INPUT, OUTPUT, FORWARD 체인**

  호스트 기준으로 호스트로 들어오거나(INPUT) 호스트에서 나가거나(OUTPUT) 호스트를 통과할(FORWARD) 때 사용되는 정책들의 그룹. 패킷의 방향성에 따라 각 체인에 정의된 정책이 적용됨

- Match

  제어하려는 패킷의 상태 또는 정보 값의 정의

  정책에 대한 조건

- Target

  Match(조건)와 일치하는 패킷을 허용할지, 차단할지에 대한 패킷 처리 방식

▼ 그림 10-8 필터 테이블 개념도

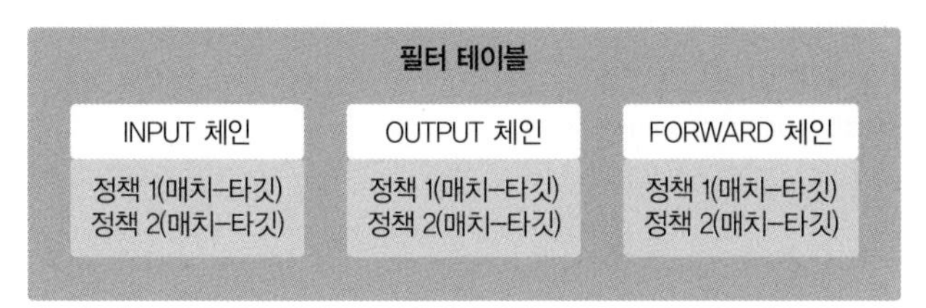

10.1.2 리눅스 방화벽 활성화/비활성화

iptables을 구성하고 설정을 확인하는 방법에 대해 알아보겠습니다. 여기서 다루는 예제는 CensOS 7을 기준으로 진행하며 모든 예제는 IPv4 기준입니다.

CentOS 7 이후 버전부터는 iptables이 기본적으로 포함되지 않고 firewalld가 활성화되어 있어 firewalld 서비스를 비활성화하고 iptables을 설치해야 iptables을 사용할 수 있습니다.

firewalld를 먼저 비활성화합니다.

firewalld 비활성화 및 서비스 중단

```
# systemctl disable firewalld
# systemctl stop firewalld
```

다음은 iptables을 설치합니다.

iptables 서비스 설치

```
# yum install iptables-services
```

service 명령어나 systemctl 명령어로 iptables 서비스를 활성화합니다.

iptables 서비스 활성화 및 시작하기

```
# service iptables start              # CentOS 6
# systemctl start iptables.service    # CentOS 7
```

CentOS 6 이하에서는 service 명령어로, CentOS 7에서는 systemctl 명령어로 iptables 서비스를 활성화하는 것이 기본이지만 CentOS 7에서도 service 명령어를 이용할 수 있습니다. 이때 systemctl 명령어로 다음처럼 리다이렉트됩니다.

CentOS 7에서 service 명령어로 iptables 활성화

```
[root@zigi ~]# service iptables start
Redirecting to /bin/systemctl start iptables.service
```

10.1.3 리눅스 방화벽 정책 확인

iptables 정책은 어떤 식으로 설정되는지 iptables의 기본 설정값을 통해 알아보겠습니다. iptables의 설정값을 확인하는 명령은 -L (--list) 옵션을 사용합니다.

iptables 정책 확인

```
[root@zigi ~]# iptables -L
Chain INPUT(policy ACCEPT)
target   prot    opt source     destination
ACCEPT   all --  anywhere   anywhere   state RELATED, ESTABLISHED
ACCEPT  icmp --  anywhere   anywhere
ACCEPT   all --  anywhere   anywhere
ACCEPT   tcp --  anywhere   anywhere   state NEW tcp dpt:ssh
REJECT   all --  anywhere   anywhere   reject-with icmp-host-prohibited

Chain FORWARD (policy ACCEPT)
target   prot    opt source     destination
REJECT   all --  anywhere   anywhere   reject-with icmp-host-prohibited

Chain OUTPUT(policy ACCEPT)
target   prot    opt source     destination
```

앞에서 알아보았던 INPUT, FORWARD, OUTPUT 체인별로 구분된 정책을 확인할 수 있습니다. 체인별로 기본값이 적용된 정책을 살펴볼 수 있는데 여기서는 외부에서 서버로 접근할 때 사용되는 체인인 INPUT에 대해서만 살펴보겠습니다.

INPUT 체인 1번 정책

```
ACCEPT  all -- anywhere   anywhere   state RELATED, ESTABLISHED
```

첫 번째 허용 정책을 보면 RELATED, ESTABLISHED 상태인 모든 출발지에 대해 허용하도록 룰이 설정되어 있습니다. 이미 세션이 맺어져 있거나(ESTABLISHED) 연계된 세션이 있을 때, 어떤 출발지나 목적지인 패킷이더라도 허용하는 정책입니다. FTP는 원시적인 프로토콜이어서 컨트롤 프로토콜과 데이터 프로토콜이 별도로 동작합니다. 처음 연결된 이후 로그온, 항목 리스트 등의 실제 파일을 다운로드하기 전까지는 컨트롤 프로토콜을 사용하고 실제로 데이터 다운로드 명령이 내려지면 별도로 세션을 만들어 다운로드를 시작합니다. 두 개의 연결이 별도로 이루어지다보니 방화벽 입장에서는 이 두 개의 연결을 연계시키지 못하면 제대로 통신을 할 수 없습니다. RELATE state를 이용해 이 두 가지의 연결을 하나로 간주하게 됩니다.

INPUT 체인 2번 정책

```
ACCEPT icmp -- anywhere   anywhere
```

두 번째 허용 정책은 ICMP에 대한 허용 정책입니다. 이 정책을 통해 ping과 같은 서비스를 사용할 수 있습니다.

INPUT 체인 4번 정책

```
ACCEPT  tcp -- anywhere   anywhere   state NEW tcp dpt:ssh
```

네 번째 정책은 신규 세션인 NEW state 중 목적지 서비스 포트가 SSH인 경우만 허용합니다. 간단히 표현하면 외부에서 서버로 SSH(22) 접속을 허용하는 정책입니다.

INPUT 체인 5번 정책

```
REJECT  all -- anywhere   anywhere   reject-with icmp-host-prohibited
```

다섯 번째 정책은 위의 첫 번째부터 네 번째 정책에 매치되지 않은 패킷들을 차단하는 정책입니다. INPUT 체인 자체는 기본 정책이 ACCEPT로 선언되어 있지만 이 정책 때문에 화이트리스트 기반 방화벽처럼 동작하게 됩니다. REJECT는 곧바로 폐기하는 DROP과 달리 ICMP 프로토콜을 이용해 패킷 차단 이유를 출발지에 전달합니다. 이때 icmp-port-unreachable이 전달되는데 --reject-with 옵션으로 ICMP 에러 유형을 지정할 수 있습니다. iptables의 기본 룰에서는 icmp-host-prohibited 메시지를 이용해 해당 패킷이 차단되었음을 알려줍니다.

INPUT 체인 3번 정책

```
ACCEPT  all --  anywhere   anywhere
```

마지막으로 세 번째 정책입니다. 세 번째 정책을 맨 마지막에 정리한 것은 다른 정책과 조금 다르기 때문입니다. iptables -L의 내용만으로 보면 모든 출발지의 모든 트래픽에 대해 허용하므로 마치 Any Open 정책처럼 보입니다. 하지만 실제로 외부에서 들어오는 패킷은 해당 정책을 거치지 않고 최하단의 DROP 정책에서 대부분 걸러집니다. 그 이유를 확인하기 위해 iptables을 -L 옵션이 아닌 -S(또는 --list-rules) 옵션을 사용해 정책을 다시 확인합니다.

iptables 설정 확인

```
[root@zigi ~]# iptables -S
-P INPUT ACCEPT
-P FORWARD ACCEPT
-P OUTPUT ACCEPT
-A INPUT -m state --state RELATED,ESTABLISHED -j ACCEPT
-A INPUT -p icmp -j ACCEPT
-A INPUT -i lo -j ACCEPT
-A INPUT -p tcp -m state --state NEW -m tcp --dport 22 -j ACCEPT
-A INPUT -j REJECT --reject-with icmp-host-prohibited
-A INPUT -p tcp -m tcp --dport 80 -j ACCEPT
-A FORWARD -j REJECT --reject-with icmp-host-prohibited
```

굵은 글씨 부분이 세 번째 정책의 실제 내용입니다. iptables을 정의한 파일에서도 확인할 수 있으며 -S 옵션으로도 확인할 수 있습니다. 모든 정책에 대해 허용하는 것으로 되어 있지만 실제로 해당 정책이 적용되는 인터페이스가 루프백 인터페이스(lo)임을 알 수 있습니다. 즉, 루프백 인터페이스에 대한 정책을 모두 허용하는 것이므로 일반 서비스 인터페이스의 패킷에는 적용되지 않습니다.

iptables의 정책을 선언할 때 특정 인터페이스에 대해 적용하는 경우가 아니라면 -L만으로도 현재의 정책을 확인할 수 있지만 실제 정책이 어떻게 정의되어 있는지 확인하려면 -S이나 iptables 파일을 직접 확인해야 합니다.

10.1.4 리눅스 방화벽 정책 관리

지금부터는 iptables 정책을 추가하거나 삭제하는 예제를 통해 iptables 정책 관리 방법을 알아보겠습니다. 여기서 다루는 예제는 iptables이 제공하는 모든 옵션과 기능을 다루지는 않지만 이 예제 내용을 기반으로 iptables이 어떻게 동작하는지 이해한다면 iptables로 기본적인 방화벽 동작을 서버에 적용할 수 있습니다.

첫 번째 예제는 iptables에 웹 서비스가 가능하도록 http 서비스 포트를 열어주는 정책을 추가해 보겠습니다. 첫 번째 예제는 조금 자세히 설명하겠습니다.

iptables에 http 허용 정책 추가

```
# iptables -A INPUT -p tcp --dport 80 -j ACCEPT
```

iptables에 정책을 추가하려면 -A나 --append 옵션을 사용합니다. 옵션 뒤에는 어떤 체인에 적용할 것인지를 지정합니다. 체인명 뒤에는 넣을 정책을 정의(Rule Specification)합니다. 추가하는 정책이 어떤 프로토콜의 어떤 서비스 포트에 적용할 것인지, 또는 어떤 IP 주소나 인터페이스일지에 대해 전반적으로 정의합니다.

이 예제에서는 웹 서비스 포트를 오픈하려면 TCP 80 포트를 열어야 합니다. 먼저 프로토콜을 지정하기 위해 -p(또는 --protocol) 옵션을 사용합니다. 프로토콜을 지정할 때는 프로토콜 이름이나 프로토콜 번호 모두 사용할 수 있습니다. 여기서는 -p tcp로 프로토콜을 지정했습니다. 추가로 목적지 포트를 제어하기 위해 --dport 옵션을 사용합니다. 출발지 포트는 --sport 옵션을 사용합니다. 예제는 웹 서비스를 위한 80 포트이므로 '--dport 80'으로 했습니다.

이 예제에서는 사용하지 않았지만 출발지나 목적지의 IP 주소를 제어하기 위해 -s(또는 --source), -d(또는 --destination) 옵션을 사용할 수 있습니다. IP 주소에 대한 옵션은 특정 IP 주소로 한정하거나 주소 뒤에 서브넷 마스크를 적용해 네트워크로 적용할 수도 있습니다. IP 주소 설정을 별도로 하지 않으면 anywhere로 적용됩니다.

마지막으로 정책에 일치하는 패킷을 어떻게 처리할 것인지를 정하는 타깃 지정은 -j 옵션을 사용합니다. 웹 서비스 80을 허용하기 위한 예제이므로 타깃을 ACCEPT로 지정합니다.

▼ 그림 10-9 iptables에 http 허용 정책 추가

iptables -A INPUT -p tcp --dport 80 -j ACCEPT

- -A INPUT: INPUT 체인에 정책 추가
- -p tcp: Tcp 프로토콜 사용
- --dport 80: 목적지 서비스 포트 지정(80)
- -j ACCEPT: 타깃 지정(패킷 허용)

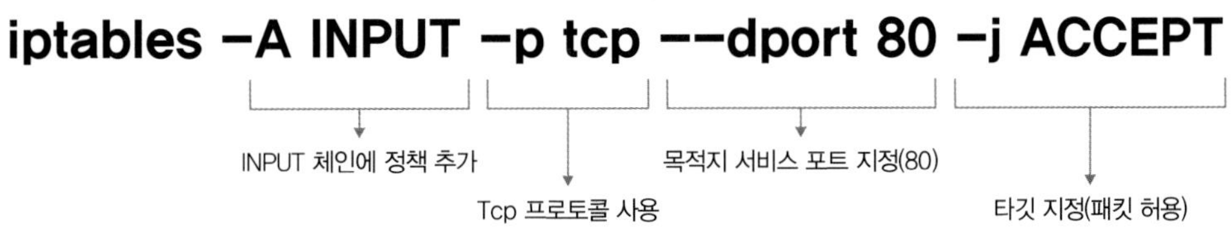

이제 앞의 명령어를 통해 iptables에 정책을 적용하고 해당 정책이 서버에 잘 반영되었는지 확인해보겠습니다. 서버에 웹 서비스를 활성화하고 웹 서비스 포트가 잘 열리는지 테스트해보면 외부

에서 웹 서비스가 열리지 않는 것을 확인할 수 있습니다. 웹 서비스를 허용하는 정책을 iptables에 추가하고 웹 서비스도 활성화되었는데 외부에서 웹 서비스에 정상적으로 왜 접근할 수 없을까요? iptables 정책을 확인해보면 알 수 있습니다.

iptables에 http 허용 정책 추가 후의 iptables 확인

```
[root@zigi ~]# iptables -L
Chain INPUT(policy ACCEPT)
target     prot  opt source    destination
ACCEPT     all   --  anywhere  anywhere   state RELATED, ESTABLISHED
ACCEPT     icmp  --  anywhere  anywhere
ACCEPT     all   --  anywhere  anywhere
ACCEPT     tcp   --  anywhere  anywhere   state NEW tcp dpt:ssh
REJECT     all   --  anywhere  anywhere   reject-with icmp-host-prohibited
ACCEPT     tcp   --  anywhere  anywhere   tcp dpt:http
...후략...
```

iptables의 INPUT 체인을 보면 방금 추가한 정책이 맨 아래에 있는 것을 확인할 수 있습니다. 앞에서 알아보았듯이 새로 입력한 정책 바로 위에 웹 서비스를 포함한 모든 서비스를 차단하도록 설정되어 있습니다. iptables뿐만 아니라 모든 방화벽 정책과 네트워크 장비의 access-list는 상단의 정책부터 순서대로 확인해 일치하는 정책이 있으면 해당 정책이 바로 적용되므로 iptables에 정책을 추가할 때는 반드시 적절한 위치를 확인해야 합니다.

참고

iptables은 세부적인 정책이 먼저 적용되는 방식이 아니라 상단의 정책이 하단의 정책보다 먼저 적용되는 탑다운(Top Down) 방식으로 적용됩니다. iptables을 구성할 때 정책을 어떻게 설정하는지도 중요하지만 어느 위치에 설정할 것인지도 매우 중요합니다.

웹 서비스가 차단되는 현재 상태에서 웹 서비스를 허용하도록 변경하기 위해 방금 설정한 정책을 삭제하고 정책을 다시 추가해보겠습니다. iptables의 정책 삭제는 -A 대신 -D나 --delete 옵션을 사용합니다.

```
# iptables -D INPUT -p tcp --dport 21 -j ACCEPT
```

삭제한 후에는 -L 옵션을 사용해 해당 정책이 삭제되었는지 확인하는 것이 좋습니다. 정책이 너무 많을 때는 -L 옵션으로 일치하는 정책이 있는지 확인하기 어려우므로 -C나 --check 옵션을 사용해 해당 정책이 있는지 확인할 수도 있습니다. -L 옵션처럼 전체 정책을 모두 확인하는 것이 아니라 일치하는 정책이 있는지 확인하는 옵션입니다. -C 옵션에서 일치하는 정책이 없으면 다음과 같은 오류 메시지가 뜹니다.

```
[root@zigi ~]# iptables -C INPUT -p tcp --dport 21 -j ACCEPT
iptables: Bad rulE(does a matching rule exist in that chain?).
```

이제 웹 서비스 포트를 오픈하기 위한 정책을 다시 만들어보겠습니다. 현재 REJECT에 대한 정책을 삭제하고 등록할 수도 있지만 보안상 맨 마지막 룰은 항상 있어야 하므로 REJECT 정책 위에 FTP 서비스를 허용하는 정책을 만들겠습니다. 특정 위치에 정책을 추가하려면 정책의 줄 번호(Line Numbers)를 지정해야 합니다. 기본 정책 확인 명령어로는 방화벽 정책의 줄 번호를 확인할 수 없으므로 -L 옵션 뒤에 --line-number 옵션을 추가해 현재 정책의 줄 번호를 확인합니다.

iptables 출력 시 줄 번호 출력

```
[root@zigi ~]# iptables -L --line-number
Chain INPUT(policy ACCEPT)
num  target prot  opt source    destination
1    ACCEPT all   --  anywhere  anywhere  state RELATED, ESTABLISHED
2    ACCEPT icmp  --  anywhere  anywhere
3    ACCEPT all   --  anywhere  anywhere
4    ACCEPT tcp   --  anywhere  anywhere  state NEW tcp dpt:ssh
5    REJECT all   --  anywhere  anywhere  reject-with icmp-host-prohibited

Chain FORWARD (policy ACCEPT)
num  target prot  opt source    destination
1    REJECT all   --  anywhere  anywhere  reject-with icmp-host-prohibited

Chain OUTPUT(policy ACCEPT)
num  target prot  opt source    destination
```

정책을 순서 없이 기존 iptables에 추가할 때는 -A 옵션을 사용했지만 특정 위치에 정책을 추가하기 위해서는 -I나 --insert 옵션을 사용합니다. -I 옵션을 사용하면 해당 정책 줄 번호 위치에 정책이 삽입되고 그 번호에 해당하는 정책부터 뒤의 모든 정책은 정책 줄 번호가 하나씩 뒤로 밀립니다. 여기서는 5번째 안에 정책을 추가하면 되므로 5번째에 정책을 다시 추가해보겠습니다.

```
# iptables -I INPUT 5  -p tcp --dport 80  -j ACCEPT
```

-A로 정책을 추가할 때는 맨 마지막에 정책이 자동으로 추가되므로 줄 번호를 입력할 필요가 없지

만 -I는 줄 번호가 필요하므로 정책이 추가될 체인 뒤에 정책 줄 번호를 입력합니다.

정책이 추가된 후 정책 상태를 다시 확인합니다.

```
[root@zigi ~]# iptables -L
Chain INPUT(policy ACCEPT)
num     target   prot     opt      source            destination
1       ACCEPT   all      --       anywhere anywhere state RELATED, ESTABLISHED
2       ACCEPT icmp       --       anywhere anywhere
3       ACCEPT   all      --       anywhere anywhere
4       ACCEPT   tcp      --       anywhere anywhere state NEW tcp dpt:ssh
5       ACCEPT   tcp      --       anywhere anywhere tcp dpt:http
6       REJECT   all      --       anywhere anywhere reject-with icmp-host-prohibited
```

정상적으로 5번째 항목에 웹 서비스를 열어주는 정책이 추가된 것을 볼 수 있습니다. 기존에 5번째에 위치하던 차단 정책은 6번째로 뒤로 밀린 것도 확인할 수 있습니다. 이제 웹 서비스에 다시 접속해보면 웹 서비스가 정상적으로 열리는 것을 확인할 수 있습니다.

특정 서비스 포트에 대해 특정 IP만 허용 1

```
# iptables -A INPUT -i eth0 -p tcp -s 172.16.10.10/32 --dport 22 -j ACCEPT
# iptables -A INPUT -i eth0 -p tcp  --dport 22 -j DROP
```

서버 보안을 강화하기 위해 서버 접근 통제와 같은 솔루션에서만 서버로 SSH 접속을 가능하게 하고 나머지에 대해서는 SSH 접속을 차단할 수 있습니다. 앞의 예제는 172.16.10.10이 서버 접근 통제 솔루션이라고 가정하고 해당 출발지에서만 본 서버로 SSH(TCP 22번 포트) 접근이 가능하도록 설정하고 나머지 모든 출발지에 대해서는 SSH 접속을 차단한 예제입니다.

특정 서비스 포트(1521)에 대해 특정 IP만 허용 2

```
# iptables -A INPUT -i eth0 -p tcp -s 172.16.10.11/32 --dport 1521 -j ACCEPT
# iptables -A INPUT -i eth0 -p tcp  --dport 1521 -j DROP
```

SSH 접속뿐만 아니라 오라클 데이터베이스 디폴트 리스너(TCP 1521 포트)에 대한 접근 통제 솔루션에서도 iptables을 동일한 방식으로 적용할 수 있습니다.

IP 주소를 범위로 지정 1

```
# iptables -A INPUT -p all -m iprange --src-range 192.168.0.0-192.168.255.255 -j DROP
```

iptables에서 IP 주소를 서브넷과 함께 지정할 수도 있지만 범위 형태로 출발지나 목적지의 IP 주소를 지정할 수도 있습니다. 서브넷으로 지정하는 경우, 서브넷으로 표현 가능한 IP 주소만 가능하지만 범위로 지정할 때는 원하는 범위를 직접 지정하면 되므로 다음과 같이 범위를 적용할 수도 있습니다.

다음 명령어는 192.168.1.11~192.168.2.15 범위 IP를 접근하는 것을 차단합니다.

IP 주소를 범위로 지정 2

```
# iptables -A INPUT -p all -m iprange --dst-range 192.168.1.11-192.168.2.15 -j DROP
```

주소를 범위로 지정하는 방법은 다음과 같습니다.

iptable에서 주소를 범위로 지정하는 방법

```
-m iprange --src-range 시작 IP 주소-끝 IP 주소
-m iprange --dst-range 시작 IP 주소-끝 IP 주소
```

IP 주소를 범위로 지정하듯이 서비스 포트도 범위로 지정할 수 있습니다.

다음 명령어는 목적지 포트 3001번부터 3010번까지 범위의 포트 접근을 차단합니다.

서비스 포트를 범위로 지정 1

```
# iptables -A INPUT -p tcp -m multiport --dports 3001:3010 -j DROP
```

범위뿐만 아니라 ','를 사용해 필요한 개별 포트를 나열해 iptables에 적용할 수 있습니다.

다음 명령은 4001, 4003, 4005 출발지 포트 주소를 가지는 패킷을 차단합니다.

서비스 포트를 범위로 지정 2

```
# iptables -A INPUT -p tcp -m multiport --sports 4001,4003,4005 -j DROP
```

예제처럼 대부분 출발지 포트를 기반으로 룰을 설정하는 경우는 매우 드뭅니다. 출발지 포트는 지정되지 않고 클라이언트 상황에 따라 변경되기 때문입니다. 출발지 포트를 강제로 지정하는 경우를 제외하고 대부분의 방화벽 룰은 도착지 포트를 기반으로 지정됩니다.

-F 옵션을 사용하면 iptables에 적용된 정책을 한꺼번에 삭제할 수 있습니다.

전체 삭제하기

```
# iptables -F
또는
# iptables --flush
```

-P 옵션은 각 체인의 기본 정책을 변경합니다.

체인의 기본 정책 변경

```
# iptables -P INPUT DROP
# iptables -P FORWARD DROP
# iptables -P OUTPUT DROP
```

하지만 이렇게 iptables에 정책을 설정하면 서버를 재부팅하거나 iptables 서비스를 재시작하면 iptables 정책이 초기화됩니다. 마치 리눅스에서 라우팅 테이블을 관리하는 것과 동일하게 영구적으로 적용하려면 정책을 iptables 파일에 직접 설정해야 합니다. iptables 정책 파일은 다음의 위치에 있습니다.

```
/etc/sysconfig/iptables
```

기본 설정 파일의 내용은 다음과 같습니다.

```
[root@zigi ~]# cat /etc/sysconfig/iptables
# sample configuration for iptables service
# you can edit this manually or use system-config-firewall
# please do not ask us to add additional ports/services to this default configuration
*filter
:INPUT ACCEPT [0:0]
:FORWARD ACCEPT [0:0]
:OUTPUT ACCEPT [0:0]
-A INPUT -m state --state RELATED,ESTABLISHED -j ACCEPT
-A INPUT -p icmp -j ACCEPT
-A INPUT -i lo -j ACCEPT
-A INPUT -p tcp -m state --state NEW -m tcp --dport 22 -j ACCEPT
-A INPUT -j REJECT --reject-with icmp-host-prohibited
-A FORWARD -j REJECT --reject-with icmp-host-prohibited
COMMIT
```

영구적인 iptables 정책 관리를 위해서는 이 파일을 이용해 정책을 추가하거나 삭제하면 됩니다.

10.1.5 리눅스 방화벽 로그 확인

iptables도 일반 방화벽과 마찬가지로 로그를 통해 iptables 정책에 의해 차단되거나 허용된 내용을 확인할 수 있습니다. iptables의 로그는 /var/log/messages에 남으므로 메시지 파일을 보면 다음과 같은 로그 내용을 확인할 수 있습니다.

```
# tail -f /var/log/messages
```

하지만 메시지 파일에는 iptables 로그 외에 다른 로그들도 포함되어 있습니다. iptables 로그만 보려면 다음과 같은 설정이 필요합니다.

먼저 rsyslog.conf 설정 파일에 다음과 같이 추가합니다. rsyslog는 리눅스에서 사용하는 로그 수집 서버입니다.

```
kern.* /var/log/iptables.log
```
[1]

rsyslog 서비스를 재시작합니다.

```
# systemctl restart rsyslog.service
```

iptables에 로그를 남길 수 있도록 설정합니다. 여기서는 warning 수준의 로그를 남기기 위해 log-level을 4로 했고 로그를 구분하는 식별자로 '## ZIGI-Log ##'를 설정했습니다.

```
# iptables -I INPUT  -j  LOG --log-level 4 --log-prefix ' ## ZIGI-Log ## '
```

특정 정책에 대한 로그만 남기고 싶다면 iptables에 정책을 추가할 때처럼 프로토콜이나 서비스 포트와 같은 옵션을 사용하면 됩니다. 그리고 --log-prefix 옵션을 사용하지 않아도 로그를 남길 수 있지만 저렇게 prefix를 정해두면 로그를 구분할 수 있어 편리합니다.

이제 iptables.log 파일을 확인해보면 정상적으로 iptables에 대한 로그를 확인할 수 있습니다.

```
[root@zigi ~]# tail -f /var/log/iptables2.log
Jun 16 10:11:26 zigi kernel: ## ZIGI-Log ##IN=eth0 OUT= MAC=00:22:48:05:0a:b7:12:34:5
6:78:9a:bc:08:00 SRC=52.231.80.142 DST=10.1.0.13 LEN=1480 TOS=0x00 PREC=0x00 TTL=123
ID=280 DF PROTO=TCP SPT=443 DPT=56646 WINDOW=1026 RES=0x00 ACK URGP=0
Jun 16 10:11:26 zigi kernel: ## ZIGI-Log ##IN=eth0 OUT= MAC=00:22:48:05:0a:b7:12:34:
56:78:9a:bc:08:00 SRC=52.231.80.142 DST=10.1.0.13 LEN=828 TOS=0x00 PREC=0x00 TTL=123
ID=281 DF PROTO=TCP SPT=443 DPT=56646 WINDOW=1026 RES=0x00 ACK PSH URGP=0
Jun 16 10:11:26 zigi kernel: ## ZIGI-Log ##IN=eth0 OUT= MAC=00:22:48:05:0a:b7:12:34:
56:78:9a:bc:08:00 SRC=52.231.80.142 DST=10.1.0.13 LEN=103 TOS=0x00 PREC=0x00 TTL=123
ID=283 DF PROTO=TCP SPT=443 DPT=56646 WINDOW=1025 RES=0x00 ACK PSH URGP=0
...후략...
```

1 kern.*은 커널 레벨의 로그입니다.

iptables 정책을 확인하는 -L 옵션 뒤에 -v 옵션을 사용하면 다음과 같이 통과하는 패킷과 바이트 수를 확인할 수 있습니다.

```
[root@zigi ~]# iptables -L -v
Chain INPUT(policy ACCEPT 0 packets, 0 bytes)
pkts   bytes    target   prot     opt      in       out      source
destination
16796  8268K    ACCEPT   all      --       any      any      anywhere anywhere state
RELATED, ESTABLISHED
0          0    ACCEPT   icmp     --       any      any      anywhere anywhere
0          0    ACCEPT   all      --       lo       any      anywhere anywhere
15       840    ACCEPT   tcp      --       any      any      anywhere anywhere state NEW
tcp dpt:ssh
0          0    REJECT   all      --       any      any      anywhere anywhere reject-
with icmp-host-prohibited
...후략...
```

이번 장에서는 리눅스 서버의 방화벽 설정을 위한 iptables에 대해 간단히 알아보았습니다. iptables은 여기서 다룬 간단한 방화벽 기능뿐만 아니라 IP 주소와 서비스 포트 외에도 다양한 인자 값을 이용해 복잡한 정책을 수립할 수 있습니다. NAT 기능이나 포트 포워딩, MSS 클램핑(MSS Clamping)과 같은 고급 방화벽 기능도 제공하고 있습니다. 하지만 운영 망에서는 서버의 앞 단에 방화벽이나 IPS, IDS와 같은 보안 장비가 운용되고 있어 호스트 방화벽 자체를 내리는 경우도 많습니다. 하지만 내부망에서 악성 코드가 전파되는 것을 방지하고 내부 보안 강화를 위해 단말에서도 복잡하지 않은 기본 방화벽 룰을 운영하는 것이 최근 추세입니다. iptables 관련 내용은 보안 강화를 위해 서비스 장애 때 장애 해결을 위해 꼭 알아두어야 할 항목입니다. 한 단계 나아가 iptables의 동작 방법에 대한 이해는 보안 장비 동작 방식을 이해하는 데 큰 도움이 될 것입니다.

참고

iptables 더 알아보기

이번 장에서는 기본적인 패킷 필터링에 필요한 정도만 iptables에 대해 간단히 알아보았지만 iptables은 매우 다양하고 복잡한 기능과 구조로 되어 있습니다. 여기서는 iptables에 대해 좀 더 자세히 알아보겠습니다.

iptables은 테이블(Table), 체인(Chain), 타깃(Target) 3가지로 구성되어 있습니다.

a. 테이블

iptables에는 filter, nat, mangle, raw, security 테이블(Table)이 있습니다. 각 테이블에 대해

살펴보면

a.1 filter 테이블

filter 테이블은 앞에서 알아보았듯이 방화벽의 기본 기능인 패킷을 차단하거나 허용할 목적으로 사용됩니다. filter 테이블에서는 서버로 들어오거나 나가는 트래픽을 제어할 수 있도록 INPUT, OUTPUT 체인을 사용합니다. 리눅스를 보안 장비로 사용하는 단말을 통과하는 트래픽을 제어할 수 있는 FORWARD 체인도 사용할 수 있습니다.

a.2 nat 테이블

nat 테이블은 출발지와 목적지의 IP를 변환하는 NAT 기능을 위한 테이블입니다. NAT 기능에는 출발지 주소를 변경하는 Source NAT와 목적지 주소를 변경하는 Destination NAT가 있습니다. Source NAT를 할 때는 POSTROUTING 체인을 사용하고 Destination NAT를 할 때는 PREROUTING 체인을 사용합니다. PREROUTING, POSTROUTING 체인은 말 그대로 라우팅 이전과 이후에 존재하는 체인입니다. 라우팅 작업에서는 도착지 주소만 확인하므로 목적지 주소를 변경하는 Destination NAT는 라우팅 작업 이전에 수행되어 라우팅 작업을 거친 후 목적지로 전송됩니다.

a.3 mangle 테이블

mangle 테이블은 주로 패킷 헤더의 TOS, TTL 값을 변경하는 역할을 하는데 네트워크 보안 장비로 사용될 때를 제외하면 자주 사용되지는 않습니다.

a.4 raw 테이블

raw 테이블은 연결 추적 시스템(Connection Tracking System)에서 처리하면 안 되는 패킷을 표시하는 용도로 사용됩니다. raw 테이블은 PREROUTING, OUTPUT 체인이 있지만 RAW 테이블도 mangle 테이블처럼 자주 사용되지는 않습니다.

a.5 security 테이블

security 테이블은 필수 접근 제어(Mandatory Access Control, MAC) 네트워크 규칙에 사용됩니다. 필수 접근 제어는 SELinux와 같은 리눅스 보안 모듈에 의해 구현됩니다. security 테이블은 filter 테이블 이후에 호출되며 filter 테이블과 마찬가지로 INPUT 체인, OUTPUT 체인, FORWARD 체인을 제공합니다.

b. 체인

CHAIN은 특정 패킷에 대해 적용할 정책을 정의한 것이라고 볼 수 있습니다. 예를 들어 패킷의 허용(Accept), 차단(Reject), 폐기(Drop)를 결정하는 정책의 집합(A Set of Rules)이라고 할 수 있습니다.

iptables에는 input chain, forward chain, output chain, prerouting chain, postrouting chain과 같은 다양한 chain이 있습니다.

input 체인은 외부로부터 iptable이 동작하는 호스트로 패킷이 통과하는 체인이며 반대로 호스트에서 나가는 패킷이 통과하는 체인이 output 체인입니다. 목적지가 호스트가 아니라 패킷이 호스트를 통과할 때 사용하는 체인을 forward 체인이라고 합니다. 일반적인 서비스 목적의 호스트라면 forward 체인을 통과하지 않겠지만 라우터, 방화벽과 같이 네트워크에서 패킷을 포워딩하는 기능을 제공하는 호스트라면 forward 체인의 역할을 지정할 수 있습니다. prerouting 체인과 postrouting 체인은 이름처럼 라우팅 처리 전후에 동작하는 체인입니다. 실제 input 체인의 경우, 호스트로 들어와 라우팅 처리된 후 해당 체인이 동작합니다. 라우팅 처리 전후로 패킷을 수정해야 할 때는 prerouting/postrouting 체인에 선언해야 합니다.

c. 타깃

타깃은 패킷이 iptables에 정의한 정책과 같을 때 취하는 행동입니다. 기본적으로 타깃은 ACCEPT, REJECT, DROP이 많이 사용되며 특정 로그를 남기기 위한 LOG, NAT를 위한 SNAT, DNAT 등 다양한 타깃을 설정할 수 있습니다. 방화벽 역할에 사용되는 주요 타깃은 다음과 같습니다.

- ACCEPT

  패킷을 정상적으로 처리

- REJECT

  패킷을 폐기하면서 패킷이 차단되었다는 응답 메시지를 전송

- DROP

  패킷을 그대로 폐기

- LOG

  패킷을 syslog에 기록

d. iptables 실행 옵션

이번 장에서는 많이 사용되는 -A, -D, -C, -I, -L 옵션에 대해서만 알아보았지만 그 외에도 더 많은 옵션을 사용할 수 있습니다. 필요하면 다음의 옵션을 사용해 iptables을 관리할 수 있습니다.

▼ 표 10-1 iptables 실행 옵션

옵션	설명
-A(--append)	새로운 규칙 추가
-D(--delete)	규칙 삭제
-C(--check)	패킷 테스트
-R(--replace)	새로운 규칙으로 교체
-I(--insert)	새로운 규칙 삽입
-L(--list)	규칙 출력
-F(--flush)	chain에서 규칙 삭제
-Z(--zero)	모든 chain의 패킷과 바이트 카운터 값을 0으로 만듦
-N(--new)	새로운 chain을 추가
-X(--delete-chain)	chain 삭제
-P(--policy)	기본 정책 변경

e. 정책 옵션

패킷을 제어하기 위해 정책을 만들 때, 매치되는 조건을 설정하는데 이번 절의 예제에서는 IP와 서비스 포트, 상태 정보, 타깃 처리 방법에 대해서만 간단히 알아보았습니다. 패킷을 더 세밀히 제어할 때는 다음의 옵션을 사용할 수 있습니다. IP 주소, 서비스 포트, 인터페이스, 상태 등은 별도로 옵션값을 주지 않으면 Any로 인식합니다.

▼ 표 10-2 iptables 정책 옵션

옵션	설명
-s(--source)	출발지 IP 주소나 네트워크와 매치
-d(--destination)	목적지 IP 주소나 네트워크와 매치
-p(--protocol)	특정 프로토콜과 매치
-i(--in-interface)	입력 인터페이스
-o(--out-interface)	출력 인터페이스
--state	연결 상태와 매치
--string	애플리케이션 계층 데이터 바이트 순서와 매치

표 계속

--comment	커널 메모리 내의 규칙과 연계되는 최대 256바이트 주석
-y(--syn)	SYN 패킷 불허
-f(--fragment)	두 번째 이후의 조각 규칙 명시
-t(--table)	처리될 테이블
-j(--jump)	규칙에 맞는 패킷 처리 방법 명시
-m(--match)	특정 모듈과의 매치

NETWORK

10.2 윈도 서버의 방화벽 확인 및 관리

윈도 서버 방화벽의 설정 방법은 윈도 HOME, PRO 버전과 동일하고 익숙한 GUI를 통해 직관적으로 구성하므로 명확한 방화벽 개념만 있으면 쉽게 접근할 수 있습니다.

10.2.1 윈도 방화벽 활성화/비활성화

윈도 방화벽 구성을 확인하기 위해 **제어판 〉 Windows 방화벽**을 차례대로 클릭하거나 [실행](윈도키+R)에서 `firewall.cpl`을 입력하고 실행해 Windows 방화벽 관리 페이지로 들어갑니다.

Windows 방화벽 관리 페이지가 실행되면 그림 10-10과 같은 화면을 볼 수 있습니다.

▼ 그림 10-10 윈도 방화벽 관리 페이지

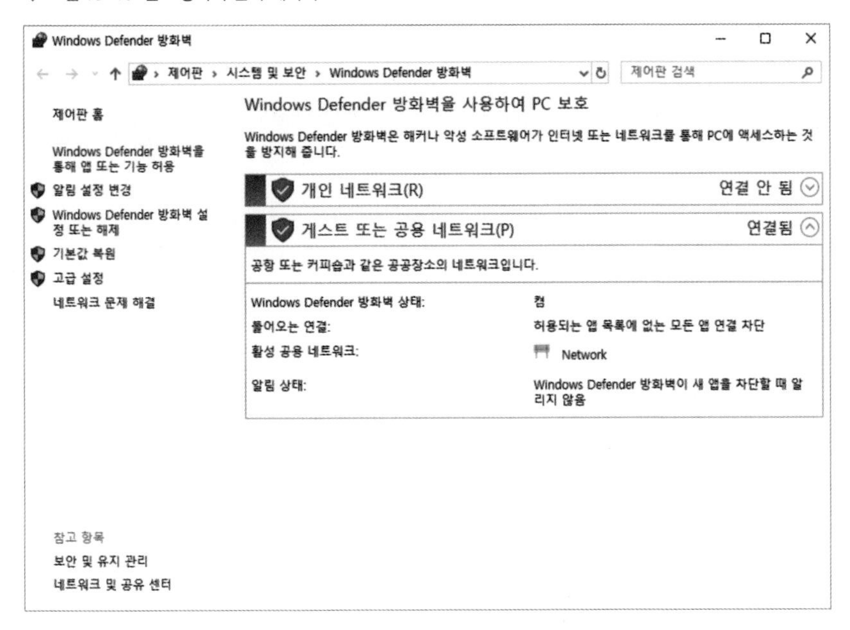

윈도 서버를 운영하면서 방화벽 설정에서 가장 많이 사용하는 메뉴는 Windows 방화벽 관리 페이지 왼쪽 패널에 있는 Windows 방화벽 설정 또는 해제일 것입니다. 기본적으로 윈도 방화벽은 활성화 상태이므로 이 메뉴를 사용해 비활성화하는 경우도 있지만 보안상 활성화 상태를 유지하고 뒤에서 배울 정책 관리 기능을 이용해 필요한 정책을 추가하는 방식으로 사용하는 것이 좋습니다.

10.2.2 윈도 방화벽 정책 확인

윈도 방화벽 정책을 설정하기 위해 Windows 방화벽에서 고급 설정 메뉴를 클릭하면 고급 보안이 포함된 Windows 방화벽이라는 새로운 창이 뜹니다. 왼쪽 패널 메뉴 중 인바운드 규칙과 아웃바운드 규칙 부문이 윈도 방화벽 정책을 설정하는 부분입니다. 앞에서도 알아보았듯이 방화벽은 트래픽의 방향성이 매우 중요하므로 방화벽 정책 설정도 인바운드와 아웃바운드로 나누어 설정하도록 되어 있습니다.

▼ 그림 10-11 윈도 방화벽 정책 관리용 메뉴

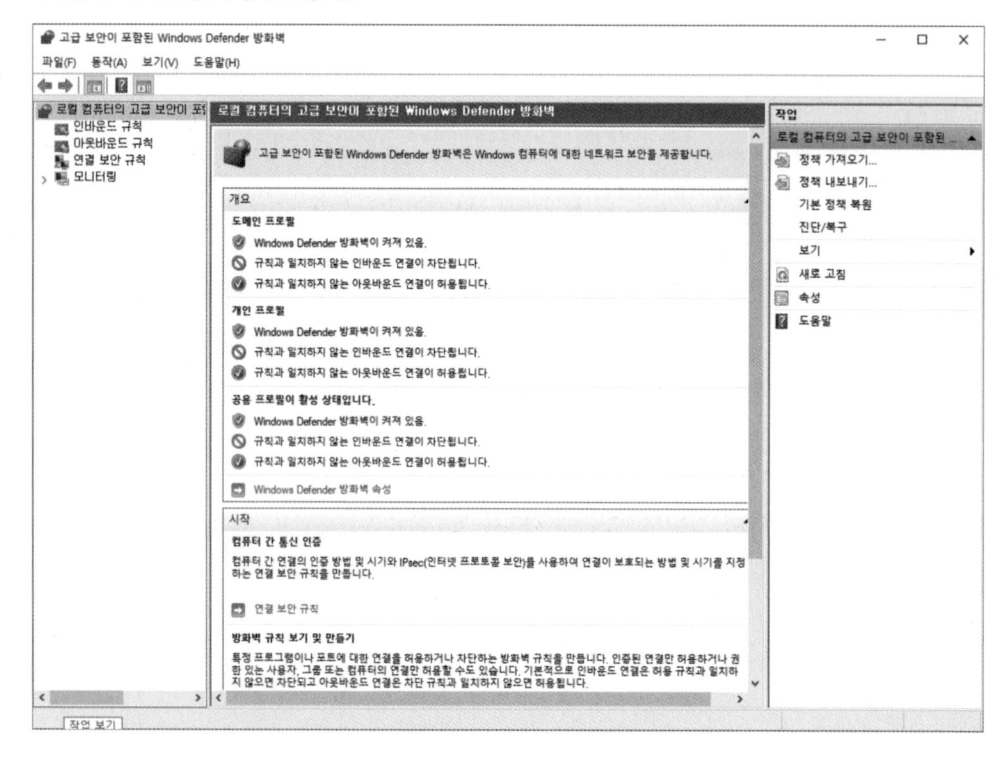

인바운드 규칙 메뉴를 선택하면 다음과 같이 가운데에 기본으로 설정된 다양한 인바운드 정책들을 확인할 수 있습니다. 오른쪽 메뉴는 정책들을 필터링하거나 새 규칙을 만드는 메뉴입니다.

10.2.3 윈도 방화벽 정책 관리

윈도 방화벽은 특정 프로그램 연결을 제어하는 규칙을 만들 수 있고 일반적인 방화벽처럼 포트 기반의 규칙도 만들 수 있습니다. 여기서는 모든 설정이 가능한 사용자 지정 규칙을 선택해 윈도 방화벽에서 어떤 설정이 가능한지 살펴보고 윈도 서버에서 기본으로 차단된 ICMP를 허용하는 정책을 만들어보겠습니다.

▼ 그림 10-12 윈도 방화벽 인바운드 규칙

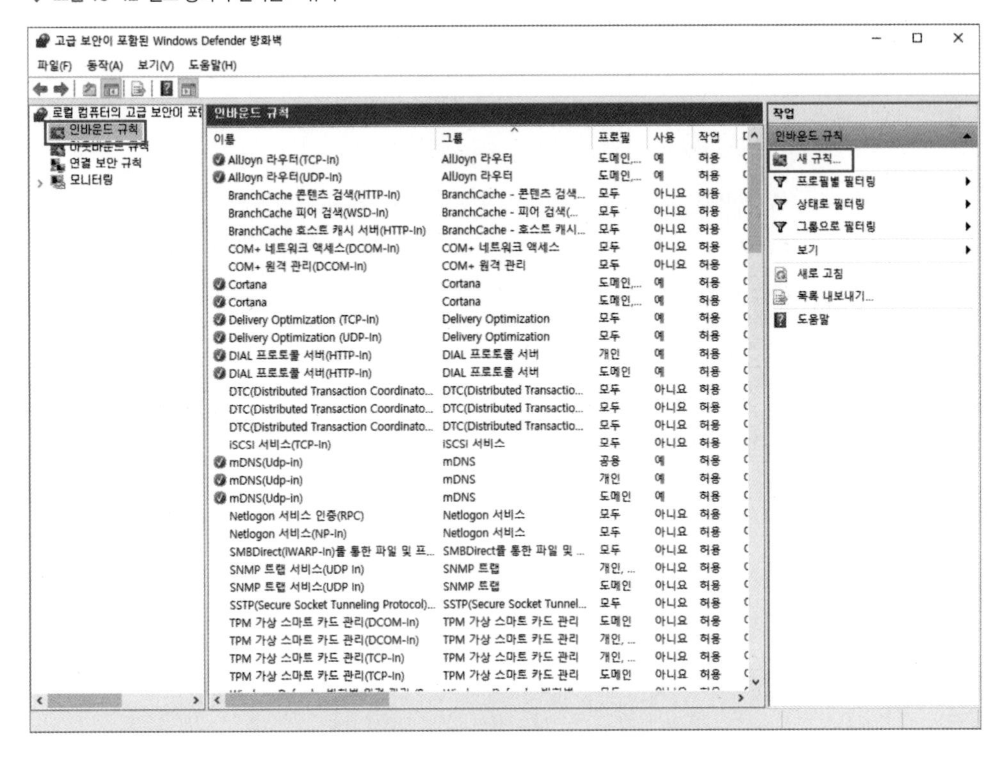

윈도 방화벽에 새로 정책을 만드는 방법을 알아보겠습니다. 새로 정책을 만들기 위해 그림 10-12에서 왼쪽 인바운드 규칙을 선택하고 마우스를 우클릭해 뜨는 팝업 메뉴에서 '새 규칙'을 선택하거나 오른쪽 작업 탭에서 '새 규칙'을 클릭합니다.

그림 10-13처럼 새 인바운드 규칙 마법사가 표시되면 규칙 종류에 따라 프로그램, 포트, 미리 정의됨, 사용자 지정이 있습니다. 여기서는 사용자 지정을 선택하고 다음 버튼을 클릭합니다.

▼ 그림 10-13 인바운드 규칙 추가: 규칙 종류

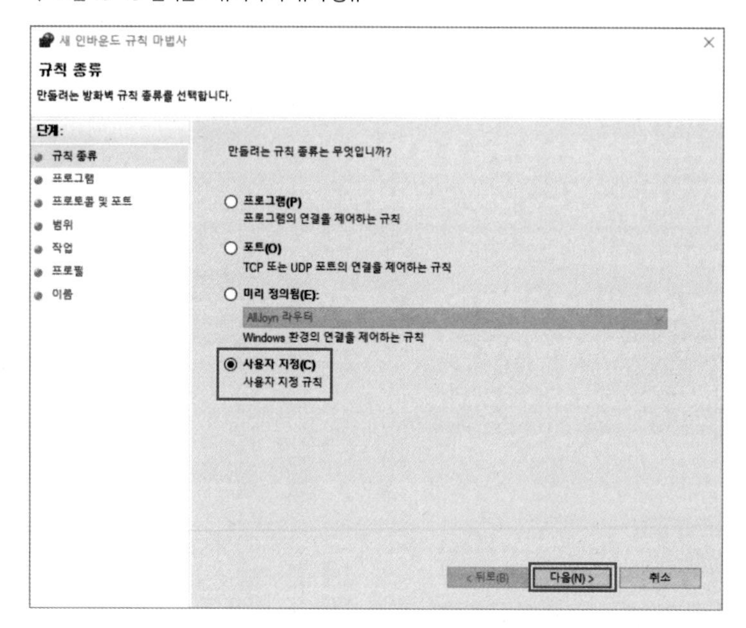

윈도 방화벽에서는 모든 프로그램, 특정 프로그램, 서비스에 대한 방화벽 정책을 설정할 수 있습니다. 여기서는 모든 프로그램을 지정하고 다음 버튼을 클릭합니다.

▼ 그림 10-14 인바운드 규칙 추가: 적용 프로그램

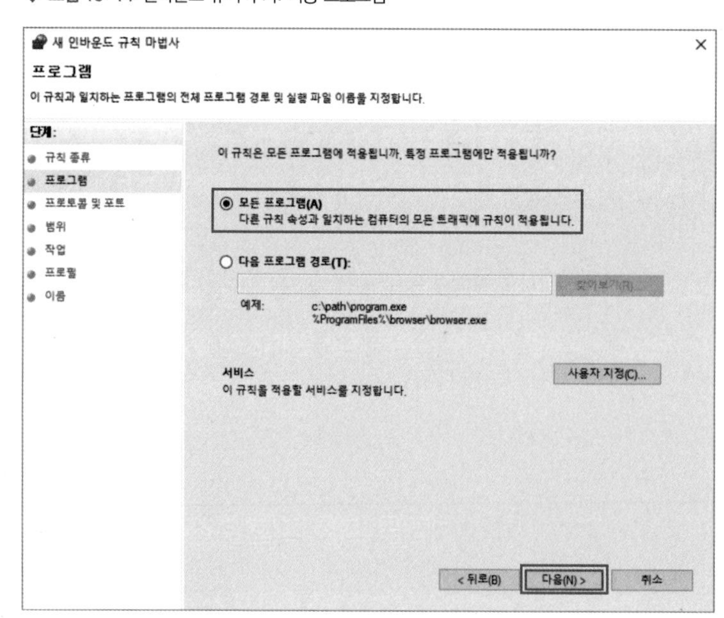

윈도 방화벽은 프로그램을 이용한 정책뿐만 아니라 5-튜플이라는 방화벽의 5가지 조건(출발지/목적지 IP 주소, 프로토콜 번호, 출발지/목적지 포트 번호)을 이용해 정책을 설정할 수 있습니다. 단일 포트 외에도 범위를 지정해 여러 가지 포트를 한꺼번에 열어줄 수도 있습니다. ICMP는 ICMP 메시지별로 상세하게 정책을 지정할 수 있습니다. 기본 설정값은 ICMP를 허용하지 않으므로 외부 장비에서 최신 윈도 운영체제로 `ping`이 되지 않습니다. `ping`과 같은 ICMP 기반의 명령어나 도구를 사용해야 할 때는 ICMP 룰을 상세히 지정해 설정해야 합니다.

그림 10-15의 프로토콜 및 포트 단계에서는 기본 설정 그대로 다음을 클릭합니다. 여기서는 ICMP 허용을 위해 프로토콜을 ICMPv4로 설정하고 다음을 클릭합니다.

▼ 그림 10-15 인바운드 규칙 추가: 프로토콜 및 포트 번호

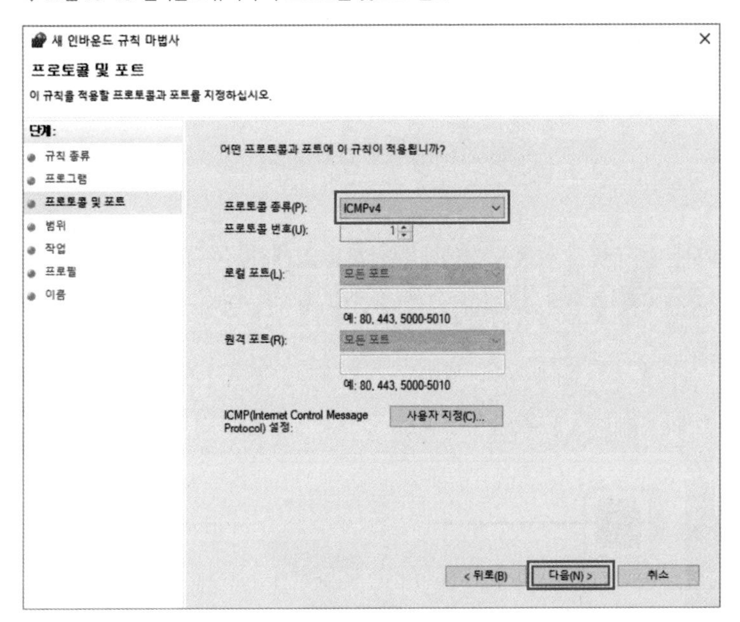

그림 10-16의 범위 단계에서는 해당 서버의 인터페이스 주소인 로컬 IP 주소와 서버와 통신하는 원격지의 단말인 원격 IP 주소를 지정할 수 있습니다. 특정 IP 주소 하나만 설정할 수 있고 범위나 서브넷을 통해서도 IP 주소를 설정할 수 있습니다. 여기서는 로컬 IP 주소와 원격 IP 주소 모두 기본값인 모든 IP 주소 그대로 두고 다음을 클릭합니다.

▼ 그림 10-16 인바운드 규칙 추가: 규칙이 적용되는 IP 주소

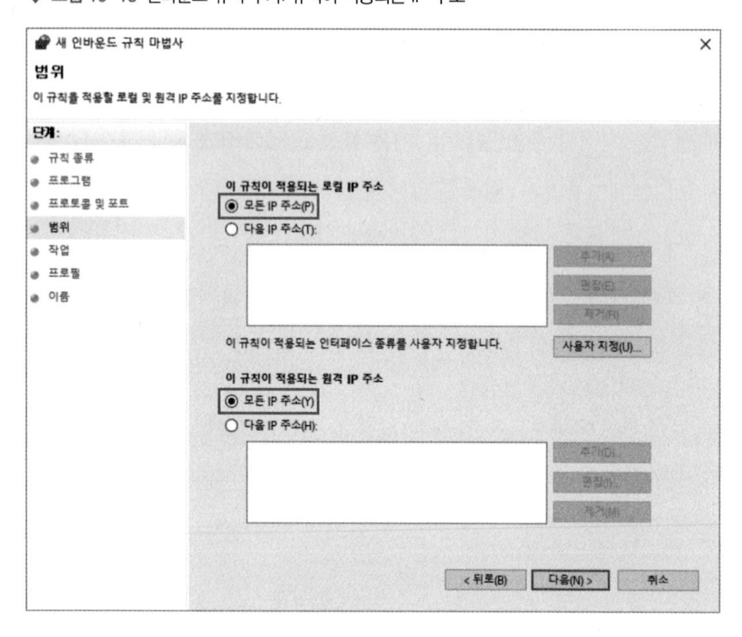

그림 10-17의 작업 단계에서는 지금까지 설정한 정책에 부합하는 트래픽을 허용할지, 차단할지, 인증된 연결에 대해서만 허용할지를 결정합니다. 여기서는 ICMP 허용을 위해 연결 차단 허용을 선택하고 다음을 클릭합니다.

▼ 그림 10-17 인바운드 규칙 추가: 규칙에 따른 허용 및 차단 결정

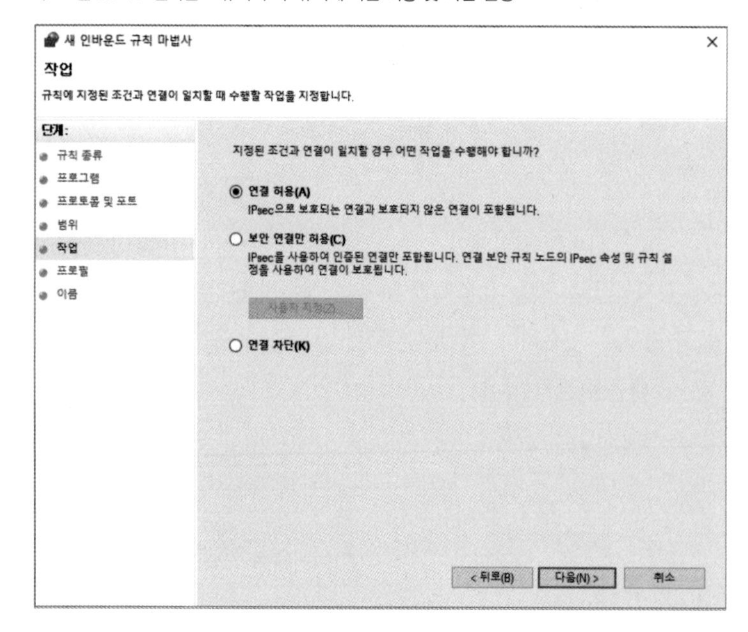

그림 10-18의 프로필 단계에서는 이렇게 설정된 정책과 허용 유/무를 어떤 프로필에 적용할지를 결정합니다. 기본값 그대로 도메인, 개인, 공용 설정에 방화벽 규칙 적용을 선택하고 다음 버튼을 클릭합니다. 여기서는 모든 프로필에 체크하고 다음을 클릭합니다.

▼ 그림 10-18 인바운드 규칙 추가: 규칙이 적용되는 네트워크 도메인

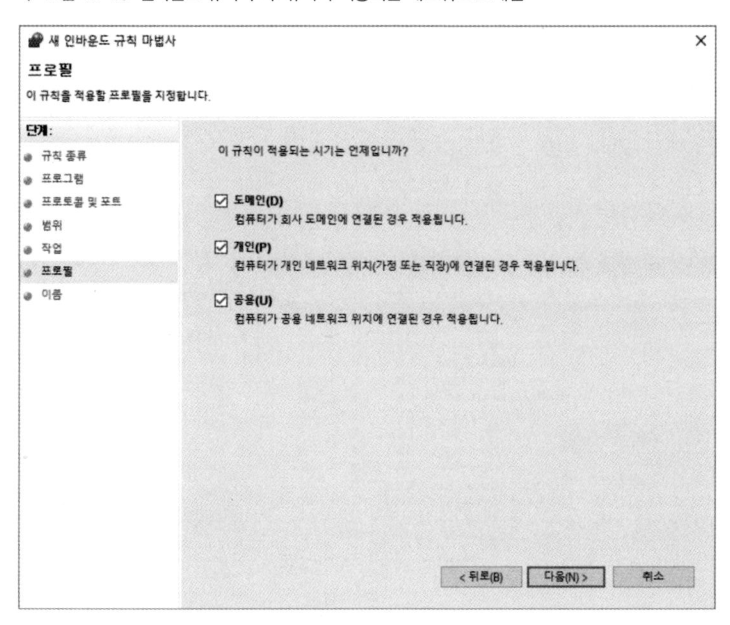

그림 10-19의 이름 단계에서는 지금까지 만든 인바운드 규칙의 관리용 이름을 부여합니다. 여기서는 이름에 ZIGI_Policy_Deny를 입력하고 다음 버튼을 클릭합니다. ICMP를 허용하는 규칙이어서 ICMP Permit이라고 입력하고 마침을 클릭합니다.

▼ 그림 10-19 인바운드 규칙 추가: 규칙 이름 지정

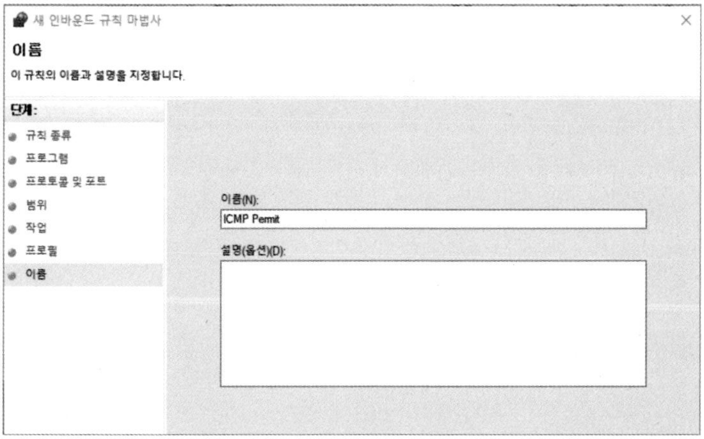

새 인바운드 규칙 마법사
이름
이 규칙의 이름과 설명을 지정합니다.
단계:
규칙 종류
프로그램
프로토콜 및 포트
범위
작업
프로필
이름
이름(N):
ICMP Permit
설명(옵션)(D):

정책에 대한 관리용 이름을 부여하면 방화벽 정책 설정이 완료됩니다. 설정한 방화벽 정책은 별도의 추가 과정 없이 윈도 방화벽에 바로 적용됩니다. 새로 만든 윈도 방화벽에 바로 적용되기 시작합니다. 이제 기본 설정으로 차단된 ICMP가 허용되면서 외부에서 윈도 서버로 `ping`을 할 수 있습니다.

정책은 각 정책의 속성을 선택해 재수정할 수 있습니다. 그림 10-20처럼 ZIGI_Policy_Deny 정책을 우클릭해 속성을 선택하면 정책을 수정할 수 있습니다.

▼ 그림 10-20 ZIGI_Policy_Deny 정책을 우클릭해 속성을 선택하면 정책을 수정할 수 있다.

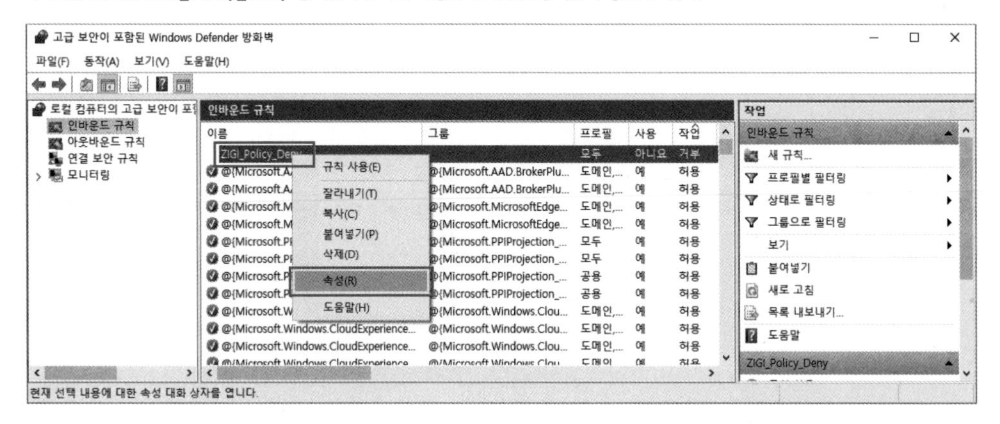

그림 10-21처럼 속성창에서 생성된 규칙에 대한 설정을 변경할 수 있습니다.

▼ 그림 10-21 생성된 규칙에 대한 설정 변경

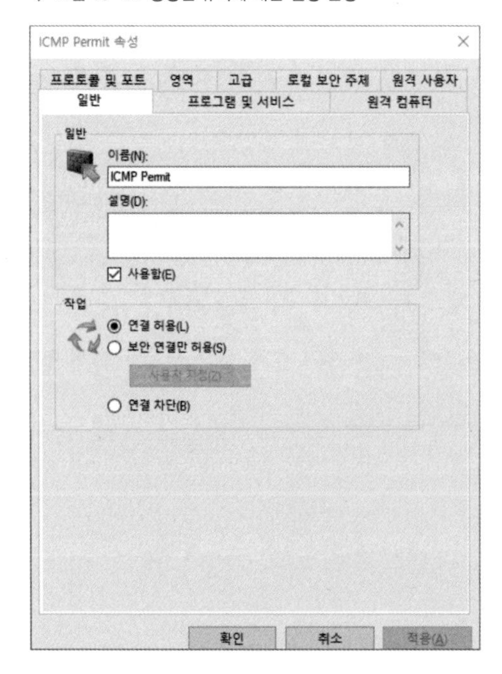

지금까지 윈도 방화벽 설정에 대해 알아보았습니다. 윈도는 서버뿐만 아니라 일반 사용자 PC에서도 보안 강화를 위해 방화벽 기능을 사용합니다. 대량의 PC를 관리하는 기업 환경에서는 윈도 AD(Active Directory)를 통해 일괄적으로 AD에 연동된 사용자 PC에 방화벽 설정을 내려주는 방식으로 손쉽게 관리할 수 있습니다.

10.2.4 윈도 방화벽 로그 확인

윈도 방화벽도 일반 방화벽과 마찬가지로 로그를 확인할 수 있습니다. 다만 로그 수집에 대한 기본 설정이 비활성화 상태이므로 로그 수집을 활성화하려면 먼저 로그 수집을 활성화해주어야 합니다.

윈도 방화벽 로그 수집을 위해 방화벽 기본 메뉴에서 [Windows Defender 방화벽 속성]을 선택합니다.

▼ 그림 10-22 윈도 방화벽 정책 관리용 메뉴

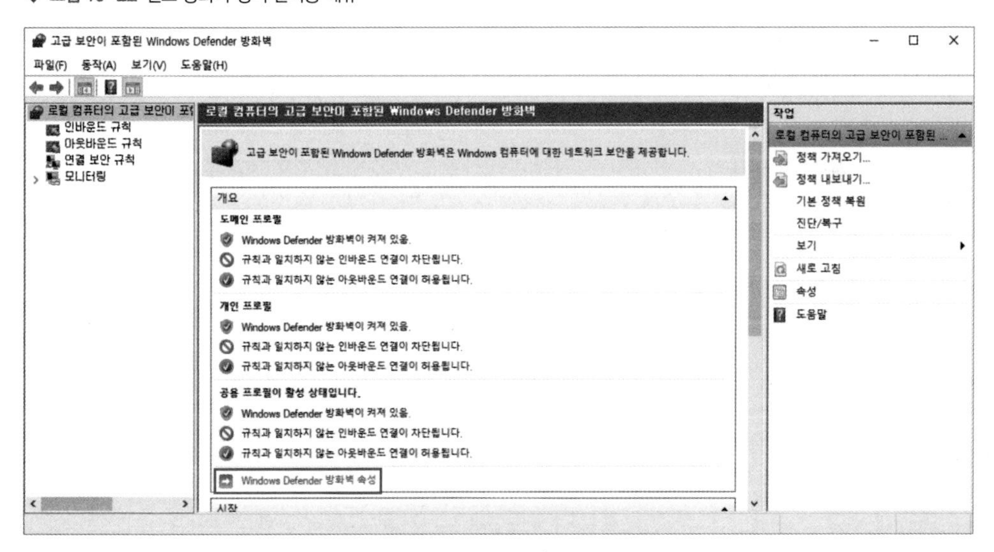

방화벽 속성은 프로필별 설정이 가능합니다. 여기서는 공용 프로필을 선택합니다. 방화벽 속성창 하단에 [로깅] 메뉴가 있습니다. [로깅] 메뉴에서 [사용자 지정]을 선택합니다.

▼ 그림 10-23 윈도 방화벽 속성

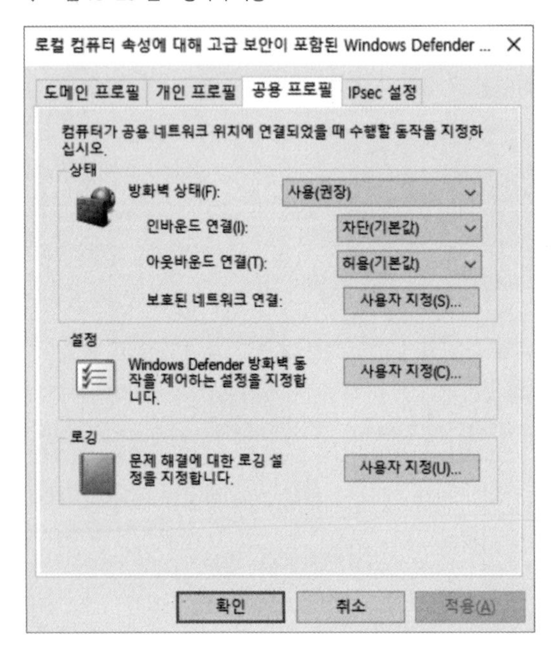

로깅 설정 사용자 지정창에는 그림 10-24처럼 [손실된 패킷 로그에 기록]과 [성공적인 연결 로그에 기록] 두 가지가 있습니다. 기본값은 모두 '아니요'로 되어 있어 윈도 방화벽에 대한 로그가 수집되지 않습니다. 이 항목을 그림 10-24처럼 모두 '예'로 변경하고 확인 버튼을 누르면 그때부터 윈도 방화벽에 대한 로그가 수집됩니다.

▼ 그림 10-24 방화벽 로그 설정 지정

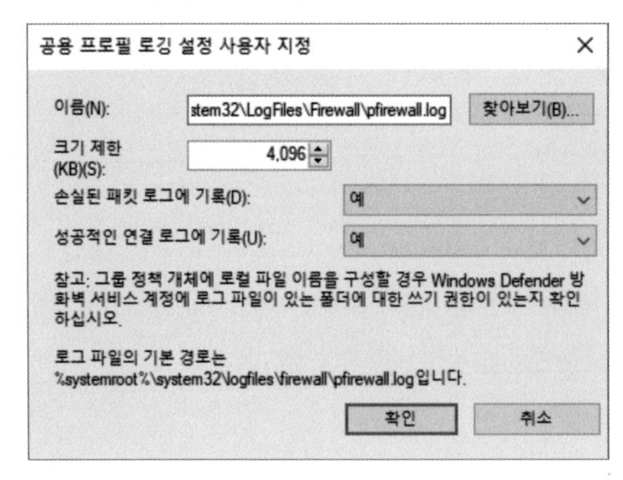

참고로 수집되는 로그 파일의 기본 경로는 다음과 같습니다.

윈도 방화벽 로그 파일

```
%systemroot%\system32\logfiles\firewall\pfirewall.log
※  systemroot는 윈도 설치 폴더입니다.
```

이제 윈도 방화벽 로그 파일을 확인하면 다음과 같이 윈도 방화벽에 의해 허용되거나 차단된 로그를 확인할 수 있습니다.

▼ 그림 10-25 윈도 방화벽 로그 확인

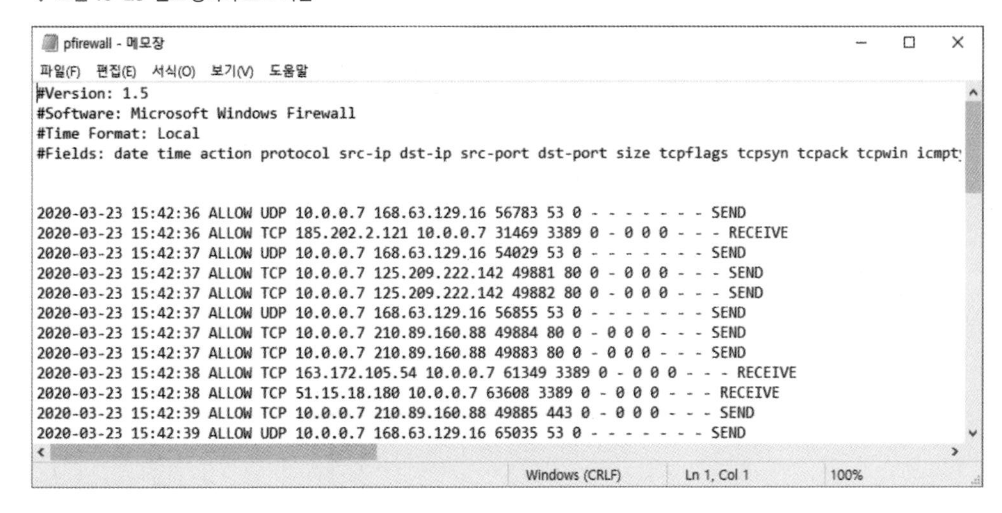

memo

11장

이중화 기술

끊김없는 안정적인 서비스를 제공하기 위해서는 네트워크, 서버, 스토리지와 같은 인프라뿐만 아니라 애플리케이션도 이중화(다중화) 기술을 적용해야 합니다.

이중화를 위해 동일한 역할을 하는 인프라를 두 대 이상 구성하거나 하나의 장비 내에 네트워크 인터페이스 카드와 같은 내부 구성요소를 다중으로 구성하기도 하고 동일한 역할을 하는 애플리케이션을 동시에 여러 개 띄워 서비스를 제공하기도 합니다.

이런 이중화 기술은 서비스 가용성을 높여주고 가용량을 확장해주기 때문에 안정적인 서비스 제공을 위해 이중화는 필수 요소입니다. 이번 장에서는 네트워크 기반의 다양한 이중화 기술에 대해 알아보겠습니다.

NETWORK

11.1 이중화 기술 개요

이중화를 하지 않았을 때 발생하는 SPoF(Single Point of Failure) 문제점과 이중화의 목적부터 차례대로 살펴보겠습니다.

11.1.1 SPoF

> "'단일 장애점(Single Point of Failure(SPoF), 單一障礙點)'은 시스템 구성 요소 중 동작하지 않으면 전체 시스템이 중단되는 요소를 말합니다. 예를 들어 이더넷 케이블과 전원, 이더넷 허브(HUB), 접속 단말들의 NIC(Network Interface Card) 등으로 이루어진 간단한 이더넷(Ethernet) 네트워크 시스템에서 네트워크 허브(HUB) 장치의 전원은 SPoF입니다. 허브의 전원이 차단됨과 동시에 나머지 모든 요소는 네트워크를 사용할 수 없습니다. 고가용성을 추구하는 네트워크, 소프트웨어 애플리케이션, 상용 시스템에 단일 장애점이 있는 것은 바람직하지 않습니다. 단일 고장점 또는 단일 실패점이라고도 합니다."

▶ **출처: 위키백과-SPoF**

서비스를 제공하기 위한 인프라의 주요 목표 중 하나는 적시에 서비스를 출시하기 위해 인프라를 신속히 제공하는 것입니다. 소위, 타임 투 마켓(Time-To-Market)을 위한 인프라의 민첩성입니다. 하지만 인프라의 더 본질적인 목표는 더 가용성 높은 서비스에 필요한 인프라를 안정적으로 제공하는 것입니다. 인프라를 설계할 때 가용성, 연속성, 안정성 등의 항목을 보는 것도 인프라를 안정적으로 제공하는 데 필요한 주요 지표이기 때문입니다.

따라서 인프라를 설계할 때, 단일 접점의 장애가 전체 서비스에 영향을 미치지 않도록 SPoF(단일 장애점)를 만들지 않아야 합니다. 다음 그림과 같이 인프라가 설계되어 있다면 다수의 SPoF 때문에 하나의 장애가 전체 서비스 장애로 연결됩니다.

▼ 그림 11-1 인프라의 다양한 SPoF 요소

이처럼 SPoF는 전체 서비스의 가용성, 연속성, 안정성을 떨어뜨리는 매우 위험한 요소이므로 인프라를 안정적으로 운용하려면 인프라를 설계할 때, SPoF를 최소화하는 것이 아니라 아예 만들어지지 않도록 설계해야 합니다.

11.1.2 이중화의 목적

안정적인 서비스 제공을 위해 네트워크를 포함한 모든 인프라에서 반드시 갖추어야 할 요소 중 하나는 이중화입니다. 인프라를 구성하는 각 요소가 복수 개 이상으로 인프라를 구성해 특정 인프라에 문제가 발생하더라도 이중화된 다른 인프라를 통해 서비스가 지속되도록 해줍니다.

서비스에 필요한 출발 지점부터 끝 지점까지(End-to-End) 속하는 모든 인프라에 이중화 구성을 고려해야 합니다. 서비스를 위한 물리적 또는 가상 머신 서버, 서버와 네트워크 장비를 구성해주는 인터페이스, 서버에 연결된 스위치, 다수 서버의 부하 분산을 위한 L4/L7 스위치, 방화벽, 인터넷 게이트웨이, 인터넷 회선 등 인프라의 모든 요소가 이중화 구성이 필요한 항목들입니다. 심지어 이 모든 요소가 속한 데이터 센터 자체도 이중화가 필요해 DR 센터(Disaster Recovery Center, 재해복구센터)나 액티브-액티브 데이터 센터를 구축합니다.

▼ 그림 11-2 SPoF 제거를 위해 이중화된 인프라 구조

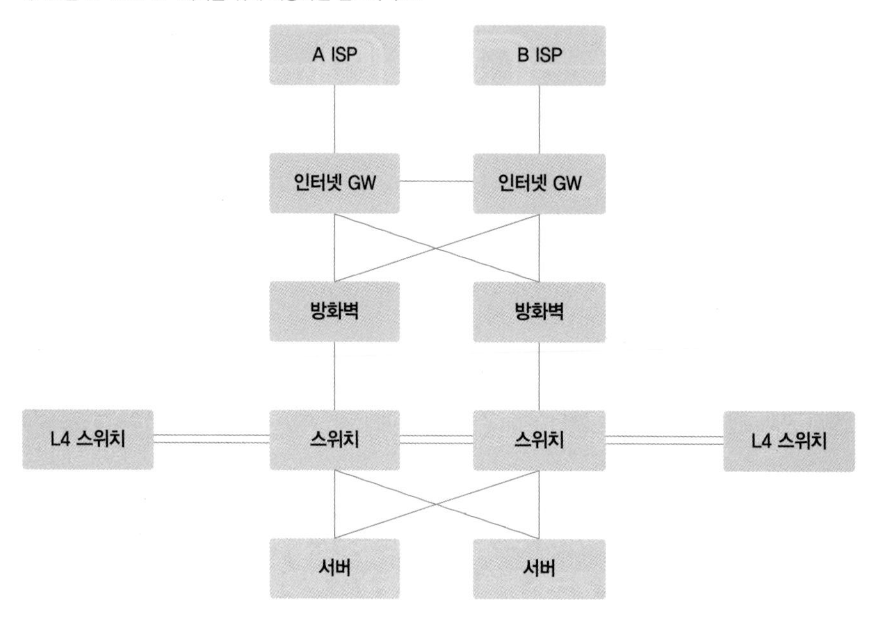

이런 이중화 구성은 각 구성 요소가 동시에 운영 중인 상태로 동작할 것인지, 하나의 구성 요소는 운영 상태이고 다른 하나는 대기 상태로 있다가 운영 상태인 인프라에 장애가 발생하면 대기 상태인 인프라가 운영 상태로 전환될 것인지에 따라 액티브-액티브 또는 액티브-스탠바이 형태로 구성합니다. 4.3 STP 절에서 설명한 스위치의 스패닝 트리 프로토콜은 가용한 링크를 루프 방지를 위해 동시에 사용하지 않고 단일 경로를 통해 트래픽이 통과하고 정상 구간의 장애가 발생한 경우에만 차단되었던 경로를 다시 활성화해 사용하므로 Active-Standby 형태로 구성된 이중화 기술이라고 볼 수 있습니다.

물론 인프라를 굳이 이중화하지 않더라도 장애가 발생하지 않는다면 평소 서비스 제공에는 아무 문제가 없습니다. 그런데도 복수의 비용을 투자하면서 인프라를 이중화해야 하는 이유는 무엇일까요?

인프라가 이중화되어 있다면 특정 지점에 문제가 발생하더라도 이중화된 인프라를 이용해 서비스할 수 있습니다. 특정 인프라의 장애 상황에서도 서비스는 가능하므로 서비스의 연속성이 보장되고 이것을 폴트 톨러런스(Fault Tolerance(FT); 장애 허용, 결함 감내)가 보장된다고 말하기도 합니다.

액티브-스탠바이가 아닌 액티브-액티브로 구성할 때는 이중화된 인프라에서 서비스 요청을 동시 처리할 수 있으므로 처리 가능한 전체 용량이 증가합니다. 이중화된 인프라는 장비 간 네트워크 연결이나 회선의 대역폭이 증가합니다. 다만 이렇게 증가된 인프라 용량을 기준으로 서비스를 수용하면 특정 지점에 장애가 발생했을 때, 인프라 용량이 절반으로 떨어지므로 정상적인 서비스가 불가능합니다.

예를 들어 서버에서 12G 트래픽을 처리해야 하는 경우, 스위치와 서버 간 연결이 10G 두 개의 네트워크 카드를 이용해 액티브-액티브로 이중화되어 있다면 이때 평소에는 부하 분산을 통해 네트워크 카드별로 약 6G씩 나누어 처리되므로 문제가 없지만 두 개 중 하나의 네트워크 카드에서 장애가 발생하면 12G의 트래픽을 하나의 10G 네트워크 카드로 모두 수용할 수 없게 됩니다. 즉, 인프라 이중화를 구성할 때, 이중화된 인프라 중 하나에서 장애가 발생하면 서비스에 필요한 용량이 인프라에서 제공할 수 있는 용량을 초과하므로 결국 서비스에 문제가 발생합니다. 이것은 앞에서 말했던 서비스의 가용성이나 연속성을 보장하지 못하는 구성이 되는 것입니다. 따라서 인프라의 이중화를 구성할 때는 이중화된 인프라 중 일부에서 장애가 발생하더라도 정상적인 서비스에 문제가 없도록 용량을 산정해 설계해야 합니다.

이어서 이중화 구현을 위한 다양한 기술에 대해 알아보겠습니다.

참고

데이터 센터의 이중화

데이터 센터의 이중화는 천재지변과 같이 데이터 센터 전체에 문제가 발생해 데이터 센터 자체가 아예 제 기능을 못하는 경우에 대비한 것입니다. 흔히 DR 센터라고 부르는 재난대비용 데이터 센터를 구축해 데이터 센터에 장애가 발생했을 때, DR 센터가 서비스를 처리하게 합니다. 물론 동시 서비스가 가능한 상태로 운영하는 액티브-액티브 데이터 센터를 구축하기도 합니다. DR 센터도 마찬가지지만 액티브-액티브 데이터 센터는 더 많은 고려사항이 필요하므로 데이터 센터 설계가 매우 중요합니다.

11.2 LACP

1990년대 중반까지는 각 벤더별로 장비 간 대역폭을 늘리기 위해 독자적인 방법으로 구현했지만 벤더 독자적인 방법으로는 다른 장비끼리 연결할 때 호환성 문제가 발생해 1997년 11월, IEEE 802.3 그룹이 이 문제를 해결하기 위해 상호호환 가능한 연결 계층(Link Layer) 표준화를 시작했습니다. 이 표준화가 바로 LACP(Link Aggregation Control Protocol)입니다. 2000년에 802.3ad로 초기 출시되었고 2008년에 IEEE 802.1AX-2008로 옮겨졌습니다.

링크 애그리게이션의 목적은 대역폭 확장을 통한 다음의 두 가지를 제공하는 것이라고 IEEE 802.1AX-2008에 명시되어 있습니다.

- 링크 사용률 향상(Improved Utilization of Available Link)
- 향상된 장애 회복(Improved Resilience)

LACP를 사용하면 두 개 이상의 물리 인터페이스로 구성된 논리 인터페이스를 이용해 모든 물리 인터페이스를 액티브 상태로 사용합니다. 이것을 통해 스위치와 스위치 또는 스위치와 서버 간 네트워크 대역폭이 물리 인터페이스 수량만큼 확장됩니다. 또한, 논리 인터페이스를 구성하는 물리 인터페이스 중 일부에서 문제가 발생하더라도 나머지 물리 인터페이스로 서비스를 유지해줍니다. 액티스-스탠바이가 아니라 액티브-액티브 상태이므로 인터페이스 절체로 인한 지연 없이 서비스를 제공합니다.

LACP를 구성할 때 유의사항이 있습니다. LACP는 액티브-액티브 구조이므로 LACP로 구성하는 논리 인터페이스의 대역폭을 서비스에 필요한 전체 트래픽 기준으로 서비스 트래픽을 산정하면 안 됩니다. 예를 들어 1.5G를 수용해야 할 때 액티브-스탠바이 구조로 1.5G를 수용하려면 액티브-스탠바이 각각 2G 이상 대역폭을 확보해 구성해야 합니다. LACP를 사용해 액티브-액티브로 구성하면 모든 인터페이스를 동시에 사용할 수 있어 1G 두 개를 묶어 2G로 구성할 수 있지만 하나의 물리 인터페이스의 문제로 장애가 발생하면 대역폭이 1G만 남으므로 정상적인 서비스를 제공하지 못하게 됩니다. 따라서 LACP를 구성해 액티브-액티브 구조로 만들더라도 이런 부분을 고려해 대역폭을 산정해야 합니다.

LACP를 구성할 때 또 다른 유의사항은 LACP로 구성하는 물리 인터페이스들의 속도가 동일해야 한다는 것입니다. 즉, 1G 인터페이스는 1G 인터페이스 간에만 LACP가 구성되고 1G와 10G처럼 서로 다른 인터페이스로 LACP를 구성할 수 없습니다.

지금까지 LACP에 대해 살펴보았습니다. 이어서 LACP 동작 방식에 대해 배워보겠습니다.

11.2.1 LACP 동작 방식

LACP를 통해 장비 간 논리 인터페이스를 구성하기 위해 LACPDU(LACP Data Unit)라는 프레임을 사용합니다. LACPDU에는 LACP를 구성하기 위한 출발지 주소, 목적지 주소, 타입, 서브 타입, 버전 정보 등을 포함해 매초마다 주고받습니다.

LACPDU는 멀티캐스트를 이용하고 LACPDU의 목적지 주소는 "01:80:c2:00:00:02"부터 "01:80:c2:00:00:10"까지 사용합니다.

LACP가 연결되려면 LACPDU를 주고받는 장비가 한 장비여야 합니다. 즉, LACP를 구성하는 두 개 이상의 물리 인터페이스가 서로 다른 장비에 연결되어 있으면 LACP를 통한 링크 이중화 구성을 할 수 없습니다(서로 다른 장비를 이용해 LACP를 구성하는 데 사용하는 기술인 MC-LAG은 11.4 MC-LAG 절에서 다룹니다).

▼ 그림 11-3 LACP 구성은 장비 간 1:1 구성에서만 가능하다.

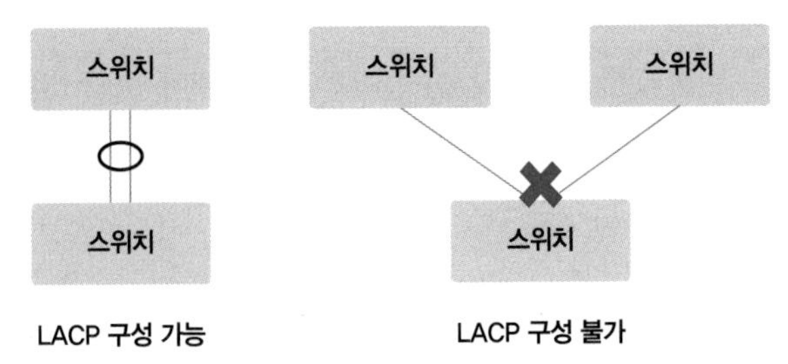

LACP는 두 장비 간 LACPDU 패킷을 주고받으면서 구성되는데 한쪽 장비에서만 LACP를 설정하면 어떻게 될까요? LACP 논리 인터페이스를 구성하려면 LACPDU 패킷을 주고받아야 하는데 이때 LACP 설정이 있는 장비에서만 LACPDU를 상대방 장비로 보낼 수 있습니다. 반대편 장비에서는 LACPDU를 수신하지만 LACP 설정이 없어 LACPDU를 보내지 않고 수신한 LACPDU에 대한 응답도 보내지 않습니다. 결국 이런 경우에는 정상적인 LACPDU가 오가지 않았으므로 LACP 구성이 되지 않습니다.

✔ 그림 11-4 LACP는 두 장비 모두 LACP 설정을 해 LACPDU를 주고받아야 가능하다.

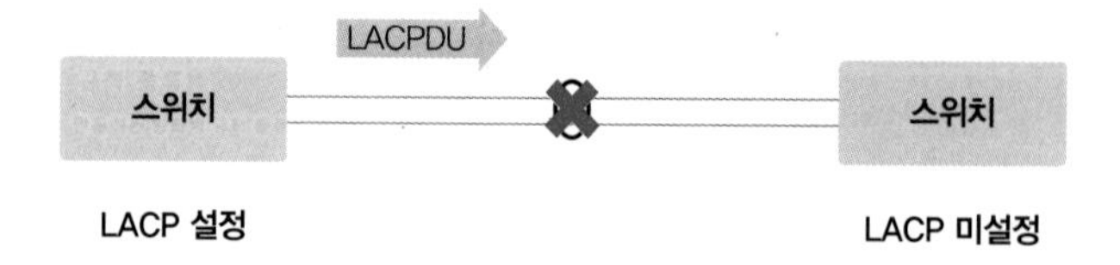

LACP를 설정할 때는 다음 두 개 모드가 있습니다.

✔ 표 11-1 LACP 모드

모드	동작
액티브	LACPDU를 먼저 송신하고 상대방이 LACP로 구성된 경우, LACP를 구성
패시브	LACPDU를 송신하지 않지만 LACPDU를 수신받으면 응답해 LACP를 구성

보통 액티브 옵션을 사용하므로 LACPDU를 상대방 장비에 보내거나 받습니다. 패시브 옵션인 경우에는 LACPDU를 먼저 보내지 않지만 상대방이 보내온 LACPDU에 대한 응답을 통해 LACP가 구성됩니다. 즉, LACP를 구성한 모든 장비에서 LACPDU를 보내는 것은 아니지만 LACPDU를 받기를 기다리고 있고 단방향이라도 LACPDU를 받아 정상적인 LACPDU를 교환하면 LACP가 구성됩니다. 다만 양 단 장비 모두 패시브로 설정하면 LACPDU를 아무도 먼저 보내지 않으므로 정상적으로 LACP 연결이 되지 않습니다.

✔ 그림 11-5 LACP 모드에 따른 LACP 구성 가능 여부

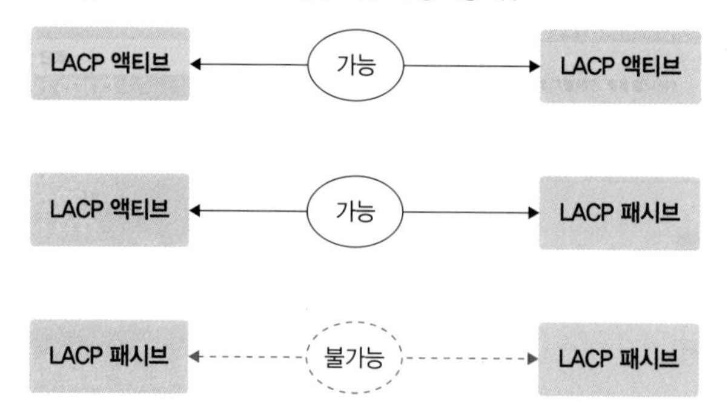

LACP로 구성될 수 있는 인터페이스 수는 장비에 따라 조금씩 다르지만 일반적으로 1~8개로 구성됩니다. 물론 장비에 따라 16개 이상을 하나의 논리 인터페이스로 묶는 기능이 지원되기도 합니다. 그리고 LACP 논리 인터페이스를 구성하는 물리 인터페이스들은 반드시 동일한 속도의 인

터페이스로 구성해야 합니다. 즉, 1G 두 개의 인터페이스를 묶어 2G로, 10G 인터페이스 네 개를 묶어 40G로 구성할 수 있지만 1G 한 개와 10G 한 개를 묶어 11G와 같은 논리 인터페이스는 만들 수 없습니다.

11.2.2 LACP와 PXE

두 네트워크 장비 간 LACPDU를 통한 협상을 통해 LACP가 동작합니다. 서버와 액티브-액티브 형태로 인터페이스 이중화를 구성할 때도 LACPDU를 사용합니다. 이번 장 마지막에서도 다루지만 서버의 인터페이스를 하나의 논리 포트로 묶는 본딩(Bonding)/티밍(Teaming) 기술은 서버 운영체제에서 설정하게 됩니다.

하지만 PXE(Pre-boot eXecution Environment)를 이용할 때는 서버가 운영체제를 설치하기 전 단계이므로 본딩과 티밍 같은 논리 인터페이스를 설정할 수 없습니다. 뒤에서 다시 다루겠지만 LACP 설정은 본딩과 티밍에서 액티브-액티브로 사용하기 위한 옵션 설정이므로 운영체제 설치 전에는 LACP를 사용할 수 없습니다. 이 경우, 네트워크 장비에서는 서버로부터 LACPDU를 수신할 수 없으므로 해당 인터페이스는 정상적으로 활성화되지 않습니다. 따라서 LACP로 구성하려는 서버를 PXE로 운영체제를 설치할 때는 LACP 인터페이스가 아닌 일반 인터페이스로 구성해 운영체제를 설치하고 운영체제에서 LACP 설정을 다시 한 후 스위치 포트 설정을 다시 변경해야 합니다.

이것을 해결하기 위해 네트워크 장비에서 LACP를 설정할 때, 일정 시간 동안 LACPDU를 수신하지 못하면 한 개의 인터페이스만 활성화하고 LACPDU가 다시 수신되기 시작하면 두 개 인터페이스를 모두 활성화할 수 있는 옵션을 제공합니다. 그림 11-6, 11-7, 11-8은 운영 체제가 설치되지 않은 서버와 스위치 간의 LACP 구성 상황에서 PXE Boot를 지원하도록 스위치가 설정된 상황에서 어떻게 LACP가 동작하는지를 보여줍니다.

▼ 그림 11-6 초기 운영체제 구성 전에는 서버에서 LACPDU를 보낼 수 없다.

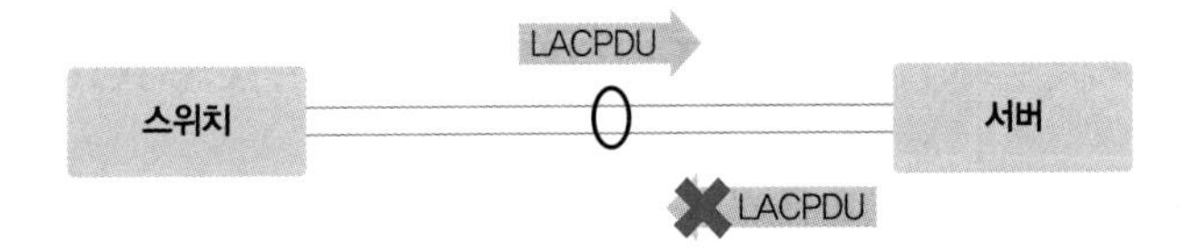

스위치에서는 LACP로 구성되어 있지만 서버는 운영체제가 설치되기 전입니다. 따라서 LACP가 구성되지 않았으므로 LACPDU를 송신하지 못합니다.

▼ 그림 11-7 스위치에서 LACPDU를 수신하지 못했을 때, 인터페이스 한 개만 활성화해 PXE Boot를 실행한다.

스위치는 LACPDU를 수신하지 못했으므로 인터페이스 한 개만 정상적으로 활성화해 통신을 시작하고 이것을 통해 서버는 PXE로 운영체제를 설치하고 설정합니다.

▼ 그림 11-8 PXE로 운영체제를 설치하고 LACPDU를 주고받으면 LACP로 구성이 변경된다.

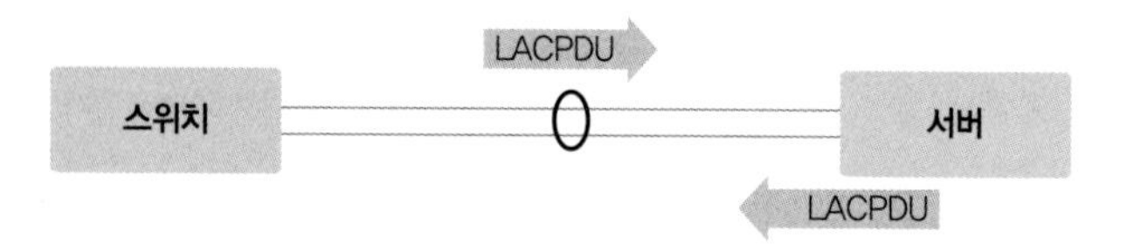

운영체제가 서버에 정상적으로 설치된 후 LACP 구성을 마칩니다. 이제 서버는 LACPDU를 보내게 되고 스위치와 서버는 LACP로 구성됩니다.

벤더마다 이 기술을 부르는 명칭은 조금씩 다르지만 유사한 역할을 수행할 수 있습니다. 다음은 이 기술을 부르는 벤더별 명칭입니다.

▼ 표 11-2 LACP 인터페이스에서 PXE를 사용할 수 있는 네트워크 벤더별 기술

벤더	기술명
Cisco	lacp suspend-individual
Arista	lacp fallback
Extreme	lacp fallback
Extreme(구 Brocade)	force-up
Juniper	force-up
HP	lacp edge-port

11.3 서버의 네트워크 이중화 설정 (Windows, Linux)

이번 장에서는 서버의 네트워크 이중화 설정 모드에 따른 동작 방식을 알아보고 운영체제별로 서버 네트워크 이중화를 구성하는 방법을 살펴보겠습니다.

네트워크의 LACP 설정 부분에서 인터페이스 이중화에 사용되는 기술 명칭은 벤더별로 다른 것을 살펴보았는데 마찬가지로 서버에서도 인터페이스 이중화에 사용되는 기술 명칭은 윈도와 리눅스에 따라 다음과 같이 다르게 부릅니다.

- 윈도: 팀/team/티밍/teaming
- 리눅스: 본드/bond/본딩/bonding

서버 인터페이스를 이중화하면 네트워크 장비와 마찬가지로 논리 인터페이스가 생성됩니다. 이때 생성되는 논리 인터페이스의 이름이 각 운영체제의 네트워크 이중화의 기술명입니다. 예를 들어 윈도는 팀이라는 논리 인터페이스가 만들어지며 이 기술을 티밍이라고 하고 리눅스는 본드라는 논리 인터페이스가 만들어지고 이 기술을 본딩이라고 합니다.

참고

리눅스의 티밍?

레드햇 리눅스7부터는 네트워크 이중화를 위한 본딩 이외에 티밍이라는 기술도 추가되었지만 아직은 본딩을 주로 사용하며 티밍이 본딩을 대체하는 것은 아니므로 본서에서는 본딩으로만 다룹니다.

서버의 인터페이스 이중화 구성은 네트워크 인터페이스 이중화와 다릅니다. 네트워크 장비에서 네트워크 이중화를 위해 두 개 이상의 물리 인터페이스를 하나의 논리 인터페이스로 구성하면 각 인터페이스가 모두 활성화되는 액티브-액티브 상태가 됩니다. 하지만 서버는 하나의 논리 인터페이스를 만드는 것이 액티브-액티브의 사용을 의미하는 것은 아닙니다. 네트워크 장비에서처럼 서버에서도 LACP를 사용한 액티브-액티브 구성이 가능하지만 서버의 네트워크 이중화 구성에서 선택할 수 있는 동작 모드 중 하나일 뿐입니다.

다음은 윈도 서버와 리눅스 서버의 네트워크 이중화에 대해 간단히 줄인 내용입니다.

▼ 표 11-3 윈도 서버와 리눅스 서버의 네트워크 이중화 기술

구분	윈도	리눅스
기술명	티밍	본딩
인터페이스명	team #1, #2	bond 0, bond 1
동작 모드	Switch Independent LACP Static Teaming	0: 라운드 로빈 1: 액티브-스탠바이 2: balance-xor 3: 브로드캐스트 4: LACP

운영체제에 따라 지원되는 동작 모드는 다르지만 이중화된 인터페이스를 액티브-액티브로 사용할 것인지, 액티브-스탠바이로 사용할 것인지만 대략적으로 고려해도 됩니다.

11.3.1 리눅스 본딩 모드

리눅스 본딩 모드는 모드 0~4까지 있습니다. 여러 본딩 모드가 있지만 실무에서는 이중화를 구성할 때, 액티브-스탠바이로는 모드 1을 사용하고 액티브-액티브로는 모드 4를 사용하며 나머지 모드는 보통 잘 사용하지 않습니다. 여기서는 모드 1과 모드 4에 대해서만 알아봅니다.

11.3.1.1 모드 1: 액티브-스탠바이

인터페이스를 액티브-스탠바이로 구성할 때는 모드 1을 사용합니다. 평소 액티브 인터페이스로만 패킷이 전달되지만 액티브가 죽으면 스탠바이 인터페이스가 자동으로 활성화되어 패킷을 전송합니다. 원래의 액티브 인터페이스가 다시 살아나면 설정에 따라 액티브 인터페이스가 자동으로 다시 활성화(Auto Fail Back)되거나 수동으로 넘기기 전까지 스탠바이 인터페이스가 활성화 상태를 유지합니다.

▼ 그림 11-9 리눅스 본딩: 모드 1

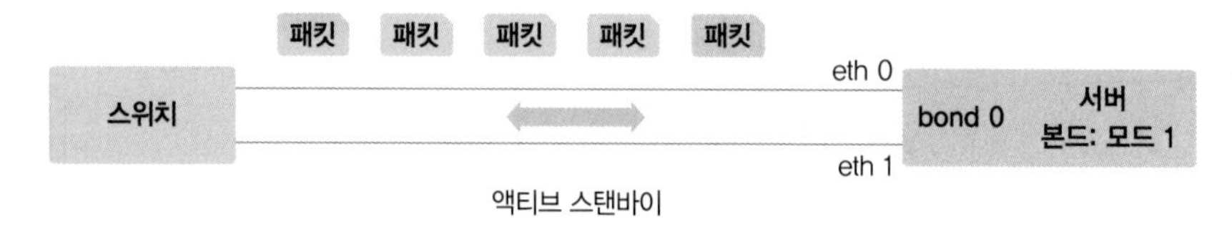

11.3.1.2 모드 4: LACP

표준 프로토콜인 LACP를 이용해서 인터페이스를 액티브-액티브 방식으로 사용하고 싶을 때는 모드 4로 설정합니다.

▼ 그림 11-10 리눅스 본딩: 모드 4

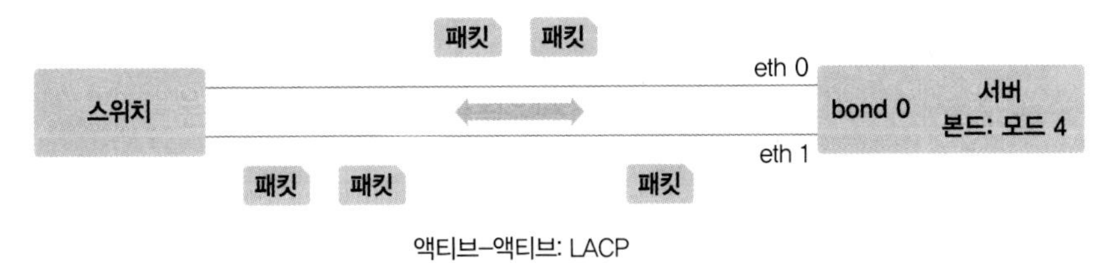

그 밖에 다른 모드가 있지만 일반적으로 쓰이지 않습니다.

11.3.2 윈도 티밍 모드

윈도 티밍 모드는 7가지가 있지만 여기서는 현업에서 주로 쓰이는 두 가지만 설명합니다.

11.3.2.1 스위치 독립(Switch Independent) 구성

팀을 구성하는 멤버 인터페이스가 스위치의 구성에 독립적인 경우입니다. 즉, 스위치에서는 팀의 이중화에 관여하지 않는 구성이며 액티브-스탠바이 구성이라고 보면 됩니다.

11.3.2.2 LACP

리눅스 서버의 모드 4와 동일한 LACP 구성입니다. 표준 프로토콜인 LACP를 이용해 팀을 액티브-액티브로 구성할 때 사용합니다.

참고

서버에서 인터페이스 이중화를 위해 본드, 팀을 구성할 때 액티브-스탠바이 모드인 경우에는 네트워크 장비에서 이중화 관련 인터페이스 설정을 별도로 하지 않습니다.

11.3.3 리눅스 본드 설정 및 확인

리눅스는 운영체제 계열별로 설정 방법이 다르므로 많이 사용되는 Fedora 계열의 CentOS와 Debian 계열의 우분투 설정법에 대해 알아보겠습니다. 먼저 CentOS에서 본드를 설정하는 방법을 설명하겠습니다.

11.3.3.1 CentOS에서 본드 설정 및 확인

CentOS의 본드 설정은 네트워크 설정 파일이 있는 디렉터리에 bond 인터페이스 파일을 생성하고 bond로 묶일 인터페이스에 추가 속성을 설정하는 방식입니다.

네트워크 설정 파일이 있는 디렉터리로 이동

```
$ cd /etc/sysconfig/network-scripts
```

네트워크 설정 파일이 있는 디렉터리에서 bond 인터페이스 파일 `ifcfg-bond0`을 생성해 다음과 같이 설정합니다.

본드 인터페이스 생성 및 설정(ifcfg-bond0)

```
DEVICE=bond0
BOOTPROTO=none
onBOOT=yes
BOOTPROTO=static
IPADDR=10.10.10.11
NETMASK=255.255.255.0
GATEWAY=10.10.10.1
```

bond 인터페이스 파일을 설정했으면 물리 인터페이스 파일, `ifcfg-eth0`, `ifcfg-eth1`에도 bond 인터페이스 사용을 위한 추가 속성을 설정합니다. 여기서는 `ifcfg-eth0`의 설정만 있지만 `ifcfg-eth1`에 대해서도 동일하게 설정해주면 됩니다.

물리 인터페이스 설정(ifcfg-eth0, ifcfg-eth1)

```
DEVICE=eth0
BOOTPROTO=none
onBOOT=yes
MASTER=bond0
SLAVE=yes
```

본드 인터페이스 설정을 마친 후에는 bonding 설정 파일 위치로 이동해 속성을 변경합니다.

```
$ cd /etc/modprobe.d/
```

다음은 bonding 설정 파일의 내용입니다.

bonding.conf

```
alias bond0 bonding
options bond0 mode=4 miimon=100
```

옵션에서 mode는 앞에서 설명한 본드 구성에 대한 모드 번호이며 miimon은 해당 밀리초마다 bond로 묶인 링크를 확인하는 옵션입니다. bond 모드의 기본값은 0(라운드 로빈)이며 miimon 값은 0(또는 1[0.001초])입니다. miimon이 0이면 인터페이스 상태를 체크하지 않아 페일오버(Fail-over)가 동작하지 않으므로 반드시 확인해 0이 아닌 값으로 변경해주어야 합니다. 그리고 위의 본드 모듈 설정 대신 ifcfg-bond0 설정에 다음과 같이 본드 옵션을 추가해도 동일하게 동작합니다.

```
BONDING_OPTS="mode=4 miimon=100"
```

모드 1을 사용해 액티브-스탠바이 구성으로 본드를 구성할 때는 위의 옵션 값 외에 어떤 인터페이스를 액티브(Primary 속성)로 사용할지에 대한 옵션을 추가로 설정해야 합니다.

설정 대신 ifcfg-bond0 설정에 다음과 같이 bond 옵션을 추가해도 동일하게 동작합니다.

```
BONDING_OPTS="mode=1 miimon=100 primary=eth0"
```

리눅스 커널에 본드 모듈을 적재합니다.

```
$ modprobe bonding                    # 또는 modprobe bond0
```

본드 인터페이스를 게이트웨이로 설정하고 싶다면 다음 설정을 추가합니다.

/etc/sysconfig/network

```
GATEDEV=bond0
```

bond 인터페이스를 설정하거나 수정한 후에는 네트워크를 다시 시작해야 합니다.

```
$ service network restart             # CentOS 6
$ systemctl restart network           # CentOS 7
```

본드 설정 및 네트워크 재시작 후에는 본드가 정상적으로 잘 구성되었는지 확인합니다.

```
$ cat /proc/net/bonding/bond0
```

명령어를 실행하면 다음과 같이 설정된 내용을 확인할 수 있습니다. 이 결괏값은 현재의 상태 값을 확인하는 것뿐만 아니라 본드 인터페이스가 정상적으로 구성되지 않았을 때 트러블 슈팅을 하기 위해서도 사용됩니다.

```
[root@CentOS ~]# cat /proc/net/bonding/bond0
Ethernet Channel Bonding Driver: v3.6.0 (September 26, 2009)

Bonding Mode: fault-tolerancE(active-backup)
Primary Slave: None
Currently Active Slave: eth0
MII Status: up
MII Polling Interval (ms): 100
Up Delay (ms): 0
Down Delay (ms): 0

Slave Interface: eth0
MII Status: up
Speed: Unknown
Duplex: Unknown
Link Failure Count: 0
Permanent HW addr: 00:13:5d:00:07:00
Slave queue ID: 0

Slave Interface: eth1
MII Status: up
Speed: Unknown
Duplex: Unknown
Link Failure Count: 0
Permanent HW addr: 00:13:5d:00:07:92
Slave queue ID: 0
```

참고

본드 모듈 적재는 직접 수행하지 않더라도 네트워크 서비스를 다시 시작하면 모듈 적재가 되므로 본드 모듈 적재 과정은 생략해도 됩니다.

참고

본드 설정 후 bond0 인터페이스가 정상적으로 활성화되지 않을 때

본드 설정 후 네트워크를 다시 시작하는 과정에서 본드 인터페이스가 정상적으로 활성화되지 못하는 경우가 있습니다. 이때는 NetworkManager를 중지하고 실행하면 됩니다.

```
$ service networkmanager stop
$ chkconfig metworkmanager off
```

11.3.3.2 우분투에서 본드 설정 및 확인

우분투에서 본드를 설정하려면 먼저 ifenslave 패키지를 설치해야 합니다.

```
$ apt-get install ifenslave
```

그리고 커널 모듈에 bonding이라는 값이 있어야 합니다. 이 값은 부팅 시점에 적재되므로 만약 없다면 /etc/modules 파일에 bonding이라는 값을 추가하고 재부팅해야 합니다.

/etc/modules

```
bonding
```

이제 본딩 설정을 위해 인터페이스 파일인 /etc/network/interfaces에 인터페이스 eth0과 eth1을 bond0 인터페이스로 만들기 위한 설정을 다음과 같이 합니다.

/etc/network/interfaces

```
auto eth0
iface eth0 inet manual
    bond-master bond0

auto eth1
iface eth1 inet manual
    bond-master bond0

auto bond0
iface bond0 inet static
    address 192.168.1.10
    gateway 192.168.1.1
    netmask 255.255.255.0
```

```
bond-mode 4
bond-miimon 100
bond-slaves none
```

11.3.4 윈도 팀 설정 및 확인

다음은 윈도 서버의 팀 설정 방법에 대해 알아보겠습니다.

먼저 서버 관리자에서 로컬 서버를 선택합니다. 오른쪽을 보면 속성 중 NIC 팀 메뉴에 '사용 안 함'으로 되어 있는데 여기를 클릭합니다.

▼ 그림 11-11 윈도 서버의 팀 설정: NIC 팀 선택

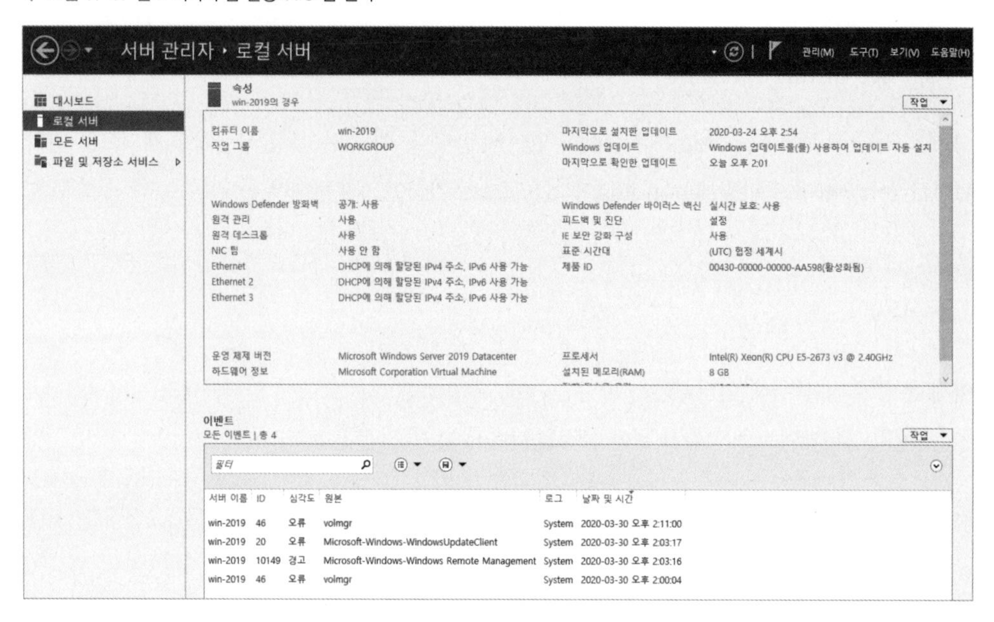

NIC 팀이라는 팝업 메뉴가 뜨고 어댑터 및 인터페이스의 네트워크 어댑터 탭을 보면 현재 사용 가능한 어댑터를 확인할 수 있습니다. 이 어댑터를 이용해 팀 인터페이스를 만들 수 있습니다. 새 팀 인터페이스를 만들기 위해 그림 11-12처럼 팀 항목에서 작업 → 새 팀을 선택합니다.

▼ 그림 11-12 윈도 서버의 팀 설정: 새 팀 선택

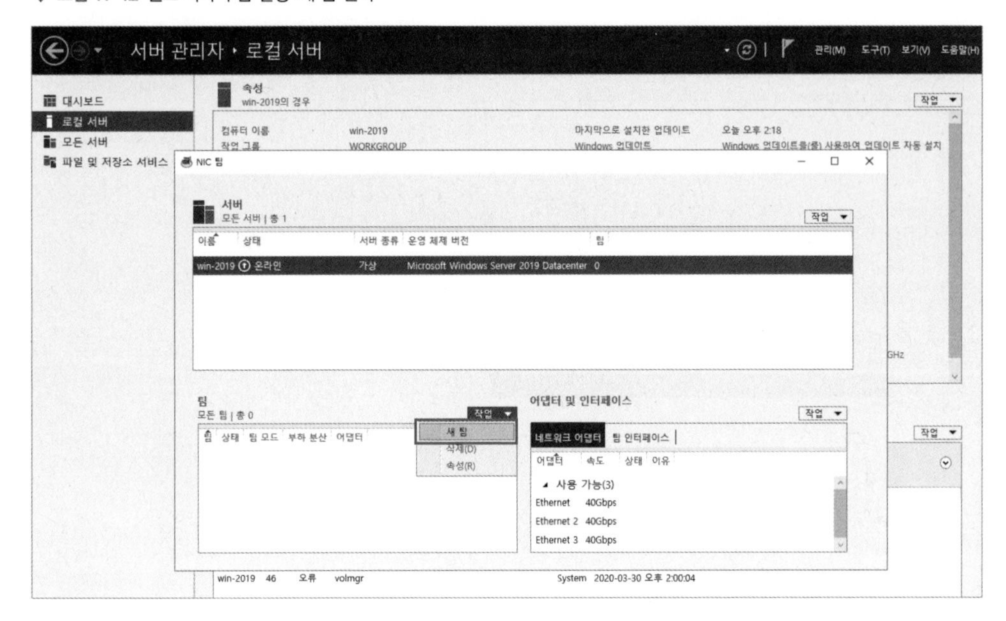

새 팀 메뉴에서 팀 인터페이스로 사용할 팀 이름을 적어주고 팀 인터페이스의 멤버로 구성할 어댑터를 선택합니다. 여기서는 팀 이름에 ZIGI-TEAM으로 했고 구성할 어댑터는 Ethernet 2, Ethernet 3을 선택했습니다.

▼ 그림 11-13 윈도 서버의 팀 설정: 새 팀 구성하기

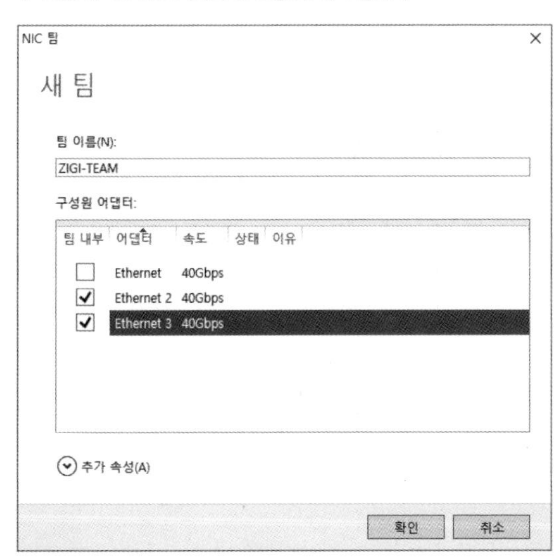

그림 11-14에서 아래의 추가 속성을 클릭하면 팀 구성 모드, 부하 분산 모드, 대기 어댑터 등의

설정을 추가할 수 있습니다.

▼ 그림 11-14 윈도 서버의 팀 설정 구성 옵션

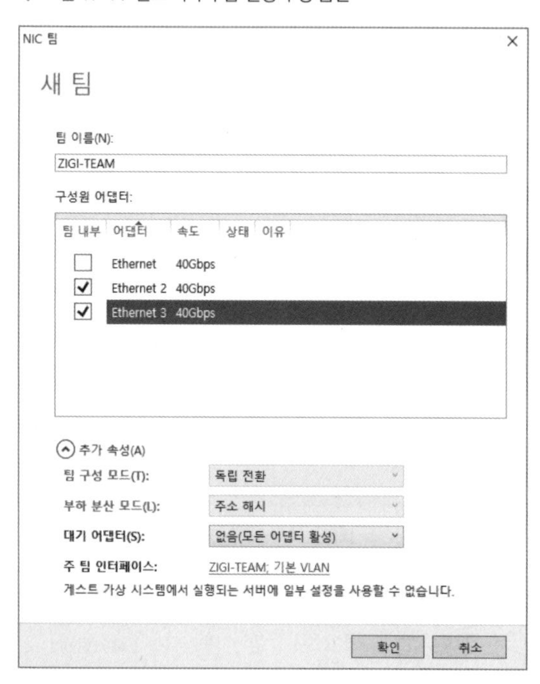

팀 설정을 하고 확인 버튼을 클릭하면 다음과 같이 팀 인터페이스가 생성된 것을 확인할 수 있습니다.

▼ 그림 11-15 윈도 서버의 팀 설정: 새 팀 구성 확인

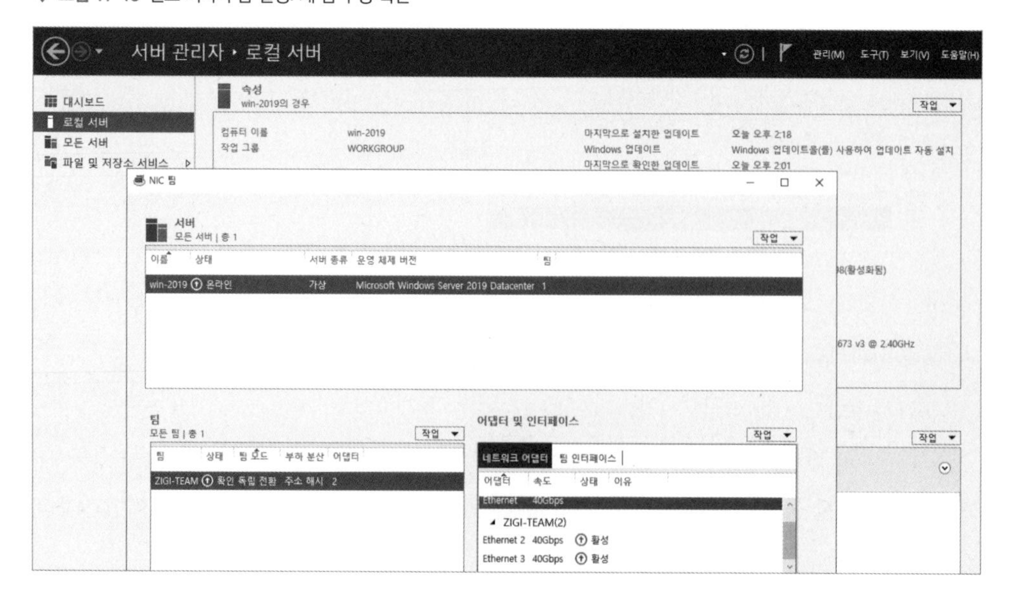

네트워크 연결 항목에서도 생성된 팀 인터페이스가 ZIGI–TEAM이라는 이름의 어댑터로 추가된 것을 확인할 수 있습니다.

▼ 그림 11–16 윈도 서버의 팀 설정: 새 팀 네트워크(ZIGI–TEAM)

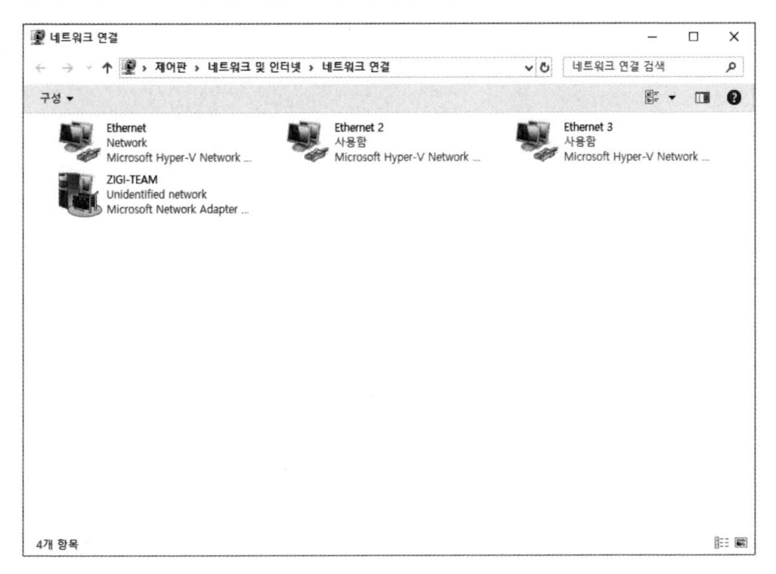

11.4 MC-LAG

NETWORK

11.2 절에서는 LACP를 이용해 다수의 물리 인터페이스를 하나의 논리 인터페이스로 구성하는 방법을 알아보았습니다. LACP 동작 방식에서 알아보았지만 LACP를 구성할 때는 LACPDU를 주고받는 장비 상호 간 구성이 1:1이어야 합니다. 더 명확히 말하면 LACP를 구성할 때, MAC 주소가 1:1이어야 합니다. 그래서 서버에서 본딩이나 티밍과 같은 이중화 구성을 할 때, 각 네트워크 카드별로 물리 MAC 주소를 따로 사용하지 않고 두 개의 물리 MAC 주소 중 하나를 Primary MAC 주소로 사용합니다. 즉, 여러 개의 물리 인터페이스를 쓰더라도 하나의 MAC 주소를 사용해 이 조건을 만족합니다.

서버에서 인터페이스를 두 개 이상 구성하더라도 상단 스위치가 한 대로 구성된 경우에는 상단 스위치에 장애가 발생하면 서버는 통신이 불가능해집니다. 이번 장 처음에 다룬 SPoF 구성이기 때문입니다. SPoF 구성을 피하려고 서버의 인터페이스를 서로 다른 스위치로 연결합니다(실무에서는 이 구성을 '양팔 벌린 구성'이라고도 합니다). 서로 다른 스위치로 이중화 구성을 하면 두 스위치 간 MAC 주소가 달라 LACP를 사용할 수 없습니다. 따라서 서버에서도 본딩이나 티밍 모드를 액티브-스탠바이로 구성해 사용합니다.

그림 11-17은 SPoF 구성의 단일 스위치로 구성한 LACP입니다. 왼쪽은 정상 구성이고 가운데는 한 개 링크에 장애가 발생한 경우이고 오른쪽은 스위치 장애로 서비스 장애가 발생한 경우입니다.

▼ 그림 11-17 SPoF 구성의 단일 스위치로 구성한 LACP

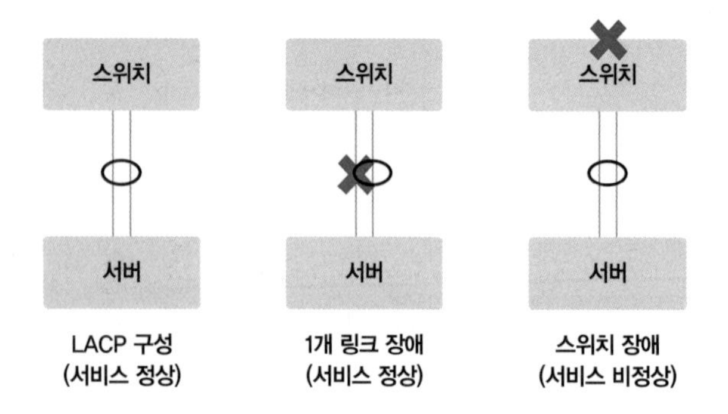

그렇다면 스위치에서도 서버 이중화 구성처럼 서로 다른 스위치 간의 단일 MAC 주소를 사용해 액티브-액티브 형태의 이중화 구성을 할 수 있을까요?

물론 가능합니다.

바로 MC-LAG(Multi-Chassis Link Aggregation Group) 기술로 서로 다른 스위치 간의 실제 MAC 주소 대신 가상 MAC 주소를 만들어 논리 인터페이스로 LACP를 구성할 수 있습니다.

▼ 그림 11-18 MC-LAG 기술 이용 시 인터페이스의 물리적인 구성과 논리적인 구성

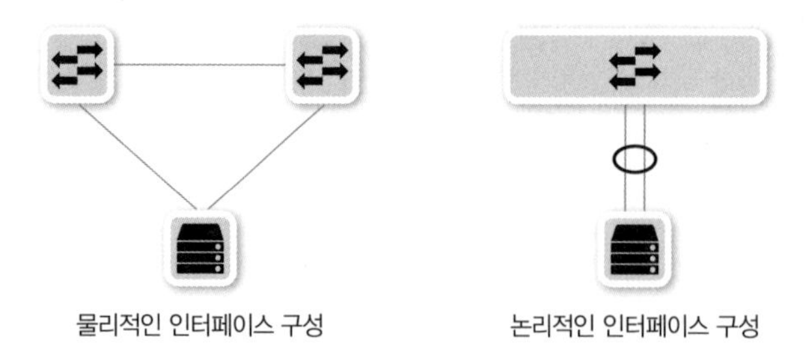

MC-LAG 기술을 이용하면 단일 스위치로 LACP를 구성해 대역폭을 확장할 것인지, 서로 다른 스위치로 구성해 장비 이중화로 가용성을 확보할 것인지를 선택할 수 있게 됩니다.

MC-LAG은 실제 네트워크 벤더에 따라 기술명이 조금씩 다릅니다. 시스코 시스템즈사의 넥서스

(Nexus) 시리즈에서는 vPC(Virtual Port Channel)라는 이름을 사용하며 아리스타(Arista)나 익스트림 네트웍스(Extreme Networks)에서는 MLAG라는 기술명을 사용합니다. 그리고 알카텔-루슨트나 주니퍼(Juniper)에서는 MC-LAG라는 이름을 사용합니다. 실제 각 벤더별로 세부 기능은 조금씩 다를 수 있지만 서로 다른 스위치에서 하나의 가상의 논리 인터페이스를 만드는 기술이라고 이해하면 됩니다.

▼ 표 11-4 벤더별 MC-LAG 관련 기술 명칭 출처: https://en.wikipedia.org/wiki/MC-LAG

벤더	기술 명칭
Arista	MLAG
Aruba(Formerly HP ProCurve)	Distributed Trunking under Intelligent Resilient Framework Switch Clustering Technology
Avaya	Distributed Split Multi-Link Trunking
Brocade	Multi-Chassis Trunking
Ciena	MC-LAG
Cisco Catalyst 6500 - VSS	Multichassis Ether Channel(MEC)
Cisco Catalyst 3750(and similar)	Cross-Stack Ether Channel
Cisco Nexus	Virtual Port Channel(vPC), where a Port Channel is a regular LAG
Cisco IOS-XR	mLACP
Cumulus Networks	MLAG(Formerly CLAG)
Dell Networking(Formerly Force 10 Networks, Formerly nCore)	DNOS6.x Virtual Port Channel(vPC) or Virtual Link Trunking
Extreme Networks	MLAG
Ericsson	MC-LAG(Multi Chassis Link Aggregation Group)
Fortinet	MC-LAG(Multi Chassis Link Aggregation Group)
HPE/Aruba	Distributed Trunking
Lenovo Networking(formerly IBM)	vLAG
Mellanox	MLAG
NEC	MC-LAG(Openflow to Traditional Network)
Nokia(Formerly Alcatel-Lucent)	MC-LAG
Nortel	Split Multi-Link Trunking

표 계속

Nuage Networks/Nokia	MC-LAG; including MCS(Multi-Chassis Sync)
Juniper	MC-LAG
Plexxi	MLAG
H3C	M-LAG
ZTE	MC-LAG
Huawei	M-LAG
NETGEAR	MLAG

11.4.1 MC-LAG 동작 방식

이번 절에서는 MC-LAG의 동작 방식에 대해 알아봅니다. MC-LAG이 동작하는 방식은 MC-LAG을 구현하는 벤더마다 조금씩 다를 수 있어 여기서 다루는 MC-LAG 동작 방식은 모든 벤더 기술에 적용되지 않을 수 있습니다. 다만 벤더마다 세부적인 동작 방식이 다르더라도 여기서 다루는 동작 방식 개념을 이해한다면 다른 동작 방식으로 구현된 벤더의 기술을 이해하는 데도 도움이 될 것입니다.

먼저 MC-LAG의 몇 가지 구성 요소를 살펴보겠습니다.

- **피어(Peer) 장비**

  MC-LAG을 구성하는 장비를 피어(Peer) 장비라고 합니다.

- **MC-LAG 도메인(Domain)**

  두 Peer 장비를 하나의 논리 장비로 구성하기 위한 영역 ID입니다. Peer 장비는 이 영역 ID를 통해 상대방 장비가 Peer를 맺으려는 장비인지 판단합니다.

- **피어 링크(Peer-Link)**

  MC-LAG을 구성하는 두 Peer 장비 간의 데이터 트래픽을 전송하는 인터링크입니다.

그림 11-19는 MC-LAG의 구성 요소를 나타낸 것입니다. 피어(Peer) 장비 1과 2는 피어 링크(Peer-Link)를 통해 연결되어 있고 각 피어 장비는 하나의 MC-LAG 도메인으로 묶입니다.

▼ 그림 11-19 MC-LAG 구성

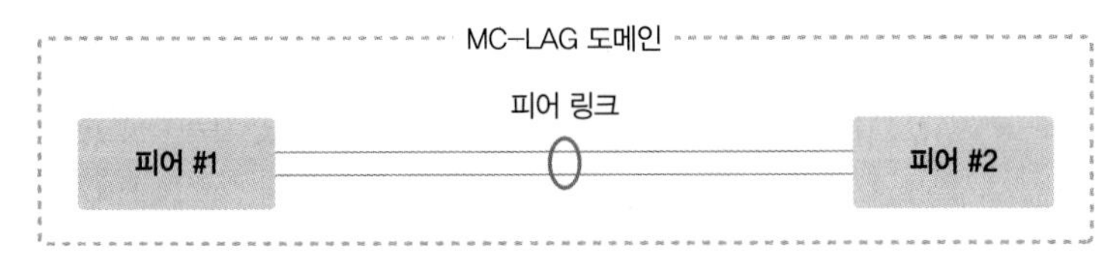

참고

벤더에 따라 다른 MC-LAG 구성

벤더에 따라 MC-LAG와 같은 기능을 위해 피어 링크처럼 데이터 트래픽을 전송하는 링크와 MC-LAG을 구성하기 위한 제어용 패킷을 전송하는 인터페이스를 별도로 구성하기도 합니다.

그럼 MC-LAG의 동작 방식을 알아보기 위해 먼저 MC-LAG을 구성하는 방법을 개념적으로 알아보겠습니다.

MC-LAG을 구성하려면 피어들을 하나의 도메인으로 구성해야 합니다. 각 피어에는 동일한 도메인 ID 값을 설정합니다. 피어는 피어 간 데이터 트래픽을 전송하기 위한 피어 링크를 구성합니다. 피어 링크는 다양한 네트워크가 통신할 수 있는 경로이므로 보통 트렁크(Trunk)로 구성합니다. MC-LAG을 구성하려면 피어 장비 간의 MC-LAG 관련 제어 패킷을 주고받아야 하는데 이 제어 패킷의 경로를 일반 데이터 트래픽 경로용의 인터링크인 피어 링크를 사용할 것인지, 별도의 제어 패킷을 위한 경로를 구성할 것인지에 따라 다음 두 가지 경우로 구성할 수 있습니다.

▼ 그림 11-20 피어 링크를 이용한 제어 패킷 전송

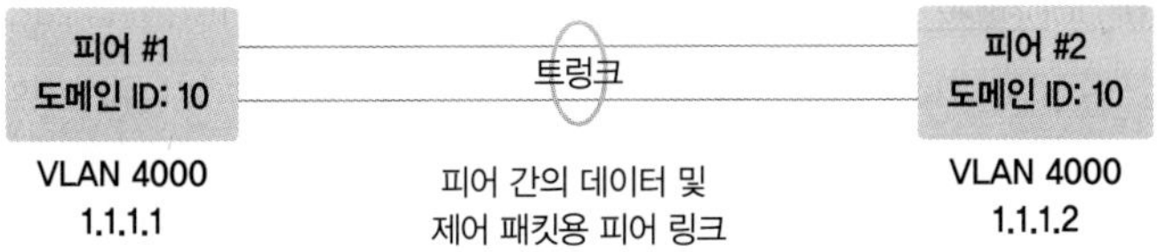

피어 #1
도메인 ID: 10
VLAN 4000
1.1.1.1
트렁크
피어 간의 데이터 및
제어 패킷용 피어 링크
피어 #2
도메인 ID: 10
VLAN 4000
1.1.1.2

▼ 그림 11-21 별도 인터페이스로 제어 패킷 전송

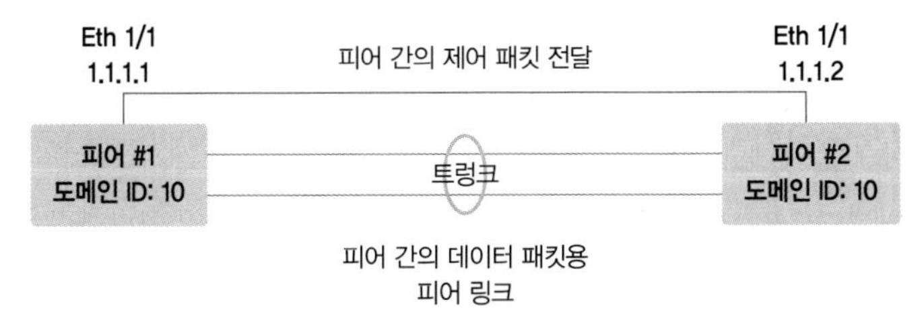

피어 링크를 이용할 경우, 그림 11-20처럼 각 피어의 VLAN 인터페이스의 IP를 설정하고 이 IP를 이용해 통신할 수 있습니다. 별도의 데이터 트래픽을 위한 인터페이스를 사용한다면 그림 11-21처럼 해당 인터페이스를 L3 인터페이스로 구성해 이 인터페이스의 IP를 이용해 통신할 수도 있습니다.

여기까지가 기본 MC-LAG에 대한 설정입니다. 정리하면 다음과 같습니다.

- 피어에 동일한 도메인 ID 설정
- 피어 간의 데이터 트래픽 전송을 위한 피어 링크 설정
- 피어 간의 제어 패킷 전송을 위해 피어끼리 통신 가능한 IP 설정

MC-LAG 설정을 마치면 MC-LAG을 구성하는 두 피어 장비는 MC-LAG을 맺기 위한 제어 패킷을 주고받습니다.

▼ 그림 11-22 MC-LAG 구성을 위한 패킷을 스위치 간에 전송한다.

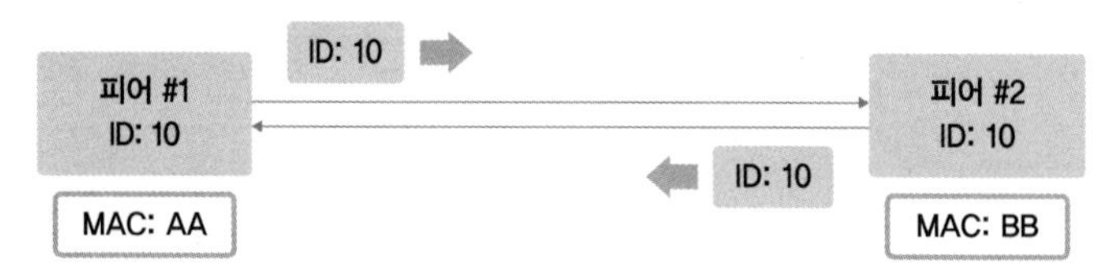

MC-LAG 제어 패킷을 통해 MC-LAG을 구성하기 위한 협상이 정상적으로 완료되면 두 대의 장비는 하나의 MC-LAG 도메인으로 묶이고 인터페이스 이중화 구성에 사용할 가상 MAC 주소를 피어 장비 간에 동일하게 생성합니다.

▼ 그림 11-23 MC-LAG 구성을 위한 패킷을 정상적으로 주고받으며 MC-LAG 도메인을 구성한다.

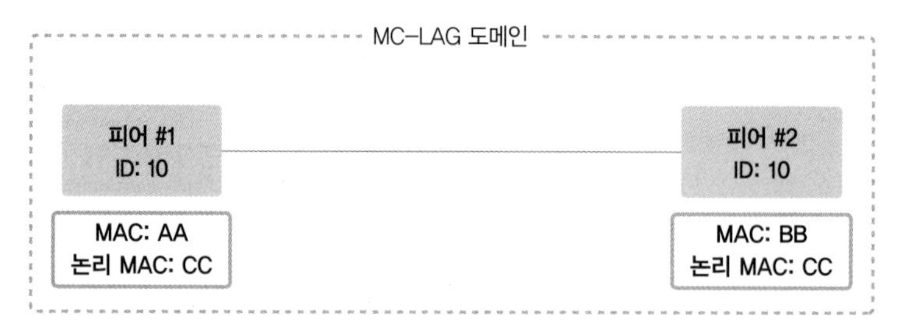

이렇게 두 피어 간 MC-LAG 구성을 마치면 MC-LAG 피어 장비들은 다른 장비(서버나 스위치)와 LACP를 구성할 수 있습니다.

참고

앞 예제에서 MC-LAG을 구성하기 위해 도메인 ID(10)에 대한 값만 주고받는 것으로 표현했지만 실제로는 더 많은 협상 값을 설정해 MC-LAG 구성에 사용합니다.

다음은 MC-LAG이 설정된 스위치가 LACP를 통한 이중화 구성을 어떻게 하는지에 대한 동작 방식을 알아보겠습니다.

▼ 그림 11-24 MC-LAG로 구성된 스위치가 LACP 구성을 위한 가상맥 CC로 LACPDU를 전송한다.

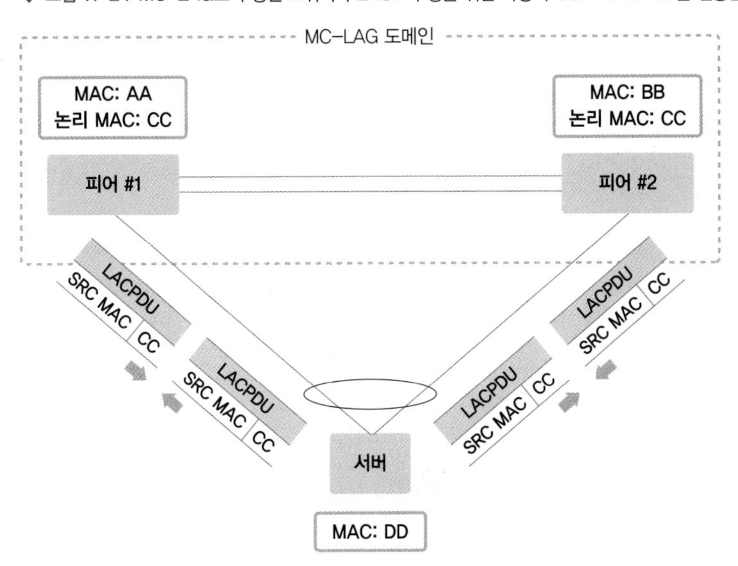

두 장비 간에 LACP를 구성할 때는 각 장비의 MAC 주소가 출발지의 MAC 주소가 됩니다. 하지만 MC-LAG을 이용해 LACP를 구성할 때는 각 장비의 개별 MAC 주소가 아닌 MC-LAG을 구성할 때 생성된 가상 MAC 주소를 사용해 LACPDU를 전송합니다. 이렇게 장비의 개별 MAC 주소가 아닌 가상의 MAC 주소를 사용하므로 MC-LAG과 연결된 장비는 MC-LAG 피어들이 동일한 MAC 주소로 보이게 되고 서로 다른 장비로도 LACP를 통한 이중화 구성을 할 수 있습니다.

참고

MC-LAG 도메인은 표준 용어가 아닙니다.

여기서 사용한 MC-LAG 도메인이나 MC-LAG 도메인 ID 등은 표준 용어는 아니며 이해를 돕기 위해 사용된 용어입니다. 예를 들어 피어 링크로 표현한 MC-LAG 피어 간의 데이터 트래픽 전송을 위한 인터페이스를 주니퍼에서는 ICL(Inter Chassis Link)이라고 합니다. 각 벤더에 따라 MC-

LAG을 구성하는 방식과 사용되는 용어는 다를 수 있습니다.

11.4.2 MC-LAG을 이용한 디자인

MC-LAG을 이용하면 LACP를 구성할 때, 서로 다른 장비를 하나의 장비처럼 인식시킬 수 있어 서로 다른 스위치로 서버를 액티브-액티브로 구성하여 루프나 STP(스패닝 트리 프로토콜)에 의한 차단(Block)이 없는 네트워크 구조를 만들 수 있습니다. 이번 절에서는 MC-LAG을 이용한 디자인 중 가장 많이 사용되는 3가지를 살펴보겠습니다.

1. MC-LAG을 이용해 서버를 연결하면 스위치를 물리적으로 이중화하면서 액티브-액티브 구성으로 연결할 수 있습니다.

▼ 그림 11-25 MC-LAG을 이용해 LACP를 구성하면 스위치 두 대를 한 대로 인식한다.

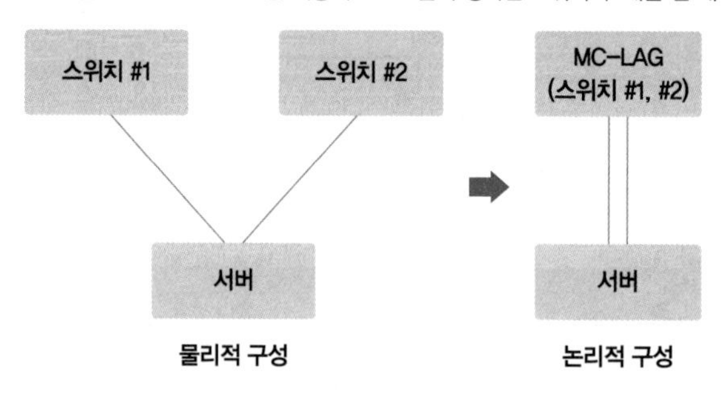

2. 스위치 간의 MC-LAG을 이용하면 루프 구조가 사라지므로 STP에 의한 차단 포트 없이 모든 포트를 사용할 수 있습니다.

▼ 그림 11-26 MC-LAG을 이용하면 루프 구조를 제거할 수 있다.

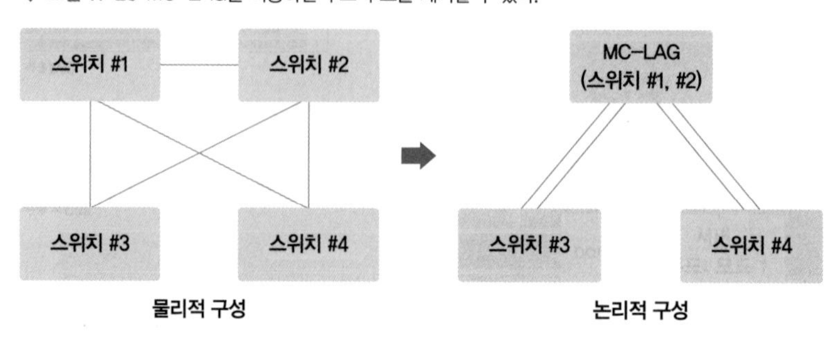

3. 스위치 간의 MC-LAG을 구성하는 또 다른 경우로, 상·하단을 모두 MC-LAG으로 구성하는 디자인도 만들 수 있습니다.

▼ 그림 11-27 MC-LAG을 양쪽에 모두 적용해 스위치 4대를 1:1 구조로 구성할 수 있다.

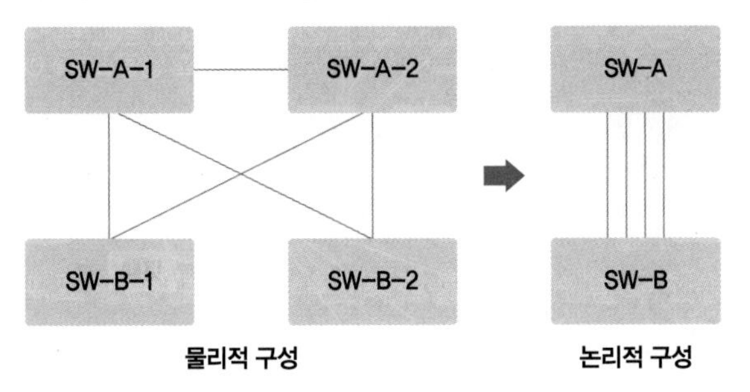

11.5 게이트웨이 이중화

NETWORK

11.5.1 게이트웨이 이중화란?

특정 호스트가 동일한 서브넷에 있는 내부 네트워크와 통신할 때는 ARP(Address Resolution Protocol)를 직접 브로드캐스트해 출발지와 목적지가 직접 통신합니다. 이때 3계층 장비인 라우터의 도움 없이 직접 통신하므로 실무에서는 이것을 L2 통신이라고 부르기도 합니다. 목적지가 출발지 호스트의 서브넷에 포함되지 않은 외부 네트워크인 경우, 목적지와 통신하기 위해 게이트웨이를 통해야 하는데 이런 통신을 L3 통신이라고 합니다. 따라서 호스트에 게이트웨이 설정이 되어 있지 않거나 잘못 설정된 경우에는 내부 네트워크 간에만 통신이 되고 외부 네트워크와는 통신이 되지 않습니다.

그럼 게이트웨이 장비에 장애가 발생하면 어떻게 될까요? 장애가 발생한 게이트웨이를 바라보는 하단의 호스트들은 게이트웨이와 통신할 수 없으므로 외부 네트워크와 통신할 수 없게 됩니다. 다음 경우가 그런 예입니다.

❤ 그림 11-28 게이트웨이와의 통신이 불가능해지는 다양한 장애 포인트

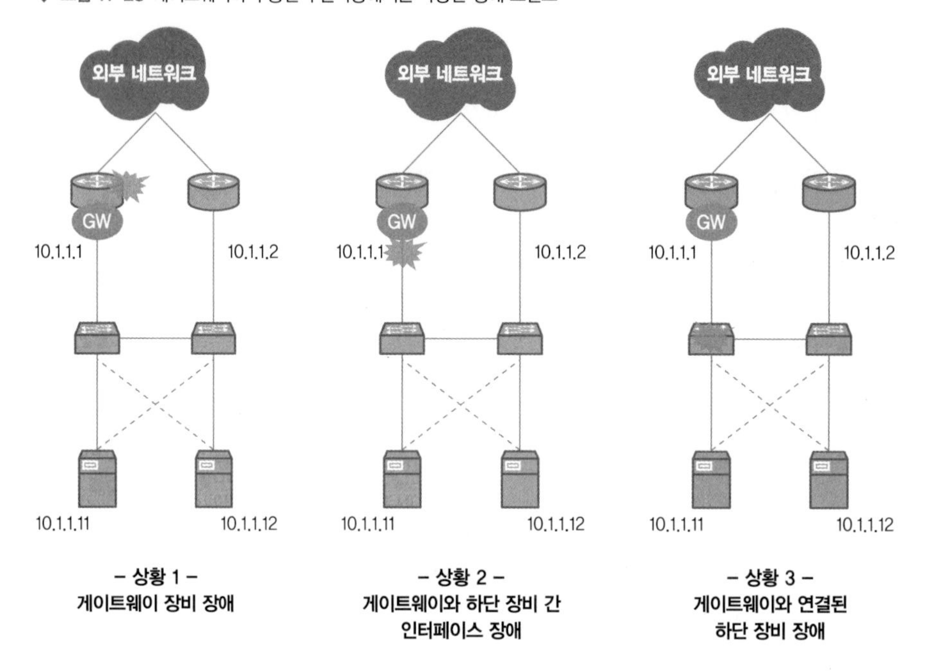

10.1.1.0/24 네트워크의 게이트웨이가 10.1.1.1이라고 할 때, 게이트웨이의 하단 호스트들은 10.1.1.1 장비를 통해 외부 네트워크와 통신합니다. 이때 10.1.1.1의 IP 주소를 가진 게이트웨이 장비에 장애가 발생할 경우, 하단 호스트는 게이트웨이와 통신할 수 없으므로 외부 네트워크와 통신할 수 없습니다. 게이트웨이 장비 자체의 장애가 아닌 인터페이스, SFP와 같은 광 모듈이나 케이블에 문제가 발생하더라도 게이트웨이와의 통신이 끊기므로 외부 네트워크와 통신할 수 없습니다. 마찬가지로 게이트웨이와 연결된 하단 스위치의 장애와 같이 게이트웨이 장비로 가는 경로상 문제가 발생하면 다른 사례와 마찬가지로 외부 네트워크와 통신할 수 없습니다.

하지만 앞에서 언급한 3가지 장애 상황 모두 10.1.1.1 IP를 가진 장비와 동일하게 게이트웨이 역할을 수행할 수 있도록 외부 네트워크와 연결된 10.1.1.2 장비가 있음에도 불구하고 하단 호스트는 하나의 게이트웨이만 바라보므로 외부 네트워크 통신이 두절됩니다. 즉, 실제로 물리적으로는 외부 네트워크와 통신할 수 있는 또 다른 경로가 이중화되어 있지만 그 경로를 사용할 수 없어 통신이 두절되는 것입니다.

그럼 게이트웨이 역할을 하는 두 대의 장비가 하나의 IP 주소를 가지면 어떻게 될까요? 앞에서 배운 LACP 구성과 유사하게 하나의 IP 주소와 하나의 MAC 주소를 갖고 하단 호스트들이 그 가상 IP와 MAC 주소를 알 수 있다면 위의 3가지 예제와 같은 장애가 발생하더라도 통신할 수 있지 않을까요?

이런 경우에 사용하는 프로토콜이 바로 FHRP(First Hop Redundancy Protocol)라는 게이트웨이 이중화 프로토콜입니다.

▼ 그림 11-29 FHRP로 구성된 게이트웨이 이중화

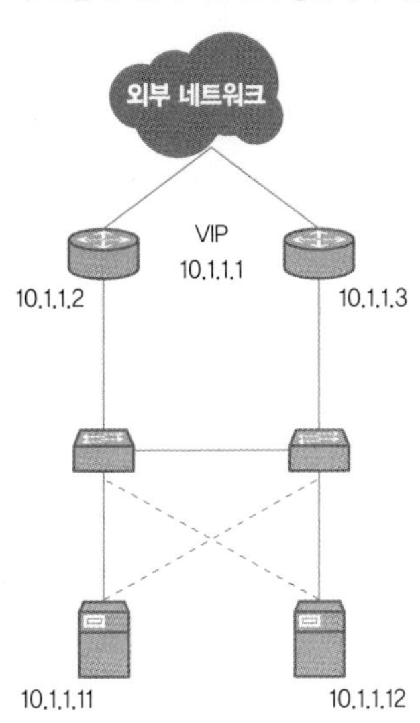

게이트웨이 이중화 프로토콜을 사용하면 두 라우터는 실제 IP 외에 추가로 가상 IP 주소와 가상 IP에 대한 MAC 주소를 동일하게 갖습니다. 게이트웨이 이중화 프로토콜의 가상 IP는 그룹 내에서 우선순위가 높은 장비가 Active 상태로 유지하고 ARP 요청에 응답합니다. 하단 호스트들이 사용할 게이트웨이 IP 주소가 이 가상 IP 주소입니다. 게이트웨이 이중화 프로토콜 그룹 장비 중 가상 IP에 대한 Active 상태를 가진 장비에 문제가 발생하면 Standby 상태인 장비가 Standby에서 Active 상태로 변경됩니다. 호스트 입장에서는 게이트웨이 IP 주소를 가진 장비가 한 대 이상으로 구성되어 있어 Active 상태의 게이트웨이 장비에 장애가 발생하더라도 게이트웨이와의 통신이 끊기지 않으므로 외부 네트워크와 지속적인 통신을 할 수 있습니다.

그럼 이제 게이트웨이 이중화 프로토콜인 FHRP의 동작 방식을 더 자세히 살펴보겠습니다.

참고

프록시 ARP

호스트에 게이트웨이 설정이 안 되어 있거나 잘못 설정된 경우에도 게이트웨이 장비에 프록시(Proxy ARP)가 설정되어 있으면 호스트의 다른 네트워크와 통신할 수 있습니다. 하지만 이런 구성은 FHRP 프로토콜이 만들어지기 전에 사용하던 오래된 구성이고 여러 가지 보안 문제가 발생할 가능성 때문에 프록시 ARP를 비활성화하는 것을 권고하고 있습니다.

11.5.2 FHRP

FHRP는 외부 네트워크와 통신하기 위해 사용되는 게이트웨이 장비를 두 대 이상의 장비로 구성할 수 있는 프로토콜입니다. FHRP를 이용해 FHRP 그룹 내의 장비가 동일한 가상 IP를 갖도록 설정하고 FHRP를 설정할 때는 우선순위 값을 이용해 어떤 장비가 가상 IP 주소에 대한 액티브 역할을 할 것인지 결정합니다. FHRP 그룹의 장비는 물리적으로 다른 장비이지만 가상 IP와 가상 IP MAC 주소도 동일합니다. 뒤에서 다시 다루겠지만 우선 동작 방식을 간단히 알아보겠습니다. FHRP를 구성한 게이트웨이 장비는 각 장비가 동일 그룹으로 인식하기 위해 같은 그룹 ID를 갖도록 설정합니다. 또한, 게이트웨이 주소로 사용할 동일한 가상 IP도 각 장비에 설정합니다. 그룹 ID 값은 이 가상 IP에 대한 MAC 주소를 생성하는 데 사용되므로 FHRP 장비는 동일한 가상 IP와 가상 MAC 주소를 갖게 됩니다. 하단 호스트가 게이트웨이 주소(가상 IP 주소)로 ARP 요청을 보내면 이것은 브로드캐스트 통신으로 동일한 네트워크의 모든 장비로 전달되며 FHRP 그룹 장비 중 액티브 장비가 ARP 요청에 응답합니다. 하단 서버는 FHRP 그룹 장비 중 액티브 상태의 장비를 게이트웨이 장비로 인식하고 액티브 장비를 통해 다른 네트워크와 통신할 수 있습니다.

▼ 그림 11-30 게이트웨이 이중화 시에 대한 ARP 요청과 응답

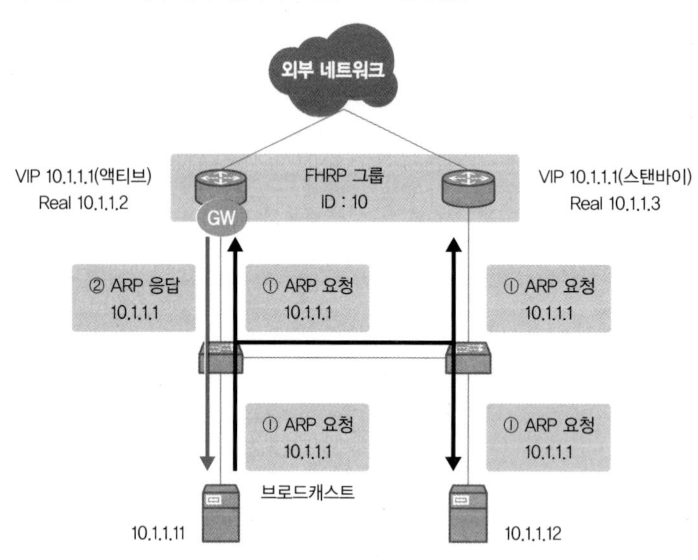

FHRP 그룹의 액티브 장비에 장애가 발생하면 스탠바이 장비는 액티브 장비가 비정상임을 확인한 후 가상 IP 주소에 대한 액티브 역할을 가져옵니다. 또한, 가상 IP 주소의 MAC 주소에 대한 MAC 주소 테이블을 갱신해 하단 호스트들은 아무 설정 변경 없이 절체가 이루어집니다. 이 절체는 운영자의 개입 없이 자동으로 이루어지므로 하단 서버들은 외부와의 통신을 위한 게이트웨이

에 대한 정보 변경이나 별도의 작업 없이 게이트웨이 장비의 페일오버를 수행해 서비스 연속성을 확보할 수 있습니다. 그리고 이 절체는 장비 자체의 장애뿐만 아니라 게이트웨이의 외부 인터페이스의 상태를 감지해 외부로 나가는 경로가 다운된 경우에도 게이트웨이의 액티브 역할을 스탠바이 장비에 넘겨줄 수 있습니다.

▼ 그림 11-31 장비에 장애 발생 시 액티브 역할은 스탠바이로 자동으로 전환된다.

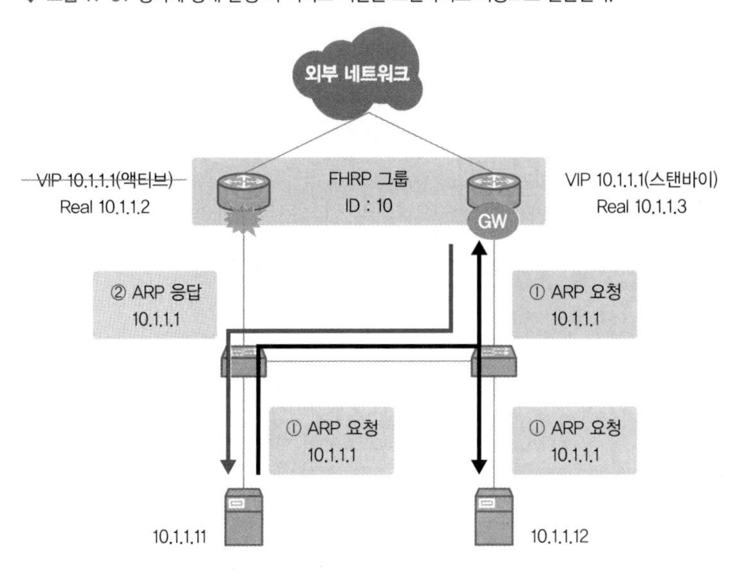

▼ 그림 11-32 장비의 외부 인터페이스 구간 장애인 경우에도 액티브로 전환할 수 있다.

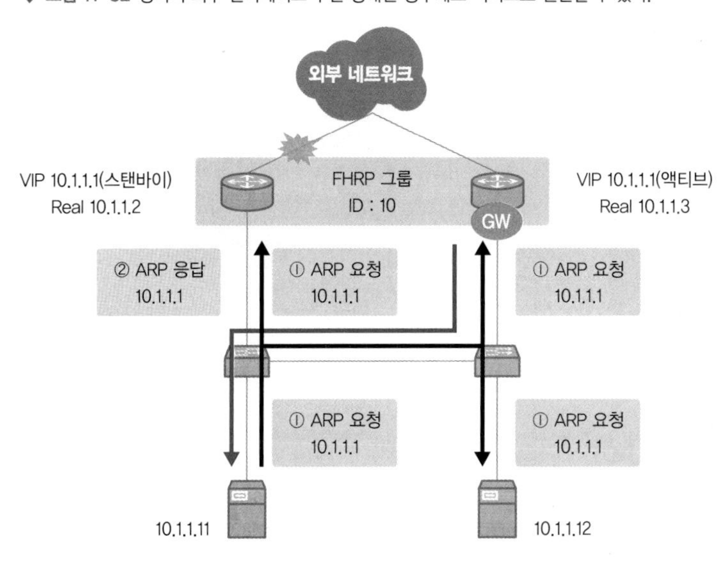

FHRP 기술에 대한 표준 프로토콜은 VRRP(Virtual Router Redundancy Protocol)입니다. VRRP는 표

준 프로토콜이므로 게이트웨이 이중화 기술로서 거의 모든 벤더 장비가 VRRP 기능을 지원합니다. 네트워크나 보안 장비뿐만 아니라 일반 x86 리눅스에서도 특정 패키지를 설치해 VRRP를 사용할 수 있습니다. VRRP 외에도 각 벤더에서 자체 게이트웨이 이중화 기술을 구현하기도 합니다. 가장 많이 알려진 벤더 자체 개발 게이트웨이 이중화 기술은 시스코 시스템즈사의 HSRP(Hot Standby Router Protocol)입니다. 또는 자체 클러스터링 기술을 이용해 장비 IP 없이 가상 IP 한 개만 구성해 게이트웨이 이중화를 구현하는 경우도 있습니다.

▼ 그림 11-33 리눅스에서 VRRP를 지원하는 Keepalived 패키지(https://www.keepalived.org/)

이번 장에서는 게이트웨이 이중화를 구현한 표준 프로토콜인 VRRP의 동작 방식과 설정 예제를 통해 게이트웨이 이중화의 동작 방식을 더 자세히 알아보겠습니다.

다음은 스위치 A와 스위치 B를 이용해 VRRP 설정이 된 장비 구성도입니다. VRRP 그룹을 만들기 위해서는 VRID 값을 사용하는데 동일한 VRID를 설정한 장비가 하나의 VRRP 그룹으로 구성됩니다. 다음 예에서 스위치 A와 스위치 B는 동일한 VRID 10을 설정해 두 개의 장비를 하나의 VRRP 그룹으로 묶었습니다. 스위치 A는 VRRP 그룹 10에 대한 우선순위 값을 110으로 설정하고 스위치 B는 우선순위 값을 별도로 설정하지 않았습니다. 별도로 설정하지 않으면 우선순위의 기본값은 100으로 설정됩니다.

▼ 그림 11-34 VRRP가 설정된 초기 상태

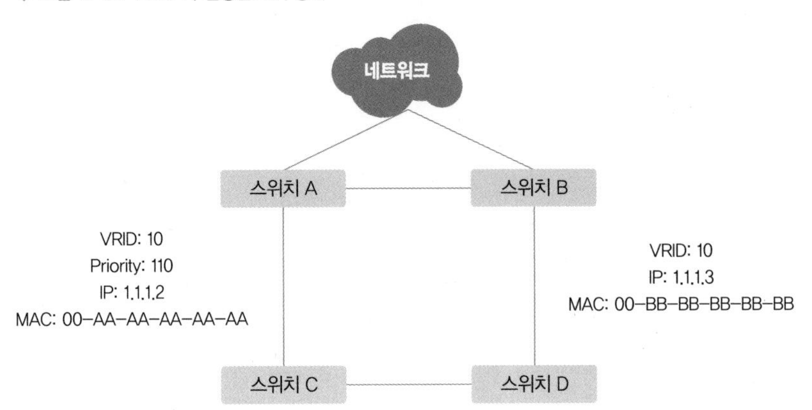

VRRP 설정이 끝나면 VRRP의 마스터를 선출하기 위해 VRRP를 설정한 장비 간에 Hello 패킷을 주고받습니다. Hello 패킷은 기본 1초마다 전달하고 Hello 패킷에 있는 우선순위를 비교해 액티브가 될 마스터 장비를 선정합니다. Hello 패킷을 3회 이상 수신하지 못하면 상대방은 비정상으로 간주해 자신이 마스터 장비가 됩니다. Hello 패킷은 멀티캐스트 주소인 224.0.0.18을 사용합니다.

▼ 그림 11-35 VRRP로 마스터를 선출하기 위한 Hello 패킷 교환

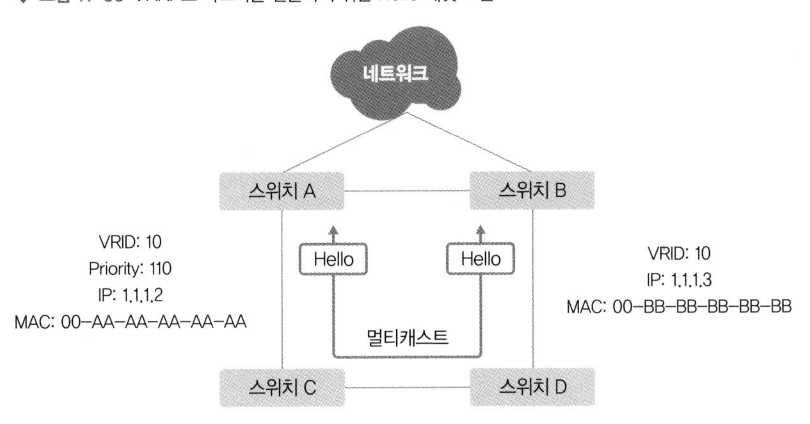

스위치 A의 우선순위는 110으로 스위치 B보다 높으므로 스위치 A가 VRRP의 마스터(액티브) 장비로 선출되고 마스터로 선출된 스위치 A는 VRRP에서 선언한 가상 IP와 가상 MAC 주소를 갖게 됩니다. ARP 테이블과 MAC 테이블을 확인해보면 해당 가상 IP와 가상 MAC이 스위치 A에서 광

고되는 것을 확인할 수 있습니다. 하단 장비는 가상 IP를 게이트웨이로 설정하고 스위치 A 장비가 게이트웨이가 됩니다.

▼ 그림 11-36 VRRP를 이용해 마스터가 게이트웨이의 VIP와 VMAC을 갖게 된다.

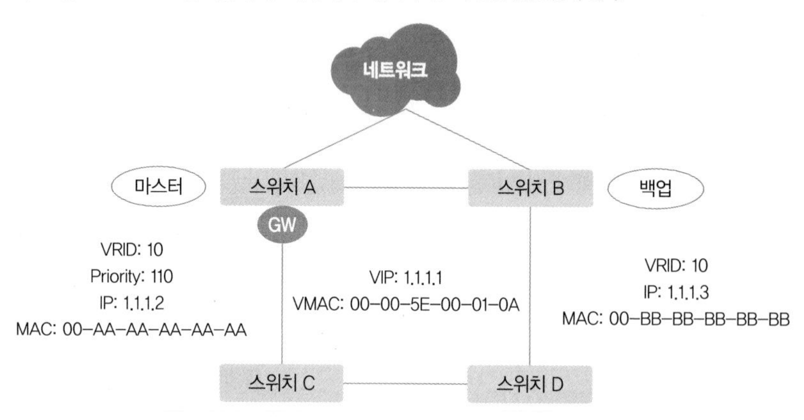

스위치 A의 인터페이스가 죽거나 스위치 A 장비 자체에 장애가 발생하면 스위치 B가 마스터 역할을 가져가고 이제 가상 IP와 가상 MAC 주소를 스위치 B에서 광고해 MAC 테이블이 갱신됩니다. 가상 IP와 가상 MAC 주소가 변경된 것은 아니므로 ARP 테이블은 변하지 않습니다. 이처럼 VRRP를 이용해 가상 IP와 가상 MAC을 생성해 게이트웨이로 사용함으로써 게이트웨이 장비에 문제가 발생하더라도 하단 장비들이 서비스에 문제가 없도록 게이트웨이 이중화를 구현할 수 있습니다.

▼ 그림 11-37 마스터 장비에 장애가 발생하면 백업이 마스터로 재선출된다.

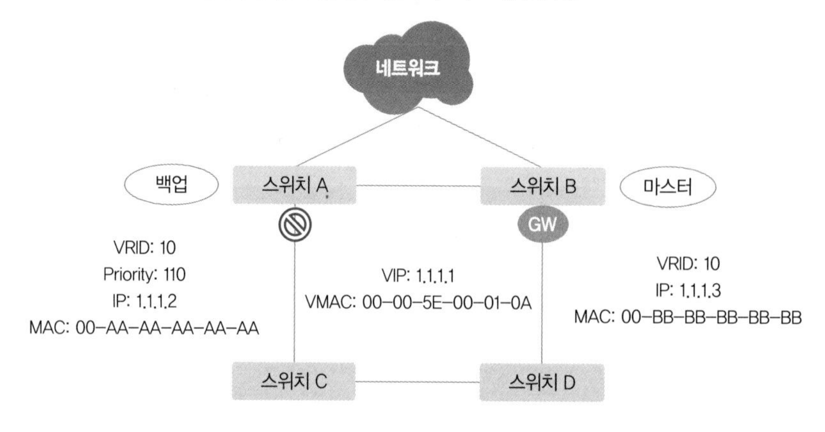

VRRP의 설정 예제를 통해 VRRP에 대해 더 알아보겠습니다. 다른 벤더나 같은 벤더에서도 운영체제에 따라 세부적인 설정 방법은 다르지만 개념적으로는 VRRP 설정 옵션은 크게 다르지 않습

니다. 다음 VRRP 예제 설정을 통해 VRRP 설정을 이해한다면 VRRP를 사용하는 어떤 장비를 설정하더라도 어려움이 없을 것입니다.

여기서 다룰 VRRP의 예제는 앞에서 다룬 VRRP 구성도에 대한 시스코 NX-OS의 VRRP 설정입니다.

VRRP 마스터

```
interface Vlan10
  ip address 1.1.1.2/24                            · · · · (1)
  vrrp 10                                          · · · · (2)
ip 1.1.1.1                                         · · · · (3)
    priority 110                                   · · · · (4)
track 1 decrement 20                               · · · · (5)
preempt delay minimum 60                           · · · · (6)

track 1 interface ethernet 1/1 line-protocol       · · · · (5)
```

VRRP 백업

```
interface Vlan10
  ip address 1.1.1.3/24
vrrp 10
ip 1.1.1.1
    preempt delay minimum 60
```

1. 먼저 VRRP 설정을 위해 해당 장비의 실제(Real) IP 주소를 설정합니다.
2. VRRP 그룹을 지정하기 위해 VRID(VRRP ID) 값을 설정합니다. VRID는 1~255까지 설정할 수 있습니다. VRID로 하나의 네트워크에서 VRRP 그룹을 구분하므로 중복된 VRID 값을 사용하면 충돌이 발생합니다. 따라서 VRRP를 설정할 때는 VRID가 중복되지 않도록 유일한 값으로 설정합니다. 다른 네트워크 간에는 VRID가 중복되어도 무방합니다.
3. VRRP를 사용해 구성하는 가상 IP 주소입니다. VRRP 그룹 장비의 하단 호스트는 이 IP 주소를 게이트웨이 주소로 설정합니다. 가상 IP를 설정할 때는 별도의 서브넷 설정을 하지 않습니다.
4. VRRP의 액티브/스탠바이 선출을 위한 우선순위 값을 설정합니다. VRRP 우선순위 값은 1~254까지 설정할 수 있으며 기본값은 100입니다. 값이 클수록 우선순위가 높습니다.

5. 이 설정은 특정 조건에 만족하지 않을 때, 우선순위를 조절하기 위해 사용되는 설정입니다. track이라는 명령을 이용해 헬스 체크를 수행하고 헬스 체크가 실패하면 정해진 크기만큼 우선순위를 내립니다. 앞 예제에서는 track 1에 대한 조건이 실패할 경우, 우선순위를 20만큼 낮추어 설정된 110에서 90으로 변경되고 스탠바이 장비의 기본 우선순위 값인 100보다 낮아지므로 액티브가 됩니다. track을 사용한 우선순위 조정은 외부와 연결된 인터페이스가 다운되어 스탠바이 장비를 통해 트래픽이 나가야 할 때, 액티브 장비를 굳이 거칠 필요가 사라지므로 외부 인터페이스에 조건을 설정해 해당 인터페이스가 다운된 경우에 사용할 수 있습니다.
6. preempt는 스탠바이 상태의 장비가 액티브 상태의 장비보다 우선순위가 높아지는 경우, 액티브 상태를 자동으로 다시 가져오는 기능입니다. preempt를 설정하지 않으면 스탠바이 상태에서 액티브 상태로의 전환이 자동으로 이루어지지 않고 강제로 상태를 넘겨주어야 합니다. preempt를 사용하는데 액티브 장비에 문제가 발생한다면 VRRP의 owner가 계속 변경되면서 서비스가 정상적으로 되지 않을 수 있습니다. 이렇게 VRRP owner가 계속 변경되는 상태를 flapping이라고 하며 flapping 상태에서는 게이트웨이가 계속 바뀌므로 서비스에 영향을 미칠 수 있습니다. 이것을 예방하기 위해 preempt 옵션을 사용할 때, 우선순위가 변경되더라도 owner를 즉시 가져오지 않고 일정 시간 동안 기다렸다가 owner를 가져오게 할 수 있습니다. preempt의 기본 설정은 disable입니다.

이렇게 VRRP를 구성하고나면 VRRP를 설정한 장비는 멀티캐스트로 Hello 패킷을 보내 해당 VRID에 대한 액티브-스탠바이를 선출합니다. Hello 패킷은 VRRP를 설정한 장비 간에 유니캐스트가 아닌 멀티캐스트 주소로(224.0.0.18) 전달되므로 앞에서 말했듯이 같은 네트워크 대역 내에서의 VRID 값이 중복되지 않도록 디자인해야 합니다.

그럼 한 네트워크 내에서 VRID가 중복되면 안 되는 이유는 무엇일까요? VRID가 네트워크 통신을 위해 사용하는 MAC 주소와 관련 있기 때문입니다. VRRP는 가상 IP 주소를 만들어 사용하는데 이때 만들어진 가상 IP도 MAC 주소가 필요합니다. 이때 사용되는 MAC 주소는 VIP를 위한 가상 MAC 주소이며 이 가상 MAC 주소를 만들 때 VRID가 사용됩니다.

Virtual Router MAC 주소

```
00-00-5E-00-01-XX
```

여기서 XX로 표기된 부분이 VRID 값입니다. VRRP 설정에 사용한 VRID의 10진수 값을 16진수로 변환한 값이 MAC 주소에 사용됩니다. 즉, VRID별로 MAC 주소를 구분합니다. 예를 들어 VRID가 10이면 MAC 주소로 00-00-5E-00-10-0A를 사용합니다(16진수로 0A는 10진수로 10). VRID를 동일하게 설정하면 서로 다른 VIP가 동일한 MAC 주소를 갖게 되는데 VRID는 동일한 네트워크 내에서 중복되면 안 됩니다. 물론 MAC 주소는 네트워크가 달라지면 중복되어도 상관없으므로 서로 다른 네트워크에서의 VRID는 중복되어도 무방합니다.

참고

HSRP의 가상 MAC

시스코의 전용 FHRP인 HSRP에서도 동일한 방식으로 구현됩니다. 참고로 HSRP에서 사용되는 MAC 주소는 00-00-0c-07-AC-XX입니다.

참고

VRID와 Priority

VRID가 255까지 설정할 수 있는 것과 달리 Priority는 254까지만 설정할 수 있습니다. VRRP에서 Priority 255는 VRRP의 액티브인 Owner를 의미하는 예약된(Reserved) 값이므로 Priority에 255는 사용할 수 없습니다.

참고

멀티 VRRP

지금까지의 설명에서는 VRID를 하나만 설정해 게이트웨이 이중화를 구성했지만 스위치 하나에 VRID 두 개를 설정하고 스위치 하나가 여러 VRRP 그룹에 속하게 할 수도 있습니다.

11.5.3 올 액티브 게이트웨이 이중화

앞에서 살펴본 게이트웨이 이중화에서 게이트웨이로 사용되는 가상 IP 주소는 이중화된 장비에서 액티브-스탠바이로 동작합니다. 사용자가 가상 IP 주소(게이트웨이 주소)에 대해 ARP 요청을 하면 액티브 장비에서 응답하고 스탠바이 장비에서는 가상 IP에 대한 MAC 주소의 테이블을 액티브 장비와 연결된 인터페이스로 학습합니다. 이때 다음과 같이 게이트웨이 외부로 가기 위한 경로가 스탠바이더라도 액티브 장비를 통해서만 외부로 나갈 수 있습니다.

▼ 그림 11-38 STP 구조에서 게이트웨이를 통한 외부 통신 흐름

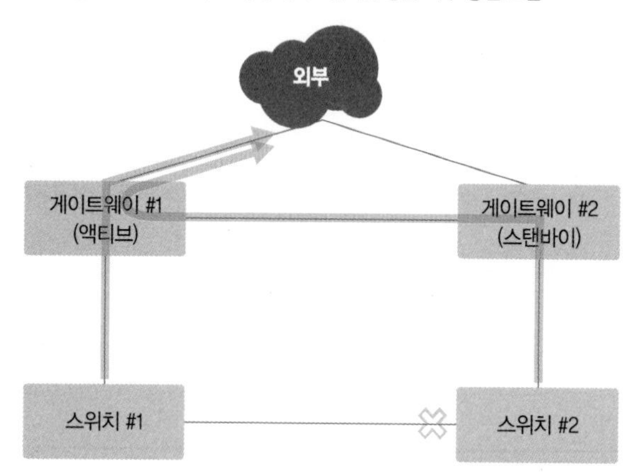

전통적인 기존 네트워크 구조가 아닌 MC-LAG을 이용해 다음과 같이 일반적인 게이트웨이 이중화를 구성할 때도 액티브 장비를 통해야 하므로 트래픽이 우회해 통신하기도 합니다.

▼ 그림 11-39 MC-LAG 구성에서의 게이트웨이를 통한 외부 통신 흐름

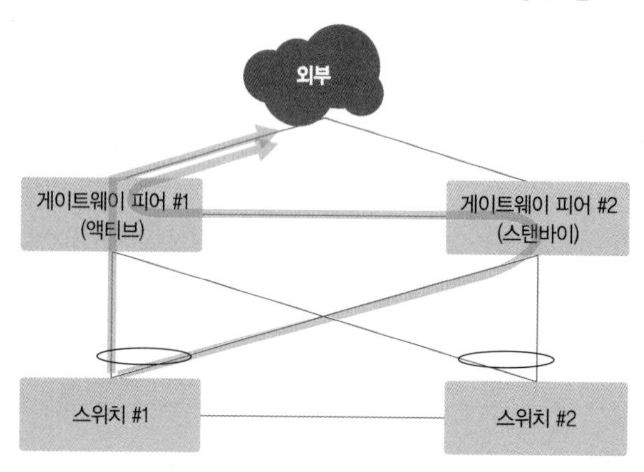

물론 요건에 따라 외부로 나가는 경로에 대한 이중화를 액티브-스탠바이로 사용할 때는 문제가 없지만 그런 요건이 없다면 피어 장비 모두 게이트웨이 역할을 할 수 있음에도 불구하고 트래픽이 불필요하게 우회하므로 비효율적입니다.

그래서 MC-LAG 기술을 사용할 때는 게이트웨이 이중화 가상 IP의 MAC 주소를 액티브 장비와 스탠바이 장비에서 모두 사용할 수 있도록 해 게이트웨이를 액티브-액티브 형태로 구성하는 기능

을 제공하고 있습니다. 게이트웨이를 액티브-액티브로 구성하면 액티브 장비로 들어오는 트래픽은 물론 스탠바이 장비로 들어오는 트래픽도 스탠바이 장비에서 직접 처리해 트래픽 흐름을 최적화할 수 있습니다.

▼ 그림 11-40 액티브-액티브의 게이트웨이 구성 시의 외부 통신 흐름

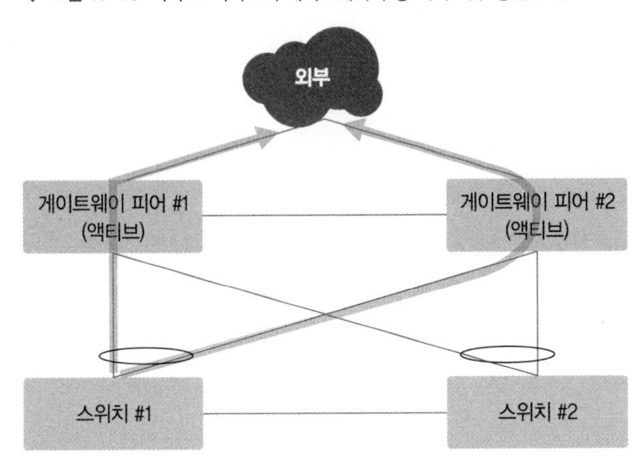

11.5.4 애니캐스트 게이트웨이

위에서 살펴보았던 액티브-액티브 게이트웨이는 네트워크가 한 위치에 존재할 때 게이트웨이를 이중화하는 방식입니다. 오버레이 기반의 SDN 네트워크를 구현하면 같은 네트워크가 여러 위치에 존재하게 네트워크를 디자인할 수 있는데 게이트웨이가 한 곳에 위치하게 되면 모든 트래픽이 하나의 게이트웨이를 거쳐 통신하게 되므로 통신이 비효율적으로 이뤄지게 됩니다. 이런 경우, 애니캐스트 게이트웨이 기술을 적용하면 각 위치에 같은 주소를 가지는 게이트웨이가 여러 개 동작할 수 있습니다. 애니캐스트 게이트웨이는 애니캐스트를 사용합니다. 여러 개의 같은 IP를 가지는 게이트웨이가 존재하지만 가장 가까운 위치에 있는 게이트웨이에서 서비스를 제공합니다. 게이트웨이가 여러 곳에 위치하므로 하나의 게이트웨이에 문제가 발생해도 랙 하나에서만 장애가 발생하고 다른 위치에서는 외부로 통신하는 데는 문제가 없습니다.

▼ 그림 11-41 모든 장비가 게이트웨이 역할을 수행하는 구성

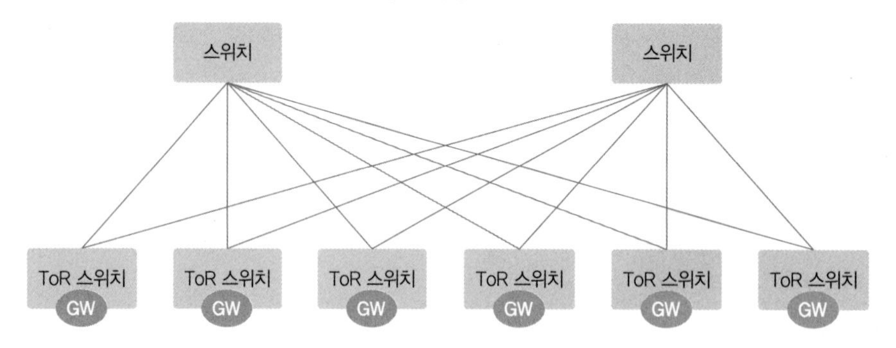

보다 안정적인 네트워크를 구현하기 위해 앞에서 살펴보았던 액티브-액티브 게이트웨이와 애니캐스트 게이트웨이를 함께 사용하기도 합니다.

참고

게이트웨이 고려사항

가상화 서버 내의 서로 다른 네트워크를 가진 가상 서버 간 통신

동일한 가상화 서버에 있는 가상 서버 간에도 서로 다른 네트워크를 가지고 있다면 가상화 서버 외부에 있는 게이트웨이를 거쳐야 합니다.

▼ 그림 11-42 동일한 가상화 서버 내의 서로 다른 네트워크 가상 서버 간 통신 흐름

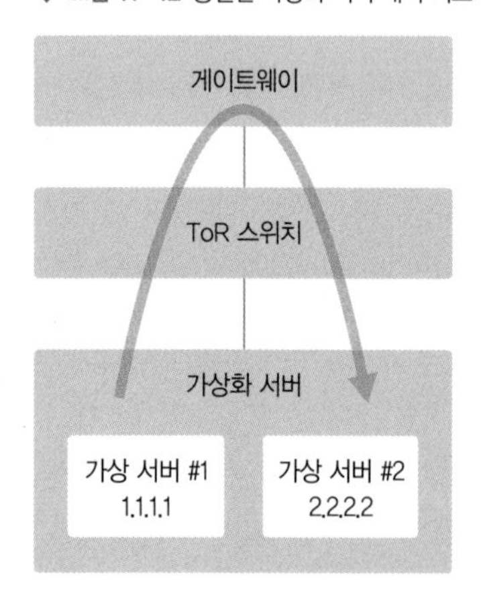

동일한 스위치에 연결된 서로 다른 네트워크를 가진 서버 간 통신(가상화 포함)

앞의 경우와 비슷하게 동일한 스위치에 구성된 서버 간 통신도 네트워크가 서로 다르면 물리 서버든 가상 서버든 외부에 있는 게이트웨이를 거쳐야 합니다.

▼ 그림 11-43 동일한 스위치에 서로 다른 네트워크를 가진 서버 간 통신 흐름

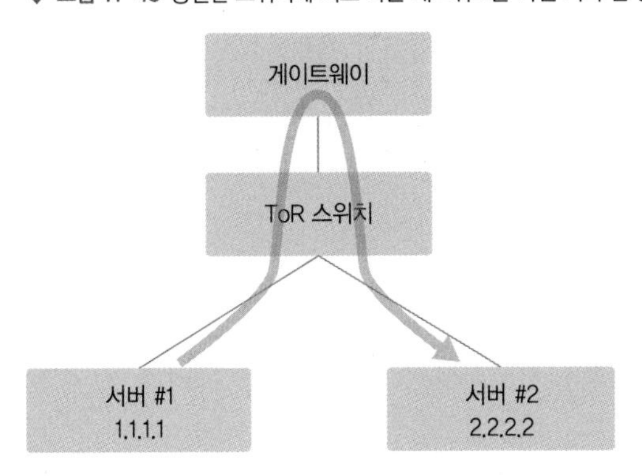

하지만 몇 년 전부터 등장한 네트워크 가상화가 구현된 망에서는 게이트웨이 역할을 가상화 서버 자체의 가상 스위치에서 수행하거나 각 ToR 스위치에서 수행할 수 있도록 해 트래픽이 우회하지 않고 더 빠른 경로로 통신하도록 해주는 기능을 제공하는 경우도 있습니다.

▼ 그림 11-44 가상화 서버 내에서 게이트웨이를 갖거나(왼쪽) 서버가 직접 연결된 ToR 스위치에서 게이트웨이 역할을 하는(오른쪽) 구성

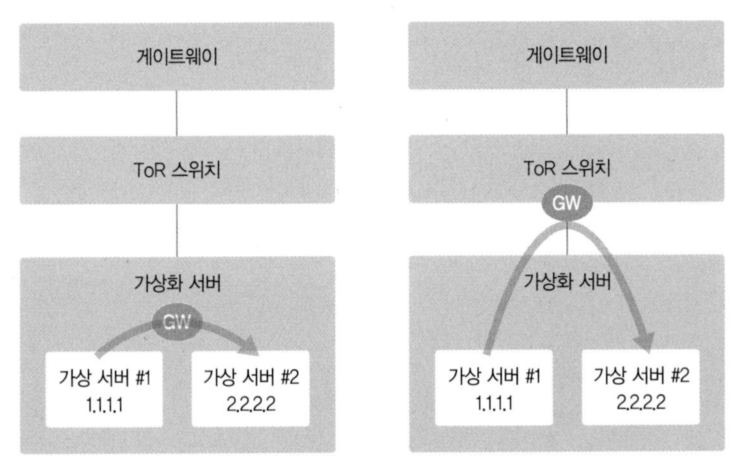

실제 서버 가상화 기반 벤더인 VMWare의 네트워크 가상화 솔루션 NSX에서는 가상화 서버의 각 하이퍼바이저에 가상 라우터를 통해 각 서버 호스트별로 게이트웨이를 갖게 되고 네트워크 벤더인 시스코의 ACI에서는 각 ToR(Leaf) 스위치에서 게이트웨이 역할을 수행하기도 합니다.

데이터 센터 내에서 트래픽 경로를 최적화하는 것은 매우 중요한 항목이지만 실제로 데이터 센터 망을 설계할 때는 단순히 트래픽 경로의 최적화만 고려하지는 않습니다. 트래픽 경로 구간에 필요한 보안 요건에 따라 보안을 어떻게 설계할 것인가도 데이터 센터 설계에서 매우 중요합니다. 따

라서 앞에서 말한 VMware NSX나 시스코 ACI와 같은 솔루션에서도 보안 측면을 고려해 가상화 호스트 내에서의 보안 설정이나 서비스 간의 보안 설정을 할 수 있도록 지원하기도 합니다.

12장

로드 밸런서

서비스의 안정성이나 가용량을 높이기 위해 서비스를 이중화할 때는 서비스 자체적으로 HA 클러스터(High Availability Cluster)를 구성하기도 하지만 복잡한 고려 없이 이중화를 손쉽게 구현하도록 로드 밸런서가 많이 사용됩니다.

로드 밸런서는 다양한 구성 방식과 동작 모드가 있으며 각 방식과 모드에 따라 서비스 흐름이나 패킷 내용이 달라집니다. 서비스에 따라 적용해야 하는 구성 방식과 동작 모드가 각각 다르고 고려해야 하는 지점도 다릅니다.

따라서 로드 밸런서의 구성과 동작 모드를 이해해야만 서비스에 필요한 구성을 할 수 있습니다. 이번 장에서는 로드 밸런서를 구성하고 이해하는 데 필요한 다양한 기초 지식을 알아보겠습니다.

12.1 부하 분산이란?

서비스 규모가 커지면 물리나 가상 서버 한 대로는 모든 서비스를 수용할 수 없게 됩니다. 서버 한 대로 서비스를 제공할 수 있는 용량이 충분하더라도 서비스를 단일 서버로 구성하면 해당 서버의 애플리케이션, 운영체제, 하드웨어에 장애가 발생했을 때, 정상적인 서비스를 제공할 수 없습니다. 서비스 가용성을 높이기 위해 하나의 서비스는 보통 두 대 이상의 서버로 구성하는데 각 서버 IP 주소가 다르므로 사용자가 서비스를 호출할 때는 어떤 IP로 서비스를 요청할지 결정해야 합니다. 사용자에 따라 호출하는 서버의 IP가 다르면 특정 서버에 장애가 발생했을 때, 전체 사용자에게 영향을 미치지 않아 장애 범위는 줄어들겠지만 여전히 부분적으로 서비스 장애가 발생합니다. 그림 12-1은 이런 서비스 장애의 예시입니다.

▼ 그림 12-1 단일 서버를 구성하거나 서버를 이중화해 서비스 호출을 분리한 경우, 서버 장애에 따라 서비스 장애가 발생한다.

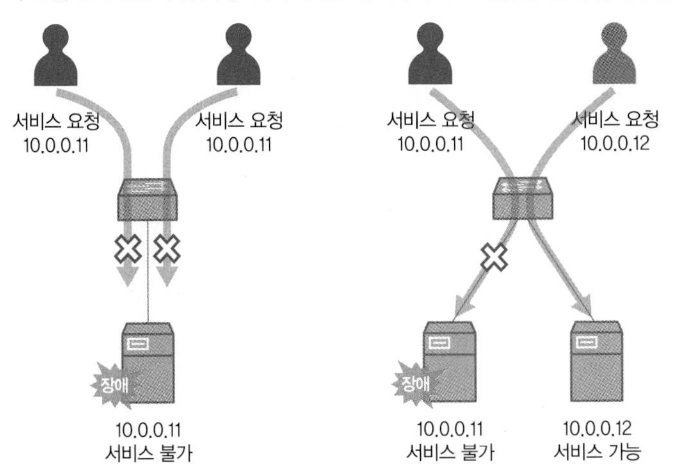

이런 문제점을 해결하기 위해 L4나 L7 스위치라는 로드 밸런서(Load Balancer)를 사용합니다. 로드 밸런서에는 동일한 서비스를 하는 다수의 서버가 등록되고 사용자로부터 서비스 요청이 오면 로드 밸런서가 받아 사용자별로 다수의 서버에 서비스 요청을 분산시켜 부하를 분산합니다. 대규모 서비스 제공을 위해 이런 로드 밸런서는 필수 서비스입니다. 로드 밸런서에서는 서비스를 위한 가상 IP(VIP)를 하나 제공하고 사용자는 각 서버의 개별 IP 주소가 아닌 동일한 가상 IP를 통해 각 서버로 접근합니다. 이 외에도 로드 밸런서는 각 서버의 서비스 상태를 체크해 서비스가 가능한 서버로만 사용자의 요청을 분산하므로 서버에서 장애가 발생하더라도 기존 요청을 분산하여 다른 서버에서 서비스를 제공할 수 있습니다.

▼ 그림 12-2 로드 밸런서를 통한 부하 분산 및 서비스 가용성 확보

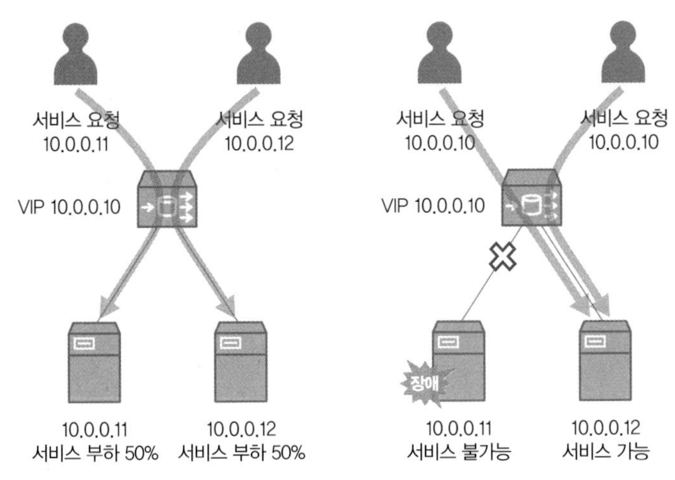

참고

FWLB

서버에 대한 부하 분산뿐만 아니라 방화벽을 액티브–액티브로 구성하기 위해 로드 밸런서를 사용하기도 합니다. 서버 부하 분산을 SLB(Server Load Balancing), 방화벽 부하 분산을 FWLB(FireWall Load Balancing)라고 합니다.

방화벽은 자신을 통과한 패킷에 대해 세션을 관리하는 테이블을 갖고 있습니다. 즉, 방화벽을 통과하는 패킷에 대해서는 방화벽 정책을 확인해 허용되는 정책이면 방화벽을 통과시키면서 그 정보를 세션 테이블에 기록합니다. 응답 패킷은 방화벽 정책을 확인하는 것이 아니라 세션 테이블에서 해당 패킷을 먼저 조회합니다. 세션 테이블에 있는 응답 패킷이라면 이미 정책에서 허용된 패킷이므로 방화벽을 바로 통과할 수 있습니다.

하지만 세션 테이블에 응답 패킷이 없다면 요청한 적이 없는 패킷에 대한 응답으로 간주하고 공격성으로 판단해 해당 패킷은 폐기(Drop)됩니다. 이런 경우는 출발지와 목적지 간 경로가 두 개 이상 있어 비대칭 경로가 만들어질 때도 발생할 수 있습니다.

▼ 그림 12-3 세션 장비의 비대칭 동작은 서비스에 영향을 미친다.

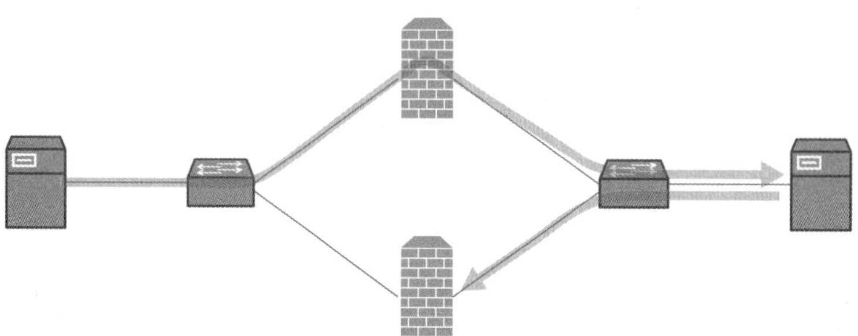
방화벽 정책 확인 후 세션 테이블 기록
ACK: 세션 테이블 확인, 테이블이 존재하지 않으므로 폐기(Drop)

방화벽 장비를 이중화할 경우, 이런 비대칭 동작으로 인해 방화벽이 정상적으로 동작하지 않을 수 있습니다. 이런 문제를 해결하고 동시에 이중화된 방화벽을 모두 사용하기 위해 FWLB가 사용됩니다. FWLB가 세션을 인식하고 일정한 규칙을 이용하여 방화벽 세션을 분산하는데 (뒤에서 다룰 해시 알고리즘을 이용) 한 번 방화벽을 지나갔던 세션이 다시 같은 방화벽을 거치도록 트래픽을 분산합니다.

FWLB를 사용하더라도 방화벽에 장애가 발생하는 경우를 대비하기 위해 방화벽에서 설정이 필요합니다. 방화벽끼리 세션 테이블을 동기화하거나 방화벽에서 첫 번째 패킷이 SYN이 아니어도 허용하는 기능을 사용해 방화벽의 장애로 인해 기존 세션 테이블에 없던 트래픽이 들어오더라도 처리할 수 있도록 설정해야 합니다.

12.2 부하 분산 방법

로드 밸런서는 부하를 다수의 장비로 어떻게 분산시킬까요? 앞에서 다룬 LACP는 두 개 이상의 인터페이스를 하나의 논리 인터페이스로 묶어 회선의 부하를 분산시켰습니다. LACP는 다수의 물리 인터페이스를 하나의 논리 인터페이스로 구성하기 위해 LACP를 위한 가상의 MAC 주소를 만들게 됩니다. 로드 밸런서도 이와 유사하게 부하를 다수의 장비에 분산시키기 위해 가상 IP 주소를 갖게 됩니다. 이 IP 주소는 가상 IP 주소이므로 VIP(Virtual IP)라고도 하고 서비스를 위해 사용되는 IP 주소이므로 서비스 IP 주소라고도 합니다.

가상 IP 주소가 있다면 실제 IP도 있을 것입니다. 각 서버의 실제 IP 주소를 리얼(Real) IP라고 하고 로드 밸런서의 가상 IP에 실제 서버들이 바인딩(Binding)됩니다. 실무에서 가상 IP는 VIP라고 부르고 로드 밸런서에 바인딩되어 있는 서버 IP는 리얼 IP 혹은 RIP라고 합니다. 여기서도 VIP와 리얼 IP로 표기하겠습니다.

정리하면 로드 밸런서에는 서비스를 제공하는 서버의 IP인 리얼 IP와 로드 밸런서에서 서비스를 대표하는 VIP가 있습니다. VIP에는 리얼 IP가 바인딩되어 있고 사용자가 VIP로 서비스를 요청하면 해당 VIP에 연결된 리얼 IP로 해당 요청을 전달합니다.

그림 12-4의 예를 보면서 앞의 내용을 다시 정리해보겠습니다.

▼ 그림 12-4 부하 분산 예

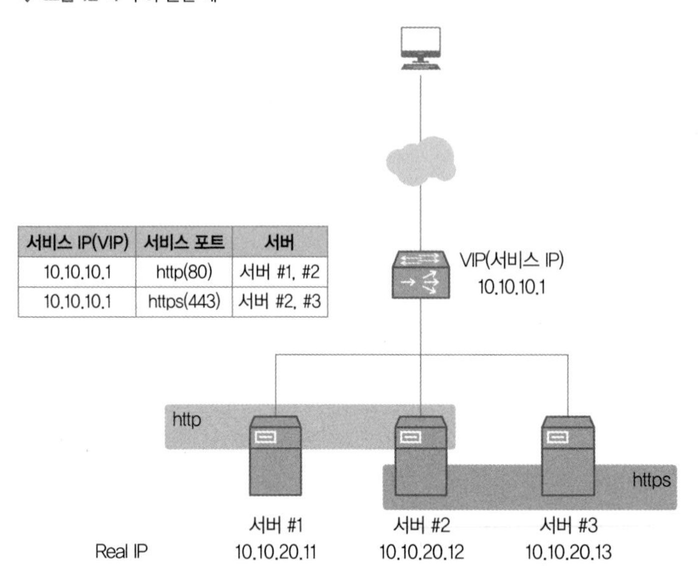

현재 서버 세 대가 있습니다. 서버의 각 IP 주소는 10.10.20.11, 10.10.20.12, 10.10.20.13입니다. 서버 1번은 http, 3번은 https 서비스 데몬이 동작하고 서버 2번만 http와 https 서비스 데몬이 모두 동작합니다. 사용자가 http와 https 서비스로 접근하기 위한 VIP 주소인 10.10.10.1이 로드 밸런서에 설정되어 있습니다. VIP에는 사용자의 서비스 요청이 들어올 때, 어느 서버로 요청을 전달할 것인지 부하 분산 그룹을 설정합니다. 여기서 http 서비스는 서버 1번과 2번으로, https 서비스는 서버 2번과 3번으로 부하 분산 그룹이 있습니다.

로드 밸런서에서 부하 분산을 위한 그룹을 만들 때는 앞의 예제처럼 OSI 3계층 정보인 IP 주소뿐만 아니라 4계층 정보인 서비스 포트까지 지정해 만듭니다. 그래서 로드 밸런서를 L4 스위치라고도 합니다. 7계층 정보까지 확인해 처리하는 기능이 포함되는 경우도 있어 L7 스위치라고도 하지만 보통 로드 밸런서를 L4 스위치라고 부릅니다.

앞의 예제에서는 HTTP와 HTTPS 서비스에 대해 각각 동일한 VIP를 사용했지만 서로 다른 VIP로도 구성할 수 있습니다. 또한, 로드 밸런서의 VIP에 설정된 서비스 포트와 실제 서버의 서비스 포트는 반드시 같을 필요가 없습니다. 즉, 실제 서버에서는 서비스 포트 8080으로 웹 서비스를 수행하면서 VIP에서는 일반 HTTP 서비스 포트인 80으로 설정할 수 있습니다. 이렇게 되면 사용자는 VIP의 80 서비스 포트로 접근하고 로드 밸런서에서는 해당 서비스 요청을 실제 서버의 8080 서비스 포트로 포트 변경까지 함께 수행하게 됩니다.

✔ 그림 12-5 동일한 리얼 IP에서 서비스 포트마다 VIP를 다르게 설정할 수 있고 리얼 IP의 서비스 포트와 VIP 포트도 서로 다르게 설정할 수 있다.

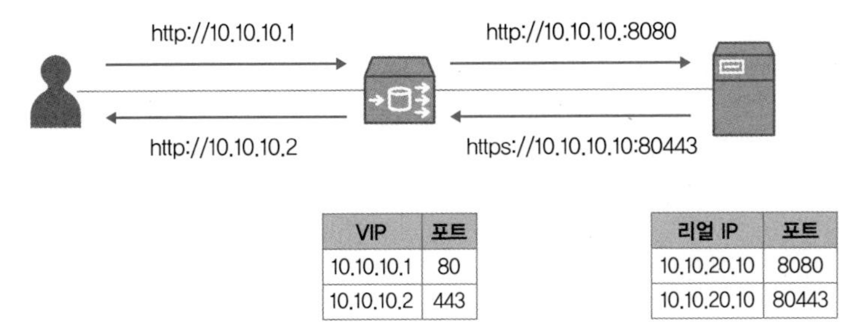

VIP	포트
10.10.10.1	80
10.10.10.2	443

리얼 IP	포트
10.10.20.10	8080
10.10.20.10	80443

12.3 헬스 체크

NETWORK

로드 밸런서를 통해 서비스하는 그룹의 서버에 장애가 발생하면 어떻게 될까요? 혹시 서비스가 정상적으로 되지 않는 서버로 서비스를 분산해 일부 사용자에게 서비스되지 않는 경우가 발생하지 않을까요? 물론 그런 경우는 발생하지 않습니다. 로드 밸런서에서는 부하 분산을 하는 각 서버의 서비스를 주기적으로 헬스 체크(Health Check)해 정상적인 서비스 쪽으로만 부하를 분산하고 비정상적인 서버는 서비스 그룹에서 제외해 트래픽을 보내지 않습니다. 서비스 그룹에서 제외된 후에도 헬스 체크를 계속 수행해 다시 정상으로 확인되면 서비스 그룹에 해당 장비를 다시 넣어 트래픽이 서버 쪽으로 보내지도록 해줍니다.

12.3.1 헬스 체크 방식

로드 밸런서는 다양한 헬스 체크 방식으로 서버의 서비스 정상 여부를 판단할 수 있습니다. 이번 장에서는 헬스 체크 방식 중 자주 사용되는 몇 가지를 알아보겠습니다.

12.3.1.1 ICMP

VIP에 연결된 리얼 서버에 대해 ICMP(ping)로 헬스 체크를 수행하는 방법입니다. 단순히 서버가 살아 있는지 여부만 체크하는 방법이므로 잘 사용하지 않습니다.

▼ 그림 12-6 ICMP를 통한 헬스 체크

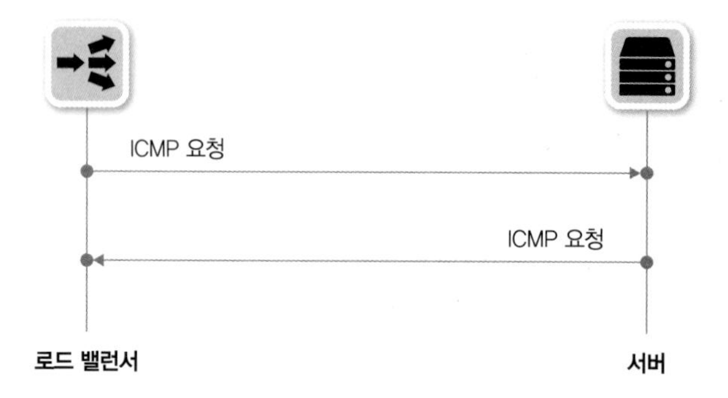

12.3.1.2 TCP 서비스 포트

가장 기본적인 헬스 체크 방법은 로드 밸런서에 설정된 서버의 서비스 포트를 확인하는 것입니다. 즉, 로드 밸런서에서 서버의 서비스 포트 2000번을 등록했다면 로드 밸런서에서는 리얼 IP의 2000번 포트로 SYN을 보내고 해당 리얼 IP를 가진 서버로부터 SYN, ACK를 받으면 서버에 다시 ACK로 응답하고 FIN을 보내 헬스 체크를 종료합니다. 서비스 포트를 이용해 헬스 체크를 할 때는 실제 서비스 포트가 아닌 다른 서비스 포트로도 가능합니다.

▼ 그림 12-7 TCP 서비스 포트를 통한 헬스 체크

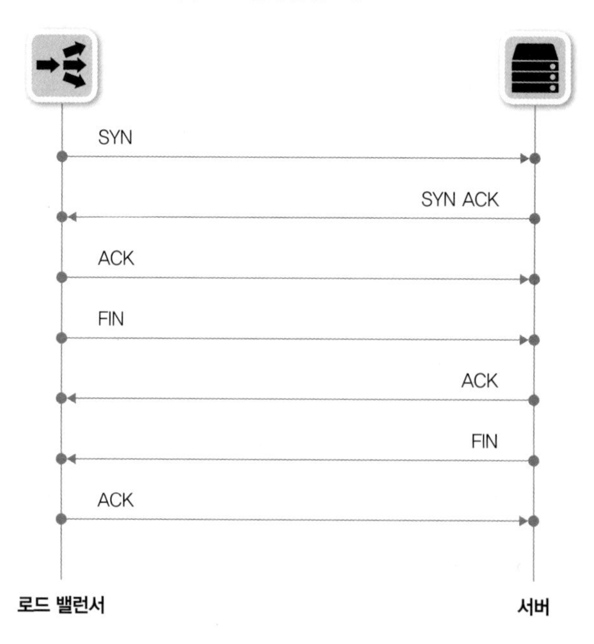

12.3.1.3 TCP 서비스 포트: Half Open

일반 TCP 서비스 포트를 확인할 때는 SYN/SYN, ACK/ACK까지 정상적인 3방향 핸드셰이크를 거치게 됩니다. 헬스 체크로 인한 부하를 줄이거나 정상적인 종료 방식보다 빨리 헬스 체크 세션을 끊기 위해 정상적인 3방향 핸드셰이크와 4방향 핸드셰이크가 아닌 TCP Half Open(절반 개방) 방식을 사용하기도 합니다. TCP Half Open 방식은 초기의 3방향 핸드셰이크와 동일하게 SYN을 보내고 SYN, ACK를 받지만 이후 ACK 대신 RST를 보내 세션을 끊습니다.

▼ 그림 12-8 TCP Half Open 방식의 헬스 체크

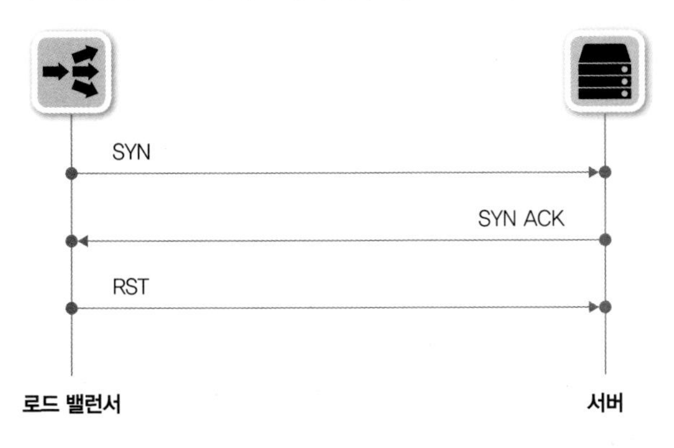

12.3.1.4 HTTP 상태 코드

웹 서비스를 할 때, 서비스 포트까지는 TCP로 정상적으로 열리지만 웹 서비스에 대한 응답을 정상적으로 해주지 못하는 경우가 있습니다. 이때 로드 밸런서의 헬스 체크 방식 중 HTTP 상태 코드를 확인하는 방식으로 로드 밸런서가 서버로 3방향 핸드셰이크를 거치고나서 HTTP를 요청해 정상적인 상태 코드(200 OK)를 응답하는지 여부를 체크해 헬스 체크를 수행할 수 있습니다.

▼ 그림 12-9 HTTP를 통한 헬스 체크

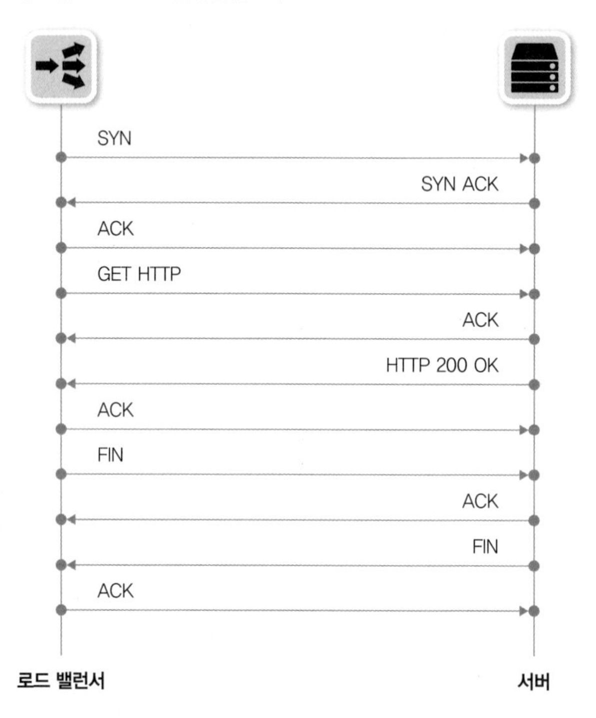

12.3.1.5 콘텐츠 확인(문자열 확인)

로드 밸런서에서 서버로 콘텐츠를 요청하고 응답받은 내용을 확인하여 지정된 콘텐츠가 정상적으로 응답했는지 여부를 확인하는 헬스 체크 방법도 있습니다. 보통 특정 웹페이지를 호출해 사전에 지정한 문자열이 해당 웹페이지 내에 포함되어 있는지를 체크하는 기능입니다. 이 헬스 체크 방식을 사용하면 로드 밸런서에서 직접 관리하는 서버의 상태뿐만 아니라 해당 서버의 백엔드(리얼 서버가 웹 서버인 경우, WAS 서버나 데이터베이스가 백엔드)의 상태를 해당 웹페이지로 체크할 수 있습니다. 앞단의 서버가 백엔드로 요청을 하고 백엔드에서 정상적인 결괏값으로 웹 페이지에 특정 문자열을 출력하게 해 백엔드 상태까지 확인하면서 헬스 체크를 수행하는 것입니다.

다만 한 가지 유의사항은 단순히 서버에서 응답받은 문자열만 체크하면 정상적인 요청 결괏값이 아닌 문자열만 체크하므로 비정상적인 에러 코드에 대한 응답인 경우라도 해당 응답 내용에 헬스 체크를 하려고 했던 문자열이 포함되어 있으면 헬스 체크를 정상으로 판단할 수 있다는 것입니다. 따라서 문자열을 이용한 헬스 체크를 수행할 때는 정상 코드 값도 중복으로 확인하거나 문자열 자체를 일반적이 아닌 특정 문자열로 지정해 결과가 정상일 때만 헬스 체크가 성공할 수 있도록 해야 합니다.

▼ 그림 12-10 L7(콘텐츠)을 통한 헬스 체크

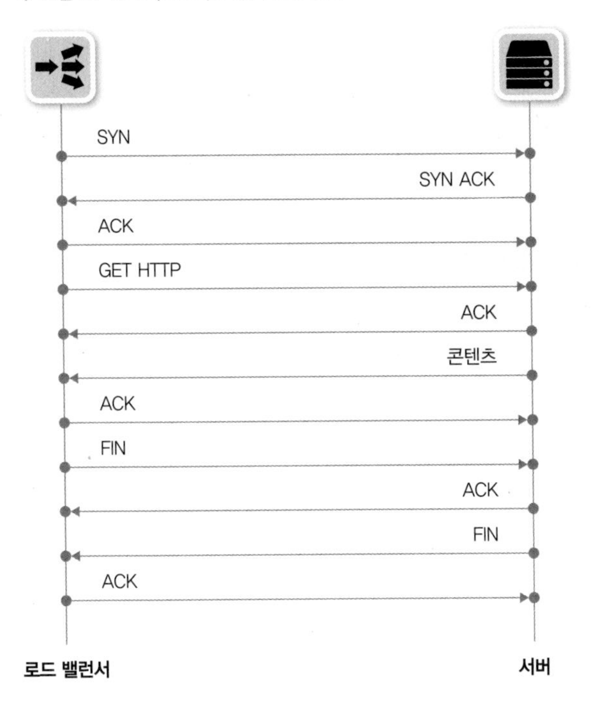

참고

3방향 vs 4방향 연결 종료(Close)

앞에서 다룬 헬스 체크 방식에서는 4방향 핸드셰이크로 연결을 종료했지만 경우에 따라 다음과 같이 3방향 핸드셰이크로 연결을 종료하기도 합니다.

▼ 그림 12-11 3방향 핸드셰이크로 연결 종료

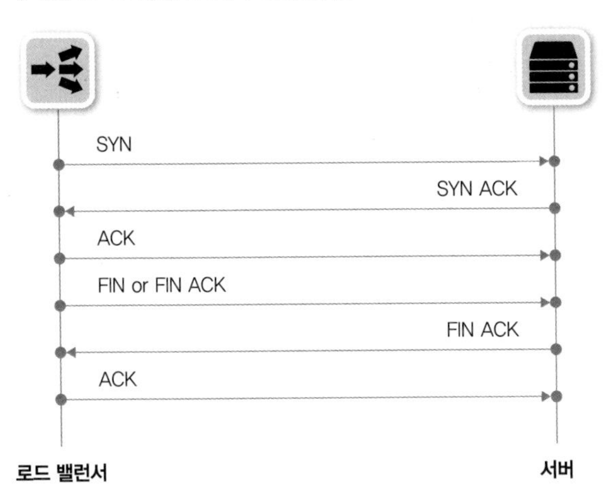

참고

다양한 헬스 체크 방법

여기서 다루지 않은 다양한 헬스 체크 방법이 있습니다. 대부분의 로드 밸런서가 사전에 정의된 다양한 헬스 체크 방식을 지원하므로 서비스에 적합한 헬스 체크 방식을 선택하면 됩니다.

▼ 그림 12-12 F5 LTM을 통한 헬스 체크

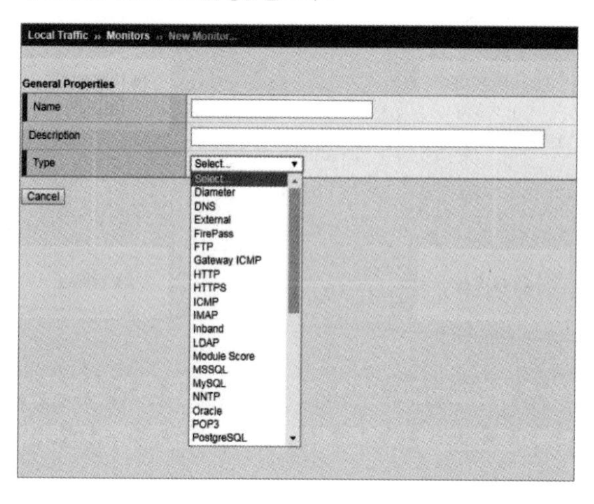

▼ 그림 12-13 Citrix NetScaler를 통한 헬스 체크

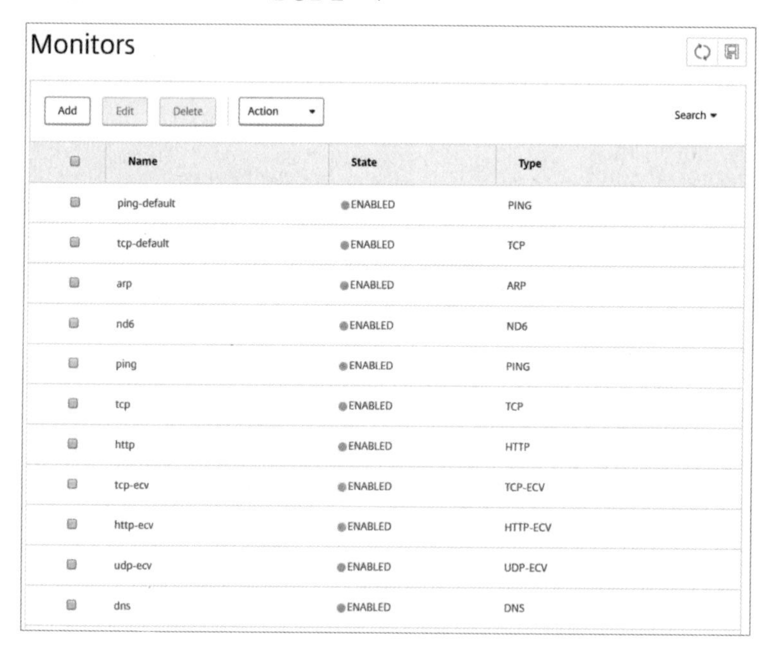

Name	State	Type
ping-default	ENABLED	PING
tcp-default	ENABLED	TCP
arp	ENABLED	ARP
nd6	ENABLED	ND6
ping	ENABLED	PING
tcp	ENABLED	TCP
http	ENABLED	HTTP
tcp-ecv	ENABLED	TCP-ECV
http-ecv	ENABLED	HTTP-ECV
udp-ecv	ENABLED	UDP-ECV
dns	ENABLED	DNS

12.3.2 헬스 체크 주기와 타이머

다음은 헬스 체크 방법 외에 헬스 체크의 주요 고려사항인 헬스 체크 주기에 대해 알아보겠습니다. 헬스 체크 주기를 볼 때는 응답 시간, 시도 횟수, 타임아웃 등 다양한 타이머를 함께 고려해야 합니다. 주요 타이머 값은 다음과 같습니다.

- **주기(Interval)**

  로드 밸런서에서 서버로 헬스 체크 패킷을 보내는 주기

- **응답 시간(Response)**

  로드 밸런서에서 서버로 헬스 체크 패킷을 보내고 응답을 기다리는 시간

  해당 시간까지 응답이 오지 않으면 실패로 간주

- **시도 횟수(Retries)**

  로드 밸런서에서 헬스 체크 실패 시 최대 시도 횟수

  최대 시도 횟수 이전에 성공 시 시도 횟수는 초기화됨

- **타임아웃(Timeout)**

  로드 밸런서에서 헬스 체크 실패 시 최대 대기 시간

  헬스 체크 패킷을 서버로 전송한 후 이 시간 내에 성공하지 못하면 해당 서버는 다운

- **서비스 다운 시의 주기(Dead Interval)**

  서비스의 기본적인 헬스 체크 주기가 아닌, 서비스 다운 시의 헬스 체크 주기

  서비스가 죽은 상태에서 헬스 체크 주기를 별도로 더 늘릴 때 사용

실제 헬스 체크와 관련해 다양한 타이머 값이 있지만 주요 타이머 값으로 헬스 체크 타이머가 어떻게 동작하는지 알아보겠습니다.

다음 그림은 헬스 체크를 수행하는 주기와 타이머를 시각화한 것입니다.

▼ 그림 12-14 헬스 체크 수행 타이머에 따른 주기

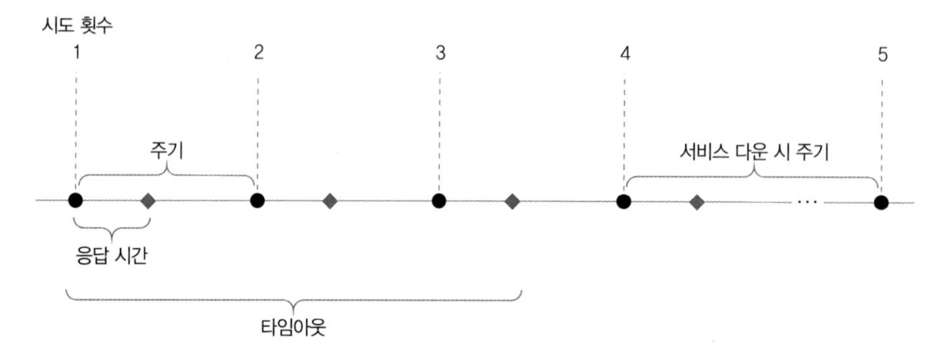

원 모양은 로드 밸런서에서 서버로 헬스 체크 패킷을 보내는 시점을 나타냅니다. 헬스 체크 주기 시간마다 로드 밸런서는 서버로 헬스 체크 패킷을 전송합니다. 주기가 3초로 설정되었다면 3초마다 헬스 체크 패킷을 서버로 전송합니다. 이때 원 모양 사이의 시간이 3초가 됩니다.

마름모 모양은 로드 밸런서가 보낸 헬스 체크 패킷에 대한 서버의 응답을 최대로 기다리는 시간입니다. 응답 시간으로 설정된 시간 내에 서버에서 응답이 오지 않으면 로드 밸런서는 해당 헬스 체크 시도를 실패로 처리합니다. 응답 시간을 1초로 주었다면 원 모양의 헬스 체크 패킷 전송 이후 1초 내에 서버에서 응답을 수신해야 합니다. 이때 유의사항은 헬스 체크 패킷을 보내는 주기(시간)를 응답 시간보다 크게 설정해야 한다는 것입니다.

로드 밸런서가 서버에서 정상적인 응답을 받지 못하면 로드 밸런서는 정해진 시도 횟수만큼 헬스 체크를 다시 시도하고 이후에도 서버로부터 응답을 받지 못하면 해당 서비스는 다운된 것으로 체크되어 해당 서비스가 동작하는 서버로 트래픽이 분산되지 않습니다.

이런 서비스 다운까지의 동작을 헬스 체크 주기와 시도 횟수, 응답시간으로 산정하거나 전체 타임아웃 시간으로 산정하기도 합니다. 헬스 체크가 실패한 첫 번째 시도 시간부터 사전에 정해진 타임아웃까지 헬스 체크가 실패하면 서비스 다운으로 체크할 수도 있습니다.

다음 두 가지 경우는 서비스 다운까지의 시간이 동일합니다.

- 주기 3초, 시도 횟수 2회, 응답시간 1초

  (3초 * 3회) + 1초 = 10초

- 주기 3초, 타임아웃 10초

서비스가 다운된 후에는 기본 헬스 체크 주기마다 헬스 체크를 수행하지 않고 더 긴 주기로 헬스 체크를 수행하는 기능이 있는 로드 밸런서도 있습니다. 서비스가 다운된 시점에 헬스 체크 주기시간을 길게 늘여 부하를 감소시킬 수 있다는 장점이 있지만 서비스가 다시 올라오는 시간이 늦어진다는 단점도 있습니다.

헬스 체크 관련 타이머 값은 장애가 발생했을 때, 장애시간에 영향을 미칠 수 있는 값이므로 각 타이머가 헬스 체크를 할 때, 동작 방식을 정확히 이해해야 합니다.

▼ 그림 12-15 F5 LTM의 TCP 방식 헬스 체크의 타이머 설정을 포함한 헬스 체크 옵션

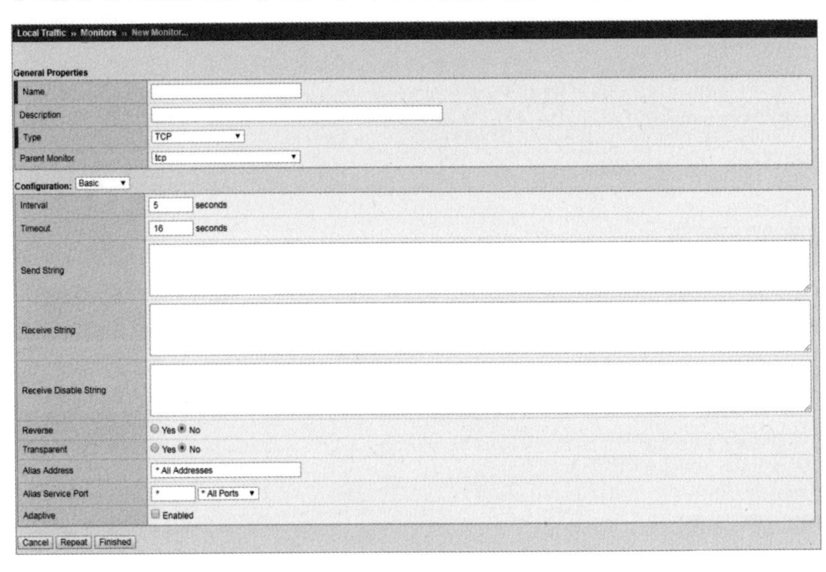

❯ 그림 12-16 Citrix NetScaler의 TCP 방식 헬스 체크의 타이머 설정을 포함한 헬스 체크

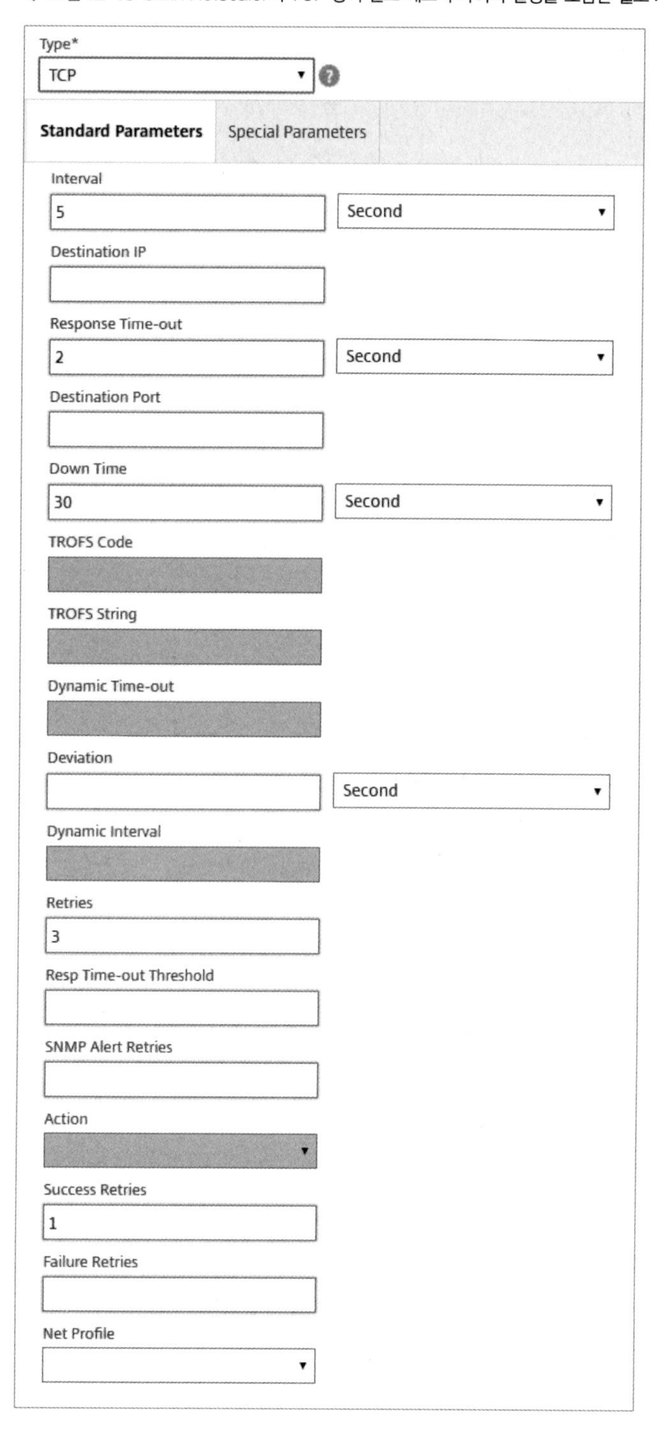

참고

로드 밸런서에서 설정할 수 있는 헬스 체크 방식과 타이머 등은 장비나 서비스를 제공하는 벤더마다 다를 수 있습니다.

NETWORK

12.4 부하 분산 알고리즘

로드 밸런서가 리얼 서버로 부하를 분산할 때, 로드 밸런서에서는 사전에 설정한 분산 알고리즘을 통해 부하 분산이 이루어집니다. 이번 절에서는 주요 부하 분산 알고리즘에 대해 살펴보겠습니다.

▼ 표 12-1 주요 부하 분산 알고리즘

부하 분산 알고리즘	
라운드 로빈 (Round Robin)	현재 구성된 장비에 부하를 순차적으로 분산함. 총 누적 세션 수는 동일하지만 활성화된 세션 수는 달라질 수 있음
최소 접속 방식 (Least Connection)	현재 구성된 장비 중 가장 활성화된 세션 수가 적은 장비로 부하를 분산함
가중치 기반 라운드 로빈 (Weighted Round Robin)	라운드 로빈 방식과 동일하지만 각 장비에 가중치를 두어 가중치가 높은 장비에 부하를 더 많이 분산함. 처리 용량이 다른 서버에 부하를 분산하기 위한 분산 알고리즘
가중치 기반 최소 접속 방식 (Weighted Least Connection)	최소 접속 방식과 동일하지만 각 장비에 가중치를 부여해 가중치가 높은 장비에 부하를 더 많이 분산함. 처리 용량이 다른 서버에 부하를 분산하기 위한 분산 알고리즘
해시(Hash)	해시 알고리즘을 이용한 부하 분산

이 밖에도 기본적인 부하 분산 알고리즘을 응용한 다양한 분산 알고리즘이 사용되지만 가장 많이 사용되는 3가지 알고리즘에 대해서만 더 자세히 살펴보겠습니다.

12.4.1 라운드 로빈

라운드 로빈 방식은 특별한 규칙 없이 현재 구성된 장비에 순차적으로 돌아가면서 트래픽을 분산합니다. 즉, 서버 세 대가 있을 때, 첫 번째 요청은 1번 서버, 두 번째 요청은 2번 서버, 세 번째 요청은 3번 서버, 네 번째 요청은 다시 1번 서버로 할당합니다. 순차적으로 모든 장비에 분산하므로 모든 장비의 총 누적 세션 수는 같아집니다.

▼ 그림 12-17 라운드 로빈 방식의 부하 분산

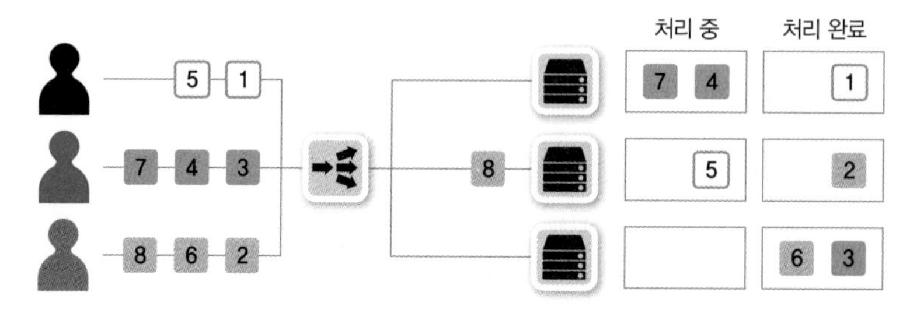

12.4.2 최소 접속 방식

최소 접속 방식(Least Connection)은 서버가 가진 세션 부하를 확인해 그것에 맞게 부하를 분산하는 방식입니다. 로드 밸런서에서는 서비스 요청을 각 장비로 보내줄 때마다 세션 테이블이 생성되므로 각 장비에 연결된 현재 세션 수를 알 수 있습니다. 최소 접속 방식은 각 장비의 세션 수를 확인해 현재 세션이 가장 적게 연결된 장비로 서비스 요청을 보내는 방식입니다. 서비스별로 세션 수를 관리하면서 분산해주므로 각 장비에서 처리되는 활성화 세션 수가 비슷하게 분산되면서 부하를 분산하게 됩니다.

▼ 그림 12-18 최소 접속 방식의 부하 분산

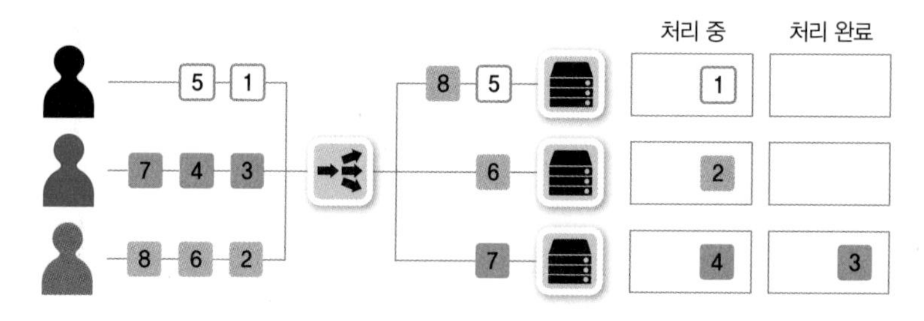

12.4.3 해시

해시 방식은 서버의 부하를 고려하지 않고 클라이언트가 같은 서버에 지속적으로 접속하도록 하기 위해 사용하는 부하 분산 방식입니다. 서버 상태를 고려하는 것이 아니라 해시 알고리즘을 이용해 얻은 결괏값으로 어떤 장비로 부하를 분산할지를 결정합니다. 알고리즘에 의한 계산 값에 의해 부하를 분산하므로 같은 알고리즘을 사용하면 항상 동일한 결괏값을 가지고 서비스를 분산할 수 있습니다. 이때 알고리즘 계산에 사용되는 값들을 지정할 수 있는데 주로 출발지 IP 주소, 목적지 IP 주소, 출발지 서비스 포트, 목적지 서비스 포트를 사용합니다.

▼ 그림 12-19 해시 방식의 부하 분산

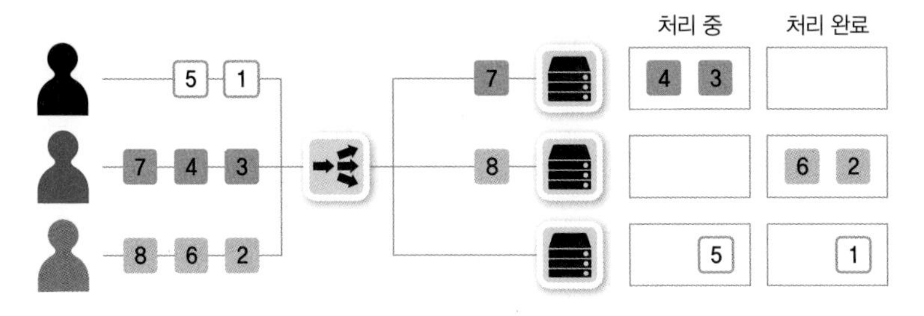

라운드 로빈이나 최소 접속 방식은 부하를 비교적 비슷한 비율로 분산시킬 수 있다는 장점이 있지만 동일한 출발지에서 로드 밸런서를 거친 서비스 요청이 처음에 분산된 서버와 그 다음 요청이 분산된 서버가 달라질 수 있어 각 서버에서 세션을 유지해야 하는 서비스는 정상적으로 서비스되지 않습니다.

그와 반대로 해시 방식은 알고리즘으로 계산한 값으로 서비스를 분산하므로 항상 동일한 장비로 서비스가 분산됩니다. 즉, 세션을 유지해야 하는 서비스에 적합한 분산 방식입니다. 하지만 알고리즘의 결괏값이 특정한 값으로 치우치면 부하 분산 비율이 한쪽으로 치우칠 수도 있습니다. 최근에는 이런 경우가 별로 없지만 서버 애플리케이션 개발에 여러 대의 서버가 사용될 것을 고려하지 않고 개발한 경우, 이 방식을 사용해야 합니다. 흔히 이런 문제를 장바구니 문제라고 하는 데 A 서버에 접속해 장바구니에 상품을 넣었는데 두 번째 접속할 때 B 서버로 접속되면 장바구니에 넣은 상품이 보이지 않을 때가 있습니다.

해시를 사용해야 하는 이유와 최소 접속 방식의 장점을 묶어 부하 분산하는 방법도 있습니다. 라운드 로빈 방식이나 최소 접속 방식을 사용하면서 스티키(Sticky) 옵션을 주어 한 번 접속한 커넥션을 지속적으로 유지하는 기법입니다. 처음 들어온 서비스 요청을 세션 테이블에 두고 같은 요청이 들어오면 같은 장비로 분산해 세션을 유지하는 방법입니다. 하지만 이렇게 하더라도 해당 세션 테이블에는 타임아웃이 있어 타임아웃 이후에는 분산되는 장비가 달라질 수 있다는 것을 고려해야 합니다. 스티키 옵션을 사용할 때는 애플리케이션 세션 유지 시간이나 일반 사용자들의 애플리케이션 행동 패턴을 충분히 감안해야 합니다.

따라서 부하 분산을 위한 알고리즘을 선택할 때는 제공되는 서비스의 특성을 잘 고려해 사용할 알고리즘을 결정해야 합니다. 그리고 각 알고리즘에 필요한 속성값도 함께 잘 고려해야만 적절한 부하 분산을 할 수 있습니다.

12.5 로드 밸런서 구성 방식

NETWORK

로드 밸런서의 구성 방식은 로드 밸런서의 구성 위치에 따라 2가지로 나눌 수 있습니다.

- 원암(One-Arm) 구성
- 인라인(Inline) 구성

▼ 그림 12-20 로드 밸런서의 2가지 구성 방식

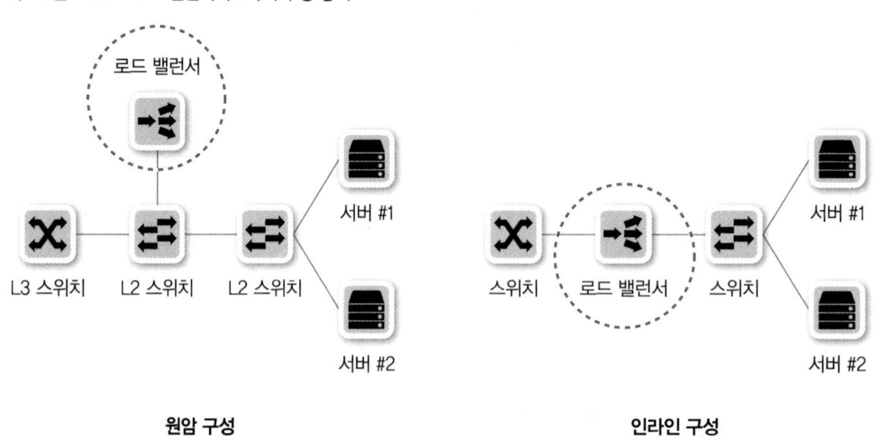

원암 구성은 로드 밸런서가 중간 스위치 옆에 연결되는 구성이고 인라인 구성은 서버로 가는 경로상에 로드 밸런서가 연결되는 구성입니다. 여기서 유의할 점은 원암이라고 해서 단순히 로드 밸런서와 스위치 간에 연결된 인터페이스가 한 개라는 뜻은 아니라는 것입니다.

실질적으로 원암과 인라인의 구분은 서버로 가는 트래픽이 모두 로드 밸런서를 경유하는지, 경유하지 않아도 되는지에 대한 트래픽 흐름으로 구분합니다. 원암 구성은 부하 분산을 수행하는 트래픽에 대해서만 로드 밸런서를 경유하고 부하 분산을 수행하지 않는 트래픽은 로드 밸런서를 경유하지 않고 통신할 수 있습니다. 반면, 인라인 구성은 부하 분산을 포함한 모든 트래픽이 로드 밸런서를 경유하는 구성이 됩니다.

이런 구성 방식에 따라 앞에서 말한 트래픽이 흐르는 경로, NAT 설정, 이어서 다룰 로드 밸런서의 동작 모드가 달라질 수 있습니다. 따라서 로드 밸런서의 구성 방식을 알아두는 것은 로드 밸런서를 이해하는 데 매우 중요합니다.

그럼 이제 각 구성에 대해 더 자세히 알아보겠습니다.

12.5.1 원암 구성

로드 밸런서의 원암(One-Arm) 구성은 로드 밸런서가 스위치 옆에 있는 형태를 말합니다. 마치 한쪽 팔을 벌린 형태의 구성과 같아 원암 구성이라고 부릅니다.

▼ 그림 12-21 로드 밸런서의 원암 구성

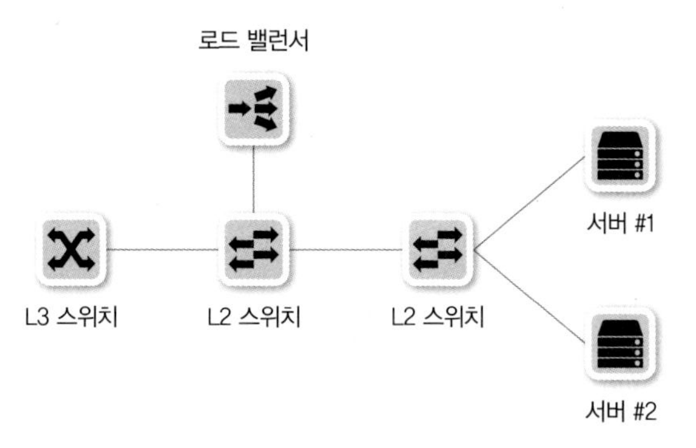

그림 12-21을 보면 로드 밸런서가 스위치와 인터페이스 하나로 연결되어 있지만 원암 구성이 단순히 물리 인터페이스가 하나라는 뜻은 아닙니다. LACP와 같은 다수의 인터페이스로 스위치와 연결된 경우에도 스위치 옆에 있는 구성이라면 동일하게 원암 구성이라고 합니다. 또한, 로드 밸런서와 스위치 간 두 개 이상의 인터페이스를 LACP가 아닌 서로 다른 네트워크로 로드 밸런서와 구성한 경우에도 원암 구성이 될 수 있습니다(실무에서는 이런 경우, 특별히 투암 구성이라고 설명하기도 하지만 크게 보면 원암 구성으로 설명될 수 있습니다).

▼ 그림 12-22 로드 밸런서와 스위치 간 인터페이스 수가 여러 개인 원암 구성의 예

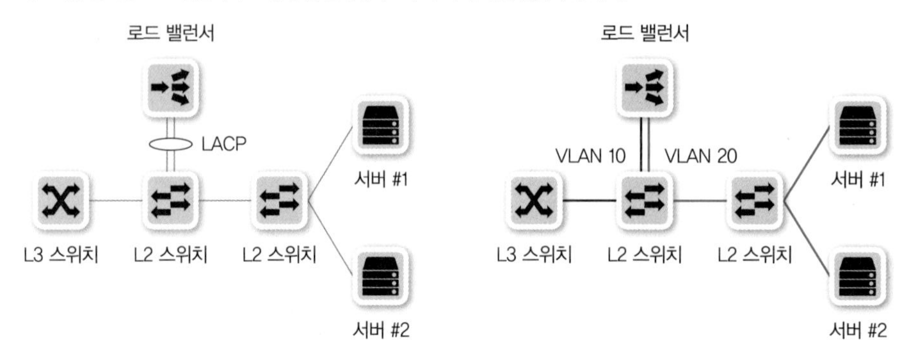

이런 원암 구성에서는 서버로 들어가거나 나오는 트래픽이 로드 밸런서를 경유하거나 경유하지 않을 수 있습니다. 트래픽이 로드 밸런서를 경유하는지 여부는 부하 분산을 이용한 트래픽인지 여부로 구분할 수 있습니다.

먼저 원암 구조에서 부하 분산을 이용하는 트래픽 흐름에 대한 그림입니다.

▼ 그림 12-23 부하 분산을 이용할 때는 로드 밸런서를 경유한다.

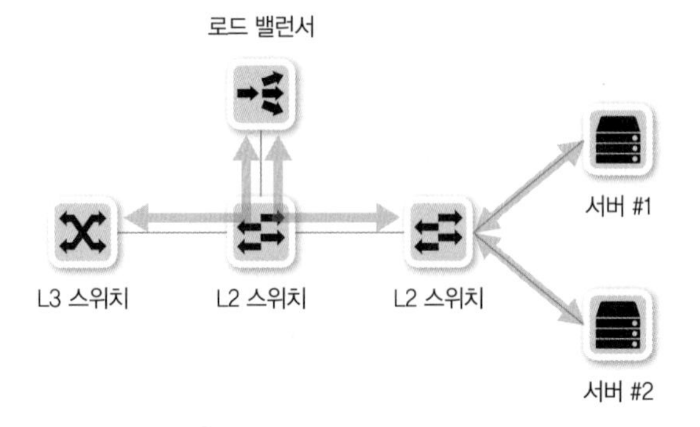

부하 분산을 이용하는 트래픽의 경우, 부하 분산에 사용되는 서비스 IP 정보를 로드 밸런서가 가지고 있어 서버로 유입되는 트래픽은 먼저 로드 밸런서를 거칩니다. 로드 밸런서에서는 각 실제 서버로 트래픽을 분산하고 서버의 응답 트래픽은 다시 로드 밸런서를 거쳐 사용자에게 응답하게 됩니다. 원암 구조에서 서버의 응답 트래픽이 로드 밸런서를 다시 거치려면 로드 밸런서를 거칠 때, 서비스 IP에 대해 실제 서버로 Destination NAT뿐만 아니라 서비스를 호출한 사용자 IP가 아니라 로드 밸런서가 가진 IP로 Source NAT도 함께 이루어져야 합니다. 또는 Source NAT를 하지 않으려면 다음 장에서 알아볼 로드 밸런서 동작 모드 중 DSR(Direct Server Return)을 사용하면 됩니다. Source NAT와 DSR에 대한 내용은 12.7 로드 밸런서 유의사항 절에서 세부적으로 다시 다루겠습니다.

다음은 원암 구조에서 부하 분산을 이용하지 않는 트래픽 흐름의 그림입니다.

▼ 그림 12-24 부하 분산을 이용하지 않을 때는 로드 밸런서를 경유하지 않는다.

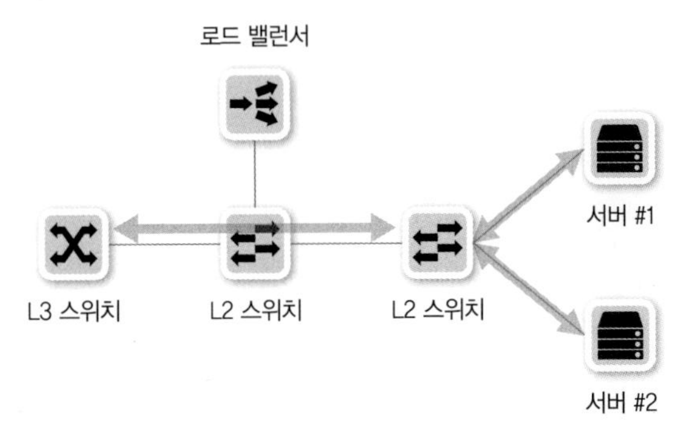

로드 밸런서의 부하 분산을 이용하지 않는 트래픽은 원암 구성에서 굳이 로드 밸런서를 거치지 않아도 서버와 통신할 수 있습니다.

따라서 원암 구성에서는 로드 밸런서를 이용하는 서비스에 대해서만 로드 밸런서를 경유하므로 불필요한 트래픽이 로드 밸런서에 유입되지 않아 로드 밸런서 부하를 줄일 수 있습니다. 스위치와 로드 밸런서 간의 대역폭을 최소화할 수 있고 대역폭이 부족할 때는 이 구간만 대역폭을 증설하면 되므로 다음에 알아볼 인라인 방식보다 상대적으로 확장에 유리합니다. 원암 구성은 로드 밸런서 부하 감소는 물론 장애 영향도를 줄이기 위해서도 사용됩니다. 로드 밸런서 장비에 장애가 발생하더라도 로드 밸런서를 거치지 않는 일반적인 서비스의 트래픽 흐름에는 문제가 없으므로 원암 구성은 로드 밸런서를 통과해야 하는 트래픽과 통과하지 않아도 되는 트래픽이 섞인 경우에 많이 사용됩니다.

참고

원암 구성에서의 대역폭

원암 구성 시, 로드 밸런서를 경유하는 트래픽이 감소하여 로드 밸런서가 처리해야 하는 용량이 줄어듭니다. 하지만 로드 밸런서와 스위치 간에 연결된 인터페이스에서 인바운드 트래픽과 아웃바운드 트래픽을 모두 수용해야 하므로 이를 고려해 로드 밸런서와 스위치 간 인터페이스의 대역폭을 산정해야 합니다.

12.5.2 인라인 구성

로드 밸런서의 인라인 구성은 용어 그대로 그림 12-25처럼 로드 밸런서가 스위치에서 서버까지 가는 일직선상 경로에 있는 형태를 말합니다.

▼ 그림 12-25 로드 밸런서 인라인 구성

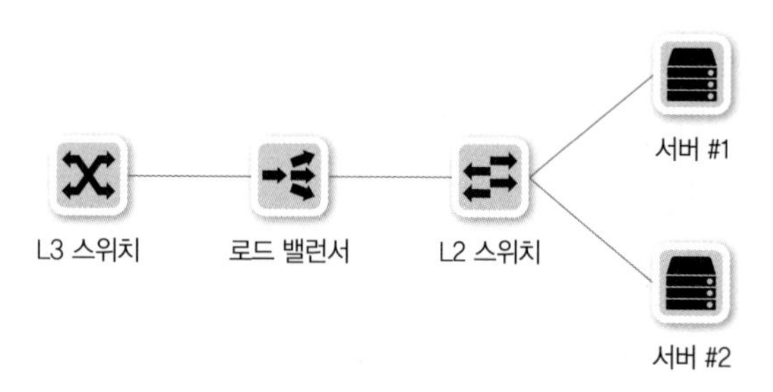

인라인 구성은 트래픽이 흐르는 경로에 로드 밸런서가 있어서 서버로 향하는 트래픽이 로드 밸런서의 서비스를 받는지 여부와 상관없이 로드 밸런서를 모두 통과합니다. 그림 12-26처럼 서버 #1, 서버 #2가 있을 때 서버 #1만 로드 밸런서를 통해 부하 분산을 받더라도 인라인 구조에서는 외부에서 서버까지의 경로가 로드 밸런서를 경유하도록 되어 있습니다.

▼ 그림 12-26 인라인 구성에서는 부하 분산 여부와 상관없이 모든 트래픽이 로드 밸런서를 경유한다.

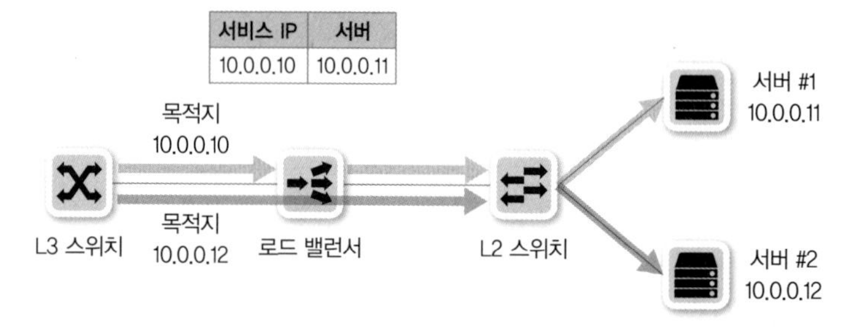

인라인 구성에서는 부하 분산 여부와 상관없이 모든 트래픽이 동일한 경로로 흐르므로 구성이 직관적이고 이해하기 쉽습니다. 그 대신 모든 트래픽이 로드 밸런서를 경유하므로 로드 밸런서의 부하가 높아집니다. 특히 일반 L3 역할을 하는 스위치에 비해 로드 밸런서는 4계층 이상의 데이터를 처리하므로 처리 가능한 용량이 L3 장비보다 적으며 처리 용량이 커지면서 가격도 많이 상승하므로 로드 밸런서 부하에 따른 성능을 반드시 고려해야 합니다. 로드 밸런서에서 처리하지 않는 트래픽이 로드 밸런서를 거치더라도 그 부하는 크지 않습니다. 인라인으로 로드 밸런서를 선정할 때 로드 밸런싱 성능과 패킷 스루풋 성능을 구별해 디자인해야 합니다.

그 밖에 인라인 구성에서도 원암 구성과 동일하게 응답 트래픽이 로드 밸런서를 거치지 못하는 경우가 발생할 수 있습니다. 이 부분은 원암 구성과 동일하게 조치할 수 있으며 자세한 내용은 12.7 로드 밸런서 유의사항 절에서 함께 다루겠습니다.

참고

물리적 원암, 논리적 인라인

로드 밸런서의 원암과 인라인을 구분할 때 물리적으로는 원암 구성을 띠더라도 실제로는 인라인 구성인 경우도 있습니다. 로드 밸런서와 연결된 스위치상에서 VRF와 같은 가상화를 사용해 논리적으로 장비를 분리하는 경우가 그 예입니다. VRF를 이용한 가상화까지 굳이 가지 않더라도 VLAN만으로도 인라인처럼 구성할 수 있습니다. 실제로 이런 경우는 물리적 구성이 아닌 장비의 논리적 구성도로 이해하면 일반적인 인라인 구성이 됩니다. 따라서 물리적 구성만 보고 원암과 인라인 구성을 구분하면 안 됩니다.

12.6 로드 밸런서 동작 모드

NETWORK

로드 밸런서 구성 방식에 이어 로드 밸런서 동작 모드에 대해 알아보겠습니다. 로드 밸런서 동작 모드는 구성 방식과도 관련 있어 앞에서 다룬 로드 밸런서 구성 방식과 함께 이해해야 합니다. 또한, 로드 밸런서 동작 모드에 따라 패킷 통신 방식도 달라지므로 로드 밸런서 동작 모드의 이해는 로드 밸런서의 운용 및 장애조치를 위해서도 매우 중요합니다.

여기서 다루는 로드 밸런서 동작 방식은 다음의 3가지입니다.

- 트랜스패런트(Transparent: TP) 또는 브릿지(Bridge)
- 라우티드(Routed)
- DSR(Direct Server Return)

12.6.1 트랜스패런트 모드

트랜스패런트(Transparent; 투명) 구성은 로드 밸런서가 OSI 2계층 스위치처럼 동작하는 구성입니다. 즉, 로드 밸런서에서 서비스하기 위해 사용하는 VIP 주소와 실제 서버가 동일한 네트워크를 사용하는 구성입니다. 트랜스패런트 구성은 기존에 사용하던 네트워크 대역을 그대로 사용하므로 로드 밸런서 도입으로 인한 IP 네트워크 재설계를 고려하지 않아도 되고 네트워크에 L2 스위치를 추가하는 것과 동일하게 기존 망의 트래픽 흐름에 미치는 영향 없이 로드 밸런서를 손쉽게 구성할 수 있습니다. 트랜스패런트 구성에서는 트래픽이 로드 밸런서를 지나더라도 부하 분산 서비스를 받는 트래픽인 경우에만 4계층 이상의 기능을 수행하며 부하 분산 서비스가 아닌 경우에는 기존 L2 스위치와 동일한 스위칭 기능만 수행합니다. 그래서 이 구성을 L2 구조라고 부르기도 합니다.

트랜스패런트 모드는 그림 12-27처럼 12.6 로드 밸런서 동작 모드에서 알아본 원암과 인라인 구성에서 모두 사용할 수 있는 동작 모드입니다. 다만 원암 구성에서는 응답 트래픽 경로 부분이 문제가 될 수 있어 Source NAT가 필요합니다. 이 내용은 12.7 로드 밸런서 유의사항에서 자세히 알아보고 여기서는 인라인 구성으로 트랜스패런트 모드를 살펴보겠습니다.

▼ 그림 12-27 원암과 인라인 구성에서 모두 트랜스패런트 구성이 가능하다.

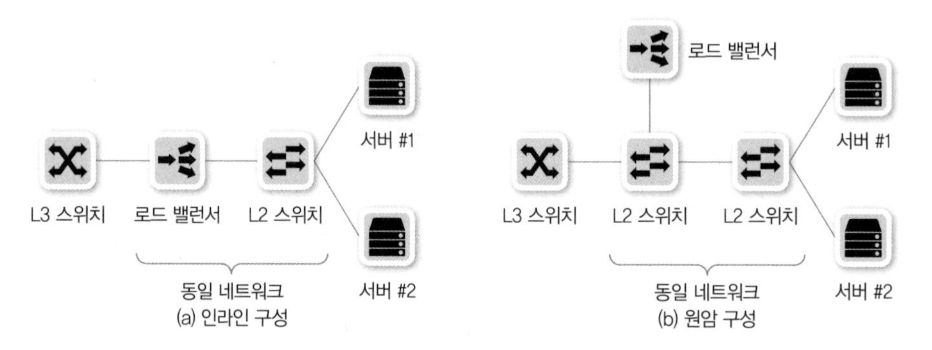

이제 트랜스패런트 모드에서 부하 분산 트래픽이 어떻게 흐르는지 알아보겠습니다.

▼ 그림 12-28 트랜스패런트 모드에서 서비스 요청 시의 패킷 흐름

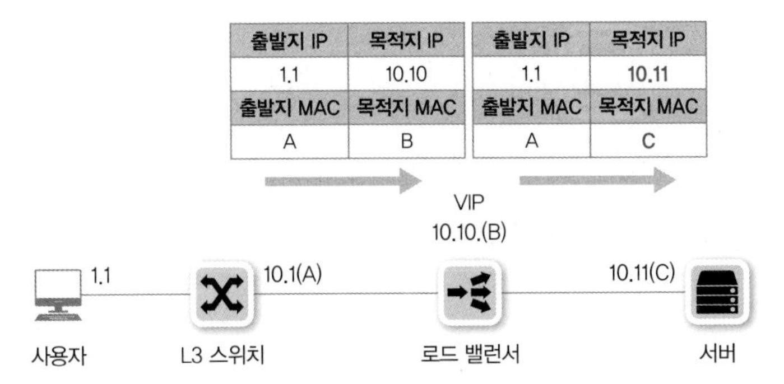

먼저 사용자는 서비스 IP인 로드 밸런서의 VIP 주소 10.10으로 서비스를 요청합니다. 로드 밸런서로 들어온 패킷은 목적지 IP 주소를 VIP에 바인딩되어 있는 실제 서버 IP 주소로 변경(Rewrite)하므로 목적지 IP 주소는 10.10에서 10.11로 변경됩니다. 마찬가지로 목적지 MAC 주소도 실제 서버의 MAC 주소인 C가 됩니다. 로드 밸런서와 목적지 서버가 동일한 네트워크 대역이므로 L3 장비를 지날 때처럼 출발지 MAC 주소는 변경되지 않습니다. 서비스 요청 패킷의 목적지 정보가 변경되면 실제 서버로 패킷이 전달됩니다. 로드 밸런서에서 서비스를 위한 VIP 주소가 실제 서버의 IP 주소로 변경해 전송하므로 목적지(Destination) NAT가 되었다고 합니다.

▼ 그림 12-29 트랜스패런트 모드에서 서비스 응답 시의 패킷 흐름

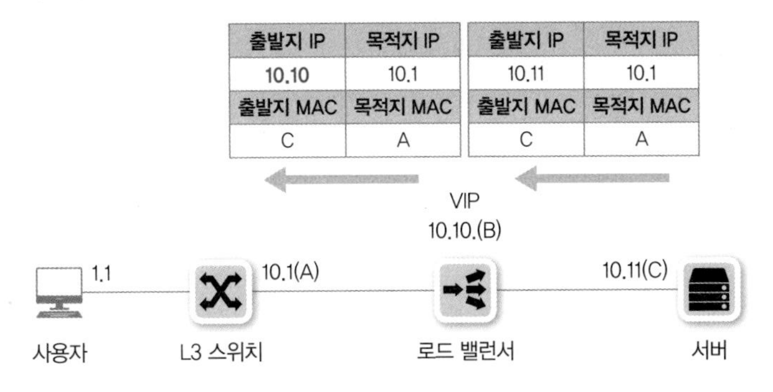

서버에서 사용자에게 응답할 때는 로드 밸런서를 지나면서 요청할 때와 반대로 출발지의 IP 주소가 실제 서버의 IP에서 VIP 주소로 변경되지만 목적지 MAC 주소는 변경되지 않습니다. 서버에서 응답할 때, 목적지 MAC 주소가 이미 게이트웨이의 MAC 주소를 갖고 있어 변경할 필요가 없기 때문입니다.

인라인 구성에서 로드 밸런서가 트랜스패런트 모드에서 동작할 때, 게이트웨이 외부 사용자로부터 받은 서비스 요청을 처리하는 데는 문제가 없지만 동일 네트워크에서 서비스를 호출할 때는 서

비스 응답이 로드 밸런서를 거치지 않을 수 있습니다. 로드 밸런서가 원암 구성인 경우에도 서비스 응답이 로드 밸런서를 거치지 않을 수 있고 이때 서비스에 문제가 발생할 수 있습니다. 응답 패킷이 로드 밸런서를 다시 거쳐 역변환되어야 정상적인 부하 분산이 가능하기 때문입니다.

이 부분은 12.7 로드 밸런서 유의사항 절에서 다룹니다.

참고

트랜스패런트 모드를 구현할 때는 내부적으로 프록시 ARP를 이용하는 방식이 사용되기도 합니다. 프록시 ARP를 이용해 구현한 트랜스패런트 모드는 MAC 주소를 변경합니다. 최근에는 이런 프록시 ARP를 이용한 방식보다 대부분 순수 트랜스패런트 모드를 사용하므로 상세한 내용을 설명하지 않았습니다.

12.6.2 라우티드 모드

라우티드 구성은 이름에서도 알 수 있듯이 로드 밸런서가 라우팅 역할을 수행하는 모드입니다. 즉, 로드 밸런서를 기준으로 사용자 방향(Client Side)과 서버 방향(Server Side)이 서로 다른 네트워크로 분리된 구성입니다. 로드 밸런서는 사용자 방향과 서버 방향의 네트워크를 라우팅으로 연결합니다. 라우티드 모드는 원암 구성와 인라인 구성에서 모두 구성할 수 있습니다.

▼ 그림 12-30 원암과 인라인 구성에서도 모두 라우티드 모드 구성이 가능하다.

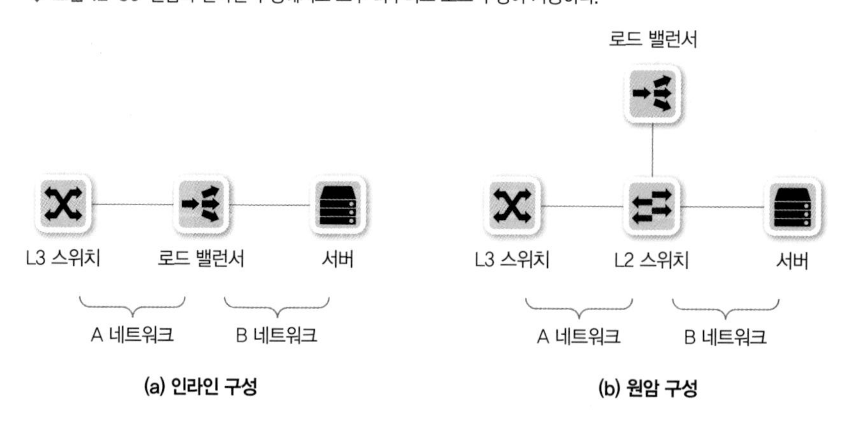

라우티드 모드는 보안 강화 목적으로 서버쪽 네트워크를 사설로 구성해 서버에 직접 접속하는 것을 막는 용도로 사용되기도 합니다.

그럼 라우티드 구성에서 로드 밸런서를 통한 트래픽이 어떻게 흐르는지 살펴보겠습니다.

사용자는 서비스 IP인 VIP 주소 10.10으로 서비스를 요청합니다. 로드 밸런서로 들어온 패킷은 목적지 IP 주소를 VIP에 바인딩된 실제 서버 IP 주소인 20.11로 변경합니다. 라우팅을 수행하면서 로드 밸런서를 통과하므로 일반 라우팅과 동일하게 출발지와 목적지의 MAC 주소도 각각 A → D, B → C로 변경됩니다. 목적지 IP와 출발지/목적지 MAC이 변경된 패킷은 라우팅 테이블을 확인해 실제 서버로 전송됩니다. 이 과정에서 로드 밸런서는 서비스를 위한 VIP에서 실제 서버의 IP 주소로 변경해 전송하므로 Destination NAT가 되었다고 합니다.

▼ 그림 12-31 라우티드 모드에서 서비스 요청 시의 패킷 흐름

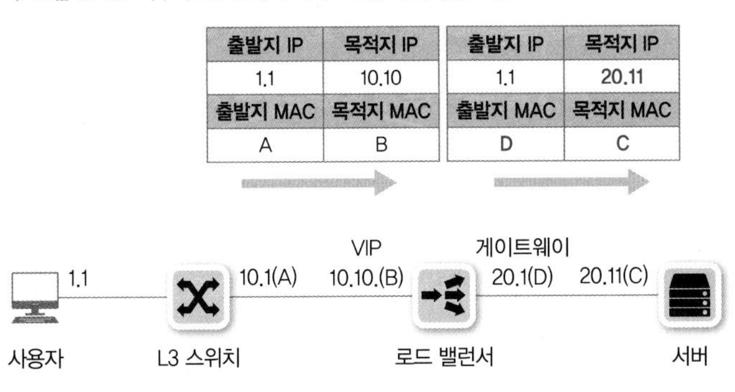

출발지 IP	목적지 IP
1.1	10.10
출발지 MAC	목적지 MAC
A	B

출발지 IP	목적지 IP
1.1	20.11
출발지 MAC	목적지 MAC
D	C

이번에는 서버에서 사용자로 전달되는 응답 패킷의 흐름을 살펴보겠습니다. 서버에서 사용자에게 응답하기 위해 패킷을 전송할 때는 출발지가 실제 서버의 IP 주소가 되고 목적지 IP는 원래 사용자의 IP 주소가 됩니다. 다만 목적지 IP가 외부 네트워크이므로 목적지 MAC은 외부로 나가는 관문인 로드 밸런서의 MAC 주소가 됩니다. 로드 밸런서로 들어온 패킷은 출발지 IP 주소를 실제 서버의 IP인 20.11에서 사용자가 서비스를 위해 요청했던 VIP인 10.10으로 변환합니다. 그리고 요청 트래픽과 마찬가지로 출발지와 목적지의 MAC 주소를 변경한 후 사용자에게 응답 패킷을 전송합니다.

▼ 그림 12-32 라우티드 모드에서 서비스 응답 시의 패킷 흐름

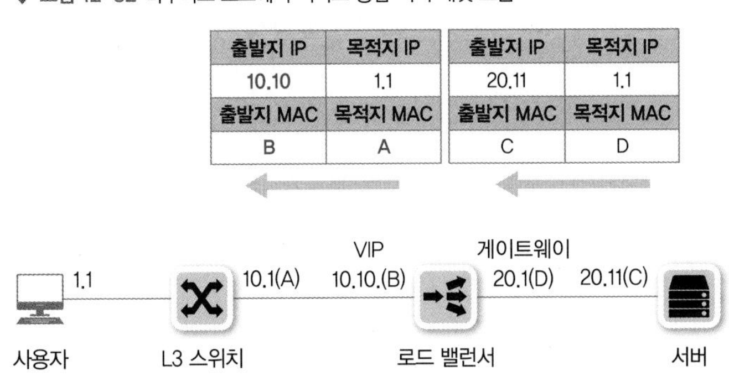

출발지 IP	목적지 IP
10.10	1.1
출발지 MAC	목적지 MAC
B	A

출발지 IP	목적지 IP
20.11	1.1
출발지 MAC	목적지 MAC
C	D

참고

인라인 모드의 라우티드 구성에서 라우티드 모드의 로드 밸런서가 서버의 게이트웨이 역할을 하거나 로드 밸런서와 서버 사이에 또 다른 L3 장비를 통하는 경우, 해당 L3 장비에서 게이트웨이 역할을 할 수도 있습니다.

12.6.3 DSR 모드

DSR(Direct Server Return)은 명칭 그대로 사용자의 요청이 로드 밸런서를 통해 서버로 유입된 후에 다시 로드 밸런서를 통하지 않고 서버가 사용자에게 직접 응답하는 모드입니다. 로드 밸런서에는 응답 트래픽이 유입되지 않으므로 사용자가 요청하는 패킷에 대해서만 관여합니다. DSR 모드는 응답할 때, 로드 밸런서를 경유하지 않으므로 원암으로 구성합니다.

DSR 모드는 L2 DSR과 L3 DSR로 구분되는데 L2 DSR은 실제 서버의 네트워크를 로드 밸런서가 가진 경우이며 L3 DSR은 실제 서버의 네트워크 대역을 로드 밸런서가 가지지 않은 경우입니다. 즉, 로드 밸런서에서 실제 서버까지의 통신이 L2 통신인지, L3 통신인지에 따라 L2 DSR과 L3 DSR로 나눌 수 있습니다.

DSR 모드에서는 요청 트래픽만 로드 밸런서를 통해 흐르므로 로드 밸런서 전체 트래픽이 감소해 로드 밸런서 부하가 감소합니다. 특히 일반적인 서비스 트래픽인 경우, 서비스 요청 패킷보다 서비스 응답 패킷의 크기가 더 크기 때문에 로드 밸런서의 트래픽 부하 감소에 효과적입니다. 응답 패킷의 크기가 클수록 이러한 부하 감소율은 더 커지게 되는데 예를 들어 사용자 요청에 의한 스트리밍 서비스와 같이 응답 패킷의 트래픽이 서비스에 필요한 대역폭의 대부분을 차지하는 경우에는 DSR 모드를 통해서 로드 밸런서를 경유하지 않고 응답 패킷의 트래픽을 전달하여 로드 밸런서 부하 감소 효과를 극대화할 수 있습니다.

반면, 이러한 효과가 있는 반면에 DSR 모드의 서비스 응답이 로드 밸런서를 경유하지 않으므로 문제가 발생했을 때, 문제 확인이 어렵습니다. 다른 동작 모드는 로드 밸런서 설정만 필요하지만 L2 DSR과 L3 DSR은 로드 밸런서 설정 외에 서버에서도 추가 설정이 필요합니다. L3 DSR은 윈도 서버에서 지원하지 않으므로 서버팜에 윈도 서버가 있는 경우에는 L3 DSR을 사용할 수 없습니다. 여기서는 L2 DSR 기준으로 다룹니다.

▼ 그림 12-33 로드 밸런서가 서버 대역을 가지고 있으면 L2 DSR이고 없으면 L3 DSR이다.

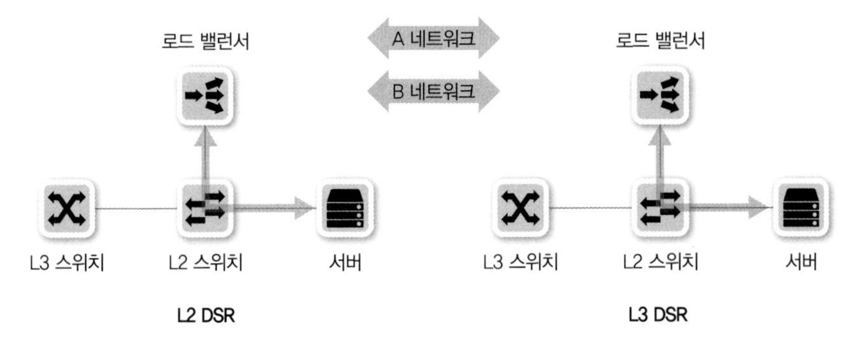

DSR 모드는 다른 모드와 달리 서버에서도 추가 설정이 왜 필요한지 DSR 모드의 트래픽 흐름을 통해 알아보겠습니다.

사용자는 서비스 IP인 VIP로 서비스를 요청합니다. 로드 밸런서로 들어온 서비스 요청 패킷은 앞에서 알아본 트랜스패런트나 라우티드 방식의 경우, 목적지 IP 주소가 로드 밸런서를 거치면서 실제 서버의 IP로 Destination NAT가 되고 응답할 때는 다시 VIP로 Source NAT를 수행합니다. 하지만 DSR 모드에서는 그림 12-34처럼 서버에서 로드 밸런서를 거치지 않고 응답해야 하므로 응답할 때, 로드 밸런서를 통한 출발지 IP를 변경하는 Source NAT를 수행할 수 없습니다.

▼ 그림 12-34 DSR 모드에서는 서비스 응답 시 로드 밸런서를 경유하지 않으므로 응답 패킷에 대한 NAT 수행이 불가능하다.

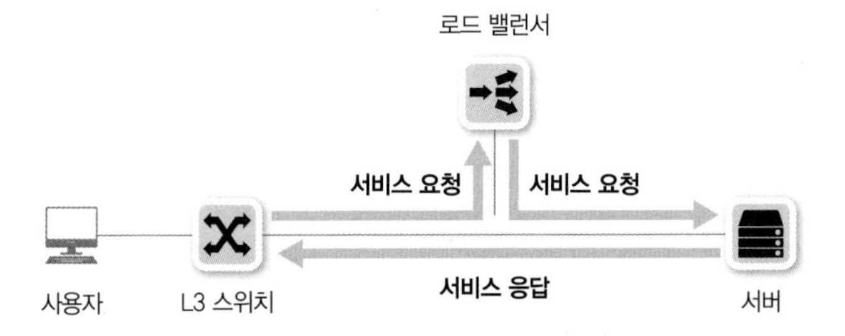

Source NAT가 수행되지 않았기 때문에 사용자 입장에서는 서비스를 요청했던 IP 주소인 로드 밸런서의 서비스 VIP가 아닌 실제 서버 IP로 응답을 받습니다. 요청했던 IP 주소와 응답을 해주는 IP 주소가 다르기 때문에 사용자는 비정상적인 응답으로 간주하고 패킷을 처리하지 않습니다.

그래서 DSR 모드인 경우, 로드 밸런서는 서비스를 요청할 때 목적지 IP는 실제 서버 IP로 변경하지 않고 VIP 그대로 유지하고 목적지 MAC 주소만 실제 서버의 MAC 주소로 변경해 서버로 전송합니다. 서버에서는 해당 패킷을 수신할 때, 목적지 IP 주소가 서버의 주소와 맞지 않으면 폐기되므로 루프백 인터페이스를 생성해 VIP 주소를 할당합니다. 그리고 서비스 요청 트래픽이 들어오는 인터페이스에 설정한 IP가 아니므로 해당 인터페이스에 설정된 IP가 아닌 루프백에 설정된 IP 주소더라도 패킷을 수신할 수 있도록 설정합니다. 마지막으로 이 VIP는 로드 밸런서와 동일한 IP가 중복 설정된 상태이므로 ARP에 의해 중복된 IP에 대한 MAC이 갱신되지 않도록 서버에 설정된 VIP에 대해서는 ARP 광고가 되지 않도록 합니다.

그럼 이제 DSR 모드의 실제 패킷 흐름을 살펴보겠습니다.

사용자는 서비스 IP인 VIP 주소 10.10으로 서비스를 요청합니다. 로드 밸런서는 목적지 IP를 VIP 주소로 두고 목적지 서버의 MAC 주소만 변경해 실제 서버로 전송합니다. 실제 서버에서는 루프백 인터페이스에 VIP와 동일한 IP 주소가 설정되어 있고 목적지 IP가 이 루프백 IP와 동일한 경우에도 패킷을 수신합니다.

▼ 그림 12-35 DSR 모드에서 서비스 요청 시의 패킷 흐름

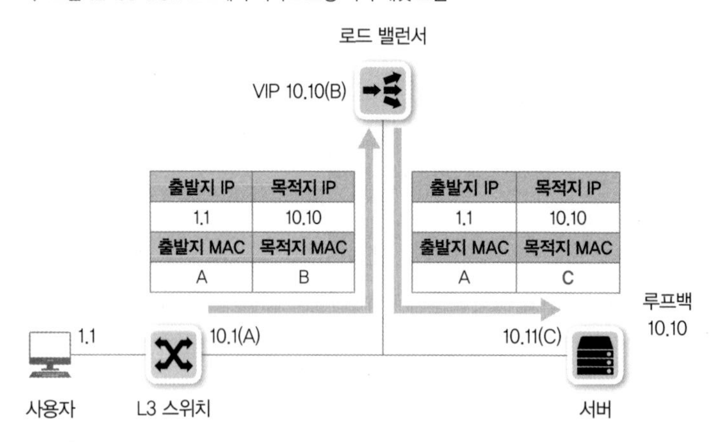

DSR 모드의 응답은 로드 밸런서가 개입하지 않으므로 로드 밸런서를 사용하지 않는 일반 패킷과 유사하게 전달됩니다. 다만 출발지 IP가 서버의 인터페이스 IP 주소가 아닌 루프백 인터페이스의 IP 주소, 즉 사용자가 요청했던 VIP 주소로 설정해 패킷을 전송합니다.

▼ 그림 12-36 DSR 모드에서 서비스 응답 시의 패킷 흐름

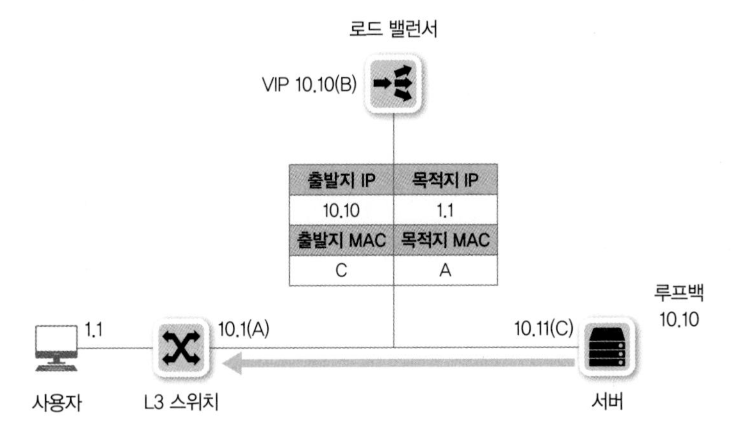

앞에서 설명했듯이 DSR 모드를 사용하려면 서버에서도 다음과 같은 추가 설정이 필요합니다.

- 루프백 인터페이스 설정
- 리눅스 커널 파라미터 수정(리눅스) / 네트워크 설정 변경(윈도)

운영체제별로 DSR 모드 구성을 위한 자세한 설정 방법을 알아보겠습니다.

12.6.3.1 리눅스 서버에서 루프백 인터페이스 설정

로드 밸런서의 서비스용 가상 IP 주소(VIP)를 서버의 루프백 인터페이스에 설정해 DSR 모드를 구성합니다. 사용자가 요청한 서비스 IP 주소를 서버에서도 동일하게 갖고 있으므로 서비스 IP 주소를 목적지로 한 요청을 수신받고 응답도 서버의 실제 서버 IP가 아닌 요청받았던 서비스 IP 주소(루프백에 설정된)를 출발지 IP 주소로 설정해 사용자에게 응답할 수 있습니다. 사용자는 응답받은 패킷이 자신이 요청한 목적지로부터 온 것으로 판단해 해당 패킷을 수신하게 됩니다. 루프백 인터페이스를 설정하는 방법은 다음과 같습니다.

루프백 인터페이스 설정: RHEL(CentOS) 계열

```
DEVICE=lo:0
IPADDR=서비스용 가상 IP(VIP)
NETMASK=255.255.255.255
ONBOOT=yes
NAME=lo0
```

루프백 인터페이스 설정: 데비안(우분투) 계열

```
auto lo lo:0
iface lo inet loopback
iface lo:0 inet static
        address 서비스 가상 IP(VIP)
        netmask 255.255.255.255
```

루프백 인터페이스를 설정한 후에는 해당 IP가 로드 밸런서에 설정된 IP와 동일하므로 ARP를 통한 테이블이 갱신되지 않도록 해당 서버의 리눅스 커널 파라미터를 수정해야 합니다. 즉, 해당 인터페이스가 GARP(Gratuitous ARP)를 보내거나 ARP 응답을 하지 않도록 설정합니다.

리눅스 커널 파라미터의 변경 방법은 다음과 같습니다.

커널 파라미터 추가(/etc/sysctl.conf)

```
net.ipv4.conf.lo.arp_ignore=1
net.ipv4.conf.lo.arp_announce=2
net.ipv4.conf.all.arp_ignore=1
net.ipv4.conf.all.arp_announce=2
```

네트워크 재시작

```
systemctl network restart 또는 service network restart          # RHEL(CentOS)
service networking restart 또는 service networking restart    # 데비안(우분투)
```

12.6.3.2 윈도 서버에서 루프백 인터페이스 설정

윈도 서버에서 루프백 인터페이스를 생성하기 위해 다음과 같이 실행에서 hdwwiz를 실행해 바로 하드웨어 추가 마법사를 실행합니다.

▼ 그림 12-37 하드웨어 추가 마법사 실행

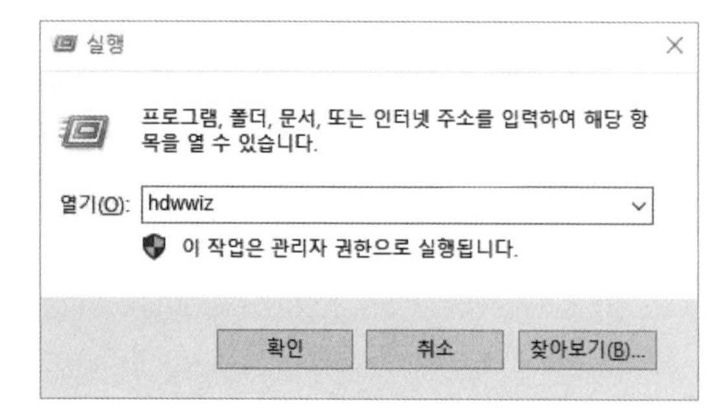

목록에서 직접 선택한 하드웨어 설치(고급)(M)을 선택합니다.

▼ 그림 12-38 하드웨어 설치 마법사: 1단계

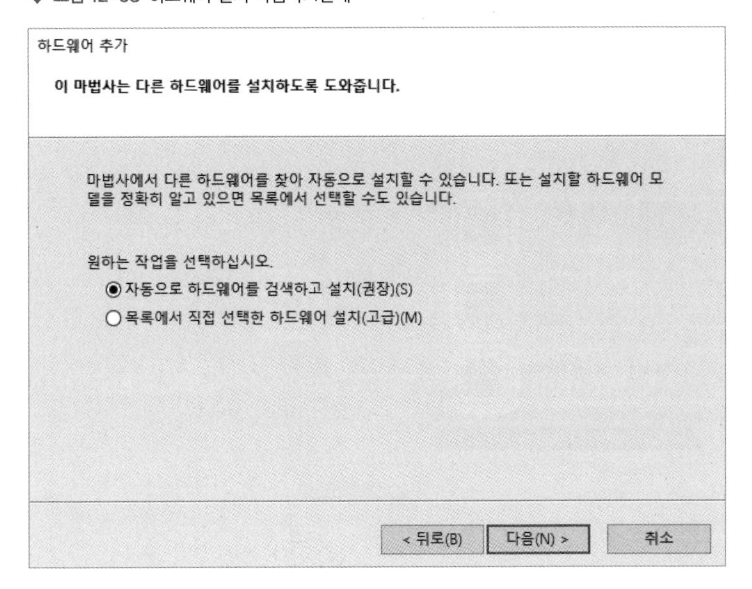

일반 하드웨어 종류에서 루프백 인터페이스도 일종의 네트워크 어댑터이므로 네트워크 어댑터를 선택합니다.

▼ 그림 12-39 하드웨어 설치 마법사: 2단계

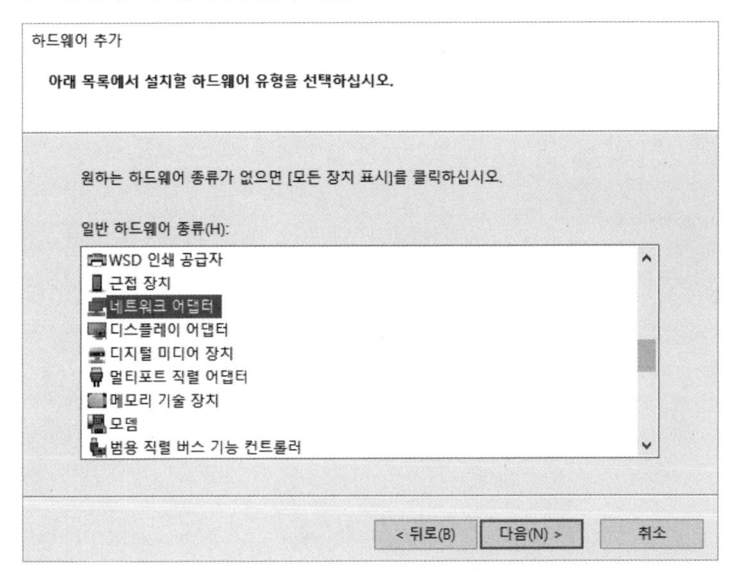

제조업체에서는 Microsoft를 선택하고 모델에서 Microsoft KM-TEST Loopback Adapter를 고르고 다음 버튼을 클릭해 설치를 시작합니다.

▼ 그림 12-40 하드웨어 설치 마법사: 3단계

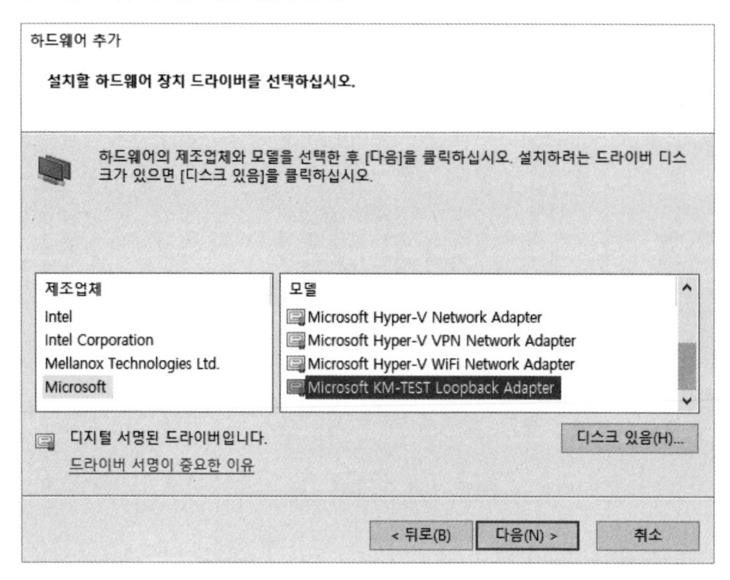

설치를 시작하고나면 잠시 후 하드웨어 추가 마법사가 완료됩니다.

▼ 그림 12-41 하드웨어 설치 마법사: 4단계

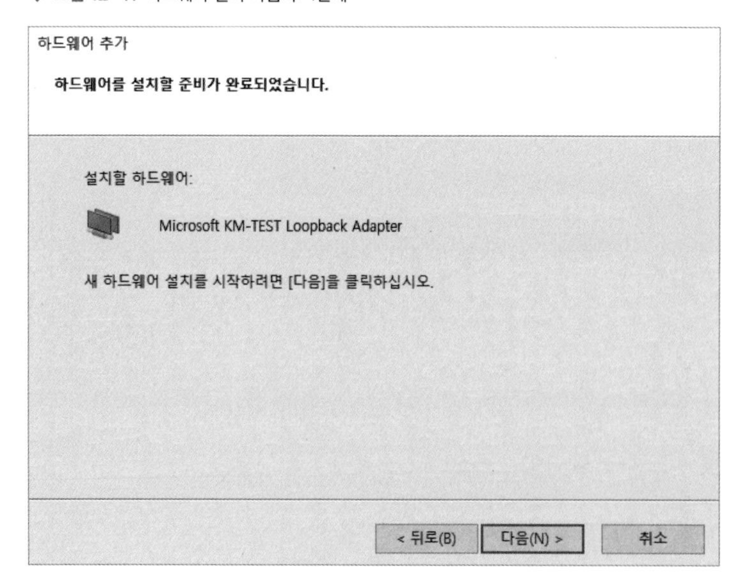

루프백 인터페이스가 추가되고나면 네트워크 연결에 루프백 인터페이스가 생긴 것을 확인할 수 있습니다. 다음 그림은 Ethernet 4가 추가된 루프백 인터페이스입니다.

▼ 그림 12-42 생성된 루프백 인터페이스 확인

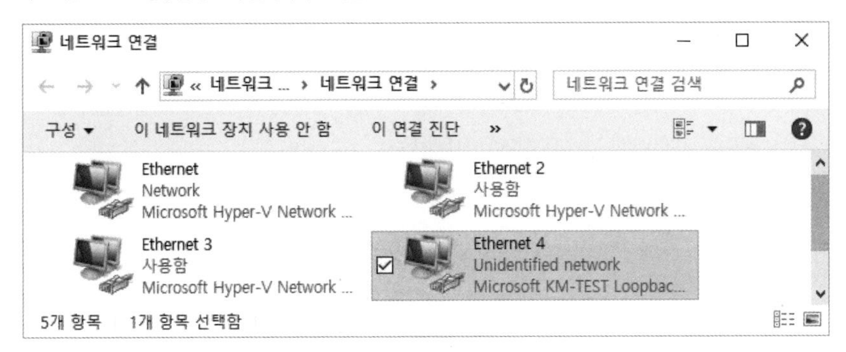

루프백 인터페이스가 생성된 후에는 서비스 인터페이스를 통해 루프백 인터페이스가 목적지인 패킷을 수신할 수 있도록 설정하는 작업이 필요합니다. 패킷을 송수신할 때, 해당 인터페이스에 설정된 IP 주소가 아니더라도 패킷을 수신하거나 송신을 허용하는 설정입니다. 설정은 네트워크 셸(netsh)을 사용합니다. 여기서는 서비스 인터페이스를 'Ethernet', 루프백 인터페이스를 'Ethernet 4'라고 가정하고 설정합니다.

DSR 사용을 위한 네트워크 설정 변경

```
C:\>netsh interface ipv4 set interface "Ethernet" weakhostreceive=enabled
Ok.
C:\>netsh interface ipv4 set interface "Ethernet 4" weakhostreceive=enabled
Ok.
C:\>netsh interface ipv4 set interface "Ethernet 4" weakhostsend=enabled
Ok.
```

변경된 설정은 다음과 같이 확인할 수 있습니다. 강조한 부분에서 약한 호스트 모델이 적용되었는지 확인할 수 있습니다.

네트워크 설정 변경 내역 확인

```
C:\>netsh interface ip dump


# ----------------------------------
# IPv4 Configuration
```

```
# --------------------------------
pushed interface ipv4

reset
set global
set interface interface="Ethernet (Kernel Debugger)" forwarding=enabled
advertise=enabled nud=enabled ignoredefaultroutes=disabled
set interface interface="Ethernet" forwarding=enabled advertise=enabled nud=enabled
weakhostreceive=enabled ignoredefaultroutes=disabled
set interface interface="Ethernet 2" forwarding=enabled advertise=enabled nud=enabled
ignoredefaultroutes=disabled
set interface interface="Ethernet 3" forwarding=enabled advertise=enabled nud=enabled
ignoredefaultroutes=disabled
set interface interface="ZIGI-TEAM" forwarding=enabled advertise=enabled nud=enabled
ignoredefaultroutes=disabled
set interface interface="Ethernet 4" forwarding=enabled advertise=enabled nud=enabled
weakhostsend=enabled weakhostreceive=enabled ignoredefaultroutes=disabled
```

12.7 로드 밸런서 유의사항

NETWORK

이번 절에서는 로드 밸런서를 구성할 때 유의해야 할 몇 가지 이슈 중 앞에서 다루지 않은 내용을 알아보겠습니다. 로드 밸런서 구성 방식과 동작 모드에 따라 서비스 흐름이 달라지고 이런 흐름에 따라 설정과 동작 방식이 달라집니다. 이것은 운영 및 이슈 대응에 차례대로 영향을 미치므로 앞에서 다룬 12.5 로드 밸런서 구성 방식 절, 12.6 로드 밸런서 동작 모드 절과 함께 상세히 알아두어야 합니다.

12.7.1 원암 구성의 동일 네트워크 사용 시

그림 12-43은 원암 구성에서 서비스 IP와 서버의 네트워크 대역이 동일 네트워크를 사용하는 경우를 나타낸 것입니다.

원암 구성은 로드 밸런서를 이용하는 서비스에 대해서만 로드 밸런서를 경유하므로 불필요한 트래픽이 로드 밸런서에 유입되지 않아 로드 밸런서의 부하와 장애 범위를 줄일 수 있는 구성이라고 앞에서 설명했습니다. 여기서는 원암 구성에서 서비스 네트워크와 서버 네트워크가 동일한 네트워크로 구성된 상황에서 발생할 수 있는 문제를 살펴보겠습니다.

▼ 그림 12-43 원암 구성에서 서비스 IP와 서버가 동일 네트워크를 사용할 때의 문제

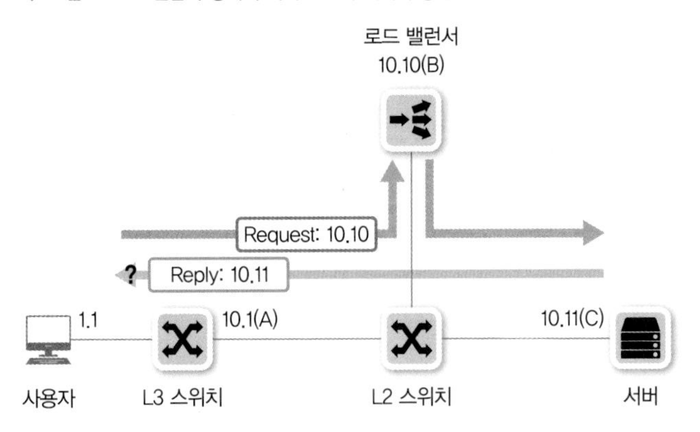

사용자가 서비스 IP(로드 밸런서의 VIP)로 요청하면 로드 밸런서에서는 실제 서버의 IP 주소로 Destination NAT한 후 서버로 전달합니다. 서버는 다시 사용자에게 응답할 때 게이트웨이 장비인 L3 스위치를 통해 응답하는데 인라인 구성에서는 로드 밸런서를 통과하지만 원암 구성에서는 로드 밸런서를 거치지 않고 사용자에게 바로 응답합니다. 사용자는 10.10이라는 서비스 IP로 요청했지만 응답은 서버의 실제 IP인 10.11로 받게 되고 서비스를 호출한 사용자 입장에서는 요청하지 않은 IP에서 응답 패킷을 받았으므로 해당 패킷은 정상적으로 처리되지 않고 폐기됩니다.

이 문제는 로드 밸런서를 거치면서 변경된 IP가 재응답할 때, 로드 밸런서를 경유하면서 원래의 IP로 바꾸어 응답해야 하지만 원암 구조에서는 응답 트래픽이 로드 밸런서를 경유하지 않아서 발생합니다.

다음은 이런 문제를 해결하는 방법입니다.

12.7.1.1 게이트웨이를 로드 밸런서로 설정

서버에서 동일 네트워크가 아닌 목적지로 가려면 게이트웨이를 통과해야 합니다. 따라서 로드 밸런서를 통해 부하 분산이 이루어지는 실제 서버에 대해서는 게이트웨이를 로드 밸런서로 설정하면 로컬 네트워크가 아닌 외부 사용자의 호출에 대한 응답이 항상 로드 밸런서를 통하므로 정상적으로 사용자에게 응답할 수 있게 됩니다.

다만 이 경우, 물리적으로는 원암 구조이지만 실제 트래픽 플로가 로드 밸런서를 게이트웨이로 사용하므로 원암 구조에서 가질 수 있는 로드 밸런서의 부하 감소효과가 줄어듭니다. 물론 부하 분

산을 사용하지 않는 서버는 기존과 동일하게 게이트웨이를 L3 스위치로 설정하면 로드 밸런서를 경유하지 않으므로 여전히 로드 밸런서의 부하 감소효과를 가져올 수 있습니다.

▼ 그림 12-44 서버의 게이트웨이를 로드 밸런서로 설정

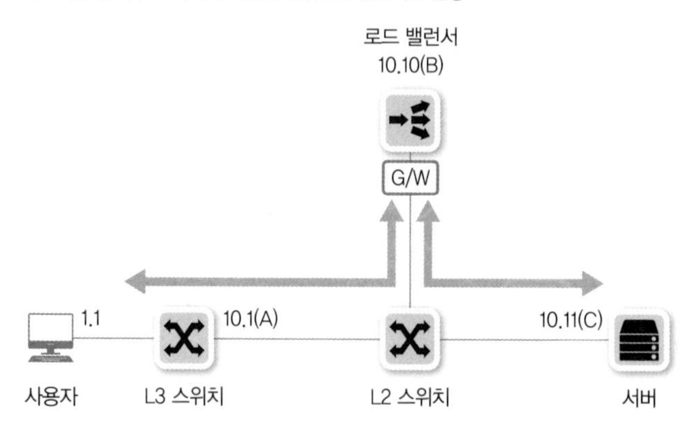

12.7.1.2 Source NAT 사용

원암 구성의 동일 네트워크 문제를 해결하는 두 번째 방법은 Source NAT를 적용하는 것입니다. 사용자의 서비스 요청에 대해 로드 밸런서가 실제 서버로 가기 위해 수행하는 Destination NAT뿐만 아니라 출발지 IP 주소를 로드 밸런서가 가진 IP로 함께 변경합니다. 그럼 서버에서는 사용자의 요청이 아니라 로드 밸런서가 서비스 요청을 한 것으로 보이기 때문에 응답을 로드 밸런서로 보내게 됩니다. 로드 밸런서는 응답 패킷의 출발지를 실제 서버에서 로드 밸런서에 있는 서비스 IP(VIP)로 바꾸고 목적지 IP 주소를 로드 밸런서의 IP에서 원래의 사용자 IP로 변경해 사용자에게 응답하게 합니다. 이 경우, 서비스를 호출할 때와 응답할 때 모두 Source/Destination NAT를 함께 수행하게 됩니다.

▼ 그림 12-45 로드 밸런서에서의 Source NAT 설정

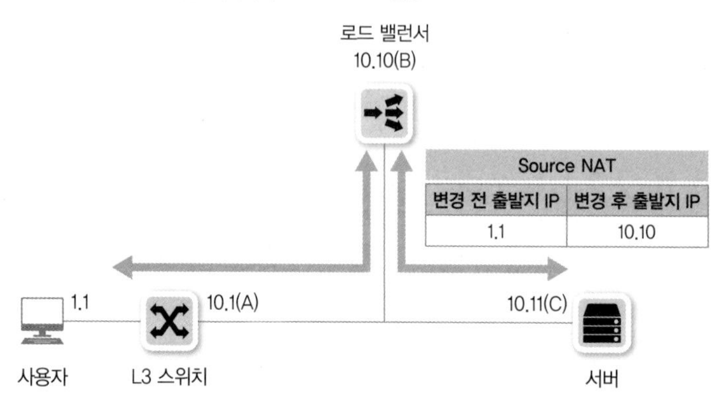

다만 이 경우, 서버 애플리케이션 입장에서 보면 서비스를 호출한 IP가 하나의 동일한 IP로 보이기 때문에 사용자 구분이 어렵다는 문제가 있습니다. 웹 서비스는 이런 문제를 해결하기 위해 HTTP 헤더의 X-Forwarded-For(XFF)를 사용해 실제 사용자 IP를 확인하는 방법을 사용하기도 합니다.

12.7.1.3 DSR 모드

원암 구조의 동일 네트워크에서 DSR 모드를 사용할 수 있습니다. 로드 밸런서 동작 모드에서 알아보았듯이 DSR 모드는 사용자의 서비스 요청 트래픽에 대해 별도의 Destination NAT를 수행하지 않고 실제 서버로 서비스 요청 패킷을 전송합니다. 각 서버에는 서비스 IP 정보가 루프백 인터페이스에 설정되어 있으며 서비스에 응답할 때, 루프백에 설정된 서비스 IP 주소를 출발지로 응답합니다.

▼ 그림 12-46 로드 밸런서에서의 DSR 모드 동작

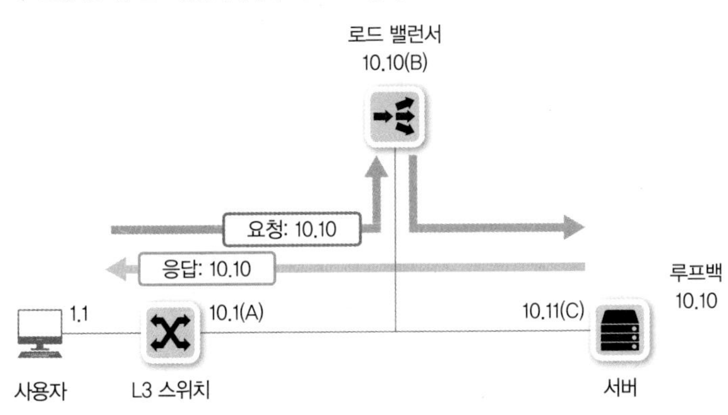

12.7.2 동일 네트워크 내에서 서비스 IP(VIP) 호출

로드 밸런서 구성상 두 번째 유의사항으로 다룰 내용은 동일 네트워크 내에서 서비스 IP(VIP)를 호출하는 경우입니다. 다음 그림으로 그 경우를 살펴보겠습니다.

서버 #1은 로드 밸런서의 서비스 IP를 통해 부하 분산이 이루어지고 있는 서버입니다. 이때 서버 #2에서 서버 #1의 서비스 IP 호출을 위해 로드 밸런서로 서비스 요청을 합니다(①). 로드 밸런서에서는 목적지 IP인 서비스 IP 주소를 서버 #1의 IP 주소로 변환해 서버 #1로 전달합니다(②). 서비스 요청을 받은 서버 #1은 서비스를 호출한 출발지 IP를 확인해 응답하는데 이때 서비스를 호출한 출발지가 자신과 동일한 네트워크임을 확인합니다. 동일한 네트워크이므로 목적지에 대해 로

드 밸런서를 거치지 않고 바로 응답합니다(③). 서버 #2에서는 서비스를 요청한 IP 주소가 아닌 다른 IP 주소로 응답이 오므로 해당 패킷은 폐기되면서 정상적인 서비스가 이루어지지 않게 됩니다.

이런 문제는 원암 구성이든 인라인 구성이든 어느 경우든지 발생할 수 있는 문제입니다.

▼ 그림 12-47 인라인과 원암 구성은 동일한 네트워크 내에서 서비스 호출 시 로드 밸런서를 거치지 않고 응답하면 문제가 발생할 수 있다.

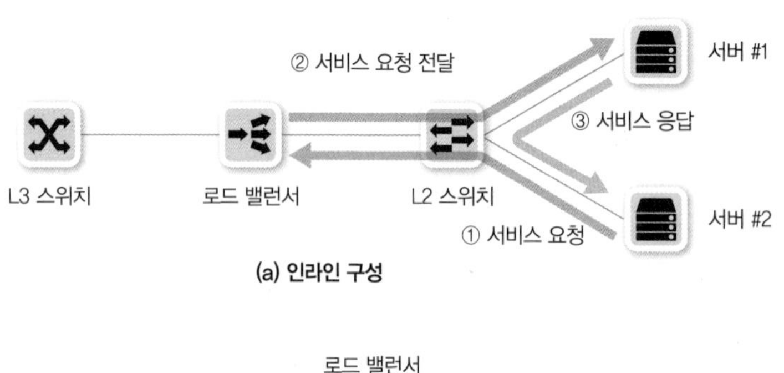

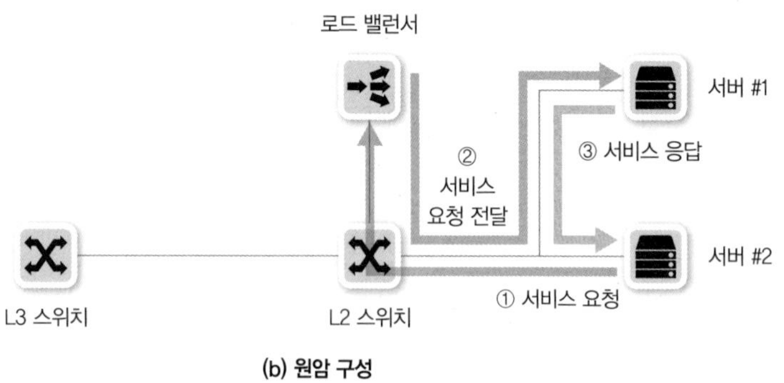

이 문제의 해결 방법도 앞에서 알아본 문제의 해결 방법과 거의 같습니다. 서비스 요청이 로드 밸런서를 거칠 때, 출발지 IP 주소를 로드 밸런서의 IP로 변경하는 Source NAT 방법을 사용하거나 DSR 모드를 사용해 실제 서버에서 로드 밸런서를 거치지 않고 직접 응답하면 됩니다. 그 밖에 동일한 네트워크에서의 서비스 IP 호출을 해결하는 또 다른 방법은 부하 분산 서비스를 받는 서버를 로드 밸런서에 직접 연결해 어떤 서비스 요청에 대한 응답이든 물리적으로 로드 밸런서를 거치게 하는 것입니다. 하지만 이 방법은 로드 밸런서의 포트 수가 제한되어 있어 서버 확장에 제한적입니다. 또한, 로드 밸런서 장비는 포트 수가 많아지면 가격이 매우 비싸지므로 이 방법을 권장하지 않습니다.

여기서 다룬 로드 밸런서 구성 문제 외에 다양한 문제가 발생할 수 있고 여기서 제시한 문제 해결 방법이 완벽하지 않을 수도 있습니다. Source NAT 방법을 사용한다면 서비스 요청이 매우 많을 때, Source NAT를 할 수 있는 서비스 포트 범위가 제한적이므로 Source NAT되는 IP 주소를 하나의 IP가 아닌 범위로 지정해야 할 수도 있습니다.

서비스 흐름과 서비스 요건에 따라 최적화된 로드 밸런서의 구성이나 동작 모드가 달라집니다. 서비스 흐름에 대한 이해가 가장 중요하지만 이런 서비스 흐름을 로드 밸런서 구성에 적용하려면 각 구성과 모드부터 이해해야 합니다. 또한, 각 구성과 모드에서 발생할 수 있는 문제의 처리 방법도 그 이해가 바탕이 됩니다. 따라서 구성과 모드별로 트래픽이 어떻게 흐르고 변경되는지 잘 알아두어야 합니다.

NETWORK

12.8 HAProxy를 사용한 로드 밸런서 설정

HAProxy는 기존 하드웨어 로드 밸런서의 역할을 일반 서버에서 직접 수행하게 해주는 오픈 소스 기반의 소프트웨어 로드 밸런서입니다. 하드웨어 로드 밸런서에서 제공되는 기능을 소프트웨어로 제공하므로 일종의 NFV(Network Function Virtualization)라고 볼 수 있습니다.

▼ 그림 12-48 오픈 소스 기반의 로드 밸런서 기능을 제공하는 HAProxy(http://www.haproxy.org/)

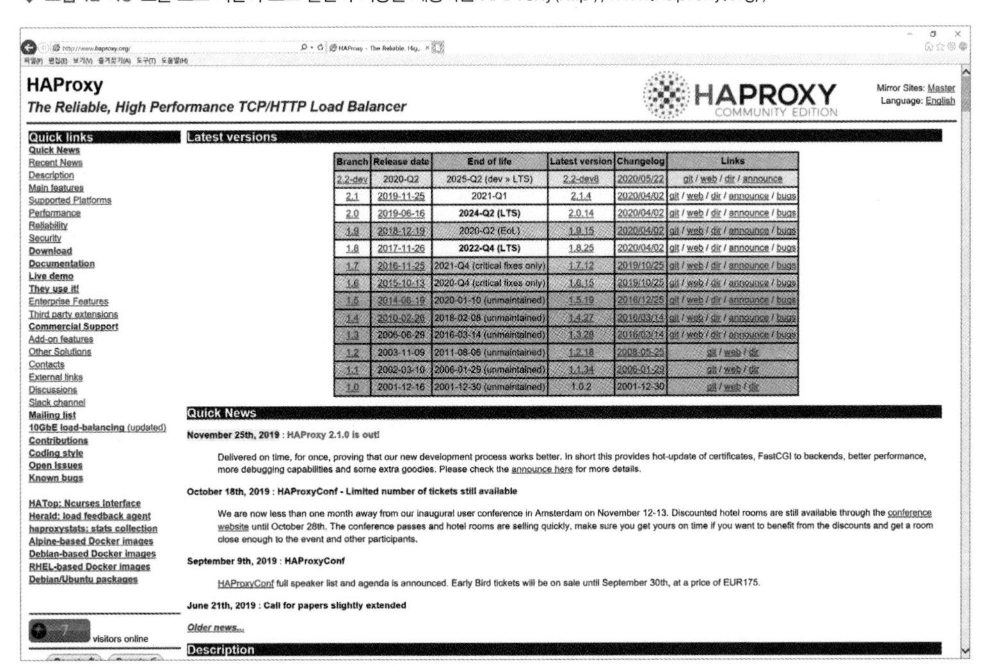

HAProxy는 간단한 설정만으로 바로 사용할 수 있어 하드웨어 로드 밸런서를 구축해야 하는 환경과 달리 로드 밸런서 서비스를 신속히 제공할 수 있습니다. 소프트웨어 형태이므로 가상화나 클라우드 환경에서 로드 밸런서로 사용하기에 매우 적합한 솔루션입니다. 또한, 쿠버네티스의 인그레스 컨트롤러(Ingress Controller) 역할도 할 수 있습니다.

HAProxy는 초기에 오픈 소스의 일반 커뮤니티(Community) 버전만 있었지만 현재는 추가 서비스 모듈, 도구, 지원 서비스를 포함한 엔터프라이즈(Enterprise) 버전[1]도 함께 제공하고 있습니다. 또한, HAProxy를 적용한 하드웨어 어플라이언스(Hardware Appliance) 형태의 모델인 ALOHA 로드 밸런서도 제공하고 있습니다.

▼ 그림 12-49 ALOHA: HAProxy가 적용된 하드웨어 어플라이언스 소개 페이지

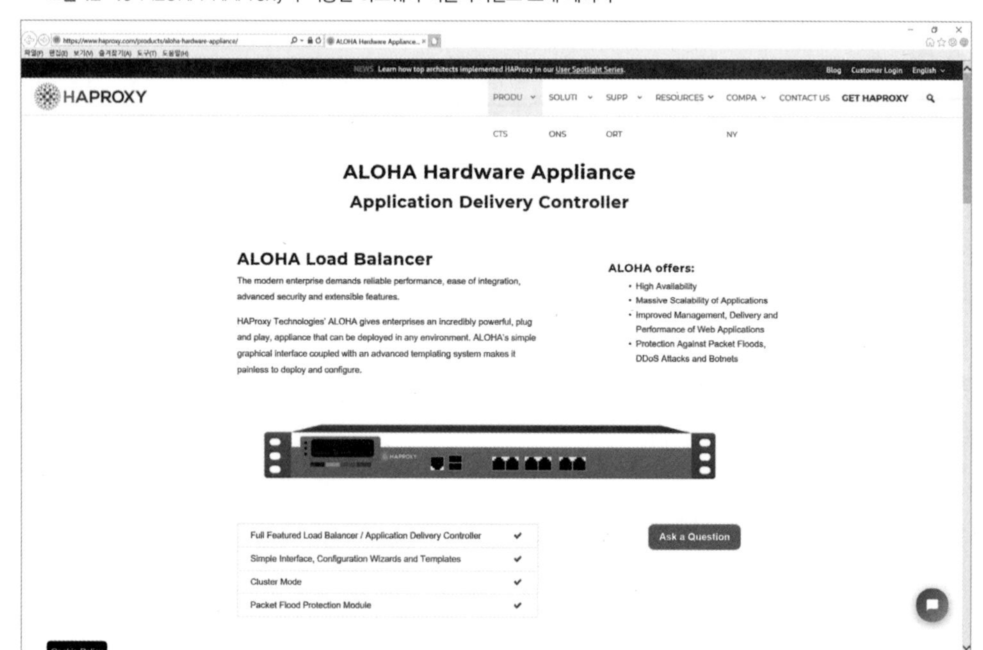

https://www.haproxy.com/products/aloha-hardware-appliance/

원고를 쓰는 현재 시점에서 HAProxy 커뮤니티 안정화(stable) 버전은 2.0.7이 최신 버전이고 개발(dev) 버전은 2.1-dev1이 최신 버전입니다. HAProxy 엔터프라이즈의 경우, HAPEE 1.9r1이 최신 버전이며 LTS(Long Term Support) 버전 중에서는 HAPEE 1.8r2 LTS가 최신 버전입니다.

현재 버전에서 로드 밸런서 역할을 수행하기 위한 기능 대부분을 제공하고 있고 버전이 올라가면

1 **HAPEE: HAProxy Enterprise Edition** 연간 단위의 서브스크립션 유료 버전으로 실시간 대시보드, 안티봇, WAF 등의 다양한 기능을 지원합니다.

서 새로운 기능이 지속적으로 추가되고 있습니다. 로드 밸런서가 필요한 모든 환경에서 기존 하드웨어 기반의 로드 밸런서를 대체할 수는 없겠지만 대부분의 환경에서 상용 하드웨어 로드 밸런서를 대체할 수 있을 만큼 다양한 기능을 제공하고 있습니다.

특히 커뮤니티 버전이 아닌 엔터프라이즈 버전의 경우, 상용에서 지원하는 주요 기능을 모두 지원하므로 상용 수준의 기능을 사용하는 데도 충분합니다.

여기서는 HAProxy의 커뮤니티용 안정화 버전 중 최신인 2.0.7을 기준으로 HAProxy의 설치부터 간단한 로드 밸런싱 기능 적용 방법에 대해 알아보겠습니다.

참고

8장 서버 네트워크 기본에서는 운영체제에 따라 설정이나 확인하는 방법이 조금씩 달랐기 때문에 운영체제별로 각각 설명했지만 여기서는 HAProxy에 초점을 맞추었으므로 CentOS 기준으로만 설명합니다.

12.8.1 HAProxy 설치

먼저 HAProxy 설치 방법에 대해 알아보겠습니다. 일반 패키지 설치와 동일하게 yum을 사용해 설치하는 것이 HAProxy를 가장 쉽게 설치하는 방법입니다.

HAProxy 설치(CentOS)

```
[root@zigi ~]# yum install haproxy
```

`yum install` 명령어로 HAProxy를 바로 설치할 수 있지만 패키지 저장소(Repository)에는 최신 버전이 없어 낮은 버전을 설치하게 됩니다. 앞에서 알아보았듯이 원고를 쓰는 현재 시점에서 최신 HAProxy 버전은 2.1.4이지만 `yum info haproxy`로 확인해보면 현재 레퍼지토리에서 제공되는 HAProxy의 버전은 1.5.18입니다.

yum으로 설치 가능한 HAProxy 버전 확인

```
[root@zigi ~]# yum info haproxy
Loaded plugins: fastestmirror, langpacks
Loading mirror speeds from cached hostfile
* epel: mirror.premi.st
Available Packages
```

```
Name        : haproxy
Arch        : x86_64
Version     : 1.5.18
Release     : 9.el17
Size        : 834 k
Repo        : base/7/x86_64
```

최신 버전의 HAProxy를 사용하려면 yum을 이용하지 않고 최신 소스를 직접 받아 컴파일해야 합니다. 이 경우, 직접 컴파일을 설치하기 위한 필수 패키지가 사전에 설치되어 있어야 합니다. 해당 패키지는 다음과 같이 설치합니다.

```
[root@zigi ~]# yum -y install gcc
```

사전 패키지 설치가 끝나면 HAProxy 사이트에서 최신 버전의 HAProxy를 받습니다.

```
[root@zigi ~]# wget http://www.haproxy.org/download/2.1/src/haproxy-2.1.4.tar.gz
```

받은 소스 코드의 압축을 풀어줍니다.

```
[root@zigi ~]# tar xzvf haproxy-2.1.4.tar.gz
```

압축이 풀린 디렉터리로 이동해 HAProxy를 컴파일합니다.

```
[root@zigi ~]# cd haproxy-2.1.4/
[root@zigi haproxy-2.1.4]# make TARGET=linux-glibc
```

TARGET은 설치하려는 운영체제에 따라 다르지만 Haproxy 2.0으로 올라가면서 기존에 사용하던 옵션이 정리되고 보통 linux-glibc를 사용합니다.

TARGET 외에도 다양한 옵션이 있지만 여기서는 TARGET만 지정하고 컴파일합니다. 컴파일하는 데 시간이 걸리니 컴파일이 정상적으로 완료될 때까지 잠시 기다립니다.

참고

컴파일이 정상적으로 되지 않을 경우

컴파일이 정상적으로 되지 않을 때는 앞에서 설치한 gcc와 같은 추가 패키지 설치가 필요할 수 있습니다. 이런 패키지 설치는 설치하려는 개인 환경에 따라 다를 수 있습니다.

gcc가 없어서 발생하는 오류

```
[root@zigi haproxy-2.1.4]# make TARGET=linux-glibc
  CC      src/ev_poll.o
/bin/sh: gcc: command not found
make: *** [src/ev_poll.o] Error 127
```

컴파일이 끝나면 make install 명령어로 설치를 진행합니다.

```
[root@zigi-haproxy haproxy-2.1.4]# make install
```

설치된 haproxy 버전을 haproxy -v를 사용하면 최신 버전인 2.1.4가 설치된 것을 확인할 수 있습니다.

```
[root@zigi haproxy-2.1.4]# haproxy -v
HA-Proxy version 2.1.4 2020/04/02 - https://haproxy.org/
```

이어서 /usr/sbin 디렉터리에 haproxy의 심볼릭 링크를 설정합니다.

```
[root@zigi haproxy-2.1.4]# ln -s /usr/local/sbin/haproxy /usr/sbin/haproxy
```

haproxy를 서비스로 등록하기 위해 haproxy 설치 디렉터리에 있는 example 디렉터리의 haproxy.init 파일을 inid.d 디렉터리에 복사하고 권한(Permission)을 변경한 후 데몬을 재시작합니다.

```
[root@zigi haproxy-2.1.4]# cp ~/haproxy-2.1.4/examples/haproxy.init /etc/init.d/haproxy
[root@zigi haproxy-2.1.4]# chmod 755 /etc/init.d/haproxy
[root@zigi haproxy-2.1.4]# systemctl daemon-reload
```

HAProxy의 환경 설정 및 통계 값을 위한 디렉토리 및 파일을 생성합니다.

```
[root@zigi haproxy-2.1.4]# mkdir -p /etc/haproxy
[root@zigi haproxy-2.1.4]# mkdir -p /var/lib/haproxy
[root@zigi haproxy-2.1.4]# touch /var/lib/haproxy/stats
```

이제 HAProxy를 사용하기 위한 기본 설치작업이 모두 완료되었습니다. 하지만 HAProxy 서비스를 시작하면 HAProxy 설정 파일이 없기 때문에 서비스가 정상적으로 시작되지 않습니다. 12.8.2 HAProxy 설정 절에서 HAProxy 설정 파일에 대해 알아보고 이 설정 파일로 12.8.3 HAProxy 동작 및 모니터링 절에서 HAProxy가 동작하는 것을 확인해보겠습니다.

12.8.2 HAProxy 설정

HAProxy는 haproxy.cfg 파일에 기본 속성과 부하 분산 설정을 하고 HAProxy 서비스를 실행하면 이 설정 값을 불러와 구동됩니다. 기본 설정 파일 경로는 다음과 같습니다.

HAProxy 기본 설정 파일 경로

```
/etc/haproxy/haproxy.cfg
```

참고

기본 설정 파일을 사용할 수도 있지만 별도의 설정 파일을 만들고 haproxy를 실행할 때, -f 옵션으로 설정 파일을 별도로 적용할 수도 있습니다.

HAProxy 설정 파일은 몇 개 섹션으로 구분되는데 프로세스 전반에 적용되는 값을 설정하는 global 섹션과 실제 로드 밸런서 수행을 위한 defaults, listen, frontend, backend 섹션으로 나눌 수 있습니다. 이제 각 섹션에 대한 간단한 설명과 예제를 통해 HAProxy로 어떻게 로드 밸런서 역할을 수행할 수 있는지 살펴보겠습니다.

▼ 표 12-2 HAProxy 설정 파일의 섹션

섹션	설명
global	HAProxy 프로세스 전반에 적용되는 설정 값
defaults	부하 분산에 적용되는 기본 설정 값
frontend	실제 서비스에 사용될 가상 IP 관련 설정 값
backend	가상 IP에 전달되어 실제 서비스에 사용되는 리얼 IP에 대한 설정
listen	frontend와 backend 섹션을 동시에 설정할 수 있는 섹션

haproxy.cfg의 각 섹션과 코드 부분은 다음과 같습니다.

- **global 섹션**
  - HAProxy 프로세스 전반에 적용되는 설정 값
  - log, daemon, maxconn 등

```
global
daemon
```

- **defaults 섹션**
  - listen 섹션이나 backend 섹션에 설정이 별도로 없을 때 사용하는 설정 값
  - mode, timeout, maxconn 등에 대한 값을 지정할 수 있음

```
defaults
  mode             http
  timeout connect  10s
  timeout client   1m
  timeout server   1m
```

- **frontend 섹션**
  - 실제 서비스에 사용될 가상 IP 관련 설정
  - bind: 가상 IP에서 사용될 서비스 IP

```
frontend http-in
  bind               *:8010
  default_backend    zigiApp
```

- **backend 섹션**
  - 가상 IP에서 전달되어 실제 서비스에 사용되는 Real IP에 대한 설정

```
backend zigiApp
balance roundrobin
server App1 10.10.10.11:80 check
server App2 10.10.10.12:80 check
```

- **listen 섹션**
  - frontend와 backend의 동시 설정이 가능한 섹션
  - frontend와 backend를 나누어 설정할 필요가 없을 때는 listen 섹션으로만 설정 가능
  - 상태 및 통계 정보를 보기 위해서도 사용

```
listen http-in
  bind               *:8010
  balance roundrobin
  server App1 10.10.10.11:80 check
  server App2 10.10.10.12:80 check
```

지금까지 알아본 각 섹션 내용으로 만든 최종 HAProxy 설정을 다음과 같이 정리할 수 있습니다.

HAProxy 설정 파일(/etc/haproxy/haproxy.cfg)

```
global
daemon

defaults
  mode              http
  timeout connect   10s
  timeout client    1m
  timeout server    1m

frontend http-in
  bind                *:8010
  default_backend     zigiApp

backend zigiApp
  balance roundrobin
  server App1 10.10.10.11:80 check
  server App2 10.10.10.12:80 check
```

또는 frontend와 backend 섹션 대신 listen 섹션을 사용해 다음과 같이 설정할 수도 있습니다.

```
global
daemon

defaults
  mode              http
  timeout connect   10s
  timeout client    1m
  timeout server    1m

listen http-in
  bind              *:8010
  balance roundrobin
  server App1 10.10.10.11:80 check
  server App2 10.10.10.12:80 check
```

12.8.3 HAProxy 동작 및 모니터링

HAProxy 설치 및 설정 파일을 모두 마치면 이제 HAProxy를 이용해 부하 분산을 할 수 있습니다. 서비스 또는 명령 줄에서 HAProxy를 다음과 같이 직접 실행합니다.

서비스로 실행하는 경우

```
[root@zigi haproxy-2.1.4]# systemctl start haproxy
```

명령 줄에서 직접 실행하는 경우

```
[root@zigi haproxy-2.1.4]# haproxy -f /etc/haproxy/haproxy.cfg
```

HAProxy를 실행한 후에는 현재 netstat로 리스닝 중인 서비스 포트를 확인해보면 HAProxy로 설정한 8010 포트가 정상적인 리스팅 상태임을 확인할 수 있습니다.

```
[root@zigi-haproxy ~]# netstat -an ¦ grep 8010
tcp        0      0 0.0.0.0:8010            0.0.0.0:*               LISTEN
```

이제 HAProxy로 설정한 frontend에 설정된 서비스 IP와 포트로 접속하면 backend로 정상적으로 설정된 리얼 서버로 연결되는 것을 확인할 수 있습니다.

▼ 그림 12-50 HAProxy에 의해 두 대의 서버로 분산되어 호출된 웹 화면 예제

물론 실제 서버 두 대 중에 서비스가 다운된 서버가 있다면 HAProxy에서 그것을 감지해 해당 서버로는 부하 분산을 하지 않습니다.

HAProxy는 현재 HAProxy에 설정된 fronent, backend, listen 섹션에 설정된 서비스 상태와 통계 내용을 모여주는 웹 UI도 제공합니다. 상태 및 통계 웹 UI를 사용하려면 HAProxy 설정 파일에 상태 및 통계 제공 웹을 위한 설정을 추가합니다.

상태 및 통계 제공 웹을 위한 설정(/etc/haproxy/haproxy.cfg)

```
listen monitor
  mode http
  bind                *:8020
  stats enable
  stats auth zigi:zigi
  stats refresh 10s
  stats uri /monitor
```

실제 통계를 볼 수 있는 웹에 접근할 수 있도록 서비스 포트(8020)를 추가로 열고 auth로 해당 웹에 접근하기 위한 계정을 지정합니다. 여기서는 계정과 비밀번호 모두 zigi로 설정했습니다. 여기서 지정한 계정으로 웹에 접근할 때는 로그인하게 되고 계정을 별도로 지정하지 않으면 로그인 과정 없이 바로 접속됩니다. 상태 페이지가 갱신되는 시간은 `refresh`에서 설정하며 여기서는 10초로 설정했습니다. 접속하기 위한 주소는 `uri`에서 `/monitor`로 설정했습니다.

HAProxy 통계 웹 UI를 볼 수 있는 내용을 추가했다면 이제 HAProxy 서비스를 다시 시작하고 `/monitor`로 접속합니다. 접속하면 다음과 같은 통계 웹 UI를 확인할 수 있습니다.

▼ 그림 12-51 HAProxy의 통계 정보를 제공하는 대시보드

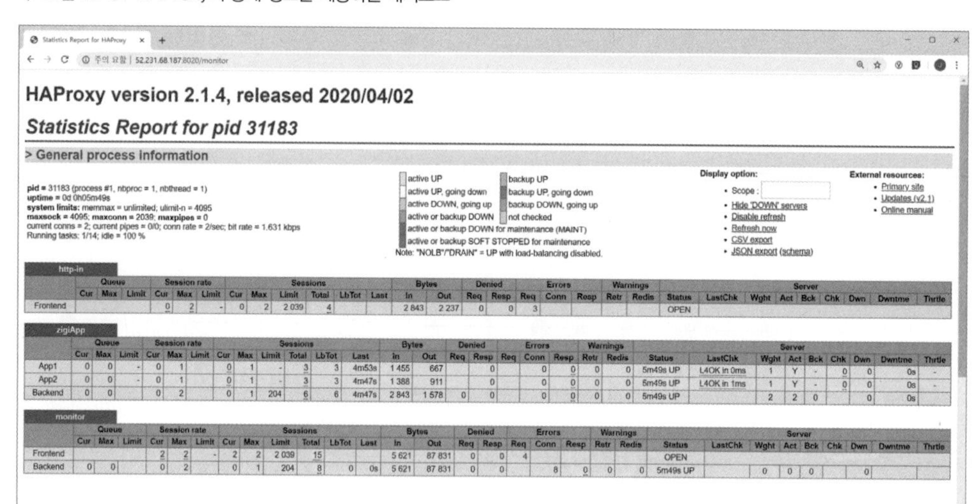

여기서는 HAProxy로 부하 분산하는 설정만 간단히 알아보았지만 앞에서 말했듯이 HAProxy에는 기존 하드웨어 로드 밸런서에서 제공하는 다양한 기능이 있습니다. HAProxy를 설치할 때 포함된 예제 설정 파일 내용을 참고하거나 홈페이지의 가이드 문서 내용을 이용하면 하드웨어 로드 밸런서가 없는 환경에서도 HAProxy로 로드 밸런싱 환경을 손쉽게 구축할 수 있을 것입니다.

전용 로드 밸런서 장비와 비교하면 물론 안정성이나 성능은 떨어질 수 있고 기능 면에서도 모두 원하는 기능을 제공하지 않을 수 있으므로 실제 서비스 환경에서 도입할 때는 다양한 검토가 필요합니다. 대신 실제 서비스가 아닌 개발 환경에서는 별도의 로드 밸런서 장비 없이 부하 분산 및 이중화 테스트에 매우 쉽고 유용하게 사용될 수 있습니다.

참고

HAProxy를 위한 참고 사이트

HAProxy를 더 자세히 공부하려면 다음 공식 사이트를 참고하면 됩니다.

- **HAProxy 문서 모음**

  https://cbonte.github.io/haproxy-dconv/

- **HAProxy 커뮤니티 에디션**

  http://www.haproxy.org/

- **HAProxy 엔터프라이즈 에디션**

  https://www.haproxy.com/

memo

13장

네트워크 디자인

> "컴퓨터 네트워크(Computer Network) 또는 컴퓨터망(문화어: 콤퓨터망)은 분산된 컴퓨터를 통신망으로 연결하는 것이다."
>
> ▶ 출처: 위키백과-'컴퓨터 네트워크'

네트워크는 정의 그대로 호스트와 호스트 간 통신을 위해 연결된 망입니다. 호스트와 호스트를 네트워크 케이블로 직접 연결한 것도 하나의 네트워크가 되고 하나의 스위치에 호스트를 각각 연결한 것도 하나의 네트워크가 됩니다. 스위치와 스위치를 연결하고 서로 다른 스위치에 연결된 호스트가 통신하게 할 수도 있고 라우터나 L3 스위치와 같은 장비로 라우팅하면서 서로 다른 원격 네트워크를 연결해줄 수도 있습니다. 전용 회선이나 인터넷 회선을 이용해 물리적으로 먼 거리에 있는 호스트 간에도 통신하게 할 수 있습니다. 결국 호스트와 호스트 간 통신이 가능하도록 해주는 기반이 되는 인프라가 네트워크입니다.

네트워크를 구성하는 것은 단순히 두 호스트 간 통신이 가능하다고 끝나는 것이 아닙니다. 네트워크 디자인과 구성에 따라 호스트 간 통신 경로가 달라지고 이것은 서비스 품질에도 영향을 미칩니다. 장애가 발생했을 때도 서비스 영향 범위나 회복 시간이 달라지고 전체적인 인프라 보안에도 영향을 미칩니다. 이렇듯 네트워크를 구성하는 작업은 매우 복잡하고 다양하며 네트워크 구조와 설계는 전체 서비스와 인프라에 매우 큰 영향을 미칩니다.

이번 장에서는 데이터 센터 네트워크에 대한 이해를 돕기 위해 전반적인 네트워크 디자인 관련 부분을 다룹니다.

참고

이번 장의 목표!

네트워크 디자인을 명확히 이해하려면 앞에서 배운 스위칭, 라우팅, 이중화 기술 등의 네트워크 요소 기술 지식이 바탕이 되어야 합니다. 새로운 디자인 기법이 등장하는 것은 각 요소 기술에서 부족한 점이 발견되거나 새로운 기술이 나오면서 전체적인 네트워크 디자인에 영향을 미치기 때문입니다. 하지만 이 책은 네트워크 엔지니어만 대상인 것은 아니므로 네트워크 세부 기술 요소의 변경보다 가장 널리 사용되는 네트워크 디자인 예제를 설명하고 세부적인 기술 요소나 구현 방법은 다루지 않습니다. 서버 엔지니어나 개발자는 이번 장에서 다룰 네트워크 디자인 개념을 이용해 네트워크를 큰 그림에서 바라볼 기회가 될 것이고 네트워크 엔지니어는 네트워크 디자인의 큰 지식을 기반으로 세부 기술을 찾아 추가로 공부할 수 있는 이정표가 될 것입니다.

13.1 2계층/3계층 네트워크

13.1.1 2계층 네트워크

2계층 네트워크[1]는 이름 그대로 호스트 간 통신이 직접 2계층 통신만으로 이루어지는 네트워크 디자인입니다. 2계층 통신을 하려면 통신할 호스트가 동일한 네트워크여야 합니다. 동일한 네트워크 간 통신이므로 게이트웨이를 거치지 않고 직접 호스트 간 통신이 가능한 구조입니다.

▼ 그림 13-1 2계층 네트워크

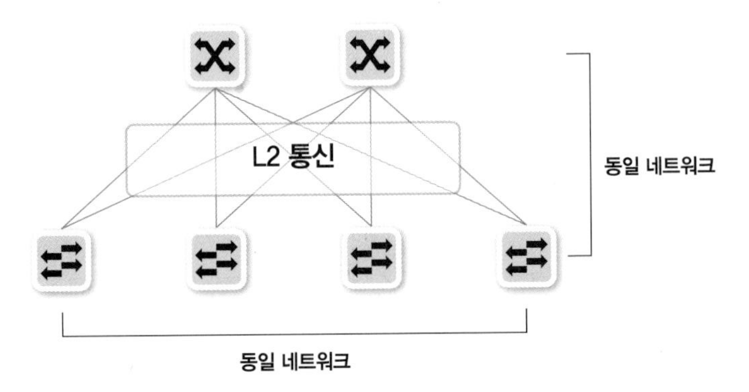

2계층 네트워크는 앞에서 배웠듯이 하나의 브로드캐스트 도메인이 되고 루프(Loop) 구조가 생기면 문제가 발생하므로 스패닝 트리 프로토콜(STP)을 사용해 문제를 해결합니다. 스패닝 트리 프로토콜 사용으로 블록 포인트가 생기면서 전체 인프라의 대역폭을 사용하지 못하는 문제가 있습니다. 이 문제를 해결하려면 논블로킹(Non-Blocking) 구조를 만들어야 합니다. MC-LAG와 같은 기술을 이용해 루프를 제거하고 논블로킹 구조를 구현할 수 있습니다.

▼ 그림 13-2 2계층 네트워크의 루프/루프 프리 구성

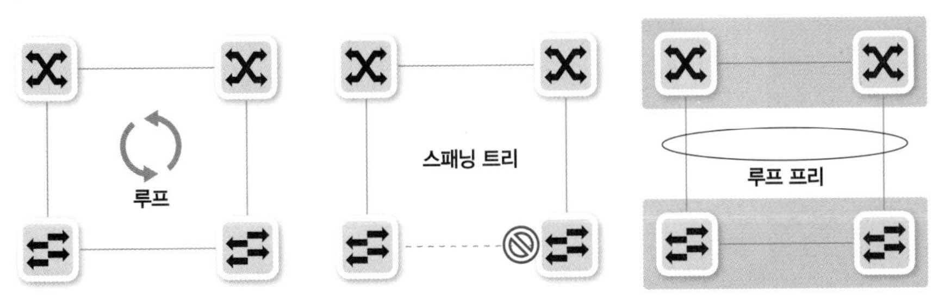

1 본문에서는 용어 통일을 위해 2계층 네트워크로 표기했지만 실무에서는 레이어 2 네트워크, 레이어 3 네트워크라는 표현을 더 자주 사용합니다.

13.1.2 3계층 네트워크

3계층 네트워크는 이름 그대로 호스트 간 통신이 IP 라우팅과 같은 3계층 통신으로 이루어지는 네트워크 디자인입니다. 라우팅으로 구성된 네트워크 구조이므로 루프 문제가 발생하지 않습니다. 전체 네트워크 인프라의 대역폭을 ECMP(Equal-Cost Multi-Path) 라우팅 기술을 이용해 모두 사용할 수 있습니다. 다만 3계층 네트워크로 디자인된 구성은 네트워크 장비 연결마다 다른 네트워크를 가지고 네트워크에 연결되어 있는 단말도 다른 네트워크 장비에 연결되어 있다면 다른 네트워크를 갖게 됩니다. 브로드캐스트로 상대방 호스트를 직접 찾을 수 없어 이런 형태의 통신이 필요하다면 3계층 기반 디자인을 사용할 수 없습니다.

▼ 그림 13-3 3계층 네트워크

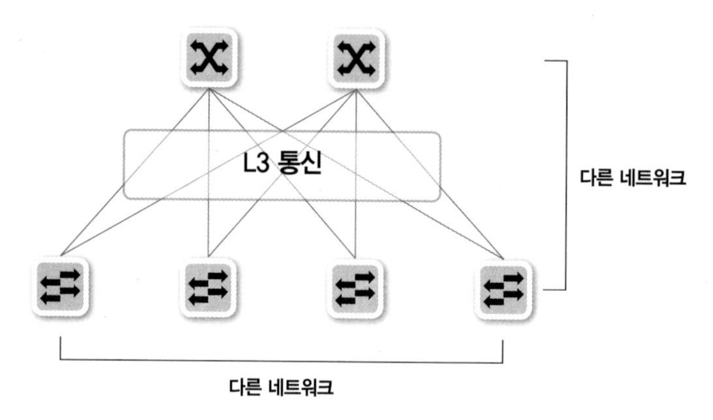

하지만 VxLAN과 같은 오버레이(Overlay) 네트워크 기술을 사용해 하단 호스트 간에 동일한 네트워크를 사용하면서도 네트워크 장비 간에 3계층 통신을 하도록 구성할 수 있습니다. 이런 구성은 2계층 네트워크를 확장하면서도 3계층의 장점인 루프 없이 전체 네트워크 대역폭을 모두 사용할 수 있게 만들어줍니다.

▼ 그림 13-4 3계층 언더레이를 통한 오버레이 Layer 2 네트워크

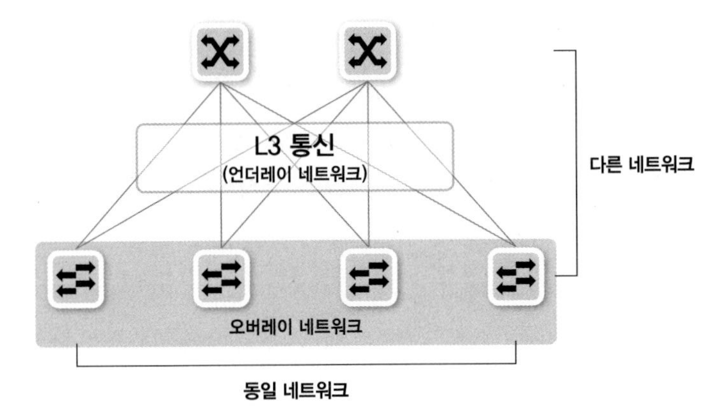

이런 오버레이 기술은 VxLAN이나 GRE와 같은 터널링 프로토콜을 기반으로 합니다.

13.2 3-Tier 아키텍처

코어(Core)-애그리게이션(Aggregation)-액세스(Access) 3계층으로 이루어진 네트워크 아키텍처는 네트워크 디자인에서 빠질 수 없는 전통적인 네트워크 디자인 기법입니다.

▼ 그림 13-5 3-Tier 아키텍처 구성

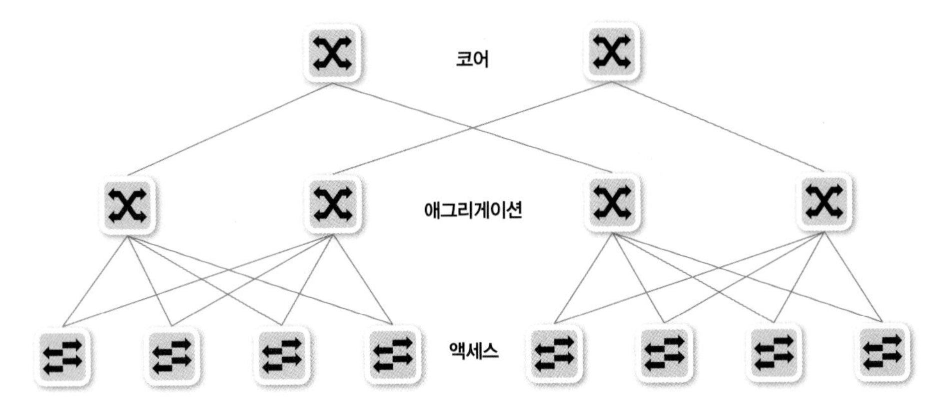

호스트가 직접 연결된 액세스 계층에 스위치가 있고 액세스 스위치를 중간에서 집선하는 애그리게이션 스위치가 그 상단에 있습니다. 코어 계층 스위치는 애그리게이션 스위치를 다시 모아 서로

통신할 수 있게 연결해줍니다.

전통적인 데이터 센터와 일반적인 캠퍼스 네트워크 디자인 기법이었으며 지금도 많이 사용되고 있습니다. 상위 레이어로 올라갈수록 장비들이 집선되므로 높은 대역폭(Bandwidth)이 필요합니다. 집선 구간의 대역폭을 확보하지 못하면 병목현상이 발생할 수 있으므로 각 레이어 상단과의 연결 구성인 업링크(Uplink)에서는 오버서브스크립션 비율(Oversubscription Ratio)을 잘 산정해 구성해야 합니다.

데이터 센터의 경우, 3-Tier 네트워크 디자인은 서버 간 통신보다 사용자로부터 서비스를 요청받고 서버에서 사용자의 요청에 응답하는 North-South 트래픽이 대부분인 경우에 적합한 구조입니다.

13.3 2-Tier 아키텍처

NETWORK

13.3.1 스파인-리프 구조

몇 년 전부터 스파인-리프(Spine-Leaf) 2-Tier 디자인 기법이 데이터 센터 디자인으로 많이 적용되고 있습니다. 하단 호스트가 연결되는 리프 스위치는 상단 스파인 스위치와 연결됩니다. 리프 스위치와 스파인 스위치 간에는 전통적인 2계층 스패닝 트리가 동작하지 않고 모든 링크를 사용해 트래픽을 전송합니다.

▼ 그림 13-6 2-Tier 아키텍처 구성

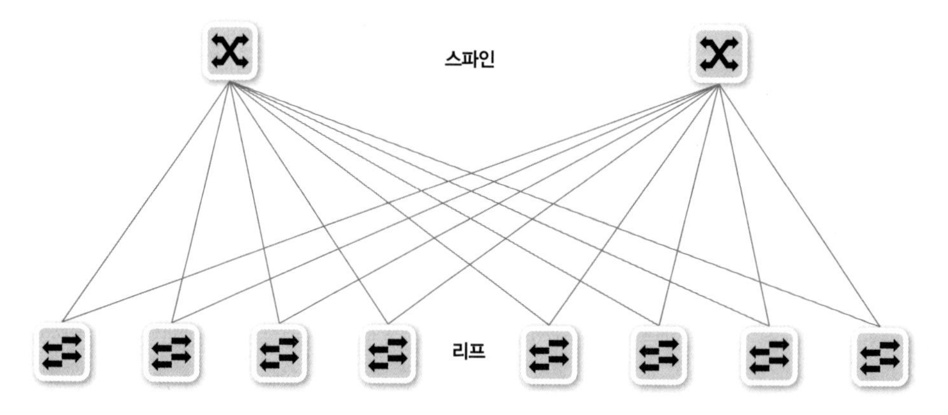

North–South라고 부르는 외부 사용자의 트래픽이 주였던 과거와 달리 대용량 분산 처리 기술이 많이 사용되는 최근에는 데이터 센터 내부의 서버 간 통신량이 급증했습니다. 데이터 센터 내 계층이 복잡할수록 East–West 트래픽(서버 간 통신)이 많은 현대 네트워크에서는 네트워크 부하가 커지고 성능 지연이 발생할 수 있습니다. 이런 문제를 보완하기 위해 전통적인 3계층 아키텍처에서 스파인–리프 아키텍처로 네트워크 디자인 기법이 변하고 있습니다.

스파인–리프 네트워크 디자인에서는 동일 리프 스위치에 호스트가 연결된 경우를 제외하면 모든 호스트 간 통신 홉이 동일합니다. 출발지 리프 스위치를 지나 스파인 스위치를 거쳐 목적지 리프 스위치로 트래픽이 흘러 네트워크 흐름에 대한 홉 수가 짧아지고 트래픽 흐름이 일정해진다는 장점이 있습니다.

앞에서 잠시 말했지만 이것은 스파인–리프 스위치 사이의 모든 링크를 사용할 수 있습니다. 스파인–리프 스위치 사이는 2계층 네트워크나 3계층 네트워크로 구성할 수 있습니다.

참고

East–West 트래픽

데이터 센터의 트래픽 트렌드가 North–South 트래픽에서 East–West 트래픽으로 변한 데는 몇 가지 이유가 있습니다. 다음은 그 변화의 몇 가지 예입니다.

▼ 그림 13–7 트래픽 흐름의 변화

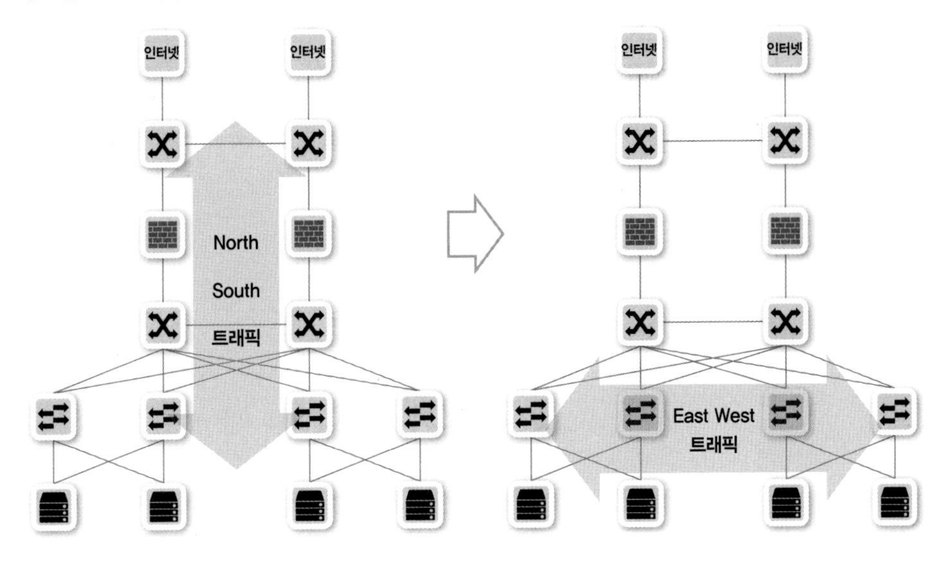

• **서버 가상화**

서버 가상화로 인해 서버 호스트 하나에 다수의 가상 머신(VM)이 운영됩니다. 서버 가상화를 사용하면 동일한 네트워크에 속한 서버들이 하나의 리프 스위치에 연결되지 않고 다양한 스위치에 연결됩니다. 이때 동일한 서비스를 위한 서버들의 통신이 바로 옆에서 연결되지 못하고 스파인을 거쳐 통신이 되어야 합니다. 또한, 가상 머신은 하나의 호스트 내에 지속적으로 있는 것이 아니라 가상 머신 마이그레이션 기술을 이용해 이동하므로 이 작업이 수행되면 대량의 트래픽이 데이터 센터 내에서 발생합니다.

• **빅데이터 대중화**

빅데이터(Big Data)를 다루는 기술이 오픈 소스화되고 분산 처리로 저렴한 가격에 대량의 데이터를 분석할 수 있게 되면서 빅데이터 기술이 대중화되었습니다. 이런 빅데이터 기술들은 기본적으로 분산 처리를 하므로 컨트롤 노드와 데이터 저장 노드로 분리되어 있고 이런 기능의 분리는 서버 간 통신이 많다는 특징이 있습니다. 또한, 빅데이터에서 널리 쓰이는 하둡(Hadoop)은 동일한 데이터를 기본적으로 3 카피(Copy)해 데이터 노드에 저장하므로 대량의 트래픽이 데이터 센터에서 흐르게 됩니다.

• **애플리케이션 아키텍처와 개발 방법의 변화**

마이크로 서비스 아키텍처(Micro Service Architecture, MSA)와 같은 애플리케이션 아키텍처의 변화 방향은 클라이언트와 서버 간 통신뿐만 아니라 서버 간 통신도 증가시킬 수 있습니다. 기존 서버 한 대에서 다양한 서비스를 제공하던 것이 다수의 단독 서비스로 분리되면서 서비스 간 내부 통신이 많아집니다. 또한, 이런 아키텍처는 빈번한 배포가 가능한 VM, 컨테이너와 같은 유연한 인프라 기반으로 이루어지므로 데이터 센터 내 트래픽 증가를 가속화할 수 있습니다.

13.3.2 L2 패브릭

스파인-리프 구조에서 스파인-리프 사이를 2계층 네트워크로 구성하는 방법입니다. 이런 L2 패브릭을 구성하기 위해 TRILL(TRansparent Interconnection of Lots of Links)이나 SPB(Shortest Path Bridging)와 같은 프로토콜을 사용할 수 있습니다. 일반적인 2계층 구조에서는 루프에 대한 제약 때문에 모든 링크를 활성화할 수 없지만 TRILL이나 SPB와 같은 프로토콜은 이런 문제를 해결하도록 구현되어 있습니다.

▼ 그림 13-8 L2 패브릭

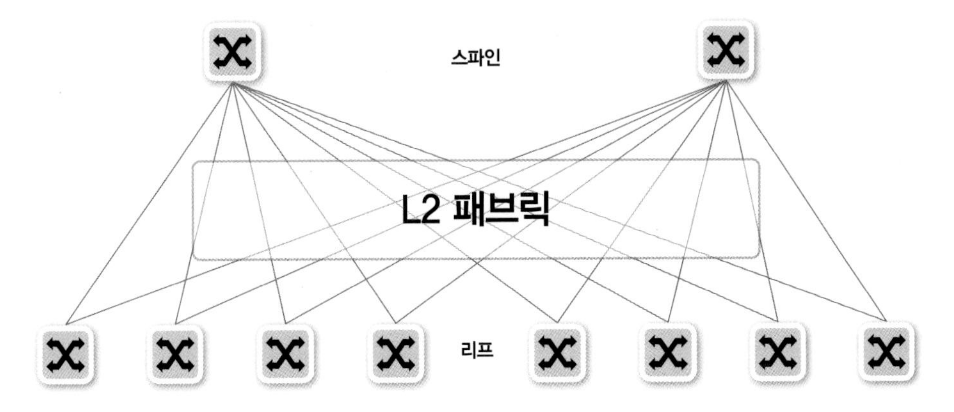

시스코의 Fabric Path나 익스트림의 VCS Fabric과 같은 기술도 이 프로토콜을 기반으로 L2 패브릭을 만들 수 있게 한 벤더의 기술 명칭입니다.

13.3.3 L3 패브릭

스파인-리프 구조에서 스파인과 리프 사이를 3계층 네트워크로 구성하는 방법입니다. 스파인과 리프가 연결된 링크는 각각 라우팅이 활성화되어 있고 일반적인 라우팅 프로토콜을 이용해 경로 정보를 교환합니다. 라우팅으로 구성되어 있어 별도의 특별한 기술 없이도 루프를 제거하고 ECMP를 통해 모든 링크를 사용할 수 있습니다.

▼ 그림 13-9 L3 패브릭

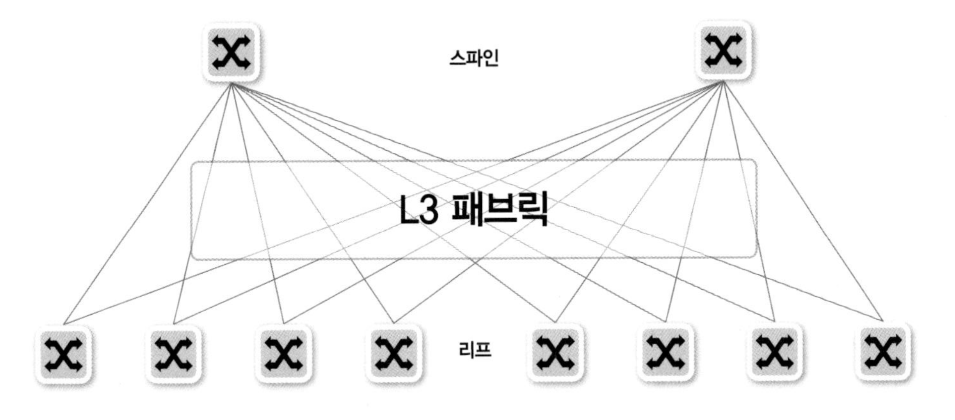

스파인-리프 구조를 L3 패브릭으로 구성하는 경우, 하단 호스트의 네트워크가 리프 간에 서로 다른 네트워크를 갖게 됩니다. 동일한 네트워크 구성이 필요할 때는 VxLAN과 같은 오버레이 네트워크 기술을 이용해 상단에 L3 패브릭으로 구성된 스파인-리프 구조에서도 리프 하단의 L2 네트워크를 확장해 동일한 네트워크를 가질 수 있습니다. 이런 환경은 가상화 서버의 라이브 마이그레이션과 같은 서비스를 위해 사용됩니다. 이런 오버레이 기술을 사용하면 IP 이동이 보장되는 네트워크를 구성할 수 있습니다.

13.4 데이터 센터 Zone/PoD 내부망/DMZ망/인터넷망

데이터 센터를 설계할 때는 데이터 센터의 다양한 구성 요소와 역할을 고려해야 합니다. 하나의 큰 망 안에서 다양한 역할을 모두 수행할 수도 있지만 보안이나 관리상 이유로 용도별로 데이터 센터망을 분리해 설계합니다. 분리된 망은 용도별로 나누어져 있어 망 간 보안을 고려해 방화벽과 같은 보안 장비와 연동하도록 구성해야 합니다.

▼ 그림 13-10 데이터 센터 구성도(개념도)

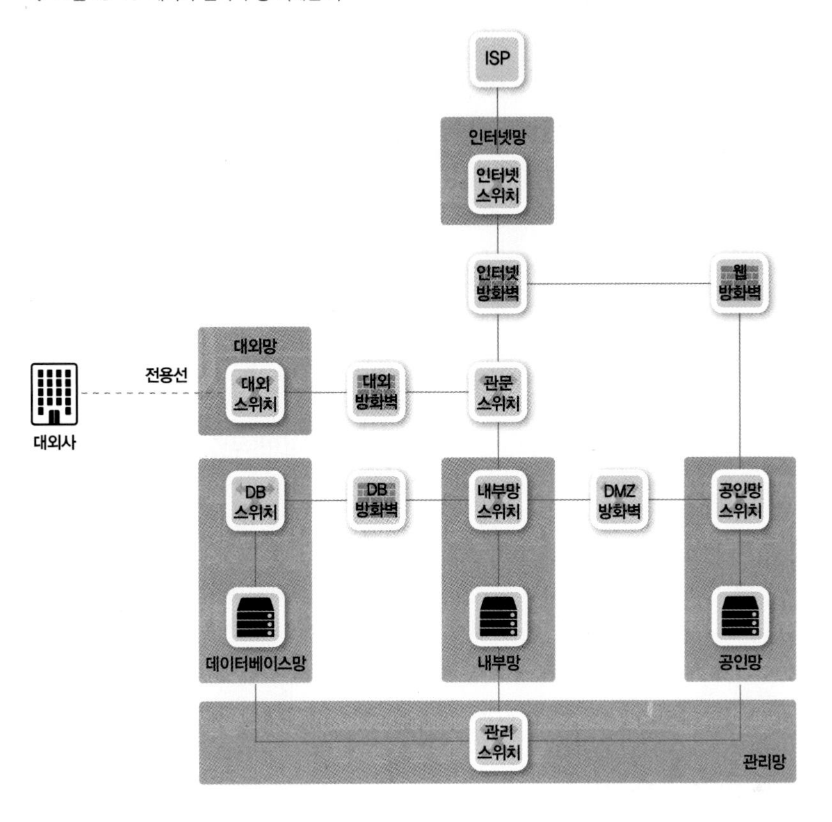

이번 절에서는 데이터 센터 내에서 구성해야 하는 망의 종류와 역할을 살펴보겠습니다.

참고

실제 데이터 센터에서는 일부 망만 있거나 여기서 다루지 않은 다른 용도의 망이 있을 수 있습니다.

13.4.1 인터넷망

데이터 센터에서 제공하는 서비스는 인터넷을 통해 다양한 사용자가 접근하도록 구성되어 있습니다. 그 중 외부 인터넷에서 사용자가 데이터 센터에 접근할 수 있도록 구성된 영역을 인터넷망이라고 합니다.

인터넷망은 KT, LGU+, SKB와 같은 ISP(Internet Service Provider)에서 인터넷 회선을 받아 연

동되어 있습니다. 소규모 데이터 센터는 ISP에서 IP를 할당받아 인터넷에 쉽게 연결할 수 있지만 어느 정도 규모가 큰 데이터 센터는 ISP와 연동할 때, BGP 프로토콜을 이용하고 별도의 AS(Autonomous System) 번호를 갖고 있습니다. 단일 회선을 가지고 있더라도 자신이 소유한 IP를 사용하려면 AS 번호를 할당받고 BGP 프로토콜을 이용해 ISP에 연결해야 합니다. 단일 회선으로 구성할 수도 있지만 규모가 더 크다면 서비스 안정성을 위해 ISP 연결을 이중화하거나 삼중화합니다.

13.4.2 공인망(DMZ)

데이터 센터에서 외부 사용자에게 직접 노출되는 웹 서비스 등의 서버들이 모인 망입니다. 데이터 센터 외부 접근을 위해 공인 IP가 사용되어 공인망이라고 부르거나 서비스를 외부로 제공하므로 서비스망이라고도 부릅니다. 그리고 언트러스트(Untrust) 네트워크인 데이터 센터 외부의 인터넷 구간과 트러스트(Trust) 네트워크인 데이터 센터 내부망의 연결 지점 역할을 하므로 군사분계선을 뜻하는 DMZ(DeMilitarized Zone)라고도 부릅니다.

13.4.3 내부망(사내망/사설망)

공인망이나 DMZ망과 달리 데이터 센터 내부나 사내에서만 접근할 수 있는 네트워크를 내부망이라고 부릅니다. 내부망은 일반적으로 사설 대역의 IP로 구성하므로 인터넷을 통한 외부망에서는 직접 접근할 수 없습니다. 내부망 중 데이터 센터 관리나 내부 직원용 서버팜인 경우, 보안상 외부망과의 연결을 단절하거나 최소화해야 합니다. 외부망과 통신할 때는 사설 IP로 통신할 수 없으므로 외부망으로 나가려면 중간에 공인 IP로 변환해주는 NAT가 필요합니다. 원격지에 있는 내부망 간 연결은 VPN이나 전용선으로 연결할 수 있습니다.

13.4.4 데이터베이스망

데이터베이스는 개인정보를 취급하는 경우가 많아 보안을 강화하기 위해 내부망에 데이터베이스망을 별도로 두기도 합니다. 공인망으로부터 내부망을 보호하기 위해 방화벽을 두듯이 데이터베이스망도 내부망에서 접근할 때, 추가로 방화벽을 두고 별도 망을 구성할 수 있습니다. 서버 간 통신이 아니면 보안을 더 강화하기 위한 접근 통제 시스템을 운영하고 데이터베이스에 접속할 때는 접근 통제 시스템을 통해야만 가능하도록 구성합니다.

13.4.5 대외망

회사 대 회사로 서비스 연동이 필요한 경우, 인터넷망을 통해 연동할 수도 있지만 별도 전용선이나 VPN을 이용해 서비스를 연동할 수 있습니다. 금융서비스와 같이 보안이 더 필요한 경우, 전용회선과 VPN을 동시에 사용하기도 합니다. 이렇게 다른 대외사와의 연동을 위해 별도 망으로 분리하기도 합니다. 이것은 대외사와 연동된 지점에서 사내로 접근할 때 서비스에 필요한 최소한의 접근만 허용하기 위해서입니다.

13.4.6 관리망/OoB(Out of Band)

데이터 센터 내 서버나 네트워크 장비는 서비스를 위한 인터페이스도 있지만 장비 자체를 관리하기 위한 관리용 인터페이스를 별도로 제공하기도 합니다. 네트워크 관리망과 서버 관리망은 목적이나 운영 방법에서 조금 다릅니다. 보통 네트워크 관리망은 장비 운용을 위한 CLI나 웹 접속을 위해 사용됩니다. 일반 서비스망으로도 장비에 접근할 수 있어 관리망과 별도 서비스망 접근에는 큰 차이가 없습니다. 다만 서비스망과의 분리가 필요한 이유는 서비스망에 문제가 발생하더라도 서비스망과 별도로 분리된 관리망을 통해 장비에 접근해야 하기 때문입니다.

서버 관리망은 일반적인 서비스망과 다릅니다. 서버 관리망은 하드웨어 자체를 관리하기 위한 별도의 환경입니다. 물론 해당 관리망을 통해 콘솔 접근이 가능하지만 기본적으로 하드웨어 자체를 관리하기 위한 환경이라고 생각하면 이해하기 쉽습니다.

참고

서버의 관리용 포트

네트워크 장비에서는 관리용 포트를 보통 mgmt 인터페이스라고 부르지만 서버에서는 관리용 포트를 부르는 명칭이 벤더마다 다릅니다.

주요 서버의 관리용 포트 명칭은 다음과 같습니다.

- HP: ILO
- DELL EMC: iDRAC
- IBM: IMM

- CISCO: CIMC
- Fujitsu: IRMC
- Supermicor: iKVM

▼ 그림 13-11 DELL EMC 관리 화면: IDRAC

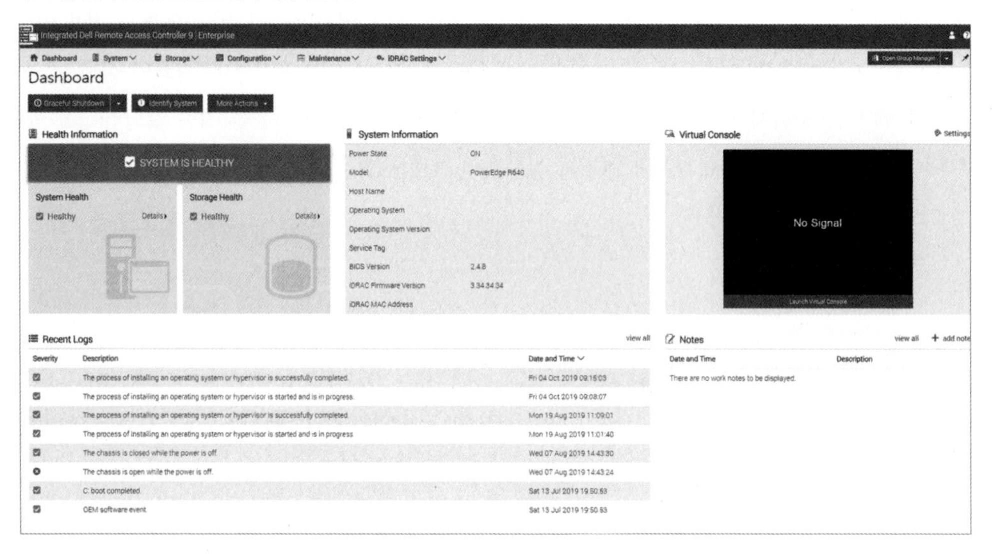

▼ 그림 13-12 HP Enterprise 관리 화면: ILO

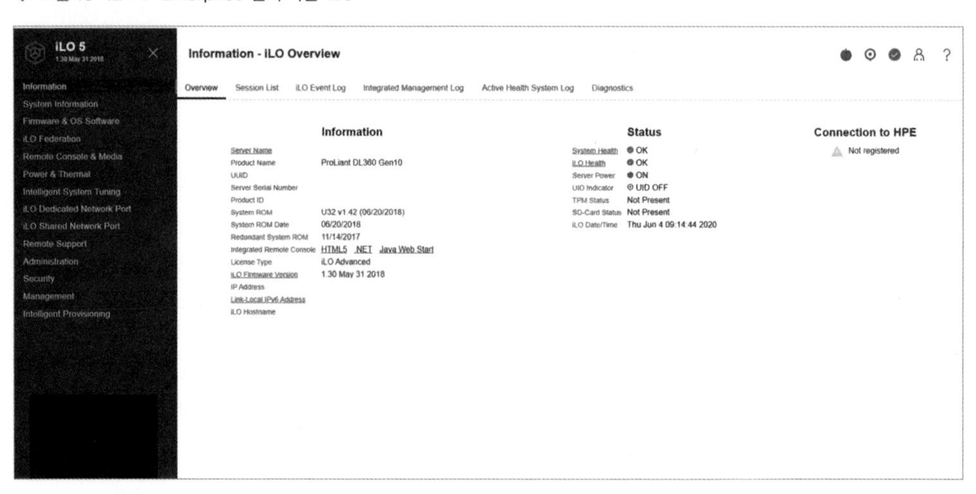

13.5 케이블링과 네트워크

데이터 센터 내에는 네트워크 장비는 물론 서버, 스토리지와 같은 장비를 수용할 수 있는 랙(Rack)이 많이 있습니다. ToR과 EoR은 데이터 센터 내에서의 스위치와 서버 간 케이블링 구성 방식에 따라 구분됩니다. ToR과 EoR은 스위치의 물리적 위치에 따른 구성으로 이해하면 더 쉬울 수 있습니다.

13.5.1 ToR

ToR은 Top of Rack의 약자로 이름 그대로 랙 상단에 개별적으로 설치되는 스위치 구성을 말합니다. 일반적으로 각 랙 최상단에 ToR 스위치를 구성하고 해당 랙에 있는 서버들을 연결합니다. 랙 내에서의 서버 집적도, 물리적 네트워크 분리, 이중화 요건에 따라 랙 내 스위치는 두 대 이상이 될 수도 있고 반대로 랙 두 개를 묶어 하나의 스위치로 관리할 수도 있습니다. 세부 구성과 상관없이 ToR 스위치는 랙 안에 설치된 서버들을 직접 연결하고 상단 네트워크 장비는 별도의 네트워크 랙에 구성되어 서로 연결됩니다. 결국 각 랙에 구성된 서버들은 해당 랙에 있는 ToR 스위치에 연결되고 ToR 스위치는 상단 네트워크 장비에 모두 연결되는 구성을 말합니다.

▼ 그림 13-13 ToR 구성

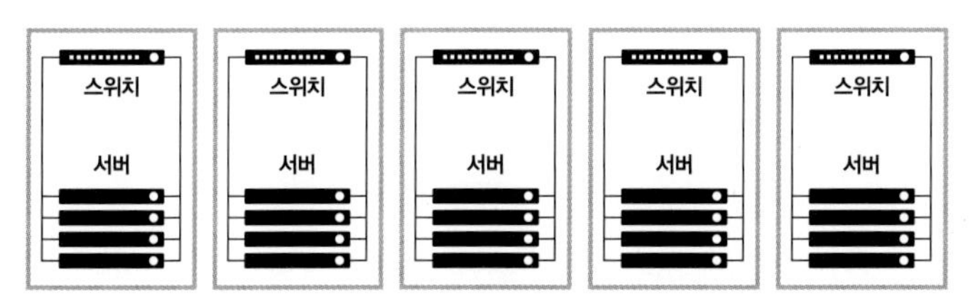

ToR 구성은 서버가 스위치와 동일한 랙(또는 인접한 랙)에 있으므로 케이블링의 길이나 복잡성이 줄어듭니다. 하지만 ToR 구성은 EoR 구성보다 스위치가 더 많이 필요하므로 네트워크 장비에 대한 관리사항이 늘어납니다. 늘어난 스위치 수량 때문에 전력이나 냉각비용도 따라 늘면서 전체적인 운영비용이 증가할 수 있습니다. 랙별로 사전에 스위치를 구성해야 하므로 미사용 중인 포트가 늘어 포트의 집적도가 떨어질 수 있습니다.

13.5.2 EoR

EoR은 End of Row의 약자로 이름 그대로 랙이 있는 행 끝에 네트워크 장비를 두고 각 랙에 있는 서버는 네트워크 장비가 있는 랙까지 케이블로 연결됩니다. 즉, 서버가 있는 랙과 네트워크 장비가 있는 랙을 분리한 구성이 됩니다.

▼ 그림 13-14 EoR 구성

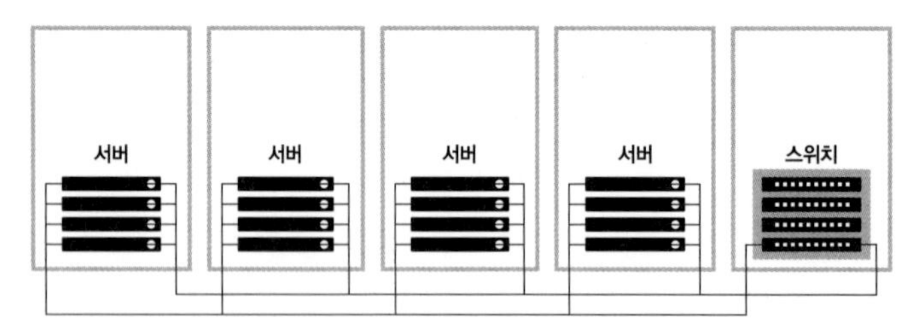

ToR과 달리 EoR은 네트워크 장비 랙에서 케이블이 서버로 직접 구성되므로 각 랙마다 별도의 개별 스위치를 증설하는 것이 아니라 대형 섀시(Chassis) 스위치에서 라인 카드를 추가하는 방식으로 포트 수를 증가시킬 수 있어 ToR보다 필요한 스위치 장비 수가 줄어듭니다. 따라서 관리하는 장비 수와 통과하는 스위치 수가 줄어 대기시간이나 지연에 유리합니다.

하지만 서버와의 케이블 구성이 더 멀어지므로 복잡도가 높아지고 케이블이 길어집니다. 따라서 케이블 구축비용이 증가하고 다음에 서버와 스위치 간 인터페이스를 업그레이드해야 하는 경우, 케이블 교체비용이 증가할 수 있습니다.

13.5.3 MoR

MoR(Middle of Row)은 EoR과 마찬가지로 서버에 연결될 네트워크 장비 랙을 별도로 구성하는 점은 같지만 네트워크 장비의 랙을 행 끝(End)이 아닌 중간(Middle)에 두는 경우입니다. 전체적인 내용은 EoR과 같지만 네트워크 장비가 중간에 있어 케이블 길이가 전반적으로 감소하는 장점이 있는 구성 방식입니다.

▼ 그림 13-15 MoR 구성

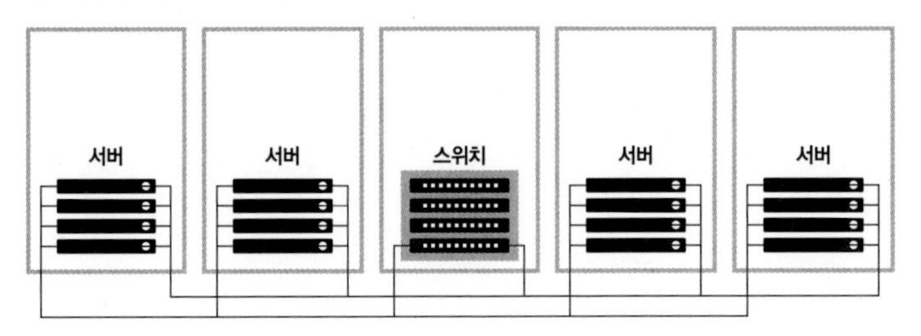

memo

14장

가상화 기술

네트워크에서 대중적으로 잘 알려진 가상화 기술은 아마도 4.2 VLAN 절에서 소개한 VLAN일 것입니다. VLAN 외에도 네트워크에서는 다양한 가상화 기술이 사용되고 있습니다. 가상화 기술을 이용하면 리소스를 더 효율적으로 사용할 수 있고 운영비용이나 도입비용을 줄일 수 있습니다. 또한, 기존 레거시 환경이 가진 문제점을 해결할 수도 있습니다.

이번 장에서는 네트워크에서 사용되는 가상화 기술 중 장비 가상화에 대해 알아보겠습니다.

참고

가상화는 만능?

모든 기술은 동일하지만 가상화 기술은 만능이 아닙니다. 다른 기술들과 마찬가지로 적재적소에 사용하지 않는 가상화 기술은 오히려 인프라 구성에 좋지 않습니다. 가상화 기술을 네트워크에 적용하기 전에 현재 인프라에 꼭 필요한 기술인지 반드시 먼저 확인해야 합니다.

NETWORK

14.1 장비 가상화 기술이란?

> "가상화(Virtualization, 假像化)는 컴퓨터에서 컴퓨터 리소스의 추상화를 일컫는 광범위한 용어이다." 다른 시스템, 응용 프로그램, 최종 사용자들이 리소스와 상호작용하는 방식으로부터 컴퓨터 리소스의 물리적 특징을 감추는 기술로 정의할 수 있다. 이것은 다중 논리 리소스 기능을 하는 것처럼 보이는 서버, 운영체제, 응용 프로그램, 저장 장치와 같은 하나의 단일 물리적 리소스를 만들어낸다. 또는 단일 논리적 리소스처럼 보이는 저장 장치나 서버와 같은 여러 개의 물리적 리소스를 만들어낼 수 있다.
>
> ▶ **출처: 위키백과–가상화**

위키백과에서 설명했듯이 가상화는 리소스의 추상화를 말합니다. 물론 가상화하는 리소스와 그 방법에 따라 매우 다양하게 분류할 수 있지만 위키백과에서 언급한 것처럼 장비 가상화 기술은 다음 두 가지로 크게 분류할 수 있습니다.

- 여러 개의 물리 장비를 하나의 논리 장비로 합치는 기술
- 하나의 물리 장비를 여러 개의 논리 장비로 나누는 기술

▼ 그림 14-1 하나의 논리 장비로 구성하거나(왼쪽) 여러 개의 논리 장비를 구성하는(오른쪽) 가상화 기술

이번 장에서는 이런 분류에 따라 각 장비 가상화 기술에 대해 알아보겠습니다.

먼저 여러 대의 물리 장비를 하나의 논리 장비로 합치는 기술입니다.

여러 대의 물리 장비를 하나의 논리 장비로 구성하는 가상화 기술을 사용하면 여러 개의 물리 박스 스위치를 묶어 한 대의 논리적 스위치로 만들 수 있습니다. 하나로 가상화된 논리 스위치는 큰 섀시형 장비처럼 볼 수 있습니다.

이 기술은 두 가지 장점이 있습니다. 첫째, 다수의 장비를 하나의 장비처럼 관리할 수 있어 운영자의 관리부하를 줄여줍니다. 둘째, 이중화 경로를 효율적으로 사용하고 루프 문제를 제거할 수 있습니다. 2계층의 이중화 경로는 루프(Loop) 발생 위험성 때문에 스패닝 트리 프로토콜(STP)을 이용해 루프 구조를 제거한 단일 경로만 사용합니다. 전체적인 안정성은 보장되지만 인프라를 효율적으로 사용할 수 없고 장애 발생 시의 페일오버(Fail-over) 시간도 다른 프로토콜보다 긴 편입니다.

여러 대의 물리 장비를 하나의 논리 장비로 구성한 스위치는 2계층의 이중화 경로에서 루프 구조를 제거하면서 전체 경로를 모두 사용할 수 있어 물리적 경로를 모두 활용할 수 있습니다. 예를 들어 그림 14-2와 같이 스위치 네 대를 사각형으로 연결한 것은 루프 구조여서 하나의 인터페이스가 블록(Block)됩니다.

▼ 그림 14-2 2계층 루프 구조 때문에 한 개 경로가 블록된 구성

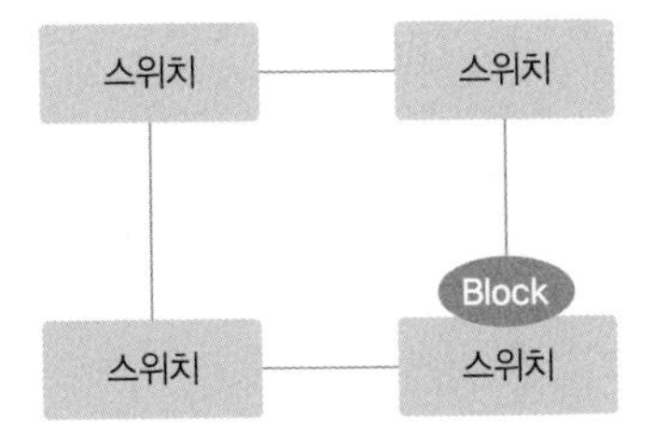

이때 장비 두 대를 각각 하나의 논리 장비로 구성하고 이 논리 장비를 연결해 1:1 구조를 만들 수 있습니다.

14
가상화 기술

▼ 그림 14-3 스위치를 두 대씩 가상화해 연결한 구성

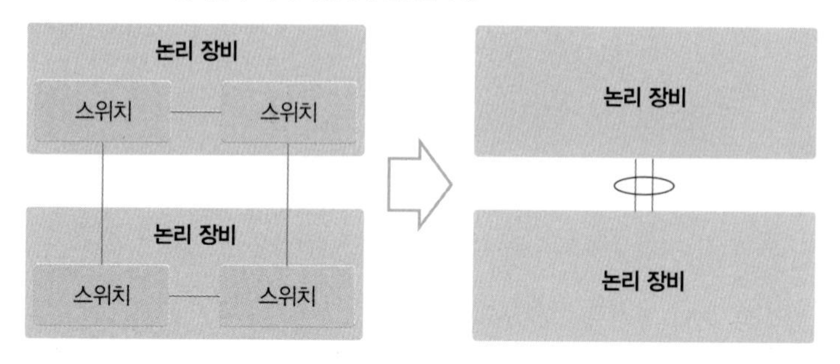

또는 아예 전체 물리 장비를 하나의 가상 스위치로 구성할 수도 있습니다.

▼ 그림 14-4 스위치 전체를 가상화한 구성

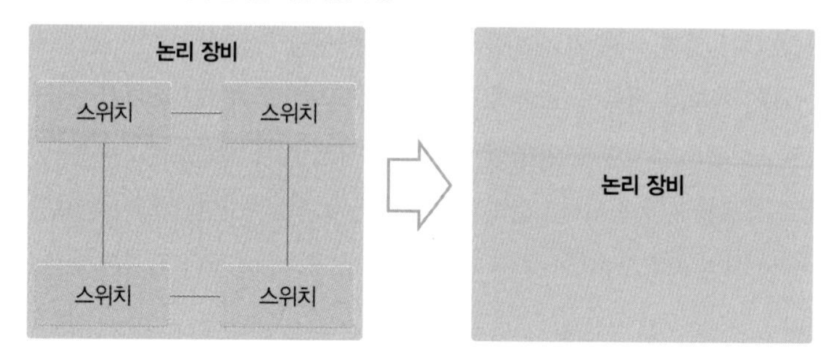

이런 구성으로 2계층의 문제점인 루프 구조에서 벗어날 수 있어 물리적으로 구성된 모든 경로를 이용해 통신할 수 있습니다. 또한, 이중화된 경로에 장애가 발생하더라도 별도의 긴 페일오버 시간이 필요없습니다.

참고

인터페이스 가상화 기술 LACP와 MC-LAG

앞에서 알아보았던 서버와 스위치의 물리 인터페이스를 하나의 논리 인터페이스로 구성해주는 LACP와 MC-LAG가 바로 이 가상화 기술 범주에 포함될 수 있습니다.

여러 대의 물리 장비를 하나의 논리 장비로 다루는 기술이 있다면 반대로 큰 장비를 나누어 사용할 수도 있습니다. 즉, 하나의 물리 장비를 여러 개의 논리 장비로 나누는 기술입니다.

스위치에서 설명한 VLAN 기술도 이 범주에 속하지만 이런 분류의 대표적 가상화 기술은 VMware의 ESXi와 같이 하나의 물리 서버에 여러 개의 가상 서버를 구성하는 서버 가상화 기술입니다. 네트워크 장비에서도 서버 가상화와 같이 하나의 물리 장비를 여러 개의 논리 장비로 나눌 수 있습니다

다. 가상화 서버처럼 하이퍼바이저를 이용한 가상화 형태로 나누거나 벤더 자체 솔루션을 통해 논리 장비로 나눕니다.

이렇게 가상화를 통해 나뉜 장비는 하나의 물리적 리소스를 공용으로 사용하는 경우도 있지만 각 논리 장비마다 리소스를 독립적으로 할당해 서로 다른 논리 장비 간에는 리소스 사용을 침범하지 않게 해 논리 장비 간에 영향을 미치지 않도록 구성합니다.

▼ 그림 14-5 가상화한 장비 간의 리소스를 독립적으로 할당

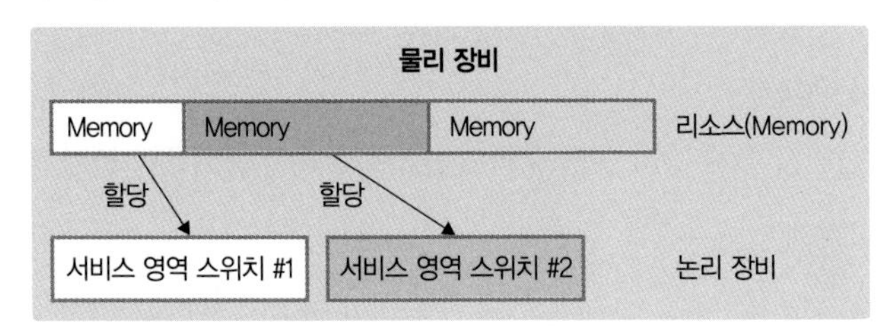

이렇게 여러 대로 가상화된 장비는 데이터 센터 내 장비를 영역별로 나눌 때 사용할 수 있습니다. 데이터 센터 내에는 다양한 목적에 따라 영역(Zone)을 구분해 네트워크를 구성하는데 각 네트워크 영역을 구성하기 위해 공통적으로 필요한 장비들이 있습니다. 데이터 센터 내의 영역별로 물리 장비를 각각 구성할 수도 있지만 하나의 물리 장비를 논리적으로 가상화해 영역별로 배치해 사용할 수도 있습니다.

▼ 그림 14-6 서비스 영역과 개발 영역을 물리 장비에서 가상화 장비로 구성한 경우

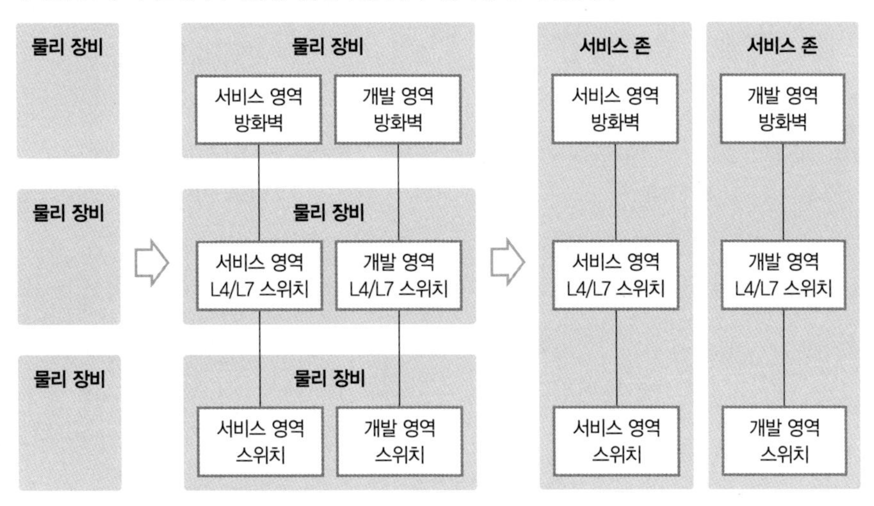

하나의 물리 장비를 여러 개의 논리 장비로 나누어 사용하면 다음과 같은 효과가 있습니다.

운용 시 관리 포인트 감소

각 서비스 영역에 대해서는 개별적으로 동작하더라도 운영 면에서는 하나의 장비로 관리할 수 있어 관리부하를 줄일 수 있습니다.

자원활용률 증가

서버 가상화처럼 기존 유휴자원을 다른 영역에서 나누어 사용하게 함으로써 네트워크 장비의 자원을 효율적으로 사용할 수 있게 됩니다.

도입비용과 운영비용 절감(Capex & Opex)

물리 장비 대신 논리 장비로 구성하면서 전체 장비 물량이 줄어 도입비용과 운용비용이 절감됩니다.

장비 가상화를 이용해 이중화 구성을 하더라도 물리 장비 하나에서 동일한 역할을 논리적으로 나누어 사용하지는 않습니다. 논리적으로 구성된 장비가 물리 리소스를 독립적으로 할당해 사용하더라도 물리 장비에 장애가 발생하면 논리 장비 모두 서비스의 영향을 받으므로 동일한 역할을 하는 장비의 이중화 구성을 하나의 물리 장비에서 구성하면 안 됩니다.

▼ 그림 14-7 네트워크 가상화를 사용한 일반적인 구성

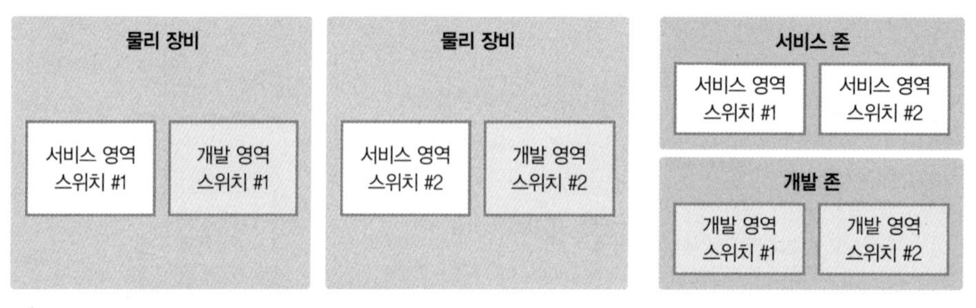

▼ 그림 14-8 네트워크 가상화를 사용한 일반적이지 않은 구성

물리 장비를 여러 대의 논리 장비로 가상화할 때, 몇 가지 유의사항이 있습니다.

여러 영역에 들어갈 장비를 하나의 물리 장비에서 논리적으로 나누려면 각 영역이 요구하는 성능을 물리 장비에서 제공할 수 있어야 합니다. 특히 물리 장비에서 제공하는 성능을 가상화로 나누면 '전체 용량/가상화 수'에 정확히 맞추어 성능이 나누어지는 것이 아니라 성능이 저하되는 부분이 있으므로 용량 산정에 더 신경써야 합니다. 또한, 방화벽이나 L4/L7 스위치와 같이 하나의 물리 장비에서 제공되는 인터페이스가 많지 않은 경우에는 인터페이스 수도 고려해야 합니다.

기능 면에서도 물리 장비에서 제공되는 기능이 논리적으로 가상화한 경우에도 정상적으로 제공되는지 확인해야 합니다.

물리 장비를 논리 장비로 나누는 가상화를 도입할 때, 용량과 필요한 기능 제공에 별 문제가 없으면 앞에서 가상화 장비의 장점에서 알아보았듯이 CAPEX와 OPEX 모두 효과적으로 줄일 수 있습니다. 하지만 비용을 줄이려고 장비의 가상화를 무작정 시도하면 문제가 발생했을 때, 손실비용이 더 커질 수 있으므로 더 면밀한 검토가 필요합니다.

참고

CAPEX, OPEX

- CAPEX(CAPital EXpenditures)
  - 장비 도입비용
- OPEX(OPeration EXpenditures)
  - 운영비용

NETWORK

14.2 벤더별 장비 가상화 기술: 하나의 논리 장비로 만드는 가상화

벤더별로 장비를 가상화하는 기술들은 큰 맥락에서 보면 크게 다르지 않지만 각 벤더마다 구현하는 방법이나 동작 방법이 조금씩 다릅니다. 또한, 벤더마다 유사한 방식의 가상화 기술이라도 가상화 기술 명칭이 다르므로 각 벤더마다 부르는 가상화 기술이 어떤 가상화를 말하는지도 알아두는 것이 좋습니다.

이번 절에서 여러 개의 물리 장비를 하나의 논리 장비로 만들어주는 가상화 기술에 어떤 것들이 있는지 알아보겠습니다.

14.2.1 시스코 시스템즈의 가상화 기술

시스코 시스템즈는 장비 제품군별로 지칭하는 기술 명칭이 조금씩 다릅니다. 하나씩 간략히 설명하겠습니다.

14.2.1.1 VSS

VSS(Virtual Switching System)는 VSL(Virtual Switching Link)로 장비를 연결해 하나의 가상 스위치를 만듭니다. VSS 기술은 Cisco Catalyst 6500/6800과 Cisco Catalyst 4500 제품군에서 지원되며 VSS를 통해 최대 두 대의 물리 장비를 한 대의 가상 스위치로 구성할 수 있습니다. VSS는 시스템에서 운영할 수 있는 대역폭을 확장하고 가용성을 증대시킵니다.

▼ 그림 14-9 시스코 VSS를 사용하면 두 대의 물리 장비를 하나의 논리 장비로 구성할 수 있다.

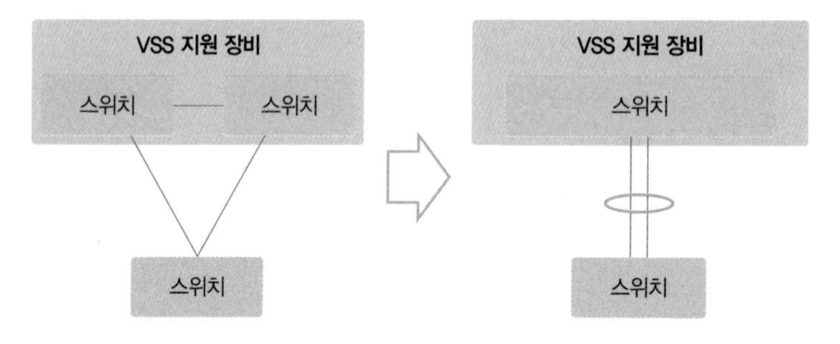

14.2.1.2 StackWise/FlexStack

또 다른 가상화 기술로 StackWise가 있습니다.(Stack/StackWise-Plus 등이 있지만 본서에서는 StackWise로만 통칭합니다.) StackWise는 Cisco Catalyst 3750-X/3850 제품군에서 지원되는 가상화 기술입니다. StackWise와 동일하게 Cisco Catalyst 2960-X/2960-XR에서 지원되는 FlexStack이라는 가상화 기술도 있습니다. 모델 라인업에 따라 명칭은 다르지만 기본적인 가상화 기술은 유사합니다. VSS는 최대 두 대의 장비를 하나의 가상 스위치로 구성할 수 있지만 지원되는 StackWise나 FlexStack은 최대 8~9대의 스위치를 하나의 가상 스위치로 구성할 수 있습니다.

▼ 그림 14-10 시스코 StackWise를 사용하면 여러 개의 스위치를 하나의 섀시형 장비처럼 구성할 수 있다.

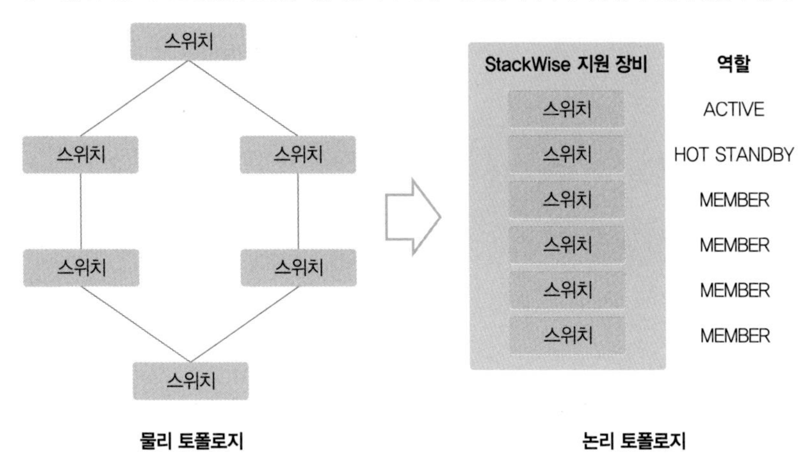

StackWise나 FlexStack과 같은 스택 구성은 일반 포트를 사용하지 않고 스위치 후면에 있는 별도 스택 구성용 모듈이나 케이블을 사용해 데이지 체인(Daisy Chain) 형태로 구성합니다. 장비 간 통신을 위한 데이터 케이블뿐만 아니라 경우에 따라 전원도 동일한 방식으로 구성합니다.

▼ 그림 14-11 데이지 체인 형태로 구성한 케이블

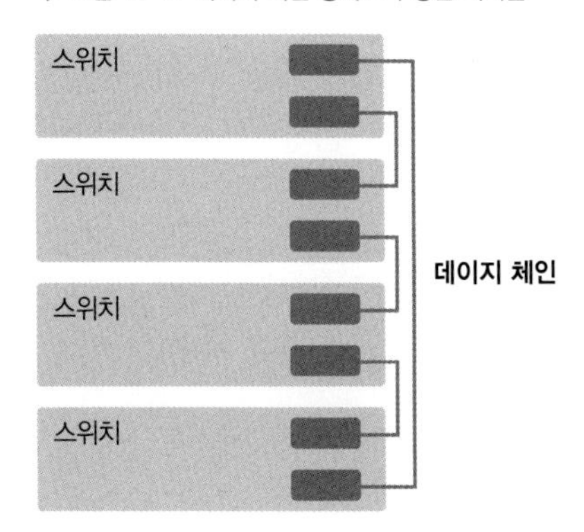

14.2.1.3 FEX

VSS나 Stack과 같은 기술이 동일한 장비를 하나의 가상 장비로 구성한다면 하나의 스위치를 다른 장비의 모듈 형태로 구성하는 FEX(Fabric Extender) 기술이 있습니다. FEX는 하나의 스위치가 다른 스위치의 모듈 형태로 구성되는 구조이며 FEX 장비에는 별도의 운영체제가 없고 상단 스위치의 운영체제 그대로 사용합니다. FEX 장비를 상단 스위치에 구성하고 확인해보면 기존 섀시 장비에서 슬롯을 추가한 것과 같아 보입니다. FEX는 ToR와 같은 용도로 사용하면 각 랙 서버들은 상단 FEX와 연결되지만 관리는 상단 스위치에서만 하면 됩니다.

▼ 그림 14-12 FEX의 물리적 구조와 논리적 구조

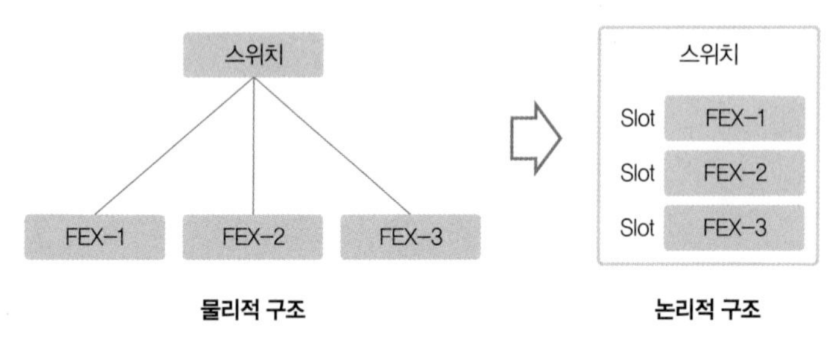

물리적 구조 논리적 구조

14.2.2 주니퍼

주니퍼(Juniper)에서도 여러 개의 물리 장비를 하나의 논리적 장비로 만드는 몇 가지 기술을 제공합니다.

14.2.2.1 가상 섀시

가상 섀시(Virtual Chassis)는 EX와 QFX 시리즈 스위치에서 지원되는 가상화 기술입니다 여러 개의 스위치를 링(Ring) 형태의 토폴로지로 연결해 하나의 장비처럼 관리할 수 있습니다. 장비 모델에 따라 다르지만 최대 10대의 장비를 스택으로 구성할 수 있습니다.

가상 섀시는 장비 간 연결을 위해 VCP(Virtual Chassis Port) 전용 포트를 사용하는 모델(EX4200/EX4550)도 있지만 전용 VCP 포트가 없으면 일반 업링크(Uplink) 포트를 사용해 장비를 연결할 수 있습니다.

14.2.2.2 VCF

가상 섀시와 마찬가지로 EX와 QFX 시리즈 스위치에서 지원되는 가상화 기술입니다. VCF(Virtual Chassis Fabric, 가상 섀시 패브릭)는 여러 개의 물리 스위치를 하나의 가상 섀시 패브릭 장비로 구성합니다. 스파인-리프 형태로 디자인하고 스파인은 2~4대를 포함해 최대 20대의 장비를 패브릭 멤버로 구성할 수 있습니다. VCF는 16개 랙 규모의 PoD(Point of Delivery) 사이즈에 적합합니다.

14.2.2.3 주노스 퓨전

주노스 퓨전(Junos Fusion)은 VCF보다 대규모에 적용될 수 있습니다. 주노스 퓨전은 유형에 따라 다음 3가지 아키텍처로 나뉘며 각 기술에 따라 지원되는 장비 모델이 다릅니다.

- Junos Fusion Provider Edge
- Junos Fusion Data Center
- Junos Fusion Enterprise

14.2.3 익스트림(Extreme)

익스트림(구 브로케이드)에는 여러 개의 스위치를 하나의 클러스터 형태의 가상 스위치로 구성하는 VCS(Virtual Cluster Switching)라는 가상화 기술이 있습니다. 하나의 클러스터로 구성되는 VCS 로지컬 섀시(Logical Chassis)는 최대 48개의 브로케이드 VCS 패브릭을 한 대의 가상 스위치로 만들어 관리할 수 있습니다.

VCS 클러스터로 구성된 스위치 장비는 별다른 설정 없이 단순히 스위치 간 ISL(Inter-Switch Link)을 구성하는 것만으로 VCS 클러스터에 자동으로 묶이므로 네트워크 스위치의 손쉬운 스케일 아웃(Scale-out)을 지원합니다. 물론 아무 설정 없이 연결해도 구성에는 문제가 없지만 관리상 편의를 위해 VCS 내에서 사용되는 ID 값은 관리자가 직접 설정해주는 것이 좋습니다.

▼ 그림 14-13 익스트림 VDX 시리즈의 VCS

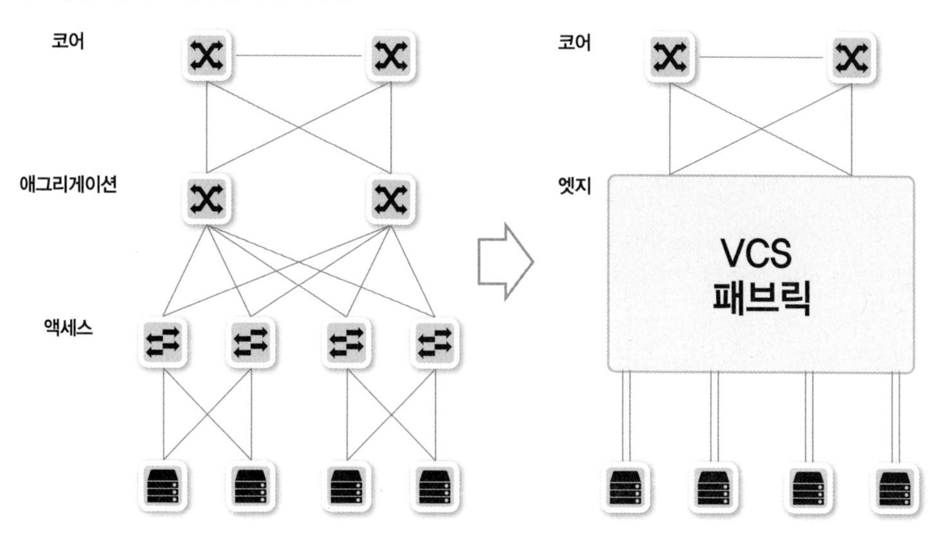

14.2.4 HP 엔터프라이즈(HP Networking)

HP 네트워크에는 IRF(Intelligent Resilient Fabric)라는 스위치 가상화 기술이 있습니다. 앞에서 다루었듯이 여러 대의 스위치를 하나의 가상 스위치로 구성할 수 있습니다. 다른 벤더가 하나의 가상 스위치로 구성할 수 있는 제품이 제한적인 반면, HP IRF는 모든 제품에서 스위치 가상화를 지원하고 있습니다. 다만 IRF로 구성할 때는 동일한 모델끼리 구성해야 합니다.

IRF를 구성할 때, 스탠드 얼론 형태의 박스형 장비는 최대 9대까지 하나의 가상 스위치로 구성할 수 있으며 섀시형 장비는 최대 4대까지 구성할 수 있습니다.

▼ 그림 14-14 HPE의 IRF

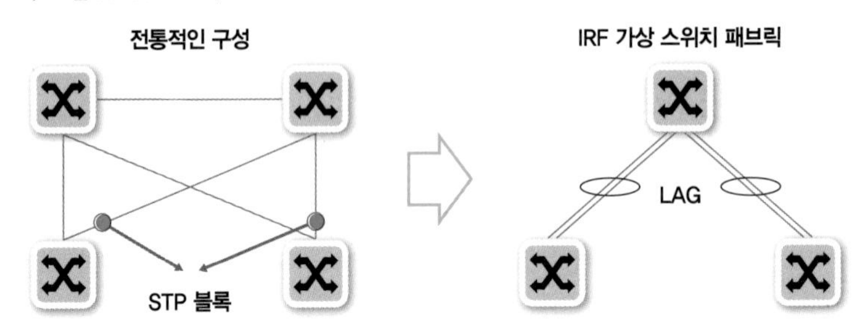

가상화 네트워크 확장(Enhanced IRF) 기술을 사용하면 다른 계층과 다른 모델 스위치도 하나의 논리적 스위치로 구성할 수 있습니다.

14.3 벤더별 장비 가상화 기술: 여러 개의 논리 장비로 만드는 가상화

NETWORK

이번 절에서는 하나의 물리 장비를 여러 개의 논리 장비로 나누는 각 벤더별 기술을 살펴보겠습니다.

14.3.1 시스코 시스템즈

시스코 시스템즈에서는 데이터 센터 스위치인 Nexus 7000/7700 제품군에서 VDC(Virtual Device Context) 기능으로 하나의 물리 스위치를 최대 8개의 논리 스위치로 나누어 사용할 수 있습니다. VDC별로 독립적인 설정(Configuration)과 소프트웨어 프로세스가 동작하며 전체 리소스를 VDC 별로 분할해 사용합니다. 각 VDC에 별도로 권한을 부여해 관리할 수 있고 가상으로 나눈 VDC마다 관리자를 부여할 수도 있습니다. 물론 전체 VDC를 관리할 수 있는 별도의 관리 VDC(Admin VDC)도 지원하므로 전체 총괄 관리자도 함께 둘 수 있습니다.

▼ 그림 14-15 시스코 시스템즈의 VDC

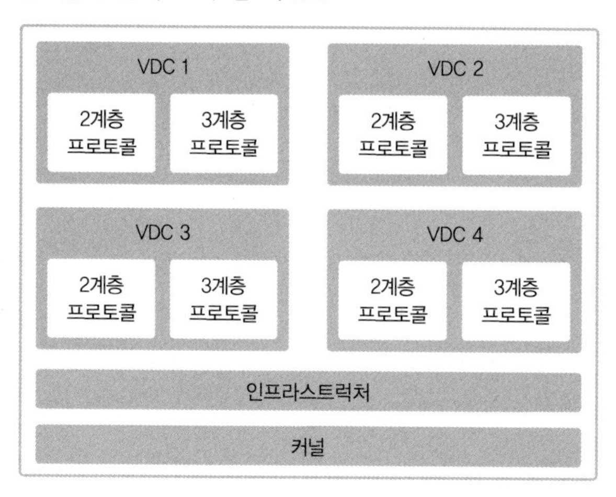

관리용 VDC에서 각 VDC로 접속해 관리할 수는 있지만 VDC별 데이터 트래픽은 완전히 분리되므로 VDC 간 통신이 필요할 때는 물리적 케이블을 포함해 일반적인 물리 장비 간 연결과 동일한 방식으로 구성해야 통신이 가능합니다.

14.3.2 시트릭스

시트릭스(Citrix)의 L4/L7 NetCaler 제품군에는 MPX와 VPX가 있습니다. MPX는 기존 일반 하드웨어로 제공되는 제품군이며 VPX는 소프트웨어로 제공되는 제품군입니다. 그리고 SDX 제품군이 있는 데 이 제품은 하이퍼바이저인 Xen이 설치된 하드웨어 박스입니다. SDX 제품군에 소프트웨어로 제공되는 VPX를 설치해 하나의 물리 박스의 L4/L7 스위치를 여러 개의 가상 논리 L4/L7로 구성해 사용할 수 있는 멀티 테넌트 플랫폼을 제공할 수 있습니다. 테넌트별로 분리된 L4/

L7 스위치 인스턴스(Instance)는 메모리, CPU, SSL을 독립적으로 운영할 수 있으며 버전도 독립적으로 구성할 수 있습니다. SDX를 전체적으로 관리할 수 있는 SVM(Service Virtual Machine)이 있습니다. SDX를 관리하고 SDX에서 운영되는 VPX 인스턴스의 추가, 삭제, 수정 등의 역할을 수행합니다.

▼ 그림 14-16 시트릭스의 SDX(VPX)

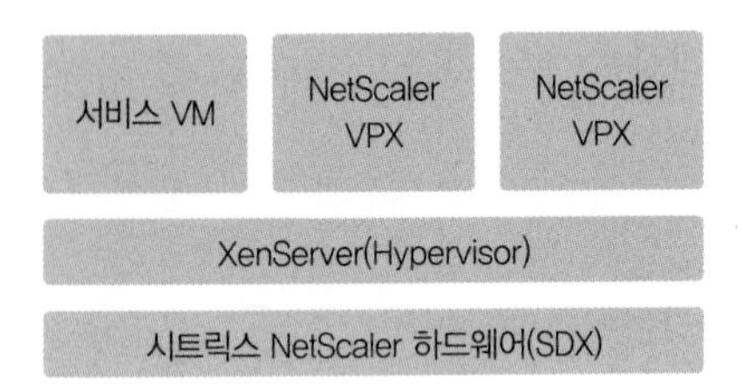

14.3.3 F5

F5 제품군은 vCMP(Virtual Clustered Multi Processing) 가상화 기술을 지원합니다. vCMP는 F5 제품군 중 모델명이 'v'로 끝나는 시리즈이거나 i5800 이상인 모델에서는 기본적으로 지원합니다. vCMP을 사용해 나누어지는 개별 가상화 장비를 Guest라고 하며 각 Guest 장비에는 개별적으로 CPU 코어를 할당할 수 있고 할당된 CPU 자원을 독립적으로 사용할 수 있습니다. 메모리는 할당된 CPU 코어 수에 따라 자동으로 할당됩니다. 해당 자원은 가상화 장비 간에 독립적으로 동작하므로 특정 가상화 장비의 사용량이 늘더라도 다른 가상화 장비에 영향을 미치지 않습니다. 각 가상화 장비는 개별적으로 동작하므로 가상화 장비 간에 다른 버전의 운영체제를 사용할 수도 있습니다. 따라서 신규 운영체제로 전환할 때는 가상화 장비를 사용해 기능 테스트와 검증작업을 할 수 있습니다.

▼ 그림 14-17 F5 vCMP

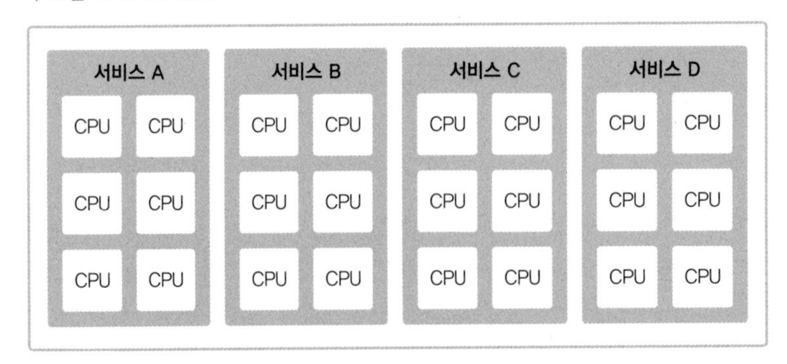

14.3.4 포티넷

포티넷(Fortinet)의 포티게이트(Fortigate) 제품군에서는 VDOM 가상화 기술을 사용해 물리 장비를 여러 대의 논리 장비로 나눌 수 있습니다. 두 개의 클러스터를 이용해 이런 논리적 VDOM을 그룹화해 관리할 수 있습니다.

VDOM은 Virtual Domain의 약자로 최근 네트워크 가상화에서 유행하는 전 가상화 시스템과 과거부터 많이 사용해온 VRF(Virtual Routing and Forwarding)의 중간 수준의 가상화 기능을 제공합니다. 일반 네트워크 장비는 VRF를 이용해 라우팅을 분리하는 것만으로도 다양한 효과를 얻을 수 있지만 방화벽은 일반 네트워크 장비와 달리 네트워크 부분과 정책 관리 및 적용 부분으로 나누어져 있어 라우팅 분리만으로는 부족합니다. VDOM은 라우팅뿐만 아니라 정책 단위로 시스템 전체를 가상화합니다.

▼ 그림 14-18 포티넷의 VDOM

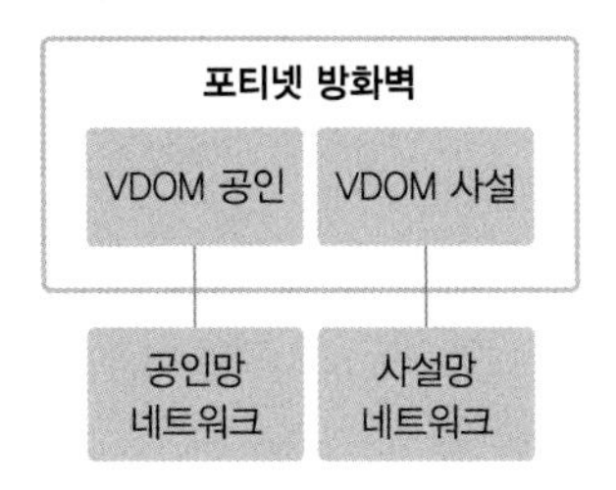

memo

15장

가상화 서버를 위한 네트워크

과거 데이터 센터는 단일 운영체제가 설치된 일반 x86 서버나 유닉스, 메인프레임 등의 장비들이 서비스를 제공했습니다. 일부 대형 유닉스와 메인프레임에서 제공하던 가상화 기능이 x86에도 사용할 수 있게 되면서 오늘날 데이터 센터는 물리 서버의 비중은 점점 줄고 VMware와 같은 하이퍼바이저가 설치된 가상화 서버가 많은 부분을 차지하고 있습니다. 또한, 컨버지드 인프라(Converged Infrastructure, CI) 또는 하이퍼 컨버지드 인프라(Hyper Converged Infrastructure, HCI)라는 서버/네트워크/스토리지가 하나의 세트나 어플라이언스(Appliance)로 구성된 장비들도 새로 출시되어 그 비중을 높여가고 있습니다. 이런 컨버지드 인프라 장비들도 하이퍼바이저를 기반으로 네트워크와 스토리지가 하나로 통합됩니다.

가상화 서버 내부에서는 여러 개의 가상 머신이 다양한 서비스와 동작합니다. 성격이 다른 서버와 서비스가 하나의 하이퍼바이저 위에서 동작하다보니 다양한 네트워크의 연결이 필요합니다. 이것을 위해 가상화 서버의 내부에는 가상 스위치가 있습니다. 가상 스위치는 일반 물리 스위치와 같은 기능을 모두 제공하지는 않지만 가상 호스트 내의 다양한 네트워크를 구성하고 외부 네트워크와 연결하는 기능을 합니다. 하이퍼바이저의 가상 스위치와 연결된 실제 물리 스위치에서는 기존과 달리 고려할 사항이 늘어납니다.

이번 장에서는 가상화 서버가 네트워크에 연결될 때 필요한 네트워크 구성과 가상화 스위치를 이용해 가상화 서버 내에 구성해야 하는 네트워크에 대해 알아보겠습니다.

15.1 가상화 서버 구성 시의 네트워크 설정

VMware의 ESXi나 마이크로소프트의 Hyper-V와 같은 하이퍼바이저를 사용하면 하나의 물리 호스트 안에서 여러 개의 가상 서버가 구동됩니다. 하나의 물리 호스트 내부에 있는 가상 서버가 모두 동일한 네트워크 안에서 동작할 수도 있지만 다양한 네트워크와 서비스를 가상화 서버에 수용하기 위해 두 개 이상의 네트워크를 연결합니다.

▼ 그림 15-1 가상화 서버 안에서 여러 개의 네트워크를 포함하고 있다.

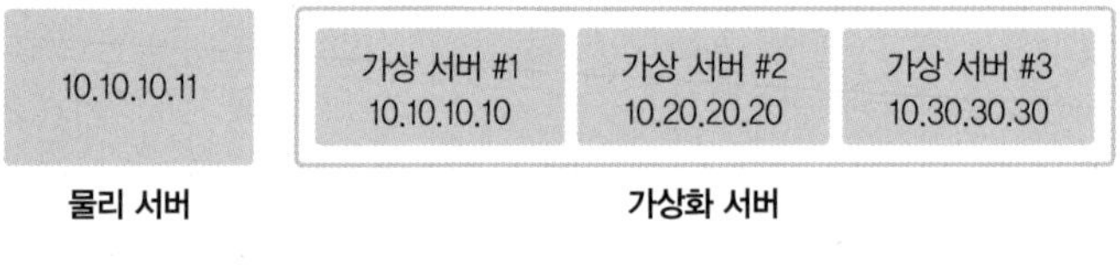

10.10.10.11
물리 서버
가상 서버 #1 10.10.10.10
가상 서버 #2 10.20.20.20
가상 서버 #3 10.30.30.30
가상화 서버

4.2 VLAN 절에서 설명했듯이 하나의 스위치에 여러 개의 VLAN이 있을 때, 스위치 간에 모든 VLAN을 연결하려면 VLAN 개수만큼 물리적 케이블과 스위치 포트가 필요합니다. 이런 낭비를 막기 위해 Tagged 포트 기능이 나왔고 이후 스위치 간 연결에는 Tagged 설정을 통해 스위치에 설정된 VLAN 정보가 모두 통신하도록 설정합니다.

앞에서 말했듯이 가상화 서버는 한 개 이상의 네트워크를 갖고 있어 일반 물리 서버를 연결할 때처럼 Untagged 설정 대신 Tagged 설정을 합니다. 실제 가상화 서버 내에는 가상 스위치가 내장되어 있고 가상 스위치가 스위치 역할을 해 VLAN을 Tag합니다.

▼ 그림 15-2 가상화 서버에는 여러 개의 네트워크가 있으므로 Tagged 연결을 사용한다.

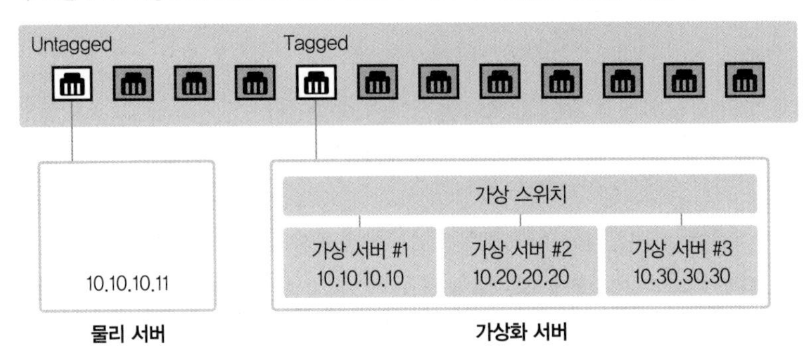

가상화 스위치 내에서 네트워크를 분리하기 위해 VLAN을 생성하고 호스트 외부에서도 해당 VLAN이 통과해야 할 때는 해당 VLAN 정보를 상위 물리 스위치에서도 동일하게 설정합니다.

▼ 그림 15-3 가상화 호스트 내의 VLAN이 가상화 호스트 외부를 통과해야 할 때, 스위치에 해당하는 VLAN 설정이 필요하다.

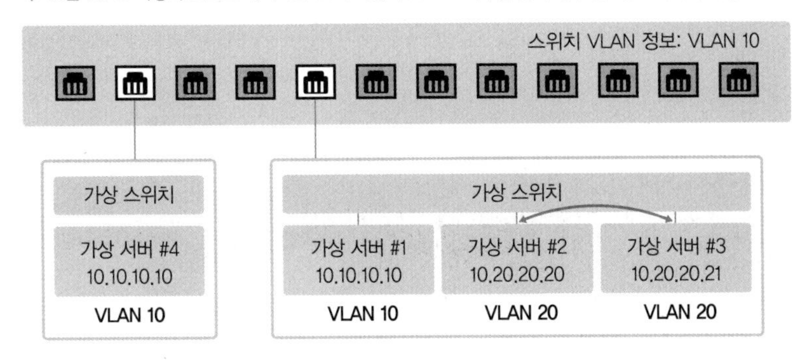

15.2 VMware vSphere

VMware 제품인 vSphere는 가상 호스트인 VMware ESXi와 ESXi를 중앙에서 관리하기 위한 vCenter Server, vCenter Server Appliance 제품군을 통칭하는 가상화/클라우드 플랫폼입니다. vSphere에는 서버 가상화, 네트워크 가상화, 스토리지 가상화 등 다양한 가상화를 지원하고 있습니다. 이번 장에서는 vSphere의 가상화 중 서버 가상화 내에서 기본적으로 제공되는 네트워크에 대해 다룹니다.

참고

VMware의 네트워크 가상화 솔루션인 NSX에 대해서는 다루지 않습니다.

15.2.1 VMware 가상 스위치

VMware의 엔터프라이즈용 하이퍼바이저인 ESXi에서는 서버 내부의 네트워크를 구성하기 위한 가상 스위치를 제공합니다. 가상 스위치는 하이퍼바이저 내에서 동작하는 소프트웨어 스위치로 몇 가지 알아두어야 할 것이 있습니다.

가상 스위치는 논리적 소프트웨어 스위치이므로 기존 물리 스위치에서 제공되는 모든 기능을 제공하지는 않지만 호스트 내부의 네트워크를 구성하는 데 필요한 2계층 스위치의 기본적인 기능을 제공합니다. 그리고 이런 기능은 15.2.2 표준 스위치/분산 스위치 절에서 다룰 가상 스위치의 일종인 표준 스위치와 분산 스위치 여부에 따라 지원 기능이 다릅니다. 물론 VMware 네트워크 가상화 기술인 NSX를 사용하면 3계층 기능을 포함해 다양한 기능을 제공하지만 VMware ESXi 호스트와 vCenter에서 제공되는 가상 스위치는 3계층 이상의 기능을 포함하지 않습니다.

가상 스위치를 통해 ESXi 호스트 내의 가상 머신들이 외부와 통신하려면 ESXi 호스트의 물리 네트워크 카드를 물리 스위치에 연결해야 합니다. 물리 스위치에 연결된 ESXi 호스트의 포트를 가상 스위치의 업링크로 지정하면 해당 가상 스위치에 연결된 가상 머신은 외부 네트워크와 통신하게 됩니다. 하지만 가상 머신들이 외부 네트워크와의 통신이 불필요하고 호스트 내 가상 머신 간에만 통신하는 폐쇄망이라면 가상 스위치의 업링크를 구성하지 않고 하이퍼바이저의 가상 스위치만 논리적으로 생성해 가상 머신만 연결해 사용합니다.

▼ 그림 15-4 가상화 호스트 내의 스위치와 외부 스위치를 연결한다.

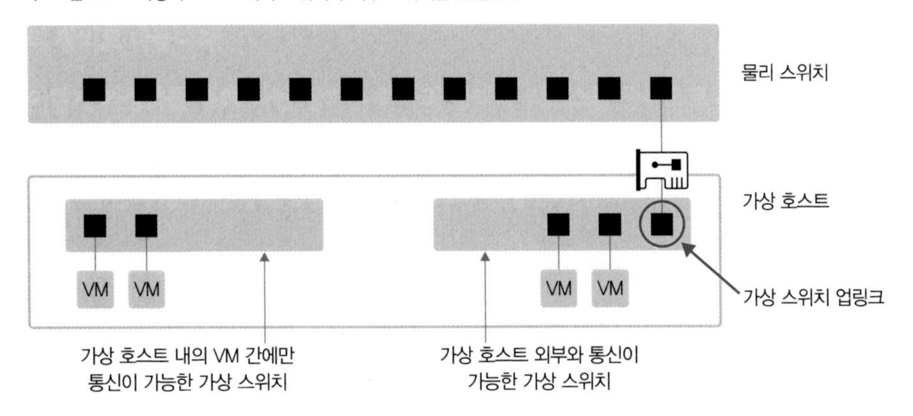

ESXi 호스트에는 한 개 이상의 가상 스위치를 만들 수 있습니다. 물리 네트워크 스위치에서는 스위치 간 경로를 두 개 이상 연결할 때, 루프 구조가 만들어져 문제가 발생할 수 있습니다. 하지만 가상 스위치는 두 개 이상 만들어 사용하더라도 가상 스위치 간에 연결이 되지 않으므로 루프 문제가 ESXi 호스트 내에서는 발생하지 않습니다. 따라서 2계층에서 루프를 예방하기 위해 사용하는 스패닝 트리 프로토콜(STP)이 동작하지 않고 스패닝 트리 프로토콜에서 사용되는 BPDU 패킷이 발생하지 않습니다. 상단 물리 네트워크 장비를 운영하는 입장에서는 ESXi 가상 호스트가 연결되는 인터페이스에 대해 일반 단일 서버 연결 포트와 동일하게 취급해 Portfast나 BPDU Guard와 같은 기능을 사용할 수 있게 됩니다.

▼ 그림 15-5 가상 스위치 간에는 연결이 되지 않으므로 루프 문제가 발생하지 않는다.

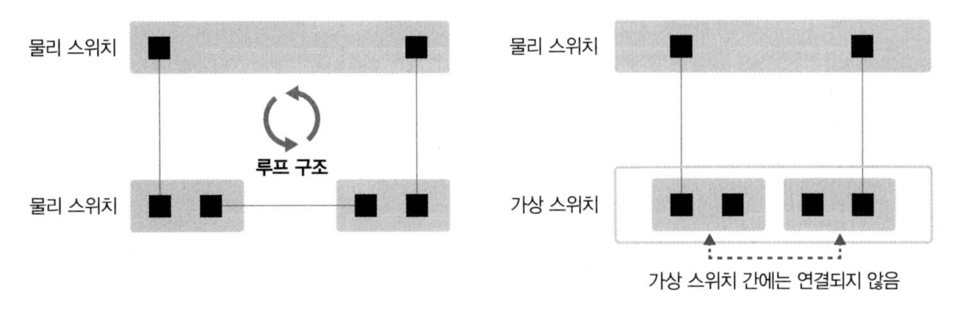

일반 물리 스위치는 각 단말이 스위치의 어느 포트에 연결되는지를 학습해 MAC 테이블로 관리하지만 가상 스위치는 MAC 학습작업(Address Learning)이 필요 없습니다. 가상 머신에 할당되는 가상 네트워크 어댑터를 ESXi 하이퍼바이저가 할당하며 해당 가상 네트워크 어댑터의 물리 주소(MAC Address)를 알고 있기 때문입니다. 따라서 ESXi의 가상 스위치는 정적(Static)으로 물리 주소 테이블을 모두 가진 2계층 스위치로 정의할 수 있으며 MAC 학습작업을 하지 않습니다.

▼ 그림 15-6 VMware 가상 머신의 네트워크 어댑터별 MAC 주소가 설정되어 있다.

이어서 ESXi 호스트에서 기본적으로 제공되는 가상 스위치를 표준 스위치와 vCenter에서 제공되는 분산 스위치로 나누어 차이점을 알아보겠습니다.

15.2.2 표준 스위치/분산 스위치

표준 스위치

VMware의 가상 호스트인 ESXi의 네트워크 구성을 위해 기본적으로 제공되는 가상 스위치를 표준 스위치(Standard Switch)[1]라고 합니다.

표준 스위치는 ESXi 호스트마다 개별적으로 있으므로 호스트의 가상 스위치를 각각 관리해야 합니다. 하나의 표준 스위치 내에서는 포트 그룹을 통해 가상 네트워크를 분리할 수 있습니다. 일반 스위치의 VLAN 분리와 유사한 개념입니다. 실제 포트 그룹 간에는 VLAN ID 설정 옵션이 있습니다. 포트 그룹은 다음 절에서 더 자세히 다룹니다.

1 표준 스위치는 VSS, vSwitch 또는 vNetwork Standard Switch, Virtual Standard Switch, vSphere Standard Switch로도 표기합니다.

▼ 그림 15-7 표준 스위치는 호스트별로 관리한다.

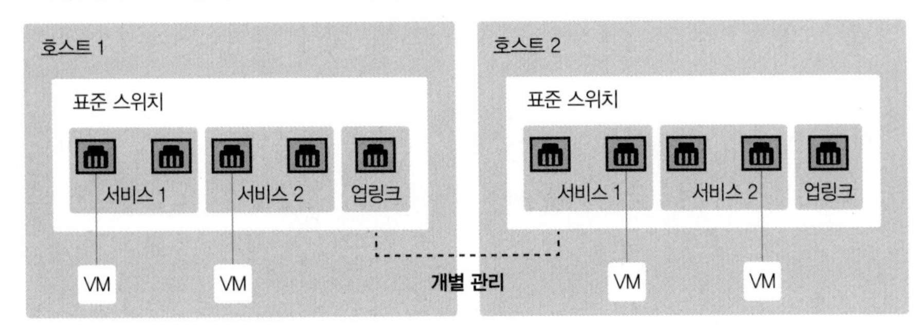

분산 스위치

표준 스위치가 호스트별로 개별적으로 관리되는 가상 스위치라면 분산 스위치(Distributed Switch)[2]는 가상 스위치들을 중앙에서 일괄적으로 관리하게 해줍니다. 분산 스위치는 VMware 가상 호스트들을 중앙에서 관리하는 vCenter가 제공하는 기능입니다. 분산 스위치를 이용하면 각 ESXi 호스트에 대한 네트워크 구성을 중앙에서 관리하고 전체 ESXi 호스트 간에 일괄적인 네트워크 구성을 유지할 수 있습니다.

▼ 그림 15-8 분산 스위치는 각 호스트의 스위치를 중앙에서 관리한다.

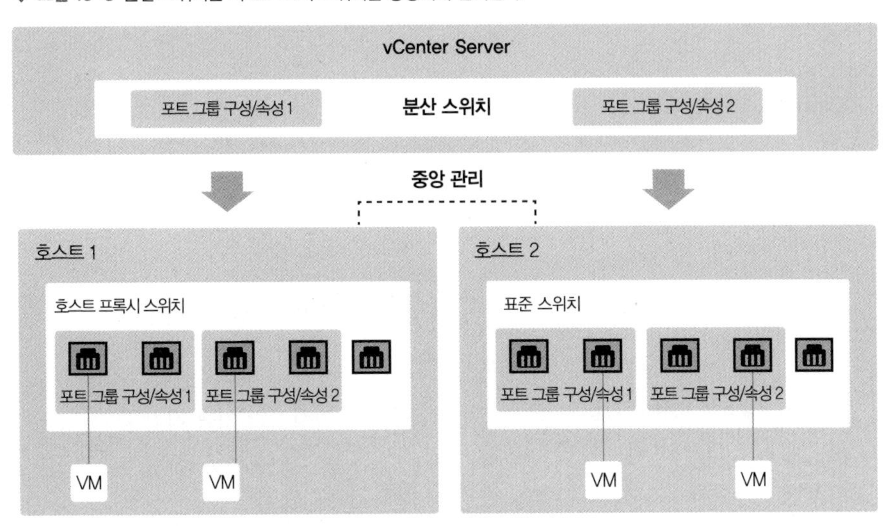

하지만 vCenter를 사용해 ESXi 호스트들을 관리하더라도 모두 분산 스위치를 사용할 수 있는 것

2 분산 스위치는 vDS, vSphere Distributed Switch, DVS, dvSwitch, Distributed Switch, Distributed Virtual Switch 등으로 표기합니다.

은 아닙니다. 분산 스위치를 사용하려면 vSphere 라이선스 중 Enterprise Plus 라이선스를 사용해야 합니다. 분산 스위치 사용 라이선스가 없다면 vCenter를 이용하더라도 vCenter 내에서 개별 표준 스위치로 관리해야 합니다.

분산 스위치에서는 호스트별로 설정하지 않고 중앙에서 네트워크 설정을 할 수 있다는 장점이 있습니다. 또한, 네트워크 기능에서도 표준 스위치에서 제공하지 않는 다양한 기능을 추가로 제공합니다.

예를 들어 기본적인 L2 전송 기능이나 VLAN 세그멘테이션, VLAN Tagging 등의 기능에 대해서는 표준 스위치와 분산 스위치 모두 동일하게 지원하지만 넷플로우(NetFlow)나 앞에서 다룬 이중화 기술인 LACP 기능은 표준 스위치에서는 지원하지 않고 분산 스위치에서만 지원합니다.

표준 스위치와 분산 스위치에서 지원되는 기능의 차이는 표 15-1에서 확인할 수 있습니다.

▼ 표 15-1 표준 스위치와 분산 스위치의 주요 지원 기능

순번	기능	표준 스위치	분산 스위치
1	Layer 2 Forwarding 일반 스위치 포워딩 기능	O	O
2	VLAN Segmentation VLAN 기능	O	O
3	Private VLAN VLAN을 다시 한 번 분할하는 기능	X	O
4	Outbound Traffic Shaping 아웃바운드 트래픽 QoS	O	O
5	Inbound Traffic Shaping 인바운드 트래픽 QoS	X	O
6	802.1Q Tagging	X	O
7	NIC Teaming 두 개 이상의 포트를 묶어 사용하는 기능	O	O
8	Load Based Teaming	X	O
9	VM Network Port Blocking	X	O
10	NetFlow	X	O
11	Network vMotion	X	O
12	Per Port Policy Setting	X	O

13	Port Mirroring 모니터링 포트	X	O
14	vNetwork Switch API	X	O
15	3rd Party Switch Support	X	O
16	Link Layer Discovery Protocol	X	O
17	User Based Network I/O Control	X	O
18	LACP Support	X	O
19	Backup & Restore Network Configuration	X	O

표준 스위치는 호스트별로 동작하므로 각 호스트에서 네트워크를 관리합니다. 반면, 분산 스위치는 vCenter를 통해 관리합니다. vCenter 네트워킹 메뉴에서 분산 스위치를 생성하고 해당 분산 스위치를 통해 관리할 호스트를 추가해 사용합니다.

▼ 그림 15-9 분산 스위치의 호스트 추가 메뉴

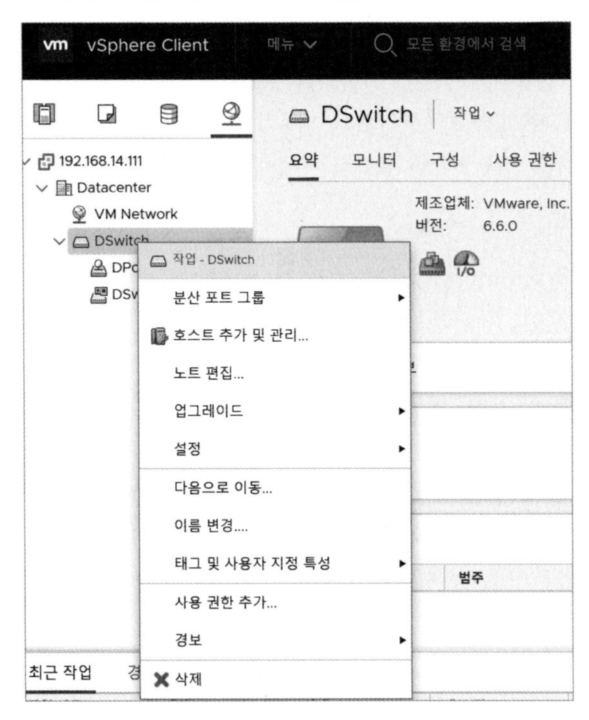

분산 스위치는 일반 스위치와 마찬가지로 여러 개를 만들 수 있어 vCenter에서 여러 개의 분산 스위치를 생성하고 각 분산 스위치에서 관리하려는 ESXi 호스트를 추가해 동일한 네트워크 구성

이 필요한 ESXi 호스트들을 그룹화해 관리할 수 있습니다.

▼ 그림 15-10 분산 스위치별 호스트 그룹 설정 예제

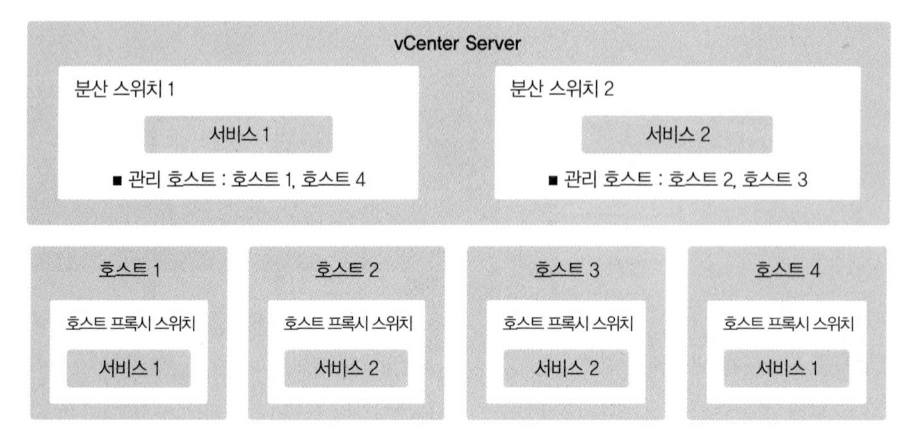

참고

분산 스위치의 실제 동작

분산 스위치를 사용하면 내부적으로는 각 호스트에 있는 호스트 프록시 스위치라는, 호스트 내에 숨겨진 표준 스위치가 동작하고 분산 스위치에서 설정한 내용을 복제해 구성됩니다. 결국 분산 스위치는 각 호스트에 동일한 호스트 스위치를 만들기 위한 템플릿 형태가 되고 실제 내부 구동은 숨겨진 호스트 프록시 스위치로 동작합니다.

15.2.3 VMKernel 포트와 가상 시스템 포트 그룹

ESXi 호스트에서 네트워킹 추가 메뉴로 네트워크 설정을 추가하면 VMKernel 네트워크 어댑터와 표준 스위치용 가상 시스템 포트 그룹, 물리적 네트워크 어댑터 중 하나의 연결 유형을 선택해 설정합니다.

▼ 그림 15-11 가상 스위치 내에서의 네트워크 설정 추가 시 네트워크 연결 유형

연결 유형 선택
생성할 연결 유형을 선택합니다.

◉ **VMkernel 네트워크 어댑터**

VMkernel TCP/IP 스택은 vSphere vMotion, iSCSI, NFS, FCoE, Fault Tolerance, vSAN 및 호스트 관리와 같은 ESXi 서비스에 대한 트래픽을 처리합니다.

○ **표준 스위치용 가상 시스템 포트 그룹**

포트 그룹은 표준 스위치에서 가상 시스템 트래픽을 처리합니다.

○ **물리적 네트워크 어댑터**

물리적 네트워크 어댑터는 네트워크에서 다른 호스트로의 네트워크 트래픽을 처리합니다.

물리적 네트워크 어댑터는 ESXi 호스트가 네트워크 스위치에 연결되는 물리 업링크 포트에 대한 설정이며 VMKernel 네트워크 어댑터와 표준 스위치용 가상 시스템 포트 그룹은 가상 스위치에서 서비스 용도를 구분할 수 있는 포트 타입(Type)에 대한 설정입니다. VMkernel 네트워크 어댑터와 표준 스위치용 가상 시스템 포트 그룹은 그림 15-12의 호스트 1처럼 하나의 물리적 네트워크 어댑터를 함께 사용할 수도 있지만 서비스 트래픽에 대해 물리적 네트워크 어댑터를 분리해 서비스 안정성을 높이기 위해 그림 15-12의 호스트 2처럼 개별적으로 구성할 것을 권고합니다. 15.2.3 VMKernel 포트와 가상 시스템 포트 그룹 절에서는 VMKernel 네트워크 어댑터와 표준 스위치용 가상 시스템 포트 그룹의 역할이 어떻게 다른지 알아보겠습니다.

▼ 그림 15-12 하나의 물리적 네트워크 어댑터를 공유하거나 분리해 VMKernel 네트워크 어댑터와 가상 시스템 포트 그룹을 구성할 수 있다.

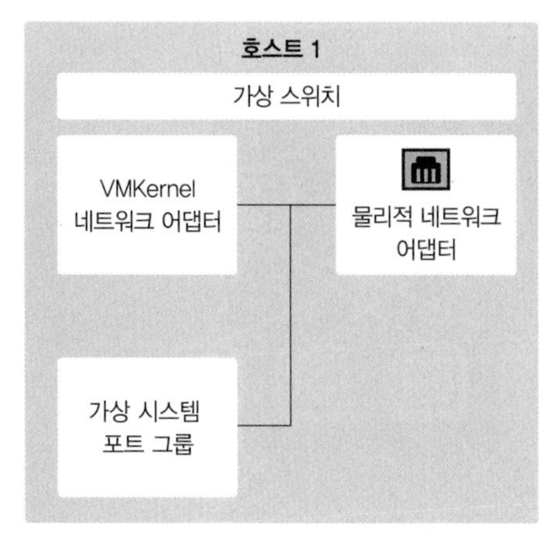

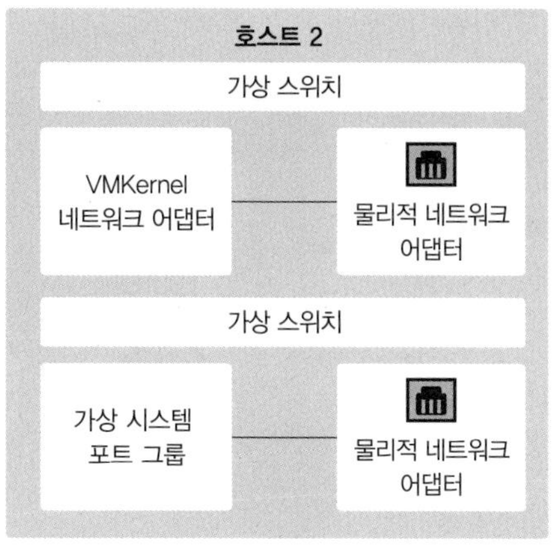

15.2.3.1 VMKernel 어댑터

ESXi 호스트 초기 구성과 네트워크를 통해 호스트를 관리하려면 네트워크 설정을 해야 합니다. 이때 네트워크 설정은 VMKernel 어댑터라는 이름으로 구성되고 Management Network라는 네트워크 레이블로 자동 생성됩니다.

▼ 그림 15-13 ESXi 호스트의 기본 VMKernel 어댑터

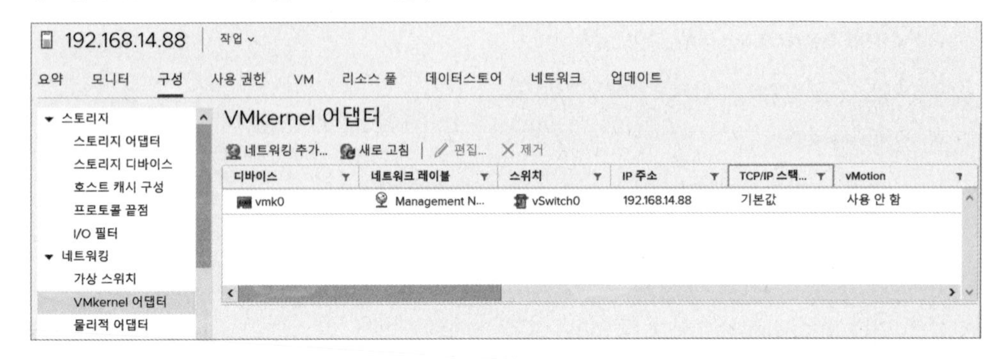

VMKernel 네트워크 어댑터는 일반 가상 머신의 서비스 용도가 아니라 ESXi 호스트가 동작하는 데 필요한 관리용 서비스 네트워크 구성에 사용됩니다. vMotion, 프로비저닝, 관리, vSphere Replication(복제), vSAN 등을 구성할 때도 VMKernel 네트워크 어댑터를 사용합니다.

13.4.6 관리망/OoB(Out of Band) 절에서 설명한 OoB망과 같이 가상 머신의 서비스 용도가 아닌 호스트의 관리용 서비스 네트워크이므로 VMKernel 네트워크 어댑터를 사용하는 가상 스위치를 별도로 구성해 서비스 네트워크와 관리 네트워크 트래픽을 물리적으로 분리할 것을 권고합니다. 이렇게 물리적으로 분리 구성을 하면 호스트 관리를 위한 트래픽이 가상 머신의 서비스 트래픽에 영향을 미치지 않습니다.

▼ 그림 15-14 VMKernel 네트워크 어댑터 설정에서 VMKernel 네트워크 어댑터를 이용해 적용할 서비스를 지정할 수 있다.

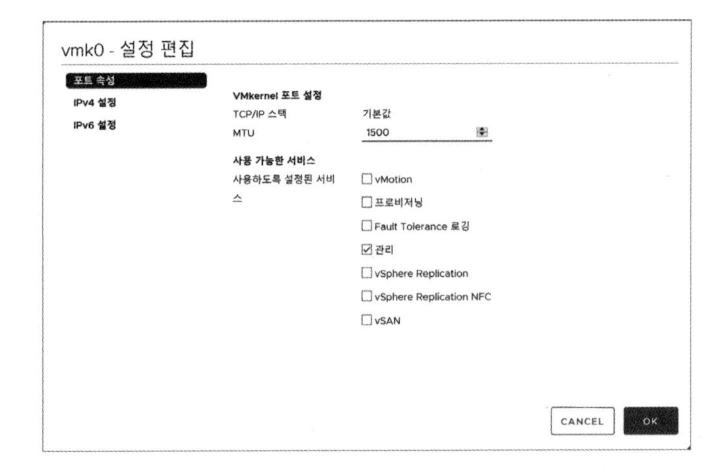

15.2.3.2 포트 그룹 설정

가상 머신을 네트워크에 연결하려면 일반 서버에 네트워크 카드를 설치하듯이 가상 네트워크 어댑터를 가상 머신에 추가해야 합니다. 추가된 네트워크 어댑터는 이 가상 머신이 어떤 네트워크에 연결할지 선택하기 위해 가상 스위치에서 미리 설정해놓은 네트워크 템플릿을 지정하는데 이 템플릿이 포트 그룹입니다.

▼ 그림 15-15 가상 머신의 네트워크 레이블 설정

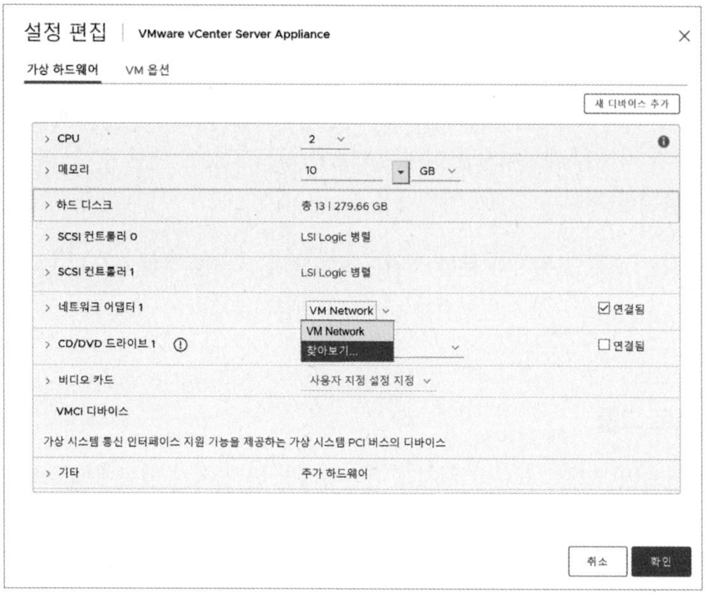

설정 편집	VMware vCenter Server Appliance	
가상 하드웨어	VM 옵션	새 디바이스 추가
> CPU	2	
> 메모리	10 GB	
> 하드 디스크	총 13 | 279.66 GB	
> SCSI 컨트롤러 0	LSI Logic 병렬	
> SCSI 컨트롤러 1	LSI Logic 병렬	
> 네트워크 어댑터 1	VM Network (VM Network / 찾아보기...)	연결됨
> CD/DVD 드라이브 1		연결됨
> 비디오 카드	사용자 지정 설정 지정	
VMCI 디바이스		
가상 시스템 통신 인터페이스 지원 기능을 제공하는 가상 시스템 PCI 버스의 디바이스		
> 기타	추가 하드웨어	
	취소	확인

포트 그룹은 가상 네트워크 내에서 동일한 속성을 적용할 수 있는 템플릿이므로 동일한 포트 그룹에 속한 가상 머신들은 네트워크 대역을 구분하는 VLAN은 물론 보안 정책, 트래픽 조절(QoS) 정책, 모니터링(NetFlow) 정책, 이중화 구성을 위한 팀 구성, 페일오버 정책 등의 동일한 적용을 받습니다.

보통 포트 그룹은 VLAN 네트워크 구분용으로 가장 많이 사용되지만 가상 스위치 내에 동일한 VLAN을 사용하는 그룹을 두 개 이상 만들 수 있어 VLAN이 같은 두 개의 그룹에 다른 정책들을 분리, 적용하기 위해 사용되기도 합니다.

참고

물리 스위치의 포트 그룹

기존 물리 스위치는 개별 포트마다 설정해 사용하지만 가상 머신은 동일한 네트워크 속성을 가진 포트 그룹을 적용해 네트워크 설정을 합니다. 포트 그룹과 같은 포트 설정에 대한 템플릿은 가상 스위치에만 있는 것은 아닙니다. 일반 물리 스위치도 벤더나 모델에 따라 포트 설정에 대한 템플릿을 만들어 일괄적으로 적용해주는 기능을 합니다.

15.2.4 포트 그룹 관리

VMware vSphere의 네트워크 관리는 NSX와 같은 전문적인 가상화 네트워크 기술을 제외하면 ESXi 호스트의 표준 스위치나 vCenter에서 관리하는 분산 스위치에 대한 관리입니다. 표준 스위치와 분산 스위치에서는 다양한 기능을 제공하지만 실제로 대부분 포트 그룹에 대한 추가, 삭제, 속성 변경과 같은 포트 그룹 관리입니다.

15.2.4 포트 그룹 관리 절에서는 표준 스위치와 분산 스위치에서 포트 그룹을 생성, 관리하는 방법을 살펴보면서 VMware vSphere의 가상 네트워크를 이해해보겠습니다.

15.2.4.1 표준 스위치의 포트 그룹

표준 스위치는 ESXi 호스트별로 있으므로 표준 스위치를 관리하려면 먼저 초기 메뉴에서 **호스트 및 클러스터** 메뉴를 선택합니다.

▼ 그림 15-16 vSphere Client의 메뉴

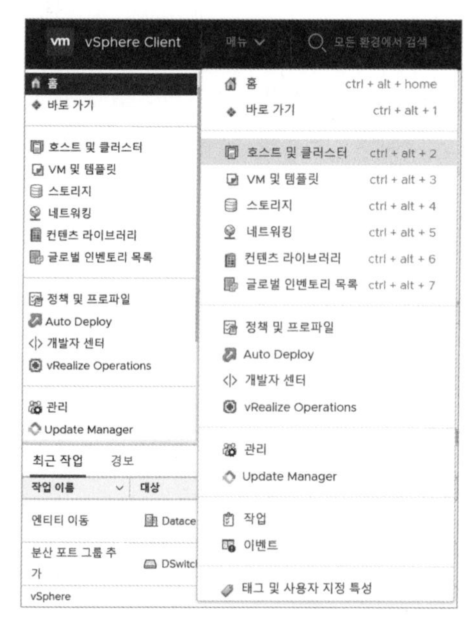

호스트 및 클러스터 메뉴에 들어오면 vCenter에서 관리하는 ESXi 호스트를 확인할 수 있습니다. 원하는 호스트를 선택하면 오른쪽에 해당 호스트 정보가 표기됩니다.

▼ 그림 15-17 ESXi 호스트 정보

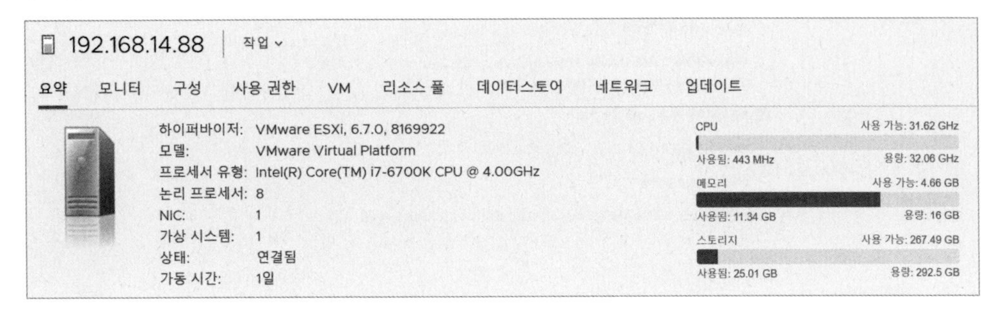

호스트의 탭 메뉴 중 '구성' 탭을 선택하면 해당 호스트의 스토리지, 네트워킹, 가상 시스템, 시스템 등에 대한 관리 메뉴가 나옵니다. 표준 스위치에 대한 관리를 위해 '네트워킹-가상 스위치' 메뉴를 선택합니다. 가상 스위치 메뉴에 들어오면 현재 가상 호스트의 표준 스위치 정보와 해당 표준 스위치에 할당된 물리적 어댑터, VMKernel 네트워크 어댑터, 포트 그룹을 확인할 수 있습니다.

▼ 그림 15-18 가상 스위치(표준 스위치)

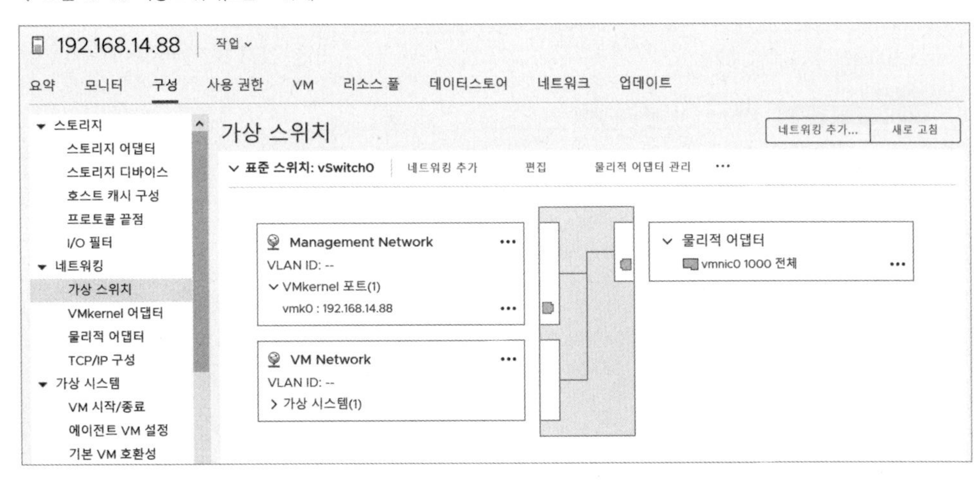

이제 가상 서버에서 사용할 새로운 포트 그룹을 생성해보겠습니다. 포트 그룹 생성을 위해 가상 스위치 화면에서 **네트워킹 추가** 버튼을 선택합니다.

네트워킹 추가 버튼을 클릭하면 VMKernel 네트워크 어댑터, 표준 스위치용 가상 시스템 포트 그룹, 물리적 네트워크 어댑터를 선택할 수 있습니다. 가상 서버를 위한 포트 그룹을 생성하는 것이므로 표준 스위치용 가상 시스템 포트 그룹을 선택합니다.

▼ 그림 15-19 표준 스위치 네트워크 추가: 연결 유형 선택(포트 타입)

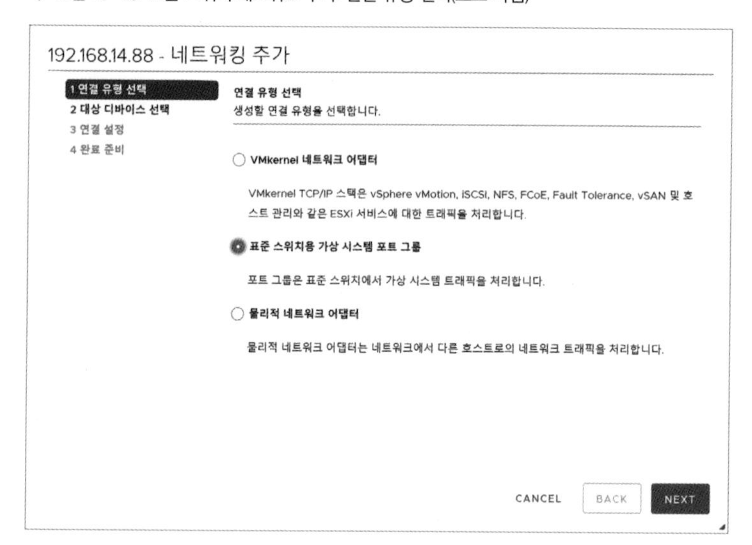

이후, 포트 그룹이 속할 표준 스위치를 선택합니다. 기존의 표준 스위치를 선택하거나 새로운 표준 스위치를 생성해 포트 그룹을 만들 수도 있습니다.

▼ 그림 15-20 표준 스위치 네트워크 추가: 대상 디바이스 선택(스위치)

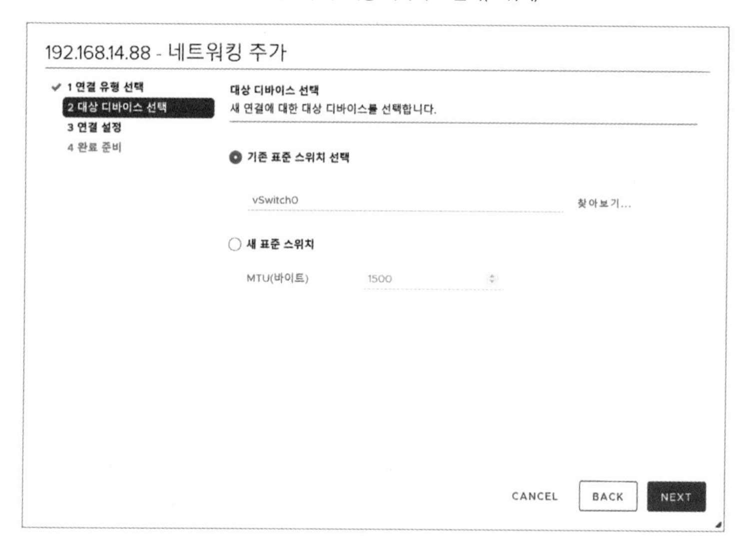

다음은 네트워크 레이블과 VLAN ID를 설정합니다. 네트워크 레이블은 포트 그룹의 용도를 편리하게 구분하기 위해 설정하는 것으로 동작에는 영향을 미치지 않습니다. VLAN ID는 실제 네트워크 스위치에서 사용하는 VLAN ID와 동일한 역할을 해 네트워크를 구분해줍니다.

▼ 그림 15-21 표준 스위치 네트워크 추가: 연결 설정(레이블 및 VLAN ID)

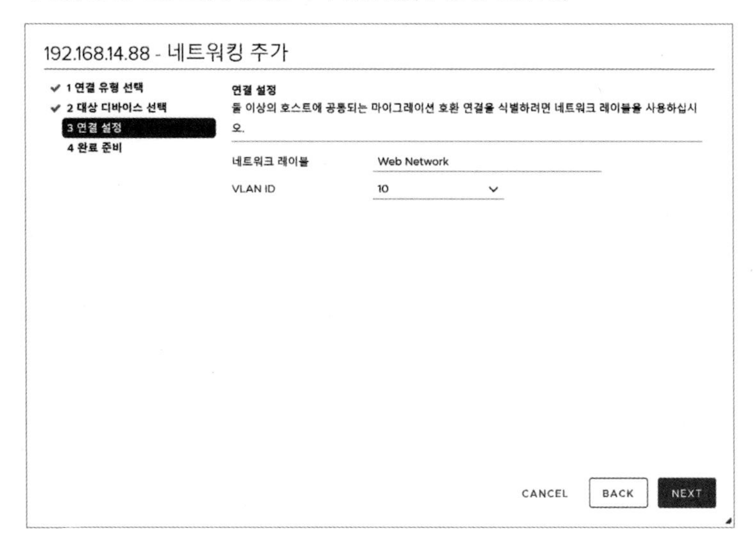

모든 정보를 설정했다면 마지막으로 설정 정보를 확인합니다.

▼ 그림 15-22 표준 스위치 네트워크 추가: 완료 준비

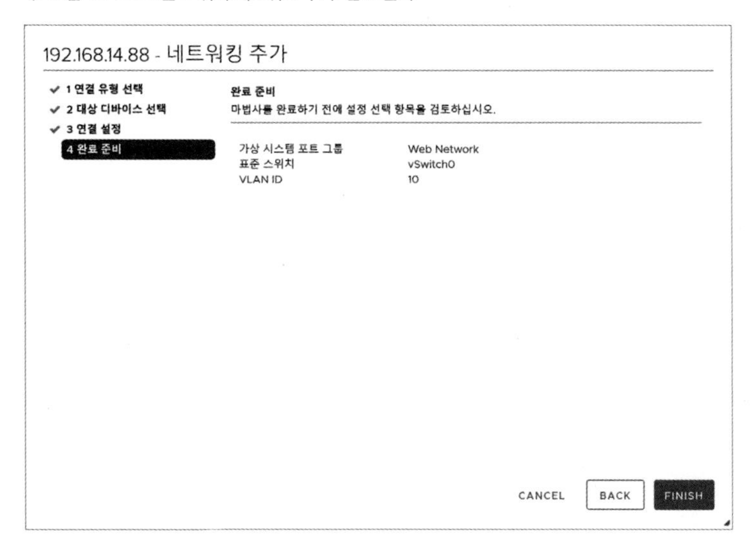

설정 정보를 확인한 후, FINISH 버튼을 클릭하면 새로운 포트 그룹이 생성된 것을 볼 수 있습니다.

▼ 그림 15-23 신규로 생성된 표준 스위치의 포트 그룹

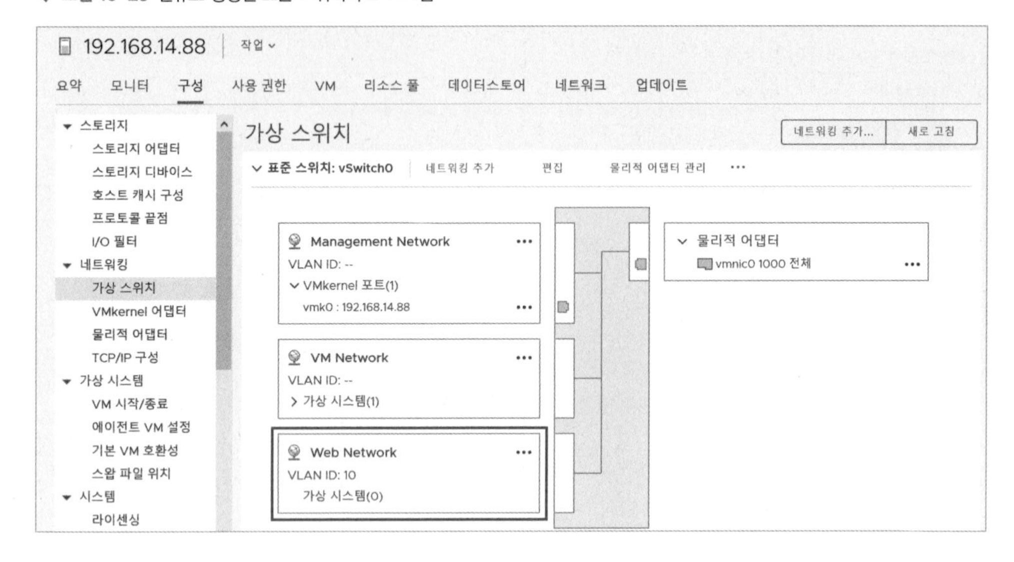

포트 그룹을 새로 만들 때는 VLAN ID에 대한 속성만 설정할 수 있지만 포트 그룹이 만들어진 이후에는 해당 포트 그룹의 편집 메뉴에서 포트 그룹을 생성할 때 설정한 VLAN ID를 비롯해 보안, 트래픽 조정, 팀 구성, 페일오버 등 포트 그룹에 대한 세부 설정을 할 수 있습니다.

15.2.4.2 분산 스위치의 포트 그룹

vCenter에서 ESXi 호스트의 네트워크를 통합, 관리하기 위한 분산 스위치는 표준 스위치와 달리 기본적으로 생성된 것이 없으므로 먼저 분산 스위치의 신규 생성부터 하겠습니다. 먼저 vCenter에서 호스트를 논리적으로 관리하기 위한 구조인 Datacenter에서 새 Distributed Switch 메뉴를 선택합니다.

▼ 그림 15-24 새 분산 스위치 생성 메뉴

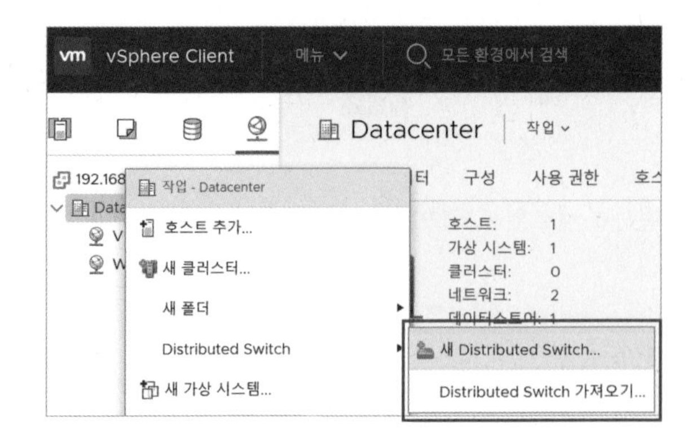

새 분산 스위치 생성을 위해 분산 스위치의 이름을 설정합니다. 여기서는 DSwitch로 설정했습니다. 위치 항목도 있는데 이 위치 항목은 앞에서 말한 vCenter에서 호스트를 논리적으로 관리하기 위한 구조인 Datacenter입니다.

▼ 그림 15-25 분산 스위치 생성: 이름 및 위치

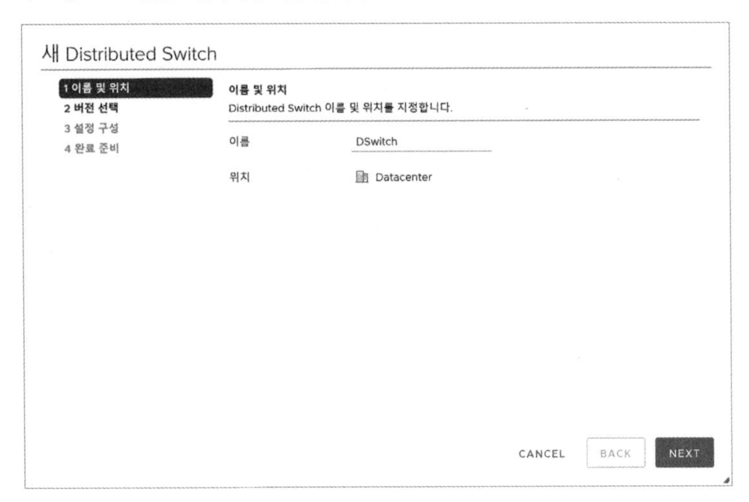

다음은 분산 스위치의 버전을 선택합니다. 버전이 높을수록 지원 기능은 많아지지만 버전별로 지원되는 ESXi 호스트의 버전이 제한되므로 관리해야 할 ESXi 호스트의 버전에 맞추어 생성합니다. 여기서는 6.6.0을 선택했습니다.

▼ 그림 15-26 분산 스위치 생성: 버전 선택

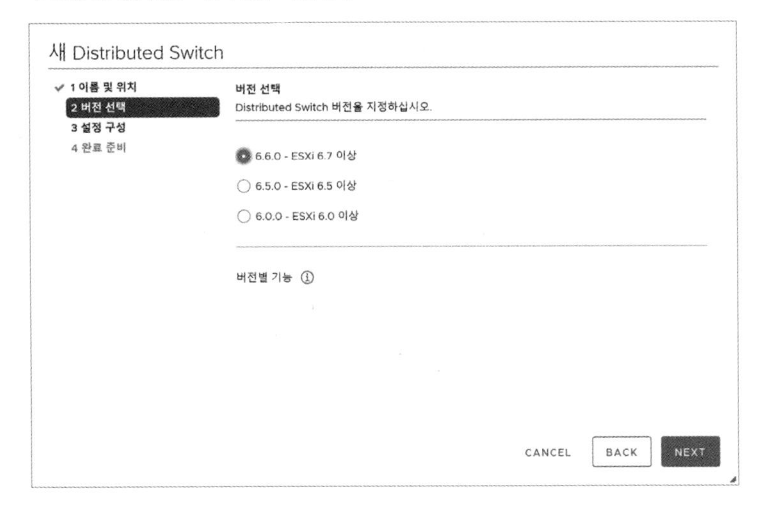

다음은 분산 스위치의 설정 구성을 정합니다. 분산 스위치의 업링크 수나 네트워크 트래픽 제어, 분산 스위치의 기본 포트 그룹 생성 실행 여부를 설정할 수 있습니다. 기본 포트 그룹 생성은 기본값이며 생성을 원하지 않으면 체크박스를 해제하면 됩니다.

✔ 그림 15-27 분산 스위치 생성: 설정 구성(업링크 포트, 리소스 할당 등)

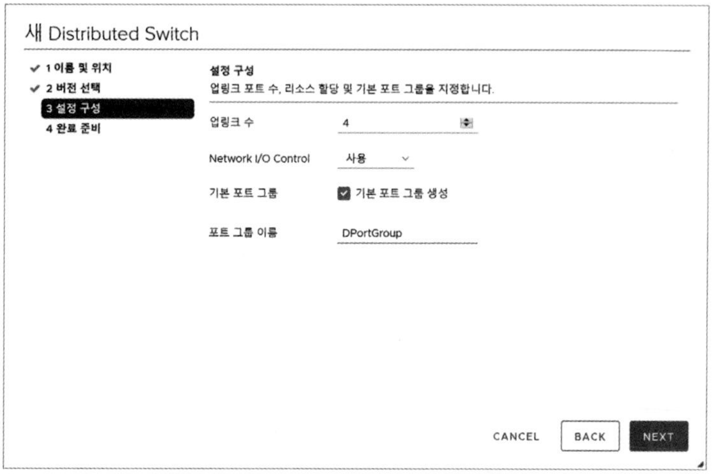

새 Distributed Switch
1 이름 및 위치
2 버전 선택
3 설정 구성
4 완료 준비
설정 구성
업링크 포트 수, 리소스 할당 및 기본 포트 그룹을 지정합니다.
업링크 수
4
Network I/O Control
사용
기본 포트 그룹
기본 포트 그룹 생성
포트 그룹 이름
DPortGroup
CANCEL
BACK
NEXT

모든 정보를 설정했다면 마지막으로 설정 정보를 확인합니다.

✔ 그림 15-28 분산 스위치 생성: 완료 준비(설정 확인)

새 Distributed Switch
1 이름 및 위치
2 버전 선택
3 설정 구성
4 완료 준비
완료 준비
마법사를 완료하기 전에 설정 선택 항목을 검토하십시오.
이름
DSwitch
버전
6.6.0
업링크 수
4
Network I/O Control
사용
기본 포트 그룹
DPortGroup
제안된 다음 작업
새 분산 포트 그룹
호스트 추가 및 관리
이러한 작업은 새 Distributed Switch의 작업 메뉴에서 사용할 수 있습니다.
CANCEL
BACK
FINISH

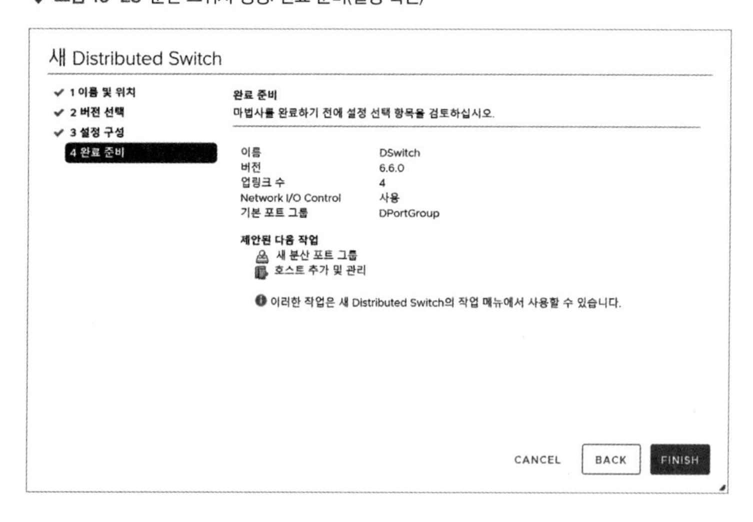

설정 정보를 확인한 후, **FINISH** 버튼을 클릭하면 분산 스위치가 생성됩니다. 분산 스위치를 생성하고나면 분산 스위치로 관리할 호스트를 추가해주어야 합니다.

▼ 그림 15-29 분산 스위치의 호스트 추가 및 관리 메뉴

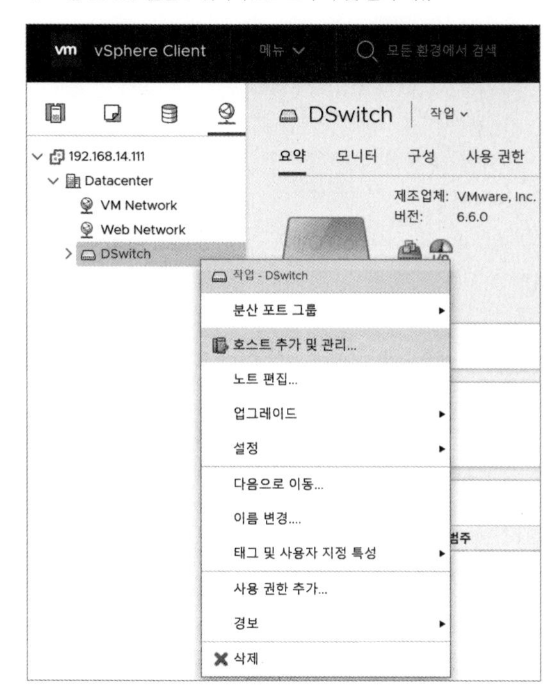

이제 분산 스위치에서 사용할 분산 포트 그룹을 생성해보겠습니다. 새로운 분산 포트 그룹 생성을 위해 분산 스위치에서 새 분산 포트 그룹 메뉴를 선택합니다.

▼ 그림 15-30 분산 포트 그룹 추가 메뉴

15

가상화 서버를 위한 네트워크

분산 포트 그룹을 생성할 때는 먼저 분산 포트 그룹에 사용할 이름을 설정합니다. 여기서는 DPortGroup 1로 설정합니다.

▼ 그림 15-31 분산 포트 그룹 추가: 이름 및 위치 선택

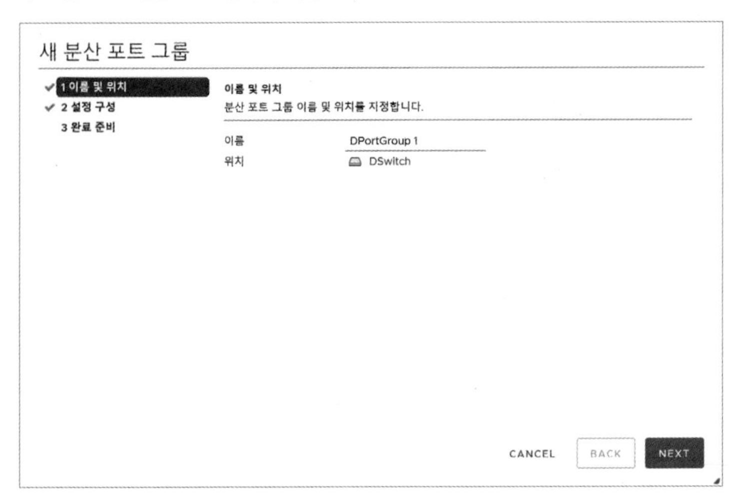

이후, 해당 분산 포트 그룹에 대한 바인딩 방법이나 포트 할당, VLAN을 포함한 추가 설정을 합니다.

▼ 그림 15-32 분산 포트 그룹 추가: 설정 구성

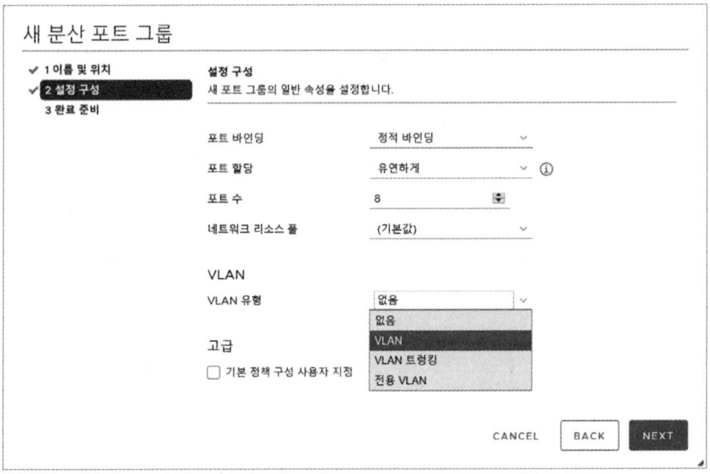

새 분산 포트 그룹

1 이름 및 위치
2 설정 구성
3 완료 준비

설정 구성
새 포트 그룹의 일반 속성을 설정합니다.

포트 바인딩 정적 바인딩
포트 할당 유연하게
포트 수 8
네트워크 리소스 풀 (기본값)

VLAN
VLAN 유형 없음
없음
VLAN
VLAN 트렁킹
전용 VLAN

고급
기본 정책 구성 사용자 지정

CANCEL BACK NEXT

설정한 값을 마지막으로 확인하고 완료하면 분산 포트 그룹이 만들어집니다.

▼ 그림 15-33 분산 포트 그룹 추가: 완료 준비(설정 확인)

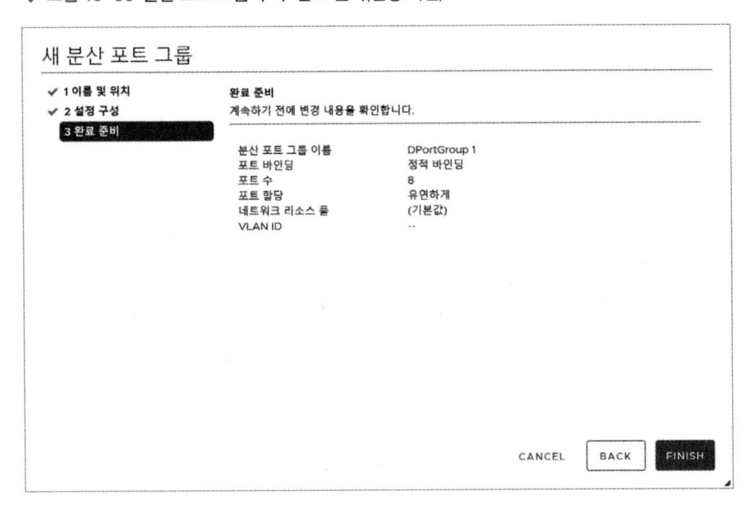

여기까지 vSphere Client를 이용해 표준 스위치의 포트 그룹 생성과 분산 스위치 생성 및 분산 포트 그룹을 생성하는 방법을 알아보았습니다.

15.2.5 가상 스위치의 다양한 기능

앞에서 표준 가상 스위치와 분산 스위치에서 주로 사용되는 포트 그룹에 대한 관리까지 알아보았습니다. 대부분의 가상 스위치와 분산 스위치에서의 관리는 포트 그룹으로 네트워크를 분리하는 것이지만 15.2.2 표준 스위치/분산 스위치 절에서 알아보았듯이 그 외에도 매우 다양한 기능이 있습니다.

각 가상 스위치에 설정한 값들은 가상 스위치에 속한 모든 포트 그룹에 적용되지만 포트 그룹별로 해당 속성을 재정의해 사용할 수도 있습니다.

표준 스위치는 표준 스위치의 편집 메뉴를 선택하면 설정을 변경하는 화면을 볼 수 있습니다.

▼ 그림 15-34 표준 스위치 설정 변경을 위한 편집 메뉴

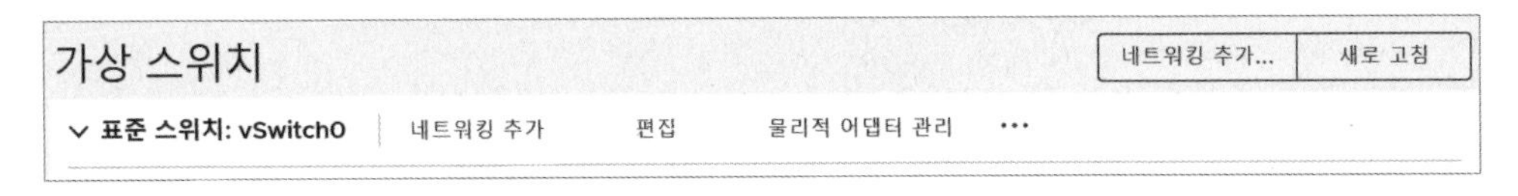

표준 스위치의 설정 편집 메뉴에서는 MTU와 같은 기본 설정을 변경하는 속성 메뉴가 상단에 있습니다.

▼ 그림 15-35 표준 스위치 설정: 기본 속성

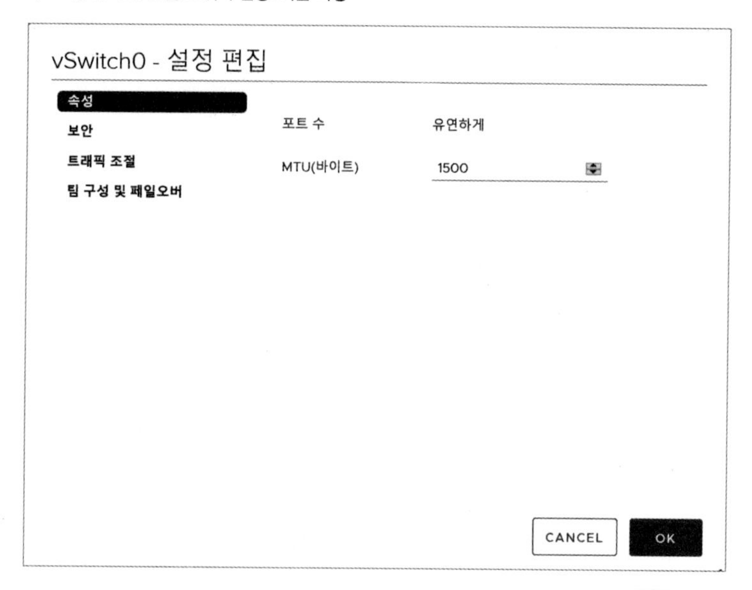

다음은 표준 스위치에 대한 보안 설정으로 비규칙(Promiscuous) 모드, MAC 주소 변경, 위조 전송에 대한 활성화 여부를 동의 또는 거부로 선택할 수 있습니다. 이런 보안 설정은 2계층 공격으로부터 표준 스위치를 보호하는 데 도움이 됩니다.

▼ 그림 15-36 표준 스위치 설정: 보안 설정

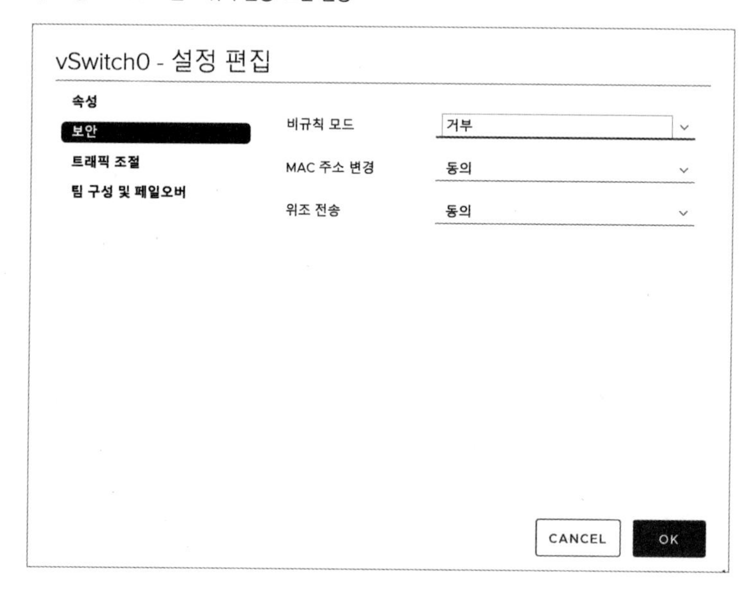

다음은 트래픽 조절(QoS)입니다. 트래픽 조절을 통해 특정 서비스의 과도한 대역폭 사용을 예방해 전체적인 서비스 안정성을 갖는 데 도움을 줍니다.

▼ 그림 15-37 표준 스위치 설정: 트래픽 조절(QoS) 설정

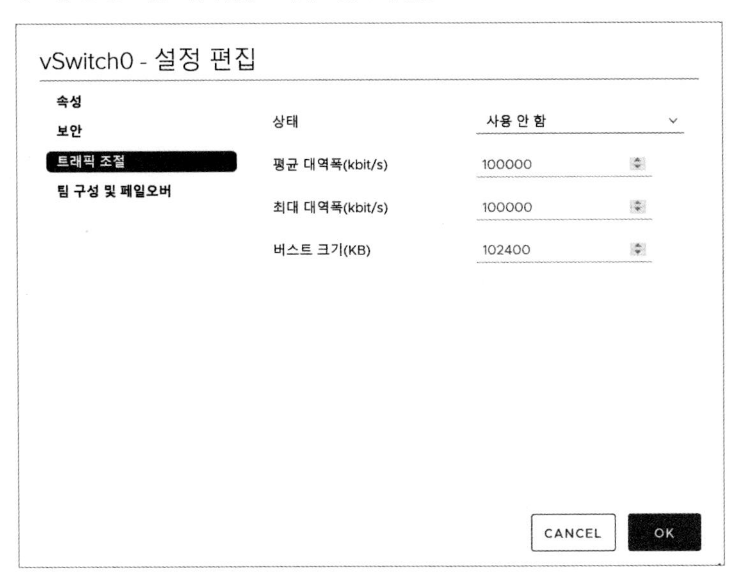

다음은 네트워크 이중화 설정인 팀 설정과 페일오버의 동작 방식에 대한 설정을 할 수 있습니다.

▼ 그림 15-38 표준 스위치 설정: 팀 구성 및 페일오버 설정

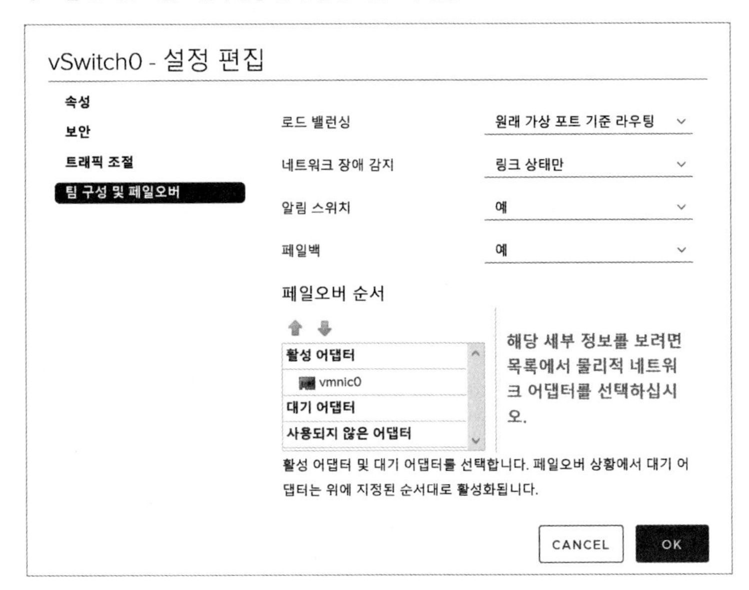

분산 스위치에서는 표준 스위치에서 제공하는 설정 편집 외에 LACP 또는 전용 VLAN, NetFlow, 포트 미러링과 같은 고급 설정을 추가로 제공하고 있습니다. 각 설정은 분산 스위치의 구성-설정에서 원하는 설정을 선택해 확인할 수 있으며 오른쪽 편집 버튼을 클릭하면 해당 설정을 원하는 대로 변경할 수 있습니다.

▼ 그림 15-39 분산 스위치의 다양한 설정 항목

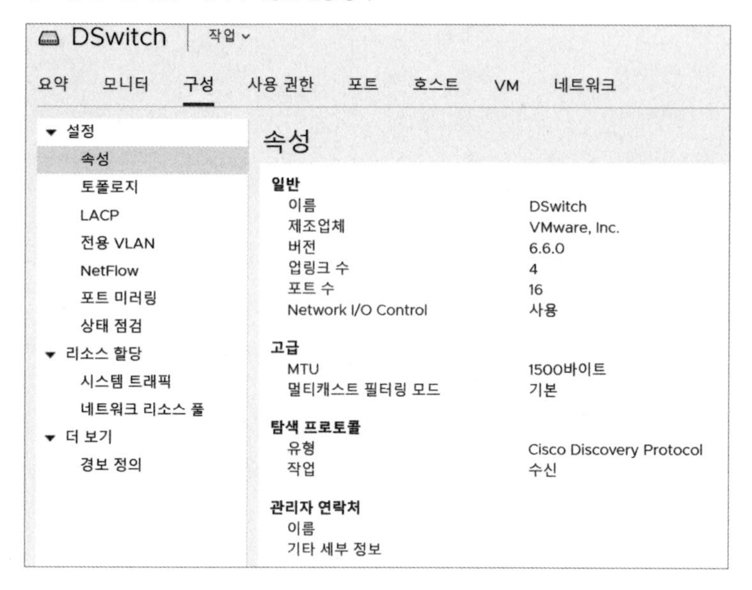

앞에서 말했듯이 표준 스위치와 분산 스위치에서 설정한 다양한 기능은 포트 그룹에서 재정의 가능합니다. 즉, 하나의 표준 스위치나 분산 스위치 내에서도 세부 설정이 필요하면 가상 스위치를 분리하지 않고 포트 그룹을 신규로 생성해 세부 설정을 재정의해 사용하면 됩니다.

이상으로 VMware vSphere에서 구동되는 가상 네트워크에 대해 알아보았습니다. 앞의 도표에서 알아보았지만 분산 스위치는 일반 네트워크 스위치에서도 많이 사용되는 NetFlow, LACP, 미러링 등의 다양한 기능이 제공되고 있습니다. 각 세부 기능에 대한 설정은 여기서는 다루지 않았지만 기회가 주어진다면 각 기능들을 확인해 테스트해보는 것도 좋습니다. 하지만 여기서 다룬 포트 그룹의 기본 개념 정도만 알고 있으면 VMware vSphere와 일반 네트워크 장비의 구성 방식을 이해하는 데 큰 도움이 될 것입니다.

G

H

I

J

K

L

M

ㄹ

ㅁ

ㅂ

ㅅ

ㅊ

ㅋ

ㅌ

ㅍ

ㅎ

기호

번호